北黄海区域地质

李日辉　陈晓辉　王中波　等 著

海洋出版社

2020 年·北京

图书在版编目（CIP）数据

北黄海区域地质/李日辉等著 . —北京：海洋出版社，2018.12

ISBN 978-7-5210-0264-5

Ⅰ.①北… Ⅱ.①李… Ⅲ.①黄海-区域地质-研究 Ⅳ.①P722.5

中国版本图书馆 CIP 数据核字（2018）第 272138 号

责任编辑：杨传霞 程净净

责任印制：赵麟苏

海洋出版社 出版发行

http：//www.oceanpress.com.cn

北京市海淀区大慧寺路 8 号 邮编：100081

北京朝阳印刷厂有限责任公司印刷 新华书店发行所经销

2020 年 1 月第 1 版 2020 年 1 月第 1 次印刷

开本：889mm×1194mm 1/16 印张：26.75

字数：718 千字 定价：268.00 元

发行部：62132549 邮购部：68038093 总编室：62114335

海洋版图书印、装错误可随时退换

序

　　近年来，我国海洋经济迅猛发展，已成为国民经济新的增长点。但沿海经济的发展和海洋资源的开发利用，必然受到海洋环境承载力等多种因素的制约。北黄海是一个被山东半岛、辽东半岛和朝鲜半岛围限的半封闭陆架浅海，地理位置优越：其近岸区域是我国人类活动最活跃的地区之一；山东半岛近岸海域为"十二五"国家发展战略——山东半岛蓝色经济区发展规划的重要区域；渤海海峡跨海通道工程被纳入国家战略；北黄海及周边海域具有广阔的矿产、油气资源前景。因此，沿海社会经济的可持续发展、海底工程建设、资源的开发利用等迫切需要北黄海区域地质方面的调查研究成果。

　　我国对黄海的海洋地质调查研究始于1958年的全国海洋普查。此后的60多年来，原地质矿产部及国土资源部、国家海洋局、中国科学院海洋研究所、中国地质调查局等部门，组织开展了大量的海洋地质调查和研究工作。其中，尤以对南黄海的调查研究较多，成果卓著，代表性专著有1987年出版的《南黄海晚第四纪沉积》、1989年出版的《黄海地质》、2013年出版的《南黄海区域地质》、2017年出版的《南黄海油气勘探若干地质问题认识和探讨》等。与此形成鲜明对照的是，北黄海的调查研究程度则较低，资料零散，系统性差，特别缺少能够全面展示北黄海区域性基础地质研究成果的著作。青岛海洋地质研究所在国家海洋地质保障工程的支持下，于2008—2012年期间，在北黄海及周边海域首次开展了1∶100万比例尺的地质调查，取得海量的第一手数据资料，并对这些资料开展了深入研究，获得一批重要研究成果，其主要成果获2019年度国土资源科学技术奖二等奖。

　　目前，对北黄海基础地质的研究，无论在资料积累、新技术新方法应用，还是在新发现、新认识上，都有了实质性进展。为了反映该区域多年来基础地质的研究进展与取得的成果，青岛海洋地质研究所李日辉研究员等撰写了《北黄海区域地质》一书，这是第一部关于北黄海基础地质成果的中文著作。该书内容丰富、系统性强、技术方法先进、数据质量高，特别是书中涉及一些新发现、新认识和新方法，诸如辽东半岛南岸新发现全新世潮流沙脊群与泥质沉积区、白垩纪胶莱盆地海阳凹陷大规模延伸进入南黄海海域、黄海暖流在中晚更新世就已存在、探索开展了海陆统一的区域地质环境定量评价等。总之，该书是北黄海基础地质调查研究最新成果的集成。它的出版将有力推动我国的海洋地质调查研究工作，并为北黄海及周边地区的涉海工程建设、油气和矿产资源的勘探开发等，提供重要的基础地质资料。

　　作为一个长期关注海洋地质的老地质工作者，乐见《北黄海区域地质》一书的编著出版，因以为序。

中国科学院院士　李廷栋

2020 年 1 月 9 日

前　言

　　海洋区域地质调查是海洋地质最基础的工作之一，是区域性、基础性、公益性的海洋国土资源调查，与海洋工程建设、资源开发、航运保障、海洋权益和军事安全等多方面密切相关。它按照一定比例尺和统一的标准分幅，通过使用地质、地球物理、地球化学、卫星遥感等探测手段和技术方法，系统探测和研究海底地形地貌、沉积物类型及成分、地层结构、地质构造、灾害地质、环境地质、矿产资源的类型等基础地质信息，以及地球物理场特征等。

　　与发达海洋国家相比，我国海洋区域地质调查工作起步较晚。美国、日本、英国、法国等国早在 20 世纪 90 年代就已经完成了管辖海域的 1∶100 万和 1∶25 万区域地质调查；我国直到 1999 年，中国地质调查局组织实施国土资源大调查时，才启动了 1∶100 万海洋区域地质调查工作。

　　北黄海位于中国大陆的山东半岛、辽东半岛与朝鲜半岛北部之间，为半封闭的大陆架浅海。尽管从 20 世纪 50 年代的海洋普查开始，我国海洋地质调查一直在断续开展，但不得不承认，北黄海是迄今为止我国海洋地质调查程度最低的一个海区。

　　2008—2012 年，青岛海洋地质研究所主持开展了北黄海及邻近海域的 1∶100 万海洋区域地质调查（项目编号 GZH200800501），调查范围包括北黄海、邻近的渤海东部及南黄海北部海域，地理坐标为 36°00′—40°00′ N，120°00′—126°00′ E。项目实施的 5 年中，采集了大量第一手船测地球物理数据及地质样品。主要调查项目及完成的工作如下：单波束测深 20 320 km，浅层剖面测量 10 157 km，侧扫声呐测量 5 601 km，单道地震测量 10 163 km，海洋重力测量 10 179 km，海洋磁力测量 10 006 km，多波束测深 72 689 km，地质钻孔 3 口（总进尺 212 m），底质取样 266 站位，二维多道地震测量 2 022 km，走航式海流测量 160 km，温盐深测量 30 站位。对绝大部分地质样品、地球物理资料开展了高质量的测试分析和处理及综合地质解释。其中，分析、测试各类样品 15 967 件，包括表层样现场测试（测试内容包括 Eh、pH、温度、Fe^{3+}/Fe^{2+} 共 4 项）234 件，粒度分析 1 485 件，碎屑矿物鉴定 980 件，黏土矿物鉴定 887 件，微体古生物鉴定 2 140 件（其中，有孔虫和介形虫鉴定 1 640 件，孢粉鉴定 500 件），地球化学分析（常量元素、微量元素、稀土元素）895 件，有机地球化学分析 354 件；常规 ^{14}C 测年 44 件，AMS ^{14}C 测年 49 件，OSL（光释光）测年 64 件，ESR 测年 60 件，古地磁分析 8 722 个。

　　本项目获得了许多新发现、新认识及新成果，主要有：①新发现了辽东半岛南岸晚更新世以来的潮流沙脊群与泥质沉积区；②利用多道地震资料，发现胶莱盆地海阳坳陷在南黄海有大规模延伸，以及在北黄海西北部海区获得了可能为古生界的内幕反射；③通过 DLC70-3 孔生物标志物、有孔虫、地化指标等的综合研究，提出了黄海暖流和黄海冷水团在 MIS5～MIS9 和 MIS19～MIS21 期高海平面时就已经存在的新认识；④利用模糊数学评价模型对工作区环境地质进行了定量分区评价，划分了高、较高、中、较低、低等相应的风险等级区，还重点对渤海海峡跨海通道的地质环境开展了初步研究。

本书是以北黄海的区域地质调查研究成果为基础，充分吸收前人的工作及其他项目的最新进展，对北黄海区域地质的阶段性总结。从海域范围来说，主要是北黄海，但有些章节在讨论中也包含了渤海东部和南黄海北部海域。

全书共分 9 章，分别由不同的作者编写，最后由李日辉统稿。章节内容及主笔人分别是：

第 1 章　绪论——李日辉；

第 2 章　海底地形地貌——陆凯、徐晓达、付军；

第 3 章　海底底质——秦亚超、蓝先洪、陈晓辉、李日辉；

第 4 章　晚第四纪沉积——王中波、陈晓辉、秦亚超、蓝先洪、李日辉、孙荣涛；

第 5 章　环境地质——陈晓辉、王燕；

第 6 章　地球物理场——田振兴、韩波、侯方辉；

第 7 章　区域地质——侯方辉、徐扬、李日辉；

第 8 章　地质构造——徐扬、侯方辉；

第 9 章　矿产资源——黄龙、秦亚超。

本书成果是多部门、多单位通力协作的结果，系集体劳动成果的结晶。编写过程中得到青岛海洋地质研究所张训华、刘健研究员及姜学钧教授级高工等的大力帮助，中国科学院海洋研究所李安春研究员提供了部分资料，中国地质科学院李廷栋院士百忙之中为本书撰写序言；本书系中国地质调查项目（编号 GZH200800501）成果，受中国地质调查项目（编号 DD20160137）资助，特致谢忱。

应当指出，由于诸多原因，124°E 以东大部分海域未能采集第一手数据，无疑对区域资料的完整性有很大影响，希望将来能有新资料进行补充。最后，由于海洋区域地质调查涵盖专业广、工作内容繁多、技术方法复杂，本书不足之处在所难免，一些观点和认识亦有待进一步研究和完善，望不吝指正。

作　者

2020 年 1 月

目　录

第1章 绪 论

1.1 自然地理环境

北黄海是指山东半岛、辽东半岛和朝鲜半岛北部所围成的半封闭海域，是中国东部大陆架浅海的最北端部分。北黄海西部与渤海相接，以山东半岛北岸蓬莱角向东北至辽东半岛西南端老铁山角的连线为界；南部与南黄海相连，以山东半岛东部顶端成山角与朝鲜半岛长山串的连线为界（图1-1）。

1.1.1 概况

北黄海是大致呈 NE 方向延伸的接近四边形的浅海洼地，西部与渤海相接，南部与南黄海相连，地势由西北向东南缓慢倾斜。北黄海面积为 $7.1 \times 10^4 km^2$，平均水深为 38 m，40~70 m 水深约占海域的 1/2（秦蕴珊等，1989），地势的整体特点是由北、西、西南向中部缓倾，中心位置整体偏向朝鲜半岛一侧，并由中部向南倾于南黄海。

北黄海海底 50 m 等深线呈环形分布，该线以北、鸭绿江口以西是辽东半岛东南海岸的水下坡地，其北部为长山列岛等岛屿；该线以北、鸭绿江口以东的西朝鲜湾，等深线迂回曲折，发育大规模的沟脊状地形；山东半岛北部岸外，有水下阶地；水深大于 50 m 的海域为较平坦的浅海平原，其面积占北黄海的 2/5（秦蕴珊等，1989）。

北黄海属于我国东部大陆向海的自然延伸。地貌类型和微地貌形态较为复杂。海底地貌大致可分成辽南岸坡、山东半岛沿岸水下岸坡和岸外台地、西朝鲜湾的潮流沙脊群、北黄海中部平原等地貌单元。

北黄海横跨两大地质构造单元：主体部分为华北板块，中南部为苏鲁（临津江）造山带。通常以五莲-青岛-海州断裂和嘉山-响水-千里岩断裂分别作为华北板块与苏鲁造山带，以及苏鲁造山带与华南板块的分界断裂。千里岩隆起之南并以千里岩断裂为界一直到南黄海中部隆起区则为南黄海北部盆地（张训华等，2013）。华北板块西起阿拉善高原，东到朝鲜半岛（中国的部分称为华北地块，朝鲜的部分称为狼林地块），是一个由太古代古老陆核经元古代克拉通化后形成的台块。古元古代末吕梁运动（1 800 Ma B. P.），使其拼接成统一的克拉通，之后进入盖层发育阶段。渤海湾盆地、胶莱盆地和北黄海盆地为叠置于其上的中新生代盆地，其四周为多个古隆起所围限。苏鲁造山带位于华北和华南两大板块之间，是二者汇聚、碰撞形成的高压、超高压变质带。其从苏北经日照、诸城、青岛、乳山、文登、威海延伸进入黄海，长约 400 km（张训华等，2017），是秦岭-大别造山带的东延部分。

1.1.2 水文

北黄海及邻近海域（以下简称"本海区"）海洋水文要素的分布及变化，主要受黄海暖流、沿岸流、大陆入海径流，以及大气对海洋作用的影响，具有明显的季节性变化特征。

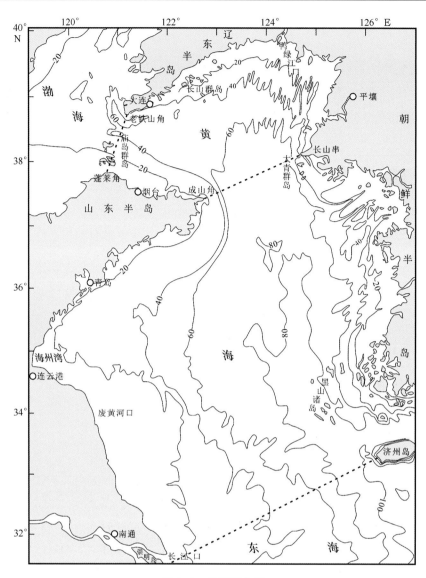

图 1-1　北黄海位置

据秦蕴珊等（1989），有修改

1) 海水温度

受黄海暖流和沿岸流的影响，本海区表层水温每年 7—8 月最高，2 月最低，3—8 月为增温期，9 月至翌年的 2 月为降温期。冬季，水温降至最低，一般 1~6℃，此时水温等值线与岸线基本平行，沿岸低于外海，北部低于南部；春季水温逐月升高，夏季水温升至最高，表层水温在 24~26℃。但在黄海东北部，朝鲜半岛西部，山东半岛东部近岸区均有小块的低温区存在。另外，黄海水文中一个比较显著的特征就是黄海冷水团的存在，该冷水团分为南北两个冷中心，一个在北黄海，位于 38°14′N，122°10′E，水深大于 50 m；另一个在南黄海，位于 35°30′—36°45′N，124°E 以西区域。黄海冷水团温差大，盐差小，水温较低。每年 12 月至翌年 3 月为其更新形成期；4—6 月为成长期；7—8 月为强盛期；9—11 月为向冬季更新过渡的消衰期。北黄海冷中心最低温度变化范围为 4.6~9.3℃，南黄海冷中心变化范围为 6.9~9.0℃（翁学传等，1989）。

2）海水盐度

本海区盐度的最高值通常出现在 1—3 月，表层海水盐度大部分为 28.5~32.5；最低值出现在 7—8 月，为 29~32。河口附近由于受到沿岸径流的影响，最低值出现在 7—10 月，盐度的等值线也基本与岸线平行，沿岸低于外海，北部低于南部，冬季盐度高，夏季盐度低。盐度年际变化幅度一般为 1.0 左右。

3）潮汐、潮流、风浪及涌浪

（1）潮汐

山东半岛的威海以东、长山群岛以南、朝鲜大青群岛以西的北黄海海区为不规则半日潮，其他大部分为规则半日潮。此外，在辽东湾顶及荣成角外局部海区为不规则全日潮。

最大潮差的分布与地形有密切关系，一般是海区中央小，近岸大，海湾内部更大。本海区渤海部分潮差以辽东湾外的平均潮差最大，可以达到 2~4 m。山东半岛北部的沿岸潮差相对较小，一般小于 2 m；南部荣成-青岛沿岸潮差 3~4 m。东部朝鲜半岛沿岸的潮差明显大于西部，尤其在西朝鲜湾顶部最大潮差可达 9 m，江华湾外的潮差亦可达 5 m 以上。

（2）潮流

本海区威海以西主要为不规则半日潮流，其他大部分为规则半日潮流，最大潮流流速均为 50~100 cm/s，西朝鲜湾和江华湾的最大潮流流速大于 100 cm/s。此外，烟台以北局部海域为不规则全日潮流和规则全日潮流，但最大潮流流速亦为 50~100 cm/s。

（3）风浪及涌浪

本海区属于季风气候，冬季盛行偏北风，夏季盛行偏南风，冬、夏间各有一个过渡期。风浪的分布大致与风向相似，浪向的季节性变化明显。冬季（12 月至翌年 2 月）整个海区盛行偏北浪；6—8 月为夏季偏南浪盛行期，整个海区以南浪为主；其他月份为过渡期，南浪和北浪无显著差别。冬季平均风力最大，浪高也最大，11 月至翌年 2 月，渤海海峡大部浪高均在 1.5 m 以上；6 月浪高为全年最低，大部分海域浪高小于 1.0 m；进入 8 月，浪高开始逐渐增大。

涌浪的分布一般也与风有关，涌浪浪向变化受季风影响。10 月至翌年 3 月，本海区盛行偏北风，主要是偏北涌；4—5 月为冬、夏季节过渡期，风向转变，一直到 7 月均盛行偏南涌；9 月由夏季风向冬季风过渡，又开始逐渐转成偏北涌。冬季大涌（$H \geqslant 2.3$ m）最多，其中，渤海海峡发生频率平均 16.5%（尹文昱和张永宁，2006）；3 月大涌区明显缩小，4—5 月是全年大涌出现最少的时期。

（4）流系

本海区主要有黄海暖流、辽南沿岸流、山东半岛沿岸流、朝鲜半岛沿岸流等流系（图 1-2）。

黄海暖流：系冷半年黄海环流的主分量，也是唯一一支携带高温、高盐的外海水进入黄海的流系。黄海暖流沿着高盐水舌轴线方向流动，其舌轴常偏于黄海槽的西侧。研究发现，黄海暖流路径存在着一定的季节和年际变化，大多数年份暖流路径偏于黄海槽的西侧，但也有少数年份暖流路径沿槽北上。研究表明，黄海暖流作为一支补偿流，其路径的变化与北向季风的强弱有密切关系，它是从济州岛邻近海域由对马暖流水和东海陆架水所形成的混合水区中衍生出来的一种混合水（臧家业等，2001），但进入北黄海和渤海后已经是流系余脉。

辽南沿岸流：指辽东半岛南岸自鸭绿江口向西南流动的一股海流，系北黄海气旋环流的一个组成部分。它的流向一年四季基本不变，皆是沿岸指向西南，但其流速和流幅具有明显的季节变化，夏季流速大、流幅窄；冬季流速小、流幅宽；春、秋季，自东北向西南流动不甚明显。

山东半岛沿岸流：是黄海沿岸流的山东半岛沿岸部分，是黄海沿岸流的主要流段。它上接渤海沿岸流，沿山东半岛北岸东流，在成山角附近向南或西南流动，绕过成山角后，沿山东半岛南岸流动的部分称为山东半岛南岸沿岸流（SSCC）。过海州湾后部分与苏北沿岸流（NJCC）汇合南下。

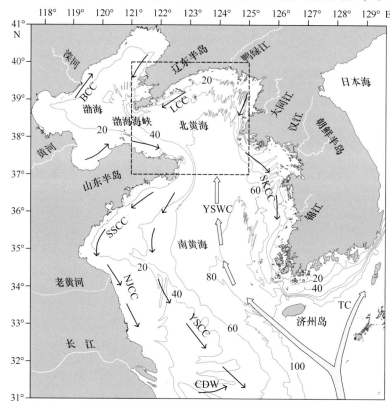

图 1-2　北黄海及邻近海域流系示意图

虚线框为研究区，LCC——辽南沿岸流；SKCC——朝鲜半岛沿岸流；YSCC——黄海沿岸流；
YSWC——黄海暖流；TC——对马暖流；BCC——渤海沿岸流；SSCC——山东半岛沿岸流；
CDW——长江冲淡水；NJCC——苏北沿岸流

朝鲜半岛沿岸流：本书特指朝鲜半岛西岸沿岸流。冬季至初春期间，该支流大致沿朝鲜半岛西侧 40~50 m 等深线附近海域南下，运移至 34°N 附近海域后，一般沿海洋锋的北缘向东或东南进入济州海峡，其流速从北向南递增（臧家业等，2001）。

1.1.3　气候

1）海面气温

本海区海面气温分布和变化主要受太阳辐射、海流的影响，近岸区还受陆地的影响。气温分布的总趋势是：自南向北随纬度的增加气温逐渐降低；自西向东随经度的增加而略有升高。全年平均气温 1 月最低，8 月最高。1 月平均气温为 -3~3℃；8 月平均气温为 23~26℃。

2）风

本海区全年风的变化有明显的季节性：冬季盛行偏北风，夏季盛行偏南风。冬、夏两季风向比较稳定，且冬季风力明显大于夏季，影响时间也较夏季长。春、秋两季为风向转换的季节，风向多变。一般冬季风力较大，平均风速为 6~8 m/s，风力大于或等于 6 级的大风频率为 20%~25%；夏季风力较小，平均风速为 5~6 m/s，大风频率为 5%~10%。

3）降水

本海区的降水主要受季风、极锋、气旋和台风等的影响，有明显的季节变化。

11 月至翌年 5 月，盛行西北风，海域降水很少，降水频率几乎都小于 10%。6 月起降水量开始增大，降水频率为 10%~20%，8—10 月，整个海区降水明显减少，降水频率又下降到不足 10%。

1.1.4　入海河流与输沙

河流输送着大量淡水、泥沙和溶质入海，对沿海海洋水文、海洋地质及海洋生物等有重要影响。本海区直接入海河流主要有辽河、鸭绿江、大凌河等。

辽河：中国东北地区南部入渤海河流，发源于河北省平泉市七老图山脉的光头山，流经河北、内蒙古、吉林、辽宁四省（自治区），全长为 1 345 km，流域面积为 22.1×10^4 km^2，是中国七大河流之一。辽河流域夏季多暴雨，强度大、频率高、集流快，常使水位陡涨猛落，造成下游地区洪涝。此外，辽河的含沙量极高，仅次于黄河、海河，为中国第三位。辽河多年平均入海径流量为 86.98×10^8 m^3，多年平均入海输沙量为 1.85×10^7 t（程天文和赵楚年，1985）。另根据辽河干流柳河口下游朱家房水文站资料，辽河多年平均径流量为 31.63×10^8 m^3，多年平均输沙量为 6.94×10^6 t，多年平均含沙量为 2.19 kg/m^3（张燕菁等，2007）。

鸭绿江：位于中朝边境，全长为 790 km，总流域面积为 6.45×10^4 km^2，多年平均径流量为 2.89×10^{10} m^3，年平均输沙量为 1.13×10^6 t。鸭绿江流域属于湿润性温带季风气候，水、沙的年内季节分配极不平衡，洪季的径流量占全年的 80%，为典型的山溪性河流（石勇等，2015）。

大凌河：位于辽宁省西部，干流全长为 435 km，流域面积为 23 837 km^2。入海径流量年内枯丰交替明显，有春汛和夏汛之分。其中，春汛为流域积冰雪消融形成，多发生在 3 月；而夏汛则以降水补给为主，多发生在 7—8 月。入海径流量集中在 6—9 月，1 月和 2 月径流量处于最低水平。大凌河的泥沙系由上游流域内暴雨洪水携带而来，与径流量相似，输沙量也主要集中在 6—9 月。由此可见，入海输沙量主要受入海径流量的影响。据有关资料，1988—2007 年的 20 年间，大凌河的入海径流量和输沙量年平均值分别为 10.5×10^8 m^3 和 566.06×10^4 t（王焕松等，2010）。王焕松等（2010）的研究认为，1999 年后径流量和输沙量下降趋势明显，原因是流域内水库、堤坝、桥梁等各种水利设施的拦蓄等。

1.2　调查研究简史

（1）20 世纪 20 年代。为黄海陆架沉积物调查研究的起始阶段。当时，日本渔船在南黄海采集了部分表层沉积物样品。30 年代和 40 年代，Shepard 等对包括北黄海在内的东亚陆架沉积物分布进行了研究，编绘了包括中国近海在内的沉积物分布图。50 年代苏联出版的世界大洋底质图册中也附有黄海底质图（刘敏厚等，1987）。

（2）20 世纪 50 年代。1958 年，我国自主开展了全国海洋普查。此轮调查完成了黄海、渤海海底地貌图和底质图，这是有史以来具有开创性的研究成果（秦蕴珊等，1989）。其中，在北黄海及周边海域（28°—41°N，117°40′—124°30′E）开展了海洋水文、海洋化学、海洋生物及海洋地质方面的调查研究，其中海洋地质调查内容包括：底质和悬浮体取样，以及地形地貌、沉积物地球化学和矿物学研究等。

（3）20世纪60年代。中国科学院海洋研究所（以下简称为"中科院海洋所"）对包括北黄海在内的中国陆棚海的地形及底质做了初步调查研究（秦蕴珊，1963）。国家海洋局则从1964年开始主要对黄海海岸带，以及近岸的某些海域开展了底质取样和分析，出版了部分海岸带调查图件。地质部渤海综合物探大队于1960年在渤海开展了地震、磁力和重力试验测量，提交了中国第一份海洋地质勘查报告《1960年试验工作总结报告》；1966年该大队最早涉及北黄海盆地的地球物理调查，在北黄海南部进行了地震试验测线，长110 km，获得了层位相当于古近系底界的1.9 s反射记录。同年，地质部航磁大队在北黄海完成1∶100万的航磁测量，飞行测线长45 000 km。

（4）20世纪70年代。1973—1978年地质部第一海洋地质调查大队在南黄海123°E以西至近岸5 m等深线，31°52′—37°06′N海域开展了海洋沉积物、地形地貌和固体矿产调查，出版了1∶100万南黄海西部地形地貌和沉积物图集，1∶50万青岛幅、南通幅沉积物类型图。1975年国家海洋局第一海洋研究所（以下简称为"海洋一所"）从渤海海峡到海峡以东15 n mile范围内开展磁力测量177 km，并编制了△T磁力异常图；研究认为，该区是胶辽隆起的一部分，前震旦系变质基岩埋藏浅，新生界厚度小。1977年，石油工业部海洋石油勘探指挥部与地质部第一海洋地质调查大队分别在北黄海海域开展了地球物理调查，前者完成地震概查面积30 000 km²，后者完成地震剖面1 087.4 km、重力测量935 km、磁力测量1 124 km、测深109.4 km。1977—1979年，海洋一所开展了黄海底质较大面积小比例尺调查，调查区面积约24×10⁴ km²，获取表层样758个，柱状样97个，并开展了沉积物粒度、重矿物、黏土矿物、沉积物地球化学、微体古生物、古地磁等分析研究，编写了《黄海沉积物调查报告》，并编制了小比例尺图件40余幅（王永吉和刘昌荣，1979）。其后，又对黄海陆架晚第四纪沉积物进行了广泛研究，并于1987年出版了研究专著《黄海晚第四纪沉积》（刘敏厚等，1987）。

（5）20世纪80年代。国家海洋局等单位先后组织实施了"全国海岸带和滩涂资源调查"（1980—1987年）和"全国海岛资源综合调查"（1988—1995年）专项，基本摸清了海岸带、海涂和海岛的自然条件、资源数量，出版了《中国海岸带和海涂资源综合调查报告》（全国海岸带和海涂资源综合调查成果编委会，1991）和《全国海岛资源综合调查报告》（全国海岛资源综合调查报告编写组，1996）。其中，北黄海沿岸的山东省和辽宁省海岸带调查范围包括：自海岸线向陆延伸10 km左右，海域扩展至10~15 m等深线；水深岸陡的岸段，调查宽度不小于5 n mile；河口地区向陆到潮区界，向海至淡水舌锋缘。海洋地质调查内容包括第四纪地质、水文地质，以及地貌、矿物、微体古生物（有孔虫和介形虫）等。两省分别于1990年和1991年出版了《山东省海岸带和海涂资源综合调查报告》和图集，以及《辽宁省海岸带和海涂资源综合调查报告》和图集。其中包括1∶20万海岸带地质图、第四纪地质图、水文地质图、地貌图等。

在海岸带和海涂资源综合调查基础上，1986—1989年，国家海洋局组织进行了中国海湾志调查编纂工作，并于20世纪90年代陆续出版了其调查、研究成果。其中，《中国海湾志》第一分册（辽东半岛东部海湾）、第二分册（辽东半岛西部和辽宁省西部海湾）、第三分册（山东半岛北部和东部海湾）和第四分册（山东半岛南部和江苏省海湾）所涉及的区域部分包括在本书范围内。另外，第十四分册对北黄海及周边海域的重要河口如鸭绿江口、辽河口的地质、地貌、沉积特征等进行了研究总结（中国海湾志编纂委员会，1998b）。

此外，20世纪80年代，中国和国外多家石油公司合作在北黄海盆地开展了地震勘探，测网密度为（9~12）km×（15~45）km，初步查明了海域的构造单元，盆地内新生界厚度、构造活动史和石油地质特征（沿海大陆架及毗邻海域油气区石油地质志编写组，1990）。

（6）20 世纪 90 年代。90 年代初，国家海洋局基于多年的调查成果，组织编制出版了《渤海、黄海、东海海洋图集》，该图集由《地质及地球物理》《化学》《生物》《水文》和《气候》五本专业图册组成。其中《渤海、黄海、东海海洋图集——地质及地球物理》包括了北黄海及周边海域的地形图、地貌图、沉积物类型图、碎屑矿物和黏土矿物含量分布图、元素地球化学分布图、微体古生物分布图、大地构造图、重力和磁力异常图等图件（渤海、黄海、东海海洋图集编委会，1990）。

1993 年青岛海洋地质研究所（以下简称为"海地所"）完成了《中国海区 1∶50 万区域地质编图》大连幅（J-51-A）编制工作，完成了地形图、沉积物类型图、地貌图、布格重力异常图、空间重力异常图、磁力异常（△T）平面图、磁力异常（△T）平面剖面图、前第三系地质图、构造区划图、矿产资源分布等 10 种图件及说明书。

"八五"期间，海地所承担的"85-904"项目"大陆架及邻近海域勘查和资源远景评价研究"，对包括北黄海在内的黄海、东海大陆架及邻近海域油气资源远景进行了评价，并编制了黄海、东海大陆架及邻近海域基础环境图集。1996 年，海地所在北黄海的 YA01 区块开展了基础地质补充调查，区块勘查面积 23 100 km²，完成底质取样 135 个、重磁测量 1 931 km、单道地震 1 485 km、浅地层剖面 1 572 km（专项编写组，2002）。1997 年，海地所集多年的调查研究成果，出版了专著《中国近海地质》（许东禹等，1997），其中对北黄海及周边海域地质有较系统的论述。

（7）21 世纪以来。进入 21 世纪以来，随着国家海洋战略的实施，北黄海的海洋地质调查、研究得到了空前的重视。

2003—2005 年海地所实施的"山东半岛北部滨海环境地质调查与评价"项目，在山东半岛东北部近岸滨浅海区（地理坐标：37°00′—38°00′N，121°30′—123°00′E），相当于 1 个 1∶25 万图幅的范围内，开展了以环境地质为主的调查。其中，滨浅海面积约 19 000 km²。完成了高分辨率浅地层剖面测量 1 800 km，地质浅钻 2 口（编号 NYS-101 和 NYS-102，取岩心长度分别为 70.20 m 和 70.10 m），表层样 306 个，柱状样 15 个，并开展了调查区海岸带遥感解译、10 条岸滩剖面的重点监测和海岸带沉积动力调查，编制了 1∶25 万环境地质图件 16 幅及《山东半岛北部滨海环境地质调查与评价成果报告》。对 NYS-101 和 NYS-102 岩心开展了精细的地层层序研究及沉积物源分析（Liu et al.，2009）。2012—2015 年海地所组织开展了"山东半岛海岸带综合地质调查与评价"和"渤海跨海通道地壳稳定性调查评价"两个项目，前者在烟台以西至莱州湾的滨浅海区开展了综合地质调查，其中在蓬莱和龙口浅海区开展浅地层剖面测量 2 000 km，对晚更新世以来的沉积地层进行了综合解释；后者在渤海海峡周边海域开展了地质地球物理调查，完成浅地层剖面测量 2 000 km，侧扫声呐测量 2 066 km，单道地震测量 2 700 km，多道地震测量 4 482 km，表层地质取样 40 站位，地质浅钻 1 口，进尺 120 m，并开展了地质灾害、断裂分布、地层结构等方面研究，进行了区域地壳稳定性评价。

2004—2009 年，国家海洋局组织实施了"我国近海海洋综合调查与评价"专项。在北黄海近海主要开展了地形地貌、底质、地球物理等项调查，大连近岸海域的重点调查，以及海岛（礁）、海岸带调查等。其中，地球物理调查主要内容包括重力、磁力和地震，近岸海域开展了 1∶25 万调查（主测线 5 km，联络测线 25 km），其东部外岸海域开展了部分 1∶50 万调查（主测线 10 km，联络测线 50 km）。编制了 1∶50 万大连幅灾害地质图等图件（李培英等，2007），出版了《中国近海海洋——海洋底质》（石学法，2014）、《海洋图集——海岛海岸带》《中国海岛志》等系列成果。

2006—2008 年，中科院海洋所对北黄海进行了综合底质调查，工作区域基本涵盖了北黄海水深大于 10 m 的我国领海。工作内容分为样品采集、现场数据分析及室内样品测试三部分。完成悬浮体采样 306 站、表层底质采样 1 176 站、柱状底质采样 61 站。现场数据分析与采集工作完成悬浮体现场粒级剖面测量 306 站、悬浮体浊度测量 595 站、表层沉积物温度测量 1 126 站、表层沉积物 pH 与 Eh 测量 1 148 站、表层沉积物 Fe^{2+}/Fe^{3+} 比值测定 580 站、柱状样现场土力学测量 6 站。室内测试完成粒度分析 2 276 样（表层 1 140 站、柱状样 60 站），黏土及轻、重矿物鉴定 579 样（表层 295 站、柱状样 12 站），沉积物元素地球化学分析 629 样（表层 308 站、柱状样 12 站），沉积物微体古生物鉴定 674 样（表层 302 站、柱状样 12 站），沉积物年龄测定 6 站共 11 样，柱状沉积物土力学测试 6 站共 44 样，悬浮体颗粒有机碳、氮测定 94 站共 490 样。通过对底质和悬浮体的粒度、矿物成分、地球化学组成、微体古生物，以及地质测年等的研究，对北黄海西南部泥质沉积的成因、来源等重要基础地质问题展开了深入研究。

此外，朝鲜也对北黄海盆地东部的西朝鲜湾盆地开展了一定程度的地质地球物理调查工作，但主要以油气勘探为重点。1977—2018 年，朝鲜在西朝鲜湾共钻井 16 口，其中，610 井于井深 2 284.56~2 305.00 m 的白垩系砂岩中，试获日产原油 60 t；606 井在侏罗—白垩系试获日产原油 31 t、产水 18 m³，取得了北黄海油气勘探的重要突破（袁书坤等，2010）。

第 2 章　海底地形地貌

2.1　概况

综合以往研究成果及近几年的实测资料，北黄海北部和东部被辽东半岛和西朝鲜湾海岸所环绕，西南面和山东半岛北岸相接，西面与渤海连接，南面与南黄海相通。海底 50 m 等深线呈环形分布，该线以北，鸭绿江口以西，是辽东半岛东南海岸的水下坡地，为一典型近岸岸坡地形，地势由岸向海倾斜，岸坡上由于岛礁和水道，发育有冲刷洼地，地形略有起伏，平均水深约 25 m；该线以北，鸭绿江口以东，即西朝鲜湾，受潮流沙脊和岛礁影响，等深线迂回曲折，方向总体呈北东向；山东半岛北部岸外，是典型的阶地地形，等深线走向与岸线平行，平均水深约 37 m；北黄海中部水深大于 50 m 的海域，是比较平坦的浅海平原，其面积占北黄海的 1/3，最深处靠近长山串，黄海海槽北部（图 2-1），实际水深可达 80 m（刘忠臣等，2005）。

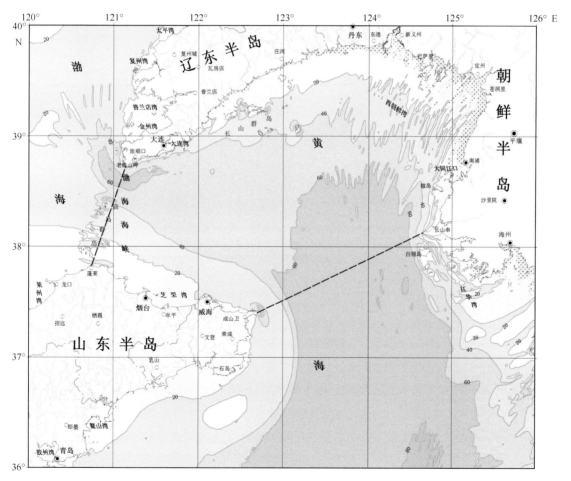

图 2-1　北黄海及周边海底地形

2.2 地形特征

2.2.1 海底地形分区

海底地形是海水覆盖之下的固体地球的表面形态。因此，为便于更好地描述北黄海及周边海底地形特征，根据实测的各项结果，参考前人的研究成果，根据研究区整个海底地形变化趋势，依照整体地势形态为主、区域划分为辅的原则，将调查区大致分为9种地形单元，分别是：辽东湾地形区Ⅰ、渤中洼地地形区Ⅱ、海峡地形区Ⅲ、辽南岸坡地形区Ⅳ、西朝鲜湾潮流沙脊群地形区Ⅴ、山东半岛岸坡台地地形区Ⅵ、黄海中部平原地形区Ⅶ、黄海槽谷地形区Ⅷ、江华湾阶地平原地形区Ⅸ（图2-2）。现将各地形单元的分布及特征叙述如下。

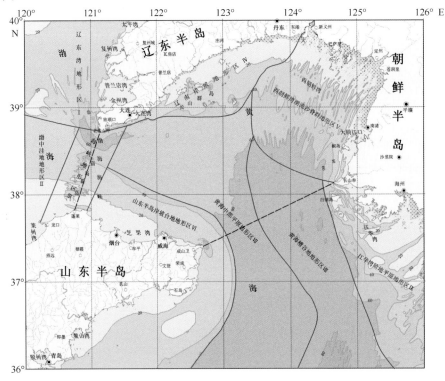

图2-2 北黄海地形区划

1）辽东湾地形区Ⅰ

辽东湾地形区位于渤海东北部，呈近北北东向延伸，湾口以河北大清河口与辽宁老铁山西角连线为界。湾内地形复杂，湾顶东起盖州，西至小凌河口，为平原淤泥质海岸。由于湾内水下三角洲舌状体系不明显，等深线基本平行海岸，坡度极缓。东西两侧发育有山地丘陵海岸，岸外地形较陡，距岸20~30 km，水深降至25 m，有明显的岸坡，坡度可达4′17″。在六股河口南侧及长兴岛北侧，岸坡上发育平行海岸的沙坝。辽河水下三角洲前缘发育两个相连的封闭状洼地，水深30 m，最深达32 m，是末次冰期残留的古湖沼洼地。在辽河东南部有一个等深线呈掌状排列的地形体系，为著名的辽东浅滩。其北部有6条指状潮流沙脊，20 m等深线呈条状封闭，最浅处为10.4 m。南部沟槽不明显，20 m等深线呈块状封闭，为潮流沙席；而30 m等深线亦呈掌状与沙脊穿插，并汇集于东南方向的老铁山水道。另外在长兴岛外还有一个孤立的冲刷槽，深达41.5 m。

2）渤中洼地地形区Ⅱ

渤中洼地地形区位于渤海三个海湾与渤海海峡之间，是渤海的中心地区，平面形态为四边形。地形比较平坦，水深一般为 20~25 m，最大水深近 30 m。渤中洼地是一个浅海堆积平原，由于渤海四周几乎被大陆所包围，并有黄河、滦河、辽河等河流入海，每年都带来大量泥沙，除就近沉积于河口及湾内以外，其余部分则被漂移至渤海中央洼地，最终沉降下来，因此，该区中的砂质黏土和黏土质软泥主要源于黄河及其他河流所带来的陆源物质。

3）海峡地形区Ⅲ

海峡地形区主要位于辽东老铁山至山东蓬莱之间，宽约 104.3 km。庙岛群岛呈北东向排列横亘于海峡中，由近 40 个岛礁组成，像栅栏一样把海峡分割成若干水道。较大的水道有 9 条，由北而南为老铁山水道、大钦水道、小钦水道、北砣矶水道、高山水道、磈矶水道、南砣矶水道、长山水道和登州水道。这些水道和岛礁构成了沟脊相间的崎岖地形。老铁山水道宽达 42 km，海底有南北两个冲刷槽，北槽大而浅，50 m 等深线呈新月状，弯口朝北，最深处 70 m 余；南槽小而深，最深处达86 m。南部 7 条水道较窄，最宽达 18 km，最窄约 7 km，水深一般为 20~45 m。

4）辽南岸坡地形区Ⅳ

辽南岸坡地形区整体规模较小，东起老铁山东角，为 45 m 等深线与鸭绿江口之间海域，呈三角形。区内等深线基本与海岸平行，构成一个复杂的岸坡。区内地形自西向东逐渐变缓，根据整体地势可分为两个部分，第一部分为本区西端至大连老虎滩附近，该部分坡度较陡，平均坡度约为44′，最深处位于老铁山东角，坡度为 1°24′17″，最浅处位于黑石礁湾，坡度为 18.8′；第二部分自大连老虎滩至本区东端，该部分地形呈喇叭状向东逐渐放大，在水深 20 m、30~40 m 处发育两级阶地，等深线间距变宽，但阶地延伸并不长。在岸坡上还出现里长山列岛、外长山列岛、石城岛、獐子岛等岛屿（图 2-3），海岛之间出现若干水道、冲刷洼地，地形起伏不平。

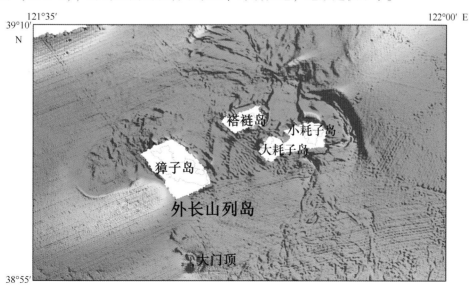

图 2-3　獐子岛周边海底地形（多波束实测资料）

5）西朝鲜湾潮流沙脊群地形区 Ⅴ

从鸭绿江口至朝鲜半岛的长山串为西朝鲜湾。这一海区地形的突出特征是，岸线曲折，岸外岛屿众多。0~40 m 等深线及个别的 50~60 m 等深线，呈同步的肠状曲折，表现出极为发育的潮流沙脊群地形，沙脊呈北东向排列，间距数千米至十余千米，相对高度 10~20 m，延伸数十千米甚至百余千米（图 2-4）。

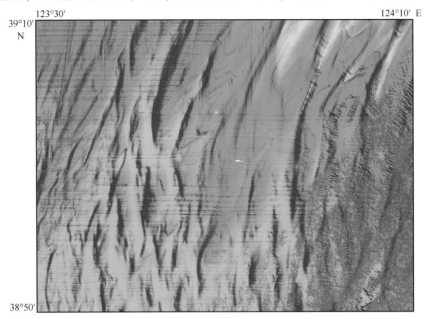

图 2-4　西朝鲜湾潮流沙脊地形局部（多波束实测资料）

6）山东半岛岸坡台地地形区 Ⅵ

山东半岛岸坡台地地形区为一典型的"一坡一台"地形。近岸为一陡而窄的岸坡，坡脚水深 10~15 m，坡度约为 3.54′。向外是一个明显的台地，北窄南宽，台面水深 15~30 m，宽 20~40 km，坡度约为 2′17″。该台地在成山角外最为典型，在台面上发育一潮流冲蚀的深达 84 m 的小洼地。台坎水深 30~50 m，宽 8~20 km，坡度约为 4.22′，最陡处坡度可达 1.55°，位于镆铘岛外侧。在石岛以南台面上发育一个浅滩，20 m 等深线呈圈闭的正地形。从石岛至崂山头岸坡地形发育，坡度小而宽度大，坡度为 2.98′~3.67′。在胶州湾口出现一个深度为 40~58 m 的潮流冲刷洼地。台地地形至 36°20′处逐渐尖灭；随后往南至 36°出现一个二级阶地构成的阶地平原。

7）黄海中部平原地形区 Ⅶ

黄海中部平原地形区位于研究区中部略偏西海域，南北向，地形总体呈哑铃状，为浅海堆积平原，底质极细。区内整体地形平坦开阔，微向东南向倾斜，坡度约为 38.53″。北部水深较浅，基本在 45~60 m，零星发育有正地形，55 m、60 m 等深线呈半圆形朝南黄海开口，50 m 等深线向西北方渤海海峡方向出现一乳突状；南部水深较深，基本为 65~70 m，地势朝东部的黄海槽倾斜，坡度 2.38′。在本地形区的西北部，靠近老铁山水道，海底地形紊乱，波状起伏，局部存在一些北或西北向大小不等的冲刷沟槽和正地形（图 2-5）。沟槽长 10~30 km，深 2~6 m，个别地方深达 10 m，沟槽宽 500~2 000 m，往往几个窄小的沟槽汇聚成一个大的沟槽，沟槽形态蜿蜒曲折，把海底地形切割得支离破碎。在沟槽区的南部存在着一些细长的堆积正地形，这些堆积体基本向西北方向展布，高出海底 1～3.5 m，大小不等。

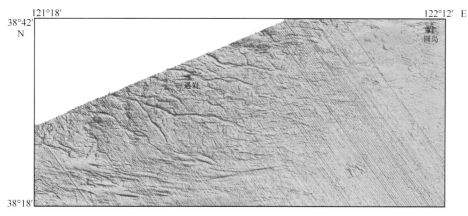

图 2-5　调查区平原区东北部冲刷沟槽示意图

8）黄海槽谷地地形区Ⅷ

黄海槽谷地地形区位于黄海中部偏东海域 36°—38°40′N，124°8′—125°33′E，呈条带状，平均水深约 75 m，最深处 90 m。谷地基本为南北向延伸的负地形，东西方向地形不对称，东陡西缓，海槽的西部宽缓、平坦，平均坡度为 56″，东侧相对比较陡窄，平均坡度为 1′40″，构成南黄海整个负地形的中轴。海槽北部水深略浅，但表面正负地形交错，坑坑洼洼较有起伏，在海槽的南部，水深明显加大，但地形略微平坦。黄海槽是末次冰期黄海陆架平原上水系水流运动的主要通道，也是全新世海水由南向北侵入的主要通道。

9）江华湾阶地平原地形区Ⅸ

江华湾阶地平原地形区位于调查区东南部，由于台地多岛礁和溺谷，因此地形显得十分破碎，但从整体看为一平缓的水下台地。台面水深 0～25 m，地形坡度较缓，台坎水深 25～60 m，坡度较陡。在湾内台面坡度约为 41.25″，台坎坡度约为 2′30.01″。台面上分布有诸多岛屿，且湾内有很多水下溺谷，其切割台地尤为突出，其中 6 条北东向的溺谷，相对深度达到 20～30 m。

2.2.2　地形剖面特征

本海区地形单元类型较丰富，而地形剖面能直观地反映海底的地形特征，因此我们依据地形总的特征，选取了 4 条地形剖面来展现主要地形单元及其形态特征。地形剖面选取的主要原则是：这些剖面能够直观地显示整体地形形态，有效地控制区内几乎全部的地形单元，并能通过对地形剖面的分析、说明，进一步详细地了解整个海区的地形特点。剖面位置见图 2-6，各剖面起止点坐标见表 2-1。

表 2-1　本海区典型地形剖面位置

剖面	起点		终点		剖面方向	剖面长度
	北纬（°）	东经（°）	北纬（°）	东经（°）		（km）
A—A′	36.010 5	122.309 1	39.648 0	124.798 4	SW—NE	459.7
B—B′	38.666 2	120.000 0	38.666 2	125.036 9	W—E	441.7
C—C′	39.292 5	120.000 0	36.034 7	125.041 1	NW—SE	573.4
D—D′	37.492 0	121.633 8	39.572 7	122.927 0	SW—NE	257.2

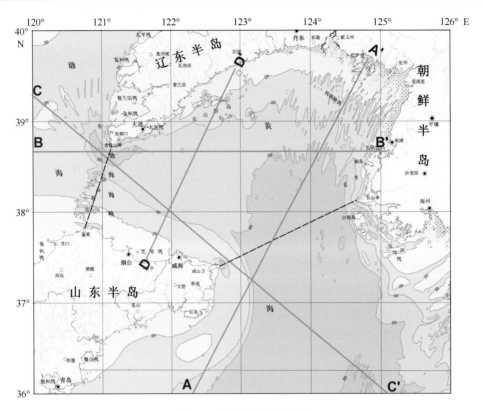

图 2-6　调查区剖面位置

　　A—A′剖面（图 2-7）位于海区中部。剖面自西南向东北穿过 4 个地形区，分别是山东半岛岸坡台地地形区、黄海中部平原地形区、黄海槽谷地地形区和西朝鲜湾潮流沙脊群地形区，全长约 459.7 km。该剖面地形自 36°N 开始迅速抬升，至 36°23′N 时，位于山东半岛台面处，趋于平缓，地形微有起伏，至 37°N 陡然下降，至 37°15′N 时，水深骤降至 55 m，此处为成山角外台坎，坡度为 6.8′。剖面进入黄海中部平原，地形平坦且微向黄海槽倾斜，后穿越潮流沙脊群区域至西朝鲜湾湾顶处，地形起伏明显，水深为 5～20 m，地形总体抬升，坡度约为 1.88′。

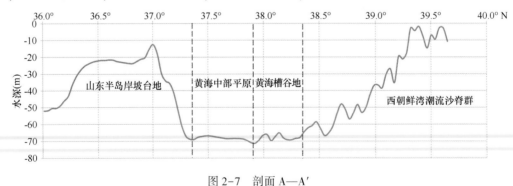

图 2-7　剖面 A—A′

　　该剖面总体表明海底地形由岸向海的谷地特点，并反映了谷地两岸的山东半岛台地、台坎和西朝鲜湾的潮流沙脊等多种地形特征。

　　B—B′剖面（图 2-8）位于海区的北部 38°40′N 附近，介于 120°—125°2′E，剖面自西向东穿过 4 个地形区，分别是渤中洼地地形区、渤海海峡地形区、黄海中部平原地形区和西朝鲜湾潮流沙脊群地形区，长度约为 441.7 km。西部位于渤中洼地，水深约 25 m，地形平坦，到 120°22′E 附近进入老铁山水道，水深由 24 m 急剧下降至 66 m，然后有一次较大起伏，幅度约 10 m，随后水深抬升至 50 m 处进入老铁山外侧岸坡，水深剧烈起伏，幅度为 20～30 m，至北黄海中部平原，地形趋于平坦并微向东倾斜，到 123°38′E 附近穿越西朝鲜湾湾底至朝鲜半岛的鸭岛附近，由于该处潮流沙脊原因，地形起伏剧烈，并迅速抬升，坡度为 6.4′。该剖面反映测区谷地地形不甚对称，略向东倾，以及渤海与黄海之间地形是渤海向黄海倾斜的总体趋势。

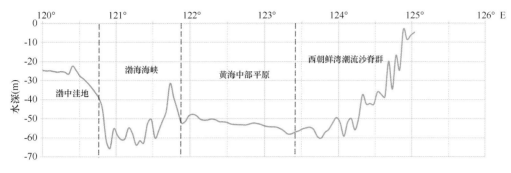

图 2-8　剖面 B—B′

C—C′剖面（图 2-9）位于海区中部，剖面自西北向东南穿过 5 个地形区，分别为辽东湾地形区、渤海海峡地形区、山东半岛岸坡台地地形区、黄海中部平原地形区和黄海槽谷地地形区，长度约为 573.4 km。剖面自辽东湾三角洲前缘穿越辽东浅滩的沙席时水深略有抬升，由 120°35′E 处进入老铁山水道，水深急剧下降至 60 m，过水道北部冲刷槽时地形有较大起伏，幅度约 20 m，穿越黄海中部平原北部时地形趋于平缓，在经 122°E 附近开始穿越山东半岛岸坡台地，剖面地形明显上升至台面，台面宽约 105 km，后经台坎，水深剧烈下降至 70 m。进入黄海中部平原南部，地形平坦，微向东倾，再由 124°20′E 处进入黄海槽谷地，地形下降明显，且由于古潮流沙脊影响，地形有较明显起伏。虽然地形剖面在经过沙席、水道及岸坡台地时发生较大起伏，但总体而言，地形整体趋势还是沿剖面方向缓慢下降。

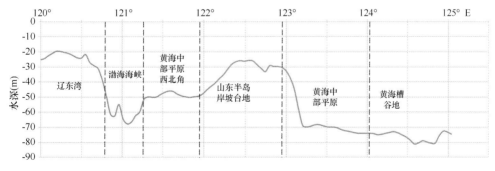

图 2-9　剖面 C—C′

D—D′剖面（图 2-10）整体位于北黄海海域。剖面自南向北共穿过 3 个地形区，分别为山东半岛岸坡台地地形区、黄海中部平原地形区和辽南岸坡地形区，总长度约为 257.2 km。该剖面自烟台牟平区外的沁水河口开始，水深先急速下降再趋于平缓，呈明显的岸坡台地地形，经过台坎后进入北黄海中部平原。至 38°48′N 处地形开始抬升，进入长山群岛后，由于岛礁及水道等原因，出现起伏。总的来说，该剖面由南至北总体略有抬升，因此也可说明北黄海地形微向南倾斜。

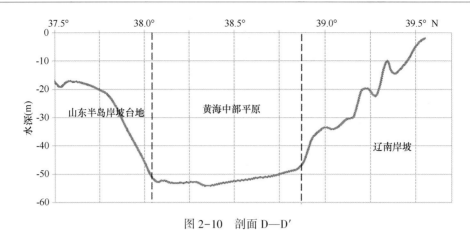

图 2-10　剖面 D—D′

2.3　地貌特征

2.3.1　海底地貌分类

地貌分类一般采用分类与分级相结合的原则。我国近海海底地貌编图，一般根据中华人民共和国行业标准《1∶1000 000 海洋区域地质调查规范》（DZ/T 0247—2009）中的海区地貌图编图要求，以及《海洋调查规范第 10 部分：海底地形地貌调查》（GB/T 12763.10—2007）进行编制。该规范考虑我国近海是西太平洋边缘海的一部分，根据板块构造的地貌分类原则，把地貌类型分为四级。一级地貌单元是根据板块构造环境及形态特征进行的划分，属明显受板块构造控制其形成和演化的巨型或大型地貌。二级地貌单元是根据地壳类型、构造特征、地貌形态和水深变化进行的分类。三级地貌主要受到内、外营力的控制，类型繁多，形态复杂，根据地貌的形成过程可以分为堆积型地貌、侵蚀-堆积型地貌和侵蚀型地貌。四级地貌则主要根据地貌形态进行分类，但也存在少数受构造因素控制的地貌。本书根据地貌形态反映成因和成因控制形态的内在联系，以"形态与成因相结合，内营力与外营力相结合，分类与分级相结合"为原则，按照地貌形成的主次因素，采取分析组合方法，依据发育规模，先宏观后微观，先群体后个体的惯例进行划分。其中特别强调了对海底地貌发育过程有很大影响的现代水动力条件、沉积作用过程及海平面变化等因素的影响。

本书采用的分类是把大陆架作为区域构造地貌体系中隶属于大陆地台的二级地貌单元。因为北黄海整体位于大陆架上，现仅把三级地貌和四级地貌单元介绍如下。

三级地貌是在二级地貌内，根据次一级的形态划出的地貌类型，成因可能以内营力为主，也可能是外营力为主，或者是二者共同作用的结果。由于陆架区因沿岸陆源物质的大量补给，海洋动力的复杂变化，以及构造作用的不均衡影响，使得区内地貌类型比较繁多。本研究区内的三级地貌类型主要包括：潮滩（SH₁）、水下三角洲平原（SH₂）、水下侵蚀-堆积岸坡（SH₃）、现代潮流沙脊群（SH₄）、海湾堆积平原（SH₅）、陆架堆积平原（SH₆）、陆架侵蚀-堆积平原（SH₇）、侵蚀-堆积斜坡（SH₈）、古河谷洼地（SH₉）、构造堆积台坡（SH₁₀）、堆积浅滩（SH₁₁）。

四级地貌主要为单一的地貌形态，它们可以分布在某个三级地貌单元内，也可以跨界分布。在本海区内四级地貌类型比较少，主要包括：现代潮流沙脊、现代潮流冲刷槽、现代潮流沙席、沙波、古湖沼洼地、海釜等（表 2-2）。北黄海海底地貌图见图 2-11。

表 2-2　北黄海及周边地貌分类系统表

二级地貌	三级地貌	四级地貌
大陆架地貌	潮滩（SH₁）	现代潮流沙脊
	水下三角洲平原（SH₂）	
	水下侵蚀-堆积岸坡（SH₃）	现代潮流冲刷槽
	现代潮流沙脊群（SH₄）	
	海湾堆积平原（SH₅）	现代潮流沙席
	陆架堆积平原（SH₆）	
	陆架侵蚀-堆积平原（SH₇）	沙波
	侵蚀-堆积斜坡（SH₈）	
	古河谷洼地（SH₉）	古潟沼洼地
	构造堆积台坡（SH₁₀）	
	堆积浅滩（SH₁₁）	海釜

2.3.2　三级地貌特征

2.3.2.1　潮滩（SH₁）

潮滩多分布在堆积平原区、海湾及大河的河口两侧，有时与潮流沙脊群和三角洲伴生，潮滩通常比较平坦，其发育与沿岸的岩性、构造、河流输沙和海岸动力（波浪、潮汐作用）有关。在本海区，潮滩广泛地分布在辽东半岛和胶东半岛的近岸区。沉积物主要以细粒的泥质沉积物为主。潮间带及潮下带的岸坡非常平缓，又因处在低波能、中潮差的区域，在风、波浪、潮汐和海流的共同作用下，海底再悬浮的物质及入海径流携带的细粒物质沉降，形成了泥质潮坪沉积。由于环境的差异，其淤长或被侵蚀的状况直接受到沿岸河流所携带的陆缘物质的补给程度及潮流作用的影响。潮滩通常宽为 2~6 km，滩面平坦，常发育小型冲刷潮沟、各种波痕、流痕及浅凹地。潮间带地貌分类和沉积物横向分异明显，沉积物由黏土-泥质粉砂-粉砂-砂质粉砂-细砂组成，呈由细而粗逆变。

2.3.2.2　水下三角洲平原（SH₂）

本区内的水下三角洲主要指鸭绿江三角洲，该三角洲位于西朝鲜湾北部，面积约为 1 400 km²。鸭绿江属于山溪性强潮流河口，多年平均径流量为 266.8×10⁸ m³/a，入海沙量为 159.1×10⁴ t/a，水沙的年内分配极不平均，6—9 月汛期时径流量和输沙量可占全年总量的 80% 以上，而在平水期，鸭绿江属含沙量较低的清水河（程岩和毕连信，2002）。河口呈喇叭状，口门宽达 23 km，受辽东半岛和朝鲜半岛地形影响，河口往复潮流流速 2~3 kn，浪头以上的落潮流量大于涨潮流量，落潮流速大于涨潮流速，浪头以下落潮流量小于涨潮流量（刘振夏和夏东兴，2004），落潮流速小于涨潮流速（程岩，2002），平均潮差 4.6 m，最大达 6.7 m（陈吉余等，1990）。三角洲受 NNE 向往复潮流作用影响，呈辐射状向外海延伸，由潮流沙脊、潮流冲刷槽相间组成，SW 向沿岸流和科氏力作用使水下三角洲向西南偏转，10 m 以深海域逐渐过渡为西朝鲜湾潮流沙脊群。鸭绿江的输沙中 75%~80% 是以悬浮状态运移的细颗粒物质，由于水流流速较大，细颗粒物质除少量沉降于潮滩外，大部分被带到口外沉积，底沙可以发育至离口门 20~30 km 的浅海区域。

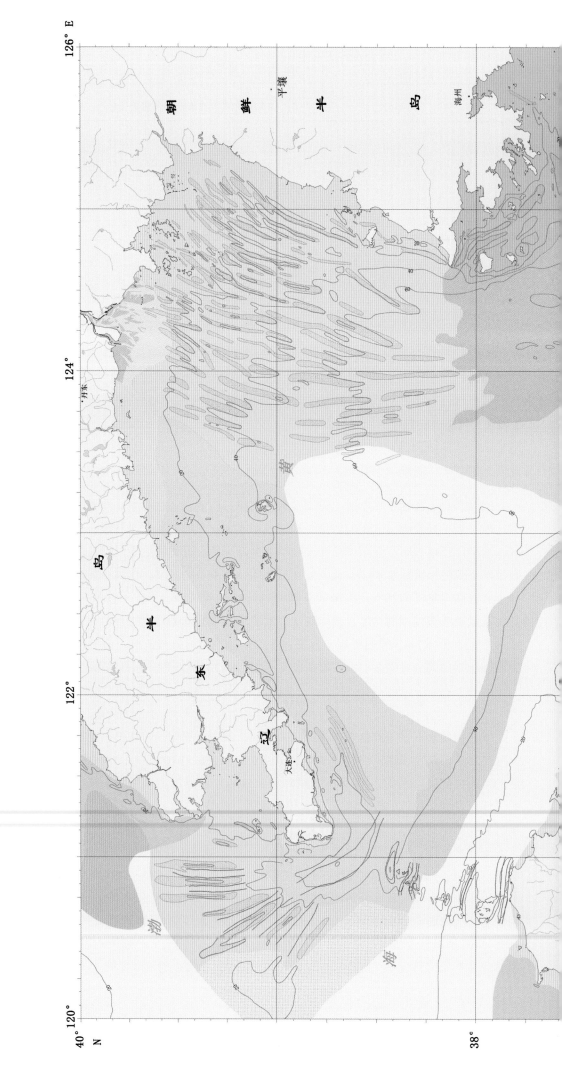

图 例

地貌成因类型

SH1	潮滩
SH2	水下三角洲平原
SH3	水下侵蚀-堆积岸坡
SH4	现代潮流沙脊群
SH5	海湾堆积平原
SH6	陆架堆积平原
SH7	陆架侵蚀-堆积平原
SH8	侵蚀堆积斜坡
SH9	古河谷洼地
SH10	构造堆积台坡
SH11	堆积浅滩

地貌形态与结构形态

	现代潮流沙脊
	现代潮流冲刷槽
	现代潮流沙席
	沙波
	古湖沼洼地
	海釜

其他地理要素

	陆地
	首都
	城镇
	河流、湖泊、水库
	国界线
	省市边界

	海岸线
	干出滩
15	等深线首曲线
20	等深线计曲线
12.1 44 ∙ 28	水深点

图2-11 北黄海海底地貌图

海

青岛

36°

2.3.2.3 水下侵蚀-堆积岸坡（SH₃）

水下岸坡主要指从海岸向海方向形成的明显的自然斜坡，部分斜坡可以直接到达陆架平原区。水下岸坡通常呈不连续的带状分布，是沿岸沉积物与水动力相互作用的结果，属于在近岸区分布较广的一种地貌类型。水下岸坡又可细分为堆积型岸坡、侵蚀-堆积型岸坡、侵蚀型岸坡 3 种类型。

在本海区内堆积型岸坡主要分布于辽东半岛及山东半岛。岸线平直，岸坡宽 10~40 km。其中在辽东半岛，大洋河—皮口之间逾 80 km，受堆积作用影响，岸坡地势平坦，坡脚水深一般为 20~30 m，而山东半岛一带仅为 5~10 m。堆积岸坡地貌过程以堆积作用为主，其发育岸段往往也是淤泥质海岸和潮滩发育岸段，常由沿岸大河（鸭绿江、黄河）所携带的大量入海泥沙随沿岸流扩散、淤积而成，沉积物较细，多为泥质粉砂。水下侵蚀-堆积岸坡，主要分布于辽东湾东岸、皮口—大连、崂山湾—胶南泊里、朝鲜南浦—海州，地貌过程介于侵蚀、堆积作用之间的过渡岸坡。岸坡宽 10~60 km，变化较大，坡度介于 0°03′~0°13′，下限水深 20~40 m。沉积物除部分由大河补给外，主要源于沿岸中小河流和沿岸侵蚀物质。辽东半岛皮口—大连间的中、上部岸坡，通常侵蚀强烈，沉积物较粗，底质为细砂或薄层砾砂，下部岸坡底质较细，为粉砂、黏土堆积。水下侵蚀岸坡仅在辽东半岛南端（旅顺—大连）、朝鲜半岛一带有所分布，由断崖或构造面经波浪、潮流侵蚀而成，属海洋动力辐聚的高能侵蚀岸坡。辽东半岛老铁山岬角陡崖直下水深 50 m 海底，上界直接与岸线相邻，宽度为 3~5 km，坡度高达 5°42′~11°18′，坡面常由裸露基岩或薄层砾石组成。

2.3.2.4 现代潮流沙脊群（SH₄）

潮流沙脊群主要分布在两个区域，一处为辽东浅滩的潮流沙脊区，位于老铁山水道的西口以北，另一处发育在黄海的东北部西朝鲜湾内，沙脊区的总面积约为 33 000 km²。其中辽东浅滩潮流沙脊区在水深 10~45 m 发育，该区域展布着若干大小不一的沙脊，形状似伸开的手指，沙脊多呈南北向发育，也有 NNE、NNW 向发育的沙脊，脊槽高差最大可达 20 m，随着离水道距离的增加，脊槽间的起伏增大，呈明显的线状展布，沙脊的延伸方向与潮流的长轴方向基本一致，沉积物主要以细砂为主。在黄海的东北部，分布着大片现代潮流沙脊群，称之为西朝鲜湾潮流沙脊。该区属于被辽东半岛东岸至朝鲜半岛西北海岸所环抱的海湾，朝鲜半岛山地高峻，长期遭受剥蚀，加之降水充沛，而朝鲜半岛的西部和东南部地势较低平，受到地形影响，河流的流量大、流速急，通过狭窄的浅海平原，流速急剧下降，携带的陆缘碎屑物质中粗粒的直接沉积，形成潮流沙脊的地貌格局。潮流沙脊成群分布在鸭绿江口至大同江口之间，遍布在西朝鲜湾内，规模之大纵横跨越经纬度 1°以上。在潮流和入海河流长期的相互作用下，浅滩被塑造成 60 余条近似平行排列的水下沙脊，长度超过 100 km 的沙脊有 20 余条，几千米到几十千米的有 30 余条，规模宏大，沟脊相间，走向 NE，与潮流方向一致。沙脊高 7~30 m，两脊之间隔 0.8~4 nm，潮流沙脊与潮沟伴生，其间分布有大量涨、落潮形成的潮沟，两脊间的沟槽在湾顶较窄，湾口展宽。所携带的中细砂、细砂可向海搬运出很远，是构成沙脊的主要物质。沙脊间区域北部地形起伏较大，潮流沙脊及潮沟的分布比较密集，向南逐渐变得宽缓。区域内东部沙脊总体的走向为 NNE 向发育，呈条带状展布，分布非常密集，西南部则以 NNW 向为主。西朝鲜湾潮流沙脊群是 12 000 a B.P. 以来海进过程中潮流长期改造浅海沉积的结果，属于不断向湾头进积的现代生长型潮流沙脊。另外在老铁山水道的东侧口门外，大连市及旅顺市的近海也有几条与岸线近似平行发育的沙脊。

2.3.2.5　海湾堆积平原（SH₅）

海湾堆积平原在海区北部辽东半岛的西岸辽东湾内，以及西部山东半岛的西北部莱州湾内分布，受研究范围的限制，仅能反映海湾堆积平原的一小部分区域，另外在大连湾、金州湾及胶州湾也发育有海湾堆积平原。海湾堆积平原的水动力较弱，海底平坦开阔，水深多小于 20 m。表层物质系泥质粉砂、粉砂质黏土及黏土质软泥，它们主要来源于入海河流所携带的细粒物质。具体描述如下。

（1）辽东湾海湾堆积平原，位于滦河口至长兴岛西角以北海域，向北东延伸。海底地形平缓，向海湾中央微微倾斜。区内水深小于 30 m，海底起伏小。北部与辽河三角洲相连，水下地形平缓，沉积了由辽河等带入海中的泥沙。

（2）莱州湾海湾堆积平原，海湾开阔，水深大都在 15 m 以内，水下地形简单，坡度平缓，由南向中央盆地倾斜。本区有较厚的现代沉积物。东部沿岸的泥沙，在常向风、波浪、潮流的综合作用下，在蓬莱以西形成了大片砂质浅滩与沿岸沙嘴。同时，在岛屿与海岸之间，形成水下连岛沙坝。黄河入海的泥沙，除在口门堆积外，大部分是悬浮状态，黄河口外主要余流方向是 NE—E 向，黄河大部分泥沙随流东去，向南转入莱州湾海湾堆积平原沉积下来，黄河巨量的入海泥沙对本区海底地貌的塑造有很重要的影响。

（3）大连湾、金州湾均属于构造陷落型小海湾，底质以黏土质粉砂为主。胶州湾则为湾口狭窄（约 3 km）的袋状半封闭海湾，全新世冲积、冲积-海积、海积层最大厚度达 10 m，向外海和陆逐渐变薄，湾口有大的冲刷槽，湾内有近南北向的潮流沙脊发育。

2.3.2.6　陆架堆积平原（SH₆）

以堆积作用为主的现代堆积陆架平原，常以全新世沉积厚度小（数米），沉积物较细和沉积速率低为特征，在研究区内有广泛分布（图 2-12）。

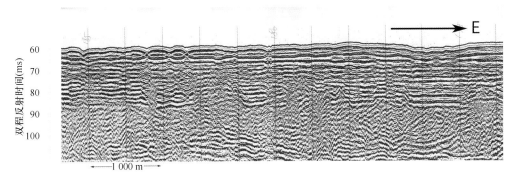

图 2-12　陆架堆积平原剖面（浅地层剖面 Z14）

陆架堆积平原主要分布于北黄海的中部及渤海中部，面积约为 30 000 km²，其中北黄海中部的陆架堆积平原基本由 50 m 等深线环绕，其分布大致和构造上的断坳盆地相吻合，处于现代黑潮分支黄海暖流余脉和沿岸流一起构成的逆时针环流中，水深自北而南逐渐变深。沉积物几乎全由悬浮物质组成，以粉砂质黏土和黏土质粉砂为主。北黄海陆架堆积平原，中心向外依次为黏土质粉砂、粉砂，含泥量渐少，而粉砂含量趋增，明显粗化，一般虫穴发育，含少量贝壳。北黄海的陆架堆积平原沉积物，主要源于渤南-黄海沿岸流携带的黄河悬移物质，也有部分来自老黄河三角洲的再悬浮物质和黑潮输送的外海物质，沉积速率较低。渤海的陆架堆积平原位于渤海中央盆地，大致相当于渤中坳陷位置，呈三角形延伸并与辽、渤、莱三湾相接，通过渤海海峡南部与北黄海相接。除渤海海峡附近外，其他区域海底都极为平坦，沉积物以细砂为主，受黄河物质扩散影响显著。本区水深 15~30 m，渤海中央盆地是一个浅海堆积平原，中央盆地虽然处于渤海环境的宁静区，但是它介于海峡与渤海湾之间，潮流的选运作用使得入海物质沉淀后不断粗化，使得较细物质被冲刷潮流带走，而留下细砂，这也是渤海中央盆地中心分布着细砂而周围部分布着粉砂的主要原因。下伏古地貌面的起伏影响着现代海相沉积的厚薄。

2.3.2.7 陆架侵蚀-堆积平原（SH$_7$）

陆架侵蚀-堆积平原是区内陆架上分布最广、规模最大的地貌单元，面积约为 44 000 km^2，主要分布在辽东半岛南部、胶东半岛的东部和南部海区，整体向东南方微倾（图 2-13）。由于受到沿岸流及黄海暖流对陆缘悬浮体向外海扩散的阻隔，再加上冰后期以来快速的海进及改造作用的影响，陆架侵蚀-堆积平原的现代沉积作用很弱，全新世的沉积仅有几十厘米，甚至部分区域全新世沉积缺失，这也可能是由于携带悬浮物质的冲淡水受到海水的顶托，悬浮体难以沉积造成的。底质以细砂为主，常含有潮间带、河口及滨岸浅水环境产生的生物破碎遗壳。^{14}C 测年数据表明沉积物大多数年龄为 20 ka~15 ka B. P.，部分区域大于 35 ka B. P.。

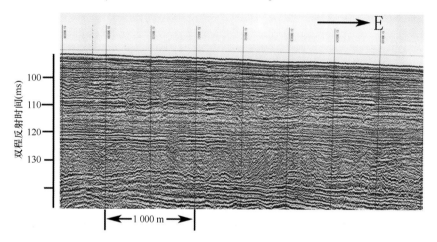

图 2-13 陆架侵蚀-堆积平原剖面（浅地层剖面 Z06）

2.3.2.8 侵蚀-堆积斜坡（SH$_8$）

环绕胶东半岛的北、东南方向发育有侵蚀-堆积斜坡，该斜坡等深线与岸线大致平行，斜坡坡降明显，与两侧的地貌特征差异明显。斜坡面积约为 8 000 km^2，斜坡的宽度为 25~80 km，在短距离内水深由 30 m 迅速降至 70 m，坡度最陡处可达到 5.5′，其北部直抵渤海海峡口门处，南部到达 36°N 处，并且向南继续发育，与南黄海侵蚀-堆积斜坡的分布存在连续性，一直可延续发育至东海。该区的沉积物除部分由大河补给外，主要是由沿岸的中、小河流所携带的陆缘沉积物及沿岸侵蚀的物质构成，由于受到黄海沿岸流与黄海环流的共同作用，其中细粒的沉积物不断被搬运、沉降，形成了侵蚀-堆积斜坡。该斜坡的海底沉积物以黏土质粉砂和粉砂质黏土为主。斜坡的成因比较复杂，不同的地段成因可能各不相同，这里暂时统称为"侵蚀-堆积斜坡"。

2.3.2.9 古河谷洼地（SH$_9$）

陆架区通常分布有很多古河谷，古河谷洼地指的是陆架上一个长条状宽浅的洼地，而不是地貌学上通常所指的大陆坡上的大型负地貌单元。古河谷的表现形态通常有两类，第一类属于沉积作用缓慢或者埋藏较浅，海底现代仍然可时断时续地表现出河谷形态；第二类古河谷由于现代沉积速率较高，目前海底无明显的河谷形态，河谷以不对称的"U"形谷为主。本海区内的古河谷洼地西北至 38°N，东南至 36°N，宽度为 80~100 km，呈 NW—SE 向分布于现代黄海槽的北端，至今仍保留极其明显的长条状洼地轮廓。面积约为 17 000 km²，水深在 60 m 以浅，等深线变化复杂，显示地貌形态的破碎，由于现代沉积作用较弱及埋藏较浅，部分区域的海底仍然显现出河谷的形态。洼地底质为较粗的黏土-粉砂-砂，粉砂质砂或细砂和中细砂。该洼地推测为晚更新世末次冰期古黄河、鸭绿江交汇后，向冲绳海槽北端流去的河谷，由于河谷在平原上摆动，使河谷宽度很大。洼地北部海底沉积物为全新世之松软的海相黏土质软泥或粉砂质黏土软泥，厚度较小。洼地南部为全新世早期砂质沉积。洼地内，尤其南部有大量的潮流沙脊发育其上。洼地是末次冰期期间黄海平原上水系的主通道。

2.3.2.10　构造堆积台坡（SH_{10}）

构造堆积台坡位于朝鲜半岛西南海岸台地外围，上缘水深 15 m，坡脚水深 40 m 附近，台坡坡度 10′18″~12′19″，区内面积约 14 700 km²。台坡地形复杂，等深线分布杂乱，近岸区有众多岛礁分布。一个十分突出的现象是，台坡的一部分被全新世的"涡旋泥"覆盖。这一台坡处于东面的构造抬升区和西部的南黄海沉降区之间，地貌形态既受构造控制，也明显受现代沉积的影响，所以称为构造堆积台坡。

2.3.2.11　堆积浅滩（SH_{11}）

堆积浅滩位于山东半岛东南海域，为 NE—SW 走向的狭长高地，南宽北窄，自 SW 向 NE 由宽变窄呈一反"S"形展布。水深 20~30 m，长约 150 km，至成山头附近尖灭，北部宽度几千米，南部宽度可达到 60 km，面积约 6 300 km²，相当于 20 m 的阶地面。东至东南面海底向东倾至水深 30 m 处，构成坡降为 1.4/1 000 的斜坡，并与黄海中部平原相连。西面坡度较小，其沉积物组成较细，主要为黏土质粉砂，堆积速度较快，在垂直取样和浅地层记录中均见厚度较大的沉积层。此外，从侧扫声呐记录上可见到其表面有较规则的沙波图像。该浅滩由泥质沉积物组成，其成因可能与黄海沿岸流派生出的小型涡旋活动有关（图 2-14）。

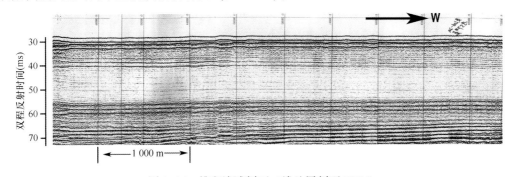

图 2-14　堆积浅滩剖面（浅地层剖面 Z03b）

2.3.3　四级地貌特征

四级地貌一般称为地貌形态，部分地貌形态在三级地貌中已经从群体上进行过阐述，本节从单个形态上进行论述。由于研究区域主要处于陆架堆积平原上，地形的起伏不大，地貌相对比较单调，为了充分表现地貌的细部特征，本书尽量增加了一些形态单元或者形态要素，该区域的地貌形态主要可以分为以下 6 种：现代潮流沙脊、现代潮流冲刷槽、现代潮流沙席、沙波、古湖沼洼地、海釜。

2.3.3.1　现代潮流沙脊

在本研究区内，潮流沙脊主要分布于两块大的区域，一部分分布在渤海的辽东浅滩区，另一部分分布在北黄海的西朝鲜湾，另外在辽东半岛的东南岸近岸区及群山湾的西南部也有小规模的分布。

渤海海域现代潮流沙脊主要发育在渤海东部海域，辽东浅滩潮流沙脊由 8 条主要的沙脊组成，发育在水深 10~35 m，形似伸开的手指状，地形起伏较大，这些指状潮流沙脊分别沿 NS、NNW、NW 向发育，长达数千米至数十千米，一般宽为 2~10 km，脊、沟高差可达 20 m 余。浅地层剖面上，内部层理大多清晰，有的呈现半透明层，整体多为斜交前积反射结构，沙脊的底部界面呈下超接触。

在辽东半岛东南近岸区的潮流沙脊主要由 4 条彼此平行的 NE—SW 向展布的潮流沙脊组成，水深 40~50 m，沙脊长 35~75 km，高 3~17 m，脊宽 3~7 km，物源显示多元化特征，包括落潮流携带老铁山水道侵蚀物质、沉积区附近和近岸岛屿的侵蚀物质、沿岸河流输入和沿岸流的搬运物质等。

分布在北黄海西朝鲜湾的潮流沙脊的走向与潮流方向大致平行，沙脊的相对高差为 2~30 m，平均高差在 15 m 左右，东部和北部沙脊的高差相对较大，西部和南部的高差相对较小，两脊之间间隔从几百米到几千米不等，发育比较长的沙脊可达 100 km，短的只有几千米，多发育在东部和西部沙脊走向发生变化的结合部。西朝鲜湾北部的沙脊相对比较陡峻，沙脊与潮沟的高程差较大，向南逐渐趋缓，高程差减小。高差大的沙脊的坡度特征为西坡较陡，通常在 1°~1.5°，东坡较缓，基本都小于 1°，据此可以了解沙脊的西坡是不断被侵蚀的，而侵蚀下来的物质在相邻沙脊的东坡发生堆积，这与该区域逆时针横向旋转的小环流相对应，这就造成了区内的沙脊不断地横向摆动，使西朝鲜湾的沙脊地形随时都在发生着比较显著的变化。而高差相对较小的沙脊两翼的坡度基本平均，反映两侧基本均衡的水动力条件。

2.3.3.2　现代潮流冲刷槽

现代潮流冲刷槽在粉砂淤泥质海岸带的潮滩和水下岸坡是普遍存在的，在潮滩上称为潮沟，在水下岸坡与陆架之上称为潮流冲刷槽。潮流冲刷槽多发育在地形束狭区及潮流沙脊区，区内多处均有发育。其中辽东浅滩和西朝鲜湾的潮流冲刷槽分布规模大，比较密集，常与潮流沙脊相伴生，长度十几千米到几十千米不等，宽度通常有几千米。辽东浅滩的潮流冲刷槽基本沿 SN 向展布，西朝鲜湾的潮流冲刷槽在湾顶处较窄，向湾口逐渐展宽，宽度在 3~15 km。

而束狭水道底部侵蚀沟槽主要分布在渤海海峡周边、庙岛群岛、长山列岛海域，其中老铁山水道是我国海岸带最深、规模最大的冲刷槽，最大水深 86 m，相对深度 20~60 m。冲刷槽形态各异，但基本与水流的方向一致。随着水流侵蚀作用的增强，冲刷槽有进一步变深的趋势。

2.3.3.3　现代潮流沙席

渤海海域潮流沙席主要分布在渤海偏东部，老铁山水道西北侧、辽东浅滩西侧。地形上显示为一大块凸起底形，其顶面水深约为 15 m，外围水深为 25～30 m，面积约为 3 500 km²，通常称为渤中浅滩。沉积物主要为细砂、极细砂。该底形和沉积物分别受潮流控制，其与潮流沙脊的主要区别是地形整体隆起，无明显脊槽相间底形。一般由于潮流性质不同，可形成不同地貌形态。在往复流作用下，形成潮流沙脊；在旋转流作用下形成潮流沙席（刘振夏和夏东兴，2004）。该海域潮流流速略小于辽东浅滩，而潮流椭率绝对值大于 0.4，反映潮流的往复性减弱，旋转性增强，使潮流的次生横向环流减弱，甚至消失，不能形成槽脊相间的地貌形态，而形成平坦而突起的沙席。该区物质主要来自老铁山水道，由潮流侵蚀、搬运后沉积形成。

2.3.3.4   沙波

区内沙波分布比较广泛，主要分布在辽东浅滩区及西朝鲜湾的潮流沙脊区。浅地层剖面上，沙波常与潮流沉积相伴生，发育于潮流沙脊的两翼，有时在平坦的海底也有发育，沙波发育地区周围地层一般为砂质沉积区。沙波通常呈一系列波痕状，形态各异，大小不一，大面积成片发育，可以反映该区域的水动力环境。

2.3.3.5   古湖沼洼地

古湖沼洼地主要是指晚更新世末期或全新世早期的埋藏湖沼沉积。主要位于辽东湾中部地区，辽东浅滩的北部。在 30 m 水深附近发育，面积约为 2 200 km²，即通常所说的辽中洼地，形状呈碟形，地形平坦（图 2-15），海底往往仍然保留着明显的低洼轮廓，沉积物多为具水平层理的黑色黏土、亚黏土或细粉砂。该处的湖沼沉积层下面为河流相的砂和砂砾层。古湖沼洼地的全新世现代沉积层都很薄，其地貌形态基本保留了晚更新世低海面时期的原貌。

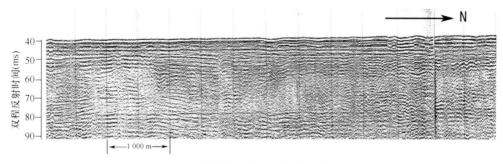

图 2-15   古湖沼洼地浅地层剖面（测线 L3-1）

2.3.3.6   海釜

海釜主要分布在辽东半岛、老铁山水道的北部、山东半岛周边等海区，为一椭圆状的蝶形封闭洼地，海釜的面积多数都比较小，在几平方千米到十几平方千米间，少数可达几十平方千米。由于特殊的水动力条件使该区域的底部受到冲刷和侵蚀，形成了许多大小不一的凹坑，与周围的高差达到十几米甚至几十米，凹坑周边比较浑圆，方向与沿岸流的发育方向基本一致，呈椭圆形或狭长形分布。

2.3.4   其他微地貌形态

主要根据实测侧扫声呐资料，对区内的微地貌进行了厘定和划分。侧扫声呐是探测、研究海底地貌形态的主要调查手段。因为硬的、粗糙的、突起的海底回波信号强，软的、平坦的、下凹的海底回波信号弱，从而造成回波脉冲不同位置处振幅不同，所以声呐信号包含了海底起伏状态、软硬程度、海底平滑程度等海底微地貌信息。

本海区属于陆架区，海底较平坦，侧扫声呐记录地貌主要为海底侵蚀、堆积形成的各种小型地貌，属于现代地貌。通过对侧扫声呐图像解读，根据声呐信号强弱变化形成的地形面、地形线、地形点等形态要素构成的几何形态特征变化，开展了调查区微地貌分布和分类研究。

2.3.4.1　主要微地貌类型分布

首先对侧扫声呐测线上的微地貌进行了分类解释，从而得到调查区主要微地貌分布概况。再结合相邻测线上的微地貌变化趋势，对区内分布范围较大的地貌类型进行了分布区合理推测，获得了本区微地貌分布（图2-16）。由于微地貌与海底和沿岸地形变化、水动力作用变化、海底底质类型变化、人工影响等因素密切相关，地貌类型的分布能够反映成因变化。

研究发现，代表强侵蚀作用的海底起伏区的斑状地貌大片发育于老铁山角至庙岛群岛的渤海海峡之间，在海峡东侧与西北侧局部分布。代表较强侵蚀作用形成的起伏不明显海底的斑状地貌发育于海峡西北至猪岛西北海域、海峡东至大连湾东南—威海北的深水区局部海底，此外在成山角周围水下台坡下缘也局部发育。代表较稳定往复潮流作用下的夹斑状地貌的潮流冲刷痕发育于海峡及海峡东侧的部分海区、海峡西北猪岛西北一线，此外在大黑山岛北侧海域、成山角以东的黄海中西部也发育。代表一定侵蚀堆积作用的潮流冲刷痕地貌在区内广泛分布，主要分布于大连至海峡之间、渤海东部潮流沙脊群的前缘、沙脊群间的沟槽内、沙脊群后缘、辽东半岛西部近岸区。其中渤海东部沙脊群的后缘潮流作用最弱，潮流冲刷痕以窄细为特征。浅层气逸出海底的规则圆点、椭圆状麻坑地貌发育于研究区辽东半岛西北海域中部、山东半岛东南泥楔的西南部，逸出点为海底浅部浅层气浓度较高的地方。水下沙丘为区内广泛分布的微地貌，主要发育于渤海东部的潮流沙脊群东部沙脊的斜坡和脊顶、北黄海中东部海底，此外成山角潮流冲刷槽西侧斜坡、辽东半岛西侧近岸斜坡、渤海海峡东侧局部发育小规模水下沙丘。锚痕发现于庙岛群岛附近、威海成山角间大部、石岛镇附近局部海底，此外渤海中部及研究区西北局部也发现小范围的锚痕，这些海区应是山东近岸养殖与捕捞、渤海海上油田施工船作业造成的。在区内西北侧扫声呐测线发现3处海底埋藏管线，其应为附近海图上标志的油井输油或海底电缆管道。此外，在大连湾东南海域还发现一处疑似海底管线。在南黄海中部还发现两处不明物体，其形状特殊，推测为埋藏的小型沉船等造成。

2.3.4.2　主要微地貌类型

1）锚痕

区内的某些海底有渔船下锚或作业时，浅表层沉积物被翻至海底形成线状浅槽状或线状微突起状，在声呐图上表现为一条或数条弧形横穿海底的阴影线状，无明显高度变化，其宽度一般较小（图2-17）。研究区内主要分布于山东半岛岸外30 m等深线附近、渤海中部与北部局部、庙岛群岛周围海区。本次获得的侧扫声呐图像上有较多的锚痕，拖锚捕鱼对海底地貌的破坏比较严重，有研究表明，海洋贝类等海底生物的生存与海底地貌类型有着直接的联系，因此对海底地貌的破坏有可能影响到海洋贝类等的生存环境，严重的甚至使其灭绝。因此要正确处理发展海洋渔业与保护自然环境的关系，实现经济的可持续发展。

2）沙波

水下沙波是区内较常见的微地貌类型之一。水下沙波大片分布于中部地区，沙波波长7~30 m，

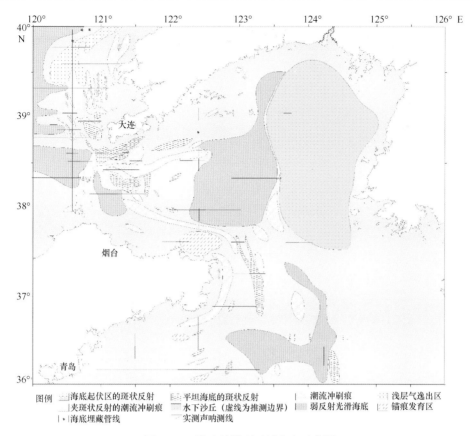

图 2-16   微地貌类型区域分布示意图

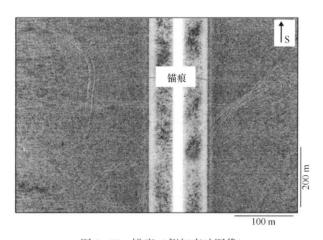

图 2-17   锚痕 (侧扫声呐图像)

水下沙波分布区西部边缘的沙波规模略小, 向东规模较大。辽东半岛西侧潮流沙脊群的沙脊上、部分沙脊斜坡上发育了波长 5~15 m 的水下沙波。小长山岛南侧和东侧分布着两条明显的水下沙波带, 其中, 南侧沙波规模较大, 呈新月状 NW—WWS—ES 向分布, 略向刁坨子岛弯曲, 南北长约 6 km, 东西宽 1~4 km, 沙波北陡南缓, 由西北向东南逐渐减小, 高差 1~3 m, 沙波走向基本垂直海流方向。沙波的东北部为一规模较大的潮流冲刷槽, 北部走向近南北向, 南部与靠近沙脊的部分为近东西走向。这些水下沙体, 主要是由于潮流在运动中产生分流或水流扩散, 造成水流减缓而形成的大的堆积物。总体来看, 水下沙波主要为大型沙波, 少数为中型沙波 (图 2-18)。

根据水下沙波发育规模，将区内的水下沙波分为中型水下沙波、大型水下沙波两类。根据沙波发育区的地貌形态，可将水下沙波分为较平坦海区的水下沙波、潮流沙脊脊顶的水下沙波、潮流沙脊斜坡上的水下沙波、老铁山水道内的水下沙波四类。此外，根据水下沙波发育形态不同，可分为形态单一的水下沙波、复合形态的水下沙波两类。

3）麻坑

在区内西北部、山东半岛东南岸外泥楔西南部的部分海底分布着斑点状弱反射，一般为圆点状或椭圆状，面积较小，大小从可分辨的圆点到直径数米之间，该规则斑点状弱反射区域内水体中偶尔可见圆点状或椭圆状反射，其应为海底气体泄露形成的麻坑（图2-19）。该类反射区位于海上油气钻井平台附近，而且该地区浅地层剖面上可见大片分布的声学屏蔽、声学扰动等浅层气特征反射，表明海底存在大量较高浓度的浅层气。因此斑点状弱反射可能为由深部地层泄露出的海底浅层气缓慢逸出海底形成的局部海底凹陷，该类斑点状地貌分布区声呐图像上的水体部分特有斑点状反射应为海底逸出气泡的反射。根据测线上海底斑点分布密度对比发现，该类地貌分布区的中间区域为2~3块高密度斑点状反射分布区，外围一般为低密度的斑点状反射分布区，区内共6块低密度的斑点状反射区。

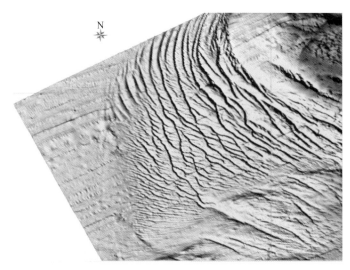

图2-18　水下沙波三维示意图（多波束图像）

4）潮流冲刷痕

潮流冲刷痕由海底受较强或强潮流作用冲刷而成，在声呐图像上为与周围海底背景反射强度差异明显的线状、规则条带状、不规则条带状强反射和弱反射相间组成。区内潮流冲刷痕主要分布于辽东浅滩潮流冲刷槽内、辽东半岛西岸近海海底、山东半岛沿岸水下岸坡外30 m等深线附近、庙岛群岛岛屿之间冲刷槽内与外长山群岛之间冲刷槽内。

山东半岛沿岸水下岸坡外30 m等深线附近的冲刷痕基本为条带状潮流冲刷痕（图2-20）；渤海东部潮流沙脊间冲刷槽内主要为规则条带状冲刷痕，部分潮流冲刷槽内为不规则条带状，条带延伸方向与冲刷槽的方向一致，代表了冲刷槽内潮流作用的方向；个别潮流冲刷槽内部分地带为不规则条带状冲刷痕，这些不规则强反射的潮流冲刷痕应代表了粗粒沉积物的不规则分布，可能由于海底原地沉积物的不规则分布，以及潮流作用有限还未能完全侵蚀、改造海底沉积物分布格局；与斑痕相间的条带状冲刷痕代表了潮流作用下海底粗粒沉积物的条带状搬运、再沉积格局，条带状冲刷

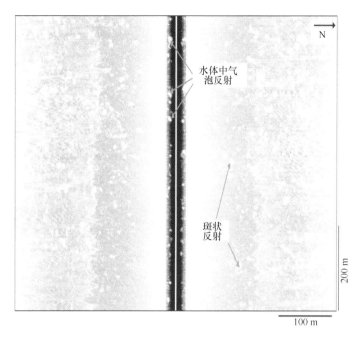

图 2-19　像麻坑构造（侧扫声呐图像）

痕指示了潮流作用方向，斑痕状海底可能代表了海底原来的粗粒沉积物在较弱的潮流作用下难以运移而滞留原地的状态。

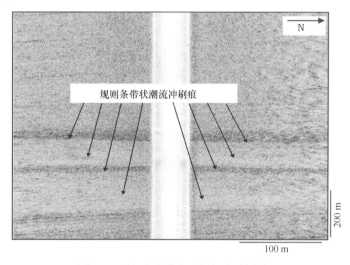

图 2-20　潮流冲刷痕（侧扫声呐图像）

5）海底管线

海底管线通常为海底铺设的电缆及输油管道（图 2-21），在侧扫声呐上体现为规则的线状，颜色通常较周围的沉积物深，辨析度较高。通常在钻井平台周围分布较密集。

2.3.5　地貌演化分析

北黄海及邻近海区地貌的形成与演化，是晚更新世以来各种内、外地质营力共同作用的结果，其对海底地形地貌的塑造主要表现在近岸区及浅海区域。发源于我国西部高原的众多水系对陆地不断进行侵蚀，并且搬运大量陆源物质入海，构成陆架沉积的物质基础，并进一步通过波浪、潮汐、

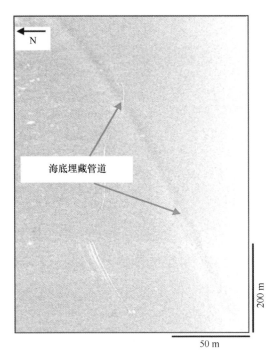

图 2-21　海底管线（侧扫声呐图像）

海流作用对海底地形、地貌进行塑造。另外，冰后期大规模的海侵也对陆架海底地形、地貌进行了改造，目前我们所见到的地貌也只是各种营力暂时达到平衡的产物。

2.3.5.1　区域地质构造的影响

构造运动对我国现代的海陆格局、海岸轮廓、海岸类型、海底地貌的形成起着重要的影响和决定性的作用。渤海海域主体处于渤鲁断块区中，早元古时期，构造运动使原来的地台发生破裂，逐渐形成裂陷槽和若干刚性地块，后经吕梁运动使裂陷槽发生闭合，最终使华北陆块在此拼接成统一的克拉通。在此变质基底上，元古代末期地台整体上升，遭受剥蚀和夷平作用，基底上的盖层主要由两套地层组成。进入中生代后，印支运动对于渤海的影响很小。而燕山运动对于本区的影响极大，强烈地改造了运动前期的构造地貌，以大量 NE 和 NNE 向断裂切割渤海 EW 向的古构造，中生代末期地幔柱形成或消融、扩张或收缩反复间歇进行，造成盆地基底断陷-坳陷旋回交替出现。在盆地断陷期，伴随地壳的张裂，地幔顶部的岩浆有规模不等的喷溢，如在渤海海峡圆岛的西北侧海底出现的火山锥形体刺穿第四系地层，直达海底面。而在盆地的坳陷期，坡度增大，进入盆地的陆源物质增加，沉积速率加快，新的沉积层对老的沉积层和古地貌面不断进行掩埋。新生代则是盆地的主要发育期，渤海海域受到地幔上拱的影响，始新世盆地发生裂陷和横向的拉张作用，形成若干个排列有序的隆、坳分布区。渐新世末，由于板块碰撞造成中国西隆东降的格局，使渤海逐渐成为沉降中心。到了第四纪华北盆地整体上升并进一步夷平，在第四纪间冰期和冰后期陆架被淹没后，河口的大量输沙及陆上三角洲向海的推进，对于河口水下三角洲及三角洲平原的形成起了重要作用，同时为各种浅海堆积地貌的形成提供了丰富的物质来源。冰期发生海退，河口三角洲向海推进，冲积平原及湖沼地貌开始发育，形成更厚的河湖相堆积物，海底地貌不断被新的沉积物掩埋及更新，黄河、海河、滦河及辽河的三角洲发育均与此密切相关。

北黄海的基底是前寒武纪变质岩，南黄海的基底是古生代褶皱带。在此基础上发育了北黄海、南黄海北部及苏北—南黄海南部 3 个中生代断陷盆地，但各断陷盆地互不连接。晚上新世以来整体发生沉降，奠定了陆架平原地貌的基础。晚白垩世以来黄海开始由挤压向拉张转变，出现了一系列孤立的断陷盆地，但沉降幅度不大。古新世是断陷盆地的发展期，构造活动频繁，下沉幅度大。古新世末，南黄海盆地内发生了五堡运动，五堡运动比较强烈，波及全区，使盆地抬升，阜宁群变形。始新世盆地以内部的断块作用为主。渐新世时地形被夷平，沉积层向凸起和隆起超覆。渐新世末期的三垛运动，使古近系和白垩系上部褶皱、断裂并使盆地拱升遭受剥蚀。经过三垛运动，本区的断裂活动逐渐减弱，断陷作用结束，代之以区域性的下沉，同时地形逐渐被夷平，沉积层向凹陷、凸起及隆起上超覆。新构造运动对于黄海的影响主要体现在断陷的幅度和强度上。黄海新生代海盆的形成主要源于喜山运动晚期的闽浙—岭南隆起带的整体坳陷，海水大规模入侵所致。喜山运动晚期强烈的构造运动造成黄海北部断块整体下陷、扩大及海侵的发生，形成大范围的沉积层，并伴随频繁的火山及地震活动，对海底及近岸区地貌的发育及演化产生重要的影响，如 1668 年 8.5 级的郯城地震就使连云港附近岸线向海推进了十几千米。

2.3.5.2　海平面升降的影响

我国近海海底及海岸的构造格局始于中生代的燕山运动及第三纪的喜山运动，而现代渤海及黄海地貌形态则是通过第四纪的海陆变迁，直至 6 000 a B.P. 左右形成现代的海岸线及海底地形、地貌形态。由于更新世全球性气候多次的冷暖交替，相应地出现多次冰期和间冰期的冷暖变化，冰期时海面下降发生海退，间冰期时海面上升发生海进，由于上述因素的影响，海岸线及海底地形、地貌不仅在垂向，同时在空间分布上都会发生巨大的变化。渤海自晚更新世以来共发生过 3 次海侵，全新世最后一次海侵前渤海还属于陆地，在渤海的西岸及北岸发育有河相及湖相地貌，直至 11 ka B.P. 前后，海水才到达渤海南岸，莱州湾最早被淹没，形成海湾堆积地貌，大约 8 ka B.P. 达到最大海侵期，渤海全部被海水淹没（赵松龄，1978），由于注入渤海的河流陆源物质丰富，形成全新世巨厚沉积层，并在现代水动力的作用下，形成了河口水下三角洲、海湾堆积平原及陆架堆积平原等地貌类型。

通过对黄海 QC2 孔的研究发现，1.8 Ma B.P. 以来在黄海有 8 个海侵层和 7 个陆相层（杨子赓和林和茂，1996），表明在第四纪历史中黄海有多次海平面变化和海水进退，其中玉木冰期的海平面变化达到 100 m 以上，古岸线在高海面时向陆后退，低海面时向海推进，陆架区被河流相及湖泊相的沉积物覆盖，形成宽阔的水下三角洲及堆积平原等堆积地貌。由于盆地的区域沉降所造成的地势差异和陆架区的海陆相互作用，使黄海海槽两侧的陆架在地貌发育过程中具有各自的特点。全新世海侵以来，黄海槽西侧陆架接受了来自中国大陆的大量泥沙，由于黄海暖流的隔挡，泥沙不能跨过黄海槽进入东侧陆架，而堆积在西侧，造就了黄海槽西侧宽缓的浅水陆架。黄海槽东侧陆架，受强潮流作用控制，陆源物质供应不足。潮流对海底进行侵蚀和改造，塑造了大面积的潮流沙脊和沙席。黄海暖流的驱动在黄海中部和朝鲜半岛西南海区形成了两个涡旋区，为细粒沉积物的聚集提供了空间，发育了黄海中部的堆积平原和朝鲜半岛西南海区的堆积台地。

第3章 海底底质

3.1 沉积物粒度

沉积物的粒度组成主要是受其源岩物质构成所控制，此外还受源岩地区的风化作用、搬运过程中的机械磨蚀、水动力作用，以及化学溶蚀等因素制约。在不同的沉积环境下，地形不同，搬运介质不同，介质的密度、流速、流动方向，以及它们的水动力条件不同，沉积物稳定沉积后的粒度组成亦不相同。因此，海底表层沉积物类型的特征及其分布方式是连续而漫长沉积作用的一种表现形式，根据沉积类型的特征及分布，可以来追溯沉积物的来源、沉积环境，进而可阐明沉积过程。

沉积物的命名原则参照 Folk 等（1970）按粒度含量的三角形命名方法（图 3-1）。

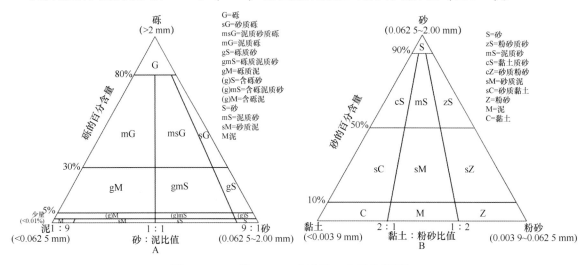

图 3-1　Folk 等（1970）沉积物三角形分类图解

3.1.1 表层沉积物类型与分布

本海区表层沉积物取样分布如图 3-2 所示，取样位置包括渤海的东南部、北黄海的西部、南黄海北部 3 个主要区域，共计 234 个样品。

3.1.1.1 表层沉积物类型

根据 Folk 等（1970）沉积物命名原则，表层沉积物可以分成 4 类，分别是砂（S）、粉砂（Z）、粉砂质砂（zS）和砂质粉砂（sZ）（表 3-1，图 3-3），以及少量含砾沉积物，为含砾粉砂质砂和砂质粉砂。其特征描述如下。

砂：主要分布在研究区中东部，分布面积较小，由于取样区域的限制，只有 7 个样品，主要是分布在朝鲜半岛西部潮流沙脊区域，呈南北向分布。砂样品数在所有样品（无砾）中所占比例最低，为 3.10%，其中以砂含量最高，平均含量有 94.45%，黏土和粉砂含量较低，其平均值分别为 0.88% 和 4.67%，砂、黏土和粉砂在不同样品中的含量变化较小；平均粒径为 2.30Φ，变化范围为

1.96Φ~2.72Φ；标准偏差、偏度和峰度的平均值分别为 0.79、0.18 和 1.37，变化范围较小，表明大多数沉积物为分选中等、正偏态及尖锐峰态，样品点分布比较集中，表明水动力环境基本一致。

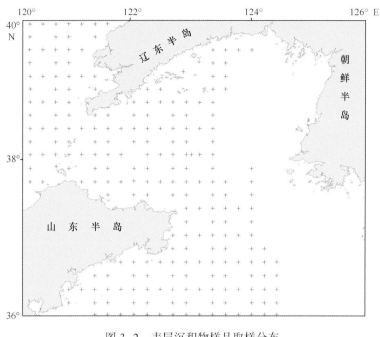

图 3-2　表层沉积物样品取样分布

表 3-1　沉积物样品（无砾）粒度参数分布表

类型 （Folk 分类）		粒度组成（%）			粒度参数			
		砂	粉砂	黏土	平均粒径 （Φ）	标准偏差	偏度	峰度
砂 （7 个样品）	平均值	94.45	4.67	0.88	2.30	0.79	0.18	1.37
	最大值	96.64	7.89	1.80	2.72	1.16	0.30	1.95
	最小值	90.31	2.79	0.27	1.96	0.60	0.08	1.01
粉砂 （29 个样品）	平均值	3.12	71.68	25.20	7.01	1.52	0.03	1.10
	最大值	9.97	76.07	31.25	7.41	1.88	0.29	1.24
	最小值	0.29	65.38	15.08	5.96	1.31	-0.11	0.87
砂质粉砂 （140 个样品）	平均值	28.19	58.09	13.72	5.38	2.05	0.21	1.03
	最大值	49.83	72.54	23.59	6.42	2.59	0.49	1.64
	最小值	10.21	37.05	4.17	4.21	1.27	-0.25	0.69
粉砂质砂 （52 个样品）	平均值	62.62	29.55	7.83	3.99	1.99	0.48	1.18
	最大值	89.50	41.76	15.23	5.13	2.62	0.71	2.99
	最小值	43.40	8.45	2.05	2.29	1.13	0.26	0.75

粉砂：主要分布在研究区的南部区域。粉砂样品数在所有样品（无砾）中所占比例不高，占 12.7%，沉积物以粉砂为主，平均值达到 71.68%，砂和黏土的含量变化范围比较大，其平均含量分别为 3.12% 和 25.20%；沉积物呈灰色，松散或半流动状；粒径平均值为 7.01Φ，分布范围为 5.96Φ~7.41Φ；粒度的标准偏差、偏度及峰度的平均值分别为 1.52、0.03 和 1.10。大多数沉积物分选很差，对称偏度，表明沉积物以极细粒级物质为主，水动力环境相对较弱，粗颗粒成分很少。

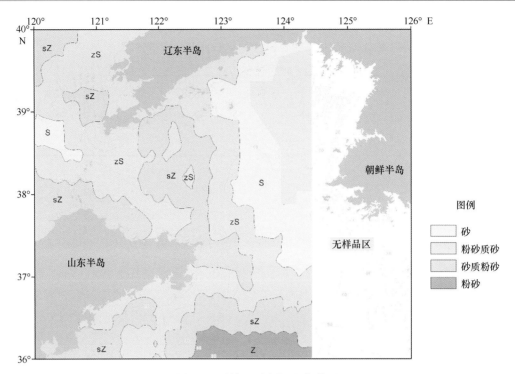

图 3-3　研究区表层沉积物类型

砂质粉砂：在该区分布最广，主要分布在调查区的中部和山东半岛的东南部。砂质粉砂样品数在所有样品（无砾）中占比最高，占到 61.40%。其中砂、黏土含量较低，粉砂含量占有绝对比例，最高含量达到 72.54%，而砂和黏土含量最高分别为 49.83% 和 23.59%，平均值只有 28.19% 和 13.72%；平均粒径为 5.38Φ，主要在 4.21Φ～6.42Φ 变化；标准偏差、偏度和峰度平均值分别为 2.05、0.21 和 1.03，表明沉积物分选很差、正偏态、中等尖锐峰态；其中偏度和峰度的数值变化较大。

粉砂质砂：主要分布于渤海东部和北黄海西北部，贯穿渤海海峡。粉砂质砂样品数在所有样品（无砾）中占比为 22.80%，以砂含量为主，为 62.62%，黏土平均含量为 7.84%，含量最低；平均粒径为 3.99Φ，变化范围较大，主要在 2.29Φ～5.13Φ；标准偏差、偏度和峰度的平均值分别为 1.99、0.48 和 1.18，变化范围较大，沉积物分选差、很正偏和峰态尖锐。

含砾砂质粉砂和粉砂质砂（3 个样品）主要分布在山东半岛的东北海区，靠近朝鲜半岛的西南，为西朝鲜湾的外缘，受变化的潮流的影响，含砾组分低于 10%，最高不超过 8.39%。另外 3 个样品分布在海州湾北部，为残留沉积。

3.1.1.2　分布规律

本海区内表层沉积物类型较为简单，总体表现为南细北粗、东西分带的特点，形成以平行岸线的条带状分布格局为主体的南北不同的镶嵌图案，其特征主要受控于地形地貌、水动力、物质供应、水深和海平面变化等。如由渤海海峡地形控制和沿岸流及潮流控制的粗粒碎屑沉积仅在朝鲜湾东部区域及辽东半岛东南部呈一狭窄带状分布（图 3-4 和图 3-5）。部分区域出现少量砾石，如老铁山水道、庙岛海峡等。该处为残留沉积，受强潮流影响，细粒物质被冲刷，分布着大量的砂、粉砂质砂沉积。砂为黄褐色，富含表面锈染褐色的石英，重矿物含量较高，如稳定矿物磁铁矿、石榴石、锆石等，且含有较多陆地介形类、淡水螺壳，有孔虫壳体破裂、磨损严重。

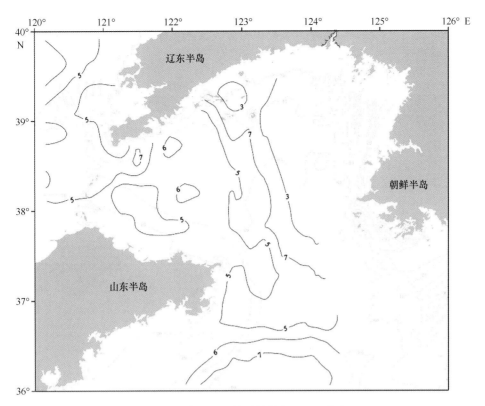

图 3-4　表层沉积物平均粒径（Φ）分布

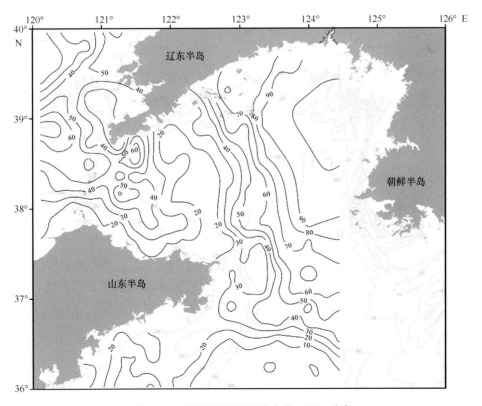

图 3-5　表层沉积物砂组分含量（%）分布

区内细粒级组分主要分布在南黄海北部的泥质区范围内（图 3-6），主要为黄河入海细粒物质沿山东半岛南下形成的分布格局。其他区域黏土组分含量基本都在 10% 以下。此外，渤海湾西北部由于潮流冲刷携带的细粒物质在该区形成部分沉积。

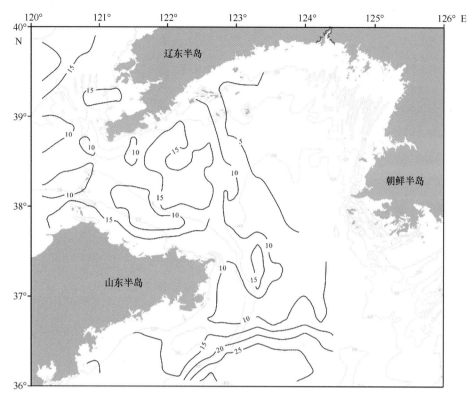

图 3-6　表层沉积物黏土组分含量（%）分布

综上所述，该区的沉积物分布主要受物源、沉积环境及地形控制。北黄海西部沉积主要由山东半岛沿岸流影响，而从南黄海进入渤海的水体限制了山东半岛沿岸流携带的细粒物质向东和东北方向的扩散。不同学者对此看法不同，早期的 Sternberg 等（1985）认为研究区的泥沙起动主要由潮流引起，而 Lee 和 Chough（1989）研究表明是黄海暖流影响，但蒋东辉和高抒（2002）及王伟等（2009）发现，相对流速较低的黄海暖流，潮流对沉积物的搬运能力更强，因此，不仅黄海暖流影响了研究区沉积物的分布，M_2 潮流也起到重要的作用。

3.1.2　柱状沉积物岩性和粒度特征

在本海区获取柱状样样品共计 42 根，其位置分布如图 3-7 所示。根据柱状样的分布及岩性特征，选取其中的 14 个进行详细的粒度分析，取样间隔基本为 20 cm。为了方便对比，将相近位置的柱状样作为一个剖面进行综合分析。

3.1.2.1　JNH5、JNH8 和 JNH9 站位

1）JNH5 站位

320~150 cm（下段）：以砂质粉砂为主，平均粒径为 5.2Φ，变化不大；标准偏差也几乎没有变化，集中在 2 左右，分选性较差；偏度从下而上呈微弱的减少趋势，由正偏趋向负偏，粒度变细；峰度变化平缓，形态接近常态分布（图 3-8）。

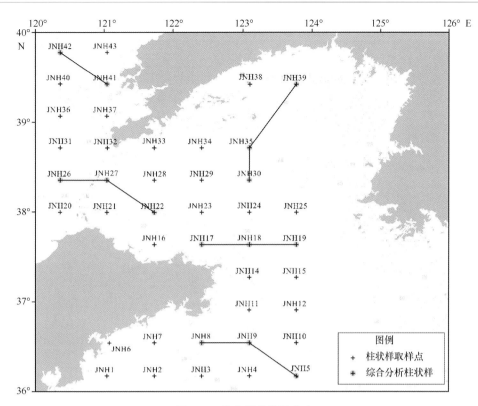

图 3-7　柱状样品位置分布

150~0 cm（下段）：以粉砂为主，平均粒径由下段的 5.2 Φ 突变为 7Φ；标准偏差为 1.5；偏度虽有变化，但不明显；峰度变化尤为明显，由下段的常态分布突变为尖锐分布（图 3-8）。

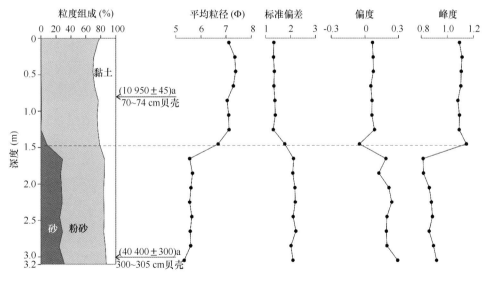

图 3-8　JNH5 柱状样粒度组成及粒度参数

沉积构造分析表明该岩心上下两段具有明显的沉积间断面，下部为灰黑色平行层理，有少许贝壳碎片出现，且底部贝壳年龄为（40 400±300）a，说明为 MIS3 期早期沉积，而上部 70~74 cm 贝壳年龄为（10 950±45）a，为全新世早期沉积，二者之间的沉积间断面或许说明末次冰盛期沉积的缺失。

2）JNH8 站位

400~0 cm：由下而上，黄褐色粉砂-黏土，颜色呈浅黄色-浅灰褐色变化，呈块状分布。

粒度分析显示，粒度组成稳定，砂含量由下向上呈不明显的增长趋势，最高不超过 20%，粉砂含量减少，黏土组成基本保持 18% 左右不变。平均粒径波动向上变粗，在 5Φ~6Φ 变化，标准偏差无明显变化，峰度和偏度基本对应一致，在 3.20 m 附近出现变化，其上基本稳定，其下向上呈微弱的变大趋势（图3-9）。

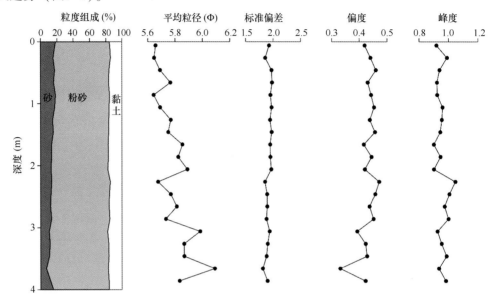

图 3-9　JNH8 柱状样粒度组成及粒度参数

3）JNH9 站位

330~0 cm：自下向上黏土由浅灰至浅褐色，向上呈浅褐色渐变，底部偶见薄层粉砂纹层，同时向上含水量增加，均匀分布，36 cm 处出现两瓣完整贝壳，尺寸为 0.6 cm×0.6 cm。

粒度分析显示，该样品可划分为两层，上部（1.25~0 m）组成稳定，变化较少，主要以粉砂和黏土组成为主，平均粒径大于 7Φ，标准偏差、峰度和偏度变化不大；而下段（3.30~1.25 m）组成变化明显，砂含量明显增多，黏土含量减少，平均粒级由下部 5.3Φ 向上变细到 7Φ 左右，标准偏差基本没有变化，说明其水动力特征基本一致或物源未发生明显变化。偏度由明显正偏趋向对称形态，峰度对应平均粒径变化在 2.20 m 处有一明显波动，推测可能是事件性影响（图 3-10）。

3.1.2.2　JNH17、JNH18 和 JNH19 站位

1）JNH17 站位

340~0 cm：由下而上为浅灰黑色-浅黄褐色黏土。

粒度分析显示，该样品组成稳定，由下而上沉积物平均粒径波动变粗，但变化范围不明显，由 6.7Φ 到 6Φ。黏土组分基本保持不变，而砂含量增加。标准偏差和峰度基本不变，偏度由 0 向 0.4 增加，呈微弱的正偏（图 3-11）。

2）JNH18 站位

195~150 cm：硬质黏土，其中，195~176 cm 为浅灰褐色；176~172 cm 为灰黑色；172~165 cm 为青灰色；165~150 cm 为浅灰褐色；150~0 cm，浅灰褐色至灰白色粉砂-砂。

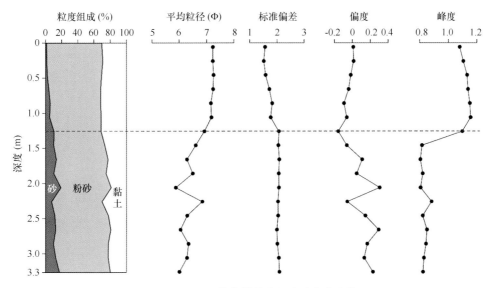

图 3-10　JNH9 柱状样粒度组成及粒度参数

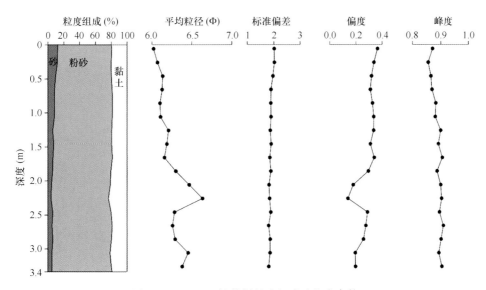

图 3-11　JNH17 柱状样粒度组成及粒度参数

该样品粒度组成变化明显（图 3-12），平均粒径由下而上呈粗-细-粗-细变化，变化范围为 4.5Φ~6.5Φ。标准偏差变化不大，分布在 2 左右，分选差。偏度变化与平均粒径的变化趋势基本一致，由正偏向负偏过渡，说明沉积物的粗粒级组分先增加后减少。鉴于该样品在山东半岛的北边海区，又根据沉积物颜色及粒度组成的变化特点，该沉积可能是近岸沉积物受黄河物质季节性输入的影响。

3）JNH19 站位

240~85 cm：浅灰色粉砂-黏土；

85~60 cm：灰色粉砂层；

60~20 cm：灰色黏土，顶部有少许贝壳碎片，且出现一垂直长约 15 cm 的黑色泥炭条；

30~4 cm：灰黑色中细砂；

4~0 cm：黑色中砂。

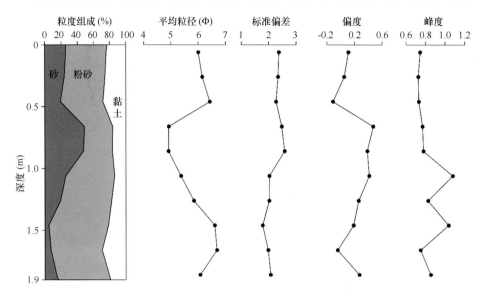

图 3-12 JNH18 柱状样粒度组成及粒度参数

该样品的粒度组成与 JNH17 的特征基本一致，也是上部砂组成变化较大，而下部组成较为稳定。平均粒径由下部较为稳定的 6.2Φ 向上波动变化为 2.3Φ~5Φ。标准偏差变化较不显著，表明其粒度组成的变化受沉积环境的变化较少，可能更多的是受控于物源的组成。粒度组成的变化受沉积环境变化的影响较少，可能更多地是受控于物源的组成（图 3-13）。

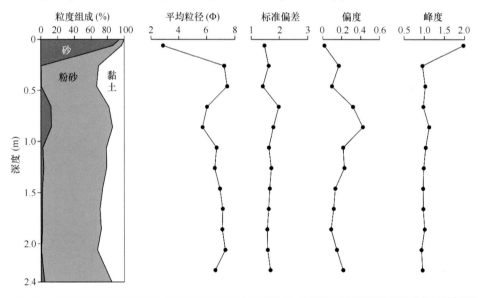

图 3-13 JNH19 柱状样粒度组成及粒度参数

3.1.2.3 JNH22、JNH26 和 JNH27 站位

1）JNH22 站位

位于北黄海西部，水深 38.1 m，岩心长度 3.05 m。整段岩心呈块状层理，主要为灰褐色的砂质粉砂，含水量由下而上增加，上部 100 cm 呈流塑状。平均粒径为 6Φ，稍有波动，但不明显；标准偏差为 2，基本保持上下一致；偏度分析表明，基本为对称偏态，峰态尖锐。根据 Liu 等（2007）

在该区的 YNS-102 钻孔的分析，上部即为浅地层剖面 DU1 揭示出来的山东半岛沿岸的楔状泥质沉积体，形成于 6 500 a 以来的高海平面，主要物源为黄河物质（图 3-14）。

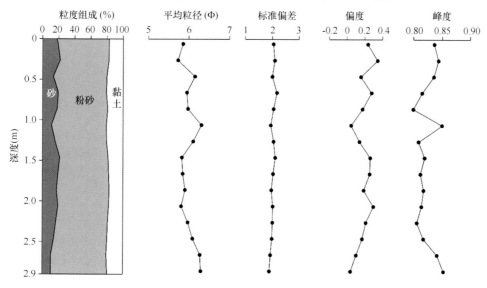

图 3-14　JNH22 柱状样粒度组成及粒度参数

2）JNH26 站位

308~0 cm：粉砂-细砂夹脉状薄层黏土，呈波状交错层理、平行层理；粉砂-细砂层呈灰黑色，夹黑色泥炭薄层；黏土呈浅黄褐色，含有少许贝壳碎片。178 cm 处出现厚约 0.5 cm 的贝壳碎片富集层，有大片贝壳碎片出现，145 cm 向上渐变呈块状浅黄褐色黏土层，至 10 cm 处渐变为浅黑色黏土-粉砂薄层（图 3-15）。

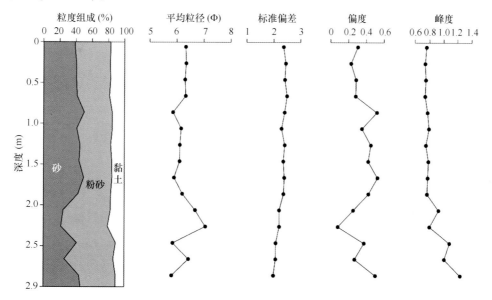

图 3-15　JNH26 柱状样粒度组成及粒度参数

该样粒度组成基本稳定，下部（2.9~2.0 m）砂含量波动变化，粉砂含量相对较高，平均粒径介于 5.6Φ~7.2Φ，偏度相应负偏，标准偏差和峰度也相应变化，分选差，由尖锐峰态向平坦峰态过渡。其上部（2.0~0 m）各种组分含量基本稳定，平均粒径呈微弱地向上变细，标准偏差和峰度基本不变，偏度随粗粒级组成的变化略有波动。

3）JNH27 站位

326~0 cm：灰黑色黏土夹透镜体粉砂-细砂，生物扰动强烈，顶部 3 cm 出现较为完整的贝壳。

粒度分析显示，粒度组成比较稳定，以砂质粉砂和粉砂质砂为主，平均粒径变化不大，介于 4Φ~5Φ，各个粒度参数基本稳定。由于该样位于渤海与黄海通道附近，可能水动力环境比较稳定，在单一物源供应的情况下，因而粒度组成变化不大（图 3-16）。

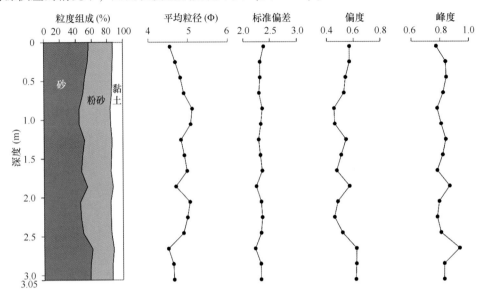

图 3-16　JNH27 柱状样粒度组成及粒度参数

3.1.2.4　JNH30、JNH35 和 JNH39 站位

1）JNH30 站位

位于北黄海中部，水深 60 m，为块状层理分布的灰黑色砂质粉砂，平均粒径集中在 5Φ~6Φ，向上不明显地变粗；标准偏差变化不大，为 2，表明沉积环境稳定；偏度和峰度变化趋势一致，属正偏、中等尖锐峰态（图 3-17）。

2）JNH35 站位

位于北黄海中北部，水深为 52.9 m，岩心长度为 1.90 m（图 3-18）。根据岩心沉积相和粒度组成可以明显划分为 3 段，主要由底部的黄色黏土、中部的灰黑色粉砂质黏土和上部的黏土质砂组成。平均粒径具有明显向上变粗的趋势，而且上段平均粒径基本保持在 4Φ 不变，下段最细为 8Φ；标准偏差变化不大，集中在 2 左右；偏度和丰度的变化趋势一致，向上由负偏趋向正偏，而峰度形态则由平坦趋向非常尖锐。对比前人在该区附近的 NYS-3 岩心研究表明，该岩心底部的黄色泥应为全新世海水淹没前的陆相沉积（王桂芝等，2003），不同的是 JNH-35 并未揭示出有明显的泥炭层存在，但由下而上有明显的锈色团块出现，且向上减少，上段为含水量较高的砂质沉积，顶部还有细小的贝壳碎片，分选性较差。

3）JNH39 站位

位于北黄海的中北部，水深 27.9 m，岩心长度为 5.05 m（图 3-19）。该岩心分为上下两段，下段灰色砂质粉砂夹透镜体状中细砂，压扁层理，平均粒径向上变细，标准偏差和偏度几乎不变，

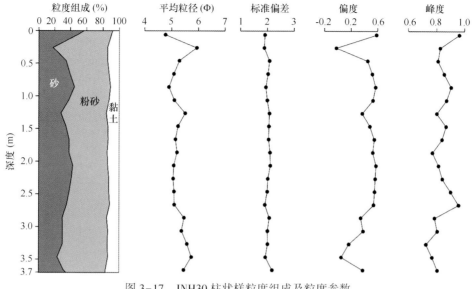

图 3-17　JNH30 柱状样粒度组成及粒度参数

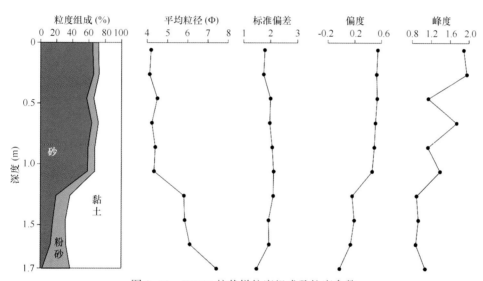

图 3-18　JNH35 柱状样粒度组成及粒度参数

分选性较差，峰态近似平坦；偏度则随平均粒径的变化，相应变化。上段沉积主要是块状层理的青灰色-青褐色和灰黑色中细砂，平均粒径为 2Φ，分选性较下段更好，虽然两处的贝壳 ^{14}C 年龄分别是（1 160±25）a 和（390±25）a，但该区粗粒沉积物是全新世海侵之前的残留沉积，由于受到现代沿岸流和潮流的影响，细粒组分被冲刷搬运，因此分选性相对较好，年轻的贝壳年龄或许说明该区沉积动力较强，异源的贝壳碎片被较强潮流或沿岸流搬运至此（王伟等，2009）。

综上所述，JNH30、JNH35 和 JNH39 三个岩心的沉积相和粒度分析，揭示了该区末次冰盛期前后的沉积特征，受南黄海暖流和沿岸流、潮流影响，由南往北分别形成了现代泥质沉积、现代潮流沉积和末次盛冰期（LGM）残留改造沉积。

3.1.2.5　JNH41 和 JNH42 站位

1）JNH41 站位

主要由浅灰褐色的粉砂质砂和砂质粉砂组成，平均粒径在 4Φ～5Φ 变化，由下而上有明显的变

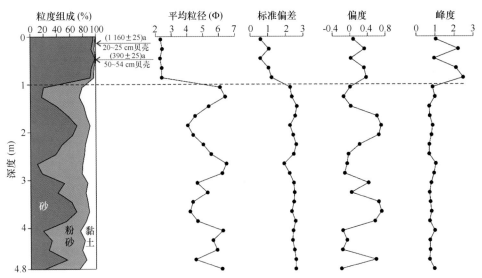

图 3-19　JNH39 柱状样粒度组成及粒度参数

粗趋势，偏度和峰度变化也不明显（图 3-20）。

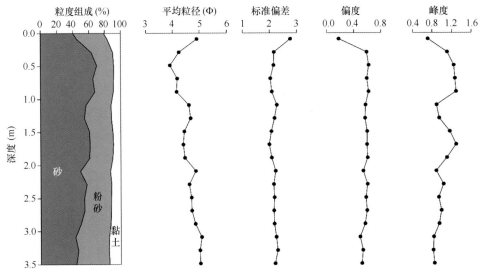

图 3-20　JNH41 柱状样粒度组成及粒度参数

2）JNH42 站位

主要由浅黄褐色-浅灰黑色粉砂组成（图 3-21），由下而上颜色变浅，各个粒度参数均变化不大，说明其沉积环境极其稳定，底部的两个贝壳样品的 ^{14}C 年龄说明该浅黄褐色沉积物为高海平面之后形成的沉积。但顶部的 10 cm 的炭黑色软质黏土则说明现代沉积环境为缺氧还原性环境，而且沉积速率有可能较低。顶部的有机质含量较高的黏土薄层与下伏的块状层理的黄褐色黏土之间出现贝壳碎片或许表明该区受到季节性的事件影响。

综合上述，两个柱状样的沉积相和粒度组成分析，JNH41 位于辽东浅滩砂质沉积区的边缘，而 JNH42 则是处在辽东湾湾顶的泥质沉积区（徐东浩等，2012），由于受湾顶的多条河流（如大辽河、小凌河及双台子河等）季节性变化输入的影响，上述物源供应多以细粒的粉砂和泥组成，受到湾顶的潮流顶托和沿岸流的影响向中部海区逐渐变粗（中国科学院海洋研究所海洋地质室等，1985；宋云香等，1997）。

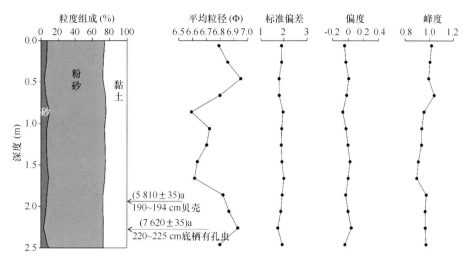

图 3-21　JNH42 柱状样粒度组成及粒度参数

AMS^{14}C 年龄：190~194 cm 贝壳样品（5 810±35）a；220~225 cm 底栖有孔虫样品（7 620±35）a

3.2　碎屑矿物

3.2.1　表层沉积物碎屑矿物分布与环境分析

在本海区共采集表层沉积物样品 234 个，取样海域为 36°—40°N，120°—124.5°E，具体采样站位如图 3-2 所示。按照《海洋调查规范——海洋地质地球物理调查》（GB/T 12763.8—2007）对样品中 63~250 μm 粒级的碎屑矿物进行了分析鉴定，各种矿物含量以颗粒（体积）百分含量进行统计分析。碎屑矿物含量分布及其组合特征对于认识沉积物的物源、成因及其运移方向与沉积过程，具有重要指示意义。

需要指出，本书所称的碎屑矿物组成中包含一些生物碎屑、云母类、岩屑和碳酸盐等组分，它们在重矿物和轻矿物中均可出现。

3.2.1.1　重矿物的分布特征

研究区重矿物有 40 余种，其中颗粒百分含量平均值大于 5% 的重矿物有 4 种，分别是普通角闪石（26.79%）、绿帘石（17.47%）、石榴石（8.12%）和黑云母（5.83%）；颗粒百分含量平均值为 1%~5% 的矿物含量由大到小依次为白云母（4.25%）、岩屑（4.11%）、赤（褐）铁矿（4.07%）、阳起石/透闪石（4.01%）、自生黄铁矿（3.83%）、钛铁矿（3.68%）、（斜）黝帘石（2.23%）、白钛石（1.45%）、电气石（1.21%）和磷灰石（1.16%）；颗粒百分含量平均值为 0.1%~1% 的矿物有榍石（0.95%）、磁铁矿（0.59%）、绿泥石（0.55%）、独居石（0.52%）、单斜辉石（0.37%）、碳酸盐（0.31%）、锆石（0.28%）、金红石（0.23%）、十字石（0.22%）、风化云母（0.19%）和磷钇矿（0.11%）；其他微量重矿物还有自生重晶石、蓝晶石、斜方辉石、金云母、蓝闪石、磁赤（褐）铁矿、黄玉、锐钛矿、矽线石、褐帘石、铬铁矿、海绿石、红柱石、黄河矿、符山石、宇宙尘和黄铁矿等（表 3-2）。

表 3-2　表层沉积物重矿物颗粒百分含量（%）一览表

矿物名称	平均值	最大值	最小值	标准偏差	相对标准偏差
普通角闪石	26.79	67.51	0	13.71	51.2
绿帘石	17.47	35.63	0	8.15	46.7
石榴石	8.12	44.91	0	7.38	90.9
黑云母	5.83	53.76	0	9.78	167.7
白云母	4.25	38.32	0	7.43	174.8
岩屑	4.11	18.97	0	3.29	80.0
赤（褐）铁矿	4.07	47.31	0	5.01	122.9
阳起石/透闪石	4.01	27.22	0	3.85	95.9
自生黄铁矿	3.83	97.09	0	11.74	306.8
钛铁矿	3.68	33.87	0	5.40	146.5
（斜）黝帘石	2.23	11.04	0	1.82	81.6
白钛石	1.45	7.61	0	1.34	92.6
电气石	1.21	9.86	0	1.27	104.6
磷灰石	1.16	5.85	0	0.96	82.4
生物碎屑	1.04	19.31	0	2.44	233.5
榍石	0.95	8.32	0	1.14	119.8
磁铁矿	0.59	10.34	0	1.26	214.1
绿泥石	0.55	8.84	0	1.20	218.4
独居石	0.52	3.42	0	0.67	128.1
单斜辉石	0.37	2.87	0	0.52	140.0
碳酸盐	0.31	4.99	0	0.65	209.1
锆石	0.28	5.87	0	0.59	210.5
金红石	0.23	5.08	0	0.63	273.9
十字石	0.22	33.93	0	2.22	1 011.0
风化云母	0.19	12.29	0	0.92	485.0
磷钇矿	0.11	5.76	0	0.44	402.0

统计分析表明，在表层沉积物 63～250 μm 细砂粒级中，重矿物所占的质量百分含量平均为 2.55%，最大值为 15.38%，最小值仅为 0.016%，标准偏差为 2.74%。重矿物质量百分含量分布如图 3-22 所示。可以看出，重矿物高值区呈块状、斑点状分布，主要发育于辽东沙席区、西朝鲜湾潮流沙脊区外围及南黄海中部等海域。山东半岛成山头东北海域有一片条带状重矿物高值区，呈 SE 向展布，可能与潮流作用有关。其他大部分海域，重矿物相对含量均低于 3%。

1）普通角闪石

普通角闪石是本区含量最高、分布最广的矿物，镜下呈深绿色或墨绿色，少数为棕色，长柱状、短柱状、粒状和板状，压碎后均为针状。普通角闪石平均含量为 26.79%，变化范围为 0～67.51%，其空间分布如图 3-23 所示。高值区（>40%）以近海海域带状分布为主，比如辽东半岛南部及山东半岛南北两侧部分海域，低值区（<20%）主要分布于南黄海中部、北黄海西部及山东半岛周边泥质沉积区部分海域，而其他大部分海域含量处于 20%～40%。

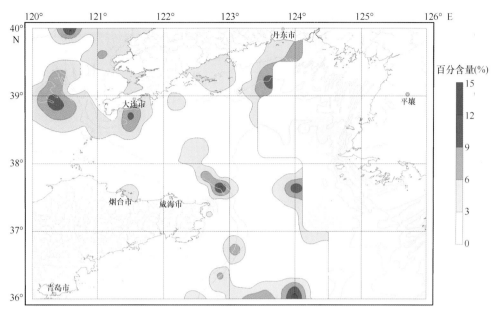

图 3-22　表层沉积物重矿物质量百分含量分布

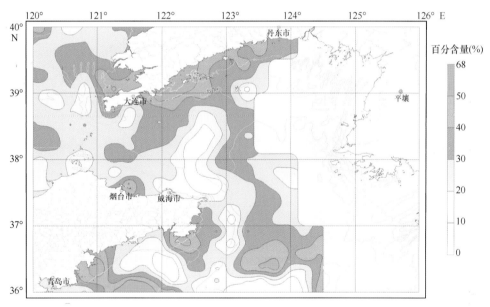

图 3-23　表层沉积物普通角闪石百分含量分布

2）绿帘石

绿帘石在本区含量也比较高，仅次于普通角闪石。绿帘石呈深浅不同的黄绿色、粒状，有些颗粒受到风化作用，颜色和镜下特征不太明显，略呈苍白色。绿帘石平均含量为 17.47%，变化范围为 0~35.63%，其空间分布如图 3-24 所示。绿帘石高值区主要分布于辽东沙席-沙脊区及成山头以东的外海，呈块状或带状分布。总体上看，渤海海域绿帘石含量明显较高，而山东半岛以南的黄海海域，绿帘石含量很低，北黄海绿帘石含量水平介于前两者之间。

3）阳起石/透闪石

阳起石/透闪石含量高值区呈斑状分布，主要分布于辽东半岛南侧近海、渤海海峡及北黄海中部等少部分海域，而南黄海是明显的低值区（图 3-25）。

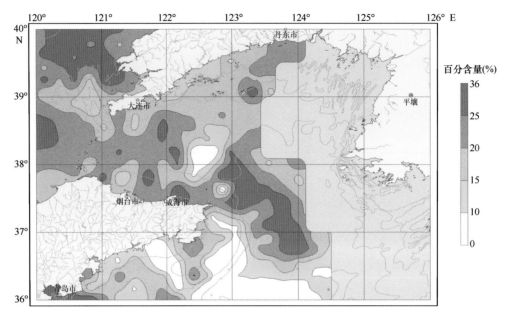

图 3-24 表层沉积物绿帘石百分含量分布

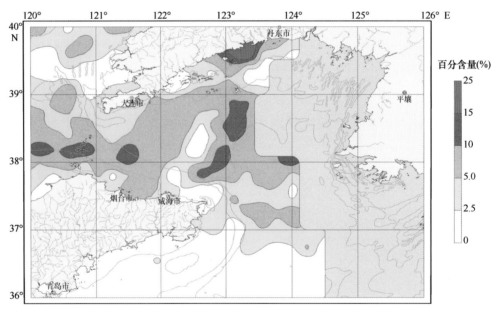

图 3-25 表层沉积物阳起石/透闪石百分含量分布

4）云母类

表层沉积物重矿物组分中，已鉴定出的云母类矿物主要包括黑云母、白云母、金云母和风化云母。区内云母类矿物含量很高，平均可达10.30%，最高值为70.97%，最低值为0，其中，黑云母平均为5.83%，白云母平均为4.25%，风化云母平均为0.19%，金云母平均为0.03%。从图3-26可以看出，云母类矿物从莱州湾至山东省海阳市外海一带，环绕山东半岛呈带状分布，由陆及海含量逐步降低，远海区和辽东半岛周边是大片的低值区（<5%），具有非常明显的规律性。这种分布模式意味着，云母类矿物主要源于黄河悬浮物质的输送。云母类矿物呈片状，与其他主要的重矿物相比，比重相对较小，因而易于分选、搬运。山东半岛南侧海域的云母类矿物明显有向南黄海扩散的趋势，这主要是受到南下的沿岸流的影响所致。上述结果与分析表明，区内云母类矿物的分布主

要受水动力分选作用控制。

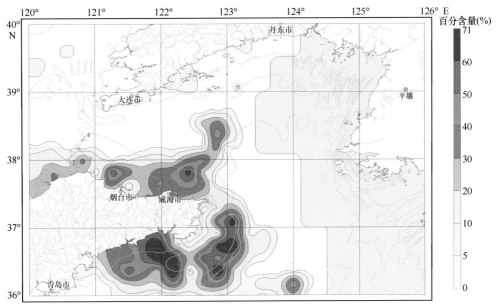

图 3-26　表层沉积物云母类矿物百分含量分布

5）石榴石

石榴石化学性质稳定，抗风化能力强，是一种典型的稳定矿物。区内平均含量为 8.12%，最高含量可达 44.91%，最低为 0，标准偏差为 7.38%，其空间分布如图 3-27 所示。石榴石通常作为副矿物广泛分布于岩浆岩和变质岩中，但在本海区沉积物中含量很高，仅次于造岩矿物普通角闪石和区域变质作用的常见矿物绿帘石，因而具有重要意义。石榴石高值区主要分布于北黄海北部、中部至南黄海中部一带，而低值区主要分布于环山东半岛泥质沉积区。总体上看，石榴石高值（>10%）分布区域与黄海暖流北上进入渤海海峡的路径基本吻合并沿着该路径有逐步降低的趋势，这或许意味着石榴石含量的分布可能具有潮流分选作用的特征。

6）自生黄铁矿

自生黄铁矿是一种较为典型的重矿物，含量虽然不高，却具有重要的环境指示意义。区内自生黄铁矿平均含量为 3.83%，最高可达 97.09%，最低值为 0，其分布如图 3-28 所示。自生黄铁矿的分布较为悬殊，相对标准差达 306.8%，它集中分布于南黄海中部和北黄海中部至成山头外海一带，而其他大部分海域含量则很低（<2%）。自生黄铁矿的形态可分为生物壳形和非生物壳形。生物壳形表现为黄铁矿交代充填在各种形状的生物壳和植物根茎中；非生物壳形则形态各异，有圆珠粒状、葡萄状、不规则粒状等，其颜色呈现不同的浅黄铜色、暗黑色和靛色等。它主要形成于静水、含较多有机物的泥质还原环境中，是判别沉积环境氧化还原条件的重要指标。

7）赤（褐）铁矿

赤铁矿和褐铁矿是区内含量最高的（氢）氧化物型重矿物，鉴于化学性质相近，两者一并统计，其平均含量为 4.07%，最高可达 47.31%，最低值为 0，标准偏差为 5.01%，其分布如图 3-29 所示。赤（褐）铁矿高值区主要出现于辽东湾和山东半岛南侧南黄海海域，其他大部分海域含量较低。褐铁矿主要有风化型和沉积型两种成因，风化型褐铁矿由含铁硫化物、氧化物等矿物经过氧化和水化作用形成；而沉积型褐铁矿则由海水中的氢氧化铁胶体凝聚而成，属于自生矿物。由于海水

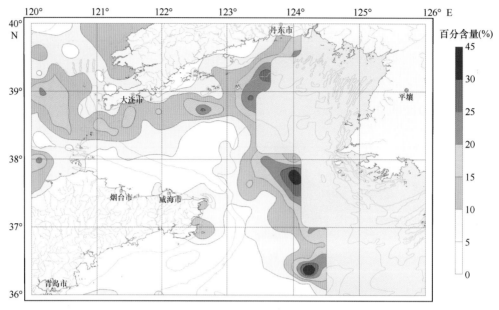

图 3-27　表层沉积物石榴石百分含量分布

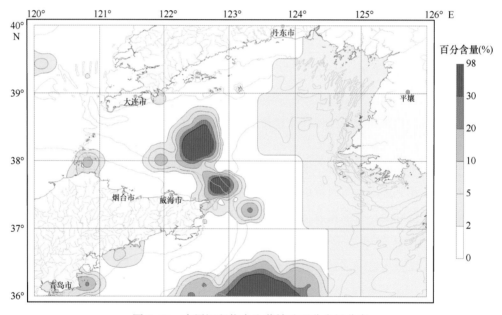

图 3-28　表层沉积物自生黄铁矿百分含量分布

的弱碱性，且区内海水总体较浅，沉积环境主要以弱氧化-弱还原条件为主，沉积物中赤、褐铁矿的分布与自生黄铁矿相比，差异性要降低很多，相对标准差与其他主要重矿物类似。赤、褐铁矿的存在通常可以表征弱氧化-弱还原环境至氧化环境，这与自生黄铁矿的分布（图 3-28）可进行对比分析。

8）其他重矿物

表层沉积物中平均含量在 1% 左右及以上的其他重矿物还有钛铁矿（3.68%）、白钛石（1.45%）、电气石（1.21%）、磷灰石（1.16%）和榍石（0.95%），这几种重矿物较为常见，化学性质均比较稳定，其分布如图 3-30 至图 3-34 所示。钛铁矿的高值区集中于渤海海峡两侧；白钛石的高值区主要分布于南黄海中部、辽东沙席区和山东半岛南侧海域；电气石的高值区主要分布于辽

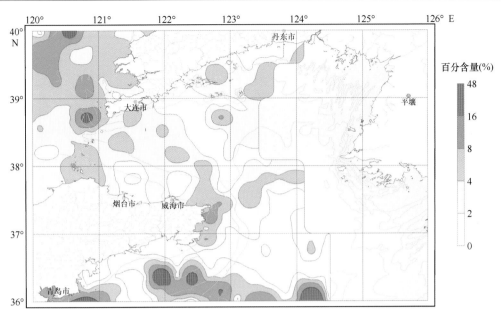

图 3-29　表层沉积物赤（褐）铁矿百分含量分布

东半岛南侧近海、北黄海中部等海域；磷灰石的高值区主要呈带状展布于北黄海中部至南黄海中部
等海域；榍石的高值区主要分布于辽东半岛西侧的辽东湾和山东半岛南侧近海海域等，呈斑块状分
布。总体上看，环山东半岛泥质沉积区是这几种矿物的典型低值区。

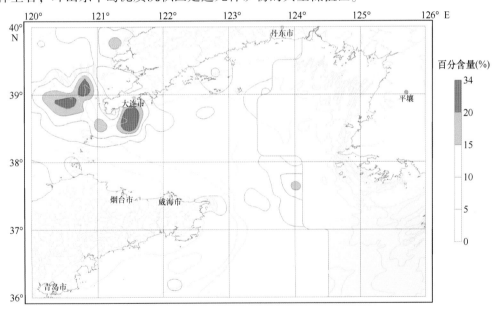

图 3-30　表层沉积物钛铁矿百分含量分布

3.2.1.2　轻矿物的分布特征

在表层沉积物 63~250 μm 细砂粒级中，轻矿物所占的质量百分含量平均为 96.08%，主要组分
有斜长石（39.78%）、石英（34.58%）、钾长石（7.57%）、岩屑（5.36%）和生物碎屑
（4.32%），这 5 种约占轻矿物总量的 91.61%，此外，还含有少量的黑云母（3.36%）、白云母
（2.39%）、碳酸盐（1.36%）、绿泥石（0.60%）和海绿石（0.49%）等（表 3-3）。

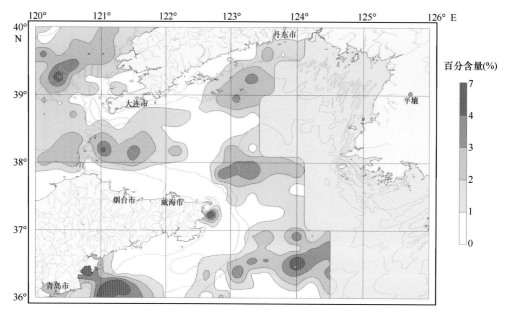

图 3-31 表层沉积物白钛石百分含量分布

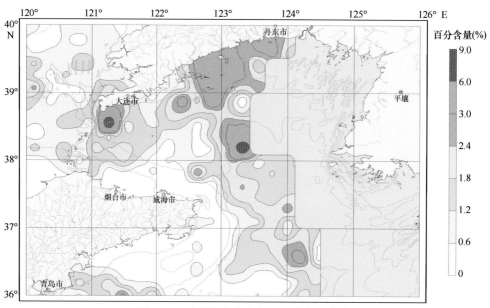

图 3-32 表层沉积物电气石百分含量分布

表 3-3 表层沉积物轻矿物颗粒百分含量 (%) 一览表

矿物名称	平均值	最大值	最小值	标准偏差	相对标准偏差
斜长石	39.78	68.65	10.83	11.68	29.35
石英	34.58	58.77	3.00	11.64	33.67
钾长石	7.57	28.85	0	7.39	97.62
岩屑	5.36	48.98	0	4.54	84.66
生物碎屑	4.32	63.99	0	9.68	224.3
黑云母	3.36	38.17	0	5.59	166.1
白云母	2.39	32.65	0	4.38	183.6
碳酸盐	1.36	7.92	0	1.60	117.7
绿泥石	0.60	4.34	0	0.96	159.2
海绿石	0.49	8.66	0	1.25	256.1

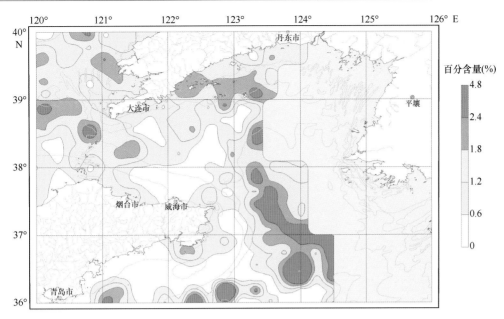

图 3-33　表层沉积物磷灰石百分含量分布

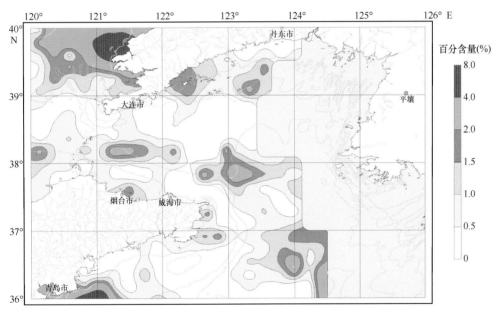

图 3-34　表层沉积物榍石百分含量分布

碎屑矿物的组成具有重要的成因意义，在海洋沉积学上通常用成分成熟度来表征。成分成熟度是指沉积物中碎屑组分在风化、搬运、沉积作用的改造下接近最稳定的终极产物的程度，搬运和磨蚀的历史可以通过稳定组分和不稳定组分的相对量比来表示，通常以石英与长石加岩屑之和的比值作为衡量标志。一般来说，不成熟的砂质沉积物是靠近物源区堆积的，含有很多不稳定碎屑，如岩屑、长石和铁镁矿物等。高成熟度的砂质沉积物经过长距离搬运，遭受改造较为彻底，细砂粒级及以上几乎全部由石英颗粒组成。因此，成分成熟度是物源区地质条件、风化程度和搬运距离远近的反映。

本海区成分成熟度指数分布如图 3-35 所示。典型的高值区主要出现于辽东半岛西侧辽东湾和山东半岛乳山海域，沉积物中的细砂组分主要源于近源河流的输入。乳山海域出现的典型高值区

（＞1.2）源于乳山河水系和黄垒河水系等的输入，半岛河流源短流急，不稳定碎屑组分搬运距离短，磨蚀程度低，矿物组成具有典型的近源特征。其他大部分海域主要以中值（0.6~0.9）特征为主，反映了被陆地环绕的半封闭海区的碎屑矿物组合特征。典型的低值区（＜0.3）出现于远离陆地的南黄海中部，分布范围很小。

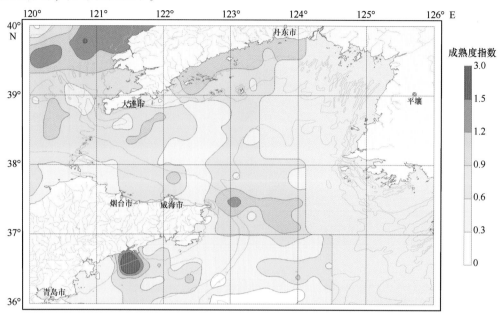

图 3-35　表层沉积物成分成熟度指数分布

1）长石

长石是轻矿物组分中含量最高的矿物，平均含量 47.35%，最高可达 74.75%，最小 12.52%，标准偏差 10.51%。长石可分为斜长石和钾长石两种，以斜长石为主，其平均含量为 39.78%，以东西向带状分布为主（图 3-36）。钾长石高值区也以东西向带状、斑块状分布为主（图 3-37），但其分布与斜长石恰恰相反，即钾长石高值区总体上对应于斜长石的低值区，反之亦然。

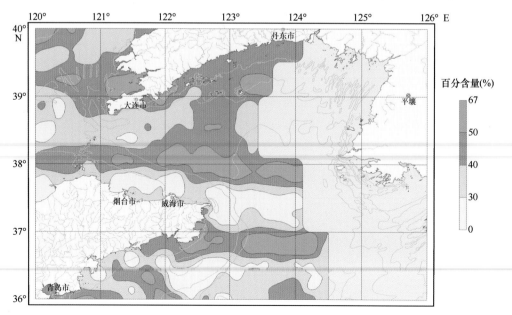

图 3-36　表层沉积物斜长石百分含量分布

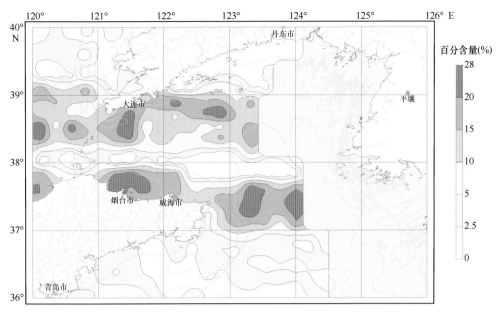

图 3-37　表层沉积物钾长石百分含量分布

2）石英

石英是轻矿物组分中的另一主要矿物，通常是碎屑沉积物经长期搬运沉积下来的主要产物。区内石英平均含量为 34.58%，含量范围为 3.00%~58.77%，标准偏差为 11.64%。石英含量高值区主要分布于辽东湾与胶东半岛周边海域，南黄海中部及山东半岛周边部分泥质沉积区含量较低（图 3-38）。

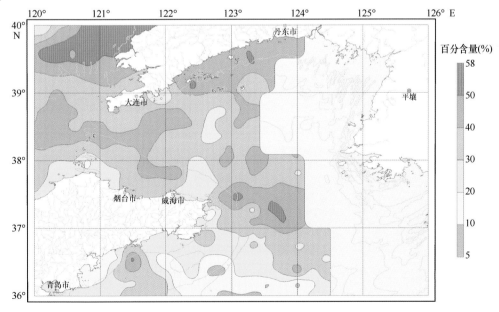

图 3-38　表层沉积物石英百分含量分布

3）岩屑

岩屑是难以区分的矿物的集合体，可用于表征母岩特征并指示物源。轻矿物组分中岩屑平均含量为 5.36%，变化范围为 0~48.98%，标准偏差为 4.54%。区内岩屑高值区主要分布于南黄海中部及山东半岛青岛至海阳一线的外海，其他海域总体上含量较低，近海尤为明显（图 3-39）。

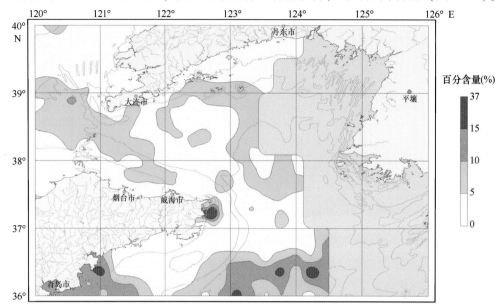

图 3-39　表层沉积物岩屑百分含量分布

3.2.1.3　重矿物组合与分区

本小节采用聚类分析方法判别重矿物种类之间的组合关系，并圈定重矿物分区。聚类分析是一种常用的多元数据统计分析方法，它基于样品的数据进行分类，已广泛应用于海区碎屑矿物的研究（王先兰等，1989；王昆山等，2005；鄢全树等，2008）。聚类分析可分为快速聚类分析和层次聚类分析，后者根据参与计算的对象不同，又分为 Q 型聚类分析和 R 型聚类分析。鉴于样本数量较大（234 个样品），我们分别采用 R 型聚类和快速聚类进行分析。前者主要对样品的观察变量（重矿物含量等）进行计算，将具有共同特征的变量聚在一起，从而提取具有代表矿物或矿物指数作为研究碎屑重矿物的指示因子；后者则根据碎屑重矿物分布规律，指定聚类分析类别数进行逐步聚类，获得碎屑重矿物的分区信息。文中聚类分析采用 SPSS 16.0 软件进行计算。

1）重矿物组合

不同重矿物种类之间的相关性和组合关系采用 R 型聚类方法进行分析。选取普通角闪石、绿帘石、石榴石、黑云母、白云母、赤（褐）铁矿、阳起石/透闪石、自生黄铁矿、钛铁矿、（斜）黝帘石、白钛石、电气石、磷灰石、榍石、磁铁矿、独居石、单斜辉石 17 种重矿物作为分析变量，选择类间平均链锁法进行计算，得到重矿物聚类分析树状图（图 3-40）。

通过分析不同重矿物种类之间的相关系数及其聚类结果，可以发现矿物沉积环境和物源区母岩的一些典型特征。黑云母和白云母具有显著相关性（$r = 0.824$，$P < 0.001$），指示其相似的矿物学特征及相似的水动力行为。自生黄铁矿与其他所有重矿物相关性均很差，表明了其独特的海洋自生矿物的特性，在聚类图上仅能与云母类聚在一起，说明其形成的环境（静水、还原条件等）应该与泥质区沉积环境的某些特征一致。赤（褐）铁矿与磁铁矿具有明显的相关性，可能意味着赤（褐）铁矿主要源于磁铁矿的氧化和水化作用。

除了以上几种矿物之外，其他重矿物可以聚为一大类，代表着源区主要岩类的矿物组合特征。普通角闪石是代表源区中性岩的造岩矿物，它与单斜辉石相关性良好，与伴生副矿物白钛石、磷灰

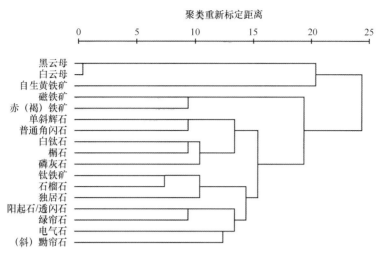

图 3-40　表层沉积物重矿物颗粒百分含量 R 型聚类分析树状图

石为一类，绿帘石与阳起石/透闪石相关性明显，两者代表母岩的次要矿物组成，其伴生副矿物为（斜）黝帘石和电气石；石榴石与钛铁矿相关性最显著（$r= 0.516$，$P < 0.001$），代表母岩的典型副矿物组合，常有少量独居石伴生。综合以上分析，结合重矿物含量和分布特征，源区母岩可分为两类，普通角闪石-绿帘石-石榴石（-钛铁矿）组合可能代表角闪岩相中高级变质岩类，而黑云母-白云母组合则主要代表变质（绿）片岩相。

2）重矿物分区

根据重矿物种类之间的相关性和含量特征，选取普通角闪石、绿帘石、石榴石、云母类（黑云母和白云母之和）、阳起石/透闪石、钛铁矿、（斜）黝帘石、白钛石、电气石、磷灰石、榍石、独居石 12 种重矿物作为变量，对沉积物样品进行快速聚类分析。分类结果设定为两类。聚类方法选择迭代分类，即先定初始类别中心点，而后按 K 均值算法作迭代分类，最后对聚类结果进行方差分析（ANOVA）。

快速聚类分析显示，234 个表层沉积物样品，根据变量进行 K 均值计算，分成两类，其所包括的样本数量分别为 57 个和 177 个，无效样本数量为 0。此外，方差分析表明，各个变量的类间差异 F 值检验均在 0.001 以下水平上显著，说明分类效果良好（表 3-4）。

根据快速聚类分析结果和样品的分布情况，可以将本区划分为两个重矿物分区（图 3-41），两个分区的重矿物含量特征对比见表 3-5。

Ⅰ区包括山东半岛大部分近海海域、南黄海中部海域及北黄海中西部小部分海域。考虑到分区的连续性和完整性，Ⅰ区不仅包括快速聚类分析得到的 57 个样品，还加入了山东半岛近海的 10 个样品，共计涵盖 67 个样品。Ⅰ区含量较高的前 10 种重矿物依次为黑云母（15.35%）、普通角闪石（15.13%）、白云母（11.89%）、绿帘石（10.03%）、自生黄铁矿（9.72%）、赤（褐）铁矿（3.75%）、石榴石（2.02%）、阳起石/透闪石（2.01%）、（斜）黝帘石（1.31%）和钛铁矿（0.95%）。自生黄铁矿代表海相弱水动力条件（静水或深水）和还原沉积环境，赤（褐）铁矿通常是表生氧化环境的产物，而其他矿物则主要指示源区母岩的矿物组合特征，矿物含量分布特征显示，该区具有云母类矿物含量很高，而不透明矿物和稳定矿物含量明显偏低的特点。该区的特征重矿物组合可表示为普通角闪石-黑云母-白云母-绿帘石，具有区域变质绿片岩相的特征。从典型矿物的物源角度来看，Ⅰ区主要包括黄河物源所控制的环山东半岛泥质沉积区和以自生黄铁矿和赤

（褐）铁矿为代表的自生矿物所控制的部分深水区。

表3-4　重矿物快速聚类方差分析表

	聚　类		误　差		F	显著性水平
	均方	df_1	均方	df_2		
钛铁矿	667.724	1	26.381	232	25.311	0.000
白钛石	87.187	1	1.435	232	60.760	0.000
独居石	15.642	1	0.381	232	41.082	0.000
榍石	40.376	1	1.125	232	35.883	0.000
磷灰石	51.700	1	0.700	232	73.884	0.000
电气石	55.671	1	1.380	232	40.342	0.000
石榴石	3 489.426	1	39.642	232	88.023	0.000
普通角闪石	18 296.902	1	109.872	232	166.529	0.000
阳起石/透闪石	350.478	1	13.341	232	26.271	0.000
绿帘石	6 002.754	1	40.830	232	147.017	0.000
（斜）黝帘石	92.980	1	2.931	232	31.727	0.000
云母类	33 243.341	1	132.103	232	251.648	0.000

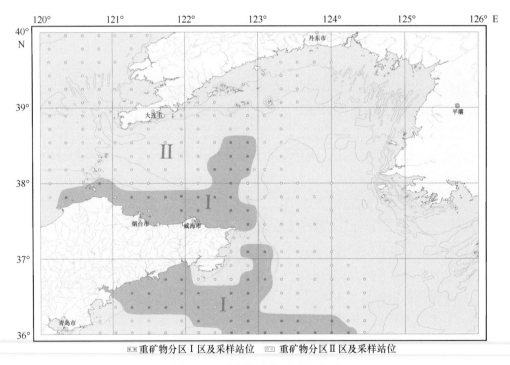

图3-41　表层沉积物重矿物分区

Ⅱ区包括Ⅰ区之外的所有海域，主要包括辽东半岛近海、渤海、北黄海大部分海域及南黄海部分海域，共涵盖167个样品。虽然Ⅱ区和Ⅰ区的重矿物平均含量非常接近，但是重矿物组合却差异很大。Ⅱ区含量较高的前10种重矿物依次为普通角闪石（31.47%）、绿帘石（20.45%）、石榴石（10.57%）、阳起石/透闪石（4.81%）、钛铁矿（4.78%）、赤（褐）铁矿（4.20%）、（斜）黝帘石（2.60%）、黑云母（2.02%）、白钛石（1.88%）和电气石（1.55%）。与Ⅰ区相比，该区不透明矿物和稳定矿物含量很高，且种类较多，比如白钛石、电气石、磷灰石和榍石等，特征重矿物组合可表示为普通角闪石-绿帘石-石榴石-阳起石/透闪石-钛铁矿，具有角闪岩相的特征。从物源角度分析，除Ⅰ区之外的大部分海域的表层沉积物主要源于辽东半岛、朝鲜半岛等的中短程近源河流所排泄的风化物质。

表 3-5　主要重矿物百分含量（%）特征分区对比

矿物名称	Ⅰ区					Ⅱ区				
	平均值	最大值	最小值	标准偏差	相对标准偏差	平均值	最大值	最小值	标准偏差	相对标准偏差
黑云母	15.35	53.76	0	13.61	88.7	2.02	15.64	0	3.06	152.1
普通角闪石	15.13	53.49	0	13.11	86.6	31.47	67.51	4.53	10.89	34.6
白云母	11.89	38.32	0	10.23	86.0	1.18	10.53	0	1.65	139.9
绿帘石	10.03	30.71	0	7.59	75.6	20.45	35.63	2.15	6.25	30.6
自生黄铁矿	9.72	97.09	0	19.71	202.8	1.46	27.30	0	4.41	301.2
岩屑	3.77	18.97	0	3.51	93.1	4.25	15.38	0	3.20	75.3
赤（褐）铁矿	3.75	29.91	0	4.74	126.3	4.20	47.31	0	5.12	121.8
生物碎屑	2.10	19.31	0	3.33	158.5	0.62	12.04	0	1.81	292.8
石榴石	2.02	14.49	0	3.00	148.5	10.57	44.91	0	7.20	68.1
阳起石/透闪石	2.01	14.91	0	2.83	140.9	4.81	27.22	0	3.91	81.3
（斜）黝帘石	1.31	6.52	0	1.71	130.9	2.60	11.04	0	1.73	66.6
钛铁矿	0.95	11.29	0	2.08	218.3	4.78	33.87	0	5.91	123.7
钾长石	0.52	4.15	0	1.08	205.8	0.05	1.07	0	0.17	334.3
碳酸盐	0.52	4.99	0	1.00	194.5	0.23	3.47	0	0.40	178.4
磁铁矿	0.49	10.34	0	1.52	307.1	0.63	10.06	0	1.15	182.7
磷灰石	0.46	2.65	0	0.65	142.0	1.44	5.85	0	0.92	63.4
电气石	0.37	3.51	0	0.57	154.3	1.55	9.86	0	1.32	84.7
白钛石	0.37	3.23	0	0.62	167.3	1.88	7.61	0	1.31	69.6
风化云母	0.34	12.29	0	1.57	464.9	0.13	3.09	0	0.45	344.9
榍石	0.34	2.63	0	0.56	166.7	1.20	8.32	0	1.22	101.7
独居石	0.15	1.92	0	0.35	226.7	0.67	3.42	0	0.71	105.9
锆石	0.12	2.07	0	0.34	293.7	0.35	5.87	0	0.66	188.7
磷钇矿	0.10	5.76	0	0.70	691.1	0.11	1.40	0	0.28	248.6
单斜辉石	0.10	2.68	0	0.37	376.6	0.48	2.87	0	0.54	110.5
金红石	0.09	1.74	0	0.28	323.8	0.29	5.08	0	0.72	249.4
十字石	0.04	0.88	0	0.15	354.9	0.29	33.93	0	2.62	903.7

3.2.2　典型柱状沉积物碎屑矿物特征

碎屑矿物组分具有重要的指示意义，通过分析碎屑矿物含量及其组合特征有助于了解沉积物来源、母岩性质及风化和搬运的历史。对采集的 46 个站位的柱状沉积物样品中的 16 个进行碎屑矿物鉴定，其中，对 JNH5、JNH8、JNH9、JNH22、JNH26、JNH30、JNH39 和 JNH41 共 8 个站位的柱状样做重点描述，绘制碎屑矿物柱状分布，进行系统分析，站位分布如图 3-7 所示。

3.2.2.1 JNH5 站位

JNH5 站位位于 36°10′33.169″N、123°46′13.861″E，水深为 75.6 m，取岩心长度 3.20 m。本站位共分析沉积物样品 15 个，岩心重矿物平均含量为 1.58%，分布范围为 0.76%~4.55%，标准偏差为 1.12%，相对标准偏差为 71.24%。岩心轻矿物平均含量为 96.43%，分布范围 88.00%~98.62%，标准偏差为 2.70%，相对标准偏差为 2.80%。

该站位柱状沉积物中平均体积百分含量大于 5% 的重矿物有 4 种，分别是普通角闪石（33.22%）、自生黄铁矿（16.03%）、绿帘石（13.29%）和石榴石（5.39%）；含量在 1%~5% 的矿物依次为黑云母（3.98%）、白钛石（3.32%）、磷灰石（3.03%）、赤（褐）铁矿（2.02%）、榍石（1.97%）、（斜）黝帘石（1.63%）、生物碎屑（1.41%）、岩屑（1.25%）和白云母（1.23%）；含量在 0.1%~1% 的矿物有单斜辉石（0.935%）、电气石（0.93%）、金红石（0.74%）、风化云母（0.65%）、阳起石/透闪石（0.55%）、蓝晶石（0.35%）、十字石（0.25%）、锆石（0.23%）、自生重晶石（0.22%）、斜方辉石（0.20%）。

轻矿物的主要组分有斜长石（35.92%）、石英（27.95%）、岩屑（10.27%）、黑云母（6.39%）和生物碎屑（6.19%），这 5 种约占轻矿物总量的 86.72%，此外，还含有少量的钾长石（4.52%）、白云母（4.02%）、绿泥石（2.19%）、海绿石（1.56%）和碳酸盐（0.79%）。

该站位位于南黄海中部，距离陆地较远，水深大，自生黄铁矿和生物碎屑含量高是其主要特征。重矿物组合主要是角闪石-绿帘石-自生黄铁矿-石榴石，稳定矿物主要以石榴石、白钛石、赤（褐）铁矿和榍石为主，含量较高。轻矿物组合为斜长石-石英-岩屑-黑云母，黑云母、生物碎屑和少量的自生矿物海绿石是该组合的重要特征。

根据碎屑矿物含量分布和组合特征（图 3-42 和图 3-43），可以将该站位沉积地层大致划分为两段：

0~150 cm 段：该段沉积物中重矿物含量较高，自生黄铁矿和生物碎屑含量很高，稳定矿物石榴石和赤（褐）铁矿含量较高。

150~300 cm 段：该段沉积物中重矿物含量较低，自生黄铁矿和生物碎屑含量很少或没有，而黑云母和白云母含量呈明显增加的趋势，重矿物组合可表示为角闪石-绿帘石-黑云母，稳定矿物主要是石榴石、白钛石、赤（褐）铁矿和榍石。

3.2.2.2 JNH8 站位

该站位取心长度 4.00 m，共分析样品 20 个。站位位于环山东半岛泥质沉积区，距陆近，水浅，细砂粒级的碎屑矿物很少，平均仅占沉积物干重的 1.22%。重矿物分布范围为 0.10%~0.82%，平均含量仅为 0.37%。可鉴定的重矿物仅为毫克级，且混杂有很多石英（22.47%）、岩屑（17.46%）等轻矿物组分。重矿物的相对百分含量校正后，重矿物平均含量为 0.18%，分布范围为 0.03%~0.35%，标准偏差为 0.11%，相对标准偏差为 59.73%。轻矿物平均含量为 98.67%，分布范围为 97.11%~99.69%，标准偏差为 0.69%，相对标准偏差为 0.70%。

平均体积百分含量大于 5% 的重矿物有 7 种，分别是普通角闪石（26.60%）、黑云母（15.93%）、绿泥石（11.91%）、白云母（9.18%）、自生黄铁矿（8.24%）、绿帘石（8.08%）和风化云母（6.15%）；含量在 1%~5% 的矿物依次为赤（褐）铁矿（2.24%）、单斜辉石（2.19%）、石榴石（1.67%）、磷灰石（1.35%）、阳起石/透闪石（1.34%）和白钛石（1.22%）；含量在 0.1%~1% 的矿物有碳酸盐（0.88%）、（斜）黝帘石（0.55%）、锆石（0.54%）、磁赤（褐）铁矿

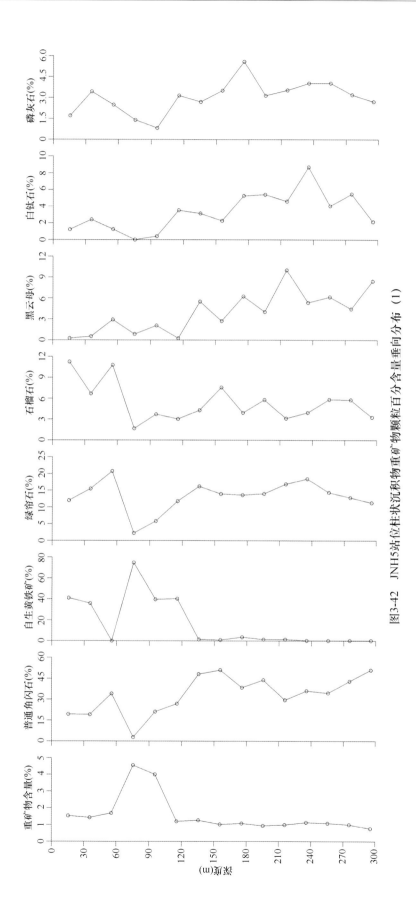

图3-42　JNH5站位柱状沉积物重矿物矿物颗粒百分含量垂向分布（1）

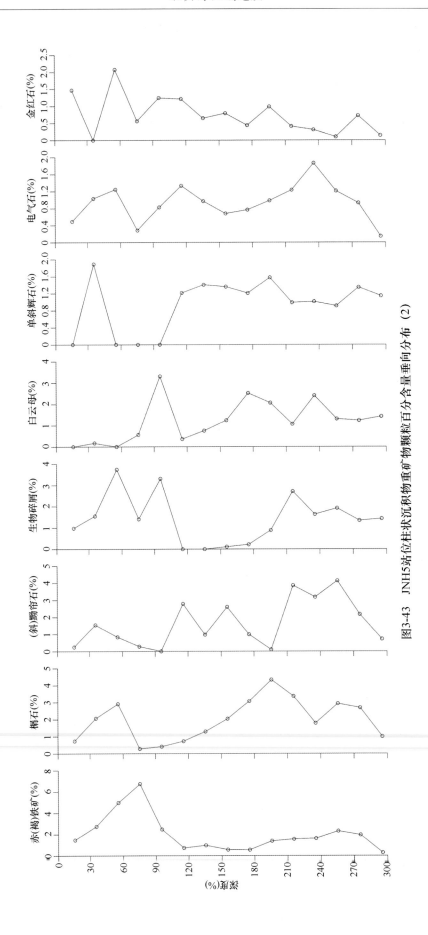

图3-43 JNH5站位柱状沉积物重矿物颗粒百分含量垂向分布 (2)

（0.51%）、自生重晶石（0.48%）、钛铁矿（0.22%）、棕闪石（0.18%）、金云母（0.17%）和榍石（1.97%）；其他微量重矿物还有磁铁矿、蓝晶石、矽线石、独居石、金红石、电气石、褐帘石和红柱石等。

轻矿物的主要组分有斜长石（23.59%）、石英（23.32%）、岩屑（19.90%）、白云母（13.26%）、黑云母（6.07%）和生物碎屑（5.28%），这 5 种约占轻矿物总量的 91.42%。

该站位柱状沉积物岩性为粉砂质黏土，由于重矿物含量很低，加大了分选鉴定的随机性，因此垂向波动性较大，但总体上呈向下增加的趋势（图 3-44）。重矿物组合为角闪石-黑云母-绿泥石-白云母-绿帘石，反映出源区角闪岩相和绿片岩相的组合特征。稳定矿物主要以赤（褐）铁矿、石榴石、白钛石为主。岩心下部自生黄铁矿含量高，反映还原条件的沉积相特征。轻矿物组合为斜长石-石英-白云母-黑云母，该站位岩屑含量很高，其组成主要是风化的长石类矿物等的集合体。根据碎屑矿物含量分布和组合特征（图 3-44 和图 3-45），可将该站位沉积地层大致划分为两段：

0～180 cm 段：该段沉积物中重矿物含量较低，赤（褐）铁矿、石榴石、白钛石等稳定矿物含量较高。轻矿物组分中岩屑和生物碎屑含量较高。

180～400 cm 段：重矿物含量较高，下部自生黄铁矿含量高，轻矿物组分中斜长石和云母类矿物含量呈增加的趋势。

3.2.2.3　JNH9 站位

该站位岩心重矿物含量很低，分布范围为 0.20%～1.63%，平均含量仅为 0.57%。校正后，重矿物平均含量为 0.33%，分布范围为 0.10%～0.60%，标准偏差为 0.14%，相对标准偏差为 41.68%。轻矿物平均含量 98.58%，分布范围为 95.59%～99.58%，标准偏差为 0.92%，相对标准偏差 0.94%。

平均体积百分含量大于 5% 的重矿物有 6 种，分别是普通角闪石（31.77%）、自生黄铁矿（27.26%）、绿帘石（8.76%）、黑云母（6.11%）、白云母（5.16%）和绿泥石（5.03%）；含量在 1%～5% 的矿物依次为赤（褐）铁矿（3.56%）、石榴石（2.44%）、磷灰石（2.14%）、风化云母（2.04%）、白钛石（1.62%）和榍石（1.44%）；含量在 1% 以下的矿物有电气石、阳起石/透闪石等。

轻矿物的主要组分有岩屑（45.67%）、斜长石（25.98%）和石英（18.44%），这 3 种组分约占轻矿物总量的 90.09%，此外，还含有少量的白云母（3.25%）、生物碎屑（2.60%）、钾长石（1.43%）、黑云母（1.41%）、绿泥石（0.38%）等矿物。

碎屑矿物含量分布和组合特征如图 3-46 和图 3-47 所示。重矿物和云母类矿物含量总体上也呈向下增加的趋势。重矿物组合为角闪石-自生黄铁矿-绿帘石-黑云母-白云母-绿泥石。由于该站位水深较大，且处于环山东半岛泥质沉积区，自生黄铁矿含量很高，且较稳定，总体呈向下减少的趋势，反映了沉积区静水、强还原性的稳定沉积环境。其他矿物组合主要反映出源区角闪岩相和绿片岩相的特征。稳定矿物主要是赤（褐）铁矿、石榴石、白钛石和榍石。轻矿物组合为斜长石-石英-白云母，该站位岩屑含量很高，石英含量小于斜长石，表明沉积物成分成熟度较低，物源较近。

3.2.2.4　JNH22 站位

该站位位于环山东半岛泥质沉积区外缘，岩心长 3.05 m。岩性为均质灰褐色黏土，共分析沉积物样品 15 个，重矿物含量很低，分布范围为 0.10%～0.62%，平均含量仅为 0.39%。重矿物分选鉴

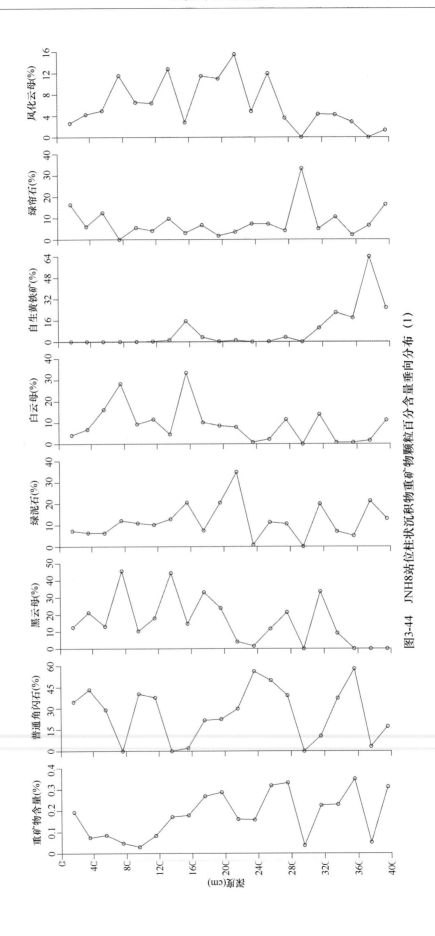

图3-44　JNH8站位柱状沉积物重矿物重矿物颗粒百分含量垂向分布（1）

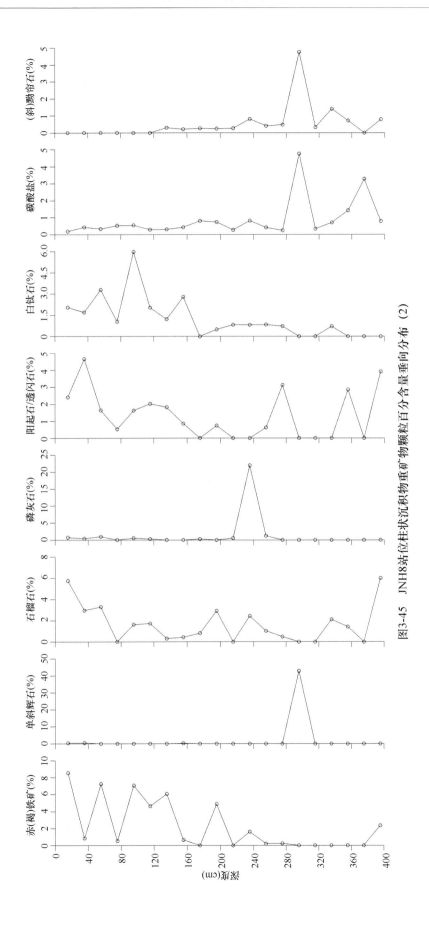

图3-45　JNH8站位柱状沉积物重矿物矿物颗粒百分含量垂向分布（2）

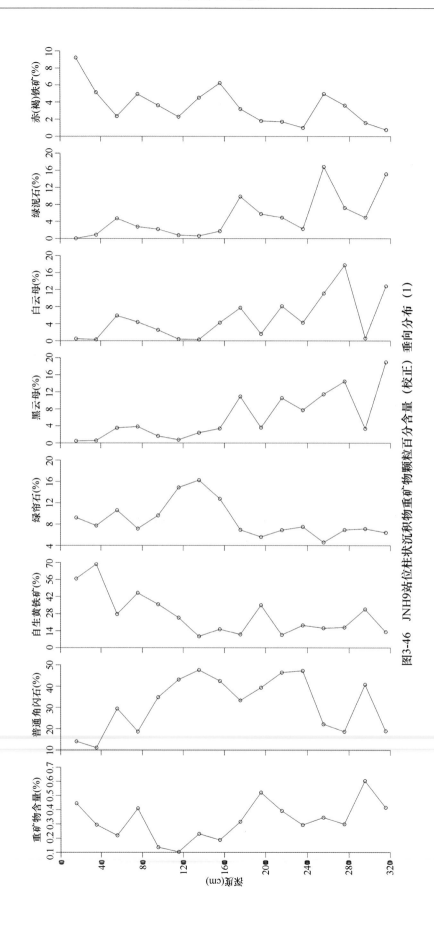

图3-46　JNH9站位柱状沉积物重矿物颗粒百分含量（校正）垂向分布（1）

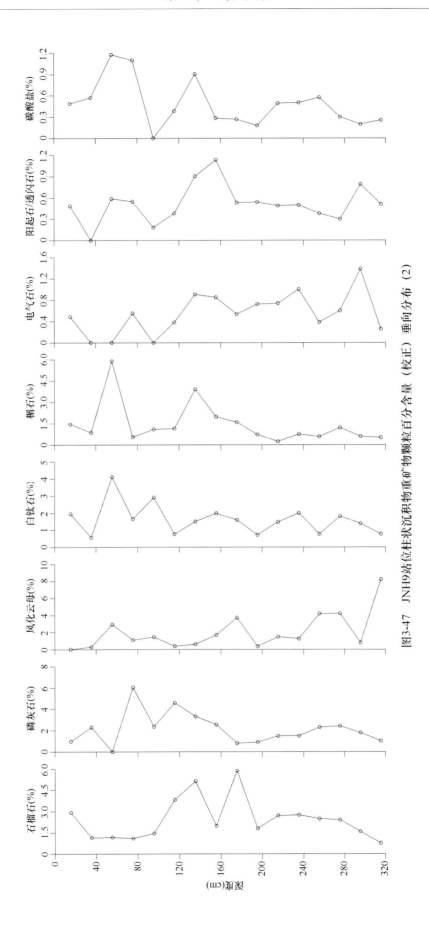

图3-47　JNH9站位柱状沉积物重矿物颗粒百分含量（校正）垂向分布（2）

定过程中岩屑、石英、长石和生物碎屑等轻矿物组分占有相当比例，需要将其扣除，重新计算重矿物组分的相对含量。校正后，重矿物平均含量为 0.29%，分布范围为 0.07%~0.46%，标准偏差为 0.116%，相对标准偏差为 40.54%。岩心轻矿物平均含量为 98.10%，分布范围为 96.50%~99.00%，标准偏差为 0.79%，相对标准偏差为 0.81%。

柱状沉积物中平均体积百分含量大于 5%的重矿物有 6 种，分别是普通角闪石（44.15%）、自生黄铁矿（12.43%）、黑云母（9.76%）、绿帘石（8.88%）、绿泥石（8.41%）和白云母（9.18%）；含量在 1%~5%的矿物依次为风化云母（2.63%）、白钛石（1.93%）、赤（褐）铁矿（1.81%）和石榴石（1.23%）；含量在 1%以下的矿物有磷灰石、阳起石/透闪石、电气石、单斜辉石、榍石、碳酸盐、金云母、（斜）黝帘石、磁铁矿、蓝闪石、褐帘石、锆石和金红石等。

轻矿物的主要组分有岩屑（47.54%）、斜长石（25.71%）和石英（18.37%），这 3 种组分约占轻矿物总量的 91.62%，此外，还含有少量的白云母（2.92%）、黑云母（2.31%）、钾长石（1.54%）、风化云母（0.51%）、生物碎屑（0.43%）、绿泥石（0.30%）等矿物。

该站位重矿物组合为角闪石-自生黄铁矿-黑云母-绿帘石-绿泥石-白云母。该站位位于北黄海，临近环山东半岛泥质沉积区，水动力条件较弱，沉积环境稳定，沉积物岩性为均质黏土，自生黄铁矿含量高，且呈向下增加的趋势。其他的重矿物组合主要反映出源区角闪岩相和绿片岩相的特征。稳定矿物主要是白钛石、赤（褐）铁矿、石榴石和磷灰石等。轻矿物组合为斜长石-石英，该站位岩屑含量很高，表明沉积物成分成熟度较低，物源较近。总体来看，该站位碎屑矿物垂向分布较为稳定，但由于含量低，随机波动性较大（图 3-48 和图 3-49）。

3.2.2.5 JNH26 站位

JNH26 站位取样坐标是 38°21′31.527″N、120°21′10.905″E，水深为 26.9 m，取心长度 3.08 m。共分析沉积物样品 15 个。重矿物类别中含有 20%多的岩屑和石英等轻矿物，需要对原始数据做校正处理。校正后，重矿物平均含量为 0.96%，分布范围为 0.48%~1.60%，标准偏差为 0.37%，相对标准偏差为 39.06%。岩心轻矿物平均含量为 97.11%，分布范围为 90.63%~98.35%，标准偏差为 1.90%，相对标准偏差为 1.95%。

沉积物中平均体积百分含量大于 5%的重矿物有 5 种，分别是普通角闪石（39.92%）、磁铁矿（15.70%）、绿帘石（14.15%）、赤（褐）铁矿（6.63%）和石榴石（5.99%）；含量在 1%~5%的矿物依次为白钛石（2.99%）、黑云母（2.84%）、绿泥石（2.15%）、磷灰石（1.89%）、榍石（1.71%）、白云母（1.48%）和阳起石/透闪石（1.16%）；含量在 1%以下的矿物有风化云母、电气石、自生黄铁矿、单斜辉石和碳酸盐等。

轻矿物的主要组分有岩屑（46.51%）、斜长石（26.19%）和石英（19.57%），这 3 种组分约占轻矿物总量的 92.27%，此外，还含有少量的钾长石（2.92%）、黑云母（1.63%）、白云母（1.40%）、风化云母（0.56%）、生物碎屑（0.42%）和有机质（0.35%）等矿物。

该站位位于渤海东部，岩性为砂质粉砂夹薄层黏土，岩性剖面具波状交错层理、水平层理。从碎屑矿物垂向分布图（图 3-50 和图 3-51）来看，重矿物含量从上向下逐渐减少，趋势明显。同时，不透明矿物和稳定矿物［如磁铁矿、赤（褐）铁矿、石榴石、白钛石和榍石等］，以及轻矿物长石类和石英也呈从上向下逐渐减少的趋势。普通角闪石、云母类矿物和绿泥石等则有从上向下逐步增加的趋势。该站位的典型矿物特征是磁铁矿、赤（褐）铁矿等铁氧化物矿物含量很高，赤（褐）铁矿可能也源于磁铁矿的氧化和水化作用。岩性剖面的沉积层理表明，该海域水动力作用较强，自生黄铁矿主要出现于 2 m 以下深度。该站位重矿物组合可表示为角闪石-磁铁矿-绿帘石-赤

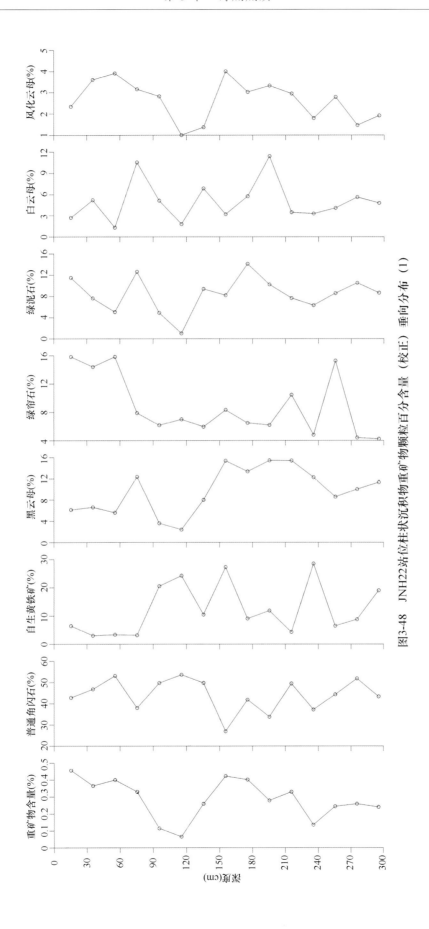

图3-48　JNH22站位柱状沉积物重矿物重矿物颗粒百分含量（校正）垂向分布（1）

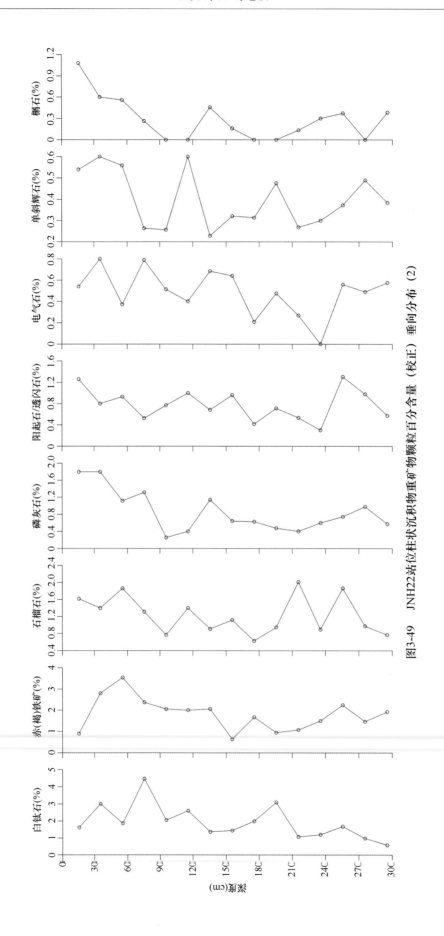

图3-49　JNH22站位柱状沉积物重矿物颗粒百分含量（校正）垂向分布（2）

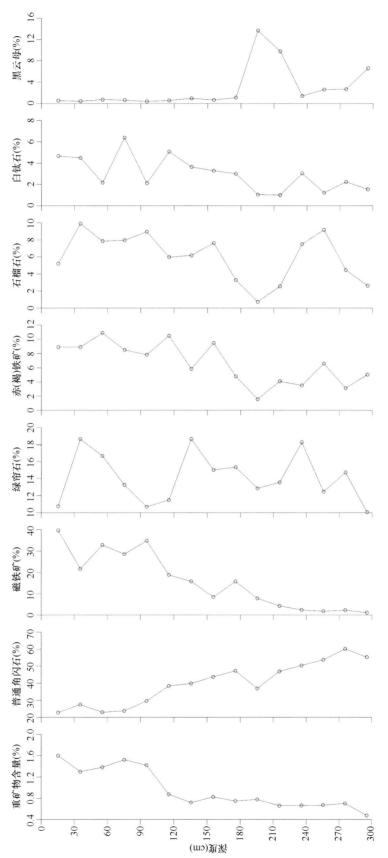

图3-50　JNH26站位柱状沉积物重矿物矿物颗粒百分含量（校正）垂向分布（1）

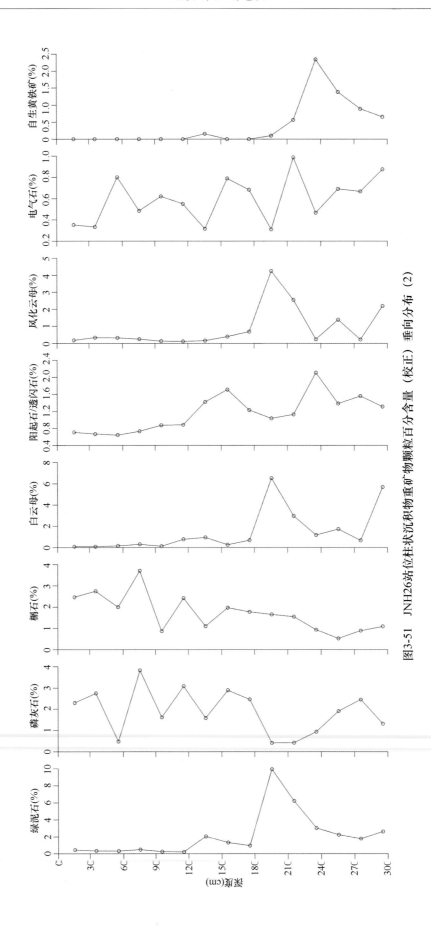

图3-51　JNH26站位柱状沉积物重矿物颗粒百分含量（校正）垂向分布（2）

（褐）铁矿–石榴石。轻矿物组合为斜长石–石英，该站位岩屑含量很高，表明沉积物成分成熟度较低，物源较近。总体来看，该站位碎屑矿物垂向分布较为稳定，分布趋势有一定的规律性。

根据铁氧化物矿物和自生黄铁矿的含量和分布特征，可以将该站位地层划分为两段：

0~200 cm：氧化环境，重矿物含量较高，磁铁矿、赤（褐）铁矿和稳定矿物（如石榴石、白钛石和榍石等）含量高，重矿物组合为角闪石–磁铁矿–绿帘石–赤（褐）铁矿–石榴石。

200~300 cm 段：还原环境，该段沉积物中重矿物含量较低，磁铁矿和赤（褐）铁矿含量很低，而自生黄铁矿出现峰值。重矿物组合为角闪石–绿帘石–石榴石–绿泥石–赤（褐）铁矿。

3.2.2.6 JNH30 站位

JNH30 站位取样坐标是 123°05′17.775″N，38°21′32.934″E，水深为 60.0 m，取心长度 3.80 m。共分析柱状沉积物样品 19 个。本站位位于北黄海中部，岩性为灰黑色砂质粉砂，分布均匀。重液分选出的重矿物组分平均含量仅为 0.480%，且含有 20% 多的岩屑、石英等轻矿物，需要对原始数据做校正处理。校正后，重矿物平均含量为 0.407%，分布范围为 0.003%~1.07%，标准偏差为 0.313%，相对标准偏差为 76.74%。岩心轻矿物平均含量为 99.12%，分布范围为 97.94%~99.93%，标准偏差为 0.556%，相对标准偏差为 0.561%。

柱状沉积物中平均体积百分含量大于 5% 的重矿物仅三种，分别是普通角闪石（41.07%）、绿帘石（25.02%）和石榴石（6.31%）；含量在 1%~5% 的矿物种类较多，依次为绿泥石（4.29%）、阳起石/透闪石（4.01%）、自生黄铁矿（3.11%）、风化云母（2.28%）、黑云母（1.81%）、榍石（1.65%）、白云母（1.41%）、赤（褐）铁矿（1.40%）、白钛石（1.31%）和电气石（1.25%）；含量在 1% 以下的矿物有钛铁矿、蓝晶石、磷灰石、单斜辉石、（斜）黝帘石、碳酸盐和磁铁矿等。

轻矿物的主要组分有斜长石（37.51%）、石英（26.97%）和岩屑（26.93%），这三种组分约占轻矿物总量的 91.41%，此外，还含有少量的白云母（2.70%）、钾长石（1.84%）、黑云母（1.80%）、绿泥石（0.877%）、海绿石（0.715%）和生物碎屑（0.199%）等矿物。

从碎屑矿物垂向分布图（图 3-52 和图 3-53）来看，重矿物含量在 0~3 m 深度内从上向下呈逐渐降低的趋势，3 m 以下快速增高。一些主要的重矿物，如角闪石、绿帘石和石榴石等，总体上含量保持稳定，但波动性较大，这主要是由于沉积物的重矿物组分含量低，导致不同种类矿物出现的随机性增大所致。自生黄铁矿有两个峰值，分布出现于表层（<20 cm）和 3 m 左右的深度，表明该站位水动力较弱，表层以还原条件为主。重矿物组合为角闪石–绿帘石–石榴石。轻矿物组合为斜长石–石英，该站位岩屑含量明显低于斜长石，也低于石英含量，表明沉积物成分成熟度较高，沉积物搬运距离较远，风化程度较高。

3.2.2.7 JNH39 站位

JNH39 站位取样坐标是 39°25′31.498″N、123°46′16.683″E，水深为 27.9 m，取岩心长度为 5.05 m。本站位共分析沉积物样品 25 个，重矿物平均含量为 3.58%，分布范围为 2.28%~6.90%，标准偏差为 1.00%，相对标准偏差为 28.03%。轻矿物平均含量为 95.49%，分布范围为 91.07%~96.94%，标准偏差为 1.24%，相对标准偏差为 1.30%。

沉积物中平均体积百分含量大于 5% 的重矿物仅 3 种，分别是普通角闪石（32.97%）、石榴石（23.14%）和绿帘石（9.81%）；含量在 1%~5% 的矿物种类较多，依次为磁铁矿（3.32%）、磷灰石（2.67%）、电气石（2.66%）、金红石（2.38%）、白钛石（2.28%）、（斜）黝帘石（1.91%）、自生黄铁矿（1.67%）、榍石（1.66%）、黑云母（1.64%）、蓝晶石（1.48%）、赤（褐）铁矿

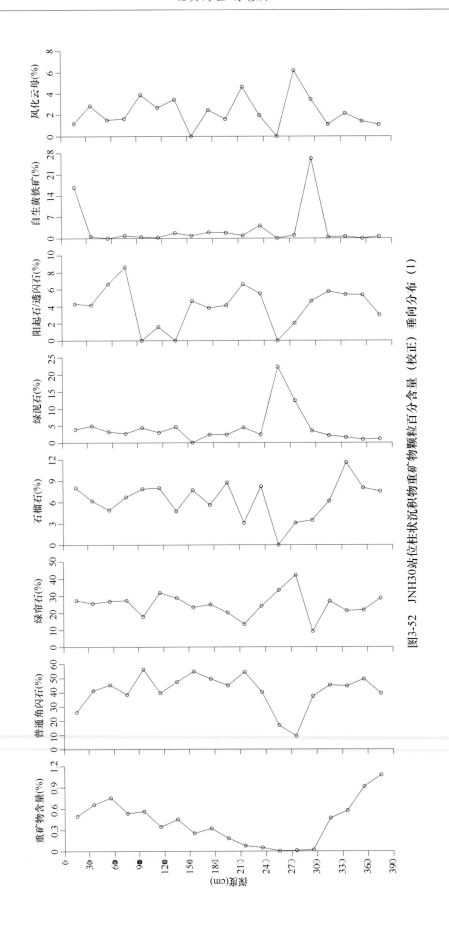

图3-52　JNH30站位柱状沉积物重矿物矿物颗粒百分含量（校正）垂向分布（1）

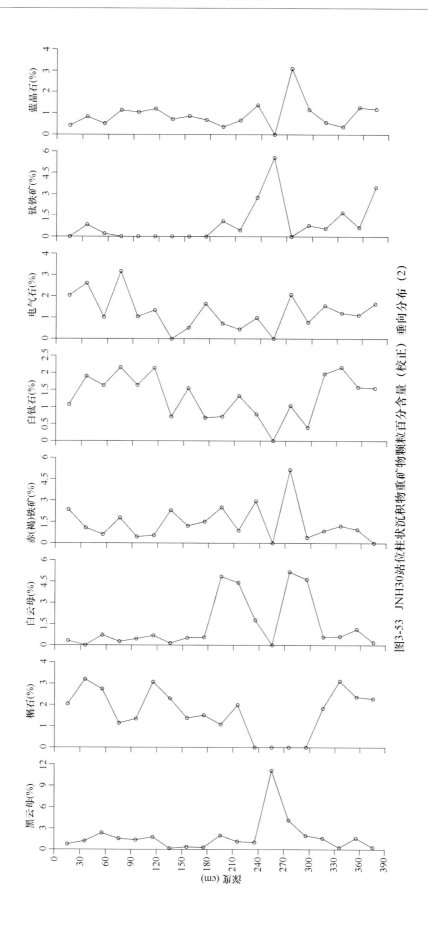

图3-53　JNH30站位柱状沉积物重矿物矿物颗粒百分含量（校正）垂向分布（2）

（1.42%）、磁赤（褐）铁矿（1.34%）和单斜辉石（1.18%）；含量在1%以下的矿物有绿泥石、锆石、阳起石/透闪石、风化云母、白云母、矽线石等。

轻矿物的主要组分有斜长石（31.50%）、石英（29.27%）、岩屑（15.21%）、钾长石（6.65%）、海绿石（6.38%）和黑云母（5.88%），此外，还含有少量的绿泥石（2.08%）、白云母（1.92%）、有机质（0.62%）和风化云母（0.35%）等矿物。

该站位位于鸭绿江口西南方向的外海，临近西朝鲜湾潮流沙脊群，潮流冲刷作用较强。岩性以灰黑色中细砂为主，夹深灰色黏土薄层，沉积层理发育。从碎屑矿物垂向分布图（图3-54和图3-55）来看，一些主要的重矿物，如角闪石、绿帘石和石榴石等，总体上含量保持稳定，但波动性较大。稳定矿物和不透明矿物种类多，含量多处于1%～5%之间，累计总含量高。自生黄铁矿主要出现于1.5 m深度以下，表明岩心上层以氧化条件为主。海绿石含量高是该站位的典型特征，具有重要的指相性。海绿石是一种富钾、富铁的含水层状硅铝酸盐矿物，铁形态以Fe^{3+}是为主，其次含有少量的Fe^{2+}，所以海绿石的形成需要弱氧化至弱还原的介质条件，三价铁和二价铁都呈溶融态搬运。当pH介于2～3时，Fe^{3+}开始沉淀，当$5.5 < pH<7$时，Fe^{2+}开始沉淀，因此海绿石的形成还需要弱碱性介质条件（Ordin，1981）。海绿石是一种典型的浅海相自生矿物，通常，海绿石富集区往往不出现自生黄铁矿等还原铁矿物，然而在我国近海海域均发现了两者伴生的站位，本站位也具有该特点。虽然从宏观上来看两者可以伴生存在，但是，从垂向分布（图3-54和图3-55）依然可以看到，自生黄铁矿和海绿石的分布具有明显的反相特征，1.5 m深度以上尤为明显。这两种矿物的共生是由于宏区、微区环境的差异所造成的。硫化铁一般只在缺氧、有高S^{2-}浓度的条件下才能沉淀，然而这多发生在以有机质团块为中心的微环境内，并不妨碍宏区中存在有利于海绿石形成的氧化环境。此外，海绿石的富集与沉积物类型有一定关系，砂质区丰度高。该站位重矿物组合可表示为角闪石-石榴石-绿帘石，轻矿物组合为斜长石-石英-钾长石-海绿石-黑云母。该站位岩屑含量远低于斜长石和石英，表明沉积物成分成熟度较高。虽然沉积区离岸较近，但由于水动力条件强，磨蚀风化程度依然较高。

根据自生矿物自生黄铁矿和海绿石等的含量分布特征，可以将该站位地层划分为两段：

0～150 cm：氧化环境，自生黄铁矿含量很低；自生海绿石含量高，但从上向下有逐渐减少的趋势。重矿物含量较低。普通角闪石随深度的增加逐渐增多，但总体含量偏低。稳定矿物含量高，其中，蓝晶石含量明显偏高。

150～500 cm：还原环境，自生黄铁矿含量明显提高，自生海绿石含量较高，垂向分布较为稳定，然而两者存在反相特征。重矿物含量较高，普通角闪石含量呈高位波动状态，稳定矿物含量总体上偏低。

3.2.2.8 JNH41站位

该站位位于渤海辽东湾，临近辽东半岛，水深23.4 m，取心长3.56 m，共分析样品17个。岩性以黄褐色黏土为主，分布均匀。重液分选出的重矿物组分平均含量为1.39%，其中岩屑、石英等轻矿物含量超过10%。校正后，重矿物平均含量为1.23%，分布范围为0.62%～1.92%，标准偏差为0.448%，相对标准偏差为36.35%。岩心轻矿物组分平均含量为97.71%，分布范围为96.22%～98.88%，标准偏差为0.64%，相对标准偏差为0.65%。

沉积物中平均体积百分含量大于5%的重矿物有5种，分别是普通角闪石（44.55%）、绿帘石（18.77%）、磁铁矿（10.44%）、石榴石（7.82%）和赤（褐）铁矿（6.12%）；含量在1%～5%的矿物仅有榍石（3.27%）、白钛石（3.16%）和磷灰石（1.30%）3种；含量在1%以下的矿物种类

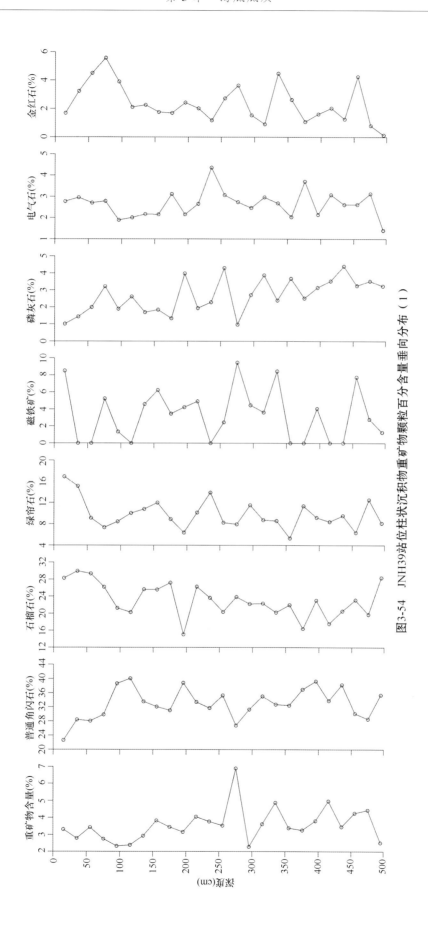

图3-54　JNH139站位柱状沉积物重矿物颗粒百分含量垂向分布（1）

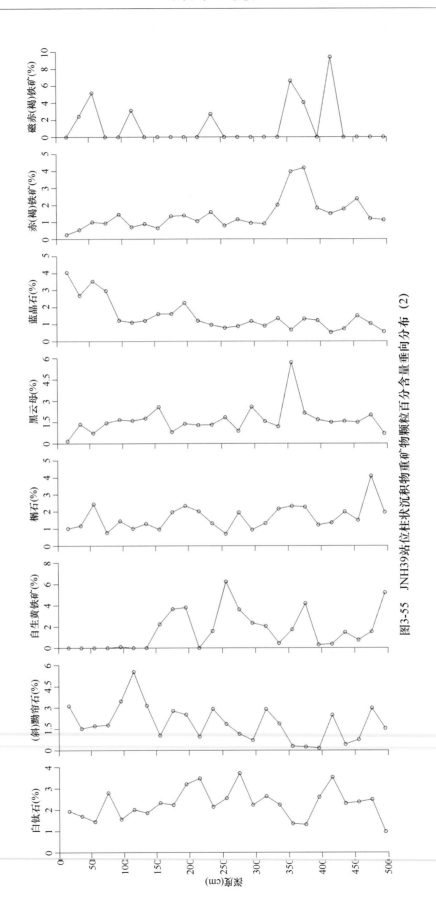

图3-55　JNH39站位柱状沉积物重矿物颗粒百分含量垂向分布（2）

较多，但含量很低，主要有阳起石/透闪石、黑云母、电气石、单斜辉石、锆石、绿泥石和白云母等。

轻矿物主要组分有岩屑（40.13%）、石英（28.88%）和斜长石（27.02%），这 3 种组分合计高达 96.03%。此外，还含有少量的钾长石（1.44%）、黑云母（0.92%）、白云母（0.52%）、生物碎屑（0.37%）、绿泥石（0.24%）、海绿石（0.18%）和碳酸盐（0.15%）等矿物。

从碎屑矿物垂向分布（图 3-56 和图 3-57）来看，重矿物含量从上向下呈逐渐降低的趋势，造岩矿物角闪石和绿帘石从上向下也呈逐渐降低的趋势，而磁铁矿和石榴石则从上向下含量逐步升高。本站位的主要特点是铁氧化物型矿物含量高，磁铁矿和赤（褐）铁矿两者平均含量合计达 16.56%，以岩心上部分布为主，赤（褐）铁矿主要源于磁铁矿的氧化和水化作用，代表表生水环境特征。其次，鉴定出的重矿物种类相对较少，含量在 1% 以上的矿物种类仅 8 种，且含量较为集中。重矿物组合可表示为角闪石-绿帘石-磁铁矿-石榴石。轻矿物为石英-斜长石组合，两者含量相近。站位离岸较近，岩性为黏土，说明水动力条件较弱。岩屑含量远高于石英和斜长石。这些都表明沉积物成分成熟度较低。

根据碎屑矿物的含量和分布特征，可以将该站位沉积地层划分为两段：

0~150 cm：该段重矿物含量较高，磁铁矿和石榴石含量很高，但这三者从上向下都有逐渐减少的趋势。赤（褐）铁矿含量总体较为稳定。重矿物组合可表示为角闪石-磁铁矿-绿帘石-石榴石。

150~356 cm：该段重矿物含量较低，磁铁矿含量低，绿帘石含量有增加的趋势。赤（褐）铁矿含量总体较为稳定。重矿物组合可表示为角闪石-绿帘石-石榴石-赤（褐）铁矿。

3.3　黏土矿物

采用 X 射线衍射法对调查获取的表层样品（142 个）和柱状样品（245 个）进行了黏土矿物分析。

3.3.1　表层沉积物黏土矿物

3.3.1.1　黏土矿物组合与分布

本海区内主要有 4 种黏土矿物，其平均含量由高到低依次为：伊利石（66.2%）、绿泥石（14.6%）、高岭石（11.8%）和蒙脱石（7.4%），其中，蒙脱石普遍结晶不良，在 X 射线衍射图谱中表现为衍射峰弥散、宽化，而其他 3 种黏土矿物的结晶比较好，衍射峰相对较尖锐。根据黏土矿物相对含量，可分为 3 种组合类型（图 3-58）。Ⅰ型，伊利石-绿泥石-高岭石-蒙脱石（占87.5%）；Ⅱ型，伊利石-绿泥石-蒙脱石-高岭石（占 6.6%）；Ⅲ型，伊利石-蒙脱石-绿泥石-高岭石（占 5.9%）。其中，Ⅰ型组合分布最广，在渤海东部、北黄海及南黄海北部均有分布；Ⅱ型组合主要分布在辽东半岛、山东半岛近岸及岛屿周边海域；Ⅲ型组合主要分布在渤海东部潮流沙脊沉积区及北黄海粗粒沉积区。造成黏土矿物组合差别明显的原因主要有两个：一是物质来源不同，源区的岩石类型及风化种类及程度的差异；二是不同的沉积环境，与物源距离不同、水动力条件不同等因素造成。

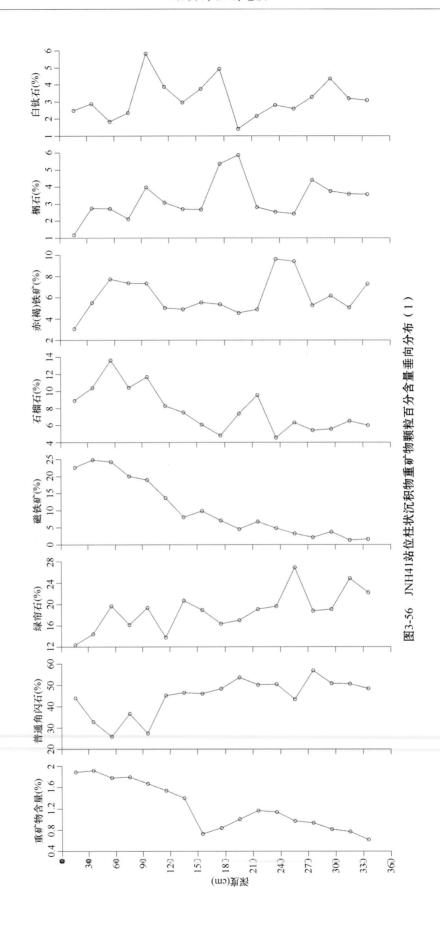

图3-56　JNH41站位柱状沉积物重矿物颗粒百分含量垂向分布（1）

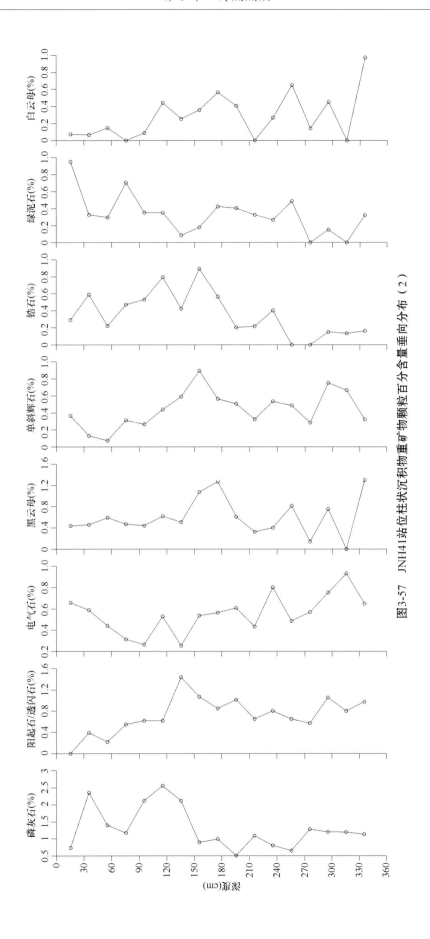

图3-57　JNH41站位柱状沉积物重矿物颗粒百分含量垂向分布（2）

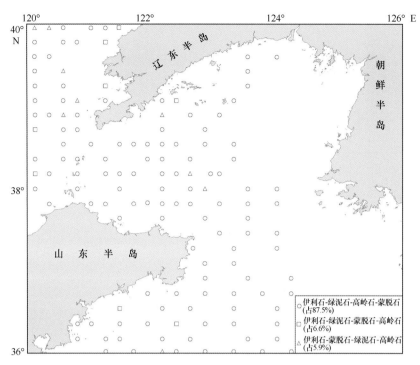

图 3-58　表层沉积物黏土矿物组合分布特征

　　4 种黏土矿物各自的空间分布存在一定差异。伊利石含量最高（图 3-59），平均为 66.2%，变化范围为 57.1%～77.7%，伊利石低含量区与高含量区主要呈圆斑状分布，低含量区（<62%）主要集中于北黄海，高含量区（>70%）主要位于渤海东部、辽东半岛东南近岸及南黄海北部海域。总体来看，区内伊利石含量北黄海最低，其次为南黄海北部，渤海东部最高，呈自东北至西南逐渐增加的趋势。

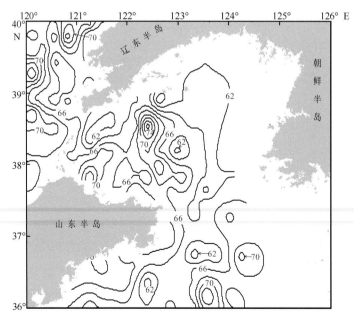

图 3-59　表层沉积物伊利石百分含量分布

　　绿泥石百分含量变化范围为 8.7%～20.9%，平均值为 14.6%，绿泥石含量高值区（>16%）主要集中在北黄海，其次为南黄海北部，渤海东部绿泥石含量最低（图 3-60），总体呈自东北至西南逐渐降低的趋势，绿泥石含量高值区在北黄海与辽东半岛东南近岸潮流沙脊与西朝鲜湾潮流沙脊区相对应，低值区（<12%）主要集中在辽东半岛西部近岸与渤海海峡西部海域，总体呈自东北至西南、自东至西逐渐降低的趋势。

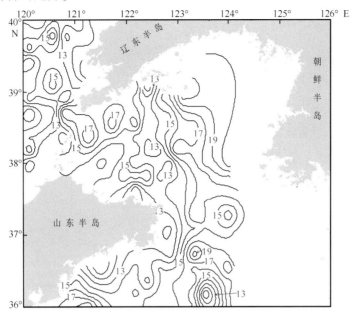

图 3-60 表层沉积物绿泥石百分含量分布

高岭石百分含量变化范围集中在 7.8%~17.3%，平均值为 11.8%，高岭石含量高值区与低值区同样呈斑状分布，高岭石含量高值区（>13%）位于辽东半岛东南近岸、北黄海北部及山东半岛东部海域，渤海东部、山东半岛北部近岸海域高岭石含量相对较低（<11%）（图 3-61）。总体来看，区内高岭石含量自东至西逐渐降低，而北黄海北部与南黄海北部有向中间降低的趋势。

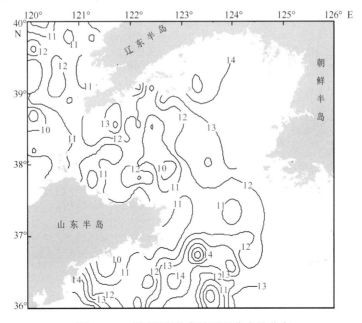

图 3-61 表层沉积物高岭石百分含量分布

蒙脱石百分含量变化范围最大，介于 0~20.3%，平均值为 7.4%，蒙脱石含量低值区（<4%）

集中在北黄海中部与南黄海北部远岸海域，高值区（>10%）主要集中分布在辽东半岛西部与山东半岛东部近岸海域（图3-62），总体呈自东北至西南、自东至西逐渐增加的趋势。

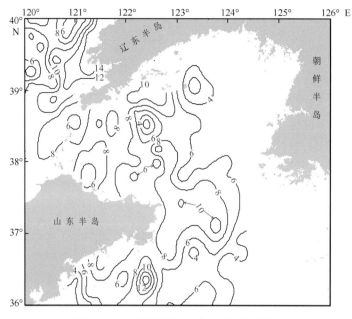

图3-62 表层沉积物蒙脱石百分含量分布

同时计算了伊利石晶体的化学指数及结晶指数。区内表层沉积物中伊利石化学指数（图3-63）变化范围为0.1~0.7，平均为0.4，表明伊利石富Fe-Mg，产于较强烈的物理风化环境；伊利石结晶指数（图3-64）（积分宽度 IB）变化范围为 $0.1°~0.4°\Delta2\theta$，平均为 $0.3°\Delta2\theta$。根据指数 IB 的大小，Ehrmann（1998）给出了结晶度分类：结晶程度极好（$IB<0.4$）、结晶程度好（$IB=0.4~0.6$）、结晶程度中等（$IB=0.6~0.8$）、结晶程度差（$IB>0.8$）。根据这一分类，区内表层沉积物伊利石结晶度极好。

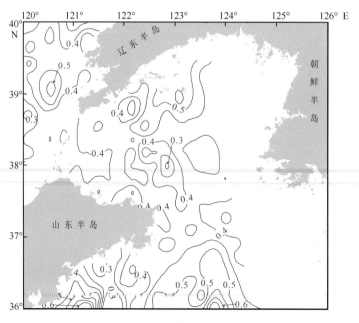

图3-63 表层沉积物伊利石化学指数分布

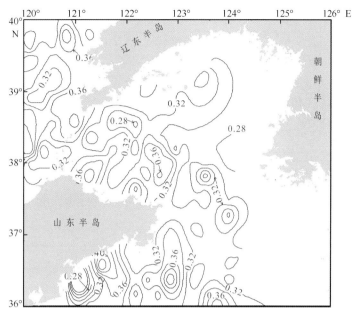

图 3-64　表层沉积物伊利石结晶度指数分布

3.3.1.2　黏土矿物物源探讨

同一海区，不同的黏土矿物具有不同的分布特征；同一种矿物，在不同海区也具有不同的分布特征。海洋沉积物中，控制黏土矿物分布状况的因素有物源、沉积时的海洋动力环境及沉积后的地质环境（陈丽蓉，2008）。本海区由于自身环境原因很难形成自生黏土矿物，物源和水动力条件成为控制黏土矿物分布的主导因素。物源决定了沉积物中黏土矿物的初始类型，并且可根据各种黏土矿物的成因特点反映其来源所在；而海洋动力环境（水动力条件）则决定了各种黏土矿物在沉积时所表现出的黏土矿物共生组合类型的变化特征。

许多研究表明，本海区内的黏土矿物主要是陆源的（秦蕴珊等，1989；李国刚，1990；Park and Khim，1992），被周边河流搬运而来，其中渤海黏土矿物受黄河影响最大（何良彪等，1984），北黄海中西部海域黏土矿物主要由沿岸流携带的黄河物质、鸭绿江物质及黄海暖流携带的北上的长江物质组成（何良彪等，1989；李艳等，2009，2011；Chen et al.，2013），而南黄海黏土矿物主要由沿岸流携带的黄河物质、苏北老黄河口受侵蚀再搬运的物质及北上的长江物质组成（秦蕴珊等，1986）。

本海区涉及渤海东部、北黄海中西部及南黄海北部海域，由于表层样取样间隔较大，某些海区黏土矿物在沉积物中所占比例较少（如渤海东部潮流沉积区、老铁山水道附近及岛屿周边），不具有代表性，因而这些海区黏土矿物物源示踪可行性不大，但大部分海区沉积物黏土矿物组合表现出一定的规律性。

本海区大部分海域沉积物黏土矿物的类型和共生组合特点显示，沉积物主要为黄河、鸭绿江、长江等近岸水系携带的大量陆源物质和邻近海域沉积物的再沉积。

如前所述，黏土矿物一般由风化作用而形成，其类型主要取决于母岩类型和气候条件。如伊利石主要为长石的风化产物，而长石既是重要的造岩矿物又是各大岩类中普遍存在的矿物，因此，作为陆源物质的伊利石在本区沉积物中占主要地位；绿泥石的主要母岩是变质岩，主要形成于以物理风化为主的高纬度地区；高岭石则多形成于低纬度地区的温暖潮湿环境中；偏碱性介质条件的沉积环境，则有利于蒙脱石形成和保存。

本海区地处陆缘海，其黏土矿物的特征及分布除受陆源区的母岩类型和气候环境影响外，还受搬运过程及沉积区的沉积水动力条件控制。陆源物质在入海后，要面临一个长途搬运、混合及沉积后的改造作用，因此，在本海区沉积物中的黏土矿物均是多种因素共同作用后的产物。

3.3.2　柱状沉积物黏土矿物

16 根柱状样沉积物黏土矿物分析结果表明，伊利石、绿泥石、高岭石、蒙脱石 4 种黏土矿物在柱状样沉积物中普遍存在，各海区柱状样沉积物黏土矿物组分含量明显不同，其次，同一海区柱状样黏土矿物含量也存在一定的差异（表 3-6），且与表层沉积物黏土矿物含量也存在明显不同。

表 3-6　柱状沉积物黏土矿物含量（%）变化

海域	站位	样品数	含量变化	蒙脱石	伊利石	高岭石	绿泥石
南黄海北部	JNH5	15	平均值	6.1	59.9	14.4	19.7
			变化范围	1.8~10.6	49.5~67.7	12.7~17.5	16.1~25.9
	JNH8	20	平均值	9.3	69.4	10.0	11.4
			变化范围	4.6~16.6	50.3~74.4	7.7~16.1	9.0~19.6
	JNH9	16	平均值	5.9	70.2	11.0	12.9
			变化范围	2.9~9.3	63.7~77.4	8.8~13.5	9.7~15.9
北黄海	JNH85	14	平均值	9.0	69.4	9.9	11.7
			变化范围	7.2~13.6	65.4~73.3	8.0~11.7	10.3~13.9
	JNH85-2	15	平均值	10.5	68.7	9.4	11.4
			变化范围	5.3~17.8	64.6~72.0	7.7~11.2	9.8~15.5
	JNH17	17	平均值	6.9	70.3	10.5	12.3
			变化范围	3.6~9.4	65.8~75.4	7.9~12.1	9.6~14.7
	JNH18	9	平均值	6.8	61.7	14.0	17.6
			变化范围	3.3~12.7	59.9~63.7	11.1~15.4	15.7~21.4
	JNH19	11	平均值	7.9	68.7	10.8	12.6
			变化范围	5.7~10.1	64.4~71.0	9.5~12.9	10.6~14.7
	JNH22	15	平均值	10.2	68.9	9.5	11.4
			变化范围	8.0~14.3	63.7~73.0	7.5~12.0	8.2~16.3
	JNH27	16	平均值	8.7	63.9	11.8	15.6
			变化范围	5.4~12.3	56.5~71.6	9.0~14.6	9.9~19.2
	JNH30	19	平均值	10.4	66.3	10.4	12.9
			变化范围	7.4~15.0	59.4~71.4	0.2~14.0	9.5~20.5
	JNH35	9	平均值	8.0	70.3	10.0	11.7
			变化范围	4.1~11.3	66.2~77.1	7.2~10.8	8.2~13.3
	JNH39	25	平均值	13.2	62.7	10.9	13.2
			变化范围	3.9~22.1	51.4~69.5	8.6~14.1	9.7~18.3

海域	站位	样品数	含量变化	蒙脱石	伊利石	高岭石	绿泥石
渤海东部	JNH26	15	平均值	9.4	68.0	10.1	12.5
			变化范围	3.7~19.3	63.3~75.3	8.2~12.2	9.2~16.8
	JNH41	17	平均值	7.6	71.1	9.7	11.6
			变化范围	4.4~10.7	66.6~73.9	8.5~11.4	9.7~15.8
	JNH42	12	平均值	8.4	70.5	9.2	11.9
			变化范围	4.3~13.0	65.8~75.4	7.7~10.7	10.3~13.3

　　各柱状样黏土矿物组合类型及分布特如表3-7所示。由此可知，区内各站位柱状样黏土矿物组合类型存在很大的差异，主要涉及5种组合类型：Ⅰ型，伊利石-绿泥石-高岭石-蒙脱石；Ⅱ型，伊利石-绿泥石-蒙脱石-高岭石；Ⅲ型，伊利石-蒙脱石-绿泥石-高岭石；Ⅳ型，伊利石-高岭石-绿泥石-蒙脱石；Ⅴ型，伊利石-高岭石-蒙脱石-绿泥石。与表层沉积物黏土矿组合类型相比，柱状样黏土矿物组合类型相对复杂，表现出明显的区域性特征：其中南黄海北部海域JNH5与JNH9两站位及山东半岛东北部JNH17站位黏土矿物组合类型仅有Ⅰ型，表现出水动力与物源相对稳定的特征；南黄海北部JNH8站位与渤海东部站位黏土矿物组合类型相对简单，主要包括Ⅰ型、Ⅱ型与Ⅲ型，与表层沉积物黏土矿物组合类型相似，而北黄海站位相对复杂，上述5种黏土矿物组合类型均有涉及（图3-65）。

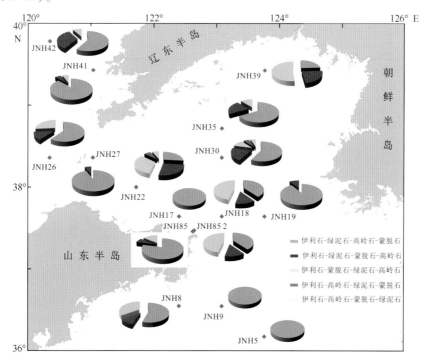

图3-65　各柱状样站位沉积物黏土矿物组合类型

　　结合区内表层沉积物中各种黏土矿物的平面分布特征，说明在各站位黏土矿物的物源、成因及沉积后的地质环境具有很大的不同，而同一海区各站位黏土矿物的地质信息也存在一定的差异。

　　本海区不同站位柱状样的黏土矿物分布特征可概括如下：

表 3-7　柱状沉积物黏土矿物组合类型统计

海域	站位	样品数	组合类型频数	Ⅰ型	Ⅱ型	Ⅲ型	Ⅳ型	Ⅴ型
南黄海北部	JNH5	15	样品数	15				
			百分比（%）	100				
	JNH8	20	样品数	11	2	7		
			百分比（%）	55.0	10.0	35.0		
	JNH9	16	样品数	16				
			百分比（%）	100				
北黄海	JNH85	14	样品数	11	1	2		
			百分比（%）	78.6	7.1	14.3		
	JNH85-2	15	样品数	6	2	7		
			百分比（%）	40.0	13.3	46.7		
	JNH17	17	样品数	17				
			百分比（%）	100.0				
	JNH18	9	样品数	8	1			
			百分比（%）	88.9	11.1			
	JNH19	11	样品数	10	1			
			百分比（%）	90.9	9.1			
	JNH22	15	样品数	4	4	5	1	1
			百分比（%）	26.7	26.7	33.3	6.7	6.7
	JNH27	16	样品数	15	1			
			百分比（%）	93.8	6.3			
	JNH30	19	样品数	11	4	2	1	1
			百分比（%）	57.9	21.1	10.5	5.3	5.3
	JNH35	9	样品数	6	2	1		
			百分比（%）	66.7	22.2	11.1		
	JNH39	25	样品数	6	6	13		
			百分比（%）	24.0	24.0	52.0		
渤海东部	JNH26	15	样品数	9	2	4		
			百分比（%）	60.0	13.3	26.7		
	JNH41	17	样品数	15	1	1		
			百分比（%）	88.2	5.9	5.9		
	JNH42	12	样品数	7	4	1		
			百分比（%）	58.3	33.3	8.3		

渤海东部海域 JNH26、JNH41 与 JNH42 三个柱状样黏土矿物的垂向分布如图 3-66 所示，从图中可以看出，三个柱状样中伊利石均占主导地位，其次为绿泥石，高岭石和蒙脱石的含量则相对较低（表 3-6）。从垂向变化来看，蒙脱石和伊利石均具明显负相关关系，伊利石含量较高的层位往往就是蒙脱石含量较低的层位，反之亦然。黏土矿物的组合变化反映了源区气候的冷暖变化，记录了搬运、再沉积和环境演化的重要信息。蒙脱石和伊利石对气候反应明显，蒙脱石含量高反映了寒冷的气候特征（蓝先洪，1990）。柱状样 JNH26 在 80~140 cm、JNH41 在 60~90 cm、JNH42 在 30~50 cm 三处蒙脱石含量较高，反映出当时的沉积环境可能为较为寒冷，三个层位应为同一地质时期

的沉积记录，层位的差异源自沉积速率的不同。

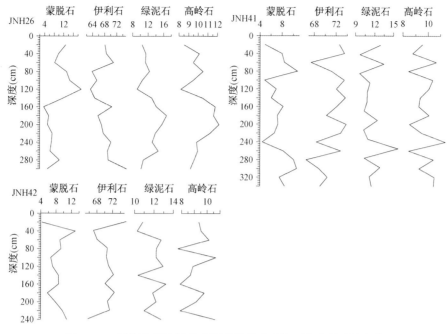

图 3-66　渤海东部海域柱状沉积物黏土矿物百分含量垂向变化

南黄海北部海域 JNH5、JNH8 与 JNH9 三个柱状样黏土矿物的垂向变化如图 3-67 所示。从图中可以看出，三个柱状样伊利石含量占主导地位，绿泥石和高岭石含量次之，蒙脱石含量相对最低（表 3-6）。从垂向变化来看，JNH9 伊利石与蒙脱石、绿泥石、高岭石三者总体均呈负相关，且蒙脱石与绿泥石和高岭石整体呈正相关；而 JNH5 与 JNH8 分别在 140 cm 以上段与 280 cm 以上段黏土矿物相关关系与 JNH9 相似，其余段相关关系不明显。总体来说，伊利石含量向下有减少的趋势，而

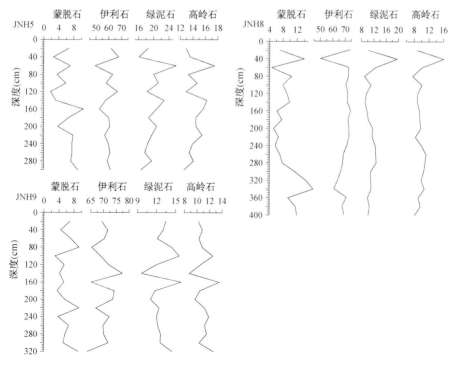

图 3-67　南黄海北部海域柱状沉积物黏土矿物百分含量垂向变化

蒙脱石含量向下有增加的趋势。蒙脱石在柱状样 JNH5 的 140 cm 以下段、JNH8 的 280 cm 以下段、JNH9 的 200 cm 以下段含量均较高，反映出当时的寒冷的沉积环境。

北黄海中西部海域 JNH22、JNH27、JNH30、JNH35 与 JNH39 5 个柱状样黏土矿物的垂向分布如图 3-68 所示，从图中可以看出，该海区 5 个柱状样伊利石仍占主导地位，而绿泥石、高岭石与蒙脱石的垂向变化相对比较复杂，随层位变化而不同。从垂向变化来看，5 个柱状样中伊利石和蒙脱石均呈明显的负相关，而绿泥石与高岭石相关关系相对复杂，其中 JNH22、JNH27、JNH35 与 JNH39 4 个柱状样呈正相关，而柱状样 JNH30 呈负相关。蒙脱石变化趋势也不尽相同，JNH22、JNH27 与 JNH35 3 个柱状样自上而下变化趋势不明显，而 JNH30 柱状样自上而下蒙脱石逐渐减少，JNH39 柱状样自上而下蒙脱石逐渐增加，反映了物源与沉积环境的差异。

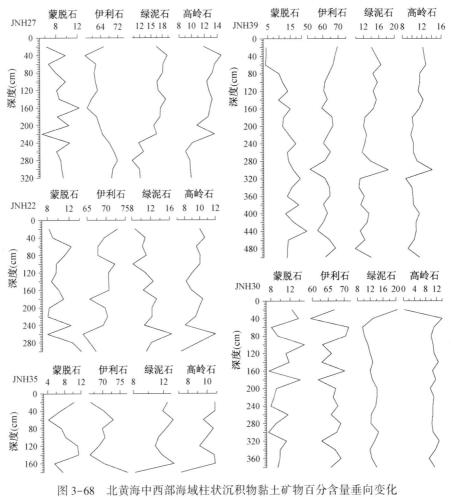

图 3-68　北黄海中西部海域柱状沉积物黏土矿物百分含量垂向变化

山东半岛东北部海域 JNH17、JNH18、JNH19、JNH85 与 JNH85-2 5 个柱状样黏土矿物的垂向分布如图 3-69 所示，从图中可以看出，该海区 5 个柱状样伊利石仍占主导地位，而绿泥石、高岭石与蒙脱石的垂向变化相对比较复杂，据层位变化而不同。从垂向变化来看，5 个柱状样中伊利石和蒙脱石整体均呈负相关，而绿泥石和高岭石整体呈明显的正相关。蒙脱石含量在山东半岛近岸 JNH85 与 JNH85-2 两站位柱状样相对较高，而其余 3 个站位相对较低。

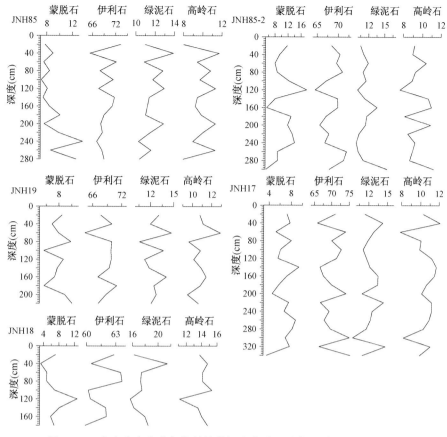

图 3-69　山东半岛东北部海域柱状沉积物黏土矿物百分含量垂向变化

3.4　地球化学

海洋沉积地球化学是海洋地质学研究的重要手段和海洋沉积学研究的重要内容。1980 年以来，在本海区的渤海东部和北黄海地区分别开展了一些沉积物地球化学研究工作，在探讨该地区沉积物化学组成、元素分布、沉积物成因和沉积环境的划分等方面取得了不少研究成果（中国科学院海洋研究所海洋地质室，1985；秦蕴珊等，1989；刘敏厚等，1987；赵一阳和鄢明才，1994；刘建国等，2007；李淑媛等，2010）。

本节对本海区 138 个表层沉积物样品（图 3-70）和 16 个柱状沉积物样品进行了常量元素、微量元素、稀土元素分析研究，结果如下。

3.4.1　表层沉积物地球化学

3.4.1.1　常量元素含量及分布特征

1）常量元素含量特征

表层沉积物中常量元素用氧化物的形式表示，主要有 SiO_2、Al_2O_3、Fe_2O_3、CaO、K_2O、$CaCO_3$、Na_2O，其次为 MgO、TiO_2、P_2O_5、MnO、FeO、烧失量（LOI）和有机碳（Corg）等。

表层沉积物中，SiO_2 含量介于 40.78% ~ 79.67%，平均值为 64.66%；Al_2O_3 含量介于 6.11% ~ 18.55%，平均值为 12.70%；TFe_2O_3 含量介于 2.00% ~ 7.05%，平均值为 4.34%；MgO 含量介于

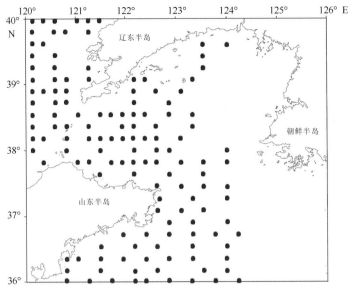

图 3-70　地球化学分析取样站位分布

0.42%~3.41%，平均值为1.94%；CaO含量介于0.66%~20.30%，平均值为3.06%；Na₂O含量介于1.76%~6.44%，平均值为3.31%；K₂O含量介于1.69%~3.59%，平均值为2.85%；P₂O₅含量介于0.06%~0.20%，平均值为0.12%；TiO₂含量介于0.17%~0.72%，平均值为0.55%；CaCO₃含量介于0.23%~35.56%，平均值为4.30%；MnO含量介于0.03%~0.38%，平均值为0.08%；FeO含量介于0.48%~2.18%，平均值为1.19%；LOI含量介于1.47%~19.96%，平均值为6.06%；Corg含量介于0.06%~1.37%，平均值为0.52%。

由表3-8不难看出，调查区沉积物常量元素的丰度有如下特点：

（1）常量元素丰度大多数介于黄河、长江沉积物的丰度之间，反映出调查区沉积物的"亲陆性"和物质来源的多源性。

（2）大部分常量元素的丰度与渤海、黄海沉积物中常量元素的丰度相比均无显著的变化。仅在个别元素上有高低之分，如SiO₂、Al₂O₃、MgO、Na₂O、K₂O、MnO和P₂O₅等元素略高于渤海、黄海，而TFe₂O₃略低于黄海但略高于渤海，CaO略低于渤海、黄海。

表 3-8　表层沉积物中常量元素的丰度（%）

区域 元素	本海区	渤海（赵一阳和鄢明才，1994）	黄海（赵一阳和鄢明才，1994）	黄河（赵一阳和鄢明才，1994）	长江（赵一阳和鄢明才，1994）
SiO_2	64.66	62.3	62.7	62.79	61.69
Al_2O_3	12.70	12.01	11.73	9.37	12.52
TFe_2O_3	4.34	4.31	4.45	3.22	5.63
MgO	1.94	1.89	1.91	1.40	2.22
Na_2O	3.31	2.41	2.32	1.95	2.22
K_2O	2.845	2.77	2.59	2.21	1.24
CaO	3.06	3.47	3.77	4.61	4.00
TiO_2	0.55	0.55	0.58	0.62	0.95
MnO	0.08	0.07	0.07	0.06	0.11
P_2O_5	0.12	0.08	0.09	0.14	0.15

2）常量元素分布特征

Al$_2$O$_3$含量等值线图见图 3-71。从等值线图可见：区内 Al$_2$O$_3$含量从西部向中部含量增加，向东部又减少；渤海东部向北含量增高；北黄海中西部和南部为高值区，含量大于 15%；北黄海东部和渤海海峡区域为低值区，Al$_2$O$_3$含量小于 10%。Al$_2$O$_3$含量高值区基本上与细粒级分布区相一致，其平均粒径为 6Φ~7Φ，反映出 Al$_2$O$_3$主要富集在较细的粉砂、黏土质组分中，黏土矿物是 Al$_2$O$_3$的最重要的载体。表层沉积物 Al$_2$O$_3$与 MgO、K$_2$O 含量分布十分相似。

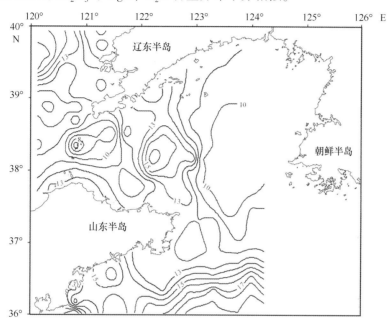

图 3-71　表层沉积物 Al$_2$O$_3$含量（%）等值线分布

SiO$_2$含量等值线分布与 Al$_2$O$_3$分布相反（图 3-72），即 Al$_2$O$_3$含量的高值区对应于 SiO$_2$的低值区，SiO$_2$含量的高值区对应于 Al$_2$O$_3$含量的低值区，反映出 SiO$_2$主要富集在粗颗粒组分中，基本上

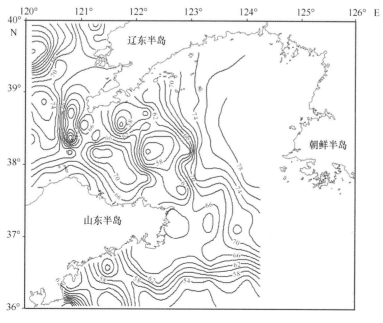

图 3-72　表层沉积物 SiO$_2$含量（%）等值线分布

与砂质分布区相一致。表层沉积物 SiO_2 的含量在粉砂分布区低，在北黄海东部和渤海东部砂质区高。

TFe_2O_3 在区内南部、中部和西北角为高值区，含量大于 5%（图 3-73）；在东部和西部为低值区，含量小于 4%。铁的富集除与细粒物质如黏土矿物、铁的氧化物-氢氧化物等有关外，可能还与沉积区的氧化-还原特性有关，沉积作用过程中的氧化-还原迁移可能导致铁的贫化和富集。表层沉积物 TFe_2O_3 与 MgO 含量分布十分相似。

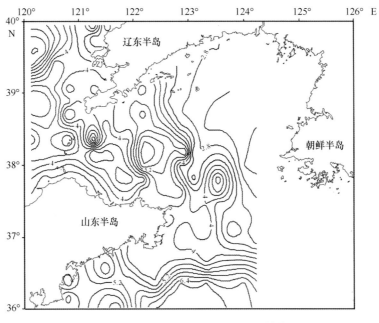

图 3-73　表层沉积物 TFe_2O_3 含量（%）等值线分布

CaO 含量的分布（图 3-74）基本上与 $CaCO_3$ 的分布（图 3-75）相一致，反映出钙盐与碳酸钙基本上以同一存在形态即碳酸钙态形式存在。CaO 与 $CaCO_3$ 含量呈现出中部高南北低、西南高东北低的特点。CaO、$CaCO_3$ 含量在粉砂质砂中含量最高，与粒度关系不密切。

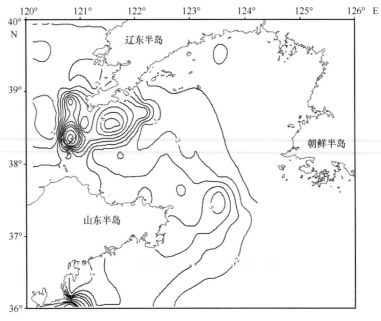

图 3-74　表层沉积物 CaO 含量（%）等值线分布

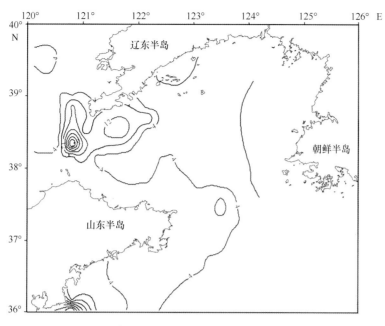

图 3-75　表层沉积物 $CaCO_3$ 含量（%）等值线分布

$CaCO_3$ 区内可分为西南角与渤海海峡区域高值区和东部低值区，如图 3-75 所示。具体可分为：①渤海海峡和西南角沉积区，$CaCO_3$ 含量大于 10%，最高可达 35%。②东部低值区，$CaCO_3$ 含量为 0~4%，含量向东逐渐减少。③西北部低值区，$CaCO_3$ 含量为 2%~4%，其含量向南逐渐增高。

TiO_2 的含量分布如图 3-76 所示。TiO_2 元素的含量分布在北黄海东部和西部较低，中部、南部和西北部含量较高。TiO_2 含量分布的高值区（大于 0.60%）呈南北向分布。

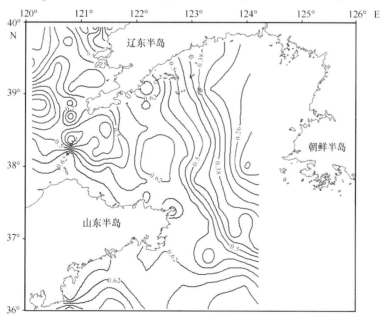

图 3-76　表层沉积物 TiO_2 含量（%）等值线分布

MnO 的含量分布如图 3-77 所示，西北部和西南角异常高值区呈斑块状，与粒度关系不密切。西北部及西南角 MnO 含量大于 0.20%；其他区域 MnO 含量较低；锰是典型的变价元素，其中以二价锰（Mn^{2+}）和四价锰（Mn^{4+}）最为重要；锰的价态变化受 pH 及 Eh 值支配，在还原和酸性介质

中锰呈 Mn^{2+} 而溶解，在氧化环境中锰呈 Mn^{4+} 而沉淀，二价锰经氧化变成四价锰是锰最重要的沉积地球化学作用。

P_2O_5 的分布如图 3-78 所示，其含量总体西高东低，与粒度关系不密切。P_2O_5 在海区东部含量小于 0.10%，西北部、西南部和渤海海峡区域含量大于 0.14%。磷是典型的非金属元素，在自然界呈 PO_4^{3-} 形式存在，最常见的矿物是磷灰石。

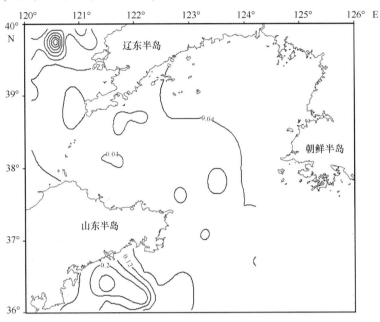

图 3-77 表层沉积物 MnO 含量（%）等值线分布

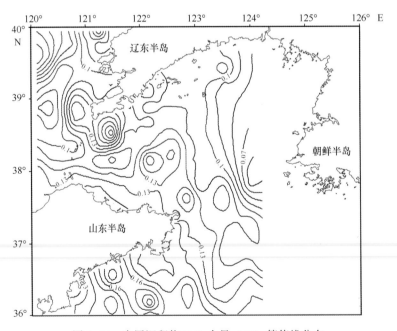

图 3-78 表层沉积物 P_2O_5 含量（%）等值线分布

有机碳是沉积物有机质的主要成分之一。如图 3-79 所示，沉积物有机碳含量以西北角、中部和南部沉积物中含量最高；在本海区东部和西部区域有机碳含量较低。已有研究表明，沉积物中有机碳的含量与沉积物粒度特别是胶体粒级有关，西北角、中部和南部粉砂质沉积物黏土粒级含量高，对有机碳的吸附作用较强。

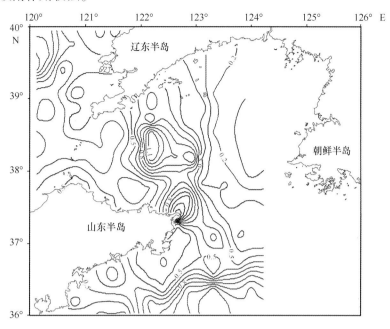

图 3-79　表层沉积物有机碳含量（%）等值线分布

3）常量元素的统计分析

（1）R-型聚类分析

聚类分析是一种多元统计方法，在地球化研究中可以揭示元素之间的相互关系，有助于分析和判别影响元素含量和分布特征的主要控制因素。使用 PASS 统计软件，以 138 个站位的 14 项常量元素作为变量，进行了 R-型聚类分析。

R-型聚类分析得到的树状图（图 3-80），初步可分成 3 个聚类，聚类 1 主要为 CaO、$CaCO_3$、烧失量（LOI）和 MnO，该聚类主要受自生作用、生物作用和黄河物质影响（赵一阳和鄢明才，1994）。这些元素的高含量一般出现在氧化条件下，水动力活跃和生物活动频繁的环境。聚类 2 主要为与陆源碎屑有关的元素，如 Al_2O_3、MgO、TFe_2O_3、K_2O、FeO、TiO_2 和 Na_2O 等元素。这些元素的高含量大多出现在细粒沉积物和重矿物中，自生作用和生物作用对它们影响不大。聚类 3 为 SiO_2 氧化物组成。

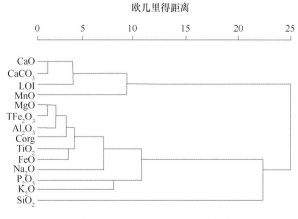

图 3-80　R-型聚类分析树状关系

聚类1主要反映了与生物化学和自生沉积作用，另外在区内可能与黄河供给物质有关；聚类2的 Ti 与 Al、Fe 和 Mg 等构成一个亚聚类，反映了 Ti 和这些元素关系密切，这可能是 Ti 有部分作为重矿物组存在于粉砂中。P 和 K 作为一个单点群，说明 P 和 K 部分为亲 Al 元素一起存在于黏土中，但又有其自身的不同来源。

Si 为单一个聚类，Si 元素主要富集在砂质沉积物，与聚类1和聚类2中的元素呈负相关。

（2）R-型因子分析结果

对138个站位14个常量元素进行 R-型因子分析（表3-9），为解释该区元素的来源和控制分布的主要因素提供了依据。因子分析使用 PASS 统计软件，采用方差极大旋转法。分析得到3个因子代表了原始数据全部信息的86.97%（表3-9），表明分析结果较为理想，足以说明所有分析样品的情况。

因子1方差贡献占总方差贡献的52.61%，远高于其他因子。因此，因子1是影响区域沉积物元素变化的最重要的地质因素之一。该因子中 SiO_2 与 Al_2O_3、Na_2O、TFe_2O_3、MgO、TiO_2、P_2O_5 和 Corg 等元素组合呈相互消长的状态，说明 Si 是 Al、Fe、Mg 和 Na 等多种元素含量的"稀释剂"，其与聚类分析中聚类2的主要元素相吻合（图3-80）。因子1元素组合高值区主要分布于区内西北部、中东部和南部，西北部泥质沉积物主要来源于滦河物质作用（中国科学院海洋研究所海洋地质室，1985），而中西部和南部沉积物主要来源于黄河源的细颗粒沉积物，由黄海沿岸流搬运到该区并沉积下来（秦蕴珊等，1989；王桂芝等，2003；蓝先洪等，2005）。因此，因子1的载体是陆源碎屑沉积物，陆源岩石风化后的碎屑和重矿物在黄河沿岸流水动力条件下的沉积作用及粒度控制效应共同控制着该组元素的分布，可见陆源碎屑沉积物和沉积粒度对该组元素起着控制作用。

因子2方差贡献占总方差贡献的23.52%，是影响该区元素分布的第二重要地质因素。因子2的特征组合为 CaO、$CaCO_3$ 和 LOI，这与聚类分析中聚类1的主要元素相吻合（图3-80），受因子2相互消长的元素组合有 Si、K、Ti、Na。钙是海洋生源沉积物的特征元素组合，CaO 和 $CaCO_3$ 高值区主要分布在区西南角和渤海海峡区域，含有较多的生物碎屑，同时其分布特征也反映出黄河物质的影响（赵一阳和鄢明才，1994；蓝先洪等，2005）。因此，海洋生物沉积作用加强和黄河物质影响是控制 Ca 含量分布的主要因素。

表3-9　常量元素 R 型主因子负荷矩阵

元素	因子1	因子2	因子3
Al_2O_3	**0.91**	−0.34	0.15
SiO_2	**−0.88**	−0.40	−0.23
CaO	−0.02	**0.98**	0.11
K_2O	0.49	**−0.63**	0.09
TiO_2	**0.82**	0.00	0.14
TFe_2O_3	**0.92**	0.05	0.22
MgO	**0.96**	0.06	0.23
Na_2O	**0.75**	−0.37	0.30
MnO	0.13	0.10	**0.94**
P_2O_5	0.70	0.20	0.44
LOI	**0.68**	**0.70**	0.15
Crog	**0.90**	−0.16	−0.12
FeO	**0.88**	−0.07	−0.31

元素	因子 1	因子 2	因子 3
CaCO₃	0.01	**0.98**	0.08
方差贡献	7.37	3.29	1.52
贡献累积方差（%）	52.61	76.13	86.97

因子 3 的特征元素为 P_2O_5 和 MnO，因子 3 方差贡献占总方差贡献的 10.84%。P_2O_5 含量高值区主要在西南部、西北部和渤海海峡区域，而 MnO 高值区主要在西北部和西南角。磷作为生源要素，其含量分布反映了与有机质和黏土成分的紧密联系，其分布受物质来源、沉积物中动力因子和沉积物粒度制约。在海洋环境中锰为参与氧化还原过程的少数元素之一，这些反应进行的数量和程度直接控制和决定沉积物体系的氧化还原性质（蓝先洪，2004）。因此，自生沉积作用为控制 P 和 Mn 含量分布的重要因素。

3.4.1.2　微量元素含量及分布特征

1）微量元素含量特征

表层沉积物中测定了 Cu、Pb、Zn、Cr、Ni、Co、Cd、Li、Rb、Cs、Mo、As、Sb、Hg、Sr、Ba、V、Sc、Nb、Ta、Zr、Hf、Be、Ga、Ge、Tl、Se、U、Th 和 S 30 个微量元素。其结果如表3-10所示。

表 3-10　沉积物中微量元素的含量（10^{-6}）

元素	含量	均值	元素	含量	均值
Cu	4.20~40.6	20.1	Ba	321~2 251	553
Pb	14.4~35.9	23.0	V	23.5~140	74.0
Zn	20.7~133	65.5	Sc	3.05~17.8	10.6
Cr	16.1~98.2	58.9	Nb	6.10~19.8	13.0
Ni	6.69~49.2	26.7	Ta	0.40~2.00	1.13
Co	5.61~20.2	11.6	Zr	106~477	231
Cd	0.05~0.43	0.15	Hf	2.50~12.6	6.54
Li	11.7~87.9	40.1	Be	2.21~3.26	2.12
Rb	64.8~175	114	Ga	7.53~24.0	15.5
Cs	1.64~14.6	7.12	Ge	0.78~1.72	1.21
Mo	0.15~3.08	0.66	Tl	0.34~0.94	0.62
As	3.85~33.2	9.87	Se	0.12~0.61	0.20
Sb	0.16~2.06	0.75	U	0.91~6.70	2.41
Hg	0.002~0.46	0.02	Th	7.33~16.0	11.7
Sr	133~553	195	S	220~3 153	1 177

2）微量元素分布特征

大部分微量元素如 Li、V、Cr、Co、Ni、Ga 等分布类似于 Al_2O_3 等主要元素，Sr 高值区分布类似于 CaO 或 $CaCO_3$，而 Ba、Pb、Hf 等元素分布的区域性较强。

Li、V、Cr、Co、Ni 和 Ga 等微量元素的含量分布类似于 Al_2O_3；它们在区内西北部、南部和北黄海中西部沉积物中含量最高，在其周围近海粗粒沉积物中含量较低（图 3-81）。整体表现为中西部区域元素含量高于西部和东部，最高值区在南部海域，最低值区出现在北黄海东部。

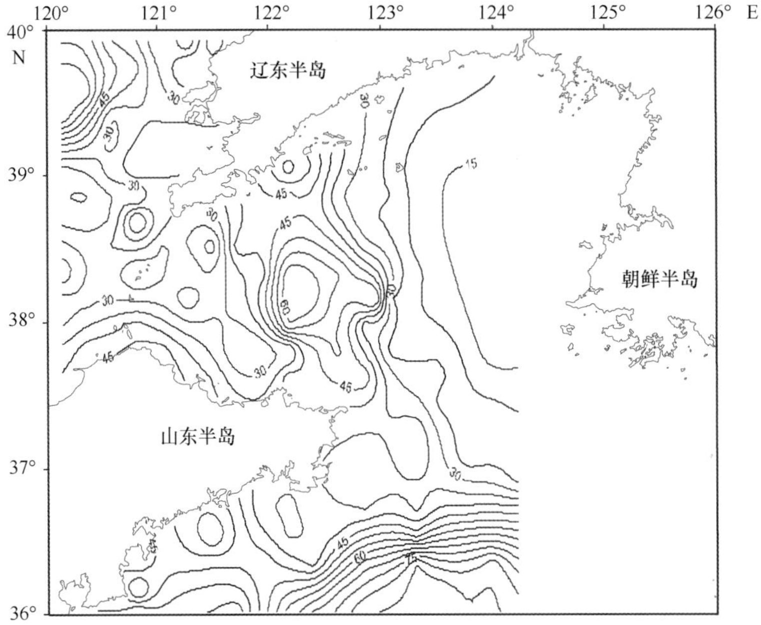

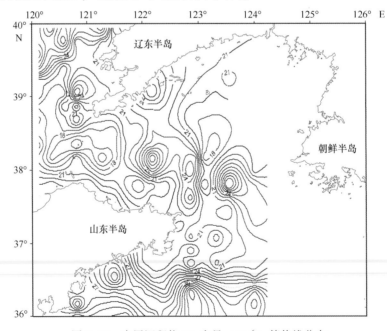

图 3-81　表层沉积物微量元素 Li 含量（10^{-6}）等值线分布

　　Rb 元素在区内南部、中西部和西北部沉积物中含量最高，在粉砂质区周围近海粗粒沉积物中含量较低（图 3-82）。整体表现为南部区域 Rb 元素含量高于北部和中部，渤海区域北部 Rb 元素含量高于中部，最高值区在南部，最低值区在渤海海峡周围。

图 3-82　表层沉积物 Rb 含量（10^{-6}）等值线分布

　　Cu 元素在区内南部和西北角含量最高，其次在中西部海域含量也较高；在北黄海东部含量较低（图 3-83）。Cu 在粉砂中相对富集；Cu 元素含量分布整体表现为南部区域高于中部。

　　Sr 元素在区内西北部、中部和南部区域含量最低（图 3-84），含量低于 180×10^{-6}；在成山头近岸和渤海海峡海域沉积物中含量最高。

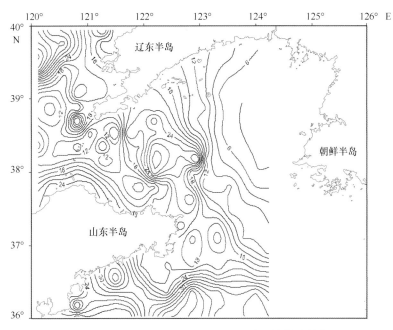

图 3-83　表层沉积物 Cu 含量（10^{-6}）等值线分布

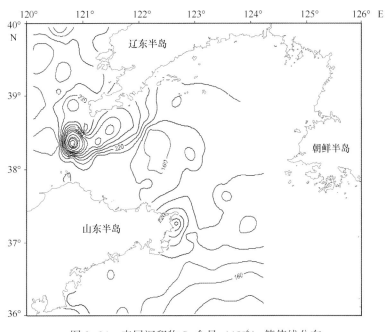

图 3-84　表层沉积物 Sr 含量（10^{-6}）等值线分布

　　Ba 的含量分布与沉积物粒度或沉积物类型关系不大。本海区绝大部分沉积物 Ba 含量大于 $400×10^{-6}$；最大值出现在渤海海峡及周边的砂质或粉砂质沉积物中，含量大于 $700×10^{-6}$（图 3-85）。

　　Pb 含量的高值区出现在南部沉积区（图 3-86），含量高于 $30×10^{-6}$；在区内西北角含量也较高，含量高于 $25×10^{-6}$。东北部和渤海海峡海域 Pb 含量较低，含量一般低于 $20×10^{-6}$。

　　Zn 元素在区内南部含量最高，含量高于 $100×10^{-6}$；在东北部和渤海海峡以西含量较低（图 3-87），含量低于 $40×10^{-6}$；整体表现为南部区域 Zn 元素含量高于中部，中部区域 Zn 元素含量高于西部和东部。

　　Th 元素含量高值区在区内东南部和西北部（图 3-88），含量高于 $14×10^{-6}$；在成山角以东海域

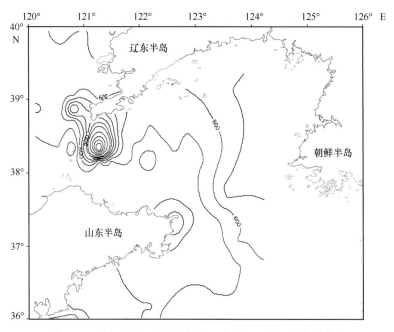

图 3-85 表层沉积物微量元素 Ba 含量（10^{-6}）等值线分布

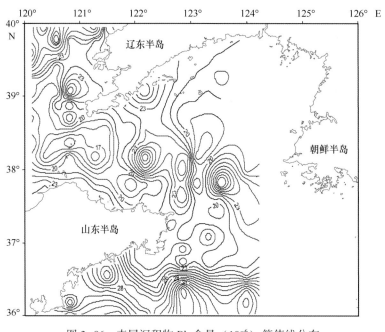

图 3-86 表层沉积物 Pb 含量（10^{-6}）等值线分布

和北黄海西部含量较低，低于 10×10^{-6}；整体表现为斑状和条带状分布。

U 元素含量高值区分布在区内东南部沉积区（图 3-89），含量高于 4.0×10^{-6}；在北黄海的中北部含量也较高；在东北部和西南角、渤海海峡以西含量较低，含量低于 2×10^{-6}；整体表现为南部区域 U 元素含量高于北部。

3）元素的相关性分析

计算了 30 个微量元素和 3 种沉积物类型，共 33 个指标的相关系数，参加计算的样品数为 138 个。33 个指标的相关系数列于表 3-11 中。依表分析，可分为相互相关几组：

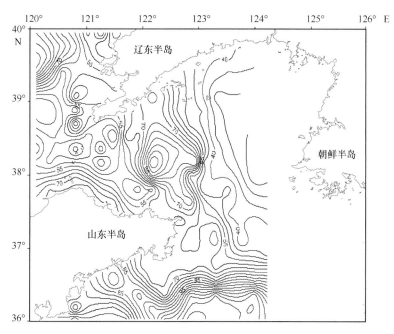

图 3-87　表层沉积物 Zn 含量（10^{-6}）等值线分布

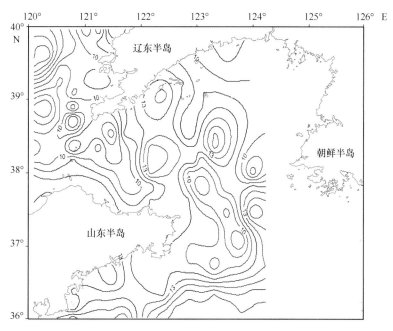

图 3-88　表层沉积物 Th 含量（10^{-6}）等值线分布

（1）［Cu、Pb、Zn、Rb、Cr、Co、Ni、Li、Cs、V、Sc、Nb、Be、Ga、Ge、Tl、Th、Ta、U、黏土、粉砂］之间为显著正相关；

（2）［Se、Cd］之间为显著正相关；

（3）［Mo、S］之间为显著正相关；

（4）［Hf、Zr］之间为显著正相关；

（5）［Sb、As］之间为正相关；

（6）［Hg］；

表3-11　表层沉积物微量元素、沉积物类型的相关性

	Cu	Pb	Zn	Cr	Ni	Co	Cd	Li	Rb	Cs	Mo	As	Sb	Hg	Sr	Ba	V	Sc	Nb	Ta	Zr	Hf	Be	Ga	Ge	Tl	Se	U	Th	S	砂	粉砂	黏土
Cu	1																																
Pb	0.79	1																															
Zn	0.93	0.79	1																														
Cr	0.91	0.69	0.95	1																													
Ni	0.96	0.71	0.96	0.96	1																												
Co	0.94	0.72	0.95	0.93	0.98	1																											
Cd	0.50	0.35	0.54	0.47	0.55	0.56	1																										
Li	0.90	0.71	0.98	0.95	0.96	0.95	0.56	1																									
Rb	0.81	0.73	0.89	0.78	0.84	0.87	0.52	0.91	1																								
Cs	0.93	0.71	0.97	0.97	0.98	0.96	0.53	0.97	0.86	1																							
Mo	0.45	0.34	0.40	0.38	0.46	0.46	0.50	0.40	0.36	0.40	1																						
As	0.22	0.15	0.18	0.20	0.26	0.33	0.25	0.16	0.06	0.23	0.26	1																					
Sb	0.57	0.36	0.52	0.57	0.59	0.62	0.34	0.50	0.38	0.61	0.34	0.65	1																				
Hg	0.05	0.06	0.07	0.06	0.04	0.03	0.05	0.06	0.04	0.05	-0.02	-0.11	-0.01	1																			
Sr	-0.37	-0.25	-0.47	-0.45	-0.43	-0.41	-0.25	-0.49	-0.54	-0.47	-0.05	0.14	-0.09	-0.07	1																		
Ba	-0.16	-0.08	-0.18	-0.23	-0.21	-0.10	-0.10	-0.19	-0.09	-0.20	0.00	0.33	0.23	-0.04	0.31	1																	
V	0.93	0.74	0.98	0.97	0.98	0.97	0.56	0.97	0.85	0.98	0.43	0.27	0.61	0.05	-0.44	-0.17	1																
Sc	0.95	0.72	0.97	0.98	0.99	0.96	0.50	0.96	0.84	0.98	0.40	0.20	0.56	0.06	-0.46	-0.24	0.98	1															
Nb	0.81	0.72	0.87	0.87	0.82	0.80	0.40	0.85	0.76	0.82	0.25	-0.05	0.29	0.13	-0.51	-0.28	0.83	0.87	1														
Ta	0.64	0.56	0.71	0.71	0.64	0.60	0.33	0.70	0.60	0.65	0.15	-0.20	0.10	0.08	-0.50	-0.37	0.66	0.69	0.88	1													
Zr	-0.45	-0.33	-0.46	-0.38	-0.49	-0.50	-0.20	-0.47	-0.52	-0.50	-0.30	-0.34	-0.37	0.08	0.08	-0.01	-0.46	-0.44	-0.16	-0.09	1												
Hf	-0.43	-0.29	-0.42	-0.35	-0.47	-0.48	-0.19	-0.43	-0.45	-0.47	-0.31	-0.43	-0.42	0.10	-0.02	-0.05	-0.44	-0.41	-0.09	-0.01	0.98	1											
Be	0.86	0.75	0.92	0.84	0.90	0.92	0.57	0.94	0.95	0.90	0.40	0.15	0.46	0.08	-0.50	-0.10	0.90	0.90	0.80	0.63	-0.48	-0.42	1										
Ga	0.90	0.72	0.94	0.89	0.92	0.93	0.49	0.95	0.93	0.93	0.36	0.12	0.50	0.05	-0.51	-0.09	0.92	0.93	0.85	0.69	-0.47	-0.41	0.95	1									
Ge	0.90	0.72	0.93	0.91	0.93	0.95	0.49	0.93	0.86	0.92	0.39	0.22	0.52	0.04	-0.45	-0.10	0.94	0.94	0.82	0.66	-0.41	-0.39	0.92	0.93	1								
Tl	0.79	0.72	0.88	0.79	0.82	0.85	0.52	0.90	0.96	0.85	0.33	0.05	0.40	0.05	-0.55	-0.10	0.84	0.81	0.75	0.60	-0.47	-0.41	0.91	0.91	0.83	1							
Se	0.60	0.55	0.76	0.69	0.71	0.73	0.69	0.80	0.77	0.75	0.43	0.15	0.41	0.05	-0.43	-0.10	0.75	0.67	0.59	0.50	-0.43	-0.39	0.74	0.71	0.67	0.83	1						
U	0.64	0.44	0.77	0.76	0.75	0.75	0.68	0.81	0.73	0.78	0.40	0.12	0.42	0.03	-0.42	-0.17	0.77	0.73	0.70	0.58	-0.31	-0.27	0.75	0.72	0.68	0.81	0.90	1					
Th	0.74	0.64	0.81	0.79	0.77	0.78	0.36	0.80	0.80	0.78	0.32	0.06	0.41	0.06	-0.47	0.14	0.78	0.80	0.80	0.58	-0.18	-0.13	0.81	0.82	0.77	0.79	0.60	0.69	1				
S	0.53	0.35	0.59	0.58	0.60	0.59	0.58	0.62	0.57	0.60	0.79	0.17	0.31	-0.02	-0.27	-0.08	0.59	0.57	0.46	0.37	-0.41	-0.38	0.55	0.55	0.52	0.58	0.60	0.68	0.49	1			
砂	-0.84	-0.83	-0.84	-0.88	-0.88	-0.84	-0.40	-0.83	-0.60	-0.87	-0.36	-0.24	-0.50	-0.08	0.34	0.26	-0.88	-0.90	-0.81	-0.66	0.30	0.29	-0.72	-0.77	-0.81	-0.62	-0.55	-0.65	-0.66	-0.48	1		
粉砂	0.78	0.46	0.78	0.87	0.83	0.77	0.35	0.77	0.52	0.81	0.33	0.20	0.46	0.09	-0.34	-0.31	0.82	0.86	0.80	0.67	-0.24	-0.23	0.65	0.71	0.75	0.52	0.48	0.60	0.62	0.44	-0.98	1	
黏土	0.84	0.66	0.85	0.84	0.87	0.86	0.46	0.85	0.71	0.86	0.31	0.29	0.52	0.03	-0.28	-0.09	0.86	0.85	0.69	0.52	-0.37	-0.39	0.77	0.82	0.84	0.75	0.62	0.66	0.64	0.43	-0.87	0.76	1

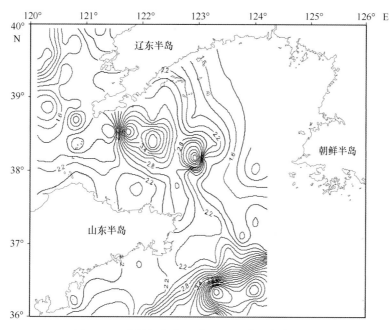

图 3-89　表层沉积物 U 含量（10^{-6}）等值线分布

（7）［Sr、Ba 和砂］之间为正相关。

第一组与第二组、第三组、第五组之间呈正相关；

第四组与第一组、第二组、第三组、第五组之间为负相关；

第七组与第四组之间呈正相关；

第六组与其他元素之间相关弱。

分析表明，微量元素除 Sr、Ba、Hf 和 Zr 外，其余元素均与 Li 呈正相关，相关系数最大的 V 元素为 0.97；黏土和粉砂与 Cu、Cs、Cr、Ni、V、Ga、Rb、Li、Sc、Be、Ge 和 Nb 等元素呈明显正相关，表明这些元素主要富集于细粒沉积物；粉砂与 Sc、Cs 和 V 呈明显正相关；砂与 Sr 呈正相关；Ba、Hg、Zr、As、Hf 和 Mo 与沉积物类型相关性不明显。

3.4.1.3　稀土元素含量及分布特征

1）稀土元素含量特征

本海区表层沉积物的稀土元素（REE）含量及主要参数如表 3-12 所示。沉积物中总稀土（$\sum$REE）平均含量为 179.7×10^{-6}，高于中国陆架海底沉积物平均含量（赵一阳和鄢明才，1994）。$\sum$REE 最大值为 247.6×10^{-6}，最小值为 115×10^{-6}，标准差系数为 0.15，反映不同站位 $\sum$REE 含量差异较小。轻重稀土元素的含量之比（$\sum$LREE/$\sum$HREE）为 2.18~4.64。

表 3-12　表层沉积物稀土元素含量特征

元素	均值（×10^{-6}）	最小值（×10^{-6}）	最大值（×10^{-6}）	标准差系数
La	33.5	19.5	48.9	0.16
Ce	66.6	38.4	102	0.16
Pr	7.86	4.65	11.5	0.15
Nd	29.2	17.2	41.9	0.15
Sm	5.25	3.13	7.14	0.15

元素	均值（×10⁻⁶）	最小值（×10⁻⁶）	最大值（×10⁻⁶）	标准差系数
Eu	1.08	0.70	1.37	0.14
Gd	4.56	2.61	6.07	0.16
Tb	0.70	0.41	0.92	0.16
Dy	3.92	2.33	5.19	0.17
Ho	0.80	0.45	1.05	0.18
Er	2.21	1.16	2.97	0.19
Tm	0.34	0.16	0.47	0.20
Yb	2.20	1.01	2.99	0.20
Lu	0.35	0.15	0.47	0.22
Y	21.06	11.6	27.5	0.18
∑REE	179.7	115	247.6	0.15

2）稀土元素分布特征

稀土元素的分布趋势表现为由成山角和山东半岛以北海域，以及由西南角向南海域稀土元素含量逐渐减少；西北角、中东部和北黄海中西部为∑REE高值区，渤海海峡以西为∑REE低值区（图3-90）。

分析本海区稀土元素含量分布变化的原因，主要有：①区内第四纪沉积物主要为陆源，是经海水和河流共同搬运、再沉积，形成的松散、富含水分的沉积物，在搬运沉积过程中，轻稀土元素化学性质活泼，易于分离出而富集于沉积物中；②根据第四纪沉积物的研究，粉砂中富集某些重矿物，而这些稀土元素可能富集于重矿物中。

3）稀土元素的富集及其粒度效应

根据前人的研究成果，认为稀土元素主要富集于小于0.02 mm粒级中，即粉砂、黏土中。本海区稀土元素分布也基本符合这种规律（表3-13），稀土元素富集于粉砂和粉砂质黏土中，∑REE与粉砂和黏土的相关系数都为0.53。以黏土和粉砂为主的沉积物中稀土元素含量高于200×10⁻⁶；以砂为主的沉积物中其含量较低，低于170×10⁻⁶（图3-90）。表层沉积物中稀土元素含量分布，有向细粒沉积物富集的趋势，∑REE与细粒沉积物呈正相关，而与砂质沉积物呈负相关，但这种趋势并不是很明显，主要富集于粉砂质沉积物中（表3-13）。

除细粒沉积物外，表3-13表明∑REE与TiO₂的相关系数为0.60，稀土富集与重矿物有密切关系，重矿物是稀土的重要"载体"之一。可见沉积物粒度对稀土元素含量的制约是相对的，某些砂质沉积物中稀土元素含量较高，可能与富稀土重矿物组分的存在有关（高爱国等，2003）；某些细粒沉积物中稀土元素含量较低，可能受到生物碎屑的稀释作用。

表3-13 表层沉积物的粒度与元素组成的相关性

	∑REE	砂	粉砂	黏土	Al₂O₃	CaO	TiO₂	MgO	Cr	Co	Rb	Sr
∑REE	1											
砂	-0.56	1										
粉砂	0.53	-0.98	1									
黏土	0.53	-0.87	0.76	1								

	ΣREE	砂	粉砂	黏土	Al_2O_3	CaO	TiO_2	MgO	Cr	Co	Rb	Sr
Al_2O_3	0.64	-0.76	0.70	0.79	1							
CaO	-0.21	-0.10	0.11	0.06	-0.32	1						
TiO_2	0.60	-0.92	0.93	0.73	0.77	-0.06	1					
MgO	0.57	-0.88	0.84	0.84	0.89	0.06	0.84	1				
Cr	0.61	-0.91	0.87	0.84	0.89	-0.05	0.90	0.95	1			
Co	0.66	-0.84	0.77	0.86	0.89	-0.04	0.79	0.94	0.93	1		
Rb	0.66	-0.60	0.52	0.71	0.92	-0.35	0.59	0.79	0.78	0.87	1	
Sr	-0.32	0.34	-0.34	-0.28	-0.57	0.65	-0.42	-0.41	-0.45	-0.41	-0.54	1

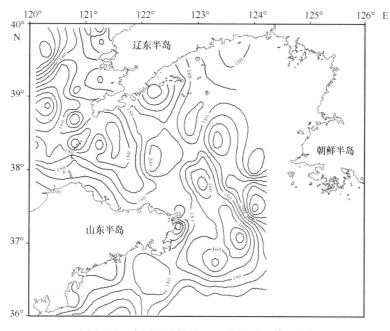

图 3-90　表层沉积物 ΣREE 含量（10^{-6}）分布

4）稀土元素分布模式

尽管稀土元素具有极相似的化学性质，但随着原子序数的增加，各稀土元素由于物理化学环境的变化而产生分馏现象。稀土元素的分布模式通常用球粒陨石标准化值的对数相对于稀土元素作图来表示。本书采用 Masuda 等 1973 年提出的球粒陨石平均值（赵志根，2000）对稀土元素标准化（图 3-91）。一般认为，球粒陨石是地球的原始物质，不存在 LREE 和 HREE 之间的分馏，因此，以其为标准能够反映样品相对地球原始物质的分异程度，揭示沉积物源区特征。

由图 3-91 可见，砂质粉砂稀土元素分布模式与粉砂的稀土元素分布模式相同，均呈现 Eu 负异常。随着原子序数的增加，样品与球粒陨石的比值逐渐下降，使模式线为左陡右缓。LREE 为负斜率，HREE 比较平缓，变化不大，均具有中等程度的 Eu 负异常，与世界页岩平均值的稀土元素分布模式类似（Piper，1974），表明其物质来源主体仍是陆源的。

稀土元素的配分模式主要受物源的影响，可利用沉积物中稀土元素不同的配分模式来揭示沉积物物质来源和物源区特征等。采用上地壳（UCC）（Taylor and McLennan，1985）对稀土元素标准化（图 3-92），长江、黄河沉积物（杨守业和李从先，1999）与鸭绿江、汉江和锦江沉积物（杨守业

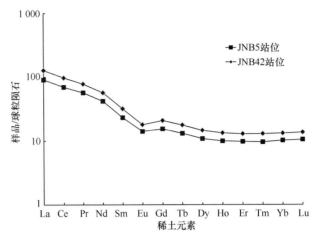

图 3-91　砂质粉砂样品球粒陨石标准化 REE 配分模式

等，2003）稀土元素具有相同分布模式，但锦江和汉江沉积物稀土元素的分布模式明显富集 LREE，HREE 相对亏损，鸭绿江沉积物稀土元素分异较弱，LREE 和 MREE 相对富集，而长江和黄河的 REE 分异不明显，均呈现弱的 Ce 负异常和弱的 Eu 正异常。

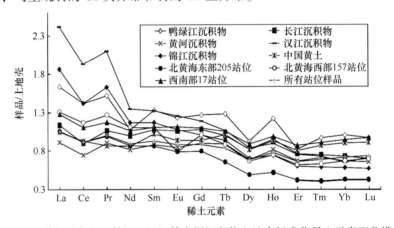

图 3-92　黄河、长江、锦江、汉江等表层沉积物上地壳标准化稀土元素配分模式

渤海东部和黄海北部稀土元素平均值的上地壳（UCC）（Taylor and McLennan，1985）标准化配分模式与中国黄土（Wu et al.，1991）接近，研究区西部、西南站位表层沉积物稀土元素配分模式与黄河、长江相似，REE 分异不明显；而北黄海东部表层沉积物稀土元素的配分模式更富集 LREE，与鸭绿江沉积物稀土元素配分模式相似。

3.4.2　柱状沉积物地球化学

3.4.2.1　常量元素分布特征

对 16 个柱状样（图 3-93）的化学成分进行了研究。由表 3-14 可以明显看出，不同柱状样元素含量不同，JNH27 和 JNH41 柱状样中常量元素含量相似，SiO_2 含量较其他柱状样高，Al_2O_3、TiO_2、MgO、有机碳和烧失量含量较低；JNH5、JNH9、JNH19 和 JNH42 柱状样中，SiO_2 含量较低，Al_2O_3、Fe_2O_3、MgO 和 FeO 含量较高；JNH85-2 柱状样中 Al_2O_3 含量最低，而 CaO 和 $CaCO_3$ 含量则较高。以上分析可见本海区物质来源是多源的。

表 3-14　柱状沉积物中常量元素平均百分含量（%）

柱状样编号	样品数	Al₂O₃	SiO₂	CaO	K₂O	TiO₂	TFe₂O₃	MgO	Na₂O	MnO	P₂O₅	FeO	有机碳	CaCO₃	烧失量
JNH5	16	15.4	58.7	2.49	3.13	0.64	5.42	2.59	4.11	0.055	0.12	1.72	0.78	3.32	7.23
JNH8	19	11.9	65.0	4.24	2.53	0.61	4.16	2.03	3.01	0.066	0.13	1.29	0.24	6.08	6.17
JNH9	17	14.5	58.7	3.45	3.05	0.62	5.44	2.62	3.58	0.069	0.12	1.64	0.72	5.03	7.57
JNH17	17	13.3	60.4	4.53	2.80	0.63	4.88	2.55	3.16	0.071	0.13	1.50	0.47	6.49	7.36
JNH18	10	12.5	60.0	6.86	2.55	0.57	4.21	2.02	2.54	0.075	0.10	1.70	0.25	10.9	8.30
JNH19	12	13.0	58.3	6.13	2.76	0.63	5.56	2.35	2.20	0.11	0.14	2.48	0.34	10.1	8.71
JNH22	15	13.2	64.3	2.73	2.82	0.60	4.51	2.22	3.52	0.051	0.12	1.32	0.50	3.60	5.72
JNH26	15	12.4	65.2	4.09	2.69	0.51	3.85	2.04	3.14	0.081	0.11	1.24	0.34	5.47	5.68
JNH27	16	11.7	69.1	2.93	2.66	0.51	3.51	1.70	3.05	0.047	0.10	1.18	0.31	3.74	4.50
JNH30	19	12.1	68.9	2.00	2.73	0.54	3.61	1.68	3.46	0.043	0.10	1.27	0.53	2.16	4.64
JNH35	10	13.9	67.0	1.70	3.11	0.57	4.19	1.81	3.24	0.039	0.11	1.15	0.26	1.65	4.12
JNH39	25	14.0	67.5	0.93	3.31	0.53	4.49	1.52	3.35	0.067	0.11	1.52	0.52	0.38	3.87
JNH41	18	11.9	72.0	1.78	3.14	0.48	2.98	1.40	3.16	0.043	0.09	0.89	0.22	1.57	2.86
JNH42	13	15.1	59.2	2.58	3.19	0.64	5.73	2.75	3.73	0.090	0.13	1.35	0.59	3.39	6.77
JNH85	15	12.4	63.6	4.03	2.64	0.60	4.41	2.08	3.28	0.11	0.13	1.29	0.35	5.69	6.64
JNH85-2	15	8.78	66.3	6.92	2.55	0.35	2.88	1.34	2.21	0.26	0.11	0.81	0.25	12.2	8.09

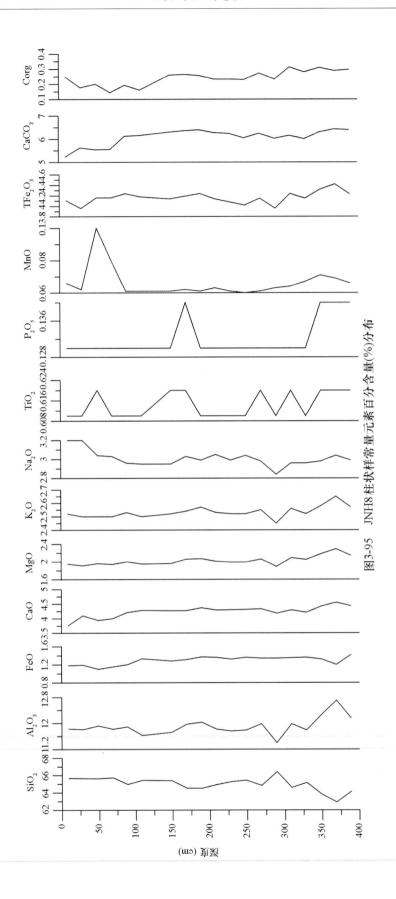

图3-95　JNH8柱状样常量元素百分含量(%)分布

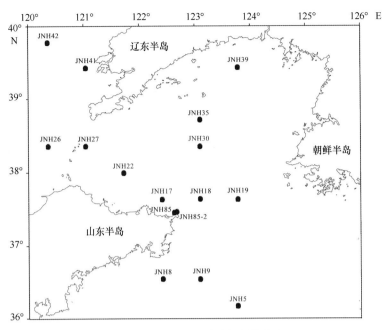

图 3-93　柱状样化学分析站位分布

对比各个柱状样中元素含量，发现其受沉积物粒度控制，整体表现为：粗粒沉积物中 SiO_2 含量较高，Al_2O_3、MgO、TiO_2、有机碳和烧失量含量较低；细粒沉积物中 SiO_2 含量较低，Al_2O_3、Fe_2O_3、MgO 等元素含量高。

JNH5 柱状样上部沉积物（150 cm 以上）以粉砂为主，Al_2O_3、TFe_2O_3、MgO、Na_2O、K_2O、FeO、TiO_2 等元素含量较高，而 CaO、MnO、SiO_2 和 $CaCO_3$ 含量较低；下部以砂质粉砂为主，Al_2O_3、TFe_2O_3、MgO、K_2O 和 TiO_2 等元素含量较低，而 CaO、SiO_2 和 $CaCO_3$ 含量较高（图 3-94）。

JNH8 柱状样沉积物为砂质粉砂和粉砂，有向下部变细的趋势。在 300 cm 以上主要为砂质粉砂，300 cm 以下主要为粉砂；Al_2O_3、TFe_2O_3、MgO、K_2O 和 TiO_2 等元素底部含量有增加的趋势，而 SiO_2 含量自上而下有减少的趋势。其他元素变化趋势不明显（图 3-95）。

JNH9 柱状样沉积物为砂质粉砂和砂质泥，以砂质粉砂为主，向下砂含量有所增加。在 130 cm 以上 Al_2O_3、TFe_2O_3、MgO、Na_2O、K_2O、FeO、TiO_2 和有机碳含量较高，而 CaO、MnO、SiO_2 和 $CaCO_3$ 含量较低；在 130 cm 以下 Al_2O_3、TFe_2O_3、MgO、Na_2O、K_2O、FeO、TiO_2 和有机碳含量降低，而 CaO、MnO、SiO_2 和 $CaCO_3$ 含量升高（图 3-96）。

JNH22 柱状样沉积物以砂质粉砂为主，向下粉砂含量略有增加，砂含量有所减少。Al_2O_3、TFe_2O_3、MgO、MnO 和 K_2O 等元素含量从上到下有增加趋势。Na_2O、FeO 等元素含量从上到下有减少趋势，而 SiO_2、CaO 和 $CaCO_3$ 等元素呈现中部低，上、下部高的特点（图 3-97）。

JNH26 柱状样沉积物为砂质粉砂和粉砂质砂，以砂质粉砂为主。FeO、MgO、TiO_2、$CaCO_3$ 和有机碳含量从上到下增加，而 MnO、Na_2O 和 SiO_2 含量上部稍高于下部，其他元素变化不大（图 3-98）。

JNH30 柱状样沉积物为砂质粉砂。Na_2O、CaO、P_2O_5、$CaCO_3$ 和有机碳含量从上到下降低，而 Al_2O_3、TFe_2O_3、MnO 和 TiO_2 等元素含量从上到下有降低、底部略有增加趋势，而 SiO_2 含量分布则相反，其他元素变化不大（图 3-99）。

JNH39 柱状样沉积物为砂、泥质砂、砂质粉砂和粉砂质砂，以粉砂质砂为主。100 cm 以上沉积物为砂，SiO_2、K_2O 和 Na_2O 含量较高，而 Al_2O_3、TFe_2O_3、MgO、FeO、TiO_2、CaO、MnO、$CaCO_3$

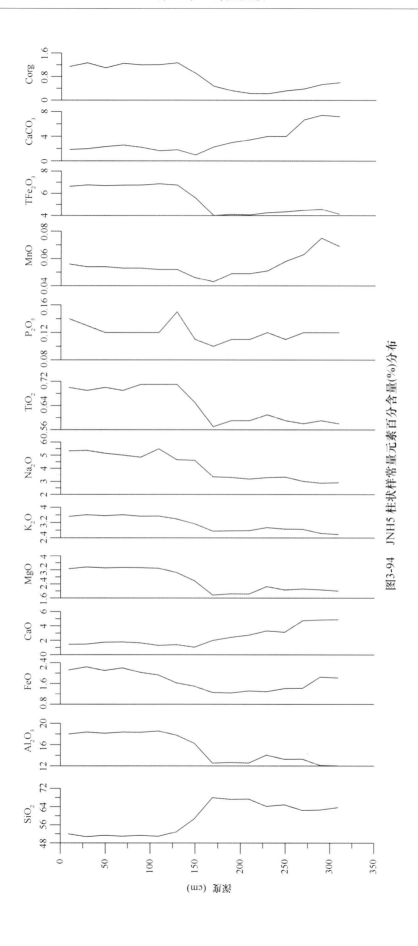

图3-94　JNH5 柱状样常量元素百分含量(%)分布

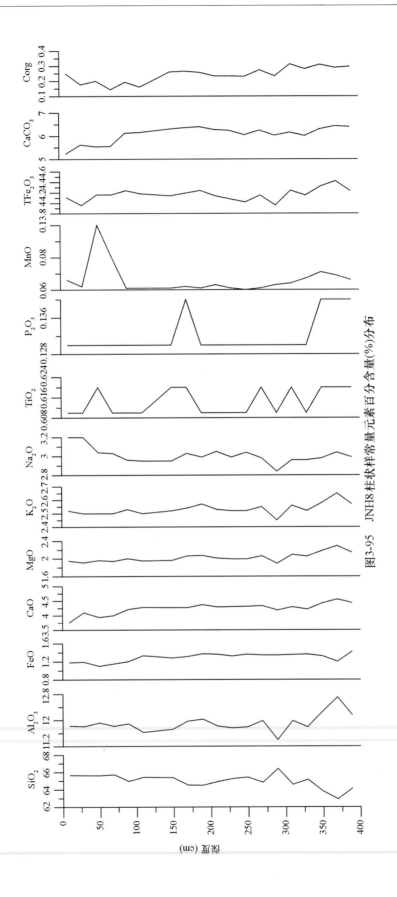

图3-95 JNH8柱状样常量元素百分含量(%)分布

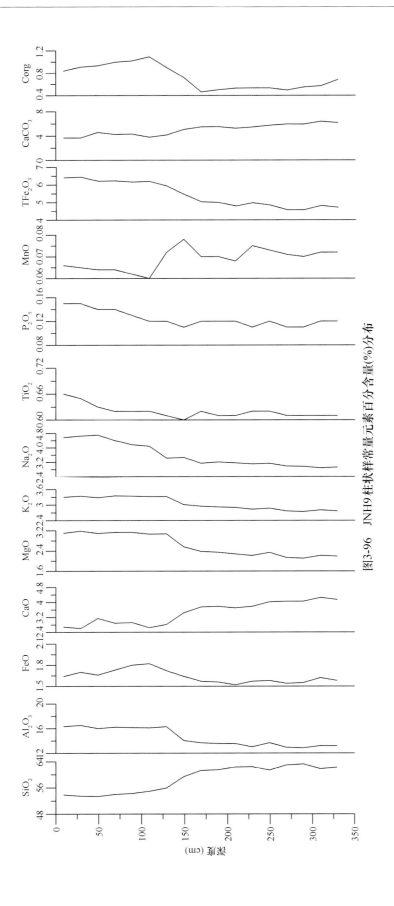

图3-96　JNH9柱状样常量元素百分含量(%)分布

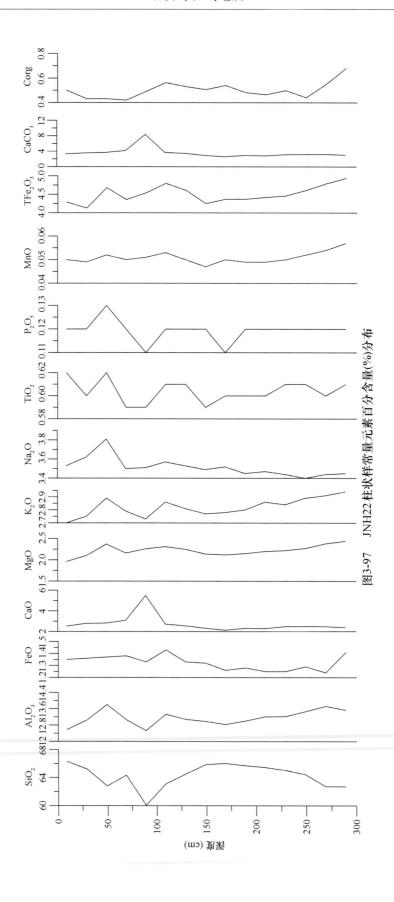

图3-97　JNH22柱状样常量元素百分含量(%)分布

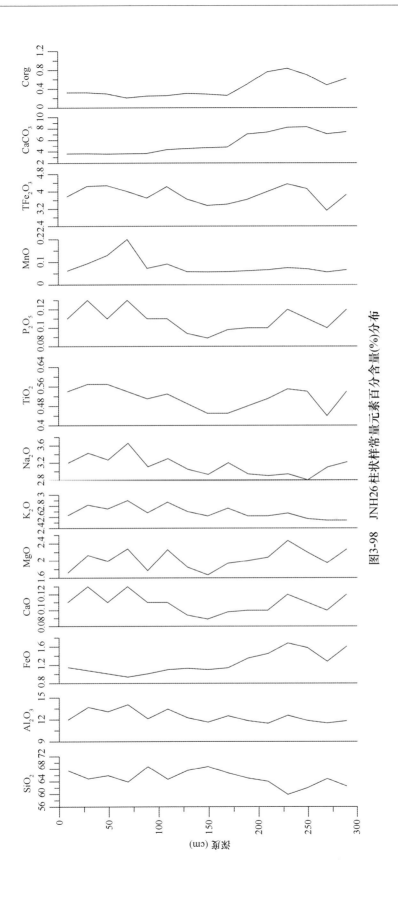

图3-98　JNH26柱状样常量元素百分含量(%)分布

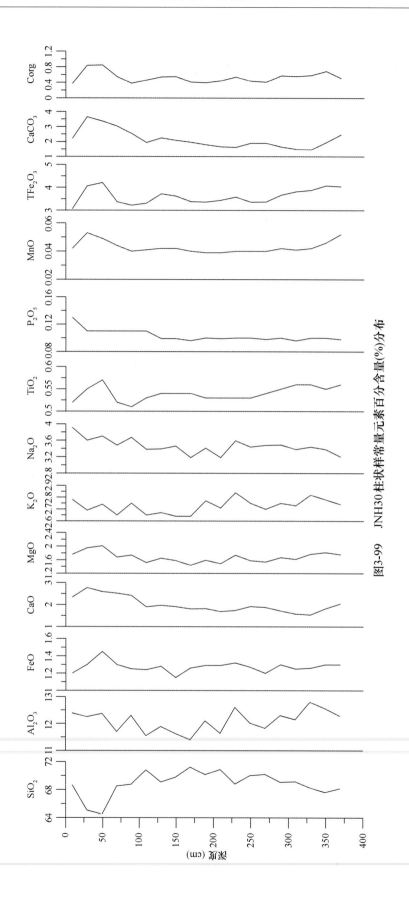

图3-99　JNH30柱状样样量元素百分含量(%)分布

和有机碳含量较低；100 cm 以下元素趋势性不明显，但波动仍较大（图 3-100）。

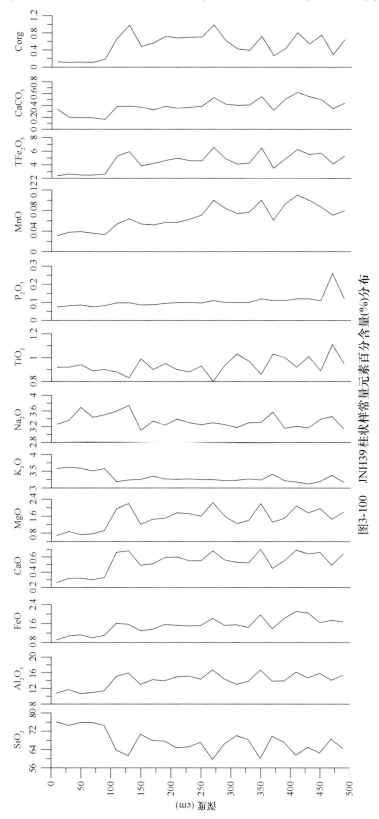

图3-100　JNH39柱状样常量元素百分含量(%)分布

JNH41 柱状样沉积物为砂质粉砂和粉砂质砂，以粉砂质砂为主，除顶部样品含有较高粉砂和黏土外，向下部黏土和粉砂含量略有增加，砂含量略有减少。CaO、MnO、CaCO₃、P₂O₅ 含量从上到下逐渐降低，而 Al_2O_3、TFe_2O_3、MgO、TiO_2 和 K_2O 含量上部略低于下部；其他元素趋势性不明显，但波动仍较大（图 3-101）。

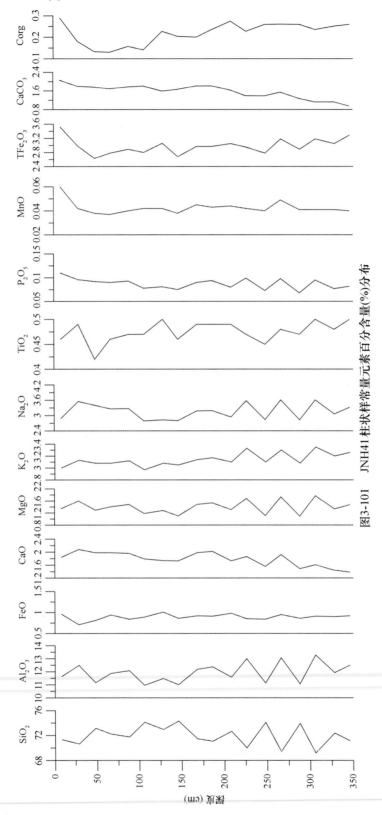

图3-101　JNH41 柱状样常量元素百分含量(%)分布

3.4.2.2　微量元素分布特征

表 3-15 列出了 16 个柱状样中各种微量元素的平均含量，纵向上比较，发现大部分元素仍然遵循了受"粒度控制"的规律。Li、Rb、V、Zn、Ni、Ga、Cr、Se、Co、U、Sc 等元素含量在以粗粒沉积物为主的柱状样中含量较低（如 JNH27、JNH41 和 JNH85-2 等），以细粒沉积物为主的柱状样中含量较高（如 JNH5、JNH9 和 JNH42 等）。Sr 元素主要富集于以砂质粉砂为主的柱状样中（如 JNH18、JNH19、JNH26 和 JNH85-2 等）。

JNH5 柱状样上部沉积物（150 cm 以上）以粉砂为主，Cu、Li、Rb、V、Zn、Ni、Ga、Cr、Co、Se、U、Pb、Nb、Cs、Th、Be 和 Ge 等元素含量较高，而 Sr、Zr 和 Hf 含量则较低；下部以砂质粉砂为主，则 Cu、Li、Rb、V、Zn、Ni、Ga、Cr、Co、Se、U、Pb、Nb、Cs、Th、Be 和 Ge 等元素含量较低，而 Sr、Zr 和 Hf 含量则较高（图 3-102 和图 3-103）。

JNH8 柱状样沉积物为砂质粉砂和粉砂，有向下部变细的趋势。在 300 cm 以上主要为砂质粉砂，300 cm 以下主要为粉砂。Cu、Li、Rb、V、Zn、Ni、Ga、Cr、Co、Se、Nb、Cs 等元素含量有向下含量增加的趋势，而 As、Hg、Zr 和 Hf 含量则向下减少。其他元素变化趋势不明显（图 3-104 和图 3-105）。

JNH9 柱状样沉积物为砂质粉砂和砂质泥，以砂质粉砂为主，向下砂含量有所增加。在 130 cm 以上，Cu、Li、Rb、V、Zn、Ni、Ga、Cr、Co、Se、Cd、Ba、Sc、Nb、U、Pb、Cs、Th、Tl、Be 和 Ge 等元素含量较高，向下含量降低；而 Zr 和 Hf 含量分布则相反；Mo、As、Sb 和 S 等元素在 150 cm 以上含量较高，向下则减少（图 3-106 和图 3-107）。

JNH22 柱状样沉积物以砂质粉砂为主，向下粉砂含量略有增加，而砂含量有所减少。Cu、Li、Rb、V、Zn、Ni、Ga、Cr、Co、Ba、Sc 和 Cs 等元素含量从上到下增加；而 As、Hg、Sb、Th、Zr 和 Hf 等元素含量分布则相反；Cd、Be 和 S 元素呈现顶部和下部低，中、底部高的特点（图 3-108 和图 3-109）。

JNH26 柱状样沉积物为砂质粉砂和粉砂质砂，以砂质粉砂为主。Zn、Cd、Sr、Se、U 和 S 等元素含量从上到下逐渐增加。Pb、Sb、Hg、Zr、Hf、Ge 和 Th 等元素含量分布则相反，Cu、Mo、Nb、Ta 元素呈现中部低，上、下部高的分布特点。其他元素变化趋势不明显（图 3-110 和图 3-111）。

JNH30 柱状样沉积物为砂质粉砂。Cu、Li、Rb、V、Zn、Ni、Ga、Cr、Co、Cs、Mo、Se、Sc、Pb、Cs 等元素含量呈现中部低，上、下部高的分布特点，而元素 Cd、U、Be 和 Tl 含量分布则向底部略有增加，元素 Hg、Sr 和 S 分布向下部含量有所减少。其他元素变化趋势不明显（图 3-112 和图 3-113）。

JNH39 柱状样沉积物为砂、泥质砂、砂质粉砂和粉砂质砂，以粉砂质砂为主。100 cm 以上沉积物为砂，Cu、Li、Rb、V、Zn、Ni、Ga、Cr、Co、Se、Cd、Mo、As、Sb、Hg、Sc、Nb、Ta、Zr、U、Pb、Cs、Th、Tl、S、Be 和 Ge 等元素含量较低，100 cm 以下含量增高，元素含量波动较大，但趋势性不明显；而 Ba 元素分布则相反；Mo 和 S 元素含量在 130 cm 达到最大值后，向下逐渐减少（图 3-114 和图 3-115）。

表3-15　柱状沉积物中微量元素平均含量（10^{-6}）

柱状样编号	样品数	Cu	Pb	Zn	Cr	Ni	Co	Cd	Li	Rb	Cs	Mo	As	Sb	Hg	Sr	Ba	V	Sc	Nb	Ta	Zr	Hf	Be	Ga	Ge	Tl	Se	U	Th	S
JNH5	16	25.5	26.3	92.5	76.7	35.3	14.6	0.24	63.1	139	10.1	0.78	8.90	0.68	0.021	165	499	96.7	13.6	16.6	1.50	196	5.88	2.64	19.0	1.49	0.80	0.46	4.37	13.8	2 523
JNH8	19	18.6	21.3	61.5	61.7	25.2	10.7	0.066	36.3	99.1	6.81	0.35	8.05	0.62	0.014	195	441	70.8	10.6	14.4	1.28	236	6.69	1.97	13.8	1.29	0.56	0.086	2.26	10.8	540
JNH9	17	29.7	25.5	85.8	73.6	34.8	14.1	0.14	53.6	128	9.95	0.52	9.97	0.83	0.020	179	477	92.1	13.5	15.0	1.23	182	5.37	2.50	18.4	1.41	0.73	0.29	3.18	13.4	1 676
JNH17	17	23.4	22.4	74.2	65.9	30.6	12.8	0.086	43.6	113	8.42	0.40	8.61	0.67	0.012	197	454	80.6	12.2	14.9	1.32	194	5.63	2.14	16.1	1.38	0.63	0.13	2.44	12.1	1 247
JNH18	10	24.4	21.7	59.2	59.0	28.9	11.6	0.098	38.7	99.8	7.38	0.79	13.8	1.17	0.016	244	520	74.6	10.8	12.9	1.10	207	5.51	2.00	15.0	1.30	0.61	0.050	2.70	11.0	670
JNH19	12	29.2	24.2	79.4	69.3	36.2	15.0	0.13	44.1	115	9.32	0.55	16.1	1.19	0.021	212	518	90.6	13.1	14.3	1.03	191	5.27	2.26	17.4	1.38	0.69	0.10	2.24	13.7	782
JNH22	15	21.3	22.5	71.5	64.6	27.2	11.8	0.078	42.9	112	7.77	0.44	7.17	0.56	0.014	184	474	75.2	11.4	14.8	1.35	225	6.49	2.19	15.6	1.36	0.63	0.17	2.56	11.3	1 456
JNH26	15	20.4	21.8	56.4	54.5	23.3	10.3	0.081	33.6	98.0	6.05	0.39	8.66	0.52	0.016	214	501	61.6	9.16	12.4	1.23	214	6.05	1.89	13.2	1.24	0.57	0.10	2.00	9.26	1 203
JNH27	16	15.3	19.4	50.8	54.7	20.6	9.33	0.064	30.9	95.2	5.51	0.28	5.78	0.46	0.013	197	488	57.8	8.58	12.5	1.29	292	8.00	1.79	12.6	1.27	0.56	0.11	2.15	9.42	807
JNH30	19	16.0	19.1	57.4	53.2	23.1	9.95	0.092	36.4	105	5.99	1.01	7.05	0.55	0.011	188	504	64.3	9.40	13.9	1.35	265	7.58	1.94	14.4	1.36	0.62	0.25	2.70	11.1	2 442
JNH35	10	19.7	22.6	61.6	56.6	25.3	10.8	0.070	38.9	113	6.54	0.50	8.13	0.66	0.014	194	624	72.1	10.3	14.5	1.33	268	7.58	2.14	16.1	1.38	0.67	0.12	2.79	13.3	983
JNH39	25	17.6	23.2	66.9	55.0	23.5	10.9	0.056	39.8	133	5.79	0.47	6.96	0.26	0.016	184	620	63.6	10.3	15.0	1.28	214	6.32	2.49	18.1	1.35	0.72	0.081	2.15	15.3	1 510
JNH41	18	14.8	19.1	42.2	42.4	15.8	7.38	0.049	24.5	103	4.64	0.28	4.12	0.32	0.006 2	213	605	46.7	7.11	11.6	1.19	314	8.72	1.44	12.9	1.22	0.60	0.070	1.67	8.43	647
JNH42	13	31.3	24.9	87.9	73.0	34.6	12.7	0.078	52.4	132	9.87	0.59	10.7	0.79	0.016	183	523	89.9	13.8	15.4	1.33	205	5.95	2.58	19.3	1.43	0.72	0.15	2.55	13.9	1 233
JNH85	15	22.4	23.5	67.4	59.6	27.7	11.6	0.074	38.2	105	7.05	0.51	10.9	0.63	0.020	203	496	75.2	11.0	14.6	1.38	211	6.02	1.98	15.2	1.35	0.59	0.12	1.94	11.3	961
JNH85-2	15	15.3	21.0	41.5	36.8	17.2	7.57	0.049	24.7	88.2	4.59	0.51	10.7	0.44	0.013	347	579	44.9	6.31	9.56	0.82	113	3.42	1.43	10.0	1.03	0.51	0.070	1.30	6.97	910

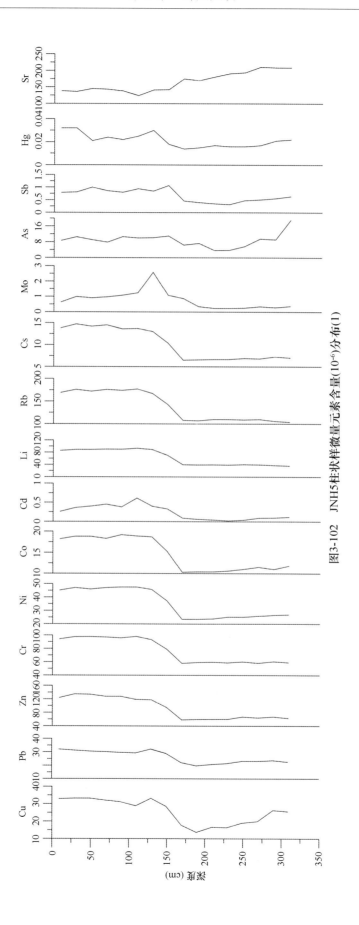

图3-102　JNH5柱状样微量元素含量(10⁻⁶)分布(1)

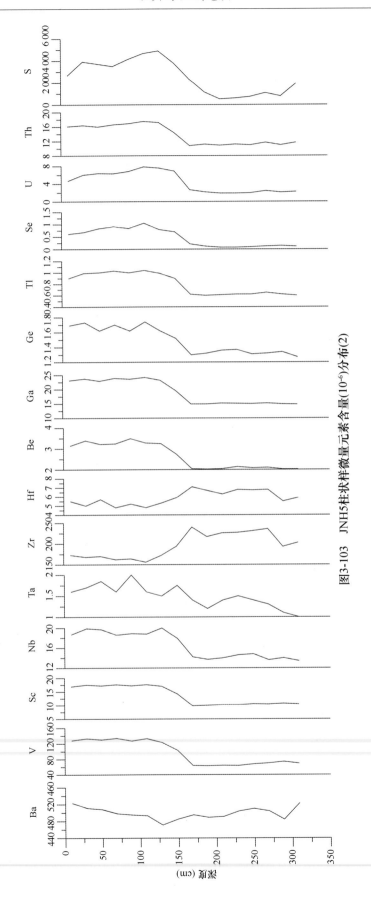

图3-103　JNH5柱状样微量元素含量(10⁻⁶)分布(2)

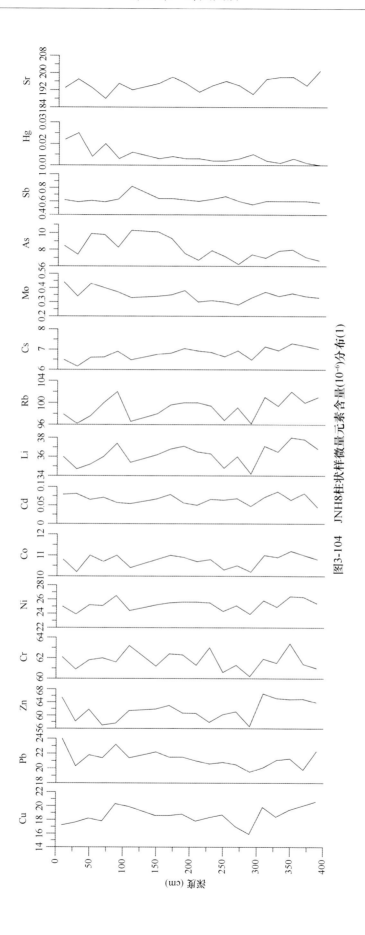

图3-104　JNH8柱状样微量元素含量（10⁻⁶）分布(1)

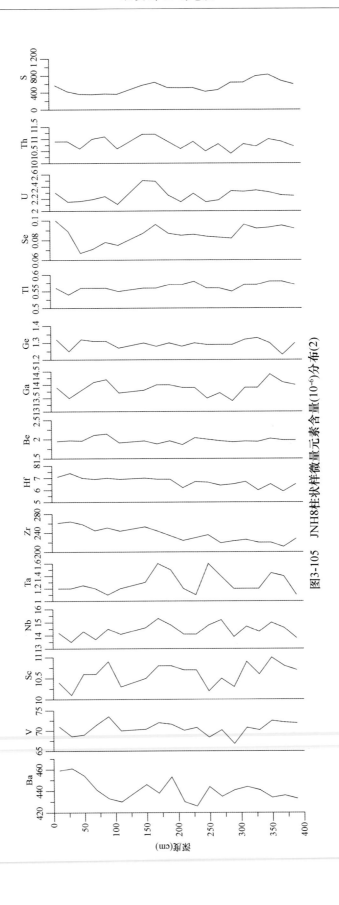

图3-105　JNH8柱状样微量元素含量(10⁻⁶)分布(2)

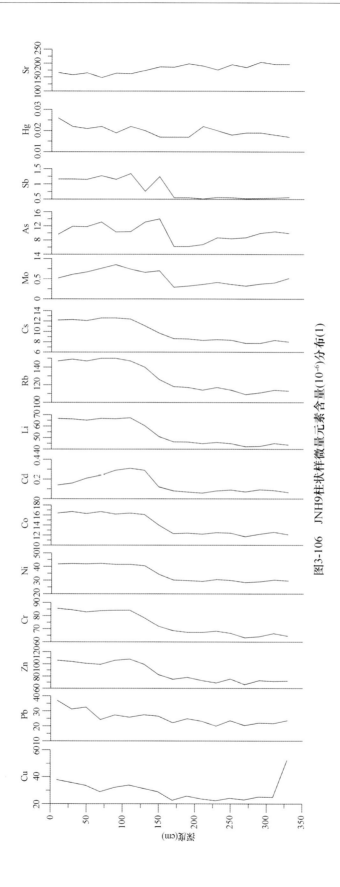

图3-106　JNH9柱状样微量元素含量(10⁻⁶)分布(1)

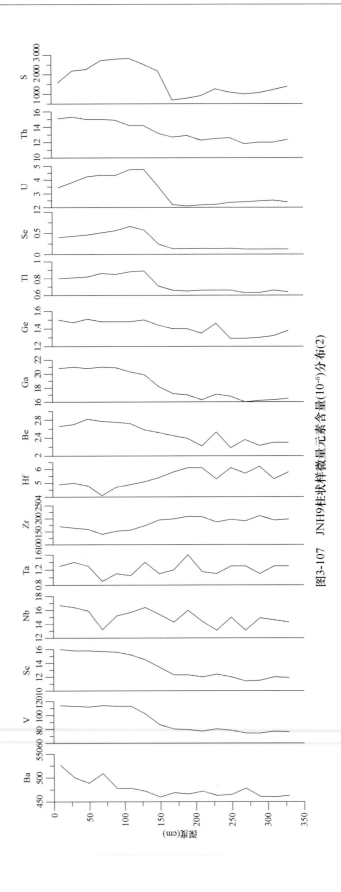

图3-107　JNH9柱状样微量元素含量(10⁻⁶)分布(2)

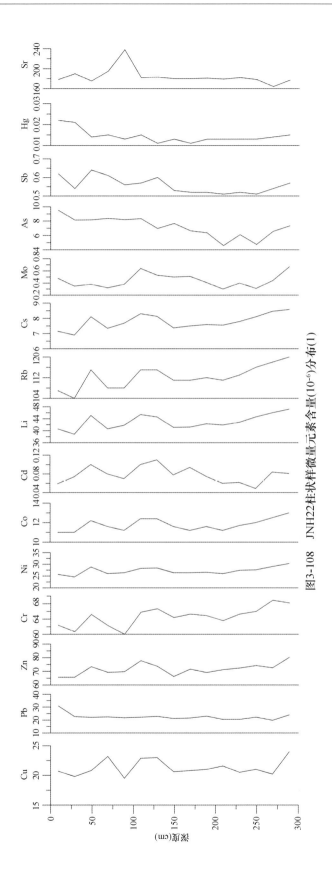

图3-108　JNH22柱状样微量元素含量(10⁻⁶)分布(1)

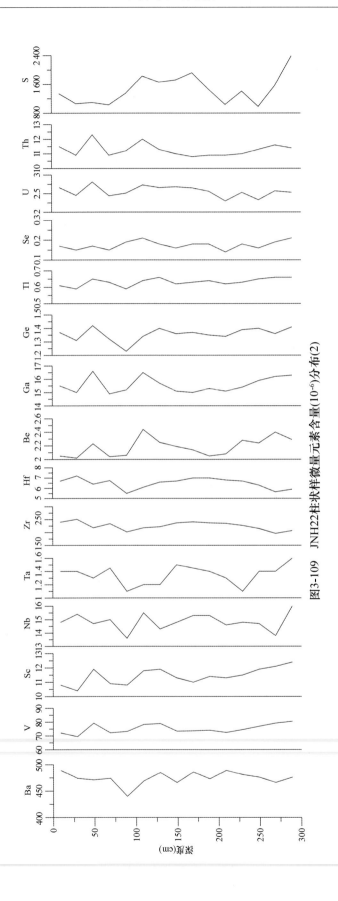

图3-109　JNH22柱状样微量元素含量(10^{-6})分布(2)

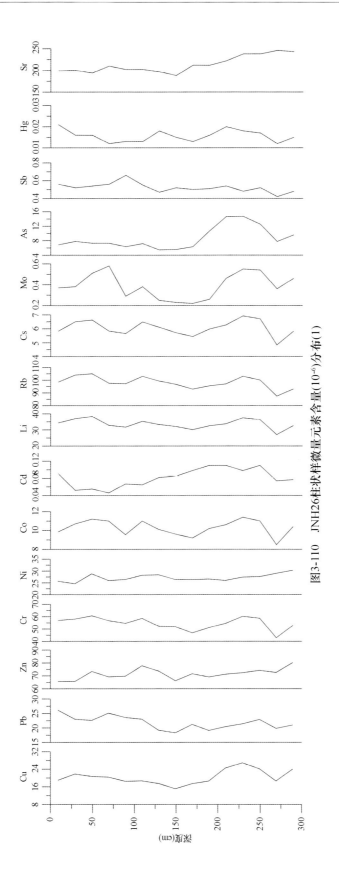

图3-110　JNH26柱状样样微量元素含量(10⁻⁶)分布(1)

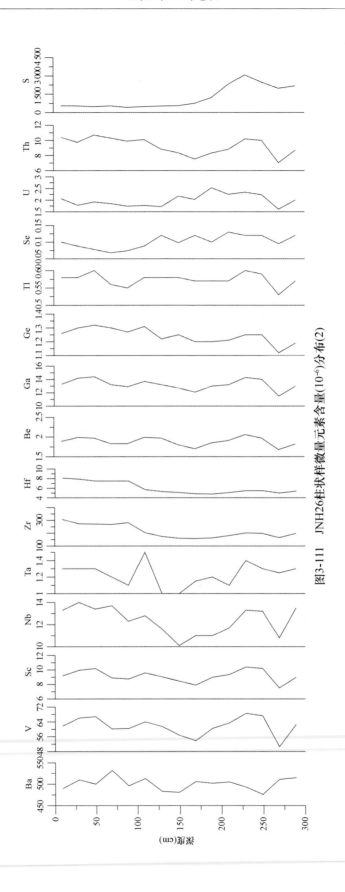

图3-111 JNH26柱状样微量元素含量(10⁻⁶)分布(2)

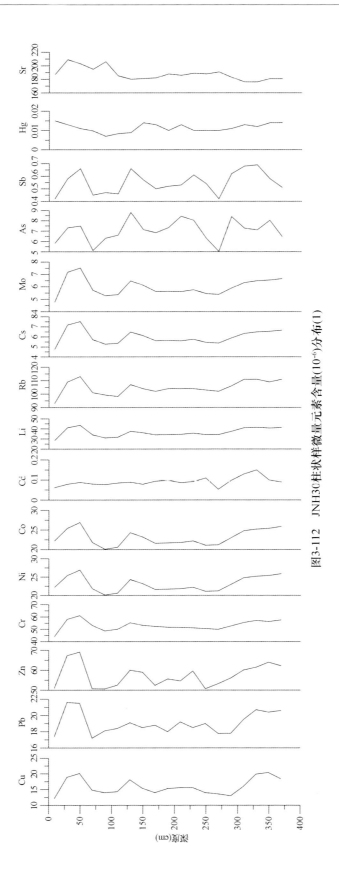

图3-112　JNH30柱状样微量元素含量(10⁻⁶)分布(1)

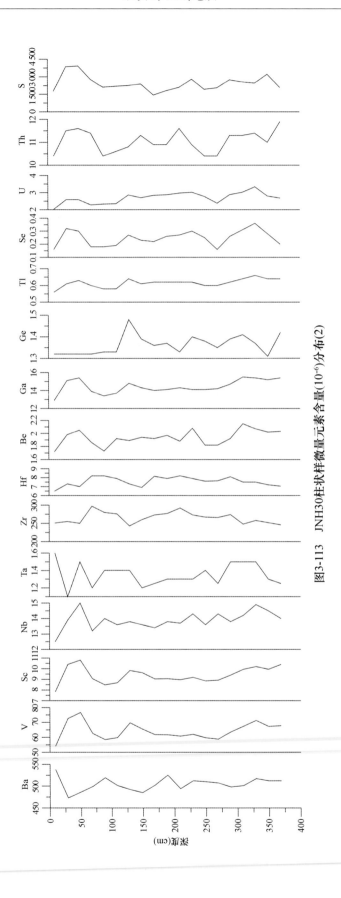

图3-113　JNH30柱状样微量元素含量(10⁻⁶)分布(2)

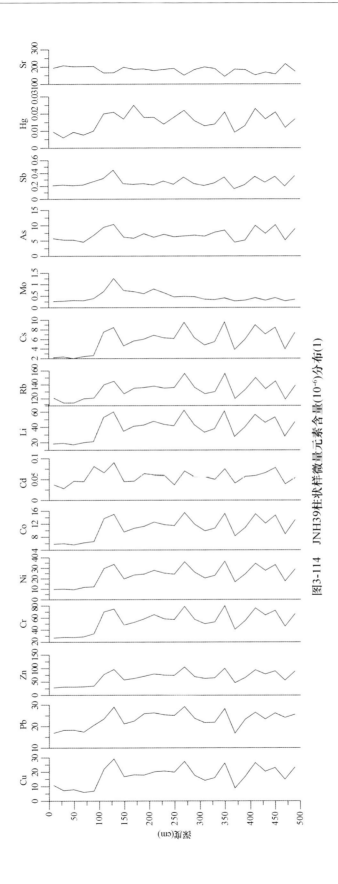

图3-114　JNH39柱状样微量元素含量(10⁻⁶)分布(1)

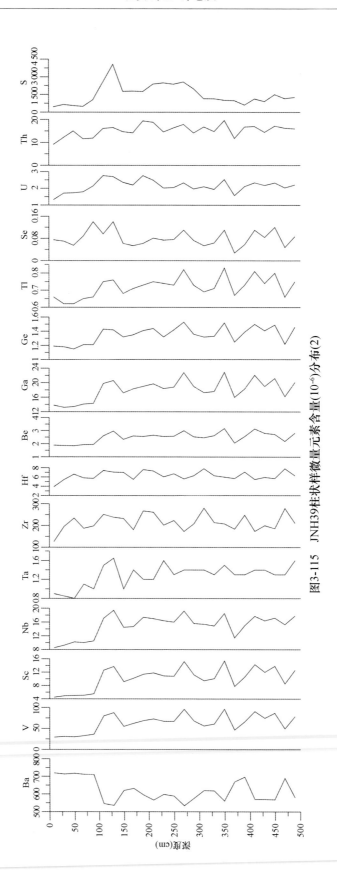

图3-115　JNH39柱状样微量元素含量(10⁻⁶)分布(2)

　　JNH41 柱状样沉积物为砂质粉砂和粉砂质砂，以粉砂质砂为主，除顶部样品含有较高粉砂和黏土外，向下部黏土和粉砂含量略有增加，砂含量略有减少（图 3-116 和图 3-117）。除 Ta、Hf、Zr 和 Sr 元素顶部含量较低外，其他元素含量普遍较高。30~50 cm 大部分元素含量降到低值后，Cu、

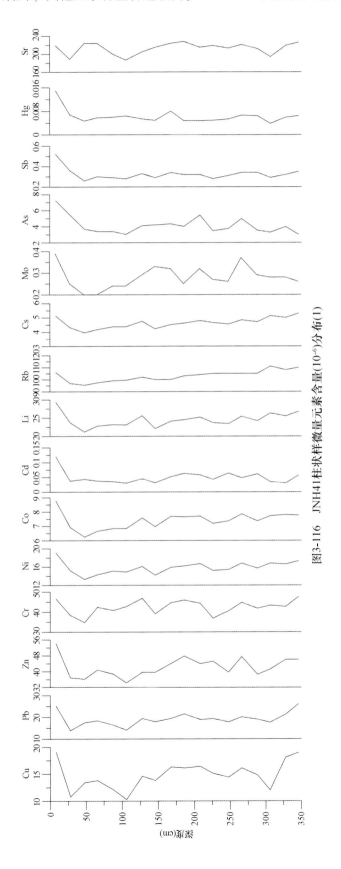

图3-116　JNH41柱状样微量元素含量(10⁻⁶)分布(1)

Li、Rb、V、Zn、Ni、Ga、Cr、Co、Sc、Pb、Nb、Cs、Be 和 Ge 等元素含量向下有增加趋势，而 Ba 和 As 含量则略有减少。其他元素趋势性不明显。

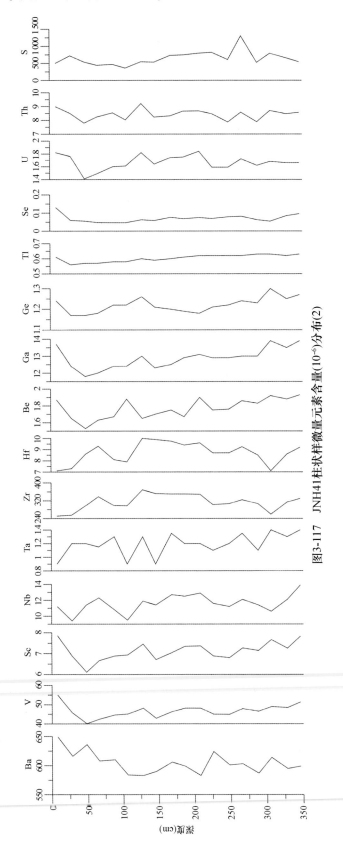

图3-117　JNH41柱状样微量元素含量(10^{-6})分布(2)

3.4.2.3　稀土元素分布特征

1）稀土元素分布

柱状沉积物中稀土元素分布，从图 3-118 至图 3-121 可以发现，稀土元素含量变化与 Al_2O_3、TFe_2O_3、MgO 含量变化虽有相似之处，但其分布有的也明显不同，说明稀土元素与粒度变化有一定关系，但并不完全受粒度控制；JNH8 柱状样的粒度分析表明，岩性较单一，主要为砂质粉砂和粉砂，然而稀土元素也有较大的变化（图 3-119）。同样 JNH26 岩性较为单一，主要为砂质粉砂，而稀土元素也呈较大的变化（图 3-120）。

2）稀土元素分布模式

通过球粒陨石标准化稀土元素分布模式（Masuda et al.，1973），选取岩性较均一的站位 JNH8 和 JNH26，作了稀土元素分布模式（图 3-122 和图 3-123）。

稀土元素（REE）以其特有的地球化学性质，广泛运用于探讨岩石矿物的形成条件、物质来源、地球化学分异作用及沉积环境变化等领域。比较两个柱状样稀土元素分布模式，均表现为 Eu 负异常，其分布规律同表层沉积物相似，说明其物质来源仍以陆源为主。

3.4.3　化学元素含量的控制因素分析

由以上分析表明，化学元素含量受沉积物类型和物质来源等因素控制。

1）沉积物类型

元素的含量受控于沉积物类型（赵一阳和鄢明才，1994）。表层沉积物、柱状沉积物元素含量分布表明，粗粒沉积物中 SiO_2 含量较高，Al_2O_3、Fe_2O_3、MgO 含量较低；细粒沉积物中 SiO_2 含量较低，Al_2O_3、Fe_2O_3、MgO 含量高。如本海区的南部和北黄海中西部粉砂和砂质粉砂中 Al_2O_3、MgO、Fe_2O_3、TiO_2、有机碳、Li、Rb、V、Cr、Co、Ni、Ga、Zn、Cr、U 和 REE 等元素含量较高，以砂为主的北黄海中东部和渤海东部沉积物中含量则较低，柱状样沉积物中以粉砂质砂、砂质粉砂为主的 JNH30 和 JNH41 站位常量元素含量相近，SiO_2 含量较其他站位高，Al_2O_3、MgO、TiO_2、有机碳和微量元素 Li、Rb、V、Zn、Ni、Ga、Cr 等含量较其他站位低；沉积物以粉砂、砂质粉砂为主的 JNH5 和 JNH9 柱状样中，SiO_2 含量较低，Al_2O_3、Fe_2O_3、MgO、Cu、Li、Rb、V、Zn、Ni 等含量高。

2）物质来源

不同的物质来源对化学成分的含量和分布有影响。因为渤海东部和北黄海第四纪海陆环境交互变化，沉积环境较复杂，所以其物质来源较为复杂。表层沉积化学组分分布特征反映出黄河和鸭绿江物质对研究区物质来源有明显影响，稀土元素分布模式表明区内沉积物质来源主要为陆源，西部、西南部表层沉积物主要来源于黄河、长江物质，而北黄海东部表层沉积物主要来源于鸭绿江沉积物。因此，表层沉积物中元素的分布，除了沉积物类型影响之外，物质来源的不同也是造成元素含量差异的重要因素。

3）沉积环境

元素含量除受上述因素影响外，沉积环境对元素的富集及分散都有一定的作用。如成山角以东海域，沉积物主要为粉砂，元素含量在该区域发生了比较大的变化，反映了沉积环境变化对元素含量有着一定的作用。

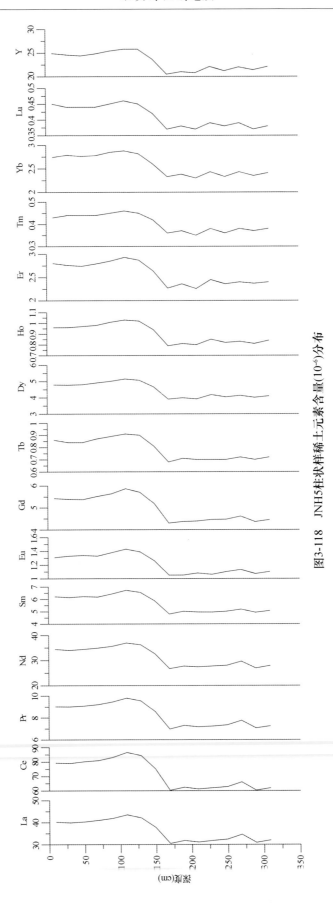

图3-118　JNH5柱状样稀土元素含量(10^{-6})分布

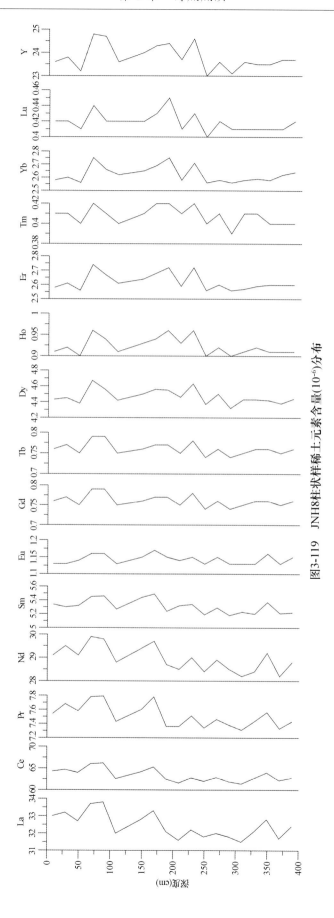

图3-119　JNH8柱状样稀土元素含量(10⁻⁶)分布

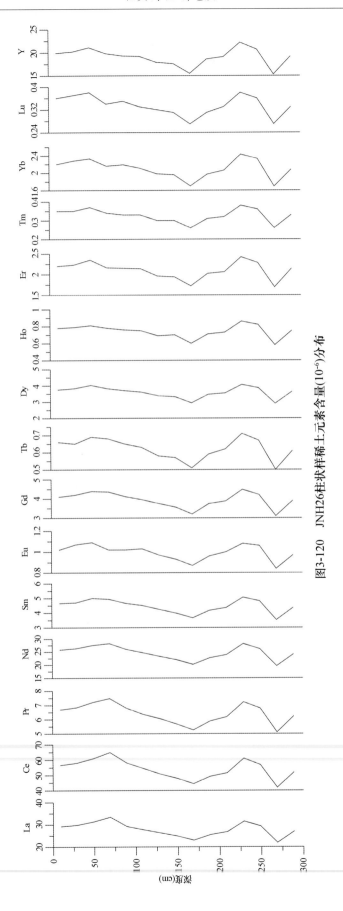

图3-120　JNH26柱状样稀土元素含量(10⁻⁶)分布

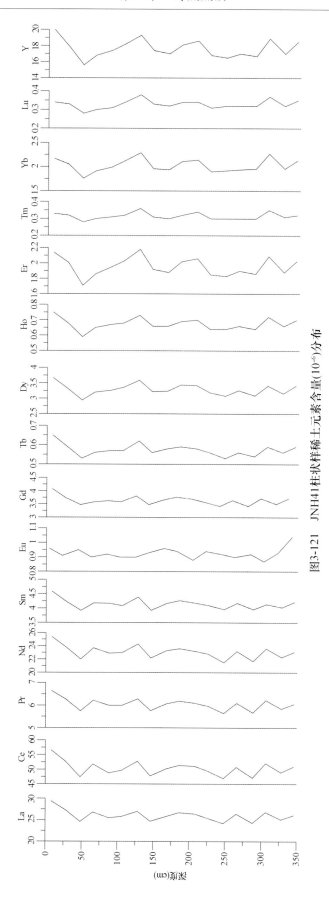

图3-121　JNH41柱状样稀土元素含量(10⁻⁶)分布

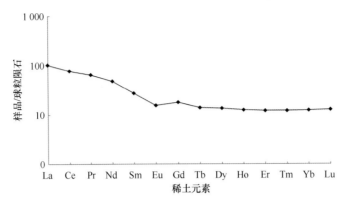

图 3-122　JNH8 柱状样球粒陨石标准化 REE 分布模式

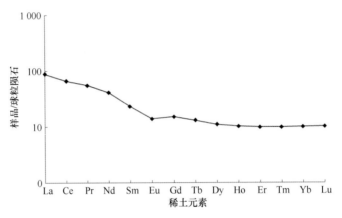

图 3-123　JNH26 柱状样球粒陨石标准化 REE 分布模式

3.5　微体化石

在海洋底质调查与研究中，微体古生物化石占有重要地位（Cushman and Ozawa，1930；Bé and Tolderlund，1971；Bé，1977）。海洋沉积物中的有孔虫化石主要应用于地层划分对比，以及古海洋、古环境研究，是解释边缘海及滨海地区的古环境、恢复古地理和研究海岸线变迁的重要标志。海相介形虫是常与有孔虫相伴生的一类微体生物，其研究对于陆架浅海和海陆过渡相地层的古环境解译等也具有重要价值。

3.5.1　分析方法

对海底表层样、柱状样和地质钻孔沉积物的 1 700 多个沉积物样品开展了微体古生物，主要是有孔虫和介形虫的分析鉴定。

沉积物微体化石处理分析采用业内常用的方法，其中，表层沉积物绝大多数样品均以 50 g，柱状样和钻孔岩心以 25 g 左右干样作为定量统计单位。样品经过充分浸泡后利用 250 目（0.063 mm）的标准筛冲洗并烘干，然后用四氯化碳进行浮选，以富集样品中的微体古生物化石，鉴定时再过 120 目（0.125 mm）标准筛，对粗样中的有孔虫和介形虫进行统计。在对浮选样中的有孔虫和介形虫进行鉴定统计的同时，对余样中难以浮选出的胶结类有孔虫和比重较大的化石也进行了补充鉴定，以保证鉴定结果的完整可靠。对于微体化石丰度较大的样品则采用二分法鉴定其中 1/2、1/4、1/8……的部分。对于丰度足够的底栖有孔虫鉴定量不少于 100 枚、介形类鉴定不少于 50 枚，而对于丰度较低的样品则统计全样。

3.5.2 表层沉积物的微体化石

用于分析微体化石的表层沉积物样品站位分布见图 3-70。

3.5.2.1 有孔虫

此次分析的沉积物样品中没有发现浮游有孔虫，因此，以下讨论的有孔虫均指底栖有孔虫。

1）数量分布

（1）丰度

本海区底栖有孔虫丰度变化的规律性不明显，如图 3-124 所示。在区内西侧和北部的渤海和北黄海范围内底栖有孔虫丰度都很低，基本上都在 10 枚/克干样以下，最低值出现在北黄海东侧站位，鸭绿江口南部砂质沉积区沉积物中有孔虫罕见。底栖有孔虫丰度高值区集中在山东半岛以南的南黄海区域，多数站位在 10~80 枚/克干样之间，丰度最高站位出现在青岛东南岸外，接近 300 枚/克干样。东南侧水深最大的区域有孔虫丰度相对较低，基本在 30 枚/克干样以下，可见总体而言有孔虫丰度分布和水深变化并无显著对应关系。

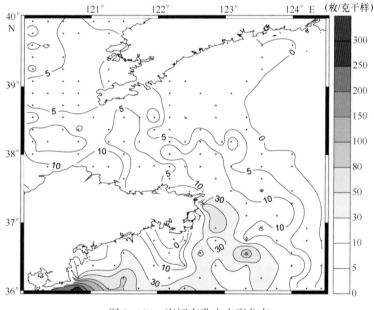

图 3-124 底栖有孔虫丰度分布

（2）三大类壳质有孔虫比值

底栖有孔虫有三大类壳质，分别是玻璃质、胶结质和瓷质壳，不同壳质的底栖有孔虫适应于不同的生态环境。区内三大类壳质的有孔虫含量相差巨大，其中玻璃质壳体的轮虫亚目（Rotaliina）具有明显优势，尤其是在渤海湾、北黄海西部以及南黄海绝大多数站位的玻璃质壳体含量都在全群的 80% 以上。胶结壳个体的高值站位集中在北黄海西北部的站位，含量超过全群的 50%，部分站位甚至在 80% 以上，这与该区内粒度较粗的砂质底质关系密切，另外，在北黄海的部分站位胶结壳含量也超过全群的 20%。绝大多数站位的瓷质壳类含量都很低，高值站位仅零星分布在辽东半岛和山东半岛沿岸海区，但也很少超过全群的 4%。

（3）四类玻璃质壳的比例

玻璃质壳在区内底栖有孔虫群落中占主导地位，由于玻璃质壳的有孔虫种类最多，其形态也变化多端，因此可以根据房室排列等形态特征将其划分为4个大类：

①瓶虫类：具有辐射状口孔或其变形的有孔虫，主要包括 Lagenina 亚目诸种；

②列式壳类：房室排列成列，但有不具瓶虫式口孔的底栖有孔虫，包括单列、双列、三列以及双列螺旋等类型，相当于 Buliminacea 超科与 Cassidulinacea 超科；

③螺旋壳类：房室螺旋状排列的底栖有孔虫，包括 Discorbacea 超科与 Rotaliidae 超科等；

④平旋壳类：房室平旋，壳体两端对称或次生不对称，包括 Elphidiidae 科与 Nonionidae 科等。

这四大类的比例与沉积环境密切相关，在区内的分布呈现出一定的规律性。

瓶虫类分布规律不明显，呈斑块状分布，但总体而言还是与水深呈现出一定的关系：近岸浅水20 m 水深以内含量较低，基本都在1%以下；含量超过全群2%的站位水深都在30 m 以上，尤其是在区内南黄海的瓶虫类高值站位相对集中。

列式壳类的含量也比较低，但其分布的规律性与水深的关系非常明显，即随着离岸距离的增加而增加。它们在沿岸浅水环境极少出现，含量超过3%的站位分布基本上都在40 m 等深线以外，而比较集中的高值站位出现在东南侧水深超过60 m 的中陆架区。

平旋类底栖有孔虫的数量分布与列式壳类呈现相反的趋势，其高值区集中在近岸浅水区，尤其是在山东半岛北部近岸浅水以及西北角渤海湾内水深20 m 左右的部分站位，含量超过全群的70%；而在区内东南70 m 等深线以外百分含量相对较低，但平旋类有孔虫的分布趋势与等深线分布并不平行，这表明区内底栖有孔虫分布不仅受控于水深，底质粒度与底层水盐度的变化对有孔虫分布的影响同样显著。

螺旋类在区内总体含量小于平旋类，大部分玻璃质壳体占主导地位的站位中螺旋类和平旋类呈现此消彼长的关系，而与水深变化的对应关系并不显著，应该主要受盐度变化的影响，即螺旋类相对于平旋类更倾向于生活在正常盐度的海水中，而平旋类则对于低盐环境的适应能力相对较强（李日辉等，2014）。

2）属种分布特征

（1）分异度分布

区内表层沉积物中底栖有孔虫的简单分异度 S（种数）从0到26种不等，平均为15种（图3-125），其分布的规律性不明显，与水深也没有显著的对应关系，种数超过18种的站位在渤海湾内、北黄海和南黄海均有出现，而低值区主要集中在东部砂质基底的站位。复合分异度的分布范围在0~2.77之间，平均为1.99，其分布趋势和简单分异度基本一致，超过2.4的高值站位分布零散，但低值站位集中在东部有孔虫丰度较低的站位。

（2）属种分布

调查区内共发现底栖有孔虫45属91种，其中占全群1%以上的优势种共有23个，分别是 *Protelphidium turberculatum*（d'Orbigny）（具瘤先希望虫），16.54%；*Buccella frigida*（Cushman）（冷水面颊虫），12.64%；*Cribrononion subincertum*（Asano）（亚易变筛九字虫），11.71%；*Elphidium advenum*（Cushman）（异地希望虫），6.70%；*Ammonia becarii*（Linné）var.（毕克卷转虫变种），5.53%；*Ammonia ketienziensis*（Kuwano）（结缘寺卷转虫），3.86%；*Cribrononion porisuturalis*（Zheng）（孔缝筛九字虫），3.66%；*Proteonina atlantica*（Cushman）（大西洋原始虫），3.00%；*Ammonia compressiuscula*（Brady）（压扁卷转虫），2.66%；*Cavarotalia annectens*（Parker & Jones）（同现孔轮虫），2.58%；

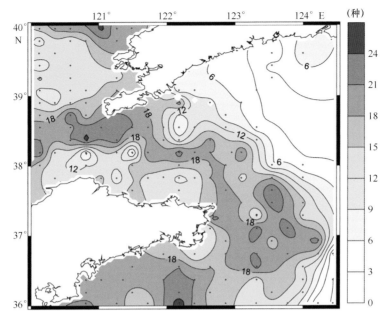

图 3-125　底栖有孔虫简单分异度平面分布

Eggerella advena (Cushman) （异地伊格尔虫），2.45%；*Hanzawaia nipponica* (Asano) （日本半泽虫），2.03%；Elphidium magellanicum (Heron-Allen et Earland) （缝裂希望虫），1.95%；*Ammonia koeboeensis* (LeRoy) （科伯卷转虫），1.67%；*Buccella tunicata* (Ho, Hu, et Wang) （覆盖面颊虫），1.66%；*Nonion akitaense* (Asano) （秋田九字虫），1.58%；*Haplophragmoides canariensis* (d'Orbigny) （卡纳利拟单栏虫），1.55%；*Protelphidium glabrum* (Ho, Hu, et Wang) （光滑先希望虫），1.47%；*Ammonia maruhasii* (Kuwano) （丸桥卷转虫），1.36%；*Elphidium simplex* (Cushman) （简单希望虫），1.33%；*Astrononion tasmanensis* (Carter) （塔斯曼星九字虫），1.32%；*Arenoparella asiatica* (Polski) （亚洲砂壁虫），1.20%；*Textularia foliacea* (Heron-Allen & Earland) （叶状串珠虫），1.14%（李日辉等，2014）。区内底栖有孔虫优势种的分布特征如下所述。

Protelphidium turberculatum (d'Orbigny) 是区内表层样中含量最高的优势种。该种是渤海、黄海、东海陆架和沿岸第四系地层最常见的属种之一，在渤海、黄海最常见于沿岸流冷水影响区域（汪品先等，1988），是典型的低温、低盐环境代表种。*P. turberculatum* 的高值区主要出现在西北角渤海湾内、北黄海冷水团以及黄海沿岸流绕过成山头后向南扩散的区域（图 3-126），其分布受到水温的影响最大，而与水深和沉积物粒度相关性较弱。

Buccella frigida (Cushman) 也是区内高丰度的代表性种之一，该种是北半球中高纬度海区的常见代表种，在我国主要见于渤海、黄海海区沿岸，是典型的冷水种，主要集中在辽南沿岸流影响区以及北黄海冷水团控制范围以内（图 3-127），显示明显的水温控制效应。

Cribrononion subincertum (Asano) 亦是渤海、黄海、东海沿岸的常见种之一，多出现于内陆架近岸浅水以及潮间带和河口附近，属于低盐环境的代表种，区内最高值站位集中在山东半岛北部渤海沿岸流的影响区域，其次是渤海湾的部分站位（图 3-128），显示出明显的盐度和水深共同制约其分布的特点。

Elphidium advenum (Cushman) 是现代世界各海区浅水特征属种之一，在渤海、黄海、东海、南海诸海广泛分布。区内该种的分布特征与水深之间的对应关系较为明显，高值区呈现环绕山东半岛沿岸分布的特征，在 50 m 等深线以外个体极少出现；另外在辽南沿岸该种也很少出现（图

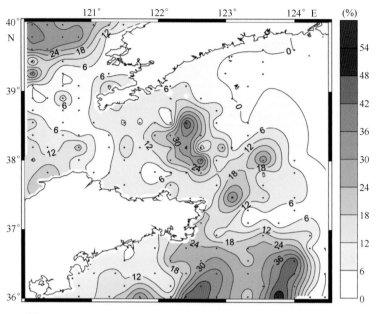

图 3-126 *Protelphidium turberculatum*（d'Orbigny）百分含量分布

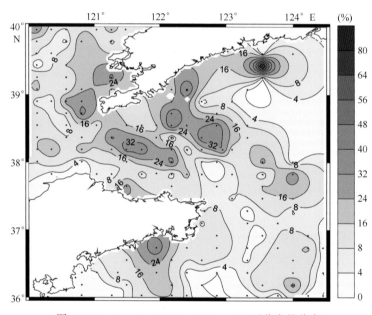

图 3-127 *Buccella frigida*（Cushman）百分含量分布

3-129），表明其分布也受到沉积物粒度的显著影响，更适应泥质底质环境。

Ammonia becarii（Linné）var. 是世界上分布最广的广盐滨岸种，主要集中在近岸浅水区。然而在本海区该种分布的规律性不明显，多数站位都有出现，但最高值集中在山东半岛正东的区域（图 3-130），显然并非简单受控于水深或者盐度。

Ammonia ketienziensis（Kuwano）在渤海以及北黄海大部分站位含量都比较低，其高值区集中出现在最南端的区域，涵盖了从 30 m 到超过 70 m 水深的范围，可见其分布也并非主要受控于水深，而应当是受到底层低温水团的控制。

Cribrononion porisuturalis（Zheng）常见于我国现代渤海、黄海、东海近岸和第四系地层，区内该种的高含量站位主要集中在北部渤海湾内以及辽南沿岸流影响下的区域，与其在江浙沿岸集中在

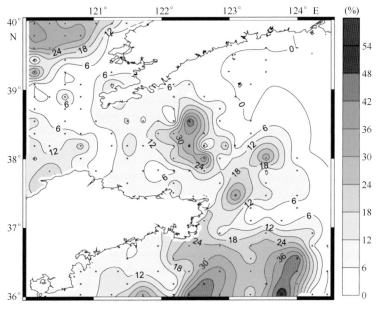

图 3-128　*Cribrononion subincertum*（Asano）百分含量分布

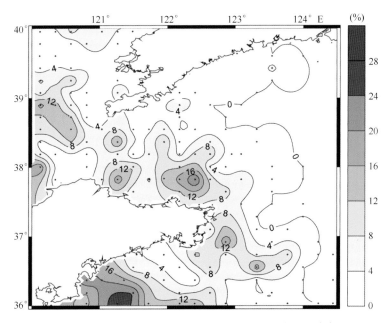

图 3-129　*Elphidium advenum*（Cushman）百分含量分布

盐度 25 以下半咸水环境（汪品先等，1988）的生态特征相符。

　　Proteonina atlantica（Cushman）作为胶结壳的底栖有孔虫，在区内绝大多数站位都很少出现，仅集中在辽南沿岸的部分站位（图 3-131），其高值区再向东基本为无虫站位，可见该种分布与底质粒度关系密切，这也符合胶结壳底栖有孔虫喜好粉砂或细砂级沉积环境的生态特点。

　　Ammonia compressiuscula（Brady）是现代太平洋西缘陆架海区广泛分布的属种，同时也是我国黄海、东海陆架现代沉积中的常见种，前人的调查认为该种在南黄海西北部主要分布在水深 20 m 以深海域，尤其以 20~50 m 最多（汪品先等，1980a，1980b）。本区内该种的分布也符合这一规律，除青岛岸外个别站位外，它在大多数近岸浅水站位的含量都不高，相对含量较高的站位都在 20 m 等深线以外，表明该种的分布主要受控于水深因素。

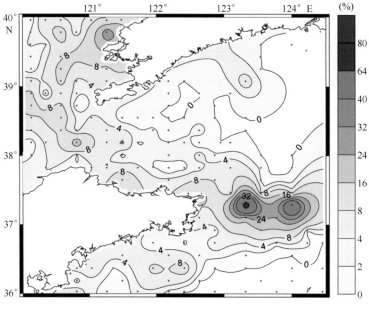

图 3-130 *Ammonia becarii*（Linné）var. 百分含量分布

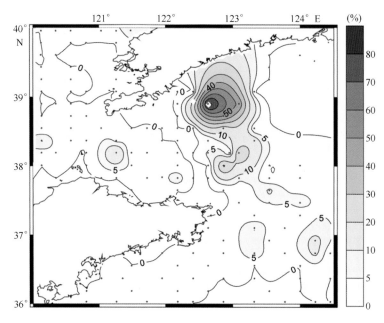

图 3-131 *Proteonina atlantica*（Cushman）百分含量分布

Cavarotalia annectens（Parker & Jones）在调查区内的高值区主要集中在山东半岛沿岸 30 m 等深线以内，另外在渤海湾内部分站位含量也比较高，而在辽南沿岸罕见，可见该种也属于适宜沿岸水环境的广温广盐种，而且对底质环境也比较灵敏，适宜泥质沉积环境，不适宜生活在粉砂及砂质沉积物中。

Eggerella advena（Cushman）属于典型的冷水种，主要见于白令海、鄂霍次克海、日本海、阿拉斯加、格陵兰附近海域（汪品先等，1988）。区内其高值区主要集中在东北角的有孔虫低丰度区，显然只有在玻璃质壳体属种不适宜生存的砂质沉积环境中作为胶结壳种的 *Eggerella advena*（Cushman）才具有相对高的含量，表明区内该种的分布并非体现温度控制，而更多受控于底质沉积物的粒度变化。

Hanzawaia nipponica（Asano）主要见于渤海和东海中陆架区。本海区渤海和北黄海范围内该种罕见，其高值站位集中在西南部 30 m 等深线以外的小区域内，表明除了受深度影响以外，应当还体现了温度控制，该种显然不适宜生活在冷水环境中。

Elphidium magellanicum（Heron–Allen et Earland）也属于低温低盐水体的特征类型，亦是我国渤海、黄海、东海沿岸以及内陆架的常见属种。该种高值区主要集中在渤海湾内、辽南沿岸水以及黄海沿岸水的影响范围内，符合其适宜低温低盐环境的生态特征。

Buccella tunicata（Ho，Hu，et Wang）亦属于凉水种，常与 *Buccella frigida* 共生。本海区该种的高值区仅局限在大连岸外有限的区域内，远小于 *Buccella frigida* 的分布区。

Nonion akitaense（Asano）在少数站位中处于优势地位，但其出现缺乏规律性，在大多数站位罕见。

胶结壳的 *Haplophragmoides canariensis*（d'Orbigny）在北黄海中部以及山东半岛沿岸部分站位具有较高的相对含量。

Protelphidium glabrum（Ho，Hu，et Wang）仅在北黄海西部冷水团控制下的区域内有着较高的含量（图 3–132），体现出适应低温环境的生态特征，而在沿岸流影响区很少出现，表明其不适应低盐环境。

Ammonia maruhasii（Kuwano）主要高值区集中在山东半岛东北角 50 m 等深线以外的小范围内。

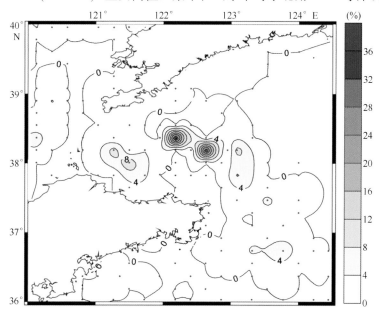

图 3–132　*Protelphidium glabrum*（Ho，Hu，et Wang）百分含量分布

Elphidium simplex（Cushman）在我国近海主要出现在近岸浅水区。该种高值区主要集中在渤海湾内以及山东半岛的近岸浅水区，体现出适应低温低盐环境的生态特征。

Astrononion tasmanensis（Carter）在我国近海主要见于黄海和东海北部中陆架区（汪品先等，1988），亦属凉水种。本海区该种主要集中在东南部 50 m 等深线以外，体现出深度和水温的共同影响。

Arenoparella asiatica（Polski）在我国主要见于黄海、东海内陆架区。区内仅零星分布在几个站位，没有表现出明显的规律性分布特征。

胶结壳的 *Textularia foliacea*（Heron–Allen & Earland）在区内的高值站位主要集中在渤海湾内以

及山东半岛南部 50 m 以浅的部分站位（图 3-133）。

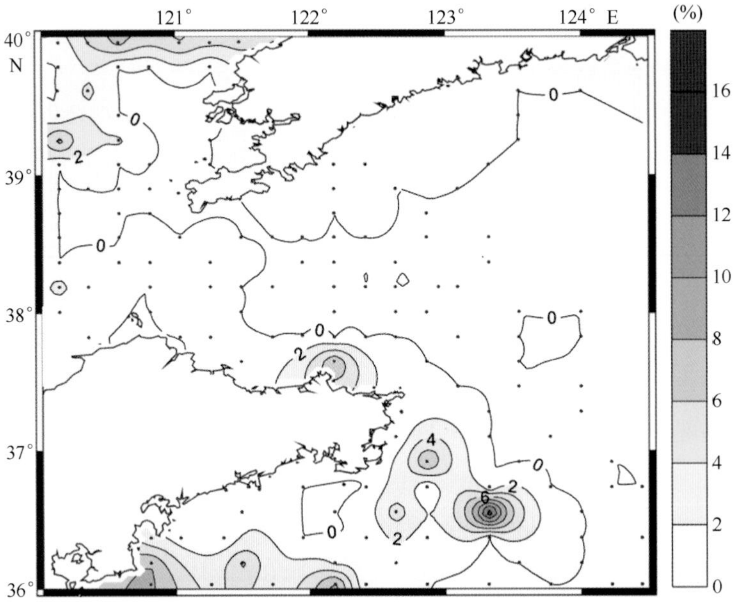

图 3-133 *Textularia foliacea*（Heron-Allen & Earland）百分含量分布

（3）组合分布

为了进一步分析本海区底栖有孔虫分布与海洋环境之间的关系，对有孔虫的百分含量数据进行了因子分析。首先剔除掉只在个别样品中出现的稀有种，最后得到 78 个种，对于筛选后的数据利用 Paleotoolbox 和 Wintransfer 程序进行了 Q 型因子分析，选取了 6 个主因子，共解释了总方差的约 76.06%。表 3-16 和表 3-17 为 Q 型因子分析方差最大旋转后的因子载荷矩阵和因子得分矩阵。

表 3-16 表层沉积物底栖有孔虫方差最大因子载荷（%）

站位	公共性	因子 1	因子 2	因子 3	因子 4	因子 5	因子 6
JNB-1	0.851	0.211	-0.240	0.081	0.103	0.828	0.213
JNB-3	0.782	0.205	-0.463	-0.008	0.077	0.72	-0.041
JNB-5	0.948	0.151	-0.853	0.298	0.071	0.322	0.030
JNB-7	0.762	0.255	-0.530	0.417	0.081	0.485	0.001
JNB-8	0.947	0.051	-0.935	0.098	0.037	0.240	-0.039
JNB-10	0.724	-0.032	-0.838	-0.044	0.043	0.131	0.014
JNB-12	0.370	-0.069	-0.597	-0.021	0.025	0.081	0.022
JNH-13	0.876	0.545	-0.553	0.370	0.053	0.360	0.049
JNB-15	0.956	0.001	-0.977	-0.011	0.024	0.023	-0.006
JNB-17	0.773	0.144	-0.278	0.024	0.081	0.817	0.002
JNB-19	0.866	0.140	-0.359	0.121	0.143	0.826	-0.010
JNB-21	0.618	0.451	-0.206	0.517	0.176	0.219	0.162
JNB-22	0.965	0.046	-0.965	-0.020	0.029	0.174	-0.031
JNB-25	0.736	-0.027	-0.809	0.273	0.044	0.062	0.021
JNB-26	0.873	0.023	-0.765	0.532	0.040	0.045	0.008

续表

站位	公共性	因子 1	因子 2	因子 3	因子 4	因子 5	因子 6
JNB-28	0.683	0.202	-0.224	0.101	0.038	0.760	0.049
JNB-29	0.785	0.250	-0.389	0.145	0.093	0.724	0.135
JNB-31	0.749	0.227	-0.477	0.416	0.116	0.530	-0.042
JNB-33	0.601	0.102	-0.241	0.645	0.132	0.218	0.228
JNB-35	0.681	0.525	-0.566	0.049	0.083	0.117	0.250
JNB-37	0.831	-0.017	-0.905	-0.037	0.036	0.092	-0.002
JNB-39	0.589	-0.028	-0.753	0.110	0.035	0.080	0.030
JNB-42	0.917	-0.012	-0.942	0.166	0.041	0.025	0.005
JNB-45	0.441	0.302	-0.244	0.325	0.011	0.406	0.138
JNB-47	0.939	0.508	-0.714	0.391	0.108	0.020	0.080
JNB-48	0.942	0.394	-0.751	0.306	0.076	0.351	0.014
JNB-50	0.735	0.167	-0.598	0.085	0.036	0.580	-0.066
JNB-52	0.941	-0.003	-0.938	0.245	0.029	0.031	0.000
JNB-55	0.757	0.018	-0.190	0.826	0.143	0.126	0.035
JNB-57	0.919	0.573	-0.672	0.228	0.013	0.290	-0.056
JNB-59	0.811	0.082	-0.773	0.420	0.055	0.112	0.123
JNB-61	0.812	0.212	-0.770	0.119	0.317	0.228	0.088
JNB-63	0.791	0.063	-0.750	0.301	0.286	0.226	0.006
JNB-65	0.850	0.121	-0.180	0.512	0.733	0.000	0.064
JNB-67	0.771	0.477	-0.301	0.301	0.094	0.591	-0.062
JNB-69	0.544	0.367	-0.548	0.068	0.053	-0.047	0.315
JNB-71	0.731	0.149	-0.494	0.250	0.577	0.115	0.236
JNB-72	0.945	0.893	-0.354	0.122	0.052	0.014	0.062
JNB-75	0.727	0.032	-0.128	0.126	0.367	0.208	0.718
JNB-77	0.780	0.088	-0.050	0.219	0.164	0.099	0.828
JNB-81	0.866	0.059	-0.045	0.002	0.022	0.016	0.927
JNB-83	0.891	0.085	-0.066	0.043	0.055	0.029	0.935
JNB-85	0.675	0.135	-0.083	0.163	0.064	0.072	0.784
JNB-87	0.919	0.323	-0.874	0.200	0.069	0.051	0.054
JNB-89	0.807	0.009	-0.568	0.443	0.531	-0.020	0.071
JNB-91	0.797	0.029	-0.210	0.321	0.795	-0.110	0.076
JNB-93	0.791	0.087	-0.369	0.721	0.139	0.101	0.311
JNB-95	0.869	0.600	-0.489	0.411	0.015	0.314	0.042
JNB-97	0.702	0.527	-0.281	0.157	0.069	0.474	0.302
JNB-99	0.651	-0.041	-0.351	0.590	0.391	0.133	0.088
JNB-103	0.958	0.901	-0.377	0.033	0.021	-0.044	0.012
JNB-104	0.946	0.961	-0.078	0.112	0.006	0.066	-0.013
JNB-105	0.918	0.916	-0.127	0.074	0.006	0.233	-0.042
JNB-107	0.591	0.171	-0.135	0.077	0.732	-0.006	0.034
JNB-108	0.697	0.19	0.009	0.224	0.758	0.187	-0.028

续表

站位	公共性	因子 1	因子 2	因子 3	因子 4	因子 5	因子 6
JNB-109	0.516	0.262	-0.097	0.089	0.45	0.463	0.115
JNB-110	0.852	0.612	-0.277	0.421	0.044	0.468	-0.058
JNB-111	0.836	0.493	-0.665	0.132	0.065	0.346	0.101
JNB-113	0.791	0.523	-0.623	0.227	0.165	0.152	0.166
JNB-115	0.167	0.140	-0.114	0.106	0.336	0.091	0.044
JNB-117	0.766	0.270	-0.272	0.747	0.232	-0.086	-0.031
JNB-119	0.902	0.794	-0.260	0.208	0.064	0.397	-0.008
JNB-121	0.936	0.963	-0.085	-0.008	0.022	-0.009	-0.009
JNB-123	0.845	0.778	-0.324	0.225	0.209	0.179	-0.093
JNB-125	0.897	0.120	-0.509	0.753	0.068	0.200	0.110
JNB-126	0.897	0.090	-0.925	0.050	0.036	0.119	0.125
JNB-127	0.565	0.103	-0.151	-0.014	0.694	0.162	0.151
JNB-129	0.631	0.024	0.000	-0.053	0.778	-0.133	-0.063
JNB-131	0.867	0.033	-0.725	0.547	0.189	-0.063	-0.041
JNB-132	0.949	0.729	-0.466	0.418	0.126	0.078	-0.051
JNB-133	0.753	0.643	-0.131	0.528	0.202	0.001	0.052
JNB-135	0.905	0.513	-0.483	0.488	0.024	-0.045	0.410
JNB-137	0.761	0.169	-0.028	0.495	0.662	0.182	0.122
JNB-138	0.846	0.358	-0.363	0.743	0.049	0.109	0.141
JNB-139	0.960	0.227	-0.185	0.909	0.199	0.090	0.017
JNB-140	0.934	0.196	-0.551	0.765	0.067	0.042	0.005
JNB-141	0.850	0.174	-0.446	0.765	0.159	0.057	0.082
JNB-142	0.792	0.206	-0.795	0.072	0.088	0.307	0.102
JNB-143	0.365	0.076	-0.037	0.456	0.241	0.297	-0.056
JNB-145	0.525	0.010	-0.101	0.254	0.669	0.058	0.006
JNB-148	0.797	0.373	-0.314	0.540	0.479	0.150	0.127
JNB-149	0.844	0.728	-0.314	0.208	0.127	0.334	0.209
JNB-150	0.560	0.613	-0.112	0.324	0.075	0.214	0.125
JNB-151	0.914	0.377	-0.141	0.798	0.135	0.313	0.018
JNB-153	0.937	0.554	-0.564	0.468	0.079	0.290	0.048
JNB-154	0.354	0.104	-0.572	0.020	0.109	0.021	-0.052
JNB-155	0.941	0.139	-0.494	0.807	0.079	0.120	0.073
JNB-157	0.537	-0.017	-0.133	0.397	0.534	0.258	0.101
JNB-159	0.934	0.752	-0.454	0.283	0.069	0.242	0.139
JNB-161	0.937	0.637	-0.021	0.136	0.110	0.599	0.378
JNB-163	0.441	0.271	-0.237	0.437	0.261	0.133	0.187
JNB-165	0.707	0.438	-0.429	0.555	0.152	-0.006	0.001
JNB-166	0.136	0.224	-0.086	0.252	0.074	0.023	0.096
JNB-167	0.255	0.092	-0.268	0.393	0.056	0.115	0.062
JNB-168	0.796	0.256	0.028	0.815	0.247	0.035	0.052

续表

站位	公共性	因子1	因子2	因子3	因子4	因子5	因子6
JNB-169	0.918	0.203	-0.816	0.456	0.053	0.001	-0.004
JNB-171	0.873	0.062	0.010	0.851	0.362	0.103	0.061
JNB-173	0.140	0.005	0.020	0.128	0.343	0.073	0.004
JNB-175	0.897	0.721	-0.049	0.378	0.107	0.340	0.324
JNB-176	0.926	0.582	-0.043	0.312	0.130	0.610	0.315
JNB-177	0.872	0.205	-0.144	0.893	0.107	-0.009	-0.01
JNB-181	0.805	0.391	-0.092	0.787	0.099	0.090	0.079
JNB-183	0.615	0.014	-0.206	0.223	0.723	0.003	-0.016
JNB-186	0.779	0.684	0.028	0.133	0.069	0.490	0.219
JNB-187	0.896	0.900	-0.015	0.108	0.024	0.262	-0.069
JNB-188	0.945	0.428	-0.452	0.725	0.045	0.113	0.131
JNB-189	0.830	0.485	0.018	0.736	0.131	0.127	0.139
JNB-191	0.962	0.730	-0.292	0.561	0.093	0.126	-0.062
JNB-193	0.339	-0.049	0.001	-0.015	0.576	0.069	0.010
JNB-195	0.539	-0.057	0.010	0.053	0.728	0.051	-0.016
JNB-198	0.780	0.666	0.000	0.478	0.107	0.249	0.186
JNB-199	0.522	0.384	0.050	0.249	0.110	0.451	0.307
JNB-200	0.813	0.699	0.023	0.523	0.127	0.127	0.130
JNB-201	0.914	0.670	-0.538	0.386	0.072	0.049	0.134
JNB-202	0.250	0.313	-0.109	0.361	0.048	0.001	0.087
JNB-203	0.689	0.075	-0.150	0.795	0.139	0.090	-0.027
JNB-205	0.591	0.081	0.033	-0.048	0.756	-0.063	0.073
JNB-207	0.952	0.392	-0.813	0.340	0.034	0.131	-0.063
JNB-209	0.594	0.415	-0.001	0.227	0.091	0.566	0.204
JNB-212	0.862	0.472	-0.004	0.746	0.107	0.174	0.201
JNB-215	0.592	0.034	0.009	-0.060	0.752	-0.134	-0.057
JNB-219	0.965	0.066	-0.019	0.978	0.040	0.043	-0.018
JNB-220	0.370	0.537	0.082	0.026	0.123	0.189	0.153
JNB-221	0.933	0.840	-0.226	0.400	0.029	0.033	0.125
JNB-227	0.493	0.252	0.063	0.214	0.598	0.056	0.138
JNB-228	0.714	0.308	-0.761	0.183	0.041	0.043	0.059
JNB-229	0.793	0.368	-0.795	0.162	0.006	0.005	-0.005
JNB-233	0.889	0.543	-0.74	0.201	0.051	-0.056	0.008
JNB-234	0.605	0.144	-0.682	0.061	0.109	0.098	0.307
JNB-235	0.946	0.396	-0.724	0.502	0.063	0.094	0.029
JNB-236	0.887	0.391	-0.077	0.150	0.072	0.190	0.815
JNB-237	0.894	0.274	-0.596	0.599	0.122	0.186	0.237
JNB-238	0.954	0.144	-0.741	0.614	0.070	0.039	-0.018
JNB-239	0.901	0.236	-0.853	0.298	0.055	0.091	0.134
JNB-240	0.849	0.208	-0.784	0.227	0.084	0.356	0.074

续表

站位	公共性	因子1	因子2	因子3	因子4	因子5	因子6
JNB-241	0.852	0.244	-0.753	0.381	0.045	0.255	0.114
JNB-243	0.669	0.325	-0.324	0.450	0.260	0.155	0.406
方差		16.189	22.883	17.034	7.660	7.534	4.758
累计方差		16.189	39.072	56.106	63.766	71.300	76.058

表 3-17　表层样底栖有孔虫方差最大因子得分

属种	因子1	因子2	因子3	因子4	因子5	因子6
Ammobaculites agglutinans（d'Orbigny）	0.000	-0.001	0.002	0.000	0.002	0.003
Ammonia becarii（Linné）var.	0.057	-0.035	-0.011	-0.007	0.012	0.899
Ammonia compressiuscula（Brady）	-0.056	0.020	0.037	0.046	0.387	0.039
Ammonia convexdorsa（Zheng）	0.000	0.000	0.000	-0.001	0.002	0.003
Ammonia ketienziensis（Kuwano）	-0.061	-0.131	-0.041	0.037	0.239	0.107
Ammonia koeboeensis（LeRoy）	-0.017	-0.022	0.006	0.040	0.010	0.241
Ammonia maruhasii（Kuwano）	0.009	-0.033	0.029	0.065	0.002	0.015
Ammonia pauciloculata（Phleger et Parker）	-0.009	-0.003	-0.007	-0.005	0.080	0.004
Ammonia dominicana（Bermudez）	-0.007	-0.003	-0.005	-0.002	0.045	-0.004
Arenoparrella asiatica（Polski）	-0.021	0.011	0.044	0.094	0.101	0.004
Astrononion tasmanensis（Carter）	-0.029	-0.073	-0.012	0.065	-0.010	0.010
Bolivina robusta（Brady）	-0.003	0.000	0.001	-0.001	0.012	-0.003
Brizalina striata（Cushman）	-0.001	-0.001	0.000	0.000	0.002	0.000
Buccella frigida（Cushman）	-0.004	-0.018	0.985	0.039	-0.003	-0.004
Buccella tunicata（Ho，Hu，et Wang）	0.007	0.002	0.070	0.009	-0.018	0.100
Bulimina marginata（d'Orbigny）	-0.024	-0.027	0.010	0.040	-0.008	0.021
Bulimina subula（Wangsp. Nov.）	-0.006	-0.003	0.023	0.007	-0.012	-0.003
Bulimina aculeata（d'Orbigny）	-0.001	-0.007	0.009	0.013	-0.004	-0.007
Cavarotalia annectens（Parker & Jones）	0.026	-0.029	-0.019	-0.046	0.297	0.026
Cassidulina laevitata（Silvesri）	0.001	-0.001	0.003	0.001	-0.002	0.001
Cribrononion subincertum（Asano）	0.960	0.016	-0.001	0.002	-0.058	-0.069
Cribrononion vitreum（P. Wang）	0.007	-0.007	-0.003	-0.001	-0.008	-0.003
Cribrononion porisuturalis（Zheng）	0.146	0.092	0.031	0.134	0.197	0.198
Cibicides pseudoungerianus（Cushman）	-0.009	0.004	0.029	0.020	-0.004	0.013
Cibicides spp.	-0.005	-0.003	0.036	0.010	-0.017	-0.009
Dentalina communis（d'Orbigny）	0.000	-0.001	0.001	-0.001	0.002	0.001
Eggerella advena（Cushman）	0.032	0.008	-0.061	0.756	-0.134	-0.063
Elphidium advenum（Cushman）	0.101	-0.031	-0.012	0.016	0.757	-0.144
Elphidium asiaticum（Polski）	0.040	-0.035	0.013	-0.020	-0.005	-0.010
Elphidium magellanicum（Heron-Allen et Earland）	0.092	-0.066	0.026	-0.013	-0.070	0.044
Elphidium simplex（Čushman）	0.064	-0.028	-0.017	-0.001	-0.003	0.030
Elphidium spp.	-0.002	-0.007	-0.002	0.017	0.002	-0.002
Elphidium excavatum（Terquem）	-0.001	-0.001	-0.001	0.000	0.004	-0.001

续表

属种	因子 1	因子 2	因子 3	因子 4	因子 5	因子 6
Elphidium hispidulum（Cushman）	−0.003	0.001	−0.001	0.000	0.014	0.000
Epistominella naraensis（Kuwano）	0.002	0.000	−0.002	−0.001	0.002	0.008
Fissurina cucurbitasema（Loeblich & Tappan）	0.000	0.000	0.001	0.000	0.000	0.000
Fissurina laevigata（Reuss）	0.004	−0.004	−0.001	−0.001	−0.002	0.003
Fissurina lucida（Williamson）	0.006	−0.009	−0.007	−0.001	0.006	−0.003
Fissurina spp.	0.000	0.000	0.000	0.001	0.000	0.000
Florilus cf. *atlanticus*（Cushman）	0.001	0.012	0.031	0.017	0.007	0.038
Guttulina kishinouyi（Cushman et Ozawa）	0.004	−0.002	0.009	0.003	−0.004	0.002
Hanzawaia nipponica（Asano）	−0.076	−0.176	−0.043	−0.010	−0.013	0.001
Haplophragmoides canariensis（d'Orbigny）	−0.019	0.024	0.042	0.154	0.071	−0.018
Lagena spicata（Cushman & McCulloch）	−0.003	−0.009	0.002	0.003	0.004	0.005
Lagena substriata（Williamson）	−0.002	0.001	0.005	0.005	0.000	−0.002
Lenticulina expansus（Cushman）	−0.001	−0.002	0.004	−0.002	0.002	−0.001
Lenticulina calcar（Linné）	−0.001	−0.002	−0.001	0.000	0.000	0.000
Nonion akitaense（Asano）	0.052	0.013	−0.030	0.090	0.031	0.156
Nonionella jacksonensis（Cushman）	−0.008	−0.006	0.030	0.069	−0.017	0.034
Oolina striata（d'Orbigny）	−0.011	−0.027	0.014	−0.003	0.028	0.003
Pseudononinonella variabilis（Zheng）	−0.002	0.000	0.001	0.000	0.000	0.010
Protelphidium turberculatum（d'Orbigny）	0.040	−0.959	−0.002	0.011	−0.035	−0.031
Protelphidium glabrum（Ho, Hu, et Wang）	0.014	−0.028	0.016	0.109	0.001	−0.045
Proteonina atlantica（Cushman）	−0.064	0.001	−0.027	0.568	0.060	0.008
Quinqueloculina akneriana rotunda（Gerke）	0.000	0.001	0.001	0.000	0.002	0.000
Quinqueloculina cf. *tropicalis*（Cushman）	0.022	0.010	0.008	0.003	−0.007	0.058
Qinqueloculina contorta（Reuss）	0.038	0.018	0.012	−0.007	0.007	0.009
Qinqueloculina larmarckiana（d'Orbigny）	0.000	0.003	−0.003	−0.003	0.026	0.009
Quinqueloculina complanata（Gerke et Lssaeva）	0.001	−0.001	0.001	−0.001	0.002	0.002
Qinqueloculina seminula（Linné）	−0.001	−0.003	−0.001	0.000	0.002	−0.001
Qinqueloculina sp.	−0.005	−0.001	0.002	0.000	0.014	−0.004
Rectoephidiella lepida（Ho, Hu, et Wang）	−0.001	0.000	0.000	−0.001	0.005	0.001
Reophax curtus（Cushman）	0.001	0.002	0.002	0.017	0.008	0.002
Rosalina bradyi（Cushman）	0.002	0.002	0.021	−0.004	0.004	−0.008
Rosalina vilardeboana（d'Orbigny）	0.000	0.001	0.005	−0.001	−0.002	−0.001
Schackoinella globosa（Millett）	0.003	−0.001	0.001	−0.001	−0.003	0.001
Sigmpilopsis asperula（Karrer）	−0.007	−0.003	−0.004	0.000	0.025	0.001
Spiroloculina laevigata（Cushman）	0.007	0.004	0.002	−0.002	0.007	0.001
Spiroloculina communis（Cushman et Todd）	0.014	−0.007	−0.004	−0.002	−0.002	0.008
Textularia foliacea（Heron−Allen & Earland）	−0.026	−0.029	−0.004	−0.013	0.178	−0.033
Textularia sagittula（Defrance）	0.000	−0.001	0.001	−0.001	0.004	0.002
Triloculina tricarinata（d'Orbigny）	0.013	−0.003	0.004	−0.008	0.012	0.017
Triloculina trigonula（Lamarck）	0.025	0.013	−0.006	0.003	0.017	0.036
Tritaxia orientalis（Cushman）	−0.003	−0.008	−0.004	0.000	0.001	−0.001
Trochammina squamata（Parker & Jones）	−0.003	−0.016	0.014	0.087	−0.033	−0.013
Uvigerina schwageri（Brady）	−0.015	−0.026	0.017	0.044	−0.009	−0.005
Valvulineria laevigata（Phleger）	−0.001	−0.001	0.001	0.002	0.001	−0.001

　　主因子1解释了总方差的16.189%，在该因子上具有最高得分的代表性属种是 *Cribrononion sub-incertum*（Asano），其次是 *Cribrononion porisuturalis*（Zheng）和 *Elphidium advenum*（Cushman）。因子1的高载荷区域主要集中在渤海湾以及山东半岛北部和东部的近岸浅水区（图3-134），几个优势种都是我国沿海内陆架区的常见属种，适应低温低盐的水体环境。从其分布特征来看，基本代表了"渤-黄海混合水团"的影响范围。

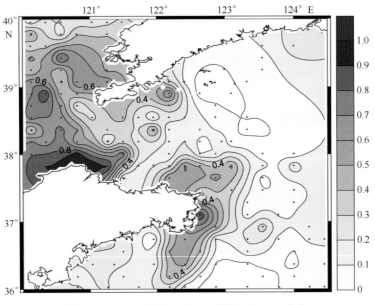

图3-134　底栖有孔虫组合主因子1的分布趋势

　　主因子2解释了总方差的22.883%，该因子上具有最高得分的代表性属种是 *Protelphidium turberculatum*（d'Orbigny），其次是 *Hanzawaia nipponica*（Asano）和 *Ammonia ketienziensis*（Kuwano）。其分布区域比较分散，分别位于西北角渤海湾内辽东湾沿岸流影响区、北黄海西部冷涡旋分布区以及南端30 m等深线以外区域（图3-135），这几个区域的共同特点是水温较低，因此主因子2主要体现低温水团的控制作用。

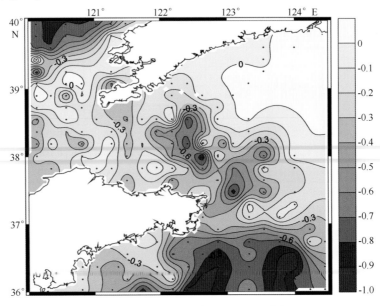

图3-135　底栖有孔虫组合主因子2的分布趋势

主因子 3 解释了总方差的 17.034%，该因子上唯一具有高得分的优势属种是 *Buccella frigida*（Cushman），该种是北半球中高纬度海区的常见代表种，在我国主要见于渤海、黄海海区沿岸，是典型的冷水种，而在本海区则主要集中在辽南沿岸流影响区以及北黄海冷水团控制范围以内（图 3-136）。刘兴泉（1996）曾指出，北黄海的黄海暖流余脉与辽南沿岸流以及鲁北沿岸流共同构成一个气旋型涡旋。从位置上而言，主因子 3 高载荷区主体恰好位于该涡旋的边缘，因此主因子 3 可能代表了北黄海气旋型涡流边缘冷水的影响。

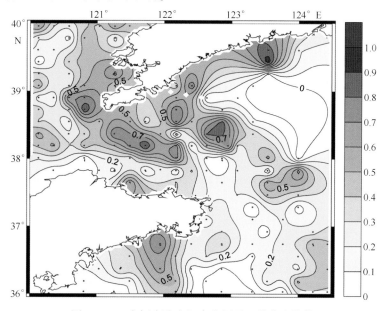

图 3-136　底栖有孔虫组合主因子 3 的分布趋势

主因子 4 解释了总方差的 7.660%，该因子上具有最高得分的是 *Eggerella advena*（Cushman），其次是 *Haplophragmoides canariensis*（d'Orbigny）和 *Proteonina atlantica*（Cushman），另外还有 *Cribrononion porisuturalis*（Zheng）以及 *Protelphidium glabrum*（Ho，Hu，et Wang）。该因子的高载荷区集中在东侧的砂–粉砂粒级底质的过渡区域（图 3-137），且几个高得分优势种都是胶结壳属种，显然因子 4 所代表的是底质粒度对底栖有孔虫分布的控制作用。

主因子 5 解释了总方差的 7.534%，该因子上没有绝对高得分的优势种，相对优势种包括了 *Ammonia compressiuscula*（Brady）、*Cavarotalia annectens*（Parker & Jones）等。该因子的高载荷区相对比较分散，但总体沿山东半岛沿岸分布（图 3-138），因此推测其主要反映了沿岸水的影响。

主因子 6 解释了总方差的 4.758%，该因子上具有最高得分的优势种是 *Ammonia becarii*（Linné）var.。该因子的高载荷区相对集中，主要位于山东半岛正东数个站位（图 3-139），可能体现出北上的黄海暖流与南下的北黄海冷水交汇区域的特殊水团环境。

3）控制有孔虫分布的环境因素分析

现代底栖有孔虫主要生活在正常海洋环境中，其分布受与水团及海流密切相关的温度、盐度、营养盐等多种环境变量的共同控制。其中盐度对底栖有孔虫的影响十分显著，在正常海水盐度区底栖有孔虫种类多、数量大，而在低盐的河口区、潟湖和沼泽区有孔虫种类则相当贫乏；同时，温度也是影响有孔虫分布的重要因素，底栖有孔虫的分布明显受水温的制约（汪品先等，1980a，1980b；汪品先等，1988；孙荣涛等，2009）。

本海区底栖有孔虫壳体的分布与环流体系有着密切的联系。东南角的西朝鲜湾为源自鸭绿江的

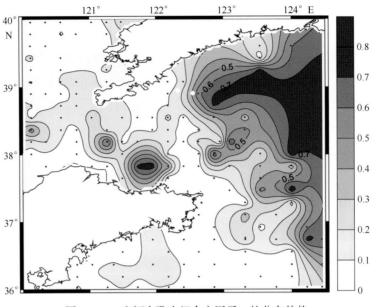

图 3-137　底栖有孔虫组合主因子 4 的分布趋势

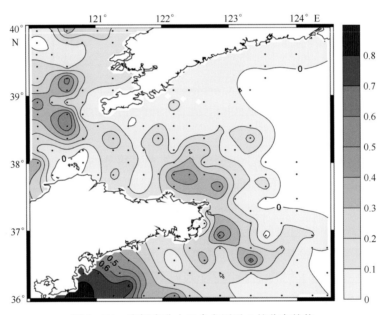

图 3-138　底栖有孔虫组合主因子 5 的分布趋势

冲淡水所控制，其粗粒底质、高沉积速率、贫营养、低温、低盐的特性严重限制了底栖有孔虫的生长发育，因此底栖有孔虫丰度极低或者为 0，这一区域最重要的限制有孔虫分布的因素是粗粒底质。南部南黄海泥质区受到北上的黄海暖流影响，因此相对适合底栖有孔虫生长，底质中底栖有孔虫种类丰富、数量众多，出现丰度和分异度最高值，主要体现温度的控制作用。而渤海湾以及北黄海主体都是相对低温的底层水环境，且受到沿岸流的强烈影响，很多区域兼有低盐的水体特性，限制了很多底栖有孔虫属种的生长，因此有孔虫的丰度和分异度也相对较低，体现了水温和盐度对有孔虫的控制作用。

　　现代研究表明，底栖有孔虫的分布与水深也有一定的关系，我国东海和南黄海的底栖有孔虫分布明显与水深具有很好的相关性。尽管水深的变化体现的实际上是水温和盐度等参数随之变动的综

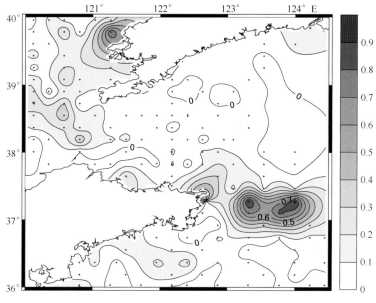

图 3-139　底栖有孔虫组合主因子 6 的分布趋势

合效应，但是在区内底栖有孔虫分布并没有表现出显著的深度控制作用，这主要是由这一区域复杂的海底地形决定的。尤其是辽东半岛南部岸外的水下岸坡及其与陆架平原结合部位，大小岛礁众多，海底地形复杂多变，岛陆、岛间、岛岬等处海域环境差异十分显著；沿岸河流较多，物质来源丰富，在辽东沿岸流、黄海暖流余脉及潮流和波浪的综合作用下，海域表层沉积物类型繁杂且变化频繁，有砾砂-砂-粉砂-黏土、粗中砂及含贝和贝壳屑的砂砾和粉砂质黏土等（苗丰民等，1995）。因此，这一区域底栖有孔虫的分布呈斑杂状，规律性差。

综上所述，影响本海区底栖有孔虫分布的主要因素是水温、底质类型以及盐度变化，其余因素则处于次要地位（李日辉等，2014）。

3.5.2.2　介形虫

1）个数与种数

用于介形虫分析的沉积物样品前处理方法与有孔虫相似。但在统计时采用瓣数而不是个数作为计量单位，一般统计个体数在 50 瓣以上，不足 50 瓣时则全部进行统计。调查区介形虫个体和种数稀少，远远不及底栖有孔虫。分析结果显示，除了调查区西南部山东半岛沿岸丰度稍高以外，北黄海和渤海湾内大部分站位介形虫稀少甚至缺失，142 个表层沉积物中有介形虫出现的仅有 64 个，且绝大部分站位每 50 g 干样中的介形虫个体数在 50 瓣以下。因统计个体过少，多数站位的介形虫鉴定结果并不具备统计意义，因此该分析结果仅供参考。

本海区介形虫的个体数在 0~704 瓣/50 克干样之间，平均每 50 克干样仅有 15 瓣壳体，远低于底栖有孔虫的平均丰度。其分布也极不均匀，总体分布趋势与有孔虫相似，高丰度（每 50 克干样中的个体数）区基本上位于山东半岛东南部海域，而北黄海范围内介形虫仅在数个站位零星出现，渤海湾内有介形虫出现的站位丰度也处于极低水平（图 3-140）。

区内介形虫的分异度也处于很低水平，简单分异度与丰度分布的趋势完全一致（图 3-141），北黄海和渤海湾内站位的简单分异度都在 4 种以下，简单分异度超过 4 种的站位都集中在山东半岛东南侧，最高的站位鉴定出 19 种介形虫。复合分异度的分布趋势几乎与简单分异度完全一致，北

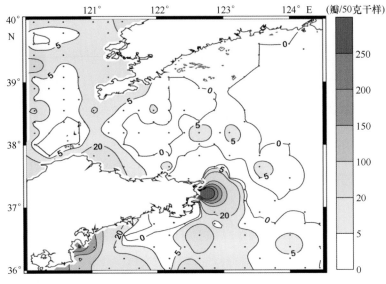

图 3-140　介形虫的丰度分布

黄海和渤海湾内的站位的复合分异度都在 1.5 以下，而复合分异度超过 1.5 的站位都集中在山东半岛东南侧，复合分异度最高的站位为 2.36。

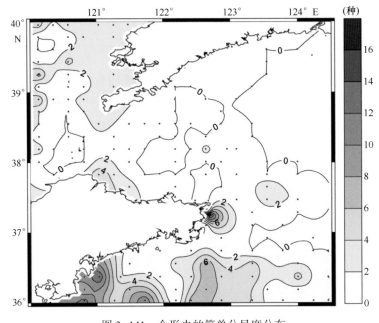

图 3-141　介形虫的简单分异度分布

2）属种分布

区内共鉴定统计介形虫 1 406 枚，发现 33 属 42 种，其中占种群比例超过 1% 的优势种共有 16个，分别是 *Sinocytheridea latiovata*（Hou et Chen）（宽卵中华丽花介），18.28%；*Munseyella pupilla*（Chen）（瞳孔穆赛介），11.10%；*Albileberis sinensis*（Hou）（中华洁面介），9.32%；*Bicornucythere bisanensis*（Okubo）（美山双角花介），7.61%，*Parabosquetina sinucostata*（Yang，Hou et Shi）（弯脊拟博斯凯介），7.54%；*Neomonoceratina crispata*（Hu）（皱新单角介），7.40%；*Acanthocythereis niitsumai*（Ishizaki）（二津满刺艳花介），5.90%；*Echinocythereis bradyformis*（Ishizaki）（布氏棘艳花

介），4.69%；*Pronpontocypris euryhalina*（Zhao）（广盐始海星介），3.20%；*Acanthocythereis munechikai*（Ishizaki）（宗近刺艳花介），3.06%；*Cytheropteron miurense*（Hannai）（三浦翼花介），2.99%；*Stigmatocythere spinosa*（Hu）（刺戳花介），2.56%；*Campylocythereis tomokoae*（Ishizaki）（友幸弯艳花介），2.42%；*Aurila cymba*（Brady）（舟耳形介），2.13%；*Ambocythere reticulata*（Zhao）（网纹缘花介），1.99%；*Nipponocythere bicarinata*（Brady）（双棱日本花介），1.42%，这些优势种在区内的分布特征如下所述。

Sinocytheridea latiovata（Hou et Chen）是近海常见属种，广泛分布于近岸浅海、河口、潮间带、潟湖和潮上带半咸水，是我国最为广布、最为广盐的现生海相种（汪品先等，1988），在南黄海通常被作为水深小于 20 m 的近岸浅水环境的代表属种（汪品先等，1980a，1980b）。区内该种的分布并非局限在近岸浅水区，而是零星出现在各个水深范围，从水深较小的渤海湾内、山东半岛沿岸浅水到东南部水深超过 60 m 的区域都有高值站位（图 3-142），意味着控制该种分布的因素应当还包括水温、盐度以及环流等。当然，由于一些多站位统计介形虫总数过少，很多深水区的浅水种很可能是二次搬运等偶然因素所致，可能并不能代表这些属种的真实分布状况。

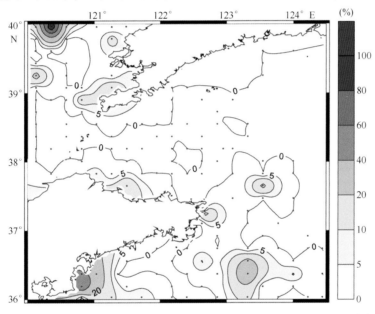

图 3-142　介形虫 *Sinocytheridea latiovata*（Hou et Chen）的百分含量分布

Munseyella pupilla 也是中国和日本近海的常见种之一，在东海集中分布于水深 30~80 m 区（汪品先等，1988），而在南黄海则被作为水深 20~50 m 介形虫组合中的代表属种（汪品先等，1980a，1980b）。调查区内该种的分布基本符合以往研究结果，高值区集中在调查区南部水深 20 m 以深的区域，沿岸浅水极少出现。

Albileberis sinensis（Hou）是我国常见的广盐海相介形虫代表种之一，在河口近岸区最为富集，在南黄海也是水深小于 20 m 的近岸浅水组合的代表种（汪品先等，1980a，1980b）。调查区内该种在辽南、鲁北以及渤海湾内的浅水区均有高值站位出现，但在北黄海南部水深 50~70 m 的区域也有部分站位含量较高，但这很可能是由于统计个体过少所致的偏差，深水区的个体很可能是二次搬运而来。

Bicornucythere bisanensis（Okubo）在东海主要分布在水深 20~50 m 的内陆架区，数量丰富，在南黄海则是水深小于 20 m 的浅水组合的代表属种（汪品先等，1980a，1980b）。调查区内该种的分

布范围比较集中，高值区集中在渤海湾内部以及渤海、黄海交界处 40 m 等深线以内，而在北黄海和南黄海该种的高值站位都比较罕见（图 3-143）。

Parabosquetina sinucostata（Yang, Hou et Shi）也是渤海、黄海沿岸常见广盐性种。在调查区集中在山东半岛沿岸以及渤海湾内 30 m 等深线以内，符合以往对该种生态特征的描述。

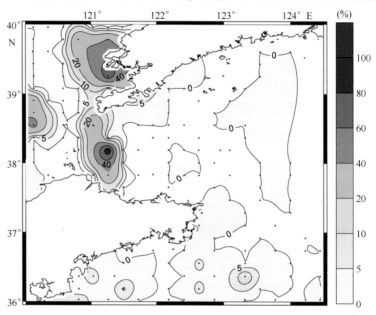

图 3-143　介形虫 *Bicornucythere bisanensis*（Okubo）的百分含量分布

Neomonoceratina crispata（Hu）也是我国诸海常见的滨岸浅水种，东海主要见于 20 m 以浅的滨岸带和河口区，在南黄海也是被作为水深 20 m 以内近岸环境的代表种（汪品先等，1980a，1980b）。调查区内该种主要分布在渤海和辽南、山东半岛沿岸浅水区，在调查区东部深水区也有部分站位该种含量较高（图 3-144），但这些站位本身介形虫丰度极低，统计瓣数极少，不具统计意义，且个别个体可能是由水流带至深水区的二次沉积所致。

Acanthocythereis niitsumai（Ishizaki）在东海主要分布在北部水深 20~50 m 的内陆架（汪品先等，1988）。调查区内该种主要分布在渤海湾内、辽南沿岸以及山东半岛沿岸浅水区，但高值站位均零星出现，缺乏稳定的高含量区域。

Echinocythereis bradyformis（Ishizaki）亦常见于中国和日本近海，尤以水深 10~50 m 的内陆架、中陆架浅水区数量丰富，在南黄海也是 20 m 以内浅水组合的代表属种之一（汪品先等，1988）。调查区内该种的高值站位相对集中，主要分布在山东半岛东段沿岸区域，符合其生态习性，水深超过 50 m 的站位中罕见，调查区东南端部分站位的高值亦因统计个数太少而缺乏可靠统计性。

Propontocypris euryhalina（Zhao）是我国渤海、黄海、东海沿岸带常见的广盐种，在调查区内主要集中在渤海湾内 30 m 等深线以内的浅水区。

Acanthocythereis munechikai（Ishizaki）在东海主要集中在水深 50~120 m 的中陆架区（汪品先等，1988），而在调查区内该种只是零星出现在山东半岛附近水深 30~70 m 的几个站位，缺乏稳定的规律性。

Cytheropteron miurense（Hannai）常见于中国和日本近海，在东海广布整个陆架，数量丰富，尤其在水深 50~100 m 的中陆架区最为富集，在南黄海该种则与 *Munseyella japonica* 一起被作为水深 20~50 m 组合的代表属种（汪品先等，1988）。本区内该种的分布范围相对集中，只是出现在渤海

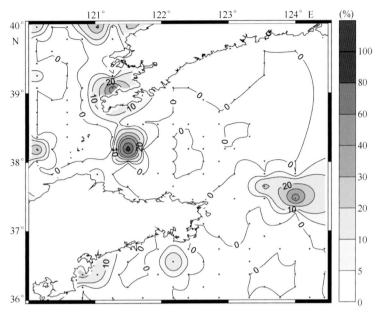

图 3-144　介形虫 *Neomonoceratina crispata*（Hu）的百分含量分布

湾内大连附近水深 30~50 m 的几个站位，与其在南黄海的分布水深一致。

　　Stigmatocythere spinosa（Hu）在调查区内零星分布于渤海湾内以及山东半岛沿岸（图 3-145），缺乏规律性。

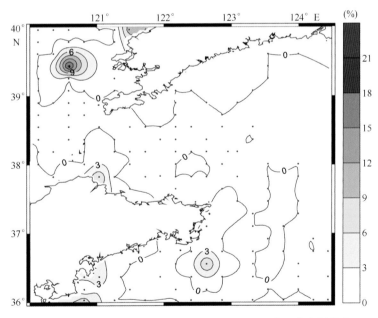

图 3-145　介形虫 *Stigmatocythere spinosa*（Hu）的百分含量分布

　　Campylocythereis tomokoae（Ishizaki）常见于我国和日本近海，主要出现在水深 50 m 以浅的滨岸带和内陆架。调查区内集中出现在青岛沿岸 30 m 等深线以内的数个站位。

　　Aurila cymba（Brady）在东海的分布范围集中在水深 20~50 m 的内陆架区，亦见于河口滨岸带（汪品先等，1988）。而从调查区内的实际情况来看，该种的高值区集中在北黄海大连南岸水深 20~50 m 的几个站位，其他站位罕见。

　　Ambocythere reticulata（Zhao）在调查区内集中出现在东南部 30 m 等深线以外的站位（图 3-

146），在浅水区极少出现，与其在东海和南黄海主要分布在水深 40 m 以深中陆架区的生态特征基本相符。

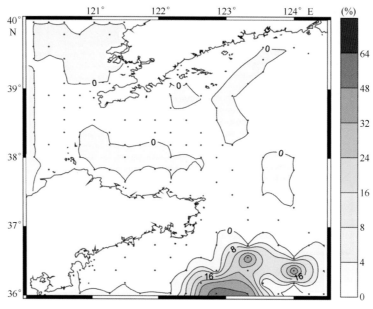

图 3-146　介形虫 *Ambocythere reticulata*（Zhao）的百分含量分布

Nipponocythere bicarinata（Brady）在东海出现在水深 70 m 以内的中陆架区，数量不多（汪品先等，1988）。在区内也是零星出现在南部水深 30~70 m 区域，较为罕见，与其在东海的生态分布特征一致。

3）控制调查区内介形虫分布的环境因素分析

现代介形虫的分布受与水团及海流密切相关的多种环境变量的共同控制。Murray（1973）曾经指出介形虫和底栖有孔虫分布的控制因素在无机方面主要包括温度、盐度、pH、含氧量、光照率等；有机方面包括食物供给等因素。但就本区内而言，主要还是盐度、温度、水深和底质类型等因素最为重要，这与前人的研究结果（赵泉鸿，1985）基本相似。

（1）盐度。盐度是决定介形虫分布最主要的因素。尤其本区内以滨浅海环境居多，受到入海径流和沿岸流系的强烈影响，海水盐度偏低而且变化频繁，因此介形虫类群中以广盐和半咸水类型为主要成分和特征种。如 *Sinocytheridea latiovata*（Hou et Chen）、*Albileberis sinensis*（Hou）、*Parabosquetina sinucostata*（Yang, Hou et Shi）、*Propontocypris euryhalina*（Zhao）等种都是沿岸带常见的广盐种和半咸水种，对盐度有较强的适应能力。区内优势地位最明显的 *Sinocytheridea latiovata*（Hou et Chen）是我国分布最广、最常见、最广盐的海相种（汪品先等，1988）。另外，优势种还包括 *Bicornucythere bisanensis*（Okubo）、*Echinocythereis bradyformis*（Ishizaki）、*Neomonoceratina crispata*（Hu）等，它们相对更适应较正常的盐度，主要分布于河口滨岸区外缘和水深 20~50 m 的内陆架区。

（2）水温。海水温度主要取决于纬度和所在区域的海流状况。区内海流以沿岸流系占据绝对主导，暖流唯有黄海暖流，其在区内势力已极其微弱，对底层水的影响更是微乎其微，即黄海底层水主要受低温水团的长期控制，因此介形虫中暖水种罕见，主要以广温水种如 *Echinocythereis bradyformis*（Ishizaki）、*Bicornucythere bisanensis*（Okubo）、*Acanthocythereis niitsumai*（Ishizaki）、*Aurila cymba*（Brady）、*Munseyella pupilla*（Chen）等为主。

（3）水深。海相介形虫经常被用作水深指标，事实上很多海区内介形虫的确具有较为明确的水深分布范围。但是水深并非一个独立的环境因素，而实际上是随着水深变化引起的水温、盐度、光照、营养盐等各种因素变动进而发生的综合性影响。尽管如此，在多数情况下一定深度内的介形虫组合对于恢复古环境仍然比较有效。例如，在我国近海 0 ~ 20 m 浅水组合的主要属种 *Albileberis sinensis*（Hou）、*Sinocytheridea latiovata*（Hou et Chen）、*Bicornucythere bisanensis*（Okubo）、*Parabosquetina sinucostata*（Yang，Hou et Shi）等在区内的分布特征与以往的研究结果基本符合。少数深水站位的这类属种统计的"高含量"往往是由于统计个数太少而造成的认识偏差，并不能反映其真实的分布情况。

（4）底质类型。尽管底质类型对介形虫分布的影响尚无可靠结论，但区内其对介形虫和底栖有孔虫分布的控制作用是显而易见的：北黄海东侧潮流沙脊底质中介形虫和底栖有孔虫几乎绝迹，而介形虫和底栖有孔虫的高值区都集中在北黄海西侧和南黄海北部的泥质沉积区。

综上可见，盐度、温度和水深是控制本海区内介形虫分布的 3 个最重要的因素，而三者的组合实质上是体现了水团特性的变化。在区内不同的区域，这 3 个因素的影响程度也不一样。一般而言，在河口滨岸区，盐度是最为重要的影响因素；而在陆架浅海区，温度起到主导作用；到了陆架深水区或者更深的陆坡和海槽，水深的影响则凸显出来（李铁刚等，1997）。另外，区内多变的海底地形以及沉积物底质的变化对于介形类分布的控制作用也是非常突出的。

3.5.3　柱状沉积物的微体化石

对 16 个站位的柱状沉积物共 502 个样品，进行了有孔虫及介形类的分布情况及环境指示意义分析。遗憾的是，其中 JNH19、JNH30、JNH35、JNH39、JNH85 和 JNH85-2 这 6 个柱状样内未发现有孔虫及介形虫。对产有孔虫及介形虫的 10 个的柱状样进行了化石组合与地层划分研究。

3.5.3.1　JNH5 站位

该站位于 36°10′33.169″N，123°46′13.861″E，水深 75.6 m，柱长 3.05 m，按 10 cm 的取样间距，共取得微体古生物样品 31 个。对其中的底栖有孔虫和介形虫进行了鉴定统计。

1）化石组合特征

每样鉴定底栖有孔虫个数最多为 202 枚，最少 0 枚，平均为 113 枚/样。共鉴定出底栖有孔虫 30 属 53 种，其中占全群 2% 以上的优势种共 10 个，分别是 *Protelphidium turberculatum*（d'Orbigny），20.68%；*Ammonia dominicana*（Bermudez），10.95%；*Ammonia becarii*（Linné）var.，10.70%；*Hanzawaia nipponica*（Asano），8.17%；*Ammonia ketienziensis A*（Kuwano），7.20%；*Elphidium magellanicum*（Heron-Allen et Earland），6.69%；*Elphidium advenum*（Cushman），6.51%；*Buccella frigida*（Cushman），6.20%；*Astrononion tasmanensis*（Carter），4.89%；*Cribrononion subincertum*（Asano），4.13%（图 3-147）。10 个优势种共占全群的 86.12%。

该柱状样上部多数层位缺失介形虫，每样鉴定个数最多为 77 瓣，最少为 0 瓣，平均每样鉴定介形虫 10 瓣。共鉴定出介形虫 11 属 13 种，其中占全群 2% 以上的优势种共 6 种，分别是 *Albileberis sinensis*（Hou），50.00%；*Neomonoceratina crispata*（Hu），13.73%；*Sinocytheridea latiovata*（Hou et Chen），13.07%；*Echinocythereis bradyformis*（Ishizaki），12.75%；*Candoniella suzini*（Schneider），3.27%；*Tanella opima*（Chen），2.29%。6 个优势种共占全群的 95.11%。

2）地层划分

（1）305～158 cm

除了底部几个层位波动较大外，JNH5 下段的化石丰度处于相对较高阶段。底栖有孔虫平均丰度为 56 枚/克干样，简单分异度和复合分异度均值分别为 13 种和 1.97，段内有孔虫丰度呈现逐渐下降的趋势，而分异度则逐渐升高。介形类在整个柱状样中唯有在此段内出现，且丰度呈现下降趋势，从底部达 707 瓣/50 克干样的高值逐渐过渡到很低的水平，段内均值为 102 瓣/50 克干样，简单分异度和复合分异度均值分别为 3 种和 0.61，底部介形类丰度最高的层位分异度却处于相对较低水平，而在其上几层分异度才达到柱内最高阶段。

从有孔虫和介形虫优势种组合上来看，该段内底栖有孔虫组合中的优势种主要是 *Ammonia dominicana*，17.63%；*Ammonia becarii*，17.36%；*Protelphidium turberculatum*，14.88%；*Elphidium advenum*，11.36%；*Elphidium magellanicum*，9.97%；*Buccella frigida*（Cushman），8.49%；*Cribrononion subincertum*（Asano），7.10% 等，且几个主要优势种的变化趋势非常明显，其中 *Protelphidium turberculatum*（d'Orbigny）、*Buccella frigida*（Cushman）和 *Cribrononion subincertum*（Asano）的丰度总体呈现上升趋势，相应的 *Ammonia dominicana*（Bermudez）丰度自下而上则是逐渐下降的，另外 *Ammonia becarii*（Linné）var.、*Elphidium magellanicum* 和 *Elphidium advenum*（Cushman）则呈现先升后降的走势（图 3-147）。段内介形类主要集中在 200 cm 以下的层位中，其中最主要的优势种 *Albileberis sinensis*（Hou）自下而上呈现逐渐下降的趋势，而 *Neomonoceratina crispata*（Hu）、*Sinocytheridea latiovata*（Hou et Chen）和 *Echinocythereis bradyformis*（Ishizaki）则自下而上呈现先升后降的趋势（图 3-148）。

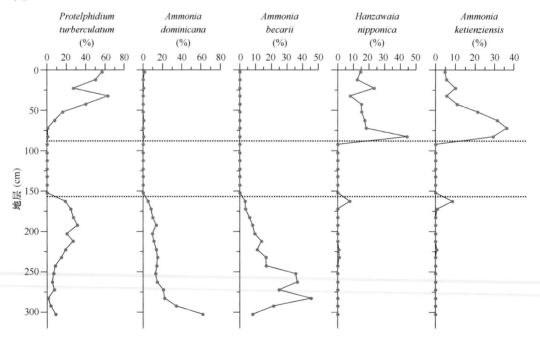

图 3-147　JNH5 站位底栖有孔虫主要种相对含量变化

柱状样底部 302.5 cm 处测得的日历年为 44 ka B.P. 左右，说明该孔记录了深海氧同位素 3 期以来的古环境演化记录。底部层位中的底栖有孔虫绝对优势种为 *Ammonia dominicana*（Bermudez）和 *Ammonia becarii*（Linné）var.，介形类绝对优势种为 *Albileberis sinensis*（Hou），这几个种都属于我国近海常见的广盐属种，通常作为内陆架浅水区的指示种（汪品先等，1980a，1980b，1988），

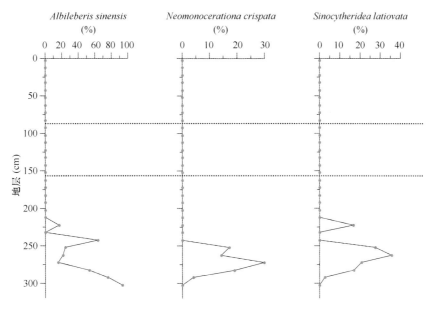

图 3-148　JNH5 站位介形虫主要种相对含量变化

可见 JNH5 底部代表的是水深很浅的滨岸低盐水体环境，推测水深可能小于 10 m，250 cm 以下层位基本保持了类似的环境。此后冷水种 *Buccella frigida*（Cushman）、*Protelphidium turberculatum*（d'Orbigny）含量的稳定增高以及介形类的消失则意味着水温逐渐降低，标志着末次盛冰期的逐渐临近。

（2）158~88 cm

段内底栖有孔虫和介形虫均缺失，代表了末次盛冰期低海平面时的陆相沉积阶段。

（3）88~0 cm

相对于下段（158~88 cm）陆相沉积层而言，此段内有孔虫的丰度和分异度同时以近于"突变"的方式达到相对高值，且在段内都相对稳定。段内有孔虫的丰度、简单分异度和复合分异度均值分别为 52 枚/克干样、12 种和 1.89。段内未出现介形类。

72 cm 处利用贝壳所测日历年为 12.6 ka B.P.，因此，此段主要代表了末次冰消期以来的沉积过程。段内底栖有孔虫优势种相对集中，主要包括 *Protelphidium turberculatum*（d'Orbigny），29.05%；*Hanzawaia nipponica*（Asano），18.70%；*Ammonia ketienziensis*（Kuwano），17.20%（图 3-147）；*Astrononion tasmanensis*（Carter），12.22%。从变化趋势来看，冷水种 *Protelphidium turbercula-tum*（d'Orbigny）和 *Buccella frigida*（Cushman）丰度自下而上都呈现逐渐上升的趋势，而相对喜暖的 *Ammonia ketienziensis*（Kuwano）的含量则由底部的高值逐渐降至 5%左右，段内一直没有滨岸浅水种的出现，表明水深变化不大，因此有孔虫种群的这种变化主要反映出水温的逐渐降低，应当与南黄海逆时针方向流动的"冷涡"的逐渐形成有关。

3.5.3.2　JNH8 站位

该站位于 36°32′50.334″N，122°24′25.804″E，水深 17.1 m，柱长 3.94 m，按照 10 cm 的取样间距，共取得微体古生物样品 40 个，对其中的底栖有孔虫和介形虫进行了鉴定统计，并开展了地层划分。

1）化石组合特征

每样鉴定底栖有孔虫个数最多为 239 枚，最少 100 枚，平均为 151 枚/样。共鉴定出底栖有孔虫

29 属 54 种，其中占全群 2% 以上的优势种共 11 个，分别是 *Elphidium advenum* （Cushman），21.77%；*Protelphidium turberculatum* （d'Orbigny），14.01%；*Textularia foliacea* （Heron - Allen and Earland），13.05%；*Cribrononion porisuturalis* （Zheng），10.66%；*Cribrononion subincertum* （Asano），10.38%；*Cavarotalia annectens* （Parker & Jones），6.67%；*Ammonia ketienziensis angulata* （Kuwano），3.80%；*Ammonia pauciloculata* （Phleger et Parker），3.58%；*Elphidium magellanicum* （Heron-Allen et Earland），3.12%；*Buccella frigida* （Cushman），2.92%；*Ammonia becarii* （Linné） var.，2.45%（图 3-149）。11 个优势种共占全群的 92.41%。

柱状样介形虫每样鉴定个数最多为 122 瓣，最少为 7 瓣，平均每样鉴定介形虫 45 瓣。共鉴定出介形虫 17 属 22 种，其中占全群 2% 以上的优势种共 10 种，分别是 *Parabosquetina sinucostata* （Yang, Hou et Shi），17.99%；*Munseyella pupilla* （Chen），14.41%；*Neomonoceratina crispata* （Hu），14.07%；*Sinocytheridea latiovata* （Hou et Chen），12.89%；*Bicornucythere bisanensis* （Okubo），8.52%；*Nipponocythere bicarinata* （Brady），8.46%；*Nipponocythere obesa* （Hu），7.06%；*Stigmatocythere spinosa* （Hu），5.61%；*Alocopocythere profusa* （Guan），2.58%；*Albileberis sinensis* （Hou），2.02%。10 个优势种共占全群的 93.61%。

2）地层划分

由于 JNH8 站位受到山东半岛沿岸流携带自黄河来的陆源碎屑沉积的影响，沉积速率相对较高（中国科学院海洋研究所地质研究室，1985；秦蕴珊等，1989；许东禹等，1997），因此所记录的年代尺度较短，可能局限于全新世以内，柱内微体化石总体面貌变化并不强烈。根据垂向上的微体化石组合变化，可以将柱状样划分为上下两层（图 3-149 和图 3-150）。

（1）394～198 cm

该段内底栖有孔虫的丰度处于相对低值时期，均值仅为 17 枚/克干样，而简单分异度和复合分异度却处于剧烈波动的时期，均值分别为 16 种和 2.25；介形类的变化趋势与有孔虫相同，丰度同样处于低值期，均值为 73 瓣/50 克干样，分异度波动也比较频繁，简单分异度和复合分异度均值分别为 9 种和 1.82。

从有孔虫和介形虫优势种组合上来看，该段内底栖有孔虫组合中的优势种主要是 *Elphidium advenum* （Cushman），25.50%；*Cribrononion porisuturalis* （Zheng），12.84%；*Cribrononion subincertum* （Asano），11.14%；*Textularia foliacea* （Heron - Allen & Earland），11.09%；*Protelphidium turberculatum* （d'Orbigny），11.00%；*Cavarotalia annectens* （Parker & Jones），6.78% 等。其中 *Protelphidium turberculatum* 和 *Textularia foliacea* （Heron-Allen & Earland） 的相对含量自下而上呈现逐渐上升的趋势，而 *Elphidium advenum* （Cushman） 和 *Cribrononion porisuturalis* （Zheng） 的相对含量自下而上则是呈现下降趋势（图 3-149）。段内介形类的优势种主要是 *Sinocytheridea latiovata* （Hou et Chen），24.58%；*Parabosquetina sinucostata* （Yang, Hou et Shi），23.89%；*Nipponocythere bicarinata* （Brady），11.15%；*Nipponocythere obesa* （Hu），9.53%；*Munseyella pupilla* （Chen），8.29%；*Bicornucythere bisanensis* （Okubo），7.34% 等。其中 *Sinocytheridea latiovata* （Hou et Chen） 相对含量自下而上总体呈下降趋势，但波动幅度较大，*Parabosquetina sinucostata* （Yang, Hou et Shi） 更是剧烈波动，没有明显的趋势性特征（图 3-150）。

从下段的微体化石组合特征来看，无论是有孔虫还是介形虫都以近岸浅水组合为主（汪品先，1980a，1980b；赵泉鸿和汪品先，1988），且总体面貌并无标志性变化，说明这一阶段属于滨岸浅水环境，很可能水深在 10 m 以内，从相对含量变化来看，冷水种含量自下而上总体呈现上升趋势，说明沿岸冷水团的影响在这一阶段是逐渐强化的。

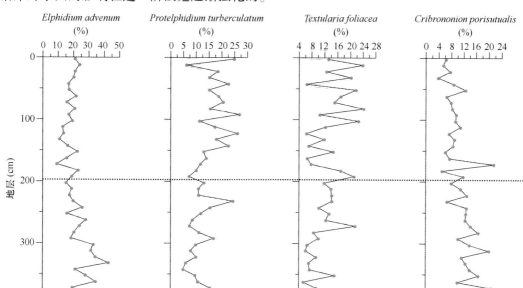

图 3-149　JNH8 站位底栖有孔虫主要种相对含量

（2）198~0 cm

段内底栖有孔虫的丰度自下而上呈现上升趋势，只是到了上部几层波动性明显变大，说明沉积环境稳定性变差，简单分异度和复合分异度也都比下段增高。底栖有孔虫丰度、简单分异度和复合分异度均值分别为 57 枚/克干样、18 种和 2.37。介形类的变化趋势与有孔虫几乎一致，丰度自下而上逐渐上升，但是到上部层位波动变大，分异度处于相对较高水平，在顶部同样出现了较大的波动。介形虫丰度、简单分异度和复合分异度均值分别为 155 瓣/50 克干样、10 种和 1.92。

从有孔虫和介形虫优势种组合上来看，该段内底栖有孔虫组合中的优势种主要是 *Elphidium advenum*，17.82%；*Protelphidium turberculatum*，16.72%；*Textularia foliacea*，14.58%；*Cribrononion subincertum*，9.86%；*Cribrononion porisuturalis*，8.61%；*Cavarotalia annectens*，6.62% 等。与下段相比，最明显的变化是近岸浅水种 *Elphidium advenum* 含量的相对下降以及冷水种 *Protelphidium turberculatum* 和 *Textularia foliacea* 的相对增加（图 3-149），这种变化一方面体现了水深较之下段有所增加，从小于 10 m 增加到接近 20 m；另一方面冷水种的增加反映了沿岸水团的温度有所降低。介形类的种群面貌反映出相似的变化，段内介形虫优势种主要是 *Neomonoceratina crispata*（Hu），18.71%；*Munseyella pupilla*（Chen），18.36%；*Parabosquetina sinucostata*（Yang，Hou et Shi），15.55%；*Bicornucythere bisanensis*（Okubo），9.66%；*Sinocytheridea latiovata*（Hou et Chen），8.17%；*Stigmatocythere spinosa*（Hu），7.60%；*Nipponocythere bicarinata*（Brady），6.15% 等。可见下段内的近岸浅水组合被本段内水深 20 m 左右的内陆架组合所代替，同样反映出水深较之下段有所增加。

3.5.3.3　JNH9 站位

该站位于 36°32′46.870″N，123°05′19.956″E，水深 66.9 m，柱长 3.26 m，按照 10 cm 的取样间距，共取得微体古生物样品 33 个，对其中的底栖有孔虫和介形虫进行了鉴定统计，并开展了地层划分。

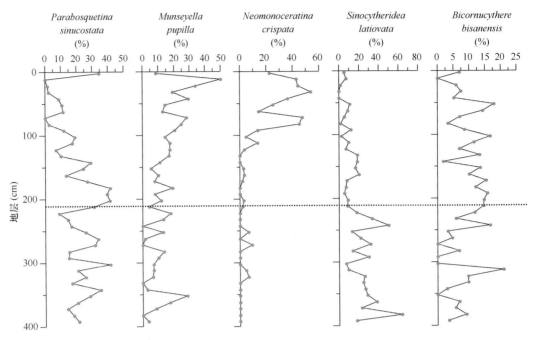

图 3-150　JNH8 站位介形虫主要种相对含量

1）化石组合特征

每样鉴定底栖有孔虫个数最多为 195 枚，最少 0 枚，平均为 106 枚/样。共鉴定出底栖有孔虫 31 属 58 种，其中占全群 2% 以上的优势种共 12 个，分别是 *Protelphidium turberculatum*（d'Orbigny），22.06%；*Elphidium advenum*（Cushman），13.78%；*Elphidium magellanicum*（Heron-Allen et Earland），9.25%；*Cribrononion subincertum*（Asano），6.19%；*Astrononion tasmanensis*（Carter），5.93%；*Ammonia ketienziensis* A（Kuwano），5.67%；*Textularia foliacea*（Heron-Allen & Earland），5.41%；*Ammonia compressiuscula*（Brady），5.04%；*Ammonia pauciloculata*（Phleger et Parker），4.61%；*Hanzawaia nipponica*（Asano），4.55%；*Buccella frigida*（Cushman），2.49%；*Epistominella naraensis*（Kuwano），2.32%（图 3-151）。12 个优势种共占全群的 87.30%。

JNH9 孔介形虫每样鉴定个数最多为 49 瓣，最少为 0 瓣，平均每样鉴定介形虫 9 瓣。共鉴定出介形虫 16 属 19 种，其中占全群 2% 以上的优势种共 8 种，分别是 *Sinocytheridea latiovata*（Hou et Chen），39.94%；*Echinocythereis bradyformis*（Ishizaki），16.61%；*Neomonoceratina crispata*（Hu），12.14%；*Munseyella pupilla*（Chen），7.35%；*Ambocythere reticulata*（Zhao），5.43%；*Albileberis sinensis*（Hou），3.83%；*Sinocytheridea longa*（Hou et Chen），3.19%；*Bicornucythere bisanensis*（Okubo），2.56%（图 3-152）。8 个优势种共占全群的 91.05%。

2）地层划分

该站柱状样垂向上微体化石种群面貌变化较大，根据化石组合变化，可以将其划分为 5 层（图 3-151 和图 3-152）。

（1）326~248 cm

该段基本属于陆相沉积阶段，没有底栖有孔虫，介形虫稳定出现。

（2）248~128 cm

段内底栖有孔虫的丰度和分异度均逐渐增加，也都处于柱内相对较高的阶段，丰度、简单分异度和复合分异度均值分别是 79 枚/克干样、13 种和 1.97。段内介形虫的丰度和分异度都处于柱内最高阶段，丰度、简单分异度和复合分异度均值分别是 51 瓣/50 克干样、4 种和 1.15。

从有孔虫和介形虫优势种组合上来看，该段内底栖有孔虫组合中的优势种主要是 *Elphidium advenum* （Cushman），22.01%；*Elphidium magellanicum* （Heron-Allen et Earland），17.45%；*Protelphidium turberculatum* （d'Orbigny），16.46%；*Cribrononion subincertum* （Asano），9.37%；*Textularia foliacea* （Heron-Allen & Earland），9.09%；*Ammonia pauciloculata* （Phleger et Parker），8.19%；*Ammonia compressiuscula* （Brady），7.14%等（图 3-151），主要种都是现代南黄海附近内陆架区的常见属种。*Elphidium advenum* （Cushman）主要分布在浅水低盐环境，而 *Elphidium magellanicum* （Heron-Allen et Earland）和 *Protelphidium turberculatum* （d'Orbigny）则相对偏好低温环境。从介形类的优势种来看，南黄海滨岸浅水环境的代表种 *Sinocytheridea latiovata* （Hou et Chen）占据绝对优势，占到全群的 50.31%，另外还包括 *Echinocythereis bradyformis* （Ishizaki），16.48%；*Neomonoceratina crispata* （Hu），8.85%（图 3-152）；*Bicornucythere bisanensis* （Okubo），6.70%；*Albileberis sinensis* （Hou），5.07%等几个种，均是该区域内近岸浅水组合的优势种和常见种（汪品先等，1980a，1980b）。

因此从 JNH9 下段的微体化石组合特征来看，无论有孔虫还是介形虫都以近岸浅水组合为主（汪品先等，1980a，1980b），说明这一时期该柱受到低温、低盐的沿岸水团控制，推测水深在 20 m 以内。

（3）128~38 cm

段内底栖有孔虫的丰度比下段有所降低，均值为 37 枚/克干样，但简单分异度和复合分异度却是柱内最高阶段，均值分别为 19 种和 2.12。介形虫丰度也有所降低，均值降至 17 瓣/50 克干样，介形虫的分异度在段内波动非常剧烈，均值较之下段有所下降，分别为 2 种和 0.62。

从有孔虫和介形虫优势种组合上来看，该段内底栖有孔虫组合中的优势种主要是 *Protelphidium turberculatum* （d'Orbigny），28.64%；*Astrononion tasmanensis* （Carter），13.40%；*Ammonia ketienziensis* （Kuwano），12.32%；*Hanzawaia nipponica* （Asano），9.15%；*Epistominella naraensis* （Kuwano），5.44%等种。种群中的沿岸广盐水代表种 *Elphidium advenum* （Cushman）和 *Cribrononion subincertum* （Asano）的含量明显降低，但是冷水指示种 *Protelphidium turberculatum* （d'Orbigny）、*Astrononion tasmanensis* （Carter）以及 *Buccella frigida* （Cushman）的含量明显增加（图 3-151）。从介形类的种群变化上来看近岸浅水组合也被水深 20 m 以深的 *Munseyella pupilla* （Chen）和 *Ambocythere reticulata* （Zhao）组合所代替，总体来看该段内水深较之下段明显增加，估计在 30~50 m，而这一时期底层冷水团对该区影响明显强化。

（4）38~18 cm

段内缺失微体化石，应为陆相沉积段，估计相当于末次盛冰期。

（5）18~0 cm

该段为冰后期沉积，微体化石丰度、分异度以及优势种相对含量都与 128~38 cm 段时期大致相当，代表了与目前该区域 50~60 m 水深相应的沉积环境（Cang and Li，1996；赵月霞等，2003；Shinn et al.，2007）。

3.5.3.4　JNH17 站位

该站位于 37°38′27.998″N，122°24′25.411″E，水深 22.7 m，柱长 3.36 m，按照 10 cm 的取样间距，共取得微体古生物样品 34 个，对于其中的底栖有孔虫和介形虫进行了鉴定统计。

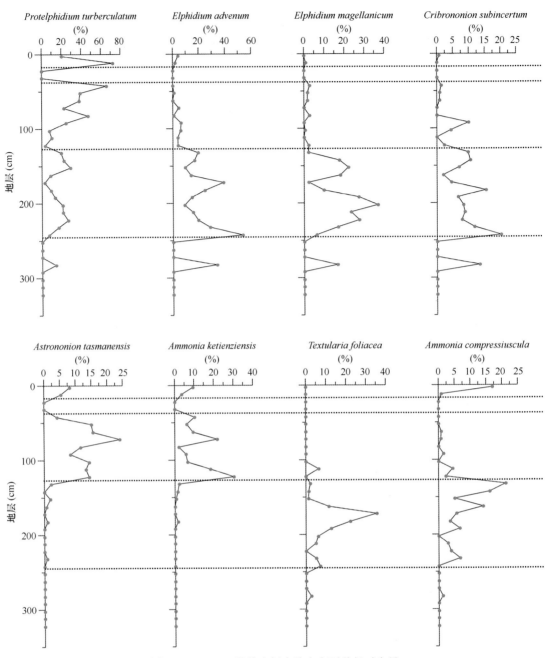

图 3-151　JNH9 站位底栖有孔虫主要种相对含量

1）化石组合特征

每样鉴定底栖有孔虫个数最多为 204 枚，最少 105 枚，平均为 152 枚/样。共鉴定出底栖有孔虫 29 属 51 种，其中占全群 2% 以上的优势种共 8 个，分别是 *Protelphidium turberculatum*（d'Orbigny），16.84%；*Cribrononion subincertum*（Asano），15.55%；*Elphidium advenum*（Cushman），14.45%；*Cribrononion porisuturalis*（Zheng），12.94%（图 3-153）；*Textularia foliacea*（Heron-Allen & Earland），10.62%，*Buccella frigida*（Cushman），8.13%；*Elphidium magellanicum*（Heron-Allen et Earland），5.74%；*Cavarotalia annectens*（Parker & Jones），4.67%。8 个优势种共占全群的 88.94%。

介形虫每样鉴定个数最多为 171 瓣，最少为 3 瓣，平均每样鉴定介形虫 60 瓣（图 3-154）。共鉴定出介形虫 17 属 21 种，其中占全群 2% 以上的优势种共 9 种，分别是 *Sinocytheridea latiovata*

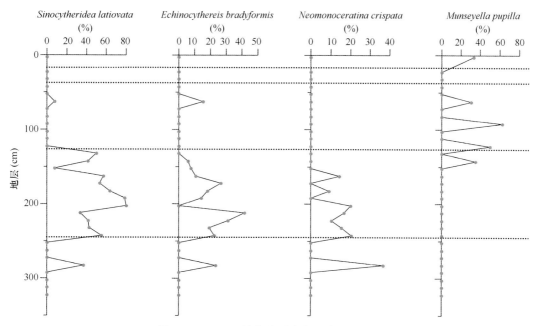

图 3-152　JNH9 站位介形虫主要种相对含量

（Hou et Chen），35.67%；*Munseyella pupilla*（Chen），13.57%；*Cytherelutea uranipponica*（Hanai），
13.18%；*Echinocythereis bradyformis*（Ishizaki），9.75%；*Parabosquetina sinucostata*（Yang，Hou et
Shi），7.30%；*Bicornucythere bisanensis*（Okubo），6.32%；*Alocopocythere profusa*（Guan），3.38%；
Sinocytheridea longa（Hou et Chen），2.94%；*Albileberis sinensis*（Hou），2.65%（图 3-154）。9 个优
势种共占全群的 94.76%。

2）地层划分

根据垂向上的微体化石组合变化，可以将 JNH17 柱状样划分为 3 层（图 3-153 和图 3-154）。

（1）336～98 cm

从 JNH17 下段的微体化石组合特征来看，无论是有孔虫还是介形虫都是以近岸浅水组合为主
（汪品先等，1980a，1980b），且总体面貌并无标志性变化，说明这一阶段属于滨岸浅水环境，很可
能水深在 10～20 m 区域，从相对含量变化来看冷水种和广盐种含量自下而上总体呈现上升趋势，说
明沿岸冷水团的影响在这一阶段是逐渐强化的。

（2）98～38 cm

段内底栖有孔虫丰度降至最低阶段，均值仅为 19 枚/克干样，但分异度并没有随之明显降低，
简单分异度和复合分异度均值分别为 15 种和 2.14。介形类同样也处于柱内丰度最低阶段，均值仅
为 36 瓣/50 克干样，分异度也降至最低阶段，简单分异度和复合分异度均值分别为 5 种和 1.36。

从有孔虫和介形虫优势种组合上来看，该段内底栖有孔虫组合中的优势种主要是 *Protelphidium
turberculatum*（d'Orbigny），21.67%；*Elphidium advenum*（Cushman），18.39%；*Cribrononion subin-
certum*（Asano），18.35%；*Cribrononion porisuturalis*（Zheng），11.65%；*Buccella frigida*
（Cushman），7.06%；*Elphidium magellanicum*（Heron-Allen et Earland），6.11%；*Textularia foliacea*
（Heron-Allen & Earland），5.23% 等。其中冷水种 *Protelphidium turberculatum*（d'Orbigny）的含量增
加较为明显，另外两个广盐浅水种 *Elphidium advenum*（Cushman）和 *Cribrononion subincertum*
（Asano）的含量也有所上升（图 3-153）。段内介形虫优势种主要包括 *Sinocytheridea latiovata*（Hou
et Chen），44.96%；*Munseyella pupilla*（Chen），16.82%；*Cytherelutea uranipponica*（Hanai），

13.37%；以及 *Echinocythereis bradyformis*（Ishizaki），12.35%，显然近岸浅水种 *Sinocytheridea latiovata*（Hou et Chen）的优势地位进一步强化（图 3-154）。

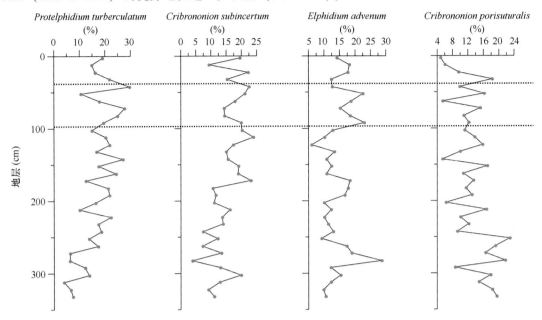

图 3-153　JNH17 站位底栖有孔虫主要种相对含量

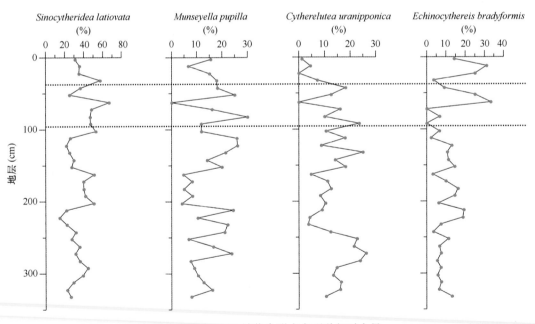

图 3-154　JNH17 站位介形虫主要种相对含量

　　显然这一阶段较之下段水深并无明显变化，但低盐低温的沿岸水团影响较之下段明显增强，而微体化石丰度的低值则主要是由于沉积速率的增加抑或是陆源碎屑注入的增多所致，可见这一阶段以黄河为主的径流注入有所增加（刘敏厚等，1987；秦蕴珊等，1989）。

（3）38~0 cm

段内底栖有孔虫丰度逐渐增加，简单分异度和复合分异度变化趋势与之一致，三者均值分别为 59 枚/克干样，19 种和 2.32。介形类的丰度和分异度同样稳步增加，丰度、简单分异度和复合分异度均值分别为 112 瓣/50 克干样、10 种和 1.75。

从有孔虫和介形虫优势种组合来看，该段内底栖有孔虫组合中的优势种主要是 *Protelphidium turberculatum*（d'Orbigny），17.95%；*Cribrononion subincertum*（Asano），16.59%；*Elphidium advenum*（Cushman），15.58%；*Cribrononion porisuturalis*（Zheng），9.69%；*Textularia foliacea*（Heron-Allen & Earland），7.98%；*Cavarotalia annectens*（Parker & Jones），7.14%；*Buccella frigida*（Cushman），6.33% 等，总体面貌变化不大，冷水种和浅水种含量略有下降（图 3-153）。段内介形虫优势种主要是 *Sinocytheridea latiovata*（Hou et Chen），39.66%；*Echinocythereis bradyformis*（Ishizaki），18.49%；*Munseyella pupilla*（Chen），13.75%；*Bicornucythere bisanensis*（Okubo），7.40% 等，可见近岸浅水代表种 *Sinocytheridea latiovata*（Hou et Chen）仍占据绝对主导，但南黄海 20 m 以深水深的代表种 *Munseyella pupilla*（Chen）含量较之下段有所增加（图 3-154）。

这种种群组合上的变化说明，该段水深较之下段可能略有增加，为水深 20 m 左右的内陆架环境，沿岸水团的影响亦略有下降，但沿岸水团仍是该区水文环境的绝对主导。

3.5.3.5　JNH18 站位

该站位于 37°38′26.146″N、123°05′20.154″E，水深 64.3 m，柱长 1.86 m，按照 10 cm 的取样间距，共取得微体古生物样品 19 个，对于其中的底栖有孔虫和介形虫进行了鉴定统计。

1）化石组合特征

JNH18 柱状样仅顶部 3 个层位有有孔虫和介形虫出现，下部层位均无。上部 3 层中每样鉴定有孔虫个数最多为 122 枚，最少 19 枚，平均为 61 枚/样。共鉴定出底栖有孔虫 15 属 23 种，其中占全群 2% 以上的优势种共 12 个，分别是 *Ammonia ketienziensis*（Kuwano），24.59%；*Protelphidium turberculatum*（d'Orbigny），22.95%；*Buccella frigida*（Cushman），10.93%；*Ammonia maruhasii*（Kuwano），7.65%（图 3-155）；*Ammonia dominicana*（Bermudez），5.46%；*Cribrononion subincertum*（Asano），4.92%；*Cibicides lobatulus*（Walker and Jacob），4.37%；*Ammonia becarii*（Linné）var.，2.19%；*Astrononion tasmanensis*（Carter），2.19%；*Elphidium advenum*（Cushman），2.19%；*Elphidium magellanicum*（Heron-Allen et Earland），2.19%；*Hanzawaia nipponica* Asano，2.19%。12 个优势种共占全群的 91.82%。

顶部 3 个层位中介形虫每样鉴定个数最多为 10 瓣，最少为 2 瓣，平均每样鉴定介形虫 5 瓣，共鉴定出 7 属 7 种，分别是 *Krithe sawanensis*（Hanai），37.5%；*Albileberis sinensis*（Hou），18.75%；*Candoniella suzini*（Schneider），12.5%；*Cytheropteron miurense*（Hannai），12.5%；*Ambocythere reticulata*（Zhao），6.25%；*Henryhowella acanthoderma*（Brady），6.25%；*Munseyella pupilla*（Chen），6.25%。

2）地层划分

根据垂向上的微体化石组合变化，可以将 JNH18 孔划分为上下两层（图 3-155）。

（1）186~28 cm

下部层位均无海相微体化石出现，推测其属于陆相沉积阶段。

（2）28~0 cm

段内下部两层中底栖有孔虫丰度处于很低水平，平均丰度不足 2 枚/克干样，但分异度较高，简单分异度分别为 12 种和 7 种，复合分异度分别为 2.18 和 1.65，顶部层位中有孔虫丰度激增至 76 枚/克干样，简单分异度和复合分异度则分别为 21 种和 2.36。介形类统计个数太少，此处不做讨论。

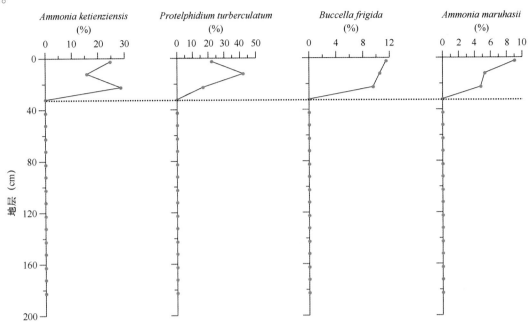

图 3-155   JNH18 站位底栖有孔虫主要种相对含量

尽管丰度和分异度变化很大，但从顶部 3 个层位中有孔虫优势种来看，其种群组成变化并不大，段内优势种主要包括 *Protelphidium turberculatum* （d'Orbigny），29.39%；*Ammonia ketienziensis* （Kuwano），22.18%；*Ammonia dominicana* （Bermudez），11.47%；*Buccella frigida* （Cushman），10.03%；*Cibicides lobatulus* （Walker and Jacob），6.20%；*Ammonia maruhasii* （Kuwano），5.01%；*Ammonia becarii* （Linné） var.，4.76% 等。其中 *Protelphidium turberculatum* （d'Orbigny）、*Buccella frigida* （Cushman） 属典型冷水种，而 *Ammonia ketienziensis* （Kuwano）、*Cibicides lobatulus* （Walker and Jacob） 则属于黄海大于 50 m 水深组合中的代表种 （汪品先等，1980a，1980b），优势种中广盐种的含量很低，说明该段代表的沉积环境与该孔目前所在位置的沉积环境相符，代表水深超过 50 m 的中陆架组合，主要受到黄海底层冷水团的影响 （刘兴泉，1996；秦蕴珊等，1989），而低盐的沿岸流对该孔影响较小。

3.5.3.6   JNH22 站位

该站位于 37°59′57.783″N，121°43′27.566″E，水深 38.1 m，柱长 2.96 m，按照 10 cm 的取样间距，共取得微体古生物样品 30 个，对其中的底栖有孔虫和介形虫进行了鉴定统计。

1） 化石组合特征

JNH22 柱状样每样鉴定底栖有孔虫个数最多为 300 枚，最少 0 枚，平均为 75 枚/样。共鉴定出有孔虫 15 属 28 种，其中占全群 2% 以上的优势种共 6 个，分别是 *Protelphidium turberculatum* （d'Orbigny），23.94%；*Elphidium advenum* （Cushman），23.50%；*Buccella frigida* （Cushman），22.16%；*Cribrononion subincertum* （Asano），13.02%；*Ammonia ketienziensis* （Kuwano），9.18%；*Ammonia maruhasii* （Kuwano），2.41% （图 3-156）。6 个优势种共占全群的 94.20%。

JNH22 站位介形虫每样鉴定个数最多为 46 瓣，最少为 0 瓣，平均每样鉴定介形虫 9 瓣。共鉴定出介形虫 12 属 13 种，其中占全群 2% 以上的优势种共 5 个，分别是 *Cytherelutea uranipponica*

（Hanai），71.43%；*Propontocypris euryhalina*（Zhao），9.40%；*Nipponocythere bicarinata*（Brady），5.64%；*Actinocythereis kisarazuensis*（Yajima），4.89%；*Bicornucythere bisanensis*（Okubo），3.76%（图 3-157）。5 个优势种共占全群的 95.11%。

2）地层划分

根据垂向上的微体化石组合变化，可将 JNH22 孔划分为上下两层（图 3-156 和图 3-157）。

（1）296~138 cm

该段内均无海相微体化石出现，推测其属于陆相沉积阶段。

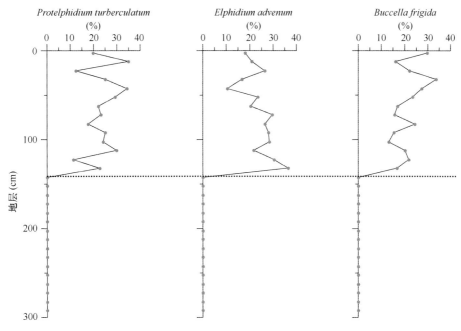

图 3-156　JNH22 站位底栖有孔虫主要种相对含量

（2）138~0 cm

段内有孔虫丰度频繁波动，均值为 40 枚/克干样，简单分异度和复合分异度都相对稳定，均值分别为 11 种和 1.79。介形类丰度、简单分异度和复合分异度波动都非常频繁，均值分别为 45 瓣/50 克干样、4 种和 0.82。

从有孔虫和介形虫优势种组合来看，该段内有孔虫组合中的优势种主要是 *Elphidium advenum*（Cushman），24.07%；*Protelphidium turberculatum*（d'Orbigny），23.67%；*Buccella frigida*（Cushman），21.19%；*Cribrononion subincertum*（Asano），13.06%；*Ammonia ketienziensis*（Kuwano），9.19%等。这与顶部层位代表目前北黄海西部 40 m 左右水深的种群组合大致相当。段内介形类优势种主要是 *Cytherelutea uranipponica*（Hanai），64.18%；*Propontocypris euryhalina*（Zhao），12.07%；*Actinocythereis kisarazuensis*（Yajima），8.79%；*Nipponocythere bicarinata*（Brady），5.94%等。部分层位由于鉴定个数过少，介形类统计数据误差较大，但总体而言与顶部层位种群面貌没有本质变化。

该柱状样上部层位的有孔虫以冷水种和广温广盐种为主，介形类中也很少出现浅水分子，说明这一阶段该孔一直处于类似于目前 40 m 水深左右的沉积环境，并受到沿岸流系和北黄海底层冷水团的控制（秦蕴珊等，1989；郑光膺，1991；刘兴泉，1996；程鹏等，2001）。

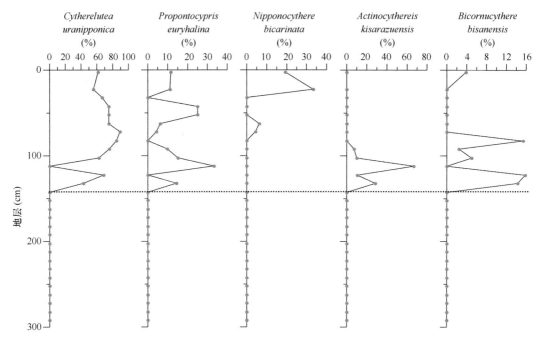

图 3-157　JNH22 站位介形虫主要种相对含量

3.5.3.7　JNH26 站位

该站位于 38°21′31.527″N，120°21′10.905″E，水深 26.9 m，柱长 2.96 m，按照 10 cm 的取样间距，共取得微体古生物样品 30 个，对其中的底栖有孔虫和介形虫进行了鉴定统计。

1）化石组合特征

该站柱状样每样鉴定底栖有孔虫个数最多为 197 枚，最少 0 枚，平均为 86 枚/样。共鉴定出底栖有孔虫 22 属 44 种，其中占全群 2% 以上的优势种共 11 个，分别是 *Ammonia compressiuscula*（Brady），26.14%；*Elphidium advenum*（Cushman），14.47%；*Protelphidium turberculatum*（d'Orbigny），11.75%；*Cribrononion subincertum*（Asano），9.14%；*Elphidium magellanicum*（Heron-Allen et Earland），6.73%；*Textularia foliacea*（Heron-Allen & Earland），6.30%；*Buccella frigida*（Cushman），5.10%；*Ammonia becarii*（Linné）var.，4.28%；*Cavarotalia annectens*（Parker & Jones），4.20%；*Ammonia dominicana*（Bermudez），2.37%；*Ammonia ketienziensis*（Kuwano），2.10%（图 3-158）。11 个优势种共占全群的 92.58%。

介形虫每样鉴定个数最多为 42 瓣，最少为 0 瓣，平均每样鉴定介形虫 7 瓣。共鉴定出介形虫 19 属 22 种，其中占全群 2% 以上的优势种共 10 个，分别是 *Echinocythereis bradyformis*（Ishizaki），18.05%；*Sinocytheridea latiovata*（Hou et Chen），16.59%；*Bicornucythere bisanensis*（Okubo），16.10%；*Neomonoceratina crispata*（Hu），12.68%；*Munseyella pupilla*（Chen），7.80%；*Parabosquetina sinucostata*（Yang，Hou et Shi），7.32%；*Sinocythere reticulata*（Chen），4.39%；*Albileberis sinensis*（Hou），2.93%；*Loxoconcha ocellata*（Ho），2.44%；*Nipponocythere bicarinata*（Brady），2.44%（图 3-159）。10 个优势种共占全群的 90.74%。

2）地层划分

根据垂向上的微体化石组合变化，可将柱状样划分为上下两层（图 3-158 和图 3-159）。

（1）296~178 cm

下部层位均无海相微体化石出现（图 3-158），推测其属于陆相沉积阶段。

（2）178~0 cm

段内有孔虫丰度频繁波动，但波动范围并不大，均值为 40 枚/克干样，简单分异度和复合分异度都相对稳定，均值分别为 17 种和 2.28。介形类丰度、简单分异度和复合分异度波动都经历了一个先逐渐降低，后快速增高的过程，均值分别为 24 瓣/50 克干样、5 种和 1.06。

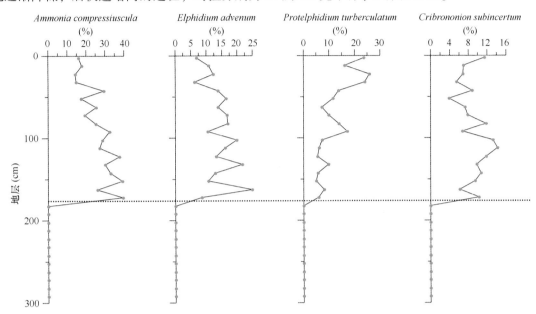

图 3-158　JNH26 站位底栖有孔虫主要种相对含量

从有孔虫和介形虫优势种组合看，该段内底栖有孔虫的优势种主要是 *Ammonia compressiuscula*（Brady），26.23%；*Elphidium advenum*（Cushman），13.99%；*Protelphidium turberculatum*（d'Orbigny），12.05%；*Cribrononion subincertum*（Asano），9.02%；*Elphidium magellanicum*（Heron-Allen et Earland），6.55%；*Textularia foliacea*（Heron-Allen & Earland），6.16%；*Buccella frigida*（Cushman），5.25% 等（图 8-2）。其中最主要的优势种 *Ammonia compressiuscula*（Brady）是黄、渤海区 20~50 m 水深范围中的代表种之一，其他优势种也均属区内的广温广盐种或冷水种，与该柱目前所在渤海东部 20~30 m 水深范围的沉积环境相符（中国科学院海洋研究所海洋地质研究室，1985；庄振业和曹有益，1999；徐杰等，2004；阎玉忠等，2006）。段内介形类优势种主要是 *Munseyella pupilla*（Chen），16.94%；*Sinocytheridea latiovata*（Hou et Chen），15.33%；*Sinocythere reticulata*（Chen），12.94%；*Neomonoceratina crispata*（Hu），11.32%；*Bicornucythere bisanensis*（Okubo），9.84%；*Echinocythereis bradyformis*（Ishizaki），8.97% 等（图 3-159）。其中最主要的优势种 *Munseyella pupilla*（Chen）是黄、渤海区 20~50 m 水深范围中的代表种之一，其他也都属于黄、渤海内陆架常见属种，由于大多数样品统计介形类个数很少，统计结果可靠性相对较差，环境变化还是主要参考有孔虫数据。

3.5.3.8　JNH27 站位

该站位于 38°21′32.574″N，121°02′08.313″E，水深 33.8 m，柱长 3.16 m，按照 10 cm 的取样间距，共取得微体古生物样品 32 个。除了有孔虫，各样中均未发现介形虫。

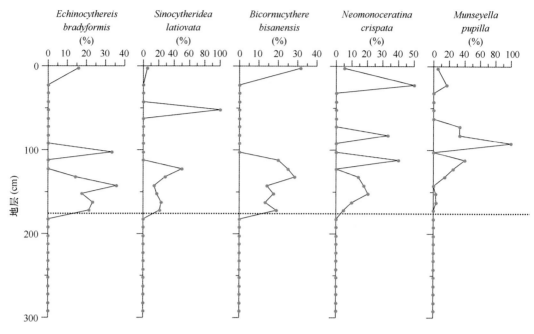

图 3-159　JNH26 站位介形虫主要种相对含量

1）底栖有孔虫组合特征

该站柱状样每样鉴定底栖有孔虫个数最多为 183 枚，最少 93 枚，平均为 133 枚/样。共鉴定出底栖有孔虫 25 属 47 种，其中占全群 2% 以上的优势种共 11 个，分别是 *Ammonia compressiuscula*（Brady），15.85%；*Elphidium advenum*（Cushman），15.08%；*Cribrononion subincertum*（Asano），11.82%；*Protelphidium turberculatum*（d'Orbigny），10.72%；*Buccella frigida*（Cushman），9.08%；*Elphidium magellanicum*（Heron‐Allen et Earland），8.85%；*Ammonia dominicana*（Bermudez），6.63%；*Ammonia becarii*（Linné）var.，5.62%；*Textularia foliacea*（Heron‐Allen & Earland），3.58%；*Ammonia pauciloculata*（Phleger et Parker），3.18%；*Cribrononion porisuturalis*（Zheng），2.29%（图 3-160）。11 个优势种共占全群的 92.7%。

2）地层划分

根据垂向上的底栖有孔虫组合变化，可以将该柱状样划分为 3 层（图 3-160）。

（1）316~148 cm

段内底栖有孔虫丰度自下而上呈现逐渐下降趋势，但简单分异度和复合分异度却呈现波动上升趋势，其均值分别为 25 枚/克干样、16 种和 2.35。

段内底栖有孔虫优势种主要包括 *Elphidium advenum*（Cushman），19.08%；*Ammonia compressiuscula*（Brady），18.80%；*Cribrononion subincertum*（Asano），9.69%；*Elphidium magellanicum*（Heron‐Allen et Earland），8.98%；*Ammonia dominicana*（Bermudez），8.12%；*Protelphidium turberculatum*（d'Orbigny），6.96%；*Ammonia becarii*（Linné）var.，6.46%；*Textularia foliacea*（Heron‐Allen & Earland），5.42% 等（图 3-160）。段内 20~50 m 水深组合的代表种 *Ammonia compressiuscula*（Brady）相对含量呈现逐渐下降趋势，而近岸浅水代表种 *Cribrononion subincertum*（Asano）呈现逐渐上升趋势，这种变化意味着该段内水深逐渐变浅，而有孔虫丰度的逐渐降低似乎也说明随看水深的减小，沉积速率逐渐增加，因而造成了有孔虫的"稀释"效应（中国科学院海洋研究所海洋地质研究室，1985）。

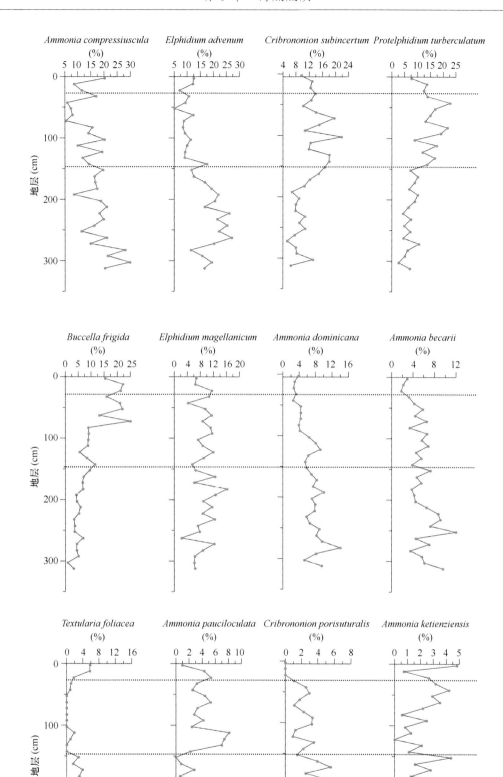

图 3-160　JNH27 站位底栖有孔虫主要种相对含量

（2） 148~28 cm

该段内有孔虫丰度维持在低水平，均值仅有 9 枚/克干样，而简单分异度和复合分异度在此段内却呈现大幅波动的趋势，说明沉积环境并不稳定，其均值分别为 16 种和 2.35，与下层相当。

该段内有孔虫组合中的优势种主要是 *Protelphidium turberculatum* （d'Orbigny），15.87%；*Cribrononion subincertum* （Asano），14.85%；*Buccella frigida* （Cushman），13.16%；*Ammonia compressiuscula* （Brady），12.38%；*Elphidium advenum* （Cushman），10.03%；*Elphidium magellanicum* （Heron-Allen et Earland），9.12%；*Ammonia dominicana* （Bermudez），5.19%；*Ammonia becarii* （Linné） var.，5.04%等（图 3-160）。与下段相比，显然近岸冷水种 *Protelphidium turberculatum* （d'Orbigny） 和 *Buccella frigida* （Cushman） 含量的增加是最显著的变化，另外近岸浅水种 *Cribrononion subincertum* （Asano） 含量的增加也非常明显，这种种群组合的变化反映出该段内区域水深明显减小，应该在 10~20 m，而沿岸冷水团对于该柱所在区域的影响明显强化（中国科学院海洋研究所海洋地质研究室，1985）。

（3） 28~0 cm

该段内底栖有孔虫丰度自下而上呈逐渐上升趋势，从底部的 10 枚/克干样增至表层的 34 枚/克干样，简单分异度和复合分异度的波动变小，均值分别为 16 种和 2.39（图 3-160）。

该段内底栖有孔虫组合中的优势种主要是 *Buccella frigida* （Cushman），19.59%；*Ammonia compressiuscula* （Brady），13.42%；*Cribrononion subincertum* （Asano），11.62%；*Protelphidium turberculatum* （d'Orbigny），11.22%；*Elphidium advenum* （Cushman），10.57%；*Elphidium magellanicum* （Heron-Allen et Earland），8.22%等（图 3-160）。尽管冷水种 *Buccella frigida* （Cushman） 是该段内含量最高的优势种，但该种在段内含量是呈现下降趋势的，到表层已降至 15% 左右，而相对的深水种 *Ammonia compressiuscula* （Brady） 至柱顶已增至全群的 20% 以上，同样冷水种 *Protelphidium turberculatum* （d'Orbigny） 的含量也由段内下部的 12% 降至顶部的 7%，近岸浅水种 *Cribrononion subincertum* （Asano） 到表层也降至 9.5%，显然这种变化反映出该段内水深迅速增加至 30 m 左右，而冷水团对该柱所在位置影响仍然甚强，但总体趋势是逐渐减弱的。

3.5.3.9 JNH41 站位

该站位于 39°25′39.099″N，121°02′20.763″E，水深 23.4 m，柱长 3.56 m，按照 10 cm 的取样间距，共取得微体古生物样品 36 个，对于其中的底栖有孔虫和介形虫进行了鉴定统计。

1） 化石组合特征

该站柱状样每样鉴定底栖有孔虫个数最多为 192 枚，最少 0 枚，平均为 84 枚/样。共鉴定出底栖有孔虫 28 属 45 种，其中占全群 2% 以上的优势种共 10 个，分别是 *Protelphidium turberculatum* （d'Orbigny），23.44%；*Cribrononion subincertum* （Asano），19.75%；*Elphidium magellanicum* （Heron-Allen et Earland），10.06%；*Buccella frigida* （Cushman），8.53%；*Ammonia dominicana* （Bermudez），6.71%；*Elphidium advenum* （Cushman），6.67%；*Ammonia becarii* （Linné） var.，5.64%；*Ammonia ketienziensis A* （Kuwano），4.42%；*Ammonia compressiuscula* （Brady），3.98%；*Cribrononion porisuturalis* （Zheng），2.22%（图 3-161）。10 个优势种共占全群的 91.43%。

介形虫含量很低，仅个别层位零星出现，鉴定个数最多为 14 瓣/样，最少 0 瓣，介形虫平均仅为 1 瓣/样。共鉴定出介形虫 11 属 13 种，含量均在全群含量的 2% 以上，分别是 *Munseyella pupilla* （Chen），27.78%；*Echinocythereis bradyformis* （Ishizaki），16.67%；*Propontocypris euryhalina*

（Zhao），16.67%；*Sinocytheridea latiovata*（Hou et Chen），8.33%；*Acanthocythereis niitsumai*（Ishizaki），5.56%；*Parabosquetina sinucostata*（Yang，Hou et Shi），5.56%；*Aurila cymba*（Brady），2.78%；*Bicornucythere bisanensis*（Okubo），2.78%；*Cytheropteron miurense*（Hannai），2.78%；*Neomonoceratina crispata*（Hu），2.78%；*Perissocytheridea japonica*（Ishizaki），2.78%；*Sinocytheridea longa*（Hou et Chen），2.78%；*Stigmatocythere spinosa*（Hu），2.78%。

2）地层划分

该柱状样微体化石组合变化剧烈，反映该区沉积环境的复杂多变，因介形类只是在个别层位零星出现，缺乏可靠统计意义，因此根据垂向上的底栖有孔虫组合变化，可以将其大致划分为 5 层（图 3-161）。

（1）356~288 cm

段内绝大多数层位无海相微体化石出现，为陆相沉积阶段。另外其间夹有一海相层（图 3-161），所含有孔虫均为滨岸浅水种，应为短暂的海侵阶段。

（2）288~238 cm

段内有孔虫优势种主要包括 *Cribrononion subincertum*（Asano），21.79%；*Protelphidium turberculatum*（d'Orbigny），20.85%；*Elphidium magellanicum*（Heron-Allen et Earland），14.09%；*Elphidium advenum*（Cushman），7.56%；*Ammonia dominicana*（Bermudez），7.24%；*Ammonia compressiuscula*（Brady），6.44%；*Ammonia becarii*（Linné）var.，5.44%等（图 3-161）。主要优势种均为近岸广盐种以及冷水种，说明这一时期水深较浅，应该在 10 m 左右，沿岸冷水团对该区附近影响强烈。

（3）238~218 cm

段内无海相微体化石出现，应为短暂的海退阶段的陆相沉积层。

（4）218~8 cm

这一阶段是该站相对最为稳定的海相连续沉积阶段，但底栖有孔虫丰度仍然处于很低水平，而且波动剧烈，段内均值为 5 枚/克干样，简单分异度和复合分异度处于相对稳定的高值阶段，均值分别是 15 种和 2.17。

段内底栖有孔虫优势种主要包括 *Protelphidium turberculatum*（d'Orbigny），22.56%；*Cribrononion subincertum*（Asano），19.40%；*Buccella frigida*（Cushman），11.13%；*Elphidium magellanicum*（Heron-Allen et Earland），8.31%；*Ammonia dominicana*（Bermudez），7.03%；*Elphidium advenum*（Cushman），6.18%；*Ammonia becarii*（Linné）var.，5.64%等（图 3-161）。与下部海相层相比，冷水指示种 *Buccella frigida*（Cushman）含量的增长趋势十分显著，同样作为冷水指示种的 *Protelphidium turberculatum*（d'Orbigny）含量也有所上升，而近岸浅水种含量有所下降。尤其到了上部层位，该区 20~50 m 水深的代表种 *Ammonia compressiuscula*（Brady）、*Ammonia ketienziensis*（Kuwano）的含量明显呈上升趋势，这种组合变化意味着海水深度较之下段有所增加，应该在 20 m 左右，但是沿岸冷水团对于该区的影响进一步强化。

（5）8~0 cm

该站位顶部层位缺失海相微体化石，但该区目前为水深 23.4 m，并非陆相沉积环境，由于样品中粗碎屑含量明显高于下部层位，可能是目前强潮流冲刷造成的砂质沉积环境不利于微体化石的保存所致。

3.5.3.10　JNH42 站位

该站位于 39°46′48.643″N，120°21′17.226″E，水深 25.4 m，柱长 2.46 m，按照 10 cm 的取样间

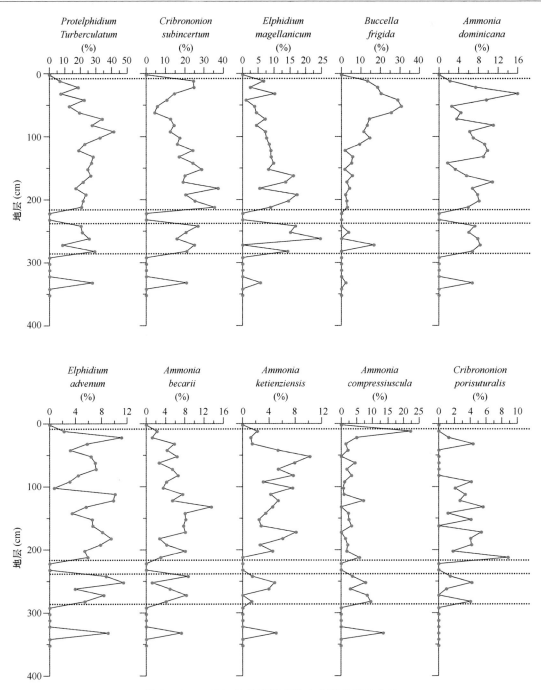

图 3-161 JNH41 站位底栖有孔虫主要种相对含量

距，共取得微体古生物样品 25 个。对其中的底栖有孔虫和介形虫进行了鉴定统计。

1）化石组合特征

该站柱状样每样鉴定有孔虫个数最多为 240 枚，最少 100 枚，平均为 144 枚/样。共鉴定出底栖有孔虫 20 属 40 种，其中占全群 2% 以上的优势种共 10 个，分别是 *Protelphidium turberculatum*（d'Orbigny），41.36%；*Elphidium magellanicum*（Heron-Allen et Earland），12.69%；*Ammonia pauciloculata*（Phleger et Parker），9.09%；*Buccella frigida*（Cushman），6.76%；*Cribrononion subincertum*（Asano），5.24%；*Elphidium advenum*（Cushman），5.04%；*Ammonia dominicana*（Bermudez），4.21%；*Ammonia ketienziensis*（Kuwano），3.80%；*Cribrononion porisuturalis*（Zheng），2.33%；*Am-*

monia becarii（Linné）var.，2.16%（图 3-162）。10 个优势种共占全群的 92.68%。

　　介形虫含量很低，每样鉴定个数最多为 66 瓣，最少为 0 瓣，平均每样鉴定介形虫 9 瓣。共鉴定出介形虫 12 属 13 种，含量占全群 2% 以上的共有 8 种，分别是 *Sinocytheridea latiovata*（Hou et Chen），50.92%；*Bicornucythere bisanensis*（Okubo），11.93%；*Echinocythereis bradyformis*（Ishizaki），8.26%；*Neomonoceratina crispata*（Hu），6.88%；*Sinocytheridea longa*（Hou et Chen），5.50%；*Albileberis sinensis*（Hou），5.05%；*Parabosquetina sinucostata*（Yang，Hou et Shi），4.59%；*Munseyella pupilla*（Chen），4.13%。8 个种共占全群的 97.26%。

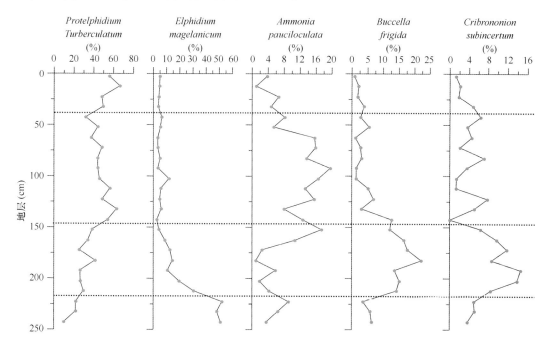

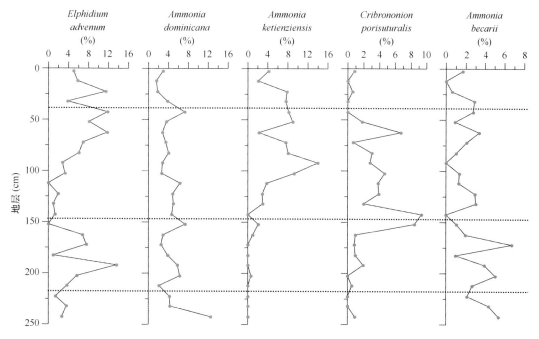

图 3-162　JNH42 站位底栖有孔虫主要种相对含量

2）地层划分

JNH42 仅顶部三层和底部两层统计的介形虫个数较多，中间层位均缺失或无统计意义，因此该孔主要根据垂向上的底栖有孔虫组合变化，大致划分为 4 层（图 3-162）。

（1）246~218 cm

该段为柱内底栖有孔虫丰度最高阶段，平均值达 608 枚/克干样，但分异度却处于相对低值期，简单分异度和复合分异度均值分别是 10 种和 1.60。底部两个层位介形类丰度也很高，在 150 瓣/50 克干样左右，简单分异度和复合分异度均值分别为 6 种和 1.27。

段内有孔虫优势种主要包括 *Elphidium magellanicum* （Heron-Allen et Earland），50.38%；*Protelphidium turberculatum* （d'Orbigny），18.32%；*Ammonia dominicana* （Bermudez），6.62%；*Ammonia pauciloculata* （Phleger et Parker），6.62%；*Buccella frigida* （Cushman），5.09%等（图 3-162）。显然这一阶段的优势种总体上以冷水种占据绝对主导，体现了沿岸冷水团的绝对统治地位，尤其是 *Elphidium magellanicum* （Heron-Allen et Earland）在种群中占据绝对统治地位，而且这一时期有孔虫表现出高丰度、低分异度的特点，这与此种的高度繁盛密切相关。因为 JNH42 孔 222 cm 处利用底栖有孔虫壳体测得的日历年为 8.2 ka B.P.，可见该段代表的正是进入全新世以后 10~8 ka B.P. 之间的阶段，因为 *Elphidium magellanicum* （Heron-Allen et Earland）相对于其他种有在贫氧环境下繁盛的特点，推测这一阶段是由于淡水注入而引起上下水体分层，底层水相对贫氧使得该种极度繁盛并限制了其他属种的繁殖。段内介形类的优势种主要是 *Sinocytheridea latiovata* （Hou et Chen），60.87%；*Bicornucythere bisanensis* （Okubo），13.87%；*Neomonoceratina crispata* （Hu），12.70%；*Tanella opima* Chen，5.56%等几个种。显然渤海、黄海沿岸水的代表种 *Sinocytheridea latiovata* （Hou et Chen）占据绝对统治地位，这种微体化石组合说明当时 JNH42 孔处于受到沿岸冷水团控制下的内陆架环境，水深在 10~20 m。

（2）218~148 cm

该段内有孔虫丰度自下而上呈逐渐下降趋势，由底部的 270 枚/克干样降至顶部的 66 枚/克干样，均值为 162 枚/克干样，简单分异度和复合分异度波动较大，均值分别是 13 种和 1.98，该段内无介形类出现。

段内有孔虫优势种主要包括 *Protelphidium turberculatum* （d'Orbigny），31.58%；*Buccella frigida* （Cushman），15.90%；*Elphidium magellanicum* （Heron-Allen et Earland），14.38%；*Cribrononion subincertum* （Asano），10.47%；*Ammonia pauciloculata* （Phleger et Parker），6.21%等（图 3-162）。相对下部层位而言 *Elphidium magellanicum* （Heron-Allen et Earland）的含量急剧下降，至顶部已降至 4%，相反的是 *Protelphidium turberculatum* （d'Orbigny）含量的急剧增长，到段内顶部已占到全群一半以上；另外冷水种 *Buccella frigida* （Cushman）和广盐种 *Cribrononion subincertum* （Asano）含量的增加意味着低温、低盐的沿岸水团对该区的影响进一步强化，该阶段水深可能降至 10 m 以内。

（3）148~38 cm

该段内有孔虫丰度自下而上呈现逐渐上升趋势，由底部的 21 枚/克干样增至顶部的 164 枚/克干样，均值为 116 枚/克干样，简单分异度和复合分异度也呈现逐渐升高的趋势，均值分别为 13 种和 1.82，该段内无介形类出现。

有孔虫优势种主要包括 *Protelphidium turberculatum*，47.02%；*Ammonia pauciloculata* （Phleger et Parker），13.12%；*Ammonia ketienziensis* （Kuwano），6.19%；*Elphidium magellanicum* （Heron-Allen et Earland），5.30%；*Elphidium advenum* （Cushman），5.00%等（图 3-162）。相对于下段而言，冷

水种 *Protelphidium turberculatum*（d'Orbigny）在种群中的优势地位进一步加强，代表近岸浅水环境的 *Cribrononion subincertum*（Asano）和 *Buccella frigida*（Cushman）的含量明显降低，取而代之的是代表 50 m 以内陆架水团的 *Ammonia pauciloculata*（Phleger et Parker）和 *Ammonia ketienziensis*（Kuwano）含量的增加，这种变化说明该段内水深明显增加，应该在 30~50 m，但冷水团对于该区域的控制作用仍然很强。

（4）38~0 cm

该段有孔虫丰度较之下段有所增加，均值为 164 枚/克干样，但表层相对较低，为 119 枚/克干样；简单分异度和复合分异度走势并不一致，前者逐渐增加，到顶部达到最大值 29 种，均值为 22 种，复合分异度均值则为 1.86。段内又开始出现介形类，尤其是顶部 3 层中均值达到 186 瓣/50 克干样，简单分异度和复合分异度均值分别是 7 种和 1.43。

段内有孔虫优势种非常集中，主要包括 *Protelphidium turberculatum*（d'Orbigny），54.97%；*Elphidium advenum*（Cushman），6.51%；*Ammonia ketienziensis*（Kuwano），5.43% 等（图 3-162）。介形类优势种主要是 *Sinocytheridea latiovata*（Hou et Chen），53.28%；*Albileberis sinensis*（Hou），11.10%；*Echinocythereis bradyformis*（Ishizaki），10.50%；*Bicornucythere bisanensis*（Okubo），6.64%；*Munseyella pupilla*（Chen），5.95%；*Sinocytheridea longa*（Hou et Chen），5.83%；*Parabosquetina sinucostata*（Yang，Hou et Shi），5.42%。底栖有孔虫冷水种 *Protelphidium turberculatum*（d'Orbigny）占据种群中的绝对主导地位，介形类中也是内陆架浅水种占据绝对主导，说明这一时期的沉积环境是与该孔目前所在位置沉积环境类似的水深 20 m 左右的近岸浅水环境（中国科学院海洋研究所海洋地质研究室，1985），低温低盐的沿岸水团在此处是最主要的环境控制因素。

附录一　图版及图版说明

图版 I　碎屑矿物

1. 磷灰石（apatite）；2. 绿帘石（epidote）；3. 石榴石（garnet）；
4. 角闪石（hornblende）；5. 角闪石（hornblende）；6. 钛铁矿（ilmenite）

图版 II　碎屑矿物
1. 黄铁矿（pyrite）；2. 黄铁矿（pyrite）；3. 黄铁矿（pyrite）；
4. 榍石（sphene）；5. 电气石（tourmaline）；6. 锆石（zircon）

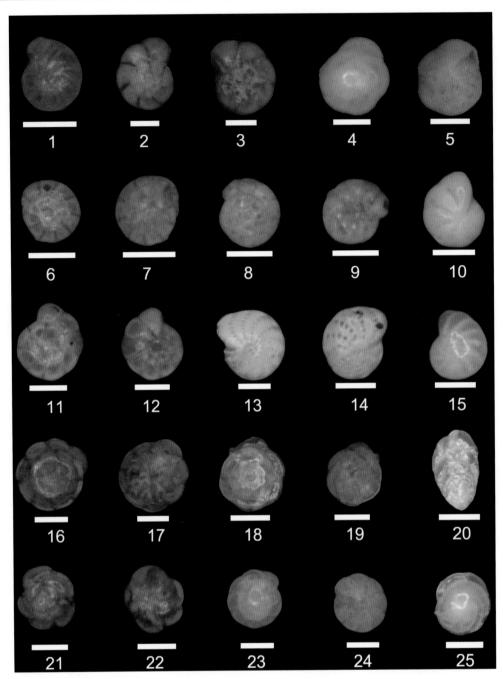

图版Ⅲ

1. 具瘤先希望虫 *Protelphidium turberculatum*（d'Orbigny）；2，3. 奥茅卷转虫 *Ammonia aomoriensis*（Asano）；4，5. 冷水面颊虫 *Buccella frigida*（Cushman）；6~9. 圆形卷转虫 *Ammonia dominicana*（Bermudez）；10. 亚易变筛九字虫 *Cribrononion subincertum*（Asano）= 亚易变希望虫 *Elphidium subincertum* Asano 1951；11，12. 毕克卷转虫 *Ammonia becarii*（Linné）var. = *Nautilus beccarii* Linnaeus 1758，p. 710，pl. 1，Fig. 1a-c.；13，14. 异地希望虫 *Elphidium advenum*（Cushman）= *Polystomella advena* Cushman 1922，p. 56，pl. 9，Figs. 11-12；15. 空缝筛九字虫 *Cribrononion porisuturalis*（Zheng）= *Elphidium limpidum* Ho, Hu & Wang Lei &Li，2016，p. 373，Fig. 90. a-f；16~19. 结缘寺卷转虫角状亚种 *Ammonia ketienziensis angulata*（Kuwano）= *Streblus ketienziensis* Ishizaki，1943，p. 59，pl. 1，Fig. 5a-c；20. 强壮箭头虫 *Bolivina robusta* Brady；21，22. 压扁卷转虫 *Ammonia compressuscula*（Brady）= *Rotalinoides guimardii*（d'Orbigny）赵泉鸿等，2009，128 页，图版Ⅰ，图 19，20；23，24. 丸桥卷转虫 *Ammonia maruhasii*（Kuwano）= *Rotalia maruhasii* Kuwano 1950，p. 314，tf. 2. 8；25. 具棱小盆虫 *Cassidulina carinata* Silvesri

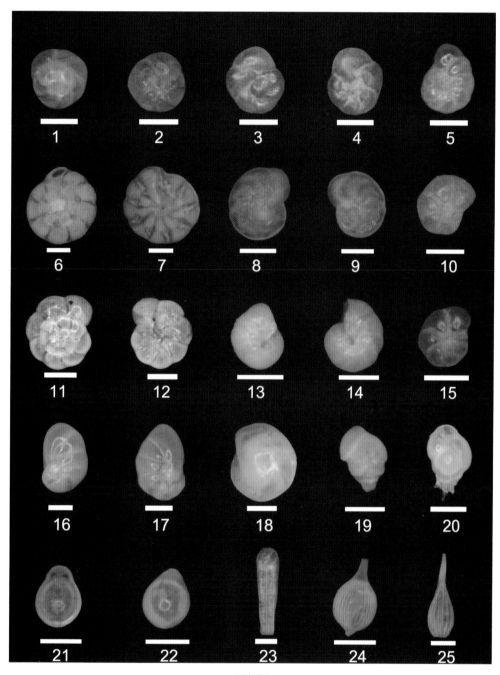

图版 IV

1，2. 少室卷转虫 *Ammonia pauciloculata*（Phleger & Parker）；3，4. 佛罗里达玫瑰虫 *Rosalina floridana*（Cushman）；5. 秋田九字虫 *Nonion akitaense* Asano；6，7. 同现空轮虫 *Cavarotalia annectens*（Parker & Jones）= *Ammonia annectens*（Parker et Jones）= *Rotalidium annectens*（Parker et Jones）赵泉鸿等，2009，128 页，图版 1，图 18；8，9. 日本半泽虫 *Hanzawaia nipponica* Asano Asano，1944；10，15. 裂缝希望虫 *Elphidium magellanicum*（Heron-Allen et Earland）；11，12. 嗜温卷转虫 *Ammonia tepida*（Cushman）；13，14. 塔斯曼星九字虫 *Astrononion tasmanensis* Carter；16，17. 星小九字虫 *Nonionella stella* Cushman & Moyer = *Nonionella miocenica* var. *stella* Cushman & Moger，1930，p. 56，pl. 7，Fig. 17；18. 马刺透镜虫 *Lenticulina calcar*（Linné）；19. 具缘小泡虫 *Bulimina marginata*（d'Orbigny）；20. 棘刺小泡虫 *Bulimina aculeata* d'Orbigny；21. 光滑缝口虫 *Fissurina laevigata* Reuss；22. 光亮缝口虫 *Fissurina lucida*（Williamson）= *Entosolenia marginata*（Montagu）var. *lucida* Williamson，1848，p. 17，pl. 2，Fig. 17；23. 罗卜直箭头虫 *Rectobolivina raphana*（Parker & Jones）= *Siphogenerina raphana*（Parker & Jones，1865）Lei & Li，2016，p. 216，Fig. 10. a-f；24. 尖底瓶虫 *Lagena spicata* Cushman & McCulloch；25. 亚线纹瓶虫 *Lagena substriata* Williamson

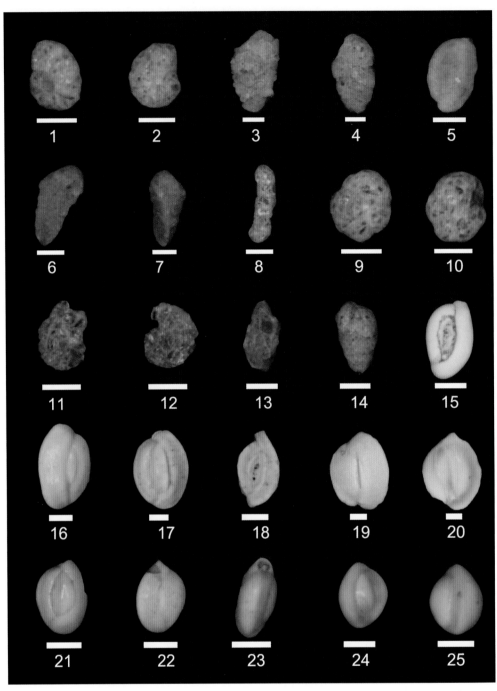

图版 V

1，2. 亚洲沙壁虫 Arenoparella asiatica Polski=Polskiammina asiatica（Polski）郑守仪，傅钊先，2001，443 页，图版 67，图 7–10；3，4. 叶状串珠虫 Textularia foliacea Heron–Allen & Earland；5. 粗糙类曲线虫 Sigmoilopsis asperula（karrer）；6，7. 三角假锥头虫 Pseudogaudryina triangulata Lei & Li, 2016；8. 胶结砂杆虫 Ammobaculites agglutinans（d'Orbigny）；9，10. 胖砂轮虫 Trochammina inflata（Montagu）= Nautilus inflatus Montagu, 1808, p. 81, Fig. 3；11，12. 扁平拟单栏虫 Haplophragmoides applanata（Wang）；13. 大西洋原始虫 Proteonina atlantica Cushman=Lagenammina atlantica（Cushman, 1944）Lei & Li, 2016, p. 1, Fig. 1. a–g；14. 异地伊格尔虫 Eggerella advena（Cushman）；15. 光滑抱环虫 Spiroloculina laevigata Cushman & Todd = Massilina laevigata（Cushman & Todd）郑守仪，1988，221 页，图版 X，图 6，7；Lei & Li, 2016, p. 100, Fig. 7. a–g；16，17. 亚恩格五块虫 Quinqueloculina subungeriana Serova；18. 普通抱环虫 Spiroloculina communis Cushman & Todd；19，20. 拉马克五块虫 Quinqueloculina lamarckiana d'Orbigny；21–23. 半缺五块虫 Quinqueloculina seminula（Linnaeus, 1758）；24，25. 圆三块虫 Triloculina rotunda d'Orbigny

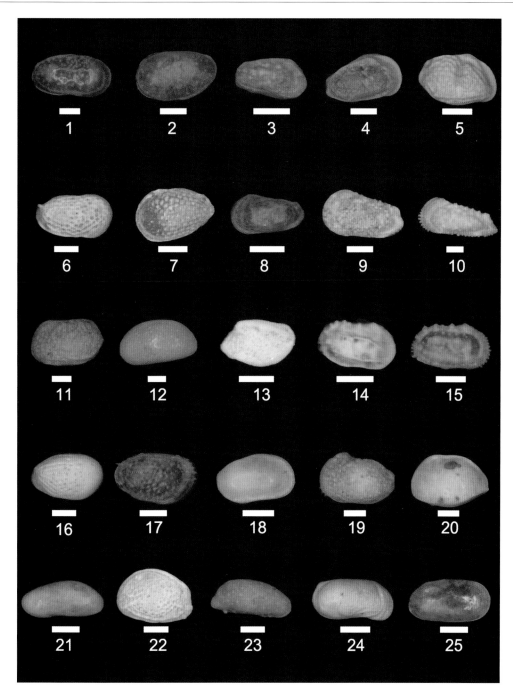

图版 Ⅵ

1，2. 典型中华美花介 Sinocytheridea impressa（Brady）= Sinocytheridea latiovata Hou et Chen 汪品先等，1988，241 页，图版 X
L，图 7–10；3. 日本穆赛介 Munseyella japonica（Hanai）；4. 菱形刺面介 Spinilebris rhomboidalis Chen；5. 皱新单角介
Neomonoceratina crispata Hu = Neomonoceratina delicata Ishizaki Zhao & Whatley，1988，p. 567，pl. 1，figs. 13–15；6. 美山双角
花介 Bicornucythere bisanensis（Okubo）；7. 弯脊拟波斯凯介 Parabosquetina sinucostata Yang，Hou et Shi；8. 二津满刺艳花介
Acanthocythereis niitsumai Ishizaki；9. 宗近刺艳花介 Acanthocythereis munechikai Ishizaki；10. 三角辐艳花介 Actinocythereis trian-
gulata（Guan）；11. 布氏形棘艳花介 Echinocythereis bradyformis Ishizaki；12. 广盐始海星介 Propontocypris euryhanina（Zhao）；
13. 三浦翼花介 Cytheropteron miurense Hannai；14，15. 刺戳花介 Stigmatocythere spinosa（Hu）；16，17. 豪格小凯杰介 Keijella
hodgii（Brady）；18. 震旦阿尔伯介 Albileberis sinensis Hou；19. 过渡沟眼介 Alocopocythere profusa Guan；20. 驼背双面介 Am-
phileberis gibbera Guan；21. 花井泥穴介 Argilloecia hanaii Ishizaki；22. 舟耳形介 Aurila cymba（Brady）；23. 近日本库士曼介
Cushmanidea subjaponica Hanai；24. 丰满陈氏介 Tanella opima Chen；25. 肥日本花介 Nipponocythere obesa（Hu）

第4章 晚第四纪沉积

4.1 钻孔沉积特征

基于黄海及周边海区获取的3口晚第四纪钻孔 DLC70-1、DLC70-2 和 DLC70-3 实测数据（图 4-1，表 4-1），开展钻孔沉积特征分析，包括岩心沉积物岩性特征分析、粒度特征分析、碎屑矿物特征分析、黏土矿物特征分析、地球化学特征分析等，厘定该区晚第四纪地层分布及沉积过程。通过所获岩心进行地层划分和对比，以建立北黄海及周边海区晚第四纪地层层序，为研究沉积特征与地质环境演化提供依据。

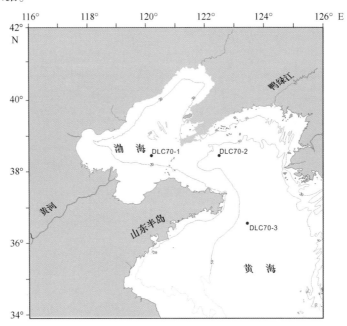

图 4-1 黄海及周边海区地质浅钻位置分布

表 4-1 本项目完成的 3 个钻孔信息一览表

孔号	位置	水深（m）	孔深（m）	岩心取心率（%）
DLC70-1	38.450 2°N, 120.127 9°E	27.5	70.2	67.0~99.3
DLC70-2	38.450 1°N, 122.404 1°E	52.5	70.6	71.8~99.0
DLC70-3	36.635 9°N, 123.542 7°E	73.0	71.2	71.6~99.0

4.1.1　钻孔沉积物岩性特征

4.1.1.1　DLC70-1 孔

0~5.85 m 灰色黏土夹灰黑色粉砂虫穴充填体，生物扰动较强。

5.3 m 附近出现脉状黑色富炭团块。

5.3~5.4 m 灰色黏土夹少许脉状粉砂纹层。

5.4~5.85 m 贝壳碎片富集薄层。

~~~~~~~~~~~~~~~~~~~~~~~~~~~~~~~~~~~~侵蚀接触

5.85~9.3 m 灰色黏土薄层与灰黑色透粉砂/细砂互层，平行层理。

~~~~~~~~~~~~~~~~~~~~~~~~~~~~~~~~~~~~侵蚀接触

9.3~12.2 m 浅灰黑色中细砂，含水量较高，偶现团状富炭团块（0.2 cm 厚），块状层理。

~~~~~~~~~~~~~~~~~~~~~~~~~~~~~~~~~~~~侵蚀接触

12.2~14.4 m 浅黄褐色中细砂，块状层理，含水量高。

14.4~18.3 m 青黄褐色黏土，含水量低，压实，夹少许浅灰色脉状粉砂/细砂薄层，互层，平行层理（17.1 m 附近）。

18.3~21.6 m 黄色中-细砂，块状层理，含水量低。

~~~~~~~~~~~~~~~~~~~~~~~~~~~~~~~~~~~~侵蚀接触

21.6~23.2 m 浅灰黑色中-细砂，含水量高，部分层位机械扰动明显，含脉状粉砂，平行层理。

~~~~~~~~~~~~~~~~~~~~~~~~~~~~~~~~~~~~侵蚀接触

23.2~25.3 m 灰色均质黏土，质硬，含水量低，多条带状黑色腐殖植物块体，23.2~23.9 m 较明显。

~~~~~~~~~~~~~~~~~~~~~~~~~~~~~~~~~~~~侵蚀接触

25.3~25.9 m 灰色黏土纹层与灰黑色粉砂/细砂纹层互层，平行层理，韵律分布。

~~~~~~~~~~~~~~~~~~~~~~~~~~~~~~~~~~~~侵蚀接触

25.9~29.3 m 灰色均质黏土，质硬，含水量低，多点状黑色富炭团块。

~~~~~~~~~~~~~~~~~~~~~~~~~~~~~~~~~~~~侵蚀接触

29.3~32.3 m 灰色黏土纹层与灰色粉砂/细砂纹层，互层，平行层理，压扁层理，韵律性强。

~~~~~~~~~~~~~~~~~~~~~~~~~~~~~~~~~~~~侵蚀接触

32.3 m 附近，出现一厚度为 1 cm 的黑色富炭薄层，上下层位出现不规则泥砾沉积。

~~~~~~~~~~~~~~~~~~~~~~~~~~~~~~~~~~~~侵蚀接触

32.3~42.7 m 灰黑色细砂/粉砂，块状层理，含水量稍高，偶现脉状黏土薄层。

35.3 m 处含较细贝壳碎片薄层（<2 cm）。

40.1~42.5 m 多磨圆较好的、分布规律的泥砾，由下而上变大分布（粒径 0.2~2 cm），其中 41.8~42 m 尤为突出。

~~~~~~~~~~~~~~~~~~~~~~~~~~~~~~~~~~~~侵蚀接触

42.7 m 侵蚀面，富含大量较细贝壳碎片层（2 cm 厚），其上为灰黑色砂，其下是深青灰色粉砂/黏土。

~~~~~~~~~~~~~~~~~~~~~~~~~~~~~~~~~~~~侵蚀接触

42.7~44.4 m 灰色黏土/粉砂夹透镜体状砂质薄层，平行层理。

~~~~~~~~~~~~~~~~~~~~~~~~~~~~~~~~~~~侵蚀接触

44.4~45.2 m 灰褐色黏土/粉砂薄层与深灰黑色含贝壳碎片薄层互层（5 cm 厚）。

~~~~~~~~~~~~~~~~~~~~~~~~~~~~~~~~~~~侵蚀接触

45.2~46.2 m 深灰色黏土夹脉状黑色富炭薄层（2 cm），偶见贝壳碎片。

~~~~~~~~~~~~~~~~~~~~~~~~~~~~~~~~~~~侵蚀接触

46.2~49.0 m 青褐色中细砂，夹灰黑色黏土薄层，块状层理。

~~~~~~~~~~~~~~~~~~~~~~~~~~~~~~~~~~~侵蚀接触

49.0~56.9 m 灰褐色黏土/粉砂夹透镜体状砂质薄层，偶见明显虫孔遗迹（55.3~55.4 m），51.3 m 处有明显不整合面，其上为灰色黏土，其下为高富炭黏土层，向下渐变回灰色。

~~~~~~~~~~~~~~~~~~~~~~~~~~~~~~~~~~~侵蚀接触

56.9~61.8 m 浅黄褐色-黄褐色中砂-细砂，夹薄层粉砂，向下变黄。

~~~~~~~~~~~~~~~~~~~~~~~~~~~~~~~~~~~侵蚀接触

61.8~69.4 m 浅灰黑色黏土，块状层理，夹薄层粉砂/细砂，向下变粗；整体含碳量较高，颜色呈黑色，向下含水量增加。

~~~~~~~~~~~~~~~~~~~~~~~~~~~~~~~~~~~侵蚀接触

69.4~70.2 m 黑色贝壳砂，富含贝壳碎片。

4.1.1.2　DLC70-2 孔

0~4.9 m 深灰黑色黏土，近流塑状，含水量较高。

0~1.3 m 向下变粗，底部出现富集贝壳碎片薄层。

1.3~1.7 m 灰黑色黏土。

1.7~2.0 m 贝壳碎片薄层（<5 cm），浅黄褐色，后期氧化？

2.0~4.9 m 灰黑色黏土，块状层理，向下砂含量明显增加。

~~~~~~~~~~~~~~~~~~~~~~~~~~~~~~~~~~~侵蚀接触

4.9~5.1 m 贝壳碎片薄层，有完整贝壳壳体出现。

~~~~~~~~~~~~~~~~~~~~~~~~~~~~~~~~~~~侵蚀接触

5.1~10.1 m 青黄-浅黄褐-黄褐色硬质黏土（硬黏土层？），块状层理，多黄褐色-锈褐色斑状团块，向下愈密集。

~~~~~~~~~~~~~~~~~~~~~~~~~~~~~~~~~~~侵蚀接触

10.1~23.3 m 灰黑色中-细砂，块状层理，含水量较高，由上而下减少。

16.1~16.2 m 出现灰色黏土薄层。

16.95~17 m 出现两个薄层贝壳碎片富集带（2 cm 厚）。

22.1~22.15 m 黑色中细砂贝壳碎片富集层。

~~~~~~~~~~~~~~~~~~~~~~~~~~~~~~~~~~~侵蚀接触

23.3~32.0 m 灰黑色黏土，夹透镜体状、薄层粉砂/细砂，互层，有压扁层理、平行层理，上部块状层理，且质压实致密。

23.3~24.8 m，多虫孔遗迹，含水量一般。

~~~~~~~~~~~~~~~~~~~~~~~~~~~~~~~~~~~侵蚀接触

32.0~35.2 m 灰黑色中粗砂，含水量高，向下减少，多泥砾出现（见 33.7~35 m 段沉积物）。

~~~~~~~~~~~~~~~~~~~~~~~~~~~~~~~~~~~侵蚀接触

35.2~36.8 m 黑色贝壳砂。

35.2~35.3 m 富集大块贝壳碎片。

35.3~36.0 m 致密黑色砂夹大量极细小的贝壳碎片。

36.0~36.8 m 黑色泥质沉积，杂积大片贝壳碎片，含碳量高，与下伏地层似乎无明显侵蚀界面。

————————————————————渐变接触?

36.8~45.3 m 灰黑色黏土，块状层理，多黑色生物潜穴充填体，其中，36.8~39.8 m 和 42.6~45.3 m 段生物扰动强烈；38.6~38.8 m 处出现多段柱状钙质结核或生物壳体。

～～～～～～～～～～～～～～～～～～～～～～～～～侵蚀接触

45.3~48.9 m 灰黑色-深灰黑色黏土，块状层理，夹大量贝壳碎片，向下颜色变深（含碳量增加），其中，47.9—48.9 m 段出现生物虫穴，生物扰动剧烈，与下伏地层无明显沉积间断/侵蚀面。

————————————————————递变

48.9~61.3 m 灰黑色黏土，质压实致密，含水量低，块状层理，偶见脉状/透镜体状粉砂/细砂薄层。其中，60.3~61.3 m 段沉积物出现少许贝壳碎片和薄层灰黑色细砂，形成平行层理。

～～～～～～～～～～～～～～～～～～～～～～～～～侵蚀接触

61.3~69.0 m 浅灰黑色中-细砂，块状层理，肉眼可见大量石英矿物颗粒。

～～～～～～～～～～～～～～～～～～～～～～～～～侵蚀接触

69.0~69.2 m 灰白色中粗砂，夹泥砾，上下接触地层存在明显的侵蚀面。

～～～～～～～～～～～～～～～～～～～～～～～～～侵蚀接触

69.2~70.6 m 浅灰黑色黏土，夹少量透镜体状粉砂/细砂，块状层理，压扁层理，有近水平分布的生物潜穴，下部未见底。

4.1.1.3　DLC70-3 孔

0~4.4 m 灰黑色黏土，含水量高，半流塑状，块状层理，有机质含量较高，多生物潜穴，生物扰动较强，1.5 m 处出现一厚 20 cm 牡蛎碎片层。

————————————————————渐变接触

4.4~6.2 m 灰色黏土，4.85~5.0 m 处出现异常富有机质含炭条带，平行层理（有机械扰动），6.0 m 附近出现长约 1 cm 的植物腐殖残段。

～～～～～～～～～～～～～～～～～～～～～～～～～侵蚀接触?

6.2~16.1 m 浅灰黑色黏土，夹薄层粉砂/细砂纹层，互层，平行层理，部分层位有机质含量高，黑色油污状（油泄漏污染，或富炭层），含水量向下减少，16.1 m 附近出现含贝壳碎片薄层（<10 cm）。底部为富含牡蛎碎片层，与下伏地层呈侵蚀接触。

～～～～～～～～～～～～～～～～～～～～～～～～～侵蚀接触

16.1~28.0 m 灰黑色黏土，块状层理。

26.6~28.0 m 多生物扰动遗迹，虫孔充填体，多贝壳碎片，有机质含量高。

～～～～～～～～～～～～～～～～～～～～～～～～～侵蚀接触

28.0~37.7 m 灰黑色中细砂，块状层理，夹薄黏土纹层，平行层理，偶见贝壳碎片和脉状黏土。底部与下层侵蚀界面，出现大块白色牡蛎层。

～～～～～～～～～～～～～～～～～～～～～～～～～侵蚀接触

37.7~40.4 m 灰黑色黏土与薄层粉砂互层，平行层理，压扁层理。

39.5~39.7 m 出现贝壳碎片夹层。

39.7~40.4 m 生物扰动剧烈。

40.4 m 附近富集牡蛎碎片，分布密集。

~~~~~~~~~~~~~~~~~~~~~~~~~~~~~~~~~~~~~~~侵蚀接触

40.4~43.6 m 灰色黏土夹脉状粉砂，压扁层理，平行层理；41.5~41.6 m 出现规则排布的泥砾薄层；41.3 m 出现波状交错层理；42.3~42.5 m 压扁层理，灰白/黄色泥砾；底部呈富有机质侵蚀界面。

~~~~~~~~~~~~~~~~~~~~~~~~~~~~~~~~~~~~~~~侵蚀接触

43.6~50.2 m 浅灰黑色黏土，块状构造，局部夹具平行层理的粉砂薄层，偶见贝壳碎片，可见机质团块或薄层（0.5 cm 左右）。

~~~~~~~~~~~~~~~~~~~~~~~~~~~~~~~~~~~~~~~侵蚀接触

50.2~50.5 m 深灰黑色中细砂，夹脉状黏土薄层。

~~~~~~~~~~~~~~~~~~~~~~~~~~~~~~~~~~~~~~~侵蚀接触

50.5~53.0 m 浅灰色黏土夹灰黑色粉砂薄层，互层，平行层理。

~~~~~~~~~~~~~~~~~~~~~~~~~~~~~~~~~~~~~~~侵蚀接触

53.0~70.1 m 灰黑色黏土，块状构造。

53.0~57.5 m 多生物遗迹，虫孔充填，生物扰动较强，由上而下减弱。

57.5~69.2 m 几乎无生物扰动遗迹，块状构造发育。

69.2~70.1 m 多贝壳碎片；底部富含贝壳碎片，量多。

~~~~~~~~~~~~~~~~~~~~~~~~~~~~~~~~~~~~~~~侵蚀接触

70.1~70.2 m 灰黑色黏土，呈半流塑状，未见底。

4.1.2 钻孔沉积物粒度特征

4.1.2.1 DLC70-1 孔

粒度分析揭示出 12 个沉积单元（图 4-2）。由上而下组成如下：

单元 1（0~5.85 m）：灰色砂质粉砂，砂含量向上有增加的趋势。粒度参数除峰度变化较小之外，标准偏差和偏度均变化较大，分选性较差，正偏，正态分布。

单元 2（5.85~9.3 m）：灰色砂质粉砂，砂含量由下而上减少，变化范围为 40%~20%。平均粒径向上由 4Φ 向 6Φ 过渡，标准偏差和偏度变化波动比较明显，而峰度变化较小，主要分布在 1 左右，整体呈分选很差，负偏和正态分布，说明沉积环境较弱，但不稳定，物源单一。

单元 3（9.3~14.4 m）：浅灰黑色粉砂质砂，砂含量平均超过 50%，黏土含量低于 5%。平均粒径在 3Φ 左右波动，标准偏差和偏度变化波动比较明显，而峰度除一个异常值之外，其他均分布在 2 左右，整体呈分选差，正偏和尖锐峰态。表明其沉积环境变化较为剧烈，但动力较强。

单元 4（14.4~18.3 m）：黄褐色粉砂及少量砂质粉砂，砂含量多低于 20%。平均粒径集中在 6Φ 附近，标准偏差和峰度几乎不变，分别分布在 2Φ 和 1 左右，分选差，正态分布，偏度波动较大，多呈负偏。表明其沉积环境较为稳定。

单元 5（18.3~23.2 m）：浅灰黑色粉砂质砂和细砂，细组分的黏土和粉砂含量较低，平均低于 20%。平均粒径分布在 2.3Φ~4Φ，标准偏差、偏度和峰度均有较大波动，分选性相对较好，正偏，尖锐峰态。

单元 6 （23.2~32.3 m）：灰色粉砂和砂质粉砂，砂含量多数低于 10%，黏土含量稳定，基本在 20% 左右，由下而上呈微弱的上升趋势。平均粒径由下而上由 5Φ 到 6Φ 变化，标准偏差和峰度相对稳定，分选差，峰度呈正态分布。

单元 7 （32.3~42.7 m）：灰黑色细砂和粉砂质砂、砂质粉砂，黏土含量向上减少，由 20% 减至 5% 左右，但波动较为明显，砂含量由下而上增加，有比较明显的波动。平均粒径基本集中在 2.5Φ 左右，呈向上变粗趋势，标准偏差由于砂组分的变化而变化明显，介于 0~2Φ，偏度基本正偏，而峰度则由下而上分别由常态（中等尖锐）到尖锐再常态分布。又鉴于出现泥砾沉积构造，表明该单元沉积环境水动力较强，且变化较为剧烈，有顶、底的富黑炭层和贝壳碎片薄层出现，证明其属于近岸浅海沉积。

单元 8 （42.7~46.2 m）：主要是灰色砂质粉砂，砂含量多大于 20%，黏土含量较为稳定。平均粒径在 4Φ~5Φ，标准偏差、偏度和峰度均有波动，但变化范围较少，表明其沉积环境和物源应相对稳定。

单元 9 （46.2~49.0 m）：主要由粉砂质砂和少量砂质粉砂组成，砂含量平均超过 50%，黏土含量较低，低于 10%。平均粒径在 2Φ~4Φ 变化，呈向上变粗的趋势，标准偏差、峰度和偏度皆波动变化较为明显，说明沉积环境变化较为剧烈。

单元 10 （49.0~56.9 m）：主要由砂质粉砂组成，砂含量由下而上减少，黏土几乎不变，约占 16%。平均粒径在 6Φ 附近波动，标准偏差和峰度稳定，而偏度波动范围较大，介于 -0.2~0.4。

单元 11 （56.9~61.8 m）：主要由粉砂质砂和砂组成，出现了整个岩心中砂含量最高值，黏土组成基本维持在 6% 不变，而粉砂随砂含量减少逐渐增加。平均粒径向上变细，变化范围为 2Φ~5Φ，标准偏差波动较大，表明其沉积环境多变或物源不稳定，由明显正偏向负偏转化，峰度由尖锐形态向平坦过渡。

单元 12 （61.8~70.2 m）：主要由灰黑色的砂质粉砂和粉砂组成，砂含量由下而上变少，细组分（粉砂和黏土）含量相应增加。平均粒径在 4Φ~6Φ 变化，标准偏差和峰度波动较小，偏度相应负偏。

4.1.2.2　DLC70-2 孔

粒度分析揭示出 10 个沉积单元（图 4-3）。由上而下组成如下：

单元 1 （0~5.1 m）：深灰色砂质粉砂，砂含量波动较大，黏土含量相对稳定，分布在 20% 左右。平均粒径呈微弱的向上变细的趋势，标准偏差变化不大，平均分布在 2Φ，偏度变化较为剧烈，介于 2~0.4，表现为正偏-对称，峰度稳定，在 1 左右变化，呈典型的正态分布。

单元 2 （5.1~10.1 m）：浅黄褐色粉砂及砂质粉砂，砂含量较少，多数低于 10%。平均粒径由下而上变粗，分布在 5Φ~7Φ。标准偏差向上变大，由 1Φ 向 2Φ 过渡，分选较差，偏度变化在 0~0.4，微弱的正偏，峰度与单元 1 基本一致，呈正态分布。

单元 3 （10.1~23.3 m）：灰黑色粉砂质砂、细砂，砂含量向上呈明显的减少趋势，变化范围介于 0~90%，粉砂和黏土含量向上增加。平均粒径向上波动增加，主体分布在 2.6Φ~4.5Φ，标准偏差、偏度和峰度均波动变化，分别为 0.5Φ~2.5Φ、0~0.5 和 1~2，呈分选差、正偏和尖锐峰态，说明该单元沉积动力较强，变化明显。

单元 4 （23.3~32.0 m）：灰色粉砂、砂质粉砂及少量粉砂质砂，砂含量变化剧烈，最高可达 80%，多分布在 20% 附近，黏土含量相对稳定，基本分布在 10%~30%。平均粒径变化较小，平均值为 6.8Φ，标准偏差和峰度基本保持稳定，分选较差和正态分布，而偏度变化范围较大，分布在

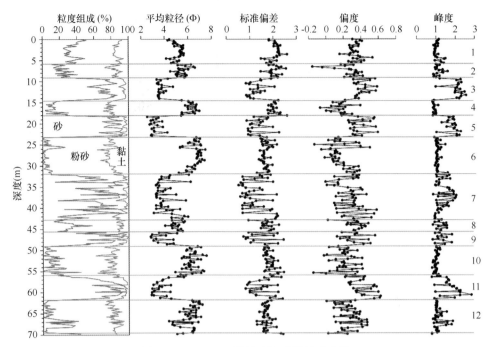

图 4-2　DLC70-1 孔粒度组成及粒度参数

0~0.7，粒度分析揭示其沉积环境属弱水动力，有周期性变化。

单元 5（32.0~35.2 m）：灰黑色粉砂质砂-砂质粉砂，砂组分含量向上明显增加，粉砂基本不变，而黏土含量减少。平均粒径向上变粗，可达 4Φ，其他粒度参数变化趋势与其基本一致，向上分选性变好，正偏且峰态由正态向尖锐态突变，说明沉积环境或物源有较大变化。

单元 6（35.2~45.3 m）：灰黑色砂质粉砂-粉砂-粉砂质砂，砂含量向上增加，黏土含量基本不变，平均粒径总体向上先变细后变粗，变化幅度较大，变化区间为 2Φ~7Φ，相应地，标准偏差也是先变小后增大，说明沉积环境前后不一致，受生物扰动影响明显，偏度和峰度的变化趋势类似。

单元 7（45.3~48.9 m）：灰黑色-深灰黑色砂质粉砂，砂含量范围为 9%~48%向上减少，黏土和粉砂含量向上增加，块状层理，贝壳含量增加。平均粒径向上呈线性增加，标准偏差向上减少，变化范围为 2Φ~3Φ，分选性变差，偏度变化不明显，峰度基本保持不变。

单元 8（48.9~61.3 m）：灰黑色粉砂，块状层理，砂组分含量极低，大多不超过 5%，黏土含量多维持在 20%左右。平均粒径集中在 6.3Φ，标准偏差集中在 1.5，偏度和峰度变化较小，说明该单元的沉积环境极其稳定。

单元 9（61.3~69.0 m）：浅灰黑色粉砂质砂、细砂，块状层理，砂含量较高，最高 100%，平均含量大于 82%，黏土和粉砂等细粒组分含量大多不超过 15%。平均粒径主要集中在 3.2Φ，变化较大，最大 5.8Φ。标准偏差分布在 0.2~2.4，变化比较频繁，说明沉积物沉积环境不稳定，偏度和峰度的变化相对一致。

单元 10（69.0~70.6 m）：灰黑色粉砂，砂和黏土含量较低，总量不到 45%。平均粒径为 6.3Φ，标准偏差和偏度变化范围较大，分别分布在 1.2~2.3 和-0.1~0.3，而峰度几乎不变。

4.1.2.3　DLC70-3 孔

粒度分析揭示出 10 个沉积单元（图 4-4）。由上而下组成如下：

单元 1（0~6.2 m）：灰色-灰黑色粉砂，砂、粉砂和黏土含量较为平衡。平均粒径集中在 6Φ，

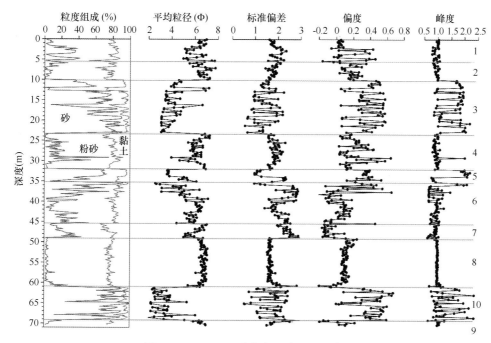

图 4-3   DLC70-2 孔粒度组成及粒度参数

波动较小，标准偏差也集中在 2，几乎无明显变化，说明其沉积环境基本保持不变。偏度向上变大，但不明显，基本分布在 -0.2~0.4，而峰度变化较小，基本集中在 0.7~1.0。

单元 2（6~16.1 m）：灰黑色粉砂-泥沉积，砂含量变化较大，最高可达 75%，而最小为 0。平均粒径变化范围也相应较大，分布在 3.4Φ~7.3Φ，波动较为明显。标准偏差变化范围相对较小，集中在 1~2.3，但主要集中在 1.5Φ 附近，表明其沉积环境基本稳定，偏度和峰度也有相应的变化，但是主体比较稳定。

单元 3（16.1~28.0 m）：灰色粉砂，块状层理，砂含量基本为 0，而粉砂含量多超过 70%，黏土含量分布在 20%~40%。平均粒径多数大于 6Φ，最大不超过 7Φ，有轻微的波动。标准偏差上下变化一致，集中在 1.5，表明其沉积环境一致。偏度和峰度的变化也相对稳定，分别集中在 0 和 1.0。

单元 4（28.0~37.7 m）：灰黑色细砂-粉砂质砂和部分砂质粉砂，砂含量向上明显减少，而粉砂含量相应增加，黏土含量增加量较少。平均粒径向上明显变细，由 2.2Φ 变细到 6.3Φ。标准偏差也相应向上变大，说明分选性变差，上下界面清楚。偏度和峰度变化趋势不同，前者主要集中在 0.4 附近，而峰度变化在 0.5~2.0。

单元 5（37.7~40.7 m）：灰黑色粉砂夹砂质粉砂，砂含量变化较大，为 10%~50%，向下逐渐减少，粉砂相应增加，而黏土含量较为稳定。平均粒径向上变细，标准偏差相应减小，说明其沉积环境有所变化，偏度和峰度的变化基本一致。

单元 6（40.7~43.6 m）：灰色粉砂，潮坪沉积构造特征明显（压扁层理、脉状层理），砂、粉砂和黏土含量相对稳定，上下变化一致。平均粒径波状波动，向上先变细后变粗，但标准偏差变化不大，说明沉积环境相对稳定，而峰度和偏度波动明显，分别分布在 0.7~1.3 和 -0.3~0.4。

单元 7（43.6~48 m）：浅灰色粉砂，砂含量不超过 5%，粉砂含量超过 70%，黏土含量维持在 20% 左右。平均粒径大于 6Φ，标准偏差在 1.5 左右，二者基本没有变化。偏度和峰度也相对稳定，表明其沉积环境基本没有变化。

单元 8（48~50.2 m）：浅灰色粉砂，砂含量向上变少，而粉砂相应增加，黏土含量稳定，与上覆的单元 7 沉积特征基本一致。

单元 9（50.2~69.2 m）：灰色粉砂及少量的砂质粉砂，砂含量只有一处变化较为明显，向上明显增加，后稍微减少，而粉砂的含量变化相反，黏土含量相对稳定，在 20%~25% 变化。平均粒径由下而上变细，在 6Φ~7Φ 范围内缓慢变化，标准偏差变化不明显。偏度和峰度的变化趋势也基本一致，分布在 0.2 和 0.8 附近集中。

单元 10（69.2~70.2 m）：灰色粉砂，砂含量低于 5%，而黏土含量不超过 20%。标准偏差和平均粒径以及峰度变化不明显，但偏度有明显变化。

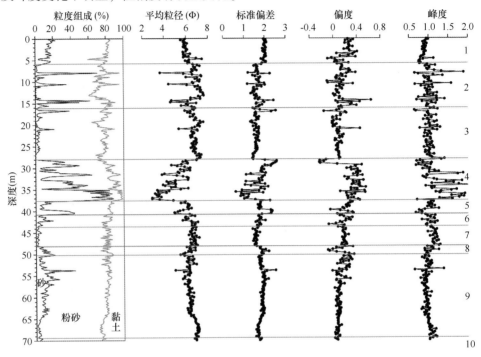

图 4-4　DLC70-3 孔粒度组成及粒度参数

4.1.3　钻孔沉积物碎屑矿物特征

4.1.3.1　DLC70-1 孔

本岩心重矿物平均含量为 3.46%，分布范围为 0~66.17%，标准偏差为 8.73%，相对标准偏差为 252.6%。轻矿物平均含量为 94.59%，分布范围为 32.54%~99.85%，标准偏差为 9.64%，相对标准偏差为 10.19%。

总体来看，钻孔沉积物中平均颗粒百分含量大于 5% 的重矿物有 6 种，分别是普通角闪石（28.41%）、绿帘石（20.49%）、自生黄铁矿（11.94%）、赤（褐）铁矿（8.63%）、石榴石（7.97%）和阳起石/透闪石（7.38%）；含量在 1%~5% 的矿物依次为自生重晶石（3.46%）、钛铁矿（2.64%）、白钛石（2.58%）、（斜）黝帘石（1.65%）、磷灰石（1.10%）和电气石（1.04%）；含量在 1% 以下的矿物主要有榍石、单斜辉石、独居石、斜方辉石、磁赤（褐）铁矿和锆石等。

轻矿物主要组分有斜长石（42.17%）、石英（35.55%）、钾长石（7.66%）和岩屑（5.38%），这 4 种组分约占轻矿物总量的 90.76%。此外，还含有少量的碳酸盐（3.55%）、白云母（1.40%）、黑云母（1.27%）、植物碎屑（1.07%）和生物碎屑（0.851%）等。

　　根据碎屑矿物含量分布和组合特征，该站位沉积地层划分为6层（图4-5至图4-8）。

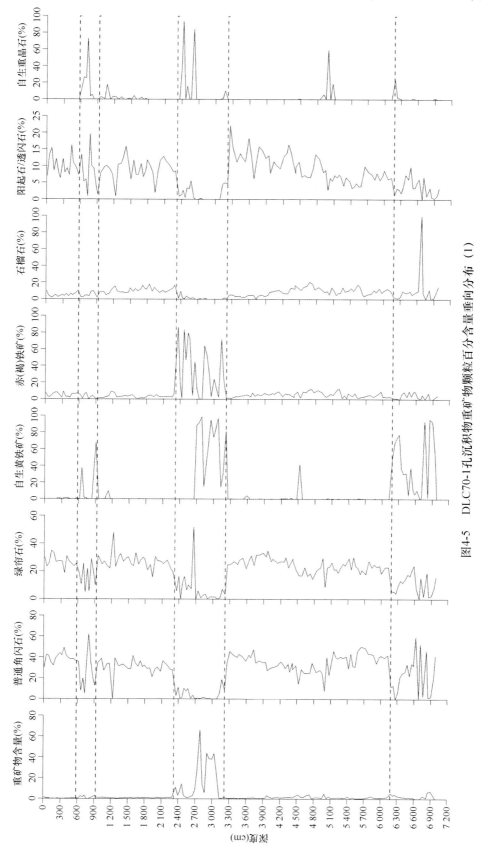

图4-5　DLC70-1孔沉积物重矿物颗粒百分含量垂向分布（1）

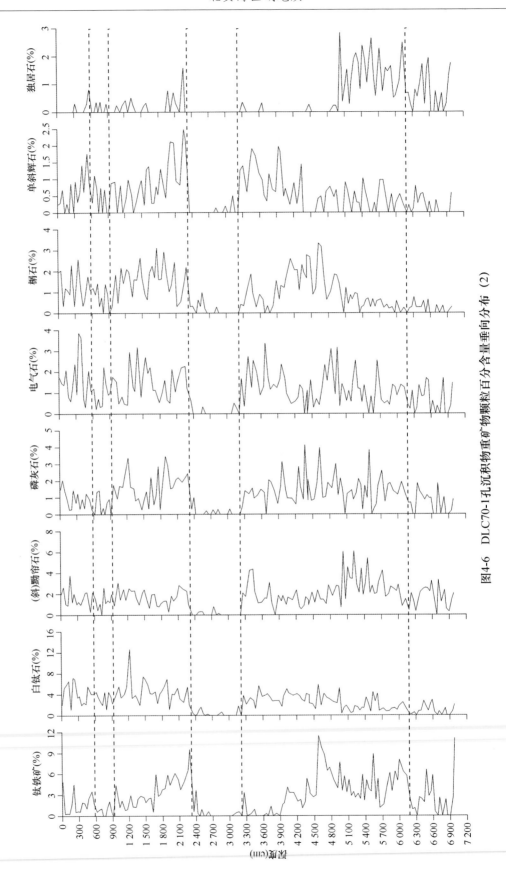

图4-6　DLC70-1孔沉积物重矿物颗粒百分含量垂向分布 (2)

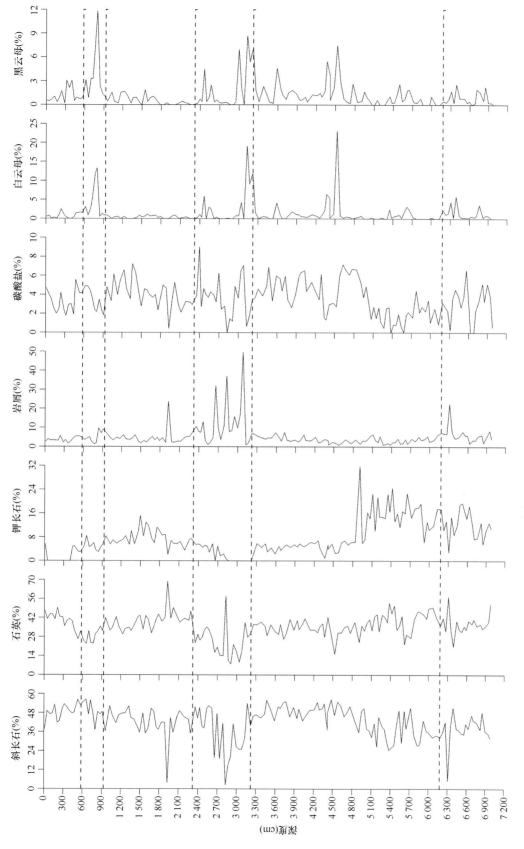

图4-7　DLC70-1孔沉积物轻矿物颗粒百分含量垂向分布（1）

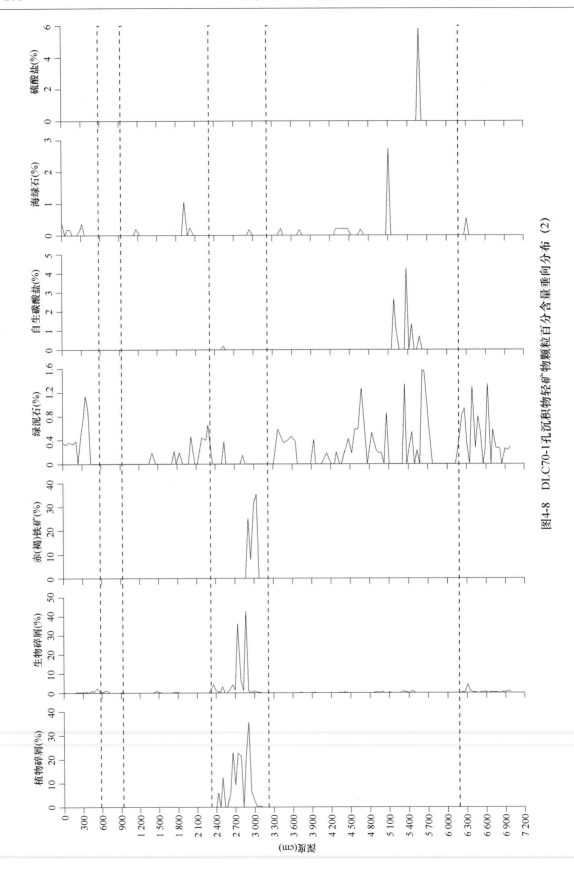

图4-8　DLC70-1孔沉积物轻矿物颗粒百分含量垂向分布（2）

1）0~5.80 m

该层位岩心重矿物平均含量为 0.47%，分布范围为 0.10%~1.68%，标准偏差为 0.38%，相对标准偏差为 80.53%。平均颗粒百分含量大于 5% 的重矿物有普通角闪石（39.42%）、绿帘石（27.17%）、阳起石/透闪石（10.11%）、赤（褐）铁矿（5.29%）和石榴石（5.24%），此外还含有白钛石（4.13%）、钛铁矿（1.75%）、（斜）黝帘石（1.66%）、电气石（1.61%）、榍石（1.27%）和磷灰石（0.911%）等。

轻矿物平均含量为 97.87%，分布范围为 96.13%~99.14%，标准偏差为 0.94%，相对标准偏差为 0.96%。轻矿物主要组分有斜长石（48.64%）、石英（40.09%）、岩屑（3.75%）和碳酸盐（3.31%），此外，还含有少量的钾长石（1.42%）、黑云母（1.14%）、白云母（0.767%）和生物碎屑（0.397%）等。

该层表层（<20 cm）重矿物含量较高，同时赤（褐）铁矿、石榴石、钛铁矿等矿物含量也较高。其他层位重矿物含量低，一些主要的重矿物种类含量波动较大，但总体较为稳定，自生黄铁矿出现于 2 m 深度以下。重矿物组合可表示为角闪石-绿帘石-阳起石/透闪石-赤（褐）铁矿-石榴石。轻矿物为石英-斜长石组合。站位距离渤海海峡较近，临近辽东湾潮流卸载沉积区，岩性为砂质粉砂，说明水动力条件较强。岩屑含量很低，且远低于斜长石和石英含量，同时，钾长石和云母类矿物含量很低。这些都说明，沉积物搬运距离较远，风化程度较高，成分成熟度较高，沉积物可能主要源于北黄海潮流的搬运作用。

2）5.80~9.30 m

该层位岩心重矿物平均含量为 1.58%，分布范围为 0.03%~3.34%，标准偏差为 1.28%，相对标准偏差为 80.63%。平均颗粒百分含量大于 5% 的重矿物有 6 种，依次为普通角闪石（26.62%）、自生黄铁矿（16.69%）、自生重晶石（16.45%）、绿帘石（16.16%）、阳起石/透闪石（7.81%）和石榴石（5.02%）。此外，还含有赤（褐）铁矿（3.18%）、白钛石（3.12%）、（斜）黝帘石（1.25%）、电气石（0.92%）、榍石（0.76%）和钛铁矿（0.70%）等。

轻矿物平均含量为 97.29%，分布范围为 94.16%~99.85%，标准偏差为 2.03%，相对标准偏差为 2.08%。轻矿物主要组分有斜长石（49.27%）、石英（28.56%）、岩屑（4.98%）和碳酸盐（3.34%），此外，还含有少量的钾长石（5.08%）、黑云母（3.94%）、白云母（4.51%）和生物碎屑（0.272%）等。

该层岩心重矿物含量较高，变化范围大。同时，一些主要的重矿物组分，如普通角闪石、自生黄铁矿、自生重晶石和绿帘石等，含量波动性也较大，没有明显的变化趋势，但总体较为稳定。重矿物含量的这种分布特点表明该层位的沉积环境受河流影响较为强烈，由于海陆的交互作用，物源较为复杂。自生黄铁矿和自生重晶石含量高是该层位的典型特点，可能指示着潮坪环境。聚类分析的结果也表明该层位物源的多样性。重矿物组合可表示为角闪石-自生黄铁矿-自生重晶石-绿帘石-阳起石/透闪石-石榴石，稳定矿物主要是石榴石、赤（褐）铁矿、白钛石和电气石等。轻矿物为斜长石-石英组合，但斜长石远大于石英，说明沉积物成分成熟度较低；其他组分，如岩屑、碳酸盐、钾长石等，含量低，且远低于斜长石和石英含量，说明分异指数高。与上下层位相比，该段轻矿物组分中黑云母和白云母含量高，这是该层位的另一个重要特征。

3）9.30~23.20 m

该段岩心重矿物平均含量为 0.96%，分布范围为 0.35%~1.51%，标准偏差为 0.26%，相对标准偏差为 27.22%。平均颗粒百分含量大于 5% 的重矿物仅 4 种，依次为普通角闪石（30.81%）、绿帘石（27.11%）、石榴石（10.84%）和阳起石/透闪石（9.15%）。含量在1%~5%的矿物种类较多，依次为白钛石（4.50%）、钛铁矿（3.50%）、赤（褐）铁矿（3.44%）、磷灰石（1.68%）、（斜）黝帘石（1.66%）、榍石（1.60%）、电气石（1.41%）、自生重晶石（1.33%）和磁铁矿（1.03%）等。

轻矿物平均含量为95.87%，分布范围为48.77%~98.54%，标准偏差为9.10%，相对标准偏差为9.49%。轻矿物主要组分有斜长石（42.07%）、石英（40.14%）、钾长石（7.78%）、岩屑（4.74%）和碳酸盐（4.09%），此外，还含有微量的黑云母（0.53%）和白云母（0.39%）等。

该层位重矿物含量稳定，变化范围较小，相对标准偏差仅为27.22%。同时，一些主要的重矿物组分，如普通角闪石、绿帘石和石榴石等，含量也较为稳定，波动性较小，没有明显的变化趋势。只有钛铁矿和磷灰石等少数含量较小的重矿物从上向下有逐步增加的趋势。这表明该层位的沉积环境较为稳定。重矿物组合可表示为角闪石-绿帘石-石榴石-阳起石/透闪石，稳定矿物主要是石榴石、白钛石、钛铁矿和赤（褐）铁矿等。轻矿物为斜长石-石英组合，两者含量相近，且含量较为稳定；钾长石含量相对较高，岩屑和碳酸盐含量较低，云母类矿物很少。虽然层位为陆相沉积，但从聚类分析结果来看，该层沉积与第一层海相潮流沉积可聚为一类，说明了两者物源的一致性。

4）23.20~32.20 m

该层位岩心重矿物平均含量高达16.47%，分布范围为0.48%~66.17%，标准偏差为18.71%，相对标准偏差为113.6%。平均含量在1%以上的重矿物组分主要有自生黄铁矿（39.98%）、赤（褐）铁矿（33.60%）、自生重晶石（11.02%）、绿帘石（7.06%）、普通角闪石（3.94%）、阳起石/透闪石（1.47%）和石榴石（1.12%），此外还有微量的磁赤（褐）铁矿（0.63%）、钛铁矿（0.34%）、白钛石（0.29%）等矿物。

轻矿物平均含量为80.61%，分布范围为32.54%~97.78%，标准偏差为17.86%，相对标准偏差为22.16%。轻矿物主要组分有斜长石（37.47%）、石英（25.33%）、岩屑（12.77%）、植物碎屑（8.27%）、生物碎屑（4.89%）和碳酸盐（3.99%），此外，还含有少量的白云母（2.85%）、钾长石（2.22%）和黑云母（2.12%）等。

该层位的重矿物含量峰值出现于27.0~31.0 m，非常显著，而其他部位较为正常。自生黄铁矿出现于26.9~32.2 m，含量非常高，指示湖泊相静水、还原性沉积环境。然而，自生重晶石则出现于23.9~26.2 m，含量也非常高，指示海岸盐沼或潟湖蒸发相沉积环境。两者在不同层位出现，没有交叉，具有非常典型的指相性意义。赤（褐）铁矿平均含量也很高，且分布于整段层位，但变动幅度很大。从重矿物含量垂向分布图上可以看到，赤（褐）铁矿的高含量通常对应于自生重晶石或自生黄铁矿的低含量，反之亦然。这反映了在铁氧化物总体含量较高的背景下，自生重晶石或自生黄铁矿形成于相对有利的微环境。除了上述3种重矿物以外，其他的一些主要的重矿物组分，如绿帘石、普通角闪石、阳起石/透闪石和石榴石等，主要分布于27.0 m以上，含量波动较大，且从上向下有逐渐减少的趋势。该层位重矿物组合可表示为自生黄铁矿-赤（褐）铁矿-自生重晶石-绿帘石。

轻矿物组合为斜长石-石英-岩屑。岩屑含量随深度的增加有升高的趋势。钾长石主要出现于28.0 m以上，从上向下逐步减少。云母类矿物主要分布于该层位的上下两端，以下端为主。轻矿物组分中植物碎屑和生物碎屑很高，是本层位的典型特征。植物碎屑呈长条状、褐色、黄褐色，镜下可见根系的鳞片状结构，其大小通常介于125~250 μm。植物碎屑峰值主要出现于24.9~30.0 m，含量非常高，指示湖泊浅水环境向海岸盐沼相的过渡特征。

5）32. 20～61. 80 m

该段岩心重矿物平均含量为 1.36%，分布范围为 0.35%～4.92%，标准偏差为 0.98%，相对标准偏差为 71.92%。平均颗粒百分含量大于 5% 的重矿物有五种，分别是普通角闪石（35.50%）、绿帘石（24.30%）、石榴石（9.22%）和阳起石/透闪石（9.18%）和赤（褐）铁矿（5.43%）；含量在 1%～5% 的矿物依次为钛铁矿（3.60%）、白钛石（2.57%）、（斜）黝帘石（2.25%）、磷灰石（1.46%）、自生重晶石（1.37%）、电气石（1.22%）和榍石（1.00%）；含量在 1% 以下的矿物主要是自生黄铁矿（0.89%）、独居石（0.63%）和单斜辉石（0.57%）等。

轻矿物平均含量为 96.91%，分布范围为 87.75%～98.95%，标准偏差为 2.36%，相对标准偏差为 2.43%。轻矿物主要组分有斜长石（43.36%）、石英（36.67%）和钾长石（9.92%），此外，还含有少量的岩屑（3.52%）、碳酸盐（3.50%）、黑云母（1.17%）和白云母（1.16%）等。

该层位重矿物含量峰值主要出现于 44.0～47.5 m。普通角闪石和赤（褐）铁矿等矿物含量较为稳定。绿帘石、阳起石/透闪石、白钛石和电气石等重矿物随着深度的增加有逐步减少的趋势。该层位重矿物组合可表示为普通角闪石–绿帘石–石榴石–阳起石/透闪石–赤（褐）铁矿，稳定矿物主要是石榴石、钛铁矿、白钛石、磷灰石和电气石等。

轻矿物组合为斜长石–石英–钾长石。斜长石和石英含量较为稳定，钾长石主要分布于 48 m 以下的层位，而碳酸盐主要分布于 50 m 以上的层位。云母类矿物的峰值主要出现于 43.0～46.0 m 深度。

6）61. 80～70. 20 m

该层位重矿物平均含量为 2.33%，分布范围为 0～7.44%，标准偏差为 2.15%，相对标准偏差为 92.18%。平均颗粒百分含量大于 5% 的重矿物有 4 种，分别是自生黄铁矿（38.71%）、普通角闪石（22.38%）、石榴石（10.85%）和绿帘石（10.76%）；含量在 1%～5% 的矿物依次为赤（褐）铁矿（3.60%）、阳起石/透闪石（3.52%）、钛铁矿（2.46%）、（斜）黝帘石（1.69%）和自生重晶石（1.46%）；含量在 1% 以下的矿物主要是白钛石（0.93%）、独居石（0.72%）、磷灰石（0.67%）、斜方辉石（0.66%）和电气石（0.64%）等。

轻矿物平均含量为 97.22%，分布范围为 93.85%～99.57%，标准偏差为 1.75%，相对标准偏差为 1.80%。轻矿物主要组分有斜长石（37.71%）、石英（37.47%）、钾长石（12.34%）和岩屑（6.31%），此外，还含有少量的碳酸盐（3.06%）、白云母（1.21%）、黑云母（0.81%）、生物碎屑（0.58%）和绿泥石（0.44%）等。

该层位重矿物平均含量较高，明显高于其上层，且波动幅度较大，这主要是由于自生黄铁矿含量高所致。从岩心剖面上观察，该层位以水平层理为主，含细小贝壳层，说明沉积环境稳定，水动力条件弱，水深较大，自生黄铁矿非常发育。鉴别出的重矿物种类相对较少。一些主要的重矿物组分，如普通角闪石、石榴石、绿帘石和赤（褐）铁矿等，波动幅度都比较大，但总体上还是较为稳定。重矿物组合可表示为自生黄铁矿–角闪石–石榴石–绿帘石，稳定矿物主要是石榴石、赤（褐）铁矿、钛铁矿和白钛石等。

轻矿物组合为斜长石–石英–钾长石，石英含量较高，与斜长石相当；钾长石含量较为稳定；岩屑含量较低。这些都表明沉积物成分成熟度较高。

4. 1. 3. 2　DLC70-2 孔

本孔沉积物重矿物平均含量为 2.65%，分布范围为 0.18%～25.93%，标准偏差为 3.14%，相对标准偏差为 118.4%。岩心轻矿物平均含量为 95.75%，分布范围为 57.41%~99.14%，标准偏差为 4.62%，相对标准偏差为 4.83%。

总体来看，钻孔沉积物中平均颗粒百分含量大于 5% 的重矿物有 4 种，分别是普通角闪石（25.31%）、自生黄铁矿（16.19%）、绿帘石（9.46%）和石榴石（8.14%）；含量在 1%~5% 的矿物依次为阳起石/透闪石（3.94%）、赤（褐）铁矿（3.77%）、黑云母（3.27%）、岩屑（2.90%）、磁赤（褐）铁矿（2.82%）、白云母（2.71%）、自生重晶石（2.18%）、钛铁矿（1.97%）、电气石（1.94%）、绿泥石（1.79%）、白钛石（1.66%）、（斜）黝帘石（1.34%）、生物碎屑（1.12%）和磁铁矿（1.07%）；含量在 1% 以下的矿物主要有榍石、金红石、风化云母、磷灰石、单斜辉石、锆石、独居石、碳酸盐、蓝晶石和十字石等。

轻矿物主要组分有斜长石（44.61%）、石英（41.44%）、岩屑（4.41%）和钾长石（3.65%），这 4 种组分约占轻矿物总量的 94.11%。此外，还含有少量的白云母（1.82%）、黑云母（1.38%）、碳酸盐（0.82%）、生物碎屑（0.73%）、绿泥石（0.59%）和海绿石（0.41%）等。

根据碎屑矿物含量分布和组合特征，结合沉积物粒度变化和沉积相微体古生物化石特征等，可以将该站位沉积地层划分为 6 层（图 4-9 至图 4-11）。

1）0~10.00 m

该层位岩心重矿物平均含量为 1.68%，分布范围为 0.18%~16.07%，标准偏差为 3.10%，相对标准偏差为 184.2%。平均颗粒百分含量大于 5% 的重矿物有 7 种，分别是普通角闪石（32.30%）、绿帘石（9.03%）、自生黄铁矿（7.77%）、自生重晶石（6.61%）、绿泥石（6.26%）、黑云母（5.44%）和赤（褐）铁矿（5.41%）；含量在 1%~5% 的矿物依次为白云母（4.15%）、白钛石（3.10%）、石榴石（2.66%）、生物碎屑（2.11%）、磁赤（褐）铁矿（1.59%）、电气石（1.35%）和磷灰石（1.25%）；含量在 1% 以下的矿物主要是（斜）黝帘石（0.92%）、榍石（0.91%）、风化云母（0.76%）和金红石（0.75%）等。

轻矿物平均含量为 97.08%，分布范围为 82.14%~99.14%，标准偏差为 3.70%，相对标准偏差为 3.81%。轻矿物主要组分有石英（43.07%）、斜长石（41.48%）和钾长石（6.41%），此外，还含有少量的岩屑（3.96%）、碳酸盐（1.76%）、白云母（1.36%）、黑云母（1.00%）和生物碎屑（0.89%）等。

该层表层（<20 cm）重矿物含量高达 16%，其他层位重矿物含量低，但总体上从上向下有逐步增加的趋势。普通角闪石和绿帘石是主要的重矿物种类，含量波动较大，但总体较为稳定。石榴石主要分布于 4 m 以上的深度。自生黄铁矿从上向下有逐步增加的趋势，峰值集中出现于 3.5~7.5 m 深度。自生重晶石分布于 4.5~10.0 m 的深度，含量很高。重矿物组合可表示为角闪石-绿帘石-自生黄铁矿-自生重晶石，稳定矿物主要有赤（褐）铁矿、白钛石、石榴石、磁赤（褐）铁矿和电气石等。轻矿物为石英-斜长石组合。石英含量很高，与斜长石基本相当。岩屑含量很低，且远低于斜长石和石英含量。这些都表明，沉积物成分成熟度较高。钾长石和碳酸盐主要分布于 6 m 以上的层位。云母类矿物含量波动很大，其中一个典型峰值出现于 9 m 附近。

2）10.00~23.30 m

该层位岩心重矿物平均含量为 1.33%，分布范围为 0.321%~4.74%，标准偏差为 1.01%，相对标准偏差为 75.98%。平均颗粒百分含量大于 5% 的重矿物有 6 种，分别是普通角闪石（20.26%）、赤（褐）铁矿（13.11%）、磁赤（褐）铁矿（12.6%）、自生黄铁矿（8.10%）、黑云母（6.34%）和自生重晶石（6.61%）；含量在 1%~5% 的矿物依次为绿帘石（4.95%）、白云母（3.20%）、石

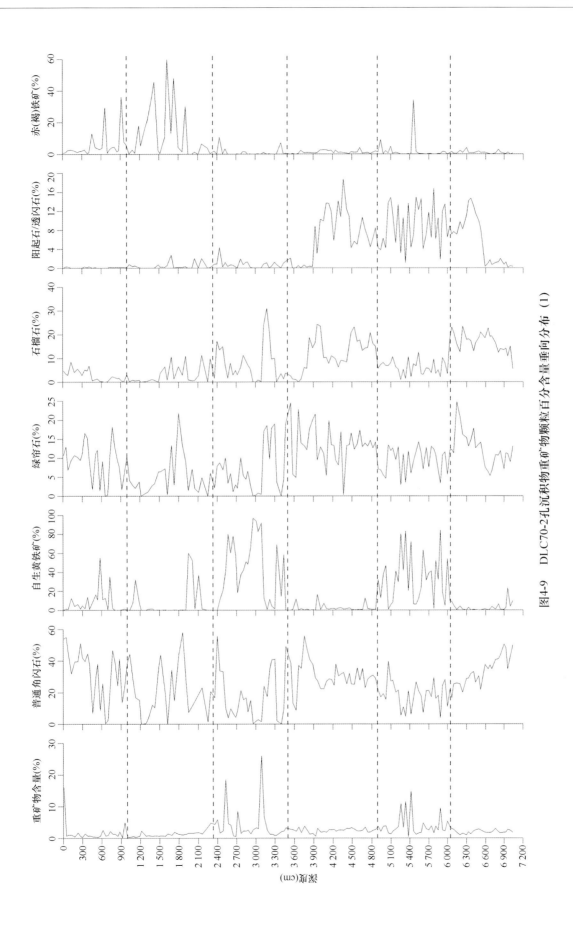

图4-9　DLC70-2孔沉积物重矿物"物颗粒百分含量垂向分布（1）

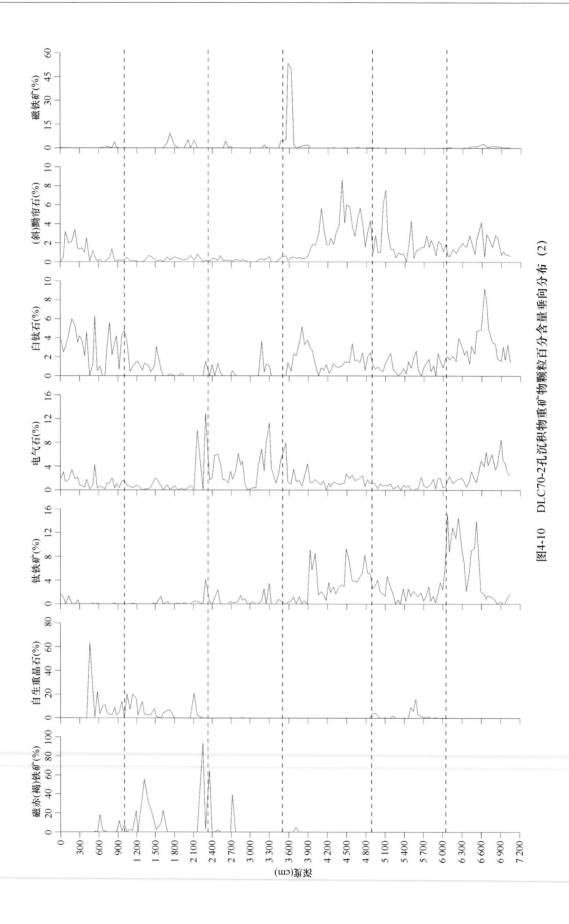

图4-10　DLC70-2孔沉积物重矿物颗粒百分含量垂向分布（2）

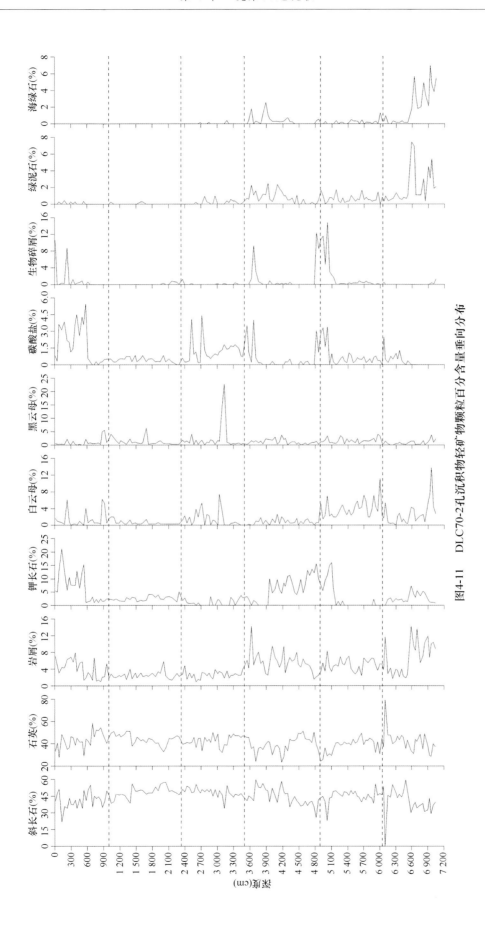

图4-11　DLC70-2孔沉积物轻矿物颗粒百分含量垂向分布

榴石（2.96%）、绿泥石（2.74%）、风化云母（2.28%）和电气石（1.37%）；含量在1%以下的矿物主要是磁铁矿（0.99%）、白钛石（0.74%）、阳起石/透闪石（0.43%）、磷灰石（0.42%）和榍石（0.39%）等。

轻矿物平均含量为97.72%，分布范围为94.30%～99.04%，标准偏差为1.08%，相对标准偏差为1.10%。轻矿物主要组分有斜长石（48.44%）和石英（44.06%），此外，还含有少量的钾长石（2.60%）、岩屑（2.56%）、黑云母（1.24%）和白云母（0.58%）等。

该层位重矿物含量低，但从上向下含量逐步增加，趋势明显。普通角闪石、赤（褐）铁矿、绿帘石、磁赤（褐）铁矿等主要的重矿物种类，含量波动很大。石榴石主要分布于15 m以下。自生重晶石主要分布于上半段地层中，从上向下逐步减少。铁氧化物型矿物赤（褐）铁矿和磁赤（褐）铁矿含量很高是该段地层的重要特征。赤（褐）铁矿峰值主要出现于12.0～18.0 m，而磁赤（褐）铁矿峰值则集中出现于12.5～16.5 m，两者相互叠加。自生黄铁矿含量也较高，但其主要分布于12 m以上和19.0 m以下，与铁氧化物相间分布，具有重要意义。重矿物组合可表示为普通角闪石-赤（褐）铁矿-磁赤（褐）铁矿-自生黄铁矿-黑云母-自生重晶石，稳定矿物主要有赤（褐）铁矿、磁赤（褐）铁矿、石榴石和电气石等。轻矿物为斜长石-石英组合。石英含量很高，与斜长石基本相当。岩屑含量很低，且远低于斜长石和石英含量。这些都表明，沉积物成分成熟度较高。钾长石和碳酸盐含量明显低于上一个层段。云母类矿物含量波动大，黑云母含量明显高于白云母。

3）23.30～35.00 m

该层位岩心重矿物平均含量为4.18%，分布范围为0.55%～25.93%，标准偏差为5.51%，相对标准偏差为132.1%。平均颗粒百分含量大于5%的重矿物仅4种，分别是自生黄铁矿（40.88%）、普通角闪石（17.32%）、石榴石（7.82%）和绿帘石（6.83%）；含量在1%～5%的矿物依次为磁赤（褐）铁矿（3.79%）、电气石（3.42%）、生物碎屑（3.27%）、黑云母（1.43%）、榍石（1.18%）、赤（褐）铁矿（1.04%）和白云母（4.15%）；含量在1%以下的矿物主要是阳起石/透闪石（0.75%）、钛铁矿（0.59%）、磁铁矿（0.43%）、绿泥石（0.38%）和白钛石（0.35%）等。

轻矿物平均含量为93.88%，分布范围为57.41%～98.85%，标准偏差为8.17%，相对标准偏差为8.71%。轻矿物主要组分是斜长石（48.38%）和石英（42.62%），此外，还含有少量的岩屑（2.59%）、黑云母（2.29%）、白云母（1.50%）、碳酸盐（1.19%）和钾长石（1.07%）等。

该层位重矿物平均含量很高，峰值分别出现于25.5 m和31 m。自生黄铁矿、普通角闪石、石榴石和绿帘石等主要的重矿物含量波动很大。本层位的自生黄铁矿含量很高，其峰值主要出现于24.0～31.0 m。重矿物组合可表示为自生黄铁矿-普通角闪石-石榴石-绿帘石，稳定矿物主要有石榴石、磁赤（褐）铁矿、电气石、榍石和赤（褐）铁矿等。轻矿物为斜长石-石英组合。石英含量很高，与斜长石相差不大。岩屑含量很低，远低于斜长石和石英含量。这些都表明，沉积物成分成熟度较高。该层位的下半段云母类矿物含量增高。

4）35.00～48.90 m

该层位岩心重矿物平均含量为2.43%，分布范围为0.59%～3.75%，标准偏差为0.66%，相对标准偏差为27.43%。平均颗粒百分含量大于5%的重矿物仅4种，分别是普通角闪石（30.36%）、绿帘石（13.46%）、石榴石（11.97%）和阳起石/透闪石（6.77%）；含量在1%～5%的矿物依次为黑云母（3.97%）、磁铁矿（3.57%）、白云母（3.40%）、钛铁矿（3.29%）、（斜）黝帘石（2.73%）、自生黄铁矿（2.18%）、电气石（1.75%）、白钛石（1.73%）、赤（褐）铁矿（1.26%）和绿泥石（1.17%）和榍石（1.06%）；含量在1%以下的矿物主要是独居石（0.67%）、磷灰石（0.54%）、单斜辉石（0.46%）和锆石（0.35%）等。

轻矿物平均含量为96.65%，分布范围为95.19%~97.95%，标准偏差为0.72%，相对标准偏差为0.745%。轻矿物主要组分是斜长石（43.98%）、石英（39.38%）和钾长石（6.31%），此外，还含有少量的岩屑（5.55%）、生物碎屑（1.14%）、黑云母（1.14%）、绿泥石（0.78%）、白云母（0.75%）和碳酸盐（0.49%）等。

该层重矿物含量相对较高，且较为稳定，波幅不大。普通角闪石含量较为稳定，绿帘石含量波动较大。石榴石含量在38 m以下增加明显，呈高位波动状态。阳起石/透闪石和钛铁矿在39 m以下显著增加，呈高位波动状态。重矿物组合可表示为普通角闪石-绿帘石-石榴石-阳起石/透闪石，稳定矿物主要有石榴石、磁铁矿、钛铁矿、电气石、白钛石、赤（褐）铁矿和榍石等。轻矿物为斜长石-石英组合。石英含量很高，与斜长石基本相当。岩屑含量低，且远低于斜长石和石英含量。这些都表明，沉积物成分成熟度较高。钾长石集中分布于39.5~48 m，且含量较高，具有典型意义。云母类矿物与上一个层段的分布情况类似，但总体含量较低。

5）48.90~60.50 m

该层位岩心重矿物平均含量为3.91%，分布范围为0.43%~14.79%，标准偏差为3.34%，相对标准偏差为85.41%。平均颗粒百分含量大于5%的重矿物有5种，分别是自生黄铁矿（33.04%）、普通角闪石（18.64%）、绿帘石（9.32%）、阳起石/透闪石（8.80%）和石榴石（6.50%）；含量在1%~5%的矿物依次为白云母（3.49%）、赤（褐）铁矿（2.08%）、钛铁矿（2.02%）、（斜）黝帘石（1.88%）、黑云母（1.82%）、自生重晶石（1.72%）和白钛石（1.06%）；含量在1%以下的矿物主要是电气石（0.76%）、生物碎屑（0.71%）、榍石（0.64%）、单斜辉石（0.54%）、碳酸盐（0.33%）和磷灰石（0.28%）等。

轻矿物平均含量为92.57%，分布范围为73.58%~97.84%，标准偏差为4.94%，相对标准偏差为5.33%。轻矿物主要组分是斜长石（44.83%）和石英（38.47%），此外，还含有少量的岩屑（4.99%）、白云母（3.98%）、钾长石（2.55%）、生物碎屑（1.81%）、黑云母（1.65%）、碳酸盐（0.49%）和绿泥石（0.65%）等。

该层位重矿物含量较高，主要峰值出现于52~55 m。重矿物组合为自生黄铁矿-普通角闪石-绿帘石-阳起石/透闪石-石榴石，稳定矿物主要有石榴石、赤（褐）铁矿、钛铁矿和白钛石等。该层位的一些主要的重矿物，如自生黄铁矿、普通角闪石、绿帘石、阳起石/透闪石和石榴石等，均在一定范围内上下波动，波幅较小，含量总体上较为稳定。自生黄铁矿含量很高是该层位的重要特征。在深度55~56 m有自生重晶石的峰值出现，含量为3%~15%。轻矿物为斜长石-石英组合。石英含量很高，与斜长石基本相差不大。岩屑含量低，且远低于斜长石和石英含量。这些都表明，沉积物成分成熟度较高。生物碎屑集中出现于48~51 m，含量在3%~12%。钾长石在52 m以上基本延续了上一个层段的特点，但是在52 m以下钾长石迅速消失或偶见。云母类矿物含量明显增多，波动较为稳定，但以白云母为主，黑云母次之，这与其上的层段相异，指示物源的变化。

6）60.50~70.60 m

该层位岩心重矿物平均含量为2.03%，分布范围为0.96%~2.98%，标准偏差为0.58%，相对标准偏差为28.55%。平均颗粒百分含量大于5%的重矿物有5种，分别是普通角闪石（33.71%）、石榴石（16.65%）、绿帘石（12.37%）、阳起石/透闪石（5.55%）和钛铁矿（5.37%）；含量在1%~5%的矿物依次为白钛石（3.24%）、电气石（3.19%）、自生黄铁矿（3.12%）、金红石（2.62%）、榍石（1.87%）、（斜）黝帘石（1.88%）、锆石（1.12%）和赤（褐）铁矿（1.02%）；

含量在1%以下的矿物主要是白云母（0.73%）、黑云母（0.73%）、磁铁矿（0.67%）、单斜辉石（0.65%）、绿泥石（0.48%）等。

轻矿物平均含量为97.19%，分布范围为96.07%~98.22%，标准偏差为0.61%，相对标准偏差为0.63%。轻矿物主要组分是石英（42.10%）和斜长石（40.22%），此外，还含有少量的岩屑（6.70%）、白云母（2.76%）、钾长石（2.47%）、海绿石（2.05%）、绿泥石（1.95%）、黑云母（0.89%）和碳酸盐（0.34%）等。

该层位重矿物含量较低，分布稳定，波动较小。普通角闪石从上向下有逐步增加的趋势，而石榴石和绿帘石从上向下逐步减少。阳起石/透闪石和钛铁矿集中分布于66 m以上，66 m以下含量很低。白钛石和电气石从上向下也有逐步增加的趋势。自生黄铁矿主要出现于69~70.6 m，其他层位含量很低。重矿物组合为普通角闪石-石榴石-绿帘石-阳起石/透闪石-钛铁矿，稳定矿物主要有石榴石、钛铁矿、白钛石、电气石、金红石和榍石等。

轻矿物为石英-斜长石组合。石英含量很高，与斜长石基本相差不大。岩屑含量低，但与其他层段相比，有升高的趋势。云母类矿物含量延续上一层段的特点，还是以白云母为主，黑云母次之。海绿石和绿泥石含量升高是本层位轻矿物组分的重要特征。两者均在65.5~70.6 m显著增加，其含量为1%~7%。

4.1.3.3　DLC70-3孔

本孔沉积物重矿物平均含量为3.29%，分布范围为0.03%~69.12%，标准偏差为7.71%，相对标准偏差为234.5%。岩心轻矿物平均含量为95.13%，分布范围为30.88%~100%，标准偏差为8.48%，相对标准偏差为8.91%。

总体来看，钻孔沉积物中平均颗粒百分含量大于5%的重矿物有4种，分别是普通角闪石（24.93%）、自生黄铁矿（16.45%）、绿帘石（9.11%）和石榴石（5.80%）；含量在1%~5%的矿物依次为磁赤（褐）铁矿（4.83%）、赤（褐）铁矿（4.80%）、岩屑（4.11%）、黑云母（2.82%）、自生磁黄铁矿（2.34%）、白云母（1.91%）、绿泥石（1.89%）、磁铁矿（1.86%）、自生重晶石（1.77%）、生物碎屑（1.66%）、电气石（1.41%）、白钛石（1.25%）和榍石（1.11%）；含量在1%以下的矿物主要有阳起石/透闪石、风化云母、磷灰石、钛铁矿、（斜）黝帘石、金红石、单斜辉石、蓝晶石、锆石、碳酸盐、菱铁矿、黄铁矿和金云母等。

轻矿物主要有石英（29.70%）、斜长石（28.98%）、岩屑（22.02%）和白云母（7.12%），4种组分约占轻矿物总量的87.82%。此外，还含有少量的黑云母（3.58%）、生物碎屑（2.90%）、钾长石（1.64%）、绿泥石（1.31%）、海绿石（0.91%）和有机质（0.83%）等。

根据碎屑矿物含量分布和组合特征，将该站位沉积地层划分为6层（图4-12至图4-14）。

1）0~4.50 m

该层位岩心重矿物平均含量为0.74%，分布范围为0.19%~1.20%，标准偏差为0.303%，相对标准偏差为41.13%。平均颗粒百分含量大于5%的重矿物仅3种，分别是普通角闪石（43.62%）、绿帘石（11.13%）和绿泥石（5.23%）；含量在1%~5%的矿物种类较多，依次为石榴石（4.83%）、生物碎屑（4.48%）、自生黄铁矿（4.35%）、白钛石（3.92%）、黑云母（3.71%）、白云母（1.89%）、电气石（1.76%）、（斜）黝帘石（1.73%）、赤（褐）铁矿（1.65%）、金红石（1.54%）、榍石（1.43%）、磷灰石（1.35%）和风化云母（1.15%）；含量在1%以下的矿物主要是钛铁矿（0.43%）、碳酸盐（0.26%）、单斜辉石（0.26%）、锆石（0.18%）和金云母

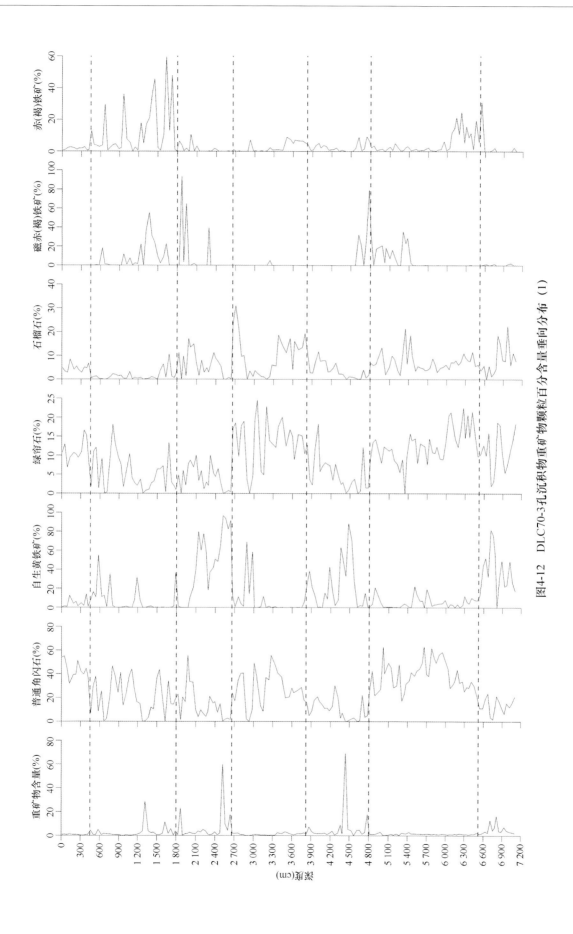

图4-12　DLC70-3孔沉积物重矿物颗粒百分含量垂向分布（1）

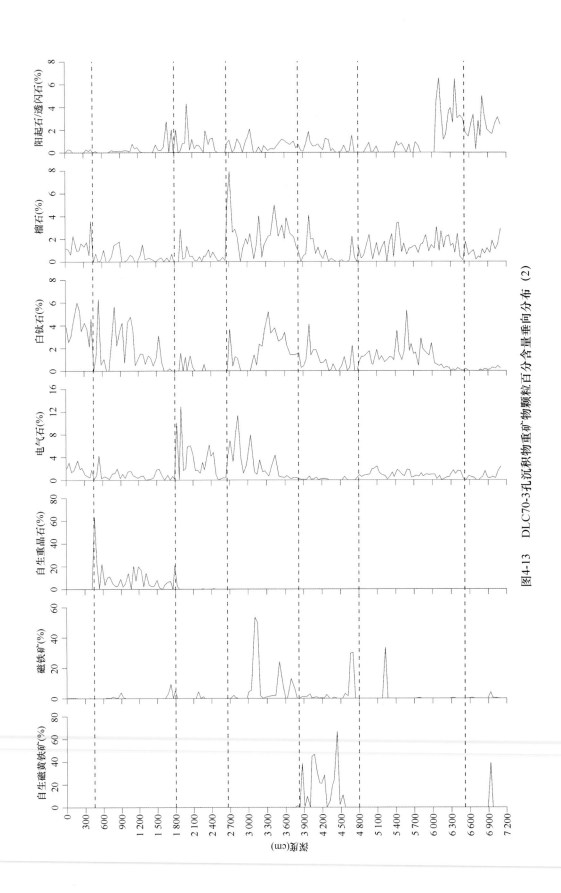

图4-13　DLC70-3孔沉积物重矿物颗粒百分含量垂向分布（2）

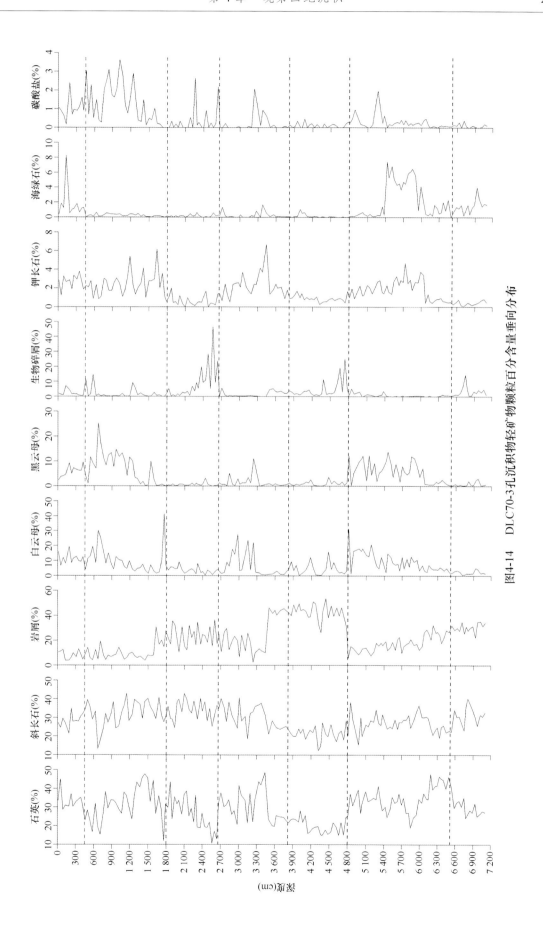

图4-14　DLC70-3孔沉积物轻矿物颗粒百分含量重向分布

（0. 15%）等。

轻矿物平均含量为97. 98%，分布范围为96. 52%~99. 19%，标准偏差为0. 77%，相对标准偏差为0. 784%。轻矿物主要组分有石英（33. 55%）、斜长石（28. 35%）、白云母（11. 57%）、岩屑（8. 32%）和黑云母（5. 89%），此外，还含有少量的绿泥石（4. 51%）、钾长石（2. 67%）、生物碎屑（1. 99%）、海绿石（1. 76%）和碳酸盐（1. 03%）等。

该层重矿物含量低，从上向下有逐步减少的趋势。普通角闪石、绿帘石、绿泥石和石榴石等主要的重矿物种类，含量波动不大。自生黄铁矿1 m以上含量低，1 m以下含量明显增高。重矿物组合为普通角闪石-绿帘石-绿泥石，稳定矿物主要有石榴石、白钛石、电气石、赤（褐）铁矿和金红石等。轻矿物为石英-斜长石-白云母-岩屑组合，这几种主要的轻矿物组分含量均较为稳定，波动不大。云母类矿物含量高是该层位轻矿物分布的重要特征，这主要是因为本孔邻近环山东半岛泥质沉积区，而云母类矿物多近岸分布所致。另外，轻矿物组分中还含有少量的生物碎屑和海绿石，两者分布特征具有一定的相似性。

2）4. 50~18. 00 m

该层位岩心重矿物平均含量为2. 84%，分布范围为0. 07%~28. 57%，标准偏差为5. 23%，相对标准偏差为184. 2%。平均颗粒百分含量大于5%的重矿物有7种，分别是普通角闪石（21. 02%）、赤（褐）铁矿（12. 62%）、自生重晶石（9. 62%）、磁赤（褐）铁矿（8. 10%）、自生黄铁矿（7. 58%）、黑云母（6. 10%）和绿帘石（5. 39%）；含量在1%~5%的矿物依次为绿泥石（4. 89%）、白云母（4. 67%）、白钛石（1. 69%）、石榴石（1. 47%）和风化云母（1. 40%）；含量在1%以下的矿物主要是磷灰石（0. 84%）、电气石（0. 82%）、磁铁矿（0. 75%）、榍石（0. 40%）、单斜辉石（0. 29%）和阳起石/透闪石（0. 28%）等。

轻矿物平均含量为95. 61%，分布范围为57. 14%~99. 29%，标准偏差为7. 85%，相对标准偏差为8. 22%。轻矿物主要组分有斜长石（32. 22%）、石英（31. 46%）、岩屑（10. 39%）、白云母（10. 01%）和黑云母（7. 11%），此外，还含有少量的钾长石（2. 39%）、绿泥石（2. 14%）、生物碎屑（1. 84%）和碳酸盐（1. 27%）等。

该层与上一层位相比，重矿物含量明显提高，峰值出现在12~18 m。重矿物组合为普通角闪石-赤（褐）铁矿-自生重晶石-磁赤（褐）铁矿-自生黄铁矿-绿帘石，稳定矿物主要有磁赤（褐）铁矿、白钛石、石榴石、磷灰石和电气石等。该层位一些主要的重矿物种类含量波动幅度很大。普通角闪石在0~40%波动，无明显规律性。铁氧化物型矿物赤（褐）铁矿和磁赤（褐）铁矿含量非常高，具有典型意义，两者分布也较为相似，主要分布于12~18 m。自生黄铁矿主要分布于4. 5~8 m，最高可达55%。自生重晶石含量很高，出现于整个层位，且分布较为均匀，其含量主要介于0~20%。轻矿物为斜长石-石英-岩屑-白云母-黑云母组合，斜长石、石英和岩屑含量变化较为稳定，波动不大。白云母和黑云母的分布特征非常相似，具有从上向下呈逐步减少的趋势。

3）18. 00~26. 60 m

该层位岩心重矿物平均含量为6. 84%，分布范围为0. 329%~60. 00%，标准偏差为13. 16%，相对标准偏差为192. 3%。平均颗粒百分含量大于5%的重矿物有4种，分别是自生黄铁矿（44. 28%）、普通角闪石（14. 14%）、磁赤（褐）铁矿（9. 23%）和石榴石（6. 19%）；含量在1%~5%的矿物依次为绿帘石（4. 22%）、生物碎屑（3. 85%）、电气石（3. 32%）、黑云母（2. 37%）和赤（褐）铁矿（1. 40%）；含量在1%以下的矿物主要是白云母（0. 86%）、绿泥石（0. 77%）、阳起石/透闪石（0. 75%）、钛铁矿（0. 60%）、榍石（0. 49%）、风化云母（0. 37%）、单斜辉石（0.36%）和磁铁矿（0.25%）等。

轻矿物平均含量为 90.94%，分布范围为 31.43%~100.0%，标准偏差为 14.60%，相对标准偏差为 16.05%。轻矿物主要组分有斜长石（34.08%）、石英（26.28%）、岩屑（23.31%）和生物碎屑（8.87%），此外，还含有少量的白云母（3.70%）、绿泥石（0.79%）、钾长石（0.64%）和黑云母（0.59%）等。

该层整段重矿物含量高，25~26.6 m 尤为显著，峰值可达 60%。自生黄铁矿主要分布于 20 m 以下，含量非常高；而本区常见的一些重矿物，如普通角闪石、石榴石等，相对含量明显偏低且波动大，这主要是被自生黄铁矿的高含量稀释所致。普通角闪石和石榴石主要分布于 21 m 以上的层段，绿帘石整体变化较为平稳。磁赤（褐）铁矿有 2 个显著的峰值分布于 18.00~19.5 m 的层段，而其他深度含量低或没有。重矿物组合可表示为自生黄铁矿-普通角闪石-石榴石-绿帘石，虽然磁赤（褐）铁矿平均含量也较高，但其出现具有较大的随机性，不过也反映了该层位铁氧化物含量较高的背景。轻矿物为斜长石-石英-岩屑-生物碎屑组合。与上一层位相比，石英含量降低，且从上向下呈逐步降低的趋势；岩屑含量显著增加，高位波动，变化较为稳定，指示沉积物成分成熟度显著降低。本层位生物碎屑含量高，从上向下逐步升高，高含量区主要分布于 23~26.6 m，最高可达 46%。云母类矿物含量低，主要以白云母为主，黑云母含量少。

4）26.60~38.20 m

该层位岩心重矿物平均含量为 1.20%，分布范围为 0.029%~3.33%，标准偏差为 0.875%，相对标准偏差为 73.02%。平均颗粒百分含量大于 5% 的重矿物有 6 种，分别是普通角闪石（27.97%）、绿帘石（13.54%）、石榴石（9.94%）、自生黄铁矿（7.71%）、磁铁矿（6.96%）和岩屑（6.68%）；含量在 1%~5% 的矿物依次为电气石（2.93%）、赤（褐）铁矿（2.49%）、榍石（2.48%）、黑云母（1.94%）、白钛石（1.76%）和白云母（1.60%）；含量在 1% 以下的矿物主要是绿泥石（0.75%）、金红石（0.71%）、阳起石/透闪石（0.66%）、磷灰石（0.58%）、锆石（0.55%）和风化云母（0.50%）等。

轻矿物平均含量为 97.10%，分布范围为 91.03%~100.0%，标准偏差为 1.80%，相对标准偏差为 1.85%。轻矿物主要组分有石英（30.47%）、斜长石（30.37%）和岩屑（24.36%），此外，还含有少量的白云母（6.85%）、钾长石（2.26%）、黑云母（1.71%）、生物碎屑（1.36%）、绿泥石（0.94%）和风化云母（0.89%）等。

整段岩心重矿物含量低，28~33.5 m 是明显的低值区。一些主要的重矿物组分，如普通角闪石、绿帘石、石榴石等，含量波动较大。与其他层位相比，本层位石榴石含量高，主要分布于 29 m 以上和 34 m 以下的深度。自生黄铁矿主要分布于 30 m 以上的深度，具有较大的随机性。磁铁矿含量高是本层位的又一重要特征，其峰值主要分布于 31~32 m 和 35~38 m，最高可达 50%。赤（褐）铁矿主要分布于 35 m 以下的深度，与磁铁矿的分布特征较为吻合，说明赤（褐）铁矿可能主要源于磁铁矿的氧化和水化作用，两者具有明显的因果关系。电气石从上向下呈振荡减少的趋势，白钛石从上向下则有逐渐增加的趋势。榍石含量总体上较为稳定。重矿物组合可表示为普通角闪石-绿帘石-石榴石-自生黄铁矿，稳定矿物种类较多，主要有石榴石、电气石、赤（褐）铁矿、榍石、白钛石等。轻矿物为石英-斜长石-岩屑组合。石英含量与斜长石相当，岩屑含量高，说明沉积物成分成熟度低。云母类矿物含量较高，以白云母为主，黑云母含量低，两者分布特征非常相似，高值区主要出现于 28~32.5 m。

5）38.20~48.00 m

该层位岩心重矿物平均含量为 6.38%，分布范围为 0.175%~69.12%，标准偏差为 13.86%，相对标准偏差为 217.3%。平均颗粒百分含量大于 5% 的重矿物有 6 种，分别是自生黄铁矿（22.81%）、自生磁黄铁矿（15.48%）、岩屑（12.57%）、普通角闪石（10.20%）、磁赤（褐）铁矿（6.75%）和绿帘石（5.39%）；含量在 1%～5% 的矿物依次为石榴石（3.91%）、磁铁矿（3.18%）、赤（褐）铁矿（2.45%）、白云母（1.71%）和生物碎屑（1.46%）；含量在 1% 以下的矿物主要是白钛石（0.88%）、榍石（0.72%）、绿泥石（0.71%）、黑云母（0.62%）、菱铁矿（0.56%）、阳起石/透闪石（0.51%）和磷灰石（0.34%）等。

轻矿物平均含量为 92.04%，分布范围为 30.88%～100%，标准偏差为 13.74%，相对标准偏差为 14.93%。轻矿物主要组分有岩屑（42.33%）、斜长石（21.44%）和石英（19.90%），此外，还含有少量的生物碎屑（4.59%）、白云母（4.40%）、有机质（4.29%）、黑云母（0.97%）和钾长石（0.89%）等。

本层重矿物含量高，高值区主要出现于 44～48 m，这主要是由于自生黄铁矿和自生磁黄铁矿等自生矿物含量高所致。这两种矿物含量波动很大，具有重要指相意义。自生黄铁矿高值区主要出现于 42～46 m，最高达 88%；而自生磁黄铁矿则主要分布于 40～45 m，最高可达 66%。该层位磁赤（褐）铁矿、磁铁矿和赤（褐）铁矿等铁氧化物型矿物含量也很高。磁赤（褐）铁矿虽然仅出现于 46～48 m，但最高值可达 79%。磁铁矿在 47 m 附近也有两个高达 30% 的高值点。赤（褐）铁矿在 46～48 m 也是一个高值区，但在 38～46 m 呈逐步降低的趋势。普通角闪石、绿帘石和石榴石等常见的重矿物，相对含量都明显偏低，且波动较大，从上向下呈逐步降低的趋势。重矿物组合可表示为自生黄铁矿-自生磁黄铁矿-普通角闪石-磁赤（褐）铁矿-绿帘石，稳定矿物种类较多，主要有石榴石、磁铁矿、赤（褐）铁矿、白钛石、榍石等。轻矿物为岩屑-斜长石-石英组合。该层位岩屑含量很高，大于斜长石和石英之和，说明沉积物成分成熟度很低。生物碎屑含量相对较高，从上向下呈逐步增加的趋势，在 46～48 m 出现峰值区，最高达 24%。生物碎屑与自生黄铁矿、赤（褐）铁矿等的峰值在 46～48 m 的叠加有助于判别古沉积环境，具有重要指示意义。白云母和黑云母的分布特征非常相似，仍以白云母为主，但两者的含量均明显低于上一个层位。

6）48.00～65.20 m

该层位岩心重矿物平均含量为 1.28%，分布范围为 0.211%～2.98%，标准偏差为 0.585%，相对标准偏差为 45.57%。平均颗粒百分含量大于 5% 的重矿物仅 4 种，分别是普通角闪石（38.81%）、绿帘石（12.61%）、石榴石（7.17%）和磁赤（褐）铁矿（5.05%）；含量在 1%～5% 的矿物依次为自生黄铁矿（4.92%）、赤（褐）铁矿（4.72%）、黑云母（2.52%）、岩屑（1.78%）、榍石（1.40%）、生物碎屑（1.39%）、白云母（1.31%）、绿泥石（1.23%）、白钛石（1.19%）和阳起石/透闪石（1.19%）；含量在 1% 以下的矿物主要是电气石（0.98%）、磷灰石（0.95%）、磁铁矿（0.81%）、蓝晶石（0.64%）、金红石（0.62%）和（斜）黝帘石（0.47%）等。

轻矿物平均含量为 97.46%，分布范围为 94.59%～100%，标准偏差为 1.27%，相对标准偏差为 1.31%。轻矿物主要组分有石英（34.31%）、斜长石（26.76%）、岩屑（17.81%）和白云母（9.01%），此外，还含有少量的黑云母（5.45%）、海绿石（2.21%）、钾长石（1.82%）、绿泥石（1.21%）和生物碎屑（0.60%）等。

本层重矿物含量较低，55 m 以上波动较大，其中 50～53 m 是明显的低值区，其他部位含量较为稳定，分布较为均匀。重矿物含量以普通角闪石、绿帘石和石榴石为主，含量波动较为稳定，其次为自生黄铁矿、磁赤（褐）铁矿和赤（褐）铁矿。自生黄铁矿含量波动较大，其中 50～55 m 含量很低。磁赤（褐）铁矿集中分布于 48~54 m，最高可达 35%，其他部位含量很低。赤（褐）铁矿则集中分布于 60~65.2 m，最高可达 24%，其他部位含量很低。榍石含量在 0~3% 波动，无明显规律性。白钛石高值区出现于 54~60 m，60 m 以下含量很低。阳起石/透闪石高值区集中出现于 60 m 以下，而其他部位含量很低。重矿物组合可表示为普通角闪石-绿帘石-石榴石，稳定矿物主要有磁赤（褐）铁矿、赤（褐）铁矿、榍石、白钛石等。轻矿物为石英-斜长石-岩屑组合。与上一层位相比，该层位岩屑含量显著降低，石英含量较高，说明沉积物成分成熟度明显提高。白云母和黑云母含量都比较高，且两者分布具有明显的相似性。白云母从上向下呈逐步降低的趋势，高值区在 60.5 m 以上。黑云母从上向下也呈逐步降低的趋势，高值区在 59.5 m 以上。本层位还含有一定量的海绿石，其中 54~60 m 是明显的高值区，最高可达 7%。

7）65.20~71.20 m

该层位岩心重矿物平均含量为 5.04%，分布范围为 1.12%~16.46%，标准偏差为 4.26%，相对标准偏差为 84.62%。平均颗粒百分含量大于 5% 的重矿物仅 4 种，分别是自生黄铁矿（38.11%）、普通角闪石（13.44%）、绿帘石（11.00%）和石榴石（7.99%）；含量在 1%~5% 的矿物依次为生物碎屑（2.99%）、自生磁黄铁矿（2.61%）、赤（褐）铁矿（2.42%）、阳起石/透闪石（2.35%）、钛铁矿（1.85%）和榍石（1.08%）；含量 1% 以下的主要是蓝晶石（0.83%）、电气石（0.65%）、锆石（0.58%）、风化云母（0.56%）、磁赤（褐）铁矿（0.51%）、黑云母（0.42%）和磁铁矿（0.37%）等。

轻矿物平均含量为 93.51%，分布范围为 82.54%~97.29%，标准偏差为 4.64%，相对标准偏差为 4.96%。轻矿物主要组分有斜长石（30.97%）、岩屑（30.42%）和石英（29.64%），此外，还含有少量的生物碎屑（3.38%）、白云母（2.18%）、海绿石（1.50%）、黑云母（0.77%）和钾长石（0.42%）等。

本层重矿物含量较高，67~69.5 m 是明显的高值区，其他部位含量较为稳定。自生黄铁矿是本层位最重要的重矿物，含量很高，最高可达 81%。其他重矿物种类主要是普通角闪石、绿帘石和石榴石，相对含量较低，且波动较大。自生磁黄铁矿和赤（褐）铁矿虽然也有一定含量，但其分布具有很大的随机性。钛铁矿、榍石和电气石含量低，从上向下呈逐步振荡增高的趋势。重矿物组合为自生黄铁矿-普通角闪石-绿帘石-石榴石，稳定矿物主要有钛铁矿、蓝晶石、榍石和电气石等。轻矿物为斜长石-岩屑-石英组合。本层位岩屑含量高，与石英含量相当，说明沉积物成分成熟度低。生物碎屑含量较高，67 m 以下尤为明显。云母类矿物含量少，仍以白云母为主。本层位仍含有一定量的海绿石，从上向下呈逐步增高的趋势，最高值为 4%。

4.1.4 钻孔沉积物黏土矿物特征

4.1.4.1 DLC70-1 孔

黏土矿物含量变化如表 4-2 所示。蒙脱石的含量变化范围为 0.8%~30.0%，平均值为 11.7%；伊利石的含量变化范围为 44.5%~75.2%，平均值 62.8%；高岭石的含量变化范围为 6.9%~14.2%，平均值为 11.0%；绿泥石的含量变化范围为 8.9%~22.3%，平均值为 14.5%。

表 4-2 DLC70-1 孔沉积物黏土矿物特征

层位（m）	样品数	含量变化（%）	蒙脱石	伊利石	高岭石	绿泥石
0~18.30	43	变化范围	11.2~24.8	44.5~67.9	8.1~13.6	11.1~22.3
		平均值	16.1	58.1	10.5	15.3
18.30~23.20	10	变化范围	0.8~22.3	58.1~71.8	8.1~11.7	11.5~17.3
		平均值	8.6	67.4	10.0	14.0
23.20~49.00	55	变化范围	9.4~23.9	50.5~61.6	10.1~12.6	12.5~19.5
		平均值	15.5	57.2	11.5	15.8
49.00~56.90	20	变化范围	2.3~7.9	61.7~71.6	10.8~13.5	14.4~17.7
		平均值	6.4	65.4	11.9	16.2
56.90~61.80	9	变化范围	9.3~30.0	46.8~63.6	8.5~11.4	10.2~15.9
		平均值	21.0	55.9	10.0	13.0
61.80~70.20	20	变化范围	8.2~17.1	58.3~68.2	9.7~11.7	12.7~14.7
		平均值	12.0	63.7	10.7	13.6

DLC70-1 孔中各黏土矿物含量垂向上的变化特征（图 4-15）表现为：伊利石的含量变化与蒙脱石呈明显的负相关，即蒙脱石的含量与伊利石在垂向上的变化具有很好的镜像关系，表现出此消彼长的垂向变化特征。此外，绿泥石与高岭石含量呈明显的正相关，而它们与蒙脱石和伊利石相关性不明显。

根据黏土矿物含量的垂向变化，可将 DLC70-1 孔沉积物分为 6 段（图 4-15）：0~18.30 m 段，蒙脱石与伊利石含量波动较小，含量较高（表 4-2），蒙脱石含量自上而下逐渐增加，伊利石含量逐渐减少，高岭石与绿泥石含量波动幅度相对较大，变化趋势不明显；18.30~23.20 m 段，蒙脱石含量较低，平均值为 8.6%，伊利石含量较高，平均值为 67.4%，蒙脱石与伊利石含量在该段变化趋势不明显，绿泥石与高岭石含量较低，自上而下均显示逐渐增加的趋势；23.20~49.00 m 段，该段蒙脱石含量变化较大，平均值为 15.5%，含量较上段有所增加，变化趋势自上而下逐渐增加，伊利石含量相对较低，平均值为 57.2%，含量自上而下逐渐减少，绿泥石与高岭石在该段波动幅度较大，含量较上段均有所增加，变化趋势不明显；49.00~56.90 m 段，蒙脱石含量为全孔最低，平均值为 6.4%，伊利石含量相对较高，平均值为 65.4%，两者变化趋势在该段均不明显，绿泥石与高岭石含量较上段有所增加；56.90~61.80 m 段，蒙脱石含量变化较大，含量为全孔最高，平均为 21.0%，伊利石含量相应为全孔最低，平均值为 55.9%，该段绿泥石与高岭石含量也为全孔最低，平均值分别为 13.0% 与 10.0%；61.80~70.20 m 段，蒙脱石含量较上段有所降低，含量平均为 12.0%，伊利石含量较上段有所增加，平均为 63.7%，绿泥石与高岭石含量较上段也有所增加，平均值分别为 13.6% 与 10.7%，该段各黏土矿物的波动幅度较小。

DLC70-1 孔岩心沉积物中黏土矿物的组合类型特征如表 4-3 和图 4-16 所示。其与海域表层沉积物黏土矿物的组合类型有所不同。DLC70-1 孔沉积物中黏土矿物的共生组合可分为 4 种类型：Ⅰ型，伊利石-绿泥石-高岭石-蒙脱石；Ⅱ型，伊利石-绿泥石-蒙脱石-高岭石；Ⅲ型，伊利石-蒙脱石-绿泥石-高岭石；Ⅳ型，伊利石-高岭石-绿泥石-蒙脱石。

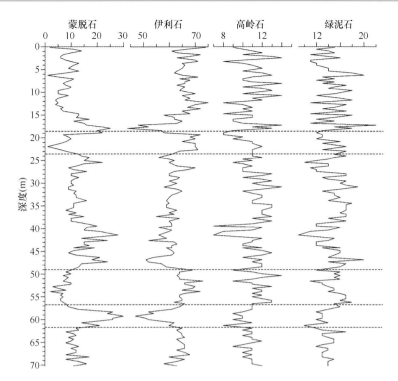

图 4-15　DLC70-1 孔黏土矿物百分含量（%）垂向分布

表 4-3　3 个钻孔沉积物黏土矿物组合类型统计

钻孔	样品数	组合类型频数	Ⅰ型	Ⅱ型	Ⅲ型	Ⅳ型	Ⅴ型	Ⅵ型
DLC70-1	157	样品数	78	38	38	3		
		百分比（%）	49.7	24.2	24.2	1.9		
DLC70-2	166	样品数	54	45	67			
		百分比（%）	32.5	27.1	40.4			
DLC70-3	172	样品数	34	73	26	8	18	13
		百分比（%）	19.8	42.4	15.1	4.7	10.5	7.6

　　DLC70-1 孔沉积物中黏土矿物组合类型较为分散，其主要类型Ⅰ型占比 49.7%，Ⅱ型与Ⅲ型占比均为 24.2%，Ⅳ型仅有 3 个层位样品，占比 1.9%。

　　DLC70-1 孔位于渤海东部海域，沉积物来源以黄河物质为主。

4.1.4.2　DLC70-2 孔

　　DLC70-2 孔沉积物中黏土矿物含量变化如表 4-4 和图 4-17 所示，蒙脱石的变化范围为 0.2%～39.0%，平均值为 13.3%；伊利石的变化范围为 42.1%～78.2%，平均值 63.3%；高岭石的变化范围为 5.8%～14.0%，平均值为 10.1%；绿泥石的变化范围为 6.9%～20.7%，平均值为 13.3%。

　　DLC70-2 孔中各黏土矿物含量垂向上的变化特征（图 4-17）显示，伊利石的含量变化与蒙脱石呈明显的负相关，伊利石含量与蒙脱石在垂向上表现出很好的此消彼长的变化特征。此外，伊利石含量与绿泥石和高岭石在 0～45.42 m、48.90～60.72 m 两段也呈明显的负相关，在 45.42～48.90 m、60.72～70.60 m 两段呈正相关。而在蒙脱石、绿泥石与高岭石之间，绿泥石与高岭石呈明显的正相关，蒙脱石含量在 0～45.42 m、48.90～60.72 m 两段与绿泥石和高岭石呈明显正相关，

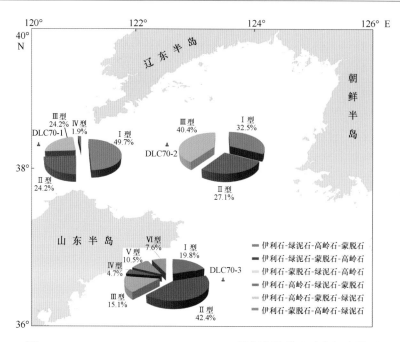

图 4-16 DLC70-1、DLC70-2、DLC70-3 孔沉积物黏土矿物组合类型

在 45.42~48.90 m、60.72~70.60 m 两段与绿泥石和高岭石呈负相关。

全孔蒙脱石含量变化最大，0~5.10 m、10.01~23.30 m、32.10~45.42 m 及 48.90~70.60 m 4 段为蒙脱石含量高值区，伊利石含量相对较低，其中 60.72~69.23 m 段蒙脱石含量为全孔最高，伊利石含量为全孔最低（表4-4），而 5.10~10.01 m、23.30~32.10 m 及 45.42~48.90 m 段为蒙脱石含量低值区，此 3 段中伊利石含量则相对较高。绿泥石与高岭石含量在 0~5.10 m、10.01~23.30 m、32.10~45.42 m 及 48.90~60.72 m 段相对较高，而在 5.10~10.01 m、23.30~32.10 m、45.42~48.90 m 及 60.72~70.60 m 段相对较低。

表 4-4 DLC70-2 孔不同层位沉积物黏土矿物特征

层位（m）	样品数	含量变化（%）	蒙脱石	伊利石	高岭石	绿泥石
0~5.10	12	变化范围	8.9~17.3	60.6~71.3	7.4~13.6	9.0~16.9
		平均值	13.0	64.4	10.2	12.5
5.10~10.02	13	变化范围	4.7~12.8	61.8~76.8	7.1~12.2	9.7~18.5
		平均值	8.0	69.2	9.3	13.5
10.02~23.30	26	变化范围	6.5~20.7	50.1~64.1	9.6~12.7	12.9~18.6
		平均值	12.3	60.0	11.5	16.2
23.30~32.10	21	变化范围	3.5~9.2	70.5~78.2	7.1~10.5	8.4~13.4
		平均值	6.1	74.1	9.0	10.8
32.10~45.42	32	变化范围	0.2~16.0	56.7~70.0	8.9~13.5	13.2~18.4
		平均值	12.2	60.8	11.0	16.0
45.42~48.90	8	变化范围	5.6~8.5	65.7~74.2	9.3~11.0	10.6~16.5
		平均值	6.8	69.0	10.3	13.9
48.90~60.72	30	变化范围	11.5~15.0	61.3~66.1	8.8~11.4	11.0~14.6
		平均值	13.2	64.1	10.0	12.7

续表

层位（m）	样品数	含量变化（%）	蒙脱石	伊利石	高岭石	绿泥石
60.72~69.23	20	变化范围	16.6~38.0	46.1~62.8	5.8~10.4	6.9~12.8
		平均值	29.1	51.9	8.4	10.6
69.23~70.60	4	变化范围	11.4~16.6	59.2~63.3	9.5~11.0	13.1~14.3
		平均值	14.4	61.7	10.2	13.7

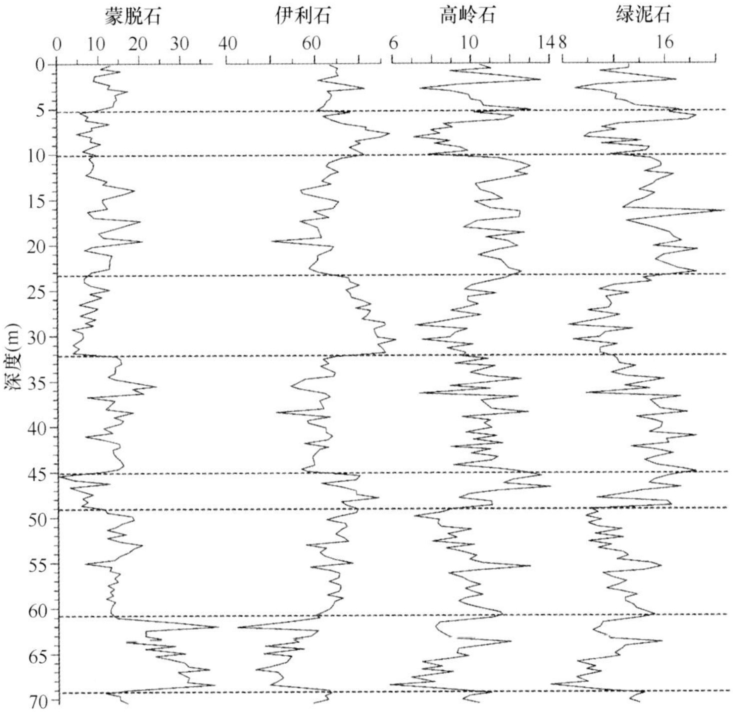

图 4-17　DLC70-2 孔黏土矿物百分含量（%）垂向分布

DLC70-2 孔黏土矿物的共生组合类型特征如表 4-3 和图 4-16 所示，其与该海海域表层沉积物黏土矿物的组合类型特征相似，而与同一海域柱状样黏土矿物组合类型有所不同。DLC70-2 孔沉积物中黏土矿物的共生组合可分为 3 种组合类型：Ⅰ型，伊利石-绿泥石-高岭石-蒙脱石；Ⅱ型，伊利石-绿泥石-蒙脱石-高岭石；Ⅲ型，伊利石-蒙脱石-绿泥石-高岭石。

DLC70-2 孔沉积物中黏土矿物组合类型相对分散，其中Ⅰ型占比 32.5%，Ⅱ型占比 27.1%，Ⅲ型占比 40.4%。

DLC70-2 孔位于北黄海中部泥质区西北部边缘，该区水动力复杂，辽南沿岸流、山东半岛沿岸流、黄海暖流在此交汇，沉积物的粒度相对较细，沉积物来源以辽东半岛东南岸入海河流、黄河物质为主，有少量长江物质的影响。

4.1.4.3　DLC70-3 孔

DLC70-3 孔沉积物中黏土矿物含量变化如表 4-5 和图 4-18 所示，蒙脱石的含量变化范围为 2.1%~31.2%，平均值为 10.7%；伊利石的含量变化范围为 47.4%~74.7%，平均值为 66.2%；高岭石的含量变化范围为 3.2%~21.6%，平均值为 9.2%；绿泥石的含量变化范围为 1.1%~24.9%，平均值为 14.0%。

表 4-5 DLC70-3 孔不同层位沉积物黏土矿物特征

层位（m）	样品数	含量变化（%）	蒙脱石	伊利石	高岭石	绿泥石
0～33.84	82	平均值	10.1	65.4	8.6	15.9
		变化范围	2.1～16.0	53.9～74.3	3.2～21.6	1.1～24.7
33.84～62.34	68	平均值	12.1	66.1	10.0	11.8
		变化范围	6.0～31.2	47.4～74.6	3.5～16.6	7.2～24.9
62.34～71.04	22	平均值	8.8	69.8	8.6	12.8
		变化范围	5.6～12.4	64.2～74.7	5.4～14.4	3.8～16.3

DLC70-3 孔黏土矿物含量垂向变化特征（图 4-18）表明，伊利石的含量变化与蒙脱石呈负相关，伊利石含量与蒙脱石表现出很好的此消彼长的变化特征。此外，绿泥石含量与高岭石呈负相关，伊利石含量与绿泥石和高岭石相关性不明显。

根据黏土矿物含量的垂向变化，可将 DLC70-3 孔沉积物分为 3 段：0～33.84 m 段，蒙脱石与伊利石含量波动较小（表 4-5），蒙脱石含量自上而下先减少后增加，伊利石先增加后减少，高岭石与绿泥石波动幅度相对较大，在 17.20～17.30 m 处出现高岭石含量的最高值与绿泥石含量的最低值；33.84～62.34 m 段，蒙脱石含量变化较大，含量较上段有所增加，在 33.84～35.00 m 与 43.00～44.00 m 两处出现蒙脱石含量最高值，此两处伊利石含量相对较低，其中 43.0～44.00 m 处对应高岭石含量的低值区与绿泥石含量的高值区；62.34～71.04 m 段，蒙脱石含量较上段有所降低，伊利石含量有所增加，各黏土矿物的波动幅度较小。

DLC70-3 孔沉积物黏土矿物的共生组合类型特征如表 4-3 和图 4-16 所示，其与该海域表层沉积物黏土矿物的组合类型有所不同。DLC70-2 孔沉积物中黏土矿物的共生组合可分为 6 种组合类型：Ⅰ型，伊利石-绿泥石-高岭石-蒙脱石；Ⅱ型，伊利石-绿泥石-蒙脱石-高岭石；Ⅲ型，伊利石-蒙脱石-绿泥石-高岭石；Ⅳ型，伊利石-高岭石-绿泥石-蒙脱石；Ⅴ型，伊利石-高岭石-蒙脱石-绿泥石；Ⅵ型，伊利石-蒙脱石-高岭石-绿泥石。

DLC70-3 孔沉积物中黏土矿物组合类型比较分散，其主要类型Ⅱ型占比为 42.4%，Ⅰ型、Ⅱ型与Ⅴ型占比分别为 19.8%、15.1% 与 10.5%，而Ⅳ型与Ⅵ型占比较低，分别为 4.7% 与 7.6%。

DLC70-3 孔位于南黄海中部泥质区北部边缘，山东半岛沿岸流、黄海暖流在这里交汇，沉积物的粒度相对较细，沉积物来源以黄河物质为主，有少量长江物质的影响。

4.1.4.4 钻孔黏土矿物对比

从 DLC70-1 孔、DLC70-2 孔和 DLC70-3 孔沉积物中黏土矿物的含量垂向变化可以看出（图 4-15、图 4-17、图 4-18、表 4-6），3 个钻孔中，蒙脱石与伊利石的含量均呈明显的负相关，绿泥石与高岭石的含量均呈明显的正相关，DLC70-1 与 DLC70-3 两孔沉积物蒙脱石与绿泥石及高岭石的含量相关性不明显，而 DLC70-2 孔中蒙脱石与绿泥石及高岭石的含量相关性存在明显的分段性特征，蒙脱石含量在 0～45.42 m、48.90～60.72 m 两段与绿泥石和高岭石呈明显正相关，在 45.42～48.90 m、60.72～70.60 m 两段与绿泥石和高岭石呈负相关。3 个钻孔相比，南黄海北部 DLC70-3 孔伊利石含量最高，其次为北黄海中部 DLC70-2 孔，位于渤海东部的 DLC70-1 孔最低；而蒙脱石含量 DLC70-3 孔最低。该特征表明，长江入海物质自南黄海北部—北黄海中部—渤海东部影响逐渐减弱，而黄河入海物质呈逐渐增强的趋势。

3 个钻孔沉积物中黏土矿物共生组合类型特征明显不同，与表层沉积物及柱状样黏土矿物的组

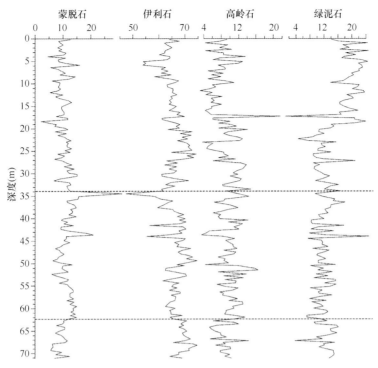

图 4-18　DLC70-3 孔黏土矿物百分含量（%）垂向分布

合类型特征也存在明显的差异。总体而言，钻孔沉积物的黏土矿物组合类型主要为Ⅰ型、Ⅱ型、Ⅲ型，其中北黄海中部 DLC70-2 孔黏土矿物相对集中，其次为渤海东部 DLC70-1 孔，而南黄海北部 DLC70-3 孔组合类型相对复杂。

黏土矿物含量比值（伊利石/蒙脱石和绿泥石/高岭石）也被用来指示不同源区黏土矿物组合（Liu et al.，2010）。3 个钻孔沉积物的黏土矿物伊利石/蒙脱石和绿泥石/高岭石物源判别图解见图 4-19。

表 4-6　钻孔沉积物黏土矿物含量统计（%）

钻孔	海区	样品数	蒙脱石	伊利石	高岭石	绿泥石
DLC70-1	渤海东部	157	1.2~30.3	19.3~75.4	7.2~27.3	9.1~32.4
			11.7	62.6	11.1	14.6
DLC70-2	北黄海中部	166	0.2~38.9	42.1~78.2	5.8~14.0	6.9~20.7
			13.3	63.3	10.1	13.3
DLC70-3	南黄海北部	172	2.1~31.2	47.4~74.7	3.2~16.6	3.8~24.9
			10.7	66.2	9.1	13.9

从图 4-19 可以看出，DLC70-1、DLC70-2 和 DLC70-3 三个钻孔沉积物主要集中分布在黄河沉积物的区间，表明本海区物源主要来自黄河入海物质；而渤海东部 DLC70-1 孔沉积物还同时受到渤海湾物质的影响，分析认为主要来自海河入海物质；南黄海北部 DLC70-3 孔与北黄海中部 DLC70-2 孔均受到来自长江入海物质的影响，且前者受影响的程度大于后者。由于 DLC70-3 孔整体粒度相对较细，而 DLC70-1 孔与 DLC70-2 孔粒度波动较大，造成某些层位黏土矿物在沉积物中所占比例较小，不具有代表性，因而这些海区黏土矿物物源示踪可行性不大，如 DLC70-1 孔少量层位沉积物落在长江区间内，总体来说，大部分层位沉积物黏土矿物规律性较强，表现出黄河入海

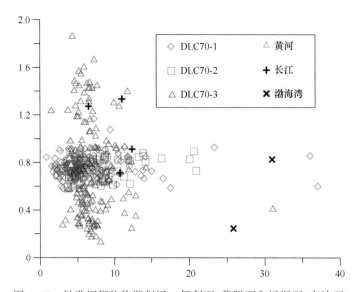

图 4-19 钻孔沉积物物源判识（伊利石/蒙脱石和绿泥石/高岭石）

资料来源：长江、黄河资料（Xu, 1983；杨作升, 1988；范德江等, 2001；Yang et al., 2003）；

渤海湾（中国科学院海洋研究所, 1985）

物质在本海区的主控物源特征。

4.1.5 钻孔沉积物地球化学特征

4.1.5.1 DLC70-1 孔

1）地球化学总体特征

沉积物常量元素分析元素有 SiO_2、Al_2O_3、TFe_2O_3、FeO、K_2O、Na_2O、CaO、MgO、P_2O_5、TiO_2、MnO、烧失量、$CaCO_3$ 和有机碳 14 项。主要化学成分的垂向分布特征如图 4-20 所示。微量元素分析了 Li、V、Cr、Co、Ni、Cu、Zn、Ga、Rb、Sr、Ba、Pb、Th、U、Cd、Mo、Hg、Se、Sb、As、Sc、Nb、Ta、Zr、Tl、S、Ge、Be、Cs 和 Hf 30 项元素。各层位沉积物微量元素特征如图 4-21 和图 4-22 所示。稀土元素分析了 15 个元素，其垂向分布如图 4-23 所示。

依据图 4-20 至图 4-23，DLC70-1 孔化学成分组合特征的变化可划分为 7 层；DLC70-1 孔沉积物中化学元素含量的垂向变化研究结果表明，元素地球化学特征与不同类型沉积物有紧密的联系，如第二层上部和下部砂含量较高，以 SiO_2 的高含量为特征，而第三层灰色黏土、灰色粉砂等细粒沉积物以 Al_2O_3、K_2O、MgO、TFe_2O_3、Li、Co、Ni、V 和 Ga 等组分的高含量为标志（图 4-20）。同一类型沉积物在不同时期形成的沉积层元素地球化学特征亦有所不同，稀土元素的分布尤其明显（图 4-23），反映了沉积环境的变化，水动力条件及氧化还原条件等因素均存在一定的差异，使元素的含量发生变化。该孔稀土元素分布与沉积物类型关系不是很明显，反映了稀土元素（REE）以其特有的地球化学性质，可用于探讨沉积物物质来源和沉积环境变化等领域。

2）常量元素含量的垂向变化

DLC70-1 孔沉积物化学成分的垂向变化与沉积物类型、沉积环境及气候变化等密切相关。根据常量元素组成的垂向变化可将其自上而下分为 7 层（图 4-20）。

第 1 层深度范围为 0～9.30 m，以 MgO、Al_2O_3、K_2O、Na_2O、P_2O_5、TiO_2、MnO、TFe_2O_3 和有

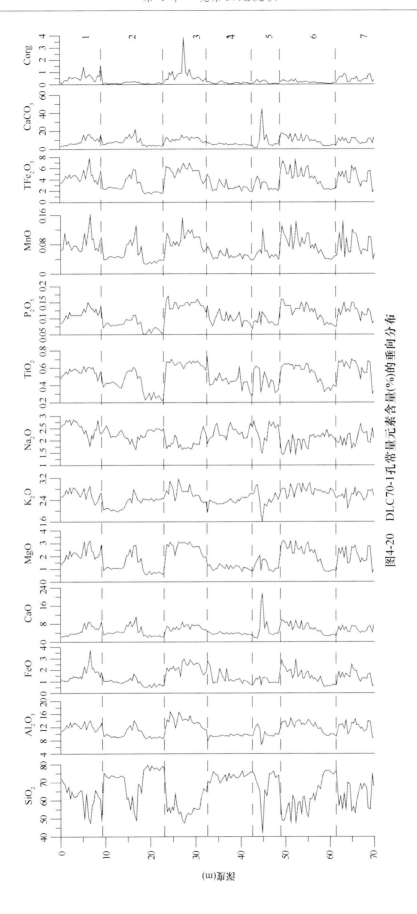

图4-20　DLC70-1孔常量元素含量(%)的垂向分布

机碳含量较高、SiO_2 含量较低为特征。该层段 K_2O 和 MnO 含量为整个岩心中的最高值。该层中部元素含量有较大波动；底部除 SiO_2 含量突然增高外，其他元素含量均迅速下降。

第 2 层深度范围为 $9.30 \sim 23.20$ m，该层段常量元素含量波动较大，上部和下部以富 SiO_2、Na_2O 和贫 Al_2O_3、MgO、CaO、TiO_2、MnO、TFe_2O_3 为特征，而中部则相反。K_2O 含量从上到下呈增加趋势。底部除 SiO_2、Na_2O 含量突然下降外，其他元素含量均迅速增高。

第 3 层深度范围为 $23.20 \sim 32.30$ m，以 Al_2O_3、MgO、MnO、TiO_2、K_2O、TFe_2O_3 含量较高和 SiO_2、Na_2O 元素含量较低为特征。该层段 Al_2O_3、MgO、MnO、TiO_2、K_2O、TFe_2O_3 等元素含量从上到下呈下降趋势，而 SiO_2、Na_2O 元素含量则呈增高趋势。

第 4 层深度范围为 $32.30 \sim 42.70$ m，该层段常量元素含量相对较为稳定，波动较小，以 SiO_2、Na_2O 元素含量处于相对高值和 Al_2O_3、MgO、MnO、TiO_2、K_2O、TFe_2O_3 含量处于相对低值为特征。TiO_2、P_2O_5、FeO 等含量从上到下逐渐降低，SiO_2 和 K_2O 在该层段呈现含量从上到下逐渐增高的趋势。其他常量元素含量在层段内虽有波动，但趋势性不强。

第 5 层深度范围为 $42.70 \sim 49.00$ m，该层段中部以 CaO 和 $CaCO_3$ 含量为岩心最高值和 SiO_2、K_2O、Na_2O 含量达到最低值为特征。TiO_2、TFe_2O_3 等元素含量从上到下逐渐减低。其他常量元素含量在层段内虽有波动，但变化不大。底部 Al_2O_3、FeO、CaO、MgO、MnO、TiO_2、P_2O_5、$CaCO_3$、TFe_2O_3 含量迅速增高，而 SiO_2、Na_2O 元素含量则突然降低。

第 6 层深度范围为 $49.00 \sim 61.80$ m，以富 Al_2O_3、FeO、MgO、TiO_2、CaO、P_2O_5、MnO、TFe_2O_3 和贫 SiO_2、Na_2O 为特征。前者含量从上到下逐渐下降，后者则相反，含量逐渐升高；K_2O 和有机碳含量虽有波动，但趋势性不明显。底部 Al_2O_3、FeO、MgO、TiO_2、P_2O_5、MnO、TFe_2O_3 含量迅速增高，而 SiO_2 则突然下降。

第 7 层深度范围为 $61.80 \sim 70.20$ m，该层段常量元素含量波动较大，但变化的趋势性不强。该层段 Al_2O_3、FeO、MgO、TiO_2、P_2O_5、MnO、TFe_2O_3、Corg 含量相对较高，SiO_2、K_2O 含量下部比上部略高。

3）微量元素含量的垂向变化

第 1 层深度范围为 $0 \sim 9.30$ m，该层元素含量波动较大，Cu、Pb、Rb、Zn、Cr、Co、Ni、Cd、Li、Cs、As、Sb、V、Sc、Tl、Be、Ga、Ge、U、Th、Se 和 S 等元素含量在该层段上部较低，向下逐渐增高，在中部或中下部到达较高值后下部含量逐渐下降。Cu、Pb、Rb、Zn、Cr、Co、Ni、Cd、Li、Cs、As、Sb、V、Sc、Tl、Be、Ga、Ge、U、Th、Se 和 S 等元素在该层段底部均呈现逐渐升高后又迅速下降；Mo、Hg、Ba、Sr、Nb、Zr、Hf 等元素含量变化较小（图 4-21 和图 4-22）。

第 2 层深度范围为 $9.30 \sim 23.20$ m，Cu、Pb、Zn、Cr、Co、Ni、Cd、Li、Rb、Cs、Mo、Hg、As、Sb、Hg、V、Sc、Nb、Tl、Be、Ga、Ge、Th 等元素含量在上部和下部均较为稳定，中部含量有一个快速升高又下降的过程，底部含量迅速升高。Se、S、Sr、Zr 和 Hf 含量变化波动较小。Ba 含量从上到下逐渐升高。

第 3 层深度范围为 $23.20 \sim 32.30$ m，Cu、Pb、Zn、Cr、Co、Ni、Li、Rb、Cs、Mo、As、V、Sc、Tl、Be、Ga、Ge、Th、Se、U 和 S 等元素含量在该层段较高，从上部含量逐渐升高，到中部达到相对高值或最高值，然后含量逐渐下降。Cd、Sb 在顶部含量较高，上部含量略有降低，中部含量又升高为较高值然后逐渐降低。Hg 含量变化为从上到下逐渐下降。Ta 则相反，从上到下逐渐增高。Sr、Ba、Nb、Zr、Hf 等元素含量在层段内虽有波动，但波动较小，趋势性不明显，Zr、Hf 含量在该层段底部有一个突然升高的异常点。

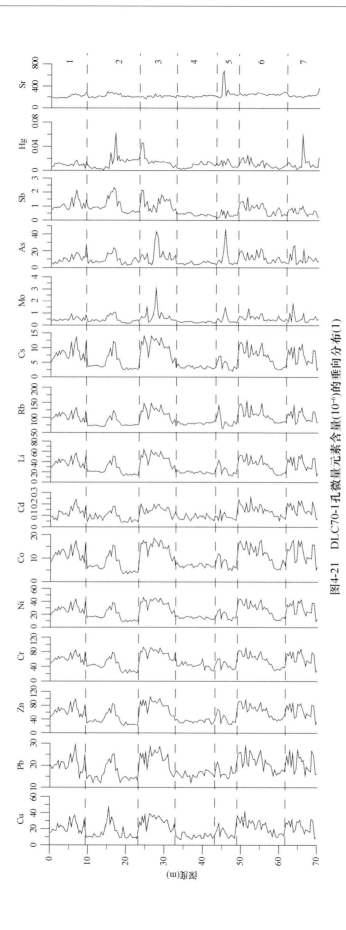

图4-21　DLC70-1孔微量元素含量(10^{-6})的垂向分布(1)

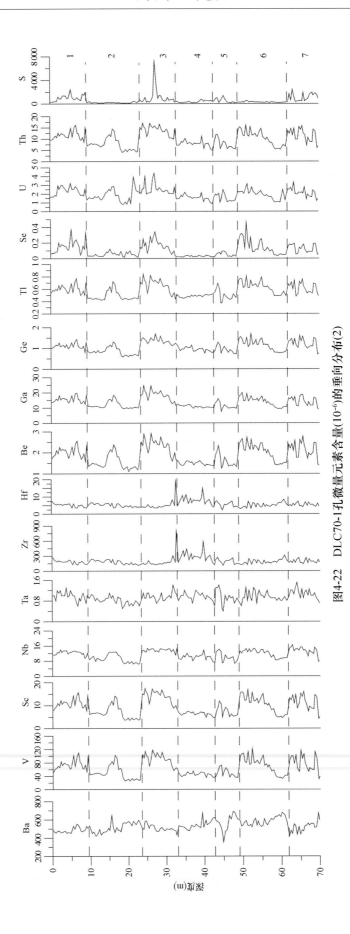

图4-22　DLC70-1孔微量元素含量(10⁻⁶)的垂向分布(2)

　　第 4 层深度范围为 32.30～42.70 m，Cu、Pb、Zn、Cr、Co、Cd、Ni、Li、Rb、Cs、Hg、Sr、V、Sc、Nb、Ta、Tl、Be、Ga、Ge、Se 和 S 等元素含量在该层段较低，变化较小，趋势性不强，底部有一个含量升高的拐点。Th、U、Cr 含量有从上到下减少的趋势，而 Ba、Hg 含量变化则相反，有从上到下增加的趋势。

　　第 5 层深度范围为 42.70～49.00 m，该层段上部元素含量波动较大，下部波动较小，As 和 Sr 含量在上部出现该层段的最高值。该层段大部分微量元素含量较低，波动趋势不明显；除 Mo、Hg、Sr、Ba、Tb、Zr、Hf、S 元素外，其他元素含量在底部都迅速升高。

　　第 6 层深度范围为 49.00～61.80 m，Cu、Pb、Zn、Cr、Co、Ni、Cd、Li、Rb、Cs、Sb、As、V、Nb、Sc、Be、Ga、Ge、Tl、U、Th、Se 等元素在该层段含量较高，并有从上到下含量逐渐下降的趋势，在底部含量降为较低值后又迅速升高。Ba 含量变化则相反。Mo、Hg、Sr、Ta、Zr、Hf、S 含量上下变化趋势不明显，Sr 和 S 含量波动很小，基本呈一条直线。

　　第 7 层深度范围为 61.80～70.20 m，该层段元素含量波动较大，除 Ba 含量从上到下呈增高趋势外，其他元素含量趋势不明显，含量处于较高水平。

　　4）稀土元素含量的垂向变化特征

　　第 1 层深度范围为 0～9.30 m，该层段稀土元素含量波动相对较小，含量处于较高值，波动格局基本相同，从上部到中部含量逐渐增高，中部向下部含量逐渐降低，该变化与 $\sum REE$ 和 $\sum LREE/\sum HREE$ 变化相一致。δCe 值和 δEu 值变化较小（图 4-23 和图 4-24）。

　　第 2 层深度范围为 9.30～23.20 m。该层段稀土元素含量波动较大，含量处于较低值；含量变化趋势相同，波动可分为三段式，从上向下含量减少，但中部含量有一个逐渐升高和下降过程，下部含量低于上部，底部含量向下层段迅速增加，与 $\sum REE$ 含量变化相一致（图 4-24）；$\sum LREE/\sum HREE$ 比值变化则相反，从上向下趋势增加，顶部比值从上层段迅速下降到一个相对低点，然后逐渐升高，δCe 值变化与 $\sum REE$ 含量变化相一致，从上向下趋势减少，中部 δCe 值相对较高，底部 δCe 值迅速升高；δEu 值从顶部到中部逐渐减少，下部 δEu 值迅速增高，底部 δEu 值到达最高值后突然下降。

　　第 3 层深度范围为 23.20～32.30 m，该层段稀土元素含量处于整个岩心的较高值，稀土元素含量从上向下逐渐降低，底部向下一层段迅速下降，与 $\sum REE$ 和 $\sum LREE/\sum HREE$ 变化一致，但 $\sum LREE/\sum HREE$ 比值在上部波动较大。δCe 值和 δEu 值变化较为稳定，趋势性不十分明显，波动相对较小。

　　第 4 层深度范围为 32.30～42.70 m。该层段稀土元素含量处于整个岩心的较低值，含量变化相对较小，下部比上部波动稍大些，从上向下含量有减少趋势，底部稀土元素向下一层段迅速增高；稀土元素含量变化与 $\sum REE$ 含量变化一致，但与 $\sum LREE/\sum HREE$ 比值变化不相同，$\sum LREE/\sum HREE$ 比值下部高于上部。δCe 值变化从上到下呈减少趋势；δEu 值变化则相反，从上到下呈增高趋势（图 4-24）。

　　第 5 层深度范围为 42.70～49.00 m，该层段稀土元素含量变化除顶部迅速升高为相对高值外，其他变化基本延续了上一层段的趋势；上部含量较下部高，波动也较下部明显，底部含量突然上升到较高值；稀土元素含量变化与 $\sum REE$ 含量变化一致；该层段 $\sum LREE/\sum HREE$ 比值波动相对较大，趋势性不强，先降后升。δCe 值变化与 $\sum REE$ 含量变化基本一致；δEu 值在上部为较低值，下部迅速上升为较高值，反映 δEu 值在该层段变化较大。

　　第 6 层深度范围为 49.00～61.80 m，该层段稀土元素含量变化较大，含量从上到下逐渐减低，

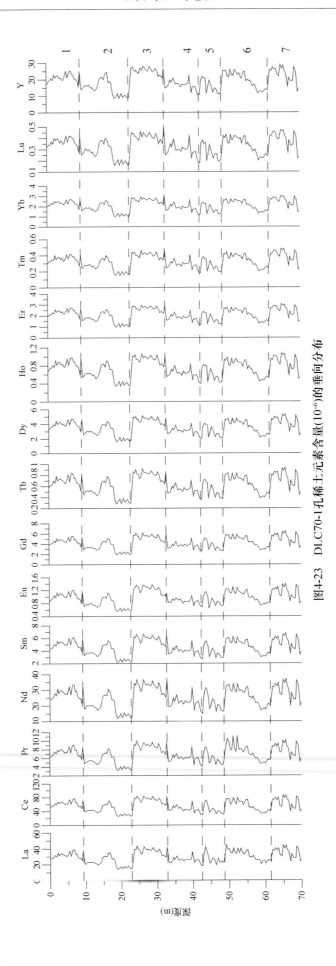

图4-23　DLC70-1孔稀土元素含量(10^{-6})的垂向分布

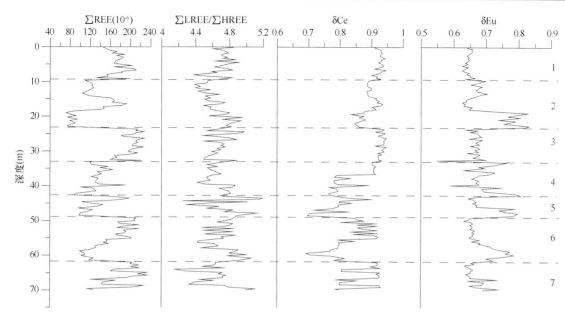

图 4-24　DLC70-1 孔的稀土元素、∑LREE/∑HREE、δCe 和 δEu 的垂向分布

下部含量明显低于上部，底部含量明显升高；∑REE 与稀土元素含量基本一致，与∑LREE/∑HREE 比值变化相反。该层段∑LREE/∑HREE 比值在上部逐渐下降，中部到达较低值后，下部又逐渐上升到较高值。δCe 值变化类似于∑REE 含量变化，向下部逐渐减少；δEu 值上部处于较低值，波动较大，向下部逐渐增高。

第 7 层深度范围为 61.80~70.20 m，该层段稀土元素含量有一定波动，含量较上一层段下部明显增加，为整个岩心的较高值层段；∑REE 与稀土元素含量基本一致，∑REE 含量波动较大，向下部逐渐减少，与∑LREE/∑HREE 比值变化相反。该层段∑LREE/∑HREE 比值波动很大，在上部下降到整个岩心最低值后，向下部逐渐升高，在底部上升为整个岩心的最高值。δCe 值变化类似于∑REE 含量变化，向下部逐渐降低；δEu 值处于整个岩心的较低值，波动较大，向下部逐渐升高。

5）物质来源指示意义

渤海作为我国的半封闭内海，直接接受巨量的黄河泥沙，并向黄海输送了大量泥沙。渤海沉积物主要为黄河物质向西、向北和向南运移进入渤海湾、渤海中部和渤海南部的结果（秦蕴珊等，1986；赵一阳和鄢明才，1994）。

DLC70-1 孔位于渤海中部，沉积物的可能物源主要有黄河、滦河以及海河。黄河位于古老的华北地台上，沉积物主要来自黄土，成分均一，绝大部分地球化学参数都继承了黄土的特征，而渤海表层沉积物化学分析已经揭示出 Ca 能够作为黄河物质输送的重要指示元素之一（蓝先洪等，2005）；滦河是渤海湾地区除黄河外的第二条多沙性河流，据滦河水文站资料，滦河年平均流量 148 m³/s，历年最大洪峰流量达 3 400 m³/s，年平均悬移质输沙量 267×10⁴ t；年最大悬移质输沙量 8 790×10⁴ t，其中 6—8 月占全年输沙总量的 63.5% 以上。滦河携带入海的沉积物主要是中细砂，含泥质少，大部分堆积在河口地带。在河流与波浪因素的共同作用下，河口区建造了向海推进相当快的扇形三角洲平原。滦河三角洲主要的物质来源为滦河中游山区花岗岩与变质岩的蚀源区，而滦河三角洲北部的低山丘陵对其也有一定的影响，滦河则以稳定矿物（钛铁矿、磁铁矿）和极稳定矿物（锆石）含量高为其特点（张义丰和李凤新，1983）。

就黄河、滦河和海河3条河流现代表层沉积物中地球化学元素比较而言，黄河沉积物以高K、Ca、Al、Fe、Mg、Ti、Rb和Cr元素含量为特征，滦河沉积物中Na、Si、Sr和Ba元素含量高，而海河沉积物则以Mn、Zn和Cu元素含量高为特征（刘建国等，2007）。由于DLC70-1孔不同位置岩心中的Sr含量并无较明显差异（图4-21），故可认为区内生物成因的碳酸盐含量对Sr元素含量影响较小，而渤海表层沉积物化学分析已经揭示出Ca能够作为黄河物质输送的重要指示元素之一，因此可用Sr-Ca比值图解来确定沉积物物质来源（刘建国等，2007）。元素Sr/CaCO$_3$、TiO$_2$/Cu等的比值可以清晰地区分黄河、滦河和海河河流沉积物，故对Sr/Ca-TiO$_2$/Cu散点图进行了分析。从图4-25上清晰地显示，投点的比值绝大部分较接近黄河和滦河，表明钻孔沉积物物源与黄河、滦河沉积物均较为接近。

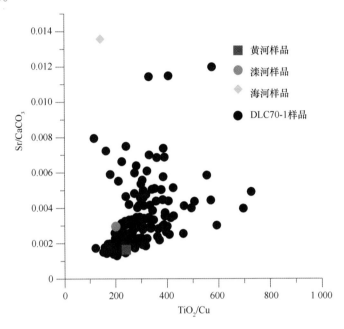

图4-25　元素Sr/CaCO$_3$-TiO$_2$/Cu判别图

4.1.5.2　DLC70-2孔

1）地球化学总体特征

沉积物常量元素分析元素有SiO$_2$、Al$_2$O$_3$、TFe$_2$O$_3$、FeO、K$_2$O、Na$_2$O、CaO、MgO、P$_2$O$_5$、TiO$_2$、MnO、烧失量、CaCO$_3$和有机碳14项。主要化学成分的垂向分布特征如图4-26所示。微量元素分析了Li、V、Cr、Co、Ni、Cu、Zn、Ga、Rb、Sr、Ba、Pb、Th、U、Cd、Mo、Hg、Se、Sb、As、Sc、Nb、Ta、Zr、Tl、S、Ge、Be、Cs和Hf 30个元素。各层位沉积物微量元素特征如图4-27和图4-28所示。稀土元素分析了15个元素，其垂向分布如图4-29所示。

依据图4-26至图4-29元素分布特征，DLC70-2孔化学成分组合特征的变化可划分为6层；DLC70-2孔沉积物中化学元素含量的垂向变化研究结果表明，元素地球化学特征与不同类型沉积物有一定关系，如第6层中上部砂含量较高，以SiO$_2$的高含量为特征，而第5层黏土、黏土质粉砂等细粒沉积物以Al$_2$O$_3$、K$_2$O、MgO、Li、Co、Ni、V和Ga等组分的高含量为标志（图4-26）。同一类型沉积物在不同时期形成的沉积层元素地球化学特征亦有所不同，稀土元素的分布尤其明显（图4-29），反映了沉积环境的变化，水动力条件及氧化还原条件等因素均存在一定的差异，使元素的

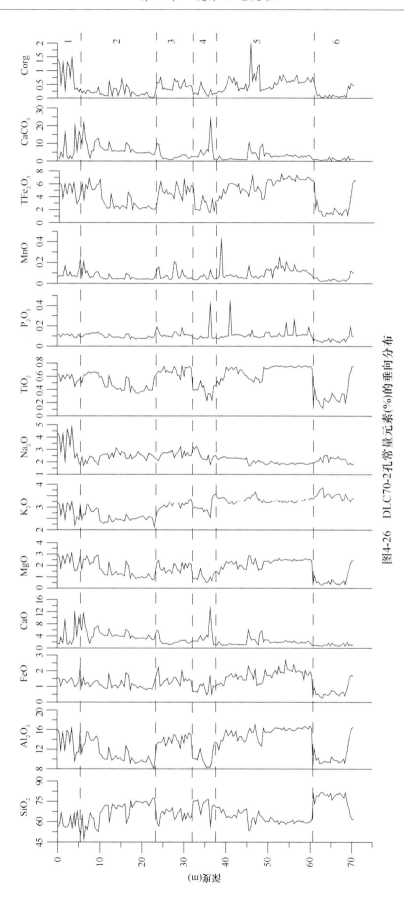

图4-26　DLC70-2孔常量元素(%)的垂向分布

含量发生变化。该孔稀土元素分布与沉积物类型关系不是很明显，反映了稀土元素以其特有的地球化学性质，可用于探讨沉积物物质来源和沉积环境变化等领域。

2）常量元素含量的垂向变化

根据常量元素组成的垂向变化可将其自上而下分为6层（图4-26）。

第1层深度范围为0.0～5.10 m，以 MgO、Al_2O_3、K_2O、Na_2O、TFe_2O_3 和有机碳含量较高和其他常量元素含量波动较小为特征。Na_2O 和有机碳含量为整个岩心中的最高值，SiO_2 含量为整个岩心中的较低值。该层中下部 MgO、Al_2O_3、K_2O、Na_2O、TFe_2O_3 和有机碳含量突然下降；CaO、$CaCO_3$ 从上到下含量逐渐增加，FeO、MnO、TiO_2 含量变化不大。

第2层深度范围为5.10～23.30 m，该层段常量元素含量波动较大，以富 SiO_2 和贫 Al_2O_3、MgO、K_2O、TFe_2O_3 为特征。Al_2O_3、MgO、CaO、K_2O、TFe_2O_3 和有机碳含量从上到下逐渐降低，在底部达到整个岩心的较低值。SiO_2 含量变化则相反，从上到下逐渐增高，底部达到整个岩心的较高值。其他常量元素含量在层段内有波动，但趋势不是十分明显。

第3层深度范围为23.30～32.10 m，以 TiO_2、Al_2O_3、K_2O、TFe_2O_3 含量较高和 CaO、$CaCO_3$、SiO_2 元素含量较低为特征。该层段 MgO、Al_2O_3、K_2O、TiO_2、TFe_2O_3 等元素含量除顶部迅速升高和底部突然下降外（SiO_2 含量变化则相反），常量元素含量在层段内虽有波动，但趋势不是很明显。

第4层深度范围为32.10～37.60 m，该层段常量元素含量波动较大，以出现 CaO、P_2O_5、$CaCO_3$ 岩心中最高值和 Al_2O_3 含量最低值为特征。Al_2O_3、MgO、K_2O、TiO_2、TFe_2O_3 等含量从上到下先逐渐降低，在该层段中下部达到较低值然后迅速升高。其他常量元素含量在层段内虽有波动，但趋势性不强。

第5层深度范围为37.60～60.72 m，该层段以富 Al_2O_3、FeO、MgO、K_2O、TiO_2、P_2O_5、MnO、TFe_2O_3 和贫 SiO_2、Na_2O 为特征。Al_2O_3、FeO、MgO、TiO_2、TFe_2O_3 等元素含量从上到下逐渐增高，到该层段中部达较高值后，下部含量变化较为稳定，基本维持高值，底部含量突然下降。SiO_2 含量变化则相反，从上到下逐渐降低，下部含量变化较为稳定，底部含量突然升高。其他常量元素含量在层段内有波动，但变化不大。

第6层深度范围为60.72～70.60 m，以 SiO_2、K_2O 含量为岩心最高值和 Al_2O_3、FeO、MgO、TiO_2、P_2O_5、MnO、TFe_2O_3、$Corg$ 含量最低为特征。SiO_2、K_2O 含量逐渐（或突然）升至整个岩心的最高值，底部含量则降低；而 Al_2O_3、FeO、MgO、TiO_2、P_2O_5、MnO、TFe_2O_3、$Corg$ 含量等元素含量顶部突然降低，底部又迅速增高。CaO 和 $CaCO_3$ 元素含量在层段内波动很小，几乎呈一条直线。

3）微量元素含量的垂向变化

第1层深度范围为0.0～5.10 m，该层元素含量波动较大，Cu、Pb、Rb、Zn、Cr、Co、Ni、Cd、Li、Cs、Mo、As、Sb、V、Sc、Nb、Ta、Tl、Be、Ga、Ge、U、Th、S 和 Se 等元素含量在该层段上部较高，下部含量逐渐下降。Cu、Pb、Rb、Zn、Cr、Co、Ni、Cd、Li、Cs、As、Sb、Ba、V、Sc、Nb、Tl、Be、Ga、Ge、Th 和 Se 等元素在该层段中下部达到一个较低值后，逐渐升高；Hg、Zr、Hf、Sr、U 等元素含量变化较小（图4-27和图4-28）。

第2层深度范围为5.10～23.30 m，Cu、Pb、Rb、Zn、Cr、Co、Ni、Cd、Li、Cs、Hg、As、Sb、V、Sc、Nb、Tl、Be、Ga、Ge、Th 等元素含量从上到下逐渐减低，在底部达到整个岩心的较低值，然后迅速升高。Ba、Zr 和 Hf 含量变化则相反，从上到下逐渐增高。Mo、Sr、Ta、Se、U 和 S 元素含量在层段内虽有波动，除 Se 和 U 出现一个最高值点外，这些微量元素含量波动较小。

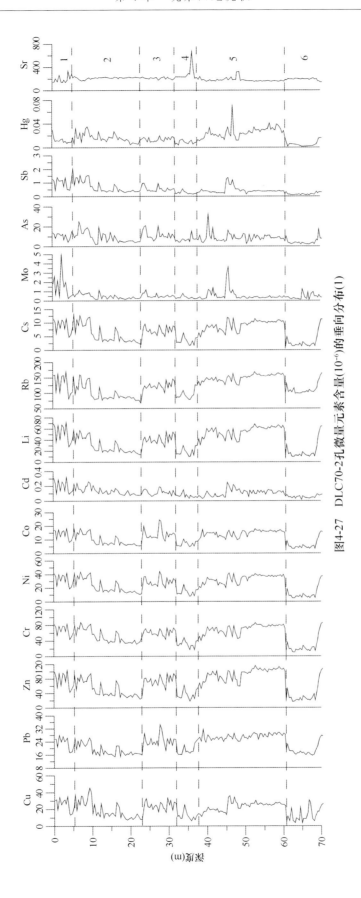

图4-27　DLC70-2孔微量元素含量(10^{-6})的垂向分布(1)

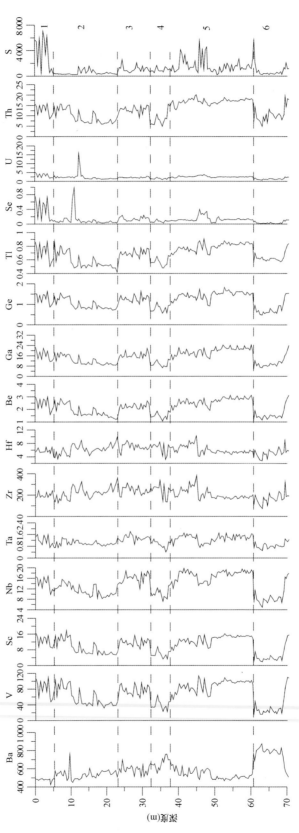

图4-28 DLC70-2孔微量元素含量(10^{-6})的垂向分布(2)

第 3 层深度范围为 23.30 ~ 32.10 m，Cu、Pb、Rb、Zn、Cr、Co、Ni、Li、Cs、As、V、Sc、Nb、Ta、Tl、Be、Ga、Ge、Th 等元素在该层段含量较高，在底部迅速降低为较低值。Ba 含量变化则相反，从上到下逐渐增高。Cd、Sb、Hg、Zr、Hf、Mo、Sr、Se、U、S 等元素含量在层段内虽有波动，但波动较小。

第 4 层深度范围为 32.10 ~ 37.60 m，Cu、Pb、Rb、Zn、Cr、Co、Ni、Li、Cs、Hg、V、Sc、Nb、Ta、Tl、Be、Ga、Ge、Th 等元素在该层段含量较低，下部一般低于上部含量，底部迅速升高。Ba 含量变化则相反，从上到下逐渐增高。Cd、Sb、Mo、As、Se、U、S 等元素含量在层段内波动较小。Sr 元素除有一个整个岩心的最高值点外，变化较小；Zr、Hf 元素含量下部波动比上部要大些。

第 5 层深度范围为 37.60 ~ 60.72 m，Cu、Pb、Rb、Zn、Cr、Co、Ni、Li、Cs、Hg、V、Sc、Nb、Ta、Be、Ga、Ge、Tl、Th 等元素为整个岩心中的最高含量，在中下部达到较高值后，下部含量基本维持高值，底部含量又突然下降。Ba、Zr、Hf 含量变化则相反，从上到下逐渐降低，下部含量变化较为稳定，底部突然升高含量。U 元素含量在层段内变化很小；Cd、Sb、Mo、As、Sr、Se、S 等元素除在中部或中上部含量有较大波动外，上下元素含量变化不大。

第 6 层深度范围为 60.72 ~ 70.60 m，Cu、Pb、Rb、Zn、Cr、Co、Ni、Cd、Li、Cs、Sb、As、Hg、V、Sc、Nb、Ta、Zr、Hf、Be、Ga、Ge、Tl、U、Th、Se、S 等元素含量降为整个岩心中的最低值，底部又迅速增高；Ba 含量变化则相反，从顶部迅速升为最高值，底部含量又突然降低。Mo、Sr 元素含量在层段内却略有增加。

4）稀土元素含量的垂向变化特征

第 1 层深度范围为 0.00 ~ 5.10 m，该层段稀土元素含量变化比较稳定，波动相对较小，处于较高值，含量波动格局基本相同，底部先下降然后处于增加趋势，与 $\sum REE$ 和 $\sum LREE/\sum HREE$ 变化相一致，但 $\sum LREE/\sum HREE$ 比值处于低位。δCe 值波动较大，从 0.80 ~ 0.95，δEu 值变化较小（图 4-29 和图 4-30）。

第 2 层深度范围为 5.10 ~ 23.30 m。该层段稀土元素含量波动较大，处于较低值，含量变化趋势基本相同，从上向下含量减少，下部含量低于上部，底部含量逐渐向下层段增加。与 $\sum REE$ 含量变化相一致，从上向下逐渐减少；$\sum LREE/\sum HREE$ 比值变化则相反，从上向下逐渐增加，顶部比值较高，中上部有一下降点，然后逐渐升高，δCe 值变化与 $\sum REE$ 含量变化相一致，从上向下逐渐减少，底部迅速升高；δEu 值从顶部到中下部逐渐增加，底部 δEu 值逐渐降低。

第 3 层深度范围为 23.30 ~ 32.10 m，该层段稀土元素含量上升为整个岩心的较高值，上部稀土元素含量逐渐增高，下部含量波动较大，底部向下一层段剧烈下降，与 $\sum REE$ 含量变化一致，但与 $\sum LREE/\sum HREE$ 变化不相同。$\sum LREE/\sum HREE$ 比值延续上一层段向下部逐渐增高，底部比值略有下降，表明 LREE 较上一段富集，而 HREE 相对亏损；δCe 值变化除出现一个最高值（1.04）外，基本较为稳定；δEu 值也较为稳定，明显低于上一层段，底部迅速升高。

第 4 层深度范围为 32.10 ~ 37.60 m。该层段稀土元素含量处于整个岩心的最低值，除中部有一个相对高值外，含量变化相对较小，底部稀土元素向下一层段逐渐增高；稀土元素含量变化与 $\sum REE$ 含量变化一致，但与 $\sum LREE/\sum HREE$ 比值变化不相同，$\sum LREE/\sum HREE$ 比值处于整个岩心的较高值，从上向下逐渐升高。δCe 值变化从上到下呈增高趋势；δEu 值变化则相反，从上到下呈减少趋势。

第 5 层深度范围为 37.60 ~ 60.72 m，该层段稀土元素含量变化较小，含量较上一层段明显增高，为整个岩心的最高值层段；上部含量呈逐渐升高趋势，中部含量有一定波动，下部含量较为稳定，底部含量突然下降到较低值；稀土元素含量变化与 $\sum REE$ 含量变化一致；该层段 $\sum LREE/$

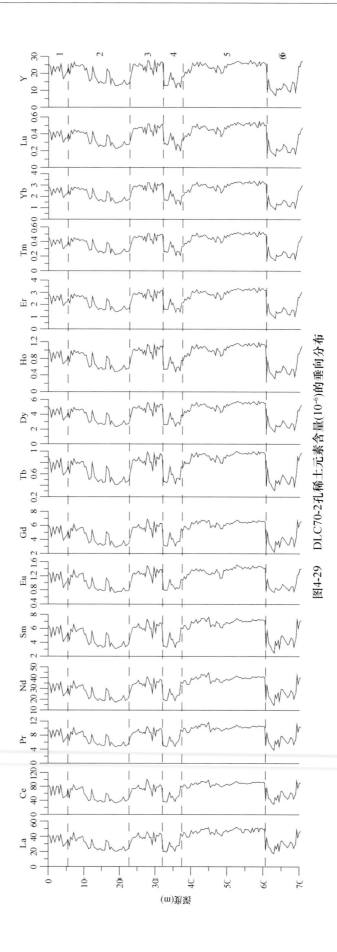

图4-29 DLC70-2孔稀土元素含量(10^{-6})的垂向分布

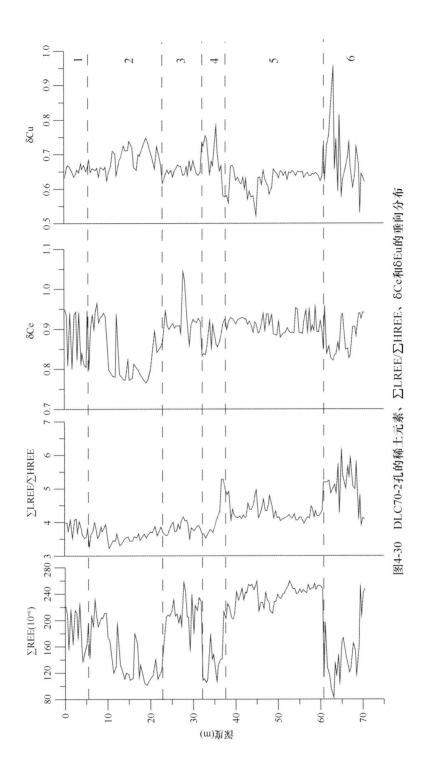

图4-30　DLC70-2孔的稀土元素、ΣLREE/ΣHREE、δCe和δEu的垂向分布

ΣHREE比值处于整个岩心的较高值，波动相对较大，趋势性不强。δCe值明显高于上一层段，但波动较小；δEu值处于整个岩心的较低值，上部变化较大，并有一个相对最低值，下部δEu值波动较小，基本呈一条直线。

　　第6层深度范围为60.72~70.60 m，该层段稀土元素含量在层段内有一定波动，含量较上一层段明显降低，为整个岩心的最低值层段，底部含量明显升高；ΣREE含量在上部降到整个岩心最低值后，向下部逐渐增加，与∑LREE/∑HREE 比值变化相反。该层段∑LREE/∑HREE 比值在上部升到整个岩心较高值后，向下部逐渐降低，中、上部为∑LREE/∑HREE 比值在整个岩心的最高值层段。δCe 值变化类似于∑REE 含量变化，向下部逐渐增加；δEu 值处于整个岩心的较高值，波动较大，向下部逐渐降低，上部呈现一个最高值（0.95）。

5）物质来源指示意义

稀土元素是研究沉积物物质来源、海洋古环境变化、流域盆地的化学风化等有效指标。近年来，一些学者研究了长江和黄河以及朝鲜半岛主要河流入海物质的稀土元素组成特征，并与南黄海沉积物的稀土元素组成及分布模式进行比较，探讨了南黄海区域沉积物来源（李双林和李绍全，2001；蓝先洪等，2002，2006，2009）。李双林和李绍全对南黄海中部泥质区北缘的 YA01 孔沉积物稀土元素组成做了研究，该孔 18.5 m 之下沉积物中生物壳的含量明显增加，对稀土元素起稀释作用，很大程度上影响了稀土元素的真实变化（李双林和李绍全，2001）。稀土元素在表生环境中非常稳定，沉积物中稀土元素组成及分布模式主要取决于源岩，而受风化剥蚀、搬运、水动力、沉积、成岩及变质作用影响小。因而稀土元素常用作沉积物的物源示踪剂。

DLC70-2 孔沉积物的可能物源主要有长江、黄河、鸭绿江以及朝鲜半岛河流（汉江、锦江、荣山江）。黄河沉积物稀土元素组成主要继承了黄河流域黄土的特征，长江稀土元素特征受该流域下古生代、中生代泥岩地层及中、上游地区石灰岩分布的制约（蓝先洪，1995），而化学风化对黄河和长江稀土元素的组分影响较弱；长江与黄河沉积物的稀土元素组成特征不同，复杂的源岩决定了长江沉积物中的稀土元素含量变化比黄河沉积物中的高，元素含量变化也大于黄河样品。韩国河流沉积物的稀土元素含量和分布模式均不同于中国河流，稀土元素地球化学特征主要受源区岩浆岩组成所控制，UCC 标准化呈现 LREE 富集而 HREE 亏损的形态（杨守业等，2003）。选用∑LREE/∑HREE-∑REE 对比展示 DLC70-2 孔以及长江、黄河、鸭绿江和韩国河流沉积物的特征（杨守业等，2003），如图 4-31 和图 4-32 所示，DLC70-2 孔的所有投点均接近于长江沉积物点、部分沉积物点接近黄河和鸭绿江的沉积物点，而偏离韩国河流沉积物。元素 V/Cr、TiO_2/Cr 等的比值可以清晰地区分黄河、长江和鸭绿江河流沉积物，故对 V/Cr-TiO_2/Cr 散点图进行了分析。图 4-32 上清晰地显示，投点的比值绝大部分较接近黄河，表明研究区物质主要来源于黄河物质，长江和鸭绿江物质来源较少，与稀土元素物源示踪结果基本一致。

4.1.5.3 DLC70-3 孔

1）地球化学总体特征

沉积物常量元素分析元素有 SiO_2、Al_2O_3、TFe_2O_3、FeO、K_2O、Na_2O、CaO、MgO、P_2O_5、TiO_2、MnO、烧失量、$CaCO_3$ 和有机碳 14 项。主要化学成分的垂向分布特征如图 4-33 所示。微量元素分析了 Li、V、Cr、Co、Ni、Cu、Zn、Ga、Rb、Sr、Ba、Pb、Th、U、Cd、Mo、Hg、Se、Sb、As、Sc、Nb、Ta、Zr、Tl、S、Ge、Be、Cs 和 Hf 30 个元素。各层位沉积物微量元素特征如图 4-34 和图 4-35 所示。稀土元素分析了 15 个元素，其垂向分布如图 4-36 所示。

依据图 4-33 至图 4-36，DLC70-3 孔化学成分组合特征的变化可划分为 5 层；DLC70-3 孔沉积物中化学元素含量的垂向变化研究结果表明，元素地球化学特征与不同类型沉积物有一定关系，如第 3 层砂含量较高，以 SiO_2 的高含量为特征，钻孔底部泥、粉砂等细粒沉积物以 Al_2O_3、K_2O、MgO、Li、Co、Ni、V 和 Ga 等组分的高含量为标志（图 4-33）。同一类型沉积物在不同时期形成的沉积层元素地球化学特征亦有所不同，稀土元素的分布尤其明显（图 4-36），反映了沉积环境的变

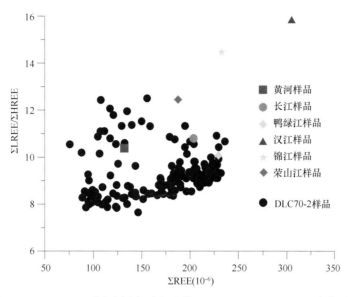

图 4-31　DLC70-2 孔与周边河流沉积物 $\Sigma LREE/\Sigma HREE$-ΣREE 参数对比

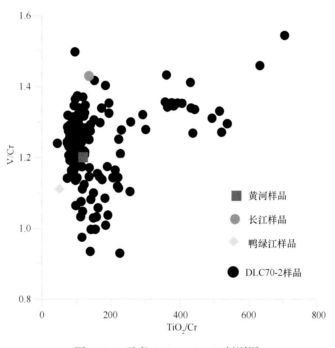

图 4-32　元素 V/Cr-TiO_2/Cr 判别图

化，水动力条件及氧化还原条件等因素均存在一定的差异，使元素的含量发生变化。该孔稀土元素分布与沉积物类型关系不是很明显，反映了稀土元素以其特有的地球化学性质，可用于探讨沉积物物质来源和沉积环境变化等领域。

2）常量元素含量的垂向变化

根据元素组成的垂向变化可将其自上而下分为 5 层（图 4-33）。

第 1 层深度范围为 0~4.50 m，以 SiO_2 和 Na_2O 含量较高和其他常量元素含量变化不大为特征。Na_2O 含量为整个岩心中的最高值，SiO_2 含量为整个岩心中的次高值。该层底部 SiO_2 和 Na_2O 含量突然下降，而 Al_2O_3、Na_2O、K_2O、MgO、有机碳含量则迅速增加，P_2O_5、TiO_2 含量变化不大。

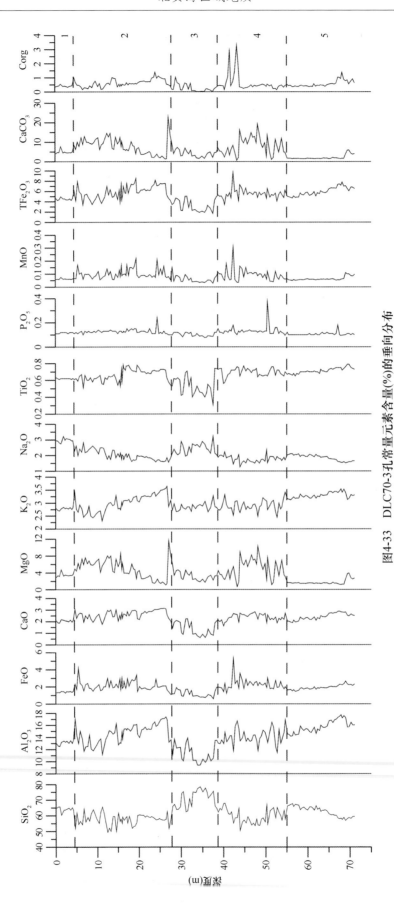

图4-33　DLC70-3孔常量元素含量(%)的垂向分布

第 2 层深度范围为 4.50~28.30 m，该层段常量元素含量变化较大，以富 Al_2O_3、TiO_2、K_2O、TFe_2O_3 和贫 SiO_2 为特征。Al_2O_3、TiO_2、CaO、K_2O、TFe_2O_3 含量从上到下逐渐增高，达到整个岩心的较高值。Na_2O 含量变化则相反，从上到下逐渐降低，达到整个岩心的较低值。MgO、$CaCO_3$ 含量变化为层段中部为高值，含量从中部向下逐渐降低。其他常量元素含量在层段内有波动，但趋势不明显。

第 3 层深度范围为 28.30~38.80 m，以 SiO_2 和 Na_2O 含量为高值，Al_2O_3、CaO、FeO、TiO_2、K_2O、TFe_2O_3、MnO 和有机碳含量低值为特征。SiO_2 含量为整个岩心的最高值，Al_2O_3、CaO、TiO_2、TFe_2O_3 和有机碳含量则为整个岩心的最低值，MgO、$CaCO_3$ 含量较第 2 层段下部变化不大，除 SiO_2 和 Na_2O 含量在该层段底部为向下层降低和 K_2O 含量变化不大外，其他元素都有在该层段底部向下层增高的趋势。

第 4 层深度范围为 38.80~55.00 m，SiO_2 和 Na_2O 含量在此层段为低值，含量较上一层段明显下降。Al_2O_3、FeO、CaO、TiO_2、TFe_2O_3、MgO、$CaCO_3$ 和有机碳等含量全处于岩心较高值，较上层段明显增加，而 P_2O_5、K_2O 含量变化较上一层段变化不明显。

第 5 层深度范围为 55.00~71.20 m，MgO、$CaCO_3$ 元素含量从上层段突然下降，在该层段变化比较稳定。Al_2O_3、K_2O、TiO_2 等含量从上到下逐渐增加，其他元素含量比较稳定，波动不大。

3）微量元素含量的垂向变化

第 1 层深度范围为 0~4.50 m，该层元素含量变化总体比较稳定，波动比较小。Cu、Pb、Rb、Zn、Cr、Co、Ni、Cd、Li、Cs、Mo、As、Sb、Tl、U、Th、S 和 Se 等元素含量在该层上部稍高，下部含量稍有下降。底部迅速增高；Ba、V、Sc、Hg、Nb、Ta、Zr、Hf、Be、Sr、Ga、Ge 元素含量变化较小。Nb、Ta、Zr、Hf 元素含量在该层底部快速下降（图 4-34 和图 4-35）。

第 2 层深度范围为 4.50~28.30 m。Cu、Rb、Zn、Cr、Co、Li、Mo、V、Nb、Be、Ga、Ge、Tl、Th 和 S 等元素含量在该层段含量较高，并有向下含量逐渐增高的趋势，在该层段底部这些元素含量几乎都突然下降。Pb、Ni、Cd、Cs、Se、U、Ba、Sc 等元素含量在层段内波动较大，底部向下层段突然下降。As、Sb、Hg 等元素含量在该层段上部较高，中部含量突然下降，下部含量较低。Ta、Zr、Hf、Sr 等元素含量较为稳定，向下层段有增加的趋势。

第 3 层深度范围为 28.30~38.80 m，Cu、Pb、Zn、Ni、Cr、Co、Cs、Li、Rb、V、Sc、Nb、Be、Ga、Ge、Tl、Th、Se、U 等元素含量为整个岩心的最低值，在该层段底部含量突然升高。Cd、Mo、As、Sb、Sr、Ta、S 等元素在层段内含量较低，波动也较小。Hg、Ba 等元素含量有向下增高趋势。Zr、Hf 等元素含量在该层段中部达到整个岩心的最高值。

第 4 层深度范围为 38.80~55.00 m。Cu、Pb、Zn、Ni、Cr、Co、Cd、Cs、Li、Rb、As、Sb、Hg、V、Sc、Nb、Be、Ga、Ge、Tl、Th、Se、U 等元素含量明显高于上一层段，大部分元素从上到下逐渐升高，到中部或中下部达较高值，然后含量下降。Mo、Sr、Ta、S 等元素含量在该层段虽有波动，但与上层段相比含量变化不大。Ba、Zr、Hf 等元素含量明显低于上层段，趋势性不强，在层段里有一定的波动。

第 5 层深度范围为 55.00~71.20 m，Cu、Pb、Zn、Ni、Cr、Co、Cd、Cs、Li、Rb、As、Sb、Hg、V、Sc、Nb、Be、Ga、Ge、Tl、Th、Se、U 等元素含量在该层段上部较低，向下元素含量逐渐增高。Mo、Sr、S 等元素含量在该层段变化比较稳定，在层段中下部有突然升高的现象，但与上层段相比含量变化不大。Ba、Ta、Zr、Hf 等元素含量低于上层段。

4）稀土元素含量的垂向变化特征

第 1 层深度范围为 0~4.50 m，该层段稀土元素含量变化比较稳定，波动较小，处于较低值，

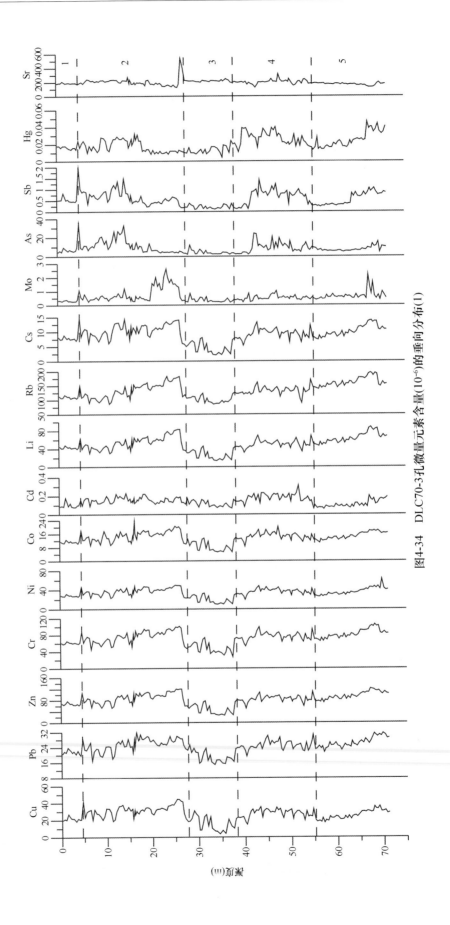

图4-34 DLC70-3孔微量元素含量(10⁻⁶)的垂向分布(1)

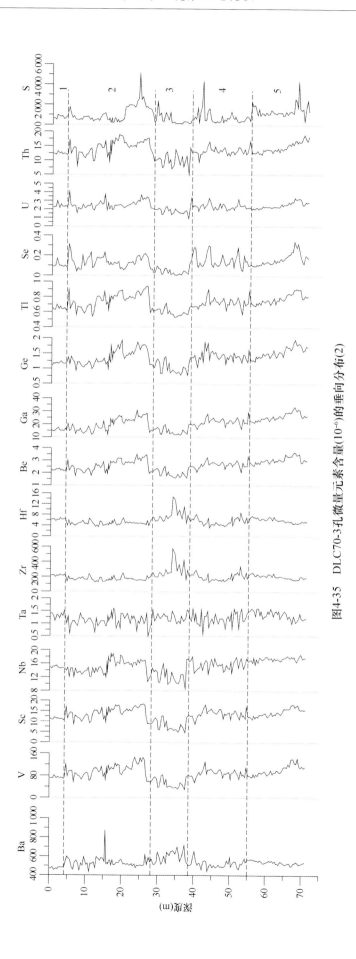

图4-35　DLC70-3孔微量元素含量(10⁻⁶)的垂向分布(2)

含量变化格局基本相同，底部处于增加趋势，与ΣREE和ΣLREE/ΣHREE变化相一致。δEu和δCe值变化不明显，δCe值从顶部向下有逐渐下降的趋势（图4-36和图4-37）。

第2层深度范围为4.50~28.30 m。该层段稀土元素含量波动较大，处于较高值，含量变化趋势基本相同，从上向下含量增加，下部含量明显高于上部，底部含量迅速降低。ΣREE和ΣLREE/ΣHREE变化相一致，从上向下趋势增加，但ΣLREE/ΣHREE比值下部增高较ΣREE含量明显，底部都迅速降低。δEu和δCe值较上一段波动较大，并从中部起都有向下减少的趋势。

第3层深度范围为28.30~38.80 m，该层段稀土元素含量剧烈波动，为整个岩心的最低值，含量变化趋势不明显，底部含量均有向下层段增高的趋势，与ΣREE含量变化一致，但与ΣLREE/ΣHREE变化不相同。ΣLREE/ΣHREE比值在该层段上部较为稳定，下部剧烈波动，层段中部出现整个岩心的最高值，然后向底部比值逐渐降低。δCe值变化与ΣREE含量变化一致，为整个岩心的最低值，变化波动较大，有向下层段增高的趋势；δEu值则分成两段趋势，该层段上部δEu值较稳定，延续上层段继续增加的趋势，但在该层段中部突然剧烈下降至整个岩心的最低值，然后又波动性逐渐增高。

第4层深度范围38.80~55.00 m。该层段稀土元素含量变化较小，趋势不明显，含量较上一层段明显增高，底部大部分稀土元素都有一个相对低点，向下一层段变化；稀土元素含量变化与ΣREE含量变化一致，但与ΣLREE/ΣHREE比值变化不同。该层段ΣLREE/ΣHREE比值处于整个岩心的较低值，下部剧烈波动，出现一个相对低点后，向底部迅速升高，然后向下层段逐渐降低，表明HREE较上一段富集，而LREE相对亏损。δCe值与上一层段相比明显增高，波动也较大；δEu值变化幅度较上段明显减小，从上到下有减少的趋势。

第5层深度范围为55.00~71.20 m，该层段稀土元素含量变化较小，含量较上一层段略有增高，向底部含量逐渐增加趋势不明显，含量为整个岩心的最高值层段；稀土元素含量变化与ΣREE含量变化一致，但与ΣLREE/ΣHREE比值变化相反。该层段ΣLREE/ΣHREE比值明显高于上一层段，处于整个岩心的较高值，波动相对较小，从上向下逐渐降低，表明LREE较上一段富集，而HREE相对亏损。δCe值与上一层段相比上部变化不大，下部比值明显增高；δEu值变化基本延续上一层段变化，波动较小，从上到下有减少的趋势。

5）物质来源指示意义

稀土元素是分析沉积物源区非常重要的可靠指标，因为它们最难溶，地球化学行为相对稳定，这些元素只随陆源碎屑沉积物搬运，能够很大程度上反映其源区物质的地球化学特征。近年来，一些学者研究了长江和黄河以及朝鲜半岛主要河流入海物质的稀土元素组成特征，并与南黄海沉积物的稀土元素组成及分布模式进行比较，探讨了南黄海区域沉积物来源（李双林和李绍全，2001；蓝先洪等，2002，2006，2009）。

DLC70-3孔沉积物的可能物源主要有长江、黄河、鸭绿江以及朝鲜半岛河流（汉江、锦江、荣山江）。黄河沉积物稀土元素组成主要继承了黄河流域黄土的特征，长江稀土元素特征受该流域下古生代、中生代泥岩地层及中、上游地区石灰岩分布的制约（蓝先洪，1995），而化学风化对黄河和长江稀土元素的组分影响较弱；长江与黄河沉积物的稀土元素组成特征不同，复杂的源岩决定了长江沉积物中的稀土元素含量变化比黄河沉积物中的高，元素含量变化也大于黄河样品。韩国河流沉积物的稀土元素含量和分布模式均不同于中国河流，稀土元素地球化学特征主要受源区岩浆岩组成所控制，UCC标准化呈现LREE富集而HREE亏损的形态（杨守业等，2003）。选用ΣLREE/ΣHREE—ΣREE对比展示DLC70-3孔以及长江、黄河、鸭绿江和韩国河流沉积物的特征（杨守业

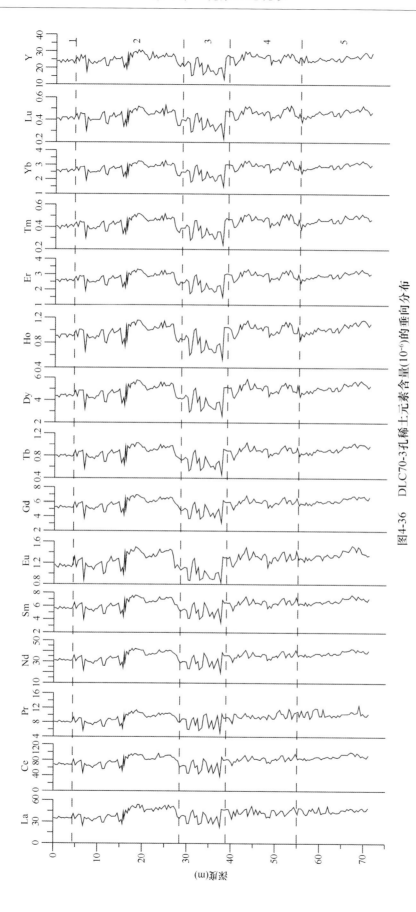

图4-36　DLC70-3孔稀土元素含量(10⁻⁶)的垂向分布

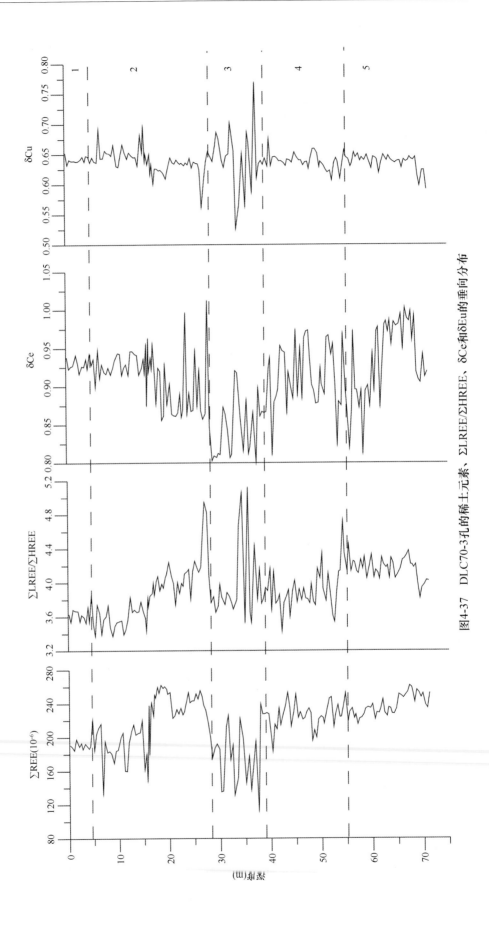

图4-37 DLC70-3孔的稀土元素、ΣLREE/ΣHREE、δCe和δEu的垂向分布

等，2003），如图 4-38 所示，DLC70-3 孔的所有投点均接近于黄河和长江的沉积物点，而偏离鸭绿江和韩国河流沉积物，这个结果与前人在南黄海中部 NT1 孔研究结果一致（蓝先洪等，2009；梅西等，2011）。

元素 Th/Co、TiO$_2$/Zr 等的比值可清晰地区分黄河与长江河流沉积物，故对 Th/Co-TiO$_2$/Zr 散点图进行了分析。图 4-39 清晰地显示，投点的比值绝大部分较接近黄河，表明研究区物质主要源于黄河物质，长江物质来源较少，与稀土元素物源示踪结果基本一致。

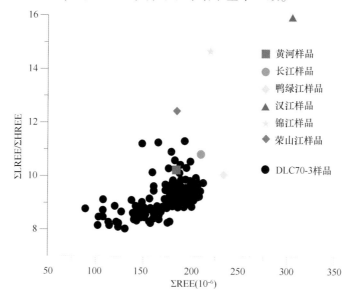

图 4-38　DLC70-3 孔与周边河流沉积物 ΣLREE/ΣHREE-ΣREE 参数对比

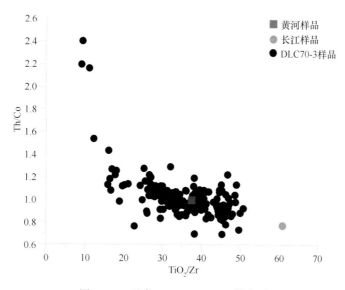

图 4-39　元素 Th/Co-TiO$_2$/Zr 散点图

6）陆源生物标志物特征

（1）陆源生物标志物测试结果

DLC70-3 孔岩心中的正构烷烃的碳数分布范围在 C23~C35，具有明显的长链奇碳优势，C31 是绝大部分样品中的主碳峰（图 4-40），是典型的陆源高等植物来源。

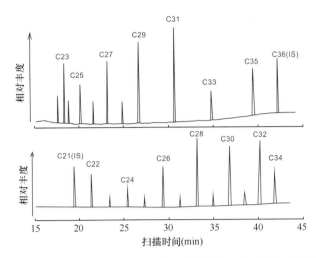

图 4-40　DLC70-3 孔岩心沉积物的正构烷烃和正构醇类组分色谱图

（2）陆源输入量的变化及控制因素

用 C25～C33 长链奇数正构烷烃以及长链偶数正构醇 C24～C32 的含量作为陆源物质输入的替代性指标。表 4-7 显示了烷烃和醇含量在各层位的主要变化，烷烃含量的变化范围在 138～16 195 ng/g，呈现出明显的冰期-间冰期旋回特征（图 4-41）。n-C29 与总单碳长链烷烃含量（C25～C33）的变化一致，相关性达 $R^2 = 0.996$，且通常约是总单碳长链烷烃含量的 1/4，与 Pelejero 等（2003）在南海的研究结果一致。

故 n-C29 也可研究总单碳长链烷烃的变化。烷烃平均含量在 MIS3 期达到最高，为 4 096 ng/g，MIS4 期烷烃平均含量有所降低，为 3 669 ng/g，MIS5 期又比 MIS4 期降低，为 3 090 ng/g，最低值出现在冰消期新仙妇女木（YD）事件时期，平均值仅为 1 620 ng。长链正构醇类含量与烷烃含量在大尺度上有较为一致的变化，如平均含量在 MIS3 期时最高，达到了 5 267 ng/g，最低值也出现在 YD 事件期间，仅为 1 609 ng/g（表 4-7）。虽然醇类含量整体变化趋势与烷烃的含量变化较为一致，但也存在一定差异，比较显著的是在 MIS3、MIS5 期。MIS3 早期（18～26 m），正构醇含量并未出现高值，甚至还出现了低值；MIS5 早期（60～71.2 m），正构烷烃含量出现一个较高值，而正构醇含量则与上段无明显变化，出现低值，近乎一条直线（图 4-41）。

表 4-7　正构烷烃和正构醇含量在不同层位的平均值、最高值和最低值

深度（m）	n-C25～n-C33 含量（ng/g）			n-C24～C32 含量（ng/g）		
	平均值	最高值	最低值	平均值	最高值	最低值
0～4.5（YD）	1 620	2 899	847	1 609	2 548	576
4.5～28.3（MIS3）	4 096	16 195	138	5 267	32 907	433
28.3～38.2（MIS4）	3 669	12 576	268	2 673	7 256	252
38.2～71.2（MIS5）	3 090	13 179	402	2 366	18 671	565

本书认为正构醇和烷烃之间的差异可能是不同的保存、抗降解能力造成的。正构醇较正构烷烃保存、抗降解能力较弱，如 MIS5 期（45～71.2 m）含量基本无变化，而且出现低值，推测主要原因就是保存不好，正构烷烃也有可能受到化石、降解的烷烯混杂干扰，但比较而言，正构烷烃的含

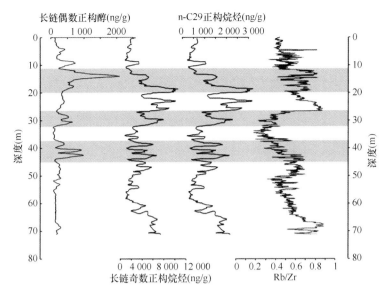

图 4-41　Σn-C24~C32、Σn-C25~C33、n-C29 含量与 Rb/Zr 值随深度变化

量更能代表陆源物质的输送。

通常为了更准确地反映烷烃输入量的变化，摒除其他陆源物质和生源物质稀释作用的影响，要把烷烃丰度（百分含量）转化成烷烃通量（堆积速率）。本研究不进行这种计算，因为计算沉积速率必须有足够多的时间控制点，显然我们的年龄模式不满足这一要求；其次烷烃堆积速率记录常常显示出与沉积速率相同的变化风格，说明计算得到的堆积速率并不是一种独立的指标。主要来源于陆源高等植物的长链正构烷烃一般通过河流或风力作用搬运到海洋环境中沉积下来，因此研究它们在海洋沉积物中丰度的历史变化可以反映陆地高等植被的变迁和（或）风力的强度和风向，如有学者研究了日本海南部两个岩心中 n-C27~C33 正构烷烃的含量变化，发现它们的丰度与冰期-间冰期旋回变化一致，在末次盛冰期时含量高，表明当时风力作用较强（Ishiwatari et al.，1994）。

前人的结果也显示，南海沉积物中的烷烃含量主要受制于由海平面升降导致的陆源物质的输送量变化。冰期时，海平面降低，陆架出露，河流入海口向陆架延伸，从而增加了向该区域的物质输送。冬季风加强，也可能增加风尘向海洋的输入，带来大量的陆源有机质（烷烃）。间冰期时，随着海平面的上升，陆架被淹没，河流入海口后移，进入陆架区的陆源物质减少，输入海洋的风尘减小，沉积物中烷烃含量也相应下降。贺娟等（2008）对南海北部 MD05-2904 钻孔研究发现，MIS3期末，烷烃含量、堆积速率均出现高值，表明南海沉积物中烷烃含量并不完全由海平面变化控制，也要考虑源区的气候条件与源区植被丰度。最有利于烷烃输送的环境条件是低海平面时的潮湿时期。潮湿环境有利于植被生长，可以产生大量的烷烃，而低海平面时又有利于将其输送到南海大陆坡上。

将 n-C25~C33 含量、n-C29 含量以及指示大陆化学风化的指标 Rb/Zr 进行对比，发现烷烃含量与 Rb/Zr 值在大尺度上的变化较为一致，n-C29 含量与 Rb/Zr 值相关系数为 $R^2 = 0.251$，Rb/Zr处于高值的温暖湿润气候阶段，大量的降雨使入海河流通量增加，从而给该沉积区带来了更丰富的陆源有机质，MIS4 期时海平面下降，风成沉积增加，但研究区陆源有机质通量在 32~38 m 层位为最低值，说明陆源有机质主要是由河流带来的，风力贡献很小，由此可见钻孔沉积序列中 MIS4 时海面下降幅度最大，但由于当时气温低，气候干旱，中国大陆河流源区降雨量减少，河流入海的通量也因之大大减少。但是，细节上 n-C25~C33 含量、n-C29 含量以及 Rb/Zr 值的变化又不尽相同，如图 4-41 阴影部分所示，n-C25~C33 含量、n-C29 含量均出现峰值，而 Rb/Zr 值却不是峰值，处于较高值，对应的也是海平面相对较低的值。充沛的降雨和适宜的温度有利于陆源植物的生长，而同期的海平面下降也增加了陆源生物标记物向钻位的输送，事实上在南海 17940 孔、17954 孔、17961 孔和 MD05-2897 柱的烷烃含量在 MIS3 期均出现峰值，也反映了烷烃含量变化不仅受到海平面控制，同时也与夏季风及其带来的河流输送量有关。

综上所述，认为影响本钻位陆源生物标记物的最主要因素是季风降雨造成的河流输送量，次要因素是海平面的变化，最有利于烷烃输送的环境条件是低海平面时期的潮湿阶段。

（3）生源标志物指示的初级生产力变化

冰期到间冰期浮游植物初级生产力的变化在深海各个区域的记录不尽相同，比如东阿拉伯海上升流区冰期生产力低于间冰期，西太平洋区初级生产力通常是冰期高于间冰期，主要受到东亚季风变化的影响，而在低纬度深海区大量的研究表明生产力受到岁差作用控制，冰期间冰期变化并不明显，如阿拉伯海、地中海、赤道大西洋均有类似记录。这种全球均有发现的生产力的变化一般认为是低纬地区岁差控制的季风变化所引起。

黄海、东海与南海都是西太平洋重要的边缘海，关于南海长时间尺度古生产力及群落结构变化的研究相对较多，这些研究结果发现南海北部及南部的生产力和群落结构在冰期-间冰期循环中有着明显差异。比如，直链烯酮的含量显示在南海北部颗石藻生产力在冰期相对较高，而且叶绿素的质量积累速率也显示了南海北部冰期时相对较高的浮游植物生产力，利用多参数生物标志物方法的研究也证实了南海北部冰期时生产力高于间冰期（Huang et al.，1997；Higginson et al.，2003）。而在南海南部，冰期-间冰期生产力的变化还存有争议，如有些研究表明冰期-间冰期颗石藻生产力没有明显的变化趋势。胡建芳等（2003）指出南海南沙海区过去 3 万年表层生产力主要以硅藻为主，虽然黄绿藻和颗石藻所占比例较少，但也表现出末次冰期时生产力要高于全新世时期。此外，ODP1143 孔的钙质超微化石堆积速率、蛋白石含量及其堆积速率以及南海南部 MD05-2897 孔的碳酸钙和有机碳指示的表层生产力的变化都反映为冰期降低，间冰期增加。与南海相比，目前只有极少数的研究报道了应用多参数生物标志物的方法对黄海、东海生产力及群落结构变化的重建。邢磊等（2008）首次利用一系列生物标志物，重建了冰消期至全新世东海陆架边缘的冲绳海槽中部浮游植物生产力和群落结构的演变，指出由于冬季风的增强与海平面的相对降低，冰消期时海洋生产力要高于全新世，且颗石藻比例下降，甲藻和硅藻比例升高。而在黄海地区，目前还没有长时间尺度的古生产力及浮游植物群落结构的相关报道，本研究将探讨南黄海地区古生产力冰期-间冰期尺度上的变化以及浮游植物群落结构的变化。

DLC70-3 孔中检出的指示生产力的生物标志物有胆甾醇（cholesterol）、菜籽甾醇（Brassicasterol）和甲藻甾醇（dinosterol）。不饱和烯酮（颗石藻指示标志物）在本钻孔中并未检出，主要原因可能是颗石藻 $CaCO_3$ 壳体的形成与海水中的 HCO_3^- 的浓度密切相关，因此低的盐度极不利于颗石藻的生长。此外，颗石藻浮游植物在现代海洋中的分布显示，在高温低营养盐区域颗石藻生长有优势，而南黄海海域营养盐含量高，盐度较大洋低，非常不利于颗石藻的生长。

如图 4-42 所示，甲藻甾醇、菜籽甾醇以及胆甾醇的含量变化比较一致，其中甲藻甾醇在部分层位未检出（阴影部分所示）。它们都有明显间冰期时高、冰期时低的趋势（表 4-8）。比如菜籽甾醇（硅藻指标）在 MIS4 期时最低，平均值为 24.0 ng/g，在 MIS3 期时最高，平均值为 112.8 ng/g，MIS5 期时平均值为 89.3 ng/g，冰消期（主要 YD 事件）时期平均为 59 ng/g。甲藻甾醇和胆甾醇冰期-间冰期尺度上的变化与菜籽甾醇完全一致，反映在 MIS3 初级生产力最大，MIS5 次之，冰消期（主要为 YD 事件时期）更低，而最低值为 MIS4 时期。

　　总而言之，生物标志物记录显示初级生产力和浮游动物含量都是间冰期比冰期高，MIS3 期时最高，MIS4 期时最低。MIS4 期的沉积粒度较粗，而此时海平面较低，沉积环境可能是河口或滨海沉积，所反映的初级生产力未必能完全代表南黄海地区的初级生产力变化，但是从图 4-42 中可以看出，生产力的峰值出现在 20~30 m 以及 65~70 m，由前可知，此两个层位正好对应的是 MIS3 和 MIS5 期中的最暖期，而 0~4.5 m 也处于冷期，整体含量较低，所以推测南黄海地区初级生产力是冰期低，间冰期高，暖期高而冷期低。将生物标志物记录的初级生产力与本钻孔的 TOC（总有机碳）含量对比（图 4-42），变化趋势也较为一致，胆甾醇与 TOC 做 x-y 图显示两者有较好的相关性（$R^2 = 0.578$）。生物标志物作为生产力指标有一个主要的问题就是其在沉积物中所占的含量非常低，而陆源岩石组分含量一般较高，陆源组分的稀释效应往往会对生产力的估算产生干扰作用，通常用 TOC 做校正，将各个生物标志物含量除以 TOC 含量来消除陆源稀释作用，作为初级生产力的指标。而本次研究中并未采用此种方法，主要原因是用 TOC 做校正有一个前提是 TOC 主要来源于海洋生源，而不是陆源物质。此外，在中国边缘海，生物标志物含量作为生产力指标已经取得了非常好的效果，所以此节中所用的生产力指标仍是生物标志物的含量。各个生物标志物指示的生产力与 TOC 一致的变化趋势以及良好的相关性，可能的原因有两个，一是本身 TOC 含量受到浮游植物生产力控制，主要来源于海洋生源的供给；二是浮游植物生产力与 TOC 指示的生产力的制约因素相同，显然本孔的情况应用后者来解释。

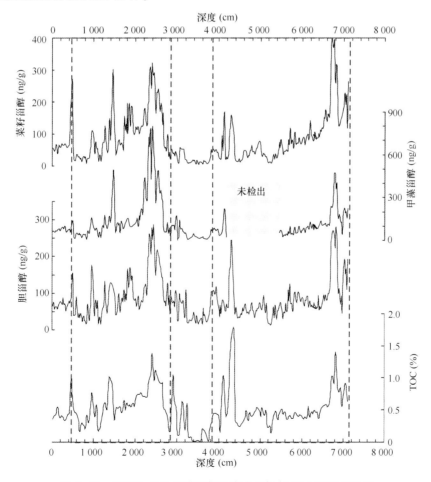

图 4-42　DLC70-3 孔浮游植物生产力指标与 TOC 随深度变化

表 4-8　主要浮游植物生产力指标在不同层位的均值、最高值和最低值

深度（m）	菜籽甾醇（ng/g）			甲藻甾醇（ng/g）			胆甾醇（ng/g）		
	均值	高值	低值	均值	高值	低值	均值	高值	低值
0~4.5（YD）	59.0	69.8	37.2	72.7	97.9	57.9	69.0	88.3	50.5
4.5~28.3（MIS3）	112.8	319.6	7.0	189.9	801.9	8.5	100.1	288.1	14.7
28.3~38.2（MIS4）	24.0	58.2	4.3	52.8	168.9	7.1	50.8	110.0	16.3
38.2~71.2（MIS5）	89.3	401.0	8.2	111.2	475.0	18.9	83.1	279.8	11.9

4.1.6　钻孔沉积物微体古生物组成特征

微体古生物分析包括有孔虫、介形虫和孢粉组合分析。

4.1.6.1　DLC70-1 孔

1）有孔虫与介形虫

（1）组合特征

DLC70-1 孔每样鉴定有孔虫个数最多为 291 枚，最少 0 枚，平均为 76 枚/克干样（图 4-43）。共鉴定出底栖有孔虫 39 属 80 种，其中占全群 2% 以上的优势种共 10 个，分别是 *Elphidium magellanicum*（Heron-Allen et Earland），20.56%；*Ammonia becarii*（Linné）var.，14.97%；*Protelphidium turberculatum*（d'Orbigny），12.53%；*A. dominicana*（Bermudez），10.77%；*A. compressiuscula*（Brady），7.67%；*Cribrononion subincertum*（Asano），6.27%；*Buccella frigida*（Cushman），5.44%；*Elphidium advenum*（Cushman），4.84%；*A. pauciloculata*（Phleger et Parker），2.45%；*Textularia foliacea*（Heron-Allen & Earland），2.15%（图 4-44）。10 个优势种共占全群的 87.65%。

DLC70-1 孔介形虫含量极低，全部样品中共鉴定出介形虫 36 属 48 种，总计 860 瓣（图 4-45）。其中占全群 2% 以上的优势种共 10 个，分别是 *Sinocytheridea latiovata*（Hou et Chen），27.29%；*Albileberis sinensis*（Hou），14.51%；*Echinocythereis bradyformis*（Ishizaki），13.50%；*Tanella opima*（Chen），11.68%；*Neomonoceratina crispata*（Hu），6.46%；*Parabosquetina sinucostata*（Yang，Hou et Shi），3.99%；*Bicornucythere bisanensis*（Okubo），2.90%；*Aurila cymba*（Brady），2.69%；*Ilyocypris bradyi*（Sars），2.32%；*Sinocytheridea longa*（Hou et Chen），2.32%（图 4-46）。10 个优势种占到全群的 87.66%。

（2）地层划分

根据垂向上的微体化石群落变化，在 DLC70-1 孔 70 m 的沉积记录中识别出了 4 个主要的海相层及与其相间的 4 个陆相或海陆交互相层（图 4-44），自下而上对各层的微体化石组合变化及其环境指示分析如下。

① BL4 陆相层（68.50~70.00 m）

该段内底栖有孔虫丰度处于极低水平，平均仅为 0.17 枚/克干样，简单分异度和复合分异度波动幅度很大，均值分别是 3 种和 0.96（图 4-44）。层内零星出现的底栖有孔虫以 *Ammonia compressiuscula* 和 *Ammonia becarii* 等几个种为主，显然主要是经过多次沉积的异地搬运壳体，不适合用于指示沉积相。

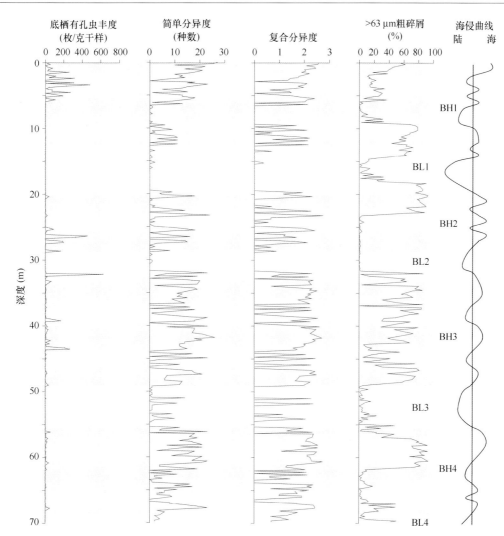

图 4-43　DLC70-1 孔底栖有孔虫丰度、分异度、粗碎屑含量变化

② BH4 海相层（55.40~68.50 m）

该段底栖有孔虫丰度较之下部明显升高，平均值增至 5 枚/克干样，简单分异度和复合分异度增加更为明显，均值分别是 10 种和 1.62（图 4-43）。

这一时期 DLC70-1 孔附近水深最大不超过 10 m，大部分时间是滨岸浅水或沿岸潟湖、潮坪等过渡相环境，而且海平面波动频繁，沉积环境极不稳定。

段内底栖有孔虫优势种比较集中，主要包括 *Ammonia compressiuscula*，17.18%；*A. becarii* var.，15.52%；*Elphidium magellanicum*，9.13%；*Ammonia dominicana*，9.00%；*Protelphidium turberculatum*，7.74%；*Buccella frigida*，7.73%；*Cribrononion subincertum*，6.44%；*Elphidium advenum*，5.08% 等（图 4-44）。其中 *Ammonia compressiuscula* 虽然相对含量均值最高，但该种含量高的层位多为海相层中夹有的陆相层位，是经过异地搬运的再沉积个体，陆相层位多现则可能与该种壳体较大适宜水流搬运分选有关。其他优势种均为近岸的广盐种或冷水种。该段内也发现一些介形虫壳体，大多数为滨岸浅水海相种，也有少数陆相种。

③ BL3 陆相层（49.10~55.40 m）

该段底栖有孔虫丰度降至极低水平，平均仅为 0.46 枚/克干样，简单分异度和复合分异度也随之下降，均值分别是 2 种和 0.33（图 4-43）。

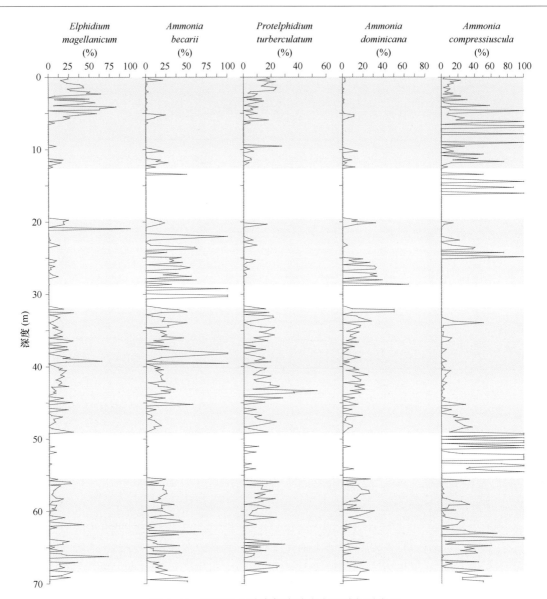

图 4-44 DLC70-1 孔底栖有孔虫主要种相对含量

层内零星出现的底栖有孔虫以 *Ammonia compressiuscula* 为主，如同下部海相层中夹有的陆相层一样，这里的 *Ammonia compressiuscula* 也均为异地搬运的再沉积个体，并不能说明此段是海相层，另外层内还含有部分指示近岸浅水环境的海相介形虫 *Sinocytheridea latiovata*，同样属再沉积壳体。

④ BH3 海相层（31.80~49.10 m）

该段底栖有孔虫丰度较之下部明显升高，但不同层位间差异很大，平均值增至 25 枚/克干样，简单分异度和复合分异度也处于相对高值期，均值分别是 11 种和 1.57。

段内底栖有孔虫优势种主要包括 *Ammonia becarii* var.，19.03%；*Protelphidium turberculatum*，10.85%；*Elphidium magellanicum*，10.15%；*Ammonia dominicana*，9.29%；*Ammonia compressiuscula*，5.72%；*Buccella frigida*，5.58%；*Cribrononion subincertum*，4.52%；*Elphidium advenum*，3.88%等（图 4-44）。

层内底栖有孔虫优势种以近岸浅水种和滨岸广盐种为主，说明这一时期是滨岸浅水环境，水深为 5~10 m，而且在渤海 DLC70-1 孔记录的这一时期的沉积中，实际上包含了 3 个次一级的海相层

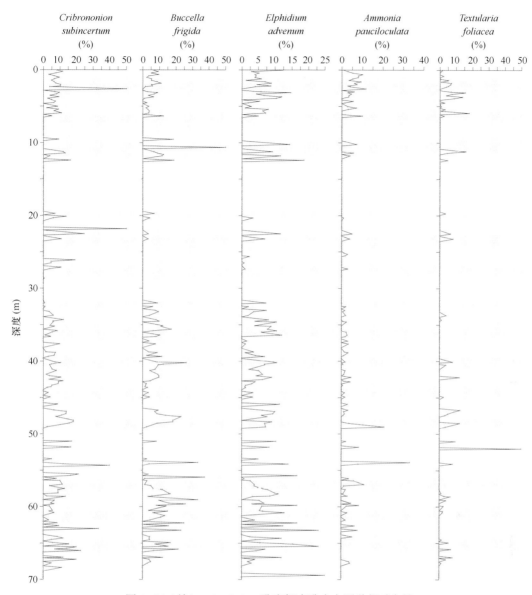

图 4-44（续）　DLC70-1 孔底栖有孔虫主要种相对含量

和期间的两个陆相层，这也说明了 BH3 海侵规模确实较弱，渤海东部地区在这一阶段经常出露成陆。

⑤ BL2 陆相层（28.70~31.80 m）

该段底栖有孔虫丰度又降至极低水平，仅在 3 个层位中有几枚 *Ammonia becarii* var. 壳体出现（图 4-43）。

沉积物中粗碎屑含量较低，说明渤海东部在这一时期可能是滨岸潟湖相或河漫滩沉积（郑光膺，1989，1991）。

⑥ BH2 海相层（19.50~28.70 m）

该段底栖有孔虫丰度较之下部明显升高，平均值增至 38 枚/克干样，简单分异度和复合分异度也随之升高，均值分别是 5 种和 0.82。

段内底栖有孔虫优势种主要包括 *Ammonia becarii* var.，21.97%；*Ammonia dominicana*，10.39%；*Ammonia compressiuscula*，8.78%；*Elphidium magellanicum*，5.86%等（图 4-44）。

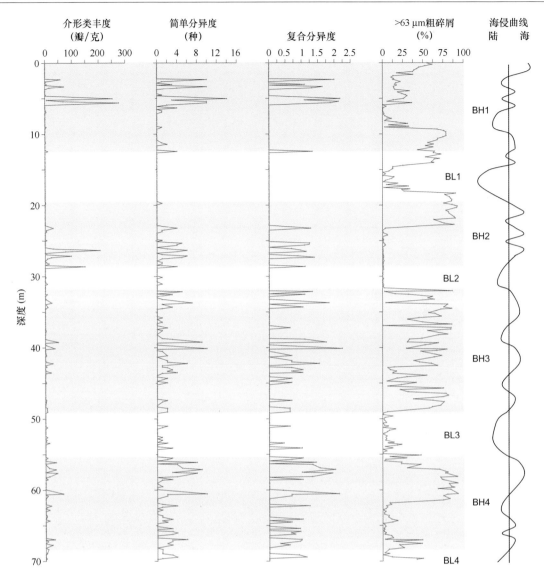

图4-45　DLC70-1孔介形虫丰度、分异度、粗碎屑含量变化

底栖有孔虫以广盐性近岸浅水种占绝对优势，而且BH2海相层并非稳定连续，而是表现为频繁的海进和海退过程的交替，期间也夹有较长时间的陆相层，如21.00~22.00 m和24.00~25.00 m的陆相层等，说明这次海侵在渤海的影响范围非常有限，BH2海相阶段多数时期，这一区域仍然是滨岸浅水环境。

⑦ BL1 陆相层（12.50~19.50 m）

该段底栖有孔虫丰度又降至极低水平，仅在3个层位中有几枚*Ammonia becarii* var. 和 *Ammonia compressiuscula* 壳体出现，而且均属于异地搬运的再沉积个体（图4-44）。

DLC70-1孔此时远离海平面，可能为陆相的河漫滩或湖泊沉积。

⑧ BH1 海侵层（0~12.50 m）

段内底栖有孔虫呈现两段式变化，6.40 m以下丰度极低，而分异度的变化则明显以6.40 m和10.00 m为界分为3个阶段，说明了这一阶段沉积环境的不稳定性。段内底栖有孔虫的总平均丰度为78枚/克干样，简单分异度和复合分异度的均值也分别上升至9种和1.25。

段内底栖有孔虫以 *Ammonia compressiuscula*，20.33%；*Elphidium magellanicum*，17.91%；*Protel-*

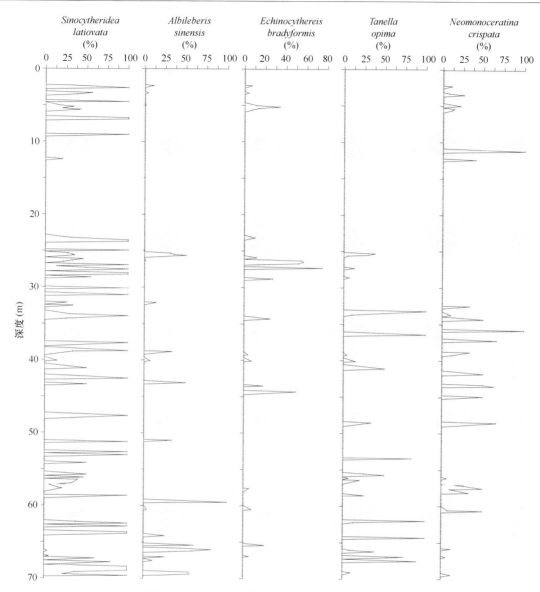

图 4-46　DLC70-1 孔介形虫主要种相对含量变化

phidium turberculatum，6.14%；*Cribrononion subincertum*，4.98%；*Buccella frigida*，4.39%等几个种为优势种（图 4-44）。

　　随着冰消期海平面的上升，海相环境的扩张，段内 10.00 m 的层位开始由陆相逐渐转为海陆过渡相，零星出现近岸浅水种。10.00 m 处是一个明显的海平面退缩的转折点，可能相当于新仙女木事件的开始，此后的 2 ka 之内该区域属于陆相环境，沉积了 10.00 m 到 6.40 m 的陆相层。6.40 m 向上海平面迅速上升，DLC70-1 孔所在区域转为正常海相环境，*Elphidium magellanicum*、*Protelphidium turberculatum*、*Buccella frigida* 几个优势种均为北黄海沿岸流影响下的冷水团代表种，*Ammonia compressiuscula* 则是水深 20 m 以上环境的代表种，可见这一阶段北黄海西部所处环境已逐渐向类似于现代的沉积环境过渡，只是冰消期中的沉积环境并不稳定，海平面可能出现短暂的停滞或回返，因此这一阶段底栖有孔虫的丰度、分异度和各种相对含量都波动很大（中国科学院海洋研究所海洋地质研究室，1985）。

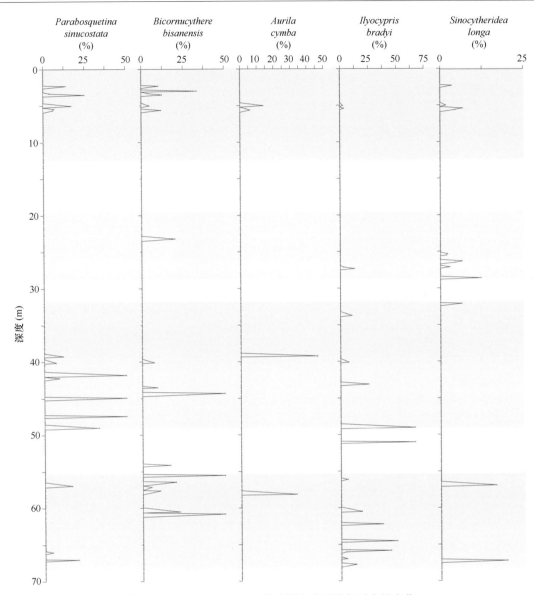

图 4-46（续）　DLC70-1 孔介形虫主要种相对含量变化

2）孢粉

对 DLC70-1 孔 157 个沉积物样品进行了孢粉分析。分析结果表明，该孔孢粉组合以草本植物花粉为主，平均含量为 72.4%，木本植物花粉为 21.8%，蕨类植物孢子含量较少，仅为 5.8%。有时见少量水生植物花粉及藻类植物孢囊（图 4-47）。木本植物花粉主要有松（Pinus）、落叶栎（Quercus）、桦/鹅耳枥（Betula/Carpinus）、常绿栎（Cyclobalanopsis）、榆/朴/榉（Ulmus/Celtis/Zelko），其次还有麻黄/白刺（Ephedra/Nitraria）、云杉/冷杉/落叶松（Picea/Abies/Larix）、桑科（Moraceae）、杉科（Taxodiaceae）及木犀科（Oleaceae）等。草本植物花粉主要有蒿（Artemisia）、藜科（Chenopodiaceae）、禾本科（Gramineae）、菊科（Compositae）、唇形科（Labiatae）、茄科（Solanaceae）及毛茛科（Ranunculaceae）、莎草科（Cyperaceae）的分子等。蕨类植物孢子主要有中华卷柏（Sellaginella）、铁线蕨/鳞盖蕨（Adiantum/Microlepria）、水龙骨科（Polypodiaceae）、蹄盖蕨（Athyrium）及单缝孢（Monolete spores）的分子等。水生草本植物主要为香蒲（Typha）及狐尾藻（Myriophyllum）等分子（图 4-47）。

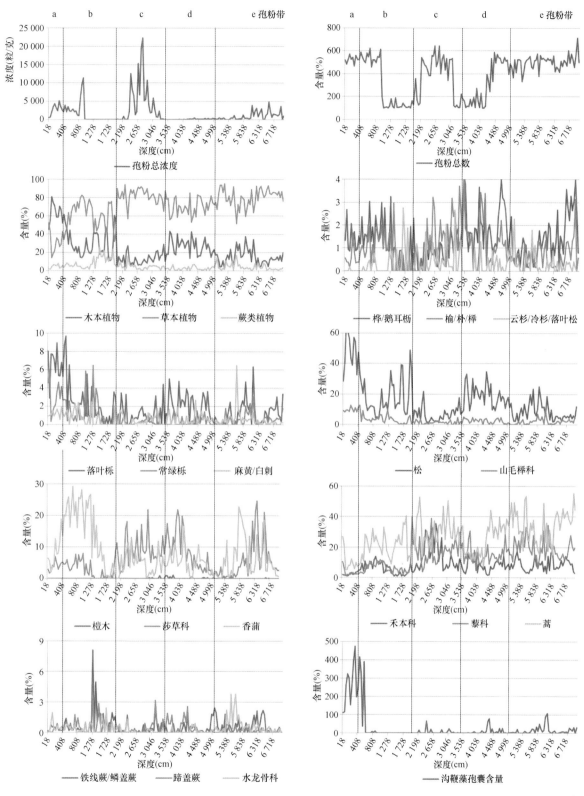

图 4-47 DLC70-1 孔孢粉组成及分带

依据孢粉类型在剖面上的波动，可划分为 a、b、c、d、e 共 5 个孢粉组合带（图 4-47）。各孢粉组合带特征简述如下。

① 孢粉组合带 a（0~4.78 m）

孢粉丰富，孢粉浓度为 2 401 粒/克左右，个别可达 5 144.8 粒/克。组合中木本植物花粉含量高于草本植物花粉含量，平均值分别为 65% 及 30% 左右；蕨类植物孢子含量在 4.5% 左右波动。主要花粉成分有松（50%）、藜科（12%）、落叶栎（7%）、常绿栎（3%）等。其次有少量莎草科（3%）、桤木（Alnus，2%）、桦/鹅耳枥（1.7%）及水生植物花粉香蒲（7% 左右）。半咸水沟鞭藻类孢囊经常出现，最高浓度达 473.5 粒/克。局部见淡水藻类孢囊，浓度达 264.3 粒/克。

② 孢粉组合带 b（4.79~19.38 m）

孢粉丰富，孢粉浓度在 1 000 粒/克左右波动，个别可达 11 463.4 粒/克。组合中草本植物花粉含量占优势，含量在 70% 左右波动；木本植物花粉含量较前带大为降低，含量小于 30%；蕨类植物孢子含量较前带明显增大。主要孢粉组成有蒿（>20%）、松（20%）、藜科、禾本科（后两者均在 7% 左右波动）及水生植物花粉香蒲（15% 左右）等。其次有少量莎草科（3%）、桤木、落叶栎、常绿栎、榆/朴/榉及蕨类植物孢子铁线蕨、蹄盖蕨等。该带顶部半咸水沟鞭藻类孢囊时可见及，最高浓度达 414.2 粒/克。

③ 孢粉组合带 c（19.39~33.88 m）

孢粉很丰富，孢粉浓度一般大于 6 000 粒/克，最高可达 22 351.2 粒/克。组合中草本植物花粉含量占优势，达 80% 以上，木本植物花粉含量约 10%，蕨类植物孢子含量较前带明显减少。主要孢粉组成有蒿（30%）、藜科（15%）、禾本科（15%）、莎草科（10%）及水生植物花粉香蒲（<10% 左右）。其次有少量松、榆/朴/榉、落叶栎、桦/鹅耳枥等。云杉/冷杉花粉经常出现。

④ 孢粉组合带 d（33.89~50.38 m）

孢粉欠丰富，孢粉浓度一般小于 500 粒/克，在 471.9 粒/克左右波动。组合中草本植物花粉含量较前带明显减少，含量一般小于 70%；木本植物花粉含量较前带大为增多，含量一般大于 30%；蕨类植物孢子含量较前带进一步减少。主要孢粉组成有松（20%）、蒿及藜科，后两者含量均小于 20%。其次有落叶栎、桤木、莎草科（10%）及水生植物花粉香蒲（小于 7% 左右）等。麻黄经常出现，较前带有所增多。

⑤ 孢粉组合带 e（50.39~69.90 m）

孢粉丰富，孢粉浓度一般小于 1 000 粒/克，个别可达 4 860.1 粒/克左右。组合中草本植物花粉含量远高于木本植物花粉含量，平均值分别为 80% 及 16% 左右。蕨类植物孢子含量较前带有所增多。主要花粉组成有蒿（35%）、藜科（20%）、禾本科（小于 10%）、松（10% 左右）及淡水生植物花粉香蒲（10%）。此外还有少量莎草科（5%）、桦/鹅耳枥、落叶栎等；水龙骨科及铁线蕨孢子也时有出现。半咸水沟鞭藻类孢囊经常出现，但含量不高，浓度达 197.8 粒/克。局部见淡水藻类孢囊，浓度达 414.5 粒/克。

综上所述，孢粉组合带 a 为森林/森林草原植被时期；孢粉组合带 b 为森林草原植被时期；孢粉组合带 c 为草原为主的森林草原植被时期；孢粉组合带 d 为森林草原（或森林草原）植被时期；孢粉组合带 e 为草原或森林草原植被时期。孢粉带揭示的气候特征由上而下分别表现为温暖偏干—凉偏湿—冷偏湿—温（暖）偏干—温凉。

4.1.6.2　DLC70-2 孔

1）有孔虫与介形虫

（1）组合特征

DLC70-2 孔每样鉴定底栖有孔虫个数最多为 437 枚，最少 0 枚，平均为 76 枚/克干样（图 4-

46）。共鉴定出底栖有孔虫 39 属 80 种，其中占全群2%以上的优势种共 8 个，分别是 *Elphidium ma-gellanicum*（*Heron－Allen et Earland*），19. 83%；*Ammonia becarii*（*Linné*）var.，18. 81%；*Ammonia dominicana*（*Bermudez*），16. 66%；*Protelphidium turberculatum*（*d'Orbigny*），14. 16%；*Nonion depressulum*（*Walker et jacob*），6. 74%；*Buccella frigida*（*Cushman*），5. 25%；*Cribrononion subincertum*（*Asano*），3. 51%；*Elphidium advenum*（*Cushman*），3. 01%（图 4－49）。8 个优势种共占全群的 87. 97%。

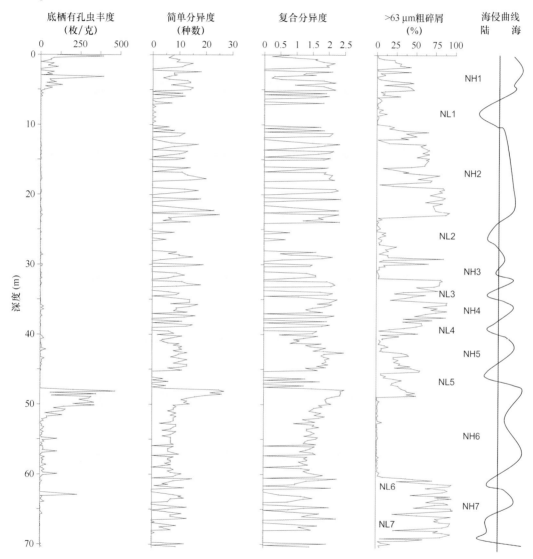

图 4-48　DLC70-2 孔底栖有孔虫丰度、分异度、粗碎屑含量变化

　　DLC70-2 孔中介形虫含量极低，仅在个别层位出现，且统计个数过少而不具有统计意义，故此处不单独对其进行分析，仅作为对有孔虫分析结果的辅助说明。

（2）地层划分

　　根据微体化石群落的垂向变化，DLC70-2 孔识别出了 7 个主要的海相层及其间的 7 个陆相或海陆交互相层（图 4-49），自下而上对微体化石组合变化及其环境分析如下。

　　① NL7 陆相层（65. 70~70. 50 m）

　　该段内底栖有孔虫丰度极低，平均仅 1 枚/克干样，简单分异度和复合分异度也是极低水平，均值分别是 3 种和 0. 54（图 4-48）。

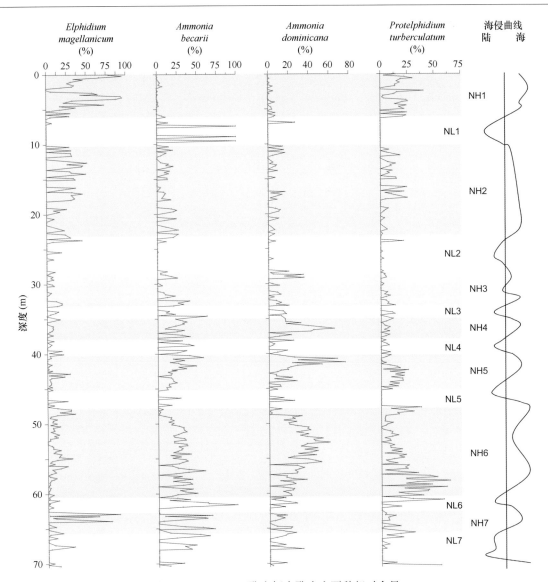

图 4-49　DLC70-2 孔底栖有孔虫主要种相对含量

虽然因统计个数过少而不具可靠的统计意义，但仍可通过段内为数不多的有孔虫看出，这一时期主要以 *Ammonia becarii* var.（13.36%），*Ammonia compressiuscula*（10.68%），*Protelphidium turberculatum*（5.31%），*Ammonia dominicana*（4.68%）等几个种为主（图 4-49）。主要以广盐性的近岸浅水种和冷水种为主，而其中代表较深水体的 *Ammonia compressiuscula* 明显属于异地搬运再沉积的产物，不能代表当时真实的沉积环境。

这一时期 DLC70-2 孔所在区域海退而露出海面，从其超过 80% 的粗碎屑含量来看，可能属于河口或三角洲前缘的冲积相沉积。

② NH7 海相层（62.70~65.70 m）

该段有孔虫丰度相对较高，尽管中间夹有缺失有孔虫的陆相层，丰度平均值还是增加至 22 枚/克干样，简单分异度和复合分异度也随之升高，其均值分别是 6 种和 0.88。

段内有孔虫优势种主要包括 *Ammonia becarii* var.，26.94%；*Elphidium magellanicum*，20.05%；*Ammonia dominicana*，9.39%；*Protelphidium turberculatum*，6.50% 等几个种（图 4-49）。

从 DLC70-2 孔的记录来看，此次海侵规模不大，在北黄海海平面只是达到该钻孔附近，而且

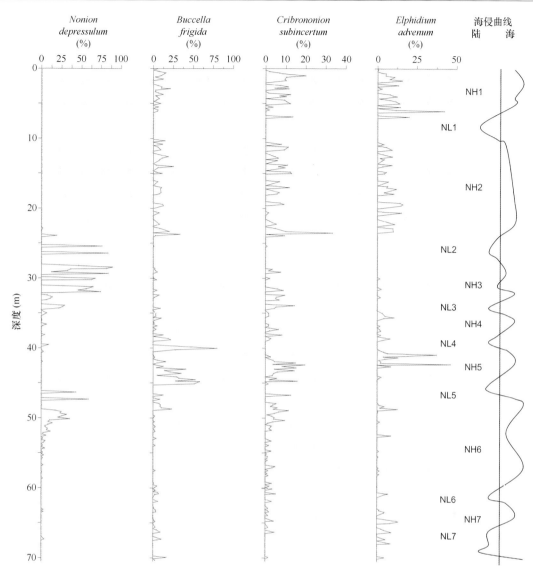

图 4-49（续） DLC70-2 孔底栖有孔虫主要种相对含量

中间还有较长的时间为陆相环境，底栖有孔虫优势种以滨岸广盐属种和冷水种为主。说明即使在间冰期中，这一区域沿岸冷水团的控制作用仍然十分明显，这一时期该区域为水深 5 m 左右的滨岸浅水环境。

③ NL6 陆相层（60.40～62.70 m）

该段有孔虫丰度较之下部海相层明显降低，平均仅为 2 枚/克干样，段内分异度大幅波动，因此均值并未明显降低，分别是 6 种和 0.94。尽管由于统计个数过少而不具有可靠的统计意义，但仍然可以通过段内为数不多的有孔虫看出，这一时期以 *Ammonia becarii* var. （13.36%），*Protelphidium turberculatum*（5.31%），*Ammonia dominicana*（4.68%）等几个种为主（图 4-49），主要由广盐性的近岸浅水种和冷水种组成。

这一时期 DLC70-2 孔所在区域由于海退而露出海面，从其超过 80% 的粗碎屑含量来看，可能属于河口或三角洲前缘的冲积相沉积。

④ NH6 海相层（47.80～60.40 m）

该段有孔虫丰度逐渐升高，平均值增至 77 枚/克干样，简单分异度和复合分异度也随之升高，均值分别是 9 种和 1.51。

有孔虫优势种主要包括 *Ammonia dominicana*（27.30%）、*Ammonia becarii* var.（24.71%）、*Protelphidium turberculatum*（16.94%）和 *Elphidium magellanicum*（8.34%）等几个种（图 4-49）。

从有孔虫群落组成上可以反映出，该海相层以 51.60 m 和 56.00 m 为界划分为上、中、下三个沉积单元。下部有孔虫丰度和分异度都处于相对低值期，各优势种相对含量波动幅度很大，有孔虫群落中 *Protelphidium turberculatum* 是含量最高的优势种，其次是 *Ammonia becarii* var. 和 *Ammonia dominicana*。这种组合说明这一阶段水深相对较大，是水深在 20~30 m 的内陆架环境，有孔虫丰分布受控于低温低盐的沿岸水团。中段有孔虫丰度和分异度仍然不高，但优势种的含量有所变化，表现为代表广盐环境的 *Ammonia dominicana* 和 *Ammonia becarii* var. 含量明显增加，而代表较大水深的 *Protelphidium turberculatum* 降至较低水平，说明这一阶段水深明显变浅，盐度变化的控制效应强于温度，为 10 m 以内的近岸浅水环境。上段中有孔虫的丰度和分异度都逐渐升高，而代表近岸低盐水环境的 *Ammonia dominicana* 和 *Ammonia becarii* var. 含量呈现逐渐递减的趋势，与此同时 *Protelphidium turberculatum* 和 *Elphidium magellanicum* 含量却逐渐增加，这种变化说明水深有所增加，而盐度更接近正常海水，因此更适宜低温和正常盐度的 *Elphidium magellanicum* 和 *Protelphidium turberculatum* 进入一个相对繁盛的时期，这一阶段应是水深 20 m 以内的内陆架海相环境，受低温水团控制，因此 NH6 海相层记录了一个浅海—滨海—浅海的转换过程。

⑤ NL5 陆相层（45.20~47.80 m）

该段有孔虫丰度骤降至极低水平，平均仅为 0.10 枚/克干样，分异度也随之降低，简单分异度和复合分异度均值分别是不足 2 种和 0.44（图 4-48）。

零星出现的有孔虫以 *Nonion depressulum*、*Elphidium magellanicum*、*Ammonia becarii* var.、*Ammonia dominicana* 等几个种为主，多为异地搬运的个体，不具指相意义。

NL5 陆相层是一个明显的海退时期，层内粗碎屑含量不高，可能为沿岸潟湖沉积。

⑥ NH5 海相层（40.10~45.20 m）

该段有孔虫丰度较下部明显升高，平均值增至 7 枚/克干样，简单分异度和复合分异度的增加更为明显，均值分别是 9 种和 1.67。

有孔虫优势种主要包括 *Ammonia becarii* var.，22.43%；*Ammonia dominicana*，19.67%；*Buccella frigida*，17.79%；*Protelphidium turberculatum*，10.48%；*Elphidium magellanicum*，5.34%；*Cribrononion subincertum*，5.25%（图 4-49）。

层内大致以 42.00 m 为界分为上、下两个沉积单元。下部有孔虫丰度相对稍高但波动大，分异度波动幅度也较大，反映了沉积环境的不稳定性，段内优势种中近岸冷水种 *Buccella frigida* 含量呈逐渐下降趋势，而滨岸广盐种 *Ammonia becarii* var. 和 *Ammonia dominicana* 含量则呈现上升趋势，这种变化代表着间冰阶中冷水影响逐渐减弱的过程，水深总体呈现逐渐变浅的趋势。上部沉积单元中 *Ammonia becarii* var. 和 *Ammonia dominicana* 占据绝对优势，代表滨岸广盐水体占据主导地位且水深很小，从 DLC70-2 孔的记录来看，此次海侵规模不大，至少在北黄海海平面只是达到该钻孔附近。

⑦ NL4 陆相层（37.60~40.10 m）

该段有孔虫丰度降至极低水平，平均仅为 0.76 枚/克干样，简单分异度和复合分异度波动幅度很大，均值分别是 5 种和 0.79（图 4-48）。

有孔虫零星出现，主要种是 *Buccella frigida*，15.02%；*Ammonia becarii* var.，14.72%；*Ammonia dominicana*，5.00%等（图 4-49）。

NL4 陆相层是一个明显的海退沉积，其中少量出现的底栖有孔虫也以近岸冷水种和广盐属种占据绝对主导，说明这一时期 DLC70-2 孔所处的环境仍属海陆交互相，其中尤以陆相阶段为主，期间有短暂的冷水团绝对控制的海相阶段出现。

⑧ NH4 海相层（34.80~37.60 m）

该段有孔虫丰度较之下部明显升高，平均值增至 6 枚/克干样，简单分异度和复合分异度增加更为明显，均值分别是 11 种和 1.68。

有孔虫优势种比较集中，主要包括 *Ammonia dominicana*，29.61%；*Ammonia becarii* var.，24.82%；*Protelphidium turberculatum*，4.90% 等（图 4-49）。

有孔虫中代表近岸广盐的 *Ammonia dominicana* 和 *Ammonia becarii* 占到全群的 50% 以上，表明此时水较浅，与下部的 NH5 一样，此次海侵过程在北黄海附近表现较弱，DLC70-2 孔附近处于滨岸浅水环境。有孔虫丰度很低，海侵指相意义不甚明显。

⑨ NL3 陆相层（32.80~34.80 m）

该段有孔虫丰度降至极低水平，平均仅为 0.73 枚/克干样，简单分异度和复合分异度也随之下降，均值分别是 6 种和 1.25（图 4-48）。

有孔虫个数过少而不具有可靠的统计意义，这一时期主要以 *Ammonia becarii* var.，17.95%；*Nonion depressulum*，10.50%；*Ammonia dominicana*，9.72%；*Elphidium magellanicum*，6.80% 等几个种为主（图 4-49）。

NL3 陆相层零星出现的有孔虫以近岸广盐性的滨岸种为主，部分壳体为异地搬运的再沉积个体，说明这一阶段是陆相环境为主的海陆交互相环境。

⑩ NH3 海相层（28.10~32.80 m）

该段有孔虫丰度较之下部有所升高，平均值增至 3 枚/克干样，简单分异度和复合分异度处于大幅波动期，均值分别是 6 种和 0.88。

有孔虫优势种主要包括 *Nonion depressulum*，34.39%；*Ammonia becarii* var.，7.82%；*Ammonia dominicana*，7.21% 等。

有孔虫优势种以近岸浅水种和滨岸广盐种为主，说明这一时期是滨岸浅水环境，水深在 5~10 m 左右。

⑪ NL2 陆相层（23.00~28.10 m）

该段有孔虫丰度降至极低水平，平均仅为 0.57 枚/克干样，简单分异度和复合分异度也降至极低水平，均值分别是 2 种和 0.35（图 4-48）。

零星出现的有孔虫以 *Nonion depressulum*、*Buccella frigida*、*Elphidium magellanicum* 等为主，多属异地搬运的再沉积个体，其指相意义不明确。

该陆相层中粗碎屑含量较低，说明北黄海西部在这一时期可能是滨岸潟湖相或河漫滩沉积。

⑫ NH2 海相层（10.20~23.00 m）

该段有孔虫丰度较之下部有所升高，平均值增至 2 枚/克干样，简单分异度和复合分异度也随之升高，其均值分别是 7 种和 1.03。

有孔虫优势种主要包括 *Elphidium magellanicum*，16.05%；*Ammonia becarii* var.，7.24%；*Protelphidium turberculatum*，4.96%；*Buccella frigida*，4.58% 等（图 4-49）。

该海相层中没有稳定连续的沉积，呈现频繁的海进和海退过程的交替。期间也夹有个别水深较大时期，如 18.00~16.00 m 水深应该超过 20 m，表现为相对深水喜冷种 *Protelphidium turberculatum* 和 *Elphidium magellanicum* 的增加和滨岸浅水种 *Ammonia becarii* var. 的减少（图 4-49）。

⑬ NL1 陆相层 (6.00~10.20 m)

该段绝大多数层位未发现有孔虫，丰度降至柱内最低水平，平均仅为 0.01 枚/克干样，简单分异度和复合分异度也降至最低，均值分别是 1 种和 0.16 (图 4-48)。

零星出现的有孔虫主要是 *Elphidium magellanicum*，*Ammonia becarii* var.，*Protelphidium turberculatum*，*Ammonia dominicana* 等几个种 (图 4-49)，均属异地搬运再沉积个体。

DLC70-2 孔此时远离海平面，为陆相的河漫滩或湖泊沉积，这一阶段是这一区域陆相性最强的阶段。

⑭ NH1 海侵层 (0~6.00 m)：

DLC70-2 孔的有孔虫丰度明显上升，但仍然波动较大，指示着沉积环境的不稳定性。这一阶段有孔虫的平均丰度为 78 枚/克，简单分异度和复合分异度的均值也分别上升至 9 种和 1.25。

段内有孔虫以 *Elphidium magellanicum*，39.29%；*Protelphidium turberculatum*，14.60%；*Ammonia compressiuscula*，8.32%；*Buccella frigida*，5.87%；*Cribrononion subincertum*，5.59%；*Elphidium advenum*，5.16% 等几个种为优势种 (图 4-49)。

在钻孔下部层位广泛分布的近岸广盐属种含量降至极低水平，说明快速升高的海平面迅速将 DLC70-2 孔所在的北黄海西部变为正常的海相环境。*Elphidium magellanicum*，*Protelphidium turberculatum*，*Buccella frigida* 几个优势种均为北黄海沿岸流影响下的冷水团代表种，*Ammonia compressiuscula* 则是 20 m 以深环境的代表种。可见这一阶段北黄海西部已逐渐向类似于现代的沉积环境过渡，只是冰消期的沉积环境并不稳定，海平面可能出现短暂的停滞或回返，因此这一阶段有孔虫的丰度、分异度和各种相对含量都波动很大。

2）孢粉

DLC70-2 孔孢粉组合以草本植物花粉为主，平均含量为 72.3%，木本植物花粉为 21.8%，蕨类植物孢子含量较少，仅为 5.9% (图 4-50)。有时见少量水生植物花粉及藻类植物孢囊。木本植物花粉主要有松 (*Pinus*)、落叶栎 (*Quercus*)、常绿栎 (*Cyclobalanopsis*)、桦/鹅耳枥 (*Betula/Carpinus*)、胡桃 (*Juglans*)、榆/朴/榉 (*Ulmus/Celtis/Zelko*)、麻黄/白刺 (*Ephedra/Nitraria*)，其次还有桤木 (*Alnus*)、柳 (*Salix*) 及大戟科 (Euphorbiaceae) 的分子等。草本植物花粉主要有蒿 (*Artemisia*)、藜科 (Chenopodiaceae)、禾本科 (Gramineae)、菊科 (Compositae)、毛茛科 (Ranunculaceae)、蓼 (*Polygonum*)、唇形科 (Labiatae)、茄科 (Solanaceae) 及莎草科 (Cyperaceae) 的分子等。蕨类植物孢子主要有铁线蕨/鳞盖蕨 (*Adiantum/Microlepria*)、蹄盖蕨 (*Athyrium*)、水龙骨科 (Polypodiaceae) 及单缝孢 (*Monolete spores*) 的分子等。水生草本植物主要为香蒲 (*Typha*) 及狐尾藻 (*Myriophyllum*) 等分子 (图 4-50)。

根据钻孔岩心孢粉发育、组成情况，岩心剖面可划分出 5 个孢粉组合带。组合带自上而下分别编号为 A、B、C、D、E (图 4-50)，特征简介如下。

① 孢粉组合带 A (0~4.68 m)

孢粉丰富，孢粉浓度一般为 1 128 粒/克，个别可达 1 634.7 粒/克左右。组合中乔木植物花粉含量略高于草本植物花粉含量，平均值分别为 50% 及 40% 左右。蕨类植物孢子含量在 10% 左右波动。主要花粉成分有松 (30%)、蒿 (25%)、山毛榉科分子达 20% [包含常绿栎 (10%)、落叶栎、栗等]。其次有少量的桦/鹅耳枥、桤木及耐旱灌木植物麻黄/白刺花粉 (3%)，常见沟鞭藻出现，最高浓度达 5 003.4 粒/克。

② 孢粉组合带 B（4.69~23.68 m）

孢粉欠丰富，孢粉浓度一般为 100 粒/克左右，最高可达 1 257.4 粒/克。组合中草本植物花粉含量占优势，含量在 70% 左右波动；乔木植物花粉含量较前带大为降低，含量在 25% 左右；蕨类植物孢子含量均较前带明显减少，含量一般小于 10%。主要孢粉组成有蒿（35%）、松（15%）、藜科（10%）、禾本科（10%），其次有少量常绿栎、榆/朴/榉、云杉/冷杉、莎草科蹄盖蕨孢子（2%）及水生植物花粉香蒲等。

③ 孢粉组合带 C（23.69~34.78 m）

孢粉丰富，孢粉浓度一般为 1 800 粒/克，最高可达 11 262.5 粒/克。组合中草本植物花粉含量占优势，约为 80%；木本植物花粉含量及蕨类植物孢子含量均小于 10%。主要花粉成分有蒿（30%）、藜科（30%）、禾本科（10%）、莎草科（约 5%）。其次有少量松（3%）、桦/鹅耳枥、云杉/冷杉。常绿栎、落叶栎降低到剖面最低点。

④ 孢粉组合带 D（34.79~51.88 m）

孢粉很丰富，孢粉浓度一般为 2 700 粒/克，最高可达 10 559.3 粒/克。组合中草本植物花粉含量占优势，含量小于 70% 左右；木本植物花粉含量较前带大为增多，含量大于 20%；蕨类植物孢子含量有所增多。主要孢粉组成有蒿（35%）、藜科（10%）、禾本科（10%）、松（10%）及莎草科（15%）等。其次有少量落叶栎（5%）、桦/鹅耳枥（5%）、榆/朴/榉（2%）等。半咸水沟鞭藻类孢囊经常出现，但数量低微，最高浓度仅达 277.6 粒/克。局部见淡水藻类孢囊，有一定数量，最高浓度达 11 093.7 粒/克。

⑤ 孢粉组合带 E（51.89~70.48 m）

孢粉丰富，孢粉浓度一般为 1 477 粒/克，个别最高可达 7 888.0 粒/克左右。组合中草本植物花粉含量较前带略显增多，为 70% 左右；木本植物花粉含量较前带略显增多，为 25% 左右；蕨类植物孢子含量较前带明显减少，达剖面最低值。主要花粉成分有蒿（35%）、藜科（20%）、松（15%）及禾本科（10%）。其次还有少量榆/朴/榉（3%）、桦/鹅耳枥（2%）、桤木、落叶栎（2%）、莎草科（5%）及淡水生植物花粉香蒲（小于 5%）等。耐旱灌木植物花粉麻黄/白刺及常绿栎时有出现。顶部见淡水藻类孢囊丰富，最高浓度达 7 342.8 粒/克。

综上所述，孢粉组合带 A 为森林草原植被时期；孢粉组合带 B 为草原与森林草原植被时期；孢粉组合带 C 为草原植被时期；孢粉组合带 D 为森林草原与草原植被交替时期；孢粉组合带 E 为森林和森林草原植被时期。孢粉带揭示的气候特征由上而下分别表现为温暖偏干—凉偏湿—冷偏湿—温暖偏湿—暖偏干。

4.1.6.3 DLC70-3 孔

1）有孔虫与介形虫

（1）组合特征

DLC70-3 孔每样鉴定有孔虫个数最多为 360 枚，最少为 0 枚，平均为 63 枚/克干样（图 4-51）。共鉴定出底栖有孔虫 41 属 79 种，其中占全群 2% 以上的优势种共 9 个，分别是 *Protelphidium turberculatum*（d'Orbigny），24.43%；*Buccella frigida*（Cushman），24.06%；*Ammonia becarii*（Linné）var.，11.53%；*Nonion akitaense*（Asano），9.64%；*Cribrononion subincertum*（Asano），5.06%；*Elphidium advenum*（Cushman），4.81%；*Ammonia dominicana*（Bermudez），4.76%；*Ammonia koeboeensis*（LeRoy），3.58%；*Cribrononion frigidum*（Cushman），2.35%（图 4-52）。9 个优势种共

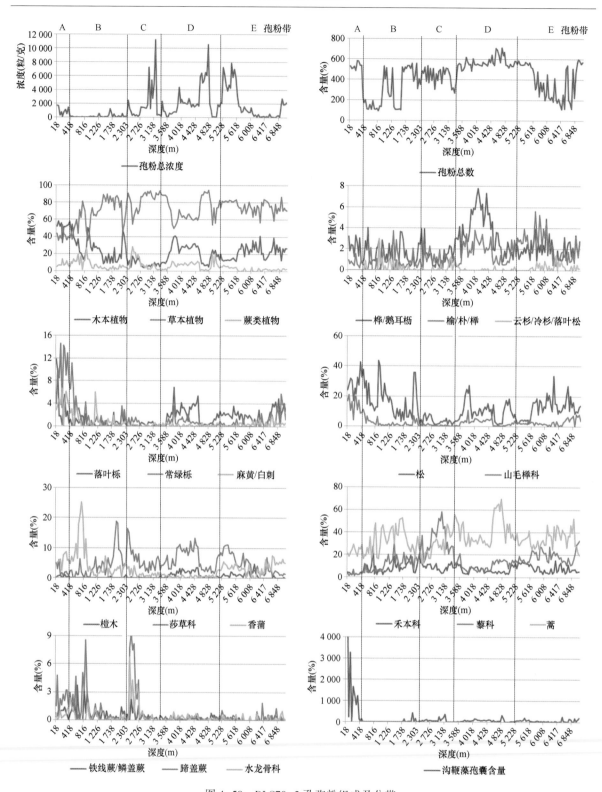

图4-50 DLC70-2孔孢粉组成及分带

占全群的90.22%。

DLC70-3孔介形虫含量极低，仅在个别层位出现，且个数过少而不具统计意义，因而不单独对其进行分析，仅作为有孔虫分析结果的辅助说明。

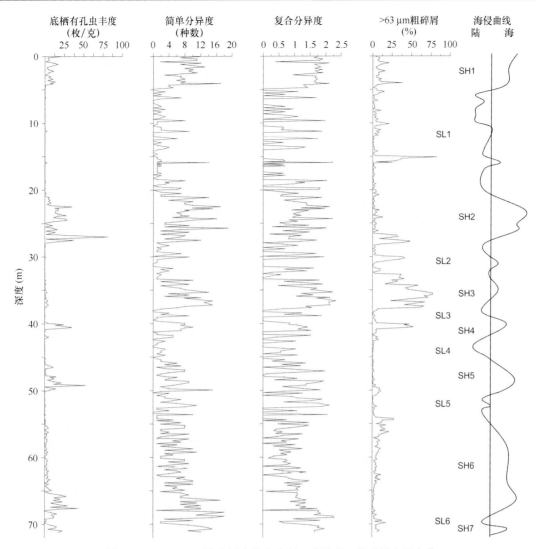

图 4-51　DLC70-3 孔底栖有孔虫丰度、分异度、粗碎屑含量变化

（2）地层划分

根据化石群落垂向上的变化，从 DLC70-3 孔 71.2 m 的沉积记录中识别出了 7 个主要的海侵层及其间的 6 个陆相或海陆交互相层（图 4-52），该孔大致记录了从晚更新世里斯-玉木间冰期早期—全新世的环境演化过程。对各层的化石特征及其环境指示意义自下而上做了初步分析。

① SH7 海相层（70.00~71.20 m）

该段底栖有孔虫丰度相对较高，平均值为 14 枚/克干样，简单分异度和复合分异度也为相对高值，均值分别是 12 种和 1.73。

段内有孔虫优势种主要包括 *Protelphidium turberculatum*，25.68%；*Ammonia becarii* var.，24.71%；*Ammonia koeboeensis*，12.16%；*Buccella frigida*，11.50%；*Ammonia dominicana*，10.74% 等（图 4-52）。

有孔虫优势种以近岸冷水的 *Protelphidium turberculatum* 和 *Buccella frigida*，以及潮坪或滨岸盐沼的广盐属种 *Ammonia becarii* var. 和 *Ammonia koeboeensis* 为主，说明这一时期是受低温低盐的沿岸水团控制下的滨岸浅水环境，水深在 10 m 以内。

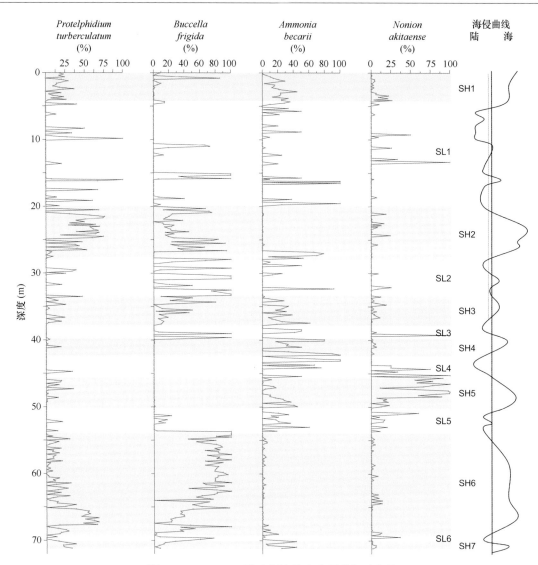

图 4-52 DLC70-3 孔底栖有孔虫主要种相对含量

② SL6 海陆过渡相层（69.10~70.00 m）

该段有孔虫丰度降至极低水平，平均仅为 1 枚/克干样，简单分异度和复合分异度也降至极低水平，均值分别是 4 种和 1.01。

有孔虫稀少，主要包括 *Buccella frigida*，35.99%；*Cribrononion subincertum*，27.19%；*Ammonia koeboeensis*，16.70%；*Nonion akitaense*，9.15%；*Ammonia dominicana*，4.63%等（图 4-52）。

这一时期 DLC70-3 孔由于海退而处于潮间带附近，为典型的海陆过渡相沉积，有孔虫代表种以广盐属种和冷水种为主。

③ SH6 海相层（54.30~69.10 m）

该段有孔虫丰度较之下部明显升高，平均值增至 6 枚/克干样，简单分异度和复合分异度总体不高，均值分别是 7 种和 0.90。

有孔虫优势种主要包括 *Buccella frigida*，64.59%；*Protelphidium turberculatum*，17.11%；*Cribrononion subincertum*，3.39%和 *Elphidium advenum*，2.76%等（图 4-52）。

该层以 65.50 m 为界分为上、下两个单元。下部有孔虫丰度明显高于上部，均值达到 16 枚/克干样，简单分异度和复合分异度也较高，均值分别是 11 种和 1.38；主要的冷水种 *Protelphidium*

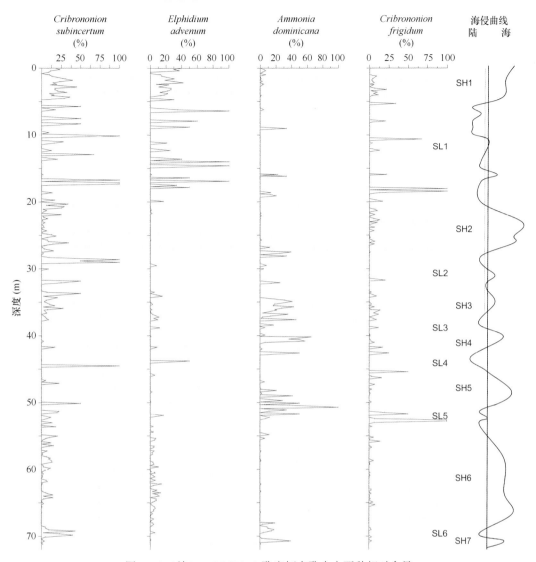

图 4-52（续）　DLC70-3 孔底栖有孔虫主要种相对含量

turberculatum 和 *Buccella frigida* 占到全群的 80% 以上，而广盐性的近岸浅水种则降至很低水平；推测 DLC70-3 孔所在位置的水深应在 50 m 左右，并受到底层冷水团的强烈影响。上部层位有孔虫丰度急剧降低，均值降至 3 枚/克干样，简单分异度和复合分异度均值也降至 5 种和 0.74；有孔虫 2 个主要优势种在这一阶段发生了角色转换，*Buccella frigida* 成为绝对优势种，占到全群的 76%，同样属于冷水种，但 *Buccella frigida* 更适应近岸浅水，而 *Protelphidium turberculatum* 偏向较深水环境，可见这一时期海水显著变浅，另外 2 个近岸环境指示种 *Cribrononion subincertum* 和 *Elphidium advenum* 含量的明显上升也说明了这一点（图 4-52）；这一阶段冷水团仍然占据环境主导地位，说明温度效应强于盐度效应，推测这一阶段为水深小于 10 m 的内陆架浅水环境，偶尔会出露水面。

因此，SH6 海相层记录了从浅海向滨海环境过渡的沉积过程。

④ SL5 陆相层（50.00~54.30 m）

该段有孔虫丰度降至极低水平，平均仅为 0.26 枚/克干样，简单分异度和复合分异度也降至极低水平，均值分别是 3 种和 0.81（图 4-51）。

有孔虫稀少，主要包括 *Buccella frigida*，17.27%；*Ammonia dominicana*，14.33%；*Cribrononion frigidum*，13.68%；*Ammonia becarii* var.，11.20%（图 4-52）。

SL5 陆相层出现的少量有孔虫以冷水种和代表滨岸盐沼或潮坪环境的 *Ammonia* 属为主，说明这一时期 DLC70-3 孔仍然以海陆交互相环境为主，其陆相性较强。

⑤ SH5 海相层（46.00～50.00 m）

该段有孔虫丰度较之下部明显升高，平均值增至 9 枚/克干样，简单分异度和复合分异度总体不高，均值分别是 5 种和 0.96。

有孔虫优势种主要包括 *Nonion akitaense*，53.67%；*Ammonia becari* var.，12.23%；*Ammonia koeboeensis*，6.39%；*Ammonia pauciloculata*，5.63%；*Protelphidium turberculatum*，5.62%；*Ammonia dominicana*，5.03%等（图 4-52）。

层内以 48.00 m 为界分为上、下两个沉积单元（图 4-52）。下部有孔虫丰度相对稍高，波动大，分异度波动幅度也较大，反映了沉积环境的不稳定性。段内优势种主要包括 *Ammonia becarii* var.，*Ammonia koeboeensis*，*Ammonia dominicana* 等几个近岸浅水广盐属种，但这几个种含量总体呈逐渐下降的趋势。这一时段代表了末次间冰期中间冰阶中相对温暖期，冷水种少见，以滨岸广盐属种为主的种群组合表明水深较浅，应是水深 10 m 以内的内陆架浅水环境。48.00 m 以上有孔虫丰度再次降低，而且优势面貌发生了根本性变化，此前代表广盐环境的 *Ammonia* 诸种被 *Nonion akitaense* 所代替，该种相对前者而言更适宜正常盐度，而冷水种 *Protelphidium turberculatum* 的含量也有所增加，这种变化意味着水深较之下层有所升高，应为 20 m 左右的内陆架浅水环境（中国科学院海洋研究所海洋地质研究室，1982；郑光膺，1989，1991）。

⑥ SL4 陆相层（42.30～46.00 m）

该段有孔虫丰度降至极低水平，平均仅为 0.21 枚/克干样，简单分异度和复合分异度也降至极低水平，均值分别是 2 种和 0.43（图 4-49）。

有孔虫数量稀少，不具可靠的统计意义，主要包括 *Ammonia becarii* var.，25.16%；*Nonion akitaense*，23.81%；*Cribrononion subincertum*，5.88%等（图 4-52）。

SL4 陆相层有孔虫以代表滨岸盐沼或潮坪环境的 *Ammonia becarii* var. 和代表近岸浅水环境的 *Nonion akitaense* 和 *Cribrononion subincertum* 为主，说明这一时期 DLC70-3 孔所处的环境仍然以海陆交互相为主，其中尤以陆相阶段为主，期间有短暂的海相阶段。

⑦ SH4 海相层（39.80～42.30 m）

该段有孔虫丰度较之下部明显升高，平均值增至 9 枚/克干样，简单分异度和复合分异度总体不高，均值分别是 5 种和 0.78。

有孔虫优势种主要包括 *Ammonia becarii* var.，*Ammonia dominicana*，*Ammonia koeboeensis*，*Cribrononion frigidum* 等（图 4-52）。

该海相层有孔虫优势种以近岸广盐的 *Ammonia* 属诸种居多，冷水种少见。种群组合表明水体较浅，应是水深 10 m 以内的内陆架浅水环境。另外，41.20 m 附近还夹有一陆相层，也说明这一时期的海侵规模较弱（中国科学院海洋研究所海洋地质研究室，1982；郑光膺，1991）。

⑧ SL3 陆相层（37.50～39.80 m）

该段有孔虫丰度降至极低水平，平均仅为 0.15 枚/克干样，简单分异度和复合分异度也降至极低水平，均值分别是 2 种和 0.54（图 4-51）。

有孔虫统计个数过少而不具有可靠的统计意义，主要包括 *Buccella frigida*，19.54%；*Ammonia becarii* var.，14.49%；*Nonion akitaense*，9.63%；*Ammonia dominicana*，6.18%等（图 4-52）。

该陆相层零星出现的有孔虫以近岸冷水种和广盐性的滨岸种为主，一方面反映出进入末次冰期而开始变冷的水体环境；另一方面也说明这一阶段仍然以海陆交互相环境为主，更确切地说是以陆相沉积为主，期间夹有海相沉积层。

⑨ SH3 海相层（33.40～37.50 m）

该段有孔虫丰度较之下部有所升高，平均值增至 2 枚/克干样，简单分异度和复合分异度也处于相对高值，均值分别是 9 种和 1.65。

有孔虫优势种主要包括 *Buccella frigida*，*Ammonia dominicana*，*Ammonia becarii* var.，*Cribrononion subincertum*，*Protelphidium turberculatum* 等（图 4-52）。

层内有孔虫优势种以近岸冷水种和滨岸广盐种为主，说明这一时期是受到沿岸冷水控制下的滨岸浅水环境，推测水深在 5～10 m（中国科学院海洋研究所海洋地质研究室，1982；郑光膺，1989，1991）。

⑩ SL2 陆相层（27.80～33.40 cm）

该段有孔虫丰度降至极低水平，平均仅为 0.19 枚/克干样，简单分异度和复合分异度也降至极低水平，均值分别是 2 种和 0.51（图 4-51）。

有孔虫统计个数过少而不具有可靠的统计意义，以 *Buccella frigida*，40.23%；*Cribrononion subincertum*，13.71%；*Ammonia becarii* var.，7.55%；*Protelphidium turberculatum*，4.67% 等几个种为主（图 4-52）。

SL3 陆相层零星出现的底栖有孔虫以近岸冷水种和广盐性滨岸种为主，说明这一阶段仍为海陆交互相环境，且以陆相阶段为主，中间夹有的短期海侵阶段也是以近岸冷水团的绝对控制为主。

⑪ SH2 海相层（20.40～27.80 m）

该段有孔虫丰度较之下部明显升高，平均值增至 14 枚/克干样，简单分异度和复合分异度也随之升高，均值分别是 8 种和 1.15。

有孔虫优势种主要包括 *Protelphidium turberculatum*，36.50%；*Buccella frigida*，29.77%；*Ammonia becarii* var.，7.39%；*Cribrononion subincertum*，6.78%；*Uvigerina schwageri*，2.84% 等（图 4-52）。

SH2 海相层下部 *Ammonia becarii* var. 为绝对优势种，此后发生海侵，水深逐渐升高，在 21.50～26.50 m 之间冷水种 *Protelphidium turberculatum* 和 *Buccella frigida* 占据主导地位，指示受底层冷水团控制的较深水环境，可能代表了与目前冷涡相似的冷水环境。此时，甚至连现代环境中主要出现在陆架外缘的 *Uvigerina schwageri* 也超过 5%，说明这一阶段的水深可能与目前相当或者稍大。

⑫ SL1 陆相层（4.20～20.40 cm）

该段有孔虫丰度降至柱内最低水平，平均仅为 0.18 枚/克干样，简单分异度和复合分异度也降至最低，均值分别是 2 种和 0.47（图 4-51）。

有孔虫统计个数过少而不具有可靠的统计意义，以 *Cribrononion subincertum*，10.34%；*Ammonia becarii* var.，10.10%；*Elphidium advenum*，9.91%；*Buccella frigida*，8.67%；*Protelphidium turberculatum*，7.49% 等属种为主（图 4-52）。

零星出现的有孔虫仍以广盐性的滨岸种和近岸冷水种为主，沉积环境以近海河流沉积或潟湖相为主，沉积速率很高，夹有部分滨岸潮坪和盐沼层等。

⑬ SH1 海侵层（0～4.20 m）

随着末次冰消期海平面的上升，海相环境扩张，DLC70-3 孔的有孔虫丰度明显上升，但仍然波动较大，指示着沉积环境的不稳定性。这一阶段有孔虫的平均丰度为 7 枚/克，简单分异度和复合分异度的均值也分别上升至 9 种和 1.67。

段内有孔虫以 *Elphidium advenum*，20.88%；*Cribrononion subincertum*，18.70%；*Ammonia becarii* var.，18.31%；*Protelphidium turberculatum*，16.16%；*Buccella frigida*，7.48%；*Nonion akitaense*，

5.38%等为优势种（图4-52）。

SH1海侵层内 *Elphidium advenum* 和 *Cribrononion subincertum* 两个优势种都是南黄海沿岸常见的近岸浅水种，*Ammonia becarii* var. 更是近岸区受淡水影响下环境的代表种，从而说明这一时期DLC70-3孔处于水深20 m以内的近岸浅水环境。同时从 *Protelphidium turberculatum* 和 *Buccella frigida* 两个种仍然较多，可以看出这一阶段沿岸冷水团的影响仍然存在。

2）孢粉

孢粉分析表明，DLC70-3孔孢粉组合以草本植物花粉为主，平均含量为78.8%，木本植物花粉为15.9%，蕨类植物孢子含量较少，仅为5.3%（图4-53）。有时见少量水生植物花粉及藻类植物孢囊。木本植物花粉主要有松（*Pinus*）、桦/鹅耳枥（*Betula/Carpinus*）、榆/朴/榉（*Ulmus/Celtis/Zelko*）、（落叶）栎（*Quercus*）、青冈（常绿栎）（*Cyclobalanopsis*）、胡桃（*Juglans*），其次还有麻黄/白刺（*Ephedra/Nitraria*）、铁杉（*Tsuga*）、云杉/冷杉/落叶松（*Picea/Abies/Larix*）、柳（*Salix*）及木犀科（*Oleaceae*）等。草本植物花粉主要有蒿（*Artemisia*）、藜科（*Chenopodiaceae*）、禾本科（*Gramineae*）、茄科（*Solanaceae*）及毛茛科（*Ranunculaceae*）、蓼（*Polygonum*）、唇形科（*Labiatae*）、菊科（*Compositae*）、堇菜（*Viola*）、蔷薇科（*Rosaceae*）、莎草科（*Cyperaceae*）的分子等。蕨类植物孢子主要有（中华）卷柏（*Sellaginella*）、铁线蕨/鳞盖蕨（*Adiantum/Microlepria*）、水龙骨科（*Polypodiaceae*）、蹄盖蕨（*Athyrium*）及单缝孢（*Monolete spores*）的分子等。水生草本植物主要为香蒲（*Typha*）、狐尾藻（*Myriophyllum*）及黑三棱（*Sparganium*）等分子（图4-53）。

根据钻孔岩心孢粉发育、组成情况，岩心剖面可划分出5个孢粉组合带。自上而下分别编号为Ⅰ、Ⅱ、Ⅲ、Ⅳ、Ⅴ带（图4-53），特征简介如下。

① 孢粉组合带Ⅰ（0.18~3.98 m）

孢粉尚丰富，孢粉平均浓度小于5 000粒/克，个别可达6 252.1粒/克。组合中草本植物花粉含量占优势，达80%；木本植物花粉含量约为18%；蕨类植物孢子含量仅2%左右。主要花粉成分有蒿（20%）、莎草科及香蒲（各约20%）、禾本科（10%）等。其次有少量松（小于3%）、常绿栎（3%）、落叶栎（2%）、桦/鹅耳枥、榆/朴/榉等。半咸水沟鞭藻类孢囊经常出现，最高浓度达788.3粒/克。

② 孢粉组合带Ⅱ（3.99~19.88 m）

孢粉丰富，孢粉浓度平均为2 283粒/克，最高可达13 765.1粒/克。组合中草本植物花粉含量占绝对优势，含量约90%；木本植物花粉含量较前带大为降低，含量仅为10%左右；蕨类植物孢子含量较前带也显著减少。主要孢粉组成有蒿（40%）、藜科（15%）及莎草科（15%），其次有少量禾本科（8%）、松（3%）、桦/鹅耳枥、榆/朴/榉等。本带底部常见半咸水沟鞭藻类孢囊出现，最高浓度达1 928.4粒/克。中部偶见淡水藻类孢囊，最高浓度达3 592.8粒/克。

③ 孢粉组合带Ⅲ（19.89~31.18 cm）

孢粉很丰富，孢粉浓度平均为4 300粒/克，最高可达7 915.6粒/克。组合中草本植物花粉含量较前带略降低，为80%；木本植物花粉含量略显升高，小于20%；蕨类植物孢子含量较前带略显增多。主要花粉成分有蒿（40%）、禾本科（15%）、藜科（12%）等。其次有少量松（8%）、莎草科（降至5%）、常绿栎（1.5%）、桦/鹅耳枥（2%）等。落叶栎及耐旱灌木植物花粉麻黄时有出现。云杉、冷杉达剖面最高值，局部见半咸水沟鞭藻类孢囊，最高浓度达2 826.4粒/克。

④ 孢粉组合带Ⅳ（31.19~49.38 m）

孢粉丰富，孢粉浓度平均为 5 800 粒/克左右，最高可达 18 812.8 粒/克波动。组合中草本植物花粉含量仍占优势，但含量明显降低为 75%；木本植物花粉含量较前带略有增多，含量为 20%；蕨类植物孢子含量较前带也略有增多。主要孢粉组成有蒿（25%）、禾本科（15%）、松（大于 10%）、藜科（10%）等。莎草科与淡水生植物花粉香蒲，复又增多，达 15%。其次有少量落叶栎（2%）、常绿栎、榆/朴/榉、桦/鹅耳枥等。云杉、冷杉及水龙骨科孢子时有出现。常见少量半咸水沟鞭藻类孢囊及淡水藻类孢囊，但含量不高，浓度分别为 460.6 粒/克及 485.5 粒/克。

⑤ 孢粉组合带Ⅴ（49.39~71.12 cm）

孢粉丰富，孢粉浓度为 3 000 粒/克，个别可达 11 182.8 粒/克左右。组合中草本植物花粉含量占优势，一般为 70%；木本植物花粉含量约 25%；蕨类植物孢子含量较前带明显增多，约为 10%。主要孢粉类型有蒿（38%）、松（小于 12%）、藜科（10%）等。其次有少量禾本科（8%）、莎草科（8%）、常绿栎（3%）、落叶栎（2%）、桦/鹅耳枥、榆/朴/榉。此外，檀木、蹄盖蕨及水龙骨科孢子经常出现。耐旱灌木植物花粉麻黄/白刺达剖面最高值（1%）。半咸水沟鞭藻类孢囊开始大量出现，最高浓度达 845 粒/克。本带中下部常见半咸水沟鞭藻类孢囊，最高浓度达 5 319.8 粒/克。顶部见淡水藻类孢囊，浓度达 2 010.2 粒/克。

综上所述，孢粉组合带Ⅰ为森林草原植被时期；孢粉组合带Ⅱ为草原植被时期；孢粉组合带Ⅲ为森林草原或草原植被时期；孢粉组合带Ⅳ为草原（或森林草原）植被时期；孢粉组合带Ⅴ为森林草原植被时期。孢粉带揭示的气候特征由上而下分别表现为温暖偏湿—冷偏湿—凉偏干—温凉偏湿—凉偏干。

4.1.6.4　钻孔地层对比

在对 DLC70-1、DLC70-2 及 DLC70-3 孔微体化石（底栖有孔虫为主、介形虫为辅）鉴定及地层划分的基础上，对这 3 个孔的主要地层单元记录进行了综合对比（图 4-54）。

1）DLC70-1 孔

（1）共鉴定出有孔虫 39 属 80 种，其中占全群 2% 以上的优势种共 10 个，主要包括 *Elphidium magellanicum*，20.56%；*Ammonia becarii* var.，14.97%；*Protelphidium turberculatum*，12.53%；*Ammonia dominicana*，10.77% 等。

（2）根据有孔虫群落在岩心剖面的变化，在该孔 70 m 的沉积记录中识别出了 4 个主要的海相层及与其相间的 4 个陆相或海陆交互相层。

（3）在 6.40~10.00 m 段识别出了新仙女木事件存在的可能证据。滨岸冷水种 *Ammonia compressiuscula* 在有些层位含量大于 90%，*Protelphidium turberculatum*、*Bucella fridida*、*Cribrononion subincertum* 含量也在 10%~20%。

（4）该孔孢粉组合以草本植物花粉为主，平均含量为 72.4%，木本植物花粉为 21.8%，蕨类植物孢子含量较少，仅为 5.8%。依据孢粉类型在剖面上的波动，划分出了 a、b、c、d、e 共 5 个孢粉组合带。

2）DLC70-2 孔

（1）共鉴定出有孔虫 39 属 80 种，其中占全群 2% 以上的优势种共 8 个，主要包括 *Elphidium magellanicum*，19.83%；*Ammonia becarii* var.，18.81%；*Ammonia dominicana*，16.66%；*Protelphidium turberculatum*，14.16% 等。

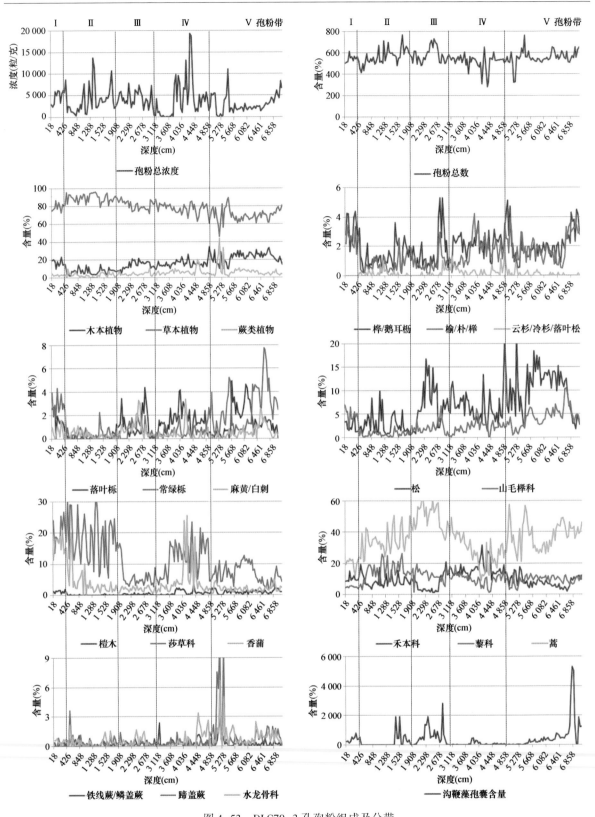

图 4-53　DLC70-3 孔孢粉组成及分带

（2）在该孔沉积物识别出了 7 个主要的海相层及与其相间的 7 个陆相或海陆交互相层。

（3）该孔岩心沉积物孢粉以草本植物花粉为主，平均含量为 72.3%，木本植物花粉为 21.8%，蕨类植物孢子含量较少，仅为 5.9%。依据孢粉类型在剖面上的波动，划分出了 A、B、C、D、E 共

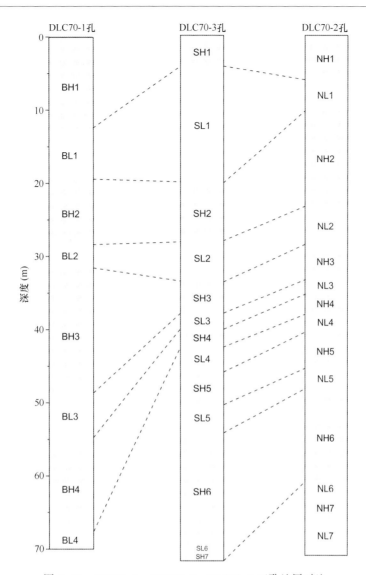

图 4-54　DLC70-1、DLC70-2、DLC70-3 三孔地层对比

5 个孢粉组合带。

3) DLC70-3 孔

（1）共鉴定出有孔虫 41 属 79 种，其中占全群 2% 以上的优势种共 9 个，主要包括 *Protelphidium turberculatum*，24.43%；*Buccella frigida*，24.06%；*Ammonia becarii* var.，11.53% 等。

（2）在该孔沉积物中识别出了 7 个主要的海侵层及其间的 6 个陆相层或海陆交互相层。

（3）孔段 20.40~27.80 m 和 55.00~71.20 m 的优势种底栖有孔虫是 *Buccella frigida* 和 *Protelphidium turberculatum*，代表了与目前相似的冷涡边缘的冷水环境。此外，孔段 80 cm 附近有孔虫丰度和分异度骤降，反映出海平面曾短暂回返。

（4）该孔孢粉组合以草本植物花粉为主，平均含量为 78.8%，木本植物花粉为 15.9%，蕨类植物孢子含量较少，仅为 5.3%。根据孢粉类型和分布，划分出了 5 个孢粉带，自上而下分别编号为 I、II、III、IV、V 带。

4.1.7 地质年代

4.1.7.1 ^{14}C 测年

由于生物或沉积物在参与自然界碳循环过程中，植物的光合作用或动物通过食物以及无机含碳悬移物质的沉积过程，处于衰减和补充的平衡过程，随着物质的沉积，生物的死亡，平衡条件被破坏。如果处于封闭系统，则按碳的半衰期衰减，根据标本 ^{14}C 衰减程度，即可算出标本与大气停止交换的年代，因此 ^{14}C 测年方法的可靠性不存在问题。但往往结果会产生很大误差，原因主要有两点。

首先，如果标本本身代表性差，可能造成上千年的误差。测年的基础是测定样品脱离碳交换库，在无补充来源的条件下，自然衰变的结果。在样品脱离碳交换库时，物质的沉积、生物的死亡、埋藏等，由于被大气的二氧化碳污染，或被地下水中的含碳离子所交换，样品测定结果往往偏年轻。而处于碳酸盐地区的沉积物或生物受到老碳酸盐的影响，而使结果偏老。

其次，试验中的操作不慎也会造成误差。包括样品测试部位的选择和处理，试验操作和试验条件等都可能造成误差。另外，方法的基本假定的缺陷，也是误差的来源之一。

因此，须结合其他资料加以分析，使其结果更为准确和合理。

中国地质调查局海洋地质测试中心年代实验室采用超低本底的液体闪烁计数方法，对 3 个钻孔 31 个样品作了 ^{14}C 测定，测年样品主要是深灰色黏土或粉砂质黏土、灰色中砂，共取得了 19 个 ^{14}C 测年数据，测试结果如表 4-9 所示。

表 4-9 晚第四纪钻孔样品 ^{14}C 测年结果

	样品名称	取样深度（cm）	年龄值（a B. P.）
DLC70-1	沉积物	107~120	无结果
	沉积物	417~430	无结果
	沉积物	547~560	9 070±330
	沉积物	857~870	10 080±140
	沉积物	977~990	无结果
	沉积物	1 447~1 460	16 720±1 530
	沉积物	2 207~2 220	无结果
	沉积物	2 337~2 350	29 060±775
	沉积物	2 765~2 780	33 620±920
	沉积物	3 090~3 103	24 060±750
	沉积物	3 223~3 235	35 010±1 640
DLC70-2	沉积物	140~150	无结果
	沉积物	480~490	10 090±110
	沉积物	1 228~1 242	无结果
	沉积物	1 660~1 672	无结果
	沉积物	2 028~2 040	无结果
	沉积物	2 140~2 152	无结果
	沉积物	2 210~2 225	无结果
	沉积物	2 458~2474	> 27 000
	沉积物	2 788~2 799	28 195±990
	贝壳	3 520~3 538	29 150±600

	样品名称	取样深度（cm）	年龄值（a B. P.）
DLC70-3	沉积物	370~380	12 750±370
	沉积物	478~490	> 41 000
	沉积物	850~860	25 750±570
	沉积物	1 030~1 040	32 730±1 555
	沉积物	1 430~1 440	37 930±990
	沉积物	1 660~1 670	23 870±1 140
	沉积物	2 018~2 025	无结果
	沉积物	2 538~2 550	25 000±1 160
	沉积物	2 738~2 750	无结果
	沉积物	4 130~4 140	36 640±1 170

区内 3 个钻孔的 AMS ^{14}C 测年样品为底栖有孔虫和底栖有孔虫+贝壳。美国伍兹霍尔海洋研究所国家海洋科学 AMS 中心对 43 个样品作了 AMS ^{14}C 测定，取得了 43 个 AMS ^{14}C 测年数据，测试结果（表 4-10）均为未经过碳储库校正和日历年龄转换的 AMS ^{14}C 年龄。

4.1.7.2　ESR 测年

1975 年 Ikeya 对日本 Akiyoshi 洞进行 ESR 测定碳酸盐获得成功后，ESR 测年方法蓬勃发展。测年材料为盐类、断层物质、含石英的沉积物，测年范围较宽（2 Ma B. P. 以来）。目前 ESR 测年技术最成功的对象为牙齿和碳酸盐等盐类物质，解决了一系列重要考古地点和地质事件的测年问题（尹功明等，2005）。从 20 世纪 80 年代开始，就有学者不断地对 ESR 测定沉积物进行着尝试（Huang，et al.，1988；业渝光等，1993）。

表 4-10　晚第四纪钻孔样品 AMS ^{14}C 测年结果

钻孔	样品名称	取样深度（cm）	年龄值（a）	年龄误差（a）
DLC70-1	底栖有孔虫	20~25	4 350	30
	底栖有孔虫	80~85	5 750	30
	底栖有孔虫	140~145	6 540	35
	底栖有孔虫	200~205	7 040	35
	底栖有孔虫	230~235	7 010	35
	底栖有孔虫	300~305	6 740	40
	底栖有孔虫	350~355	7 280	40
	底栖有孔虫	430~435	7 620	40
	底栖有孔虫	500~505	8 080	40
	底栖有孔虫	560~565	9 280	35
	底栖有孔虫+贝壳	3 370~3 375	10 700	45
	底栖有孔虫	3 920~3 925	8 300	40
	底栖有孔虫	4 010~4 015	7 910	35
	底栖有孔虫	4 220~4 225	6 610	35

钻孔	样品名称	取样深度（cm）	年龄值（a）	年龄误差（a）
DLC70-2	底栖有孔虫	60~64	8 550	55
	底栖有孔虫	120~124	9 140	55
	底栖有孔虫	170~174	9 200	45
	底栖有孔虫	240~244	4 560	35
	底栖有孔虫	390~394	9 370	85
	底栖有孔虫	470~474	9 120	50
	底栖有孔虫	1 770~1 794	12 450	60
	底栖有孔虫	2 285~2 289	40 300	320
	底栖有孔虫	2 350~2 254	45 800	570
	底栖有孔虫+贝壳	3 120~3 124	42 600	320
	底栖有孔虫	3 170~3 174	33 200	240
	底栖有孔虫	3 600~3 604	29 500	140
	底栖有孔虫	3 640~3 644	34 500	200
DLC70-3	底栖有孔虫	0~4	9 890	50
	底栖有孔虫	120~124	10 600	50
	底栖有孔虫	220~224	10 200	50
	底栖有孔虫	380~384	10 300	45
	底栖有孔虫	470~474	40 400	460
	底栖有孔虫	550~554	37 900	350
	底栖有孔虫	860~864	41 600	370
	底栖有孔虫+贝壳	1 230~1 234	10 450	50
	底栖有孔虫+贝壳	1 440~1 444	12 600	50
	底栖有孔虫+贝壳	1 620~1 624	41 100	310
	底栖有孔虫+贝壳	1 860~1 864	49 300	1 100
	底栖有孔虫+贝壳	1 990~1 994	50 900	960
	底栖有孔虫	2 130~2 134	36 500	240
	底栖有孔虫	2 270~2 274	44 700	680
	底栖有孔虫	2 380~2 384	43 800	440
	底栖有孔虫+贝壳	2 470~2 474	47 200	1 400

　　对于碎屑沉积物，ESR 测定的是最后一次曝光以来，即最后一次埋藏以来的年龄。ESR 测定的矿物为碎屑沉积物中的石英，石英从形成矿物以来，受周围和本身放射性元素（主要为铀、钍和钾）衰变产生的射线作用一直在积累 ESR 信号。对于石英，可供测定 ESR 信号的分别有 E′心、OHC 心、Ge 心、Al 心、Ti 心等，Ge 心经光照数小时后，其信号可完全消失，是光晒退回零最好的信号中心（尹功明等，2005）。

　　中国地质调查局海洋地质测试中心年代实验室对区内 3 个钻孔 60 个样品（主要为灰色细砂、中细砂、中砂及砂质粉砂）进行了石英砂 ESR 测年的系统测定，取得了 39 个 ESR 测年数据，获得的年代序列基本正常，与其他测年方法可相互验证。其结果如表 4-11 所示。

4.1.7.3 光释光测年

中国地质调查局海洋地质测试中心年代实验室对 3 个钻孔 62 个样品进行了光释光测年，取得了 60 个 OSL 测年数据，测试结果如表 4-12 所示。

表 4-11 区内 3 个钻孔 ESR 测年结果

钻孔	取样深度（m）	U（10^{-6}）	Th（10^{-6}）	K_2O（%）	AD（Gy）	年代（ka）
DLC70-1	147~150	2.01	10.2	3.19	54.2	8.5
	457~460	2.34	10.6	2.82	141.2	45.8
	787~790					
	947~950	1.72	8.24	2.41	47.9	15.6
	1 287~1 280	1.77	7.57	2.29	93.1	35.7
	1 857~1 860	0.94	4.43	2.65	65.7	25.7
	2 170~2 173	3.12	5.08	2.80	110.6	35.5
	2 927~2 930					
	3 297~3 300	1.70	7.79	2.75	232.5	81.6
	3 517~3 520	2.00	8.42	2.41	1 346	490
	3 747~3 750	1.64	7.82	2.71	1 265	455
	4 017~4 020	1.44	6.83	2.75	1 854	675
	4 266~4 269	1.03	4.99	3.21	2 003	698
	4 413~4 416	1.77	10.4	2.81	3 135	1 010
	4 757~4 760	1.20	6.51	3.07	1 995	675
	5 324~5 327					
	5 517~5 520	2.64	10.3	3.41	4 360	1 120
	6 010~6 013	1.11	5.17	3.14	3 335	1 130
	6 653~6 656					
	6 992~6 995	1.59	6.50	3.17	3 423	1 070
DLC70-2	165~168	3.86	14.4	3.56	28.8	9.8
	588~591	2.12	8.85	2.76	44.1	14.5
	1 018~1 021					
	1 437~1 442	1.49	6.75	2.85	96.2	34.6
	1 740~1 745	1.30	7.19	2.85	68.5	24.1
	1 968~1 971	1.25	5.47	3.06	144.0	50.0
	2 233~2 236	1.48	6.75	2.91	255.9	88.2
	2 748~2 752	1.82	11.7	3.89	827.2	210
	2 906~2 910	2.16	16.2	3.60	1 180	285
	3 238~3 241	1.48	6.60	3.46	1 272	380
	3 533~3 537	0.86	4.82	3.50	1 181	380
	3 826~3 830	2.24	14.4	4.10	1 579	360
	4 447~4 450	2.38	16.6	3.94	1 946	470
	4 878~4 882	2.15	21.7	4.00	2 384	480
	5 158~5 161					
	5 527~5 530					
	5 940~5 943					
	6 357~6 360	0.96	6.61	3.96	2 086	585
	6 740~6 743	1.41	13.7	3.91	2 023	515
	7 022~7 025	1.51	10.8	4.03	1 476	365

钻孔	取样深度（m）	U（10⁻⁶）	Th（10⁻⁶）	K₂O（%）	AD（Gy）	年代（ka）
DLC70-3	530					
	690					
	870	2.20	10.1	2.87	54.2	16.5
	1 260					
	1 520	1.31	7.62	3.10	468.1	155
	1 740					
	1 980					
	2 100					
	2 160					
	2 780	3.29	16.7	3.88	999.2	170
	3 050	1.96	12.7	3.42	1 077	285
	3 540	1.94	12.2	3.44	1 447	385
	3 970					
	4 870					
	5 080					
	5 610	2.30	13.6	3.75	1 563	400
	5 970					
	6 250					
	6 690					
	6 990	2.81	22.5	3.39	2 458	550

表 4-12　区内 3 个钻孔 OSL 测年结果

样品编号	取样深度（cm）	U（μg/g）	Th（μg/g）	K（%）	年代（ka）
DLC70-1-OSL-1	3 672	1.44	6.92	1.95	57
DLC70-1-OSL-2	3 930	1.63	7.47	1.99	49
DLC70-1-OSL-3	4 124	1.42	7.2	2.12	53
DLC70-1-OSL-4	4 262	1.6	6.85	2.23	26
DLC70-1-OSL-5	4 428	1.15	6	2.12	51
DLC70-1-OSL-6	4 635	0.95	4.86	2.13	49
DLC70-1-OSL-7	4 822	1.21	5.98	1.94	63
DLC70-1-OSL-8	5 082	1.74	9.29	1.94	61
DLC70-1-OSL-9	5 322	2.23	11.8	2.37	63
DLC70-1-OSL-10	5 511~5 516	1.56	7.24	2.4	61
DLC70-1-OSL-11	5 639	1.3	6.81	2.16	92
DLC70-1-OSL-12	5 768	1.35	5.67	2.21	无结果
DLC70-1-OSL-13	5 919	1.05	4.7	2.46	34
DLC70-1-OSL-14	6 147~6 153	1.06	4.64	2.09	14
DLC70-1-OSL-15	6 375~6 382	1.96	10.2	2.11	144
DLC70-1-OSL-16	6 465	2.2	10.5	2.08	110
DLC70-1-OSL-17	6 532	2.01	12	2.35	112

样品编号	取样深度（cm）	U（μg/g）	Th（μg/g）	K（%）	年代（ka）
DLC70-1-OSL-18	6 680	1.09	4.96	2.32	157
DLC70-1-OSL-19	6 825	1.44	6.63	2.22	83
DLC70-1-OSL-20	6 970	1.62	5.01	2.48	64
DLC70-2-OSL-1	3 710	2.99	29.1	3.04	54
DLC70-2-OSL-2	3 915	1.83	13.2	3.06	84
DLC70-2-OSL-3	4 112	2.05	12.8	2.8	87
DLC70-2-OSL-4	4 353	2.6	16.6	2.93	74
DLC70-2-OSL-5	4 542	2.93	13.7	2.86	126
DLC70-2-OSL-6	4 952	2.02	14.7	2.84	147
DLC70-2-OSL-7	5 121	2.16	13.2	2.77	145
DLC70-2-OSL-8	5 331	2.12	13.9	2.89	124
DLC70-2-OSL-9	5 523	2.35	15.4	2.98	81
DLC70-2-OSL-10	5 765	2.43	15.7	2.92	89
DLC70-2-OSL-11	5 945	2.61	15.7	2.96	47
DLC70-2-OSL-12	6 225	0.99	6.43	2.98	68
DLC70-2-OSL-13	6 356	1.03	5.94	2.88	66
DLC70-2-OSL-14	6 425	1.2	6.94	2.98	86
DLC70-2-OSL-15	6 497	1.51	11.2	3.08	71
DLC70-2-OSL-16	6 585	1.34	8.43	2.87	无结果
DLC70-2-OSL-17	6 686	1.05	6.84	2.98	76
DLC70-2-OSL-18	6 797	1.34	10.3	2.87	53
DLC70-2-OSL-19	6 940	2.44	19.1	2.92	95
DLC70-2-OSL-20	7 021	2.15	14.6	2.89	123
DLC70-2-OSL-21	3 475	2.31	15.1	2.62	73
DLC70-2-OSL-22	5 675	1.98	12.0	2.76	96
DLC70-2-OSL-23	6 652	2.16	10.7	2.93	135
DLC70-3-OSL-1	4 080	0.44	8.36	0.32	296
DLC70-3-OSL-2	4 259	2.72	14.5	2.62	86
DLC70-3-OSL-3	4 460	2.2	14.7	2.62	183
DLC70-3-OSL-4	4 670	2.9	15.7	2.62	152
DLC70-3-OSL-5	4 910	2.27	12.8	2.57	103
DLC70-3-OSL-6	5 040	1.93	9.68	2.67	87
DLC70-3-OSL-7	5 260	2.69	14.5	2.46	93
DLC70-3-OSL-8	5 456	2.18	12.4	2.77	80
DLC70-3-OSL-9	5 630	2.07	12.2	2.71	135
DLC70-3-OSL-10	5 810	2.25	13.5	2.82	83
DLC70-3-OSL-11	5 970	2.42	13.1	2.93	129
DLC70-3-OSL-12	6 130	2.45	14.2	2.8	102
DLC70-3-OSL-13	6 270	2.61	14.4	2.89	126
DLC70-3-OSL-14	6 450	3.76	15.8	3.87	108
DLC70-3-OSL-15	6 580	2.81	14.6	2.92	138
DLC70-3-OSL-16	6 740	3.18	16.5	3.05	134
DLC70-3-OSL-17	6 870	3.32	16	3.19	94
DLC70-3-OSL-18	6 930	2.75	17.6	2.94	95
DLC70-3-OSL-19	7 090	3	15.9	2.95	102

4.1.8　钻孔年代地层

综合岩性、沉积学、微体古生物、地质测年等方面特征，开展了沉积相分析，绘制了 DLC70-1、DLC70-2、DLC70-3 三个钻孔的综合柱状图（图 4-55 至图 4-57）。

4.2　晚第四纪沉积环境

自 20 世纪 80 年代以来，北黄海及周边海域有多个晚第四纪研究钻孔。本节在对 DLC70-1～DLC70-3 孔地层划分的基础上，结合区内典型钻孔（图 4-58），对工作区海域晚第四纪地层进行综合划分、对比（图 4-59），并对晚更新世以来的沉积环境演化进行讨论。

4.2.1　北黄海晚第四纪地层

地层划分以沉积物岩性与岩相特征、结构构造、冲刷面及古风化标志等为基础，综合分析研究矿物、化学、微体古生物、孢粉和测年等方面的成果，利用岩石地层学、气候地层学、生物地层学及年代地层学的原则和方法，建立调查区钻孔晚第四纪以来的地层层序。

地层单元的进一步划分，一般根据沉积层之间的侵蚀面和岩性突变的分界面，同时结合海侵海退层位和气候冷暖变化的界面，确定地层界面。

黄、渤海晚第四纪地层的地质年代采用近年来深海钻探所取得的海洋岩心上更新统的研究成果，将上更新统的下界以相当于深海岩心中氧同位素第 5 期的高海面时期为界，即氧同位素第 5 期与第 6 期的界线 128 ka B.P.，全新世与更新世的界线置于 INQUA 所建议的 10 ka B.P.（刘敏厚等，1987；郑光膺等，1991；杨子赓等，1993；许东禹等，1997）。

北黄海及邻域地区的 Bc-1、DLC70-1、NYS-102、DLC70-2、NYS-101、DLC70-3、SYS-0803、SYS-0702 和 QC-2 孔沉积相、年代地层和地层划分综合对比表明，该区自 MIS5 以来发育了 3 次规模较大的海侵，分别是对应 MIS1 的全新世黄骅海侵，在 6.5 ka B.P. 达到最大范围；对应 MIS3 的晚更新世中期的献县海侵，始于 39 ka~22 ka B.P.；对应 MIS5 的晚更新世早期的沧州海侵，海侵程度较大，在 90 ka~85 ka B.P. 海平面之间发生波动，为末次间冰期海侵，气温较现代渤海地区气温高，气候偏暖。其次还有渤海发生的渤海海侵，发生在玉木冰期中间，海侵程度较弱，仅分布在渤海地区中部。

对应 3 次主要海侵，晚更新世以来该区的主要沉积分别是 MIS5 的浅海-滨海海相沉积，MIS4 陆相潟湖-河流-滨海河口相沉积，MIS3 浅海相-滨海潮坪沉积，MIS2/LGM 时期陆相-河流相沉积，MIS1/全新世海侵潮流砂和浅海泥质沉积。

4.2.2　北黄海及邻域海区晚第四纪沉积环境

4.2.2.1　晚更新世以来的气候波动

晚更新世 $12.8×10^4$~$7.5×10^4$ a B.P. 为末次间冰期（MIS5）的暖期，海平面处于高海平面时期。南黄海 DLC70-3 孔 38.20~71.20 m 为深灰色粉砂，岩性均一，为 MIS5 期浅海相沉积。MIS5 期是近 130 ka 以来气候最温暖湿润的时期，以夏季风特别强盛为基本特征。夏季风锋面向北大幅推进，黄土高原地区降水量明显增加，超出现代年均降水量 20~100 mm（陈旸等，2003）。洛川剖面黄土-古土壤序列中的磁化率记录表明，MIS5 期黄土高原整体都是比较潮湿的气候条件（An et al.,

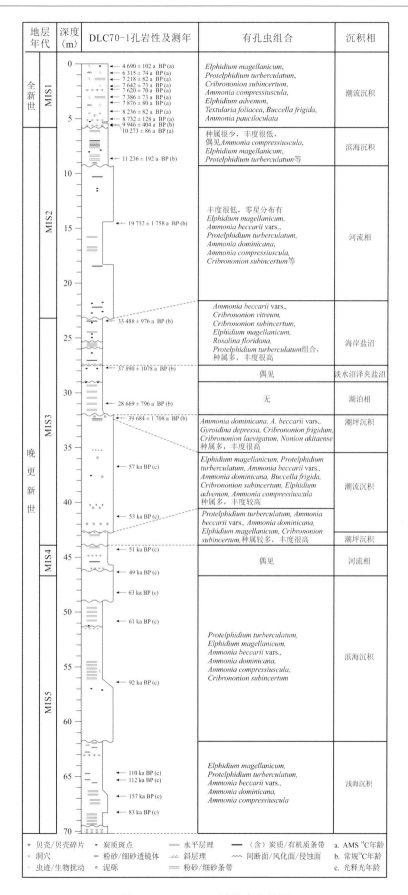

图 4-55　DLC70-1 孔综合柱状图

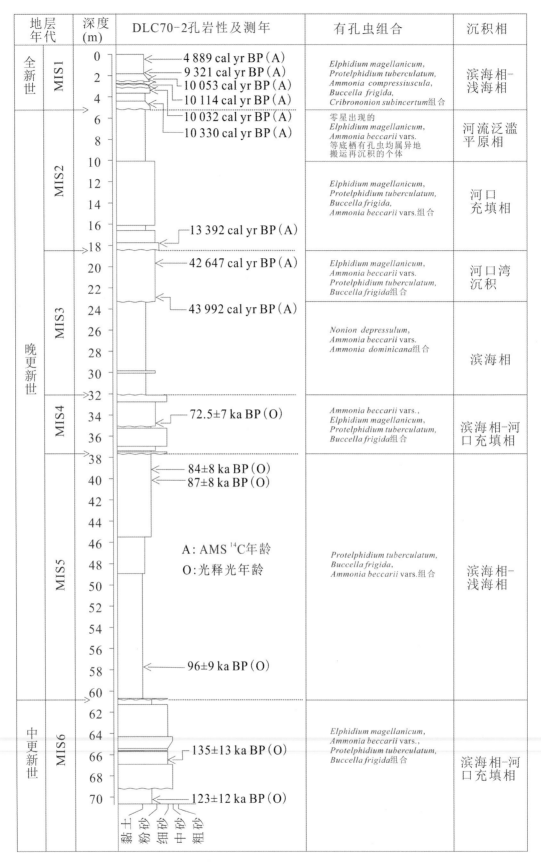

图 4-56　DLC70-2 孔综合柱状图

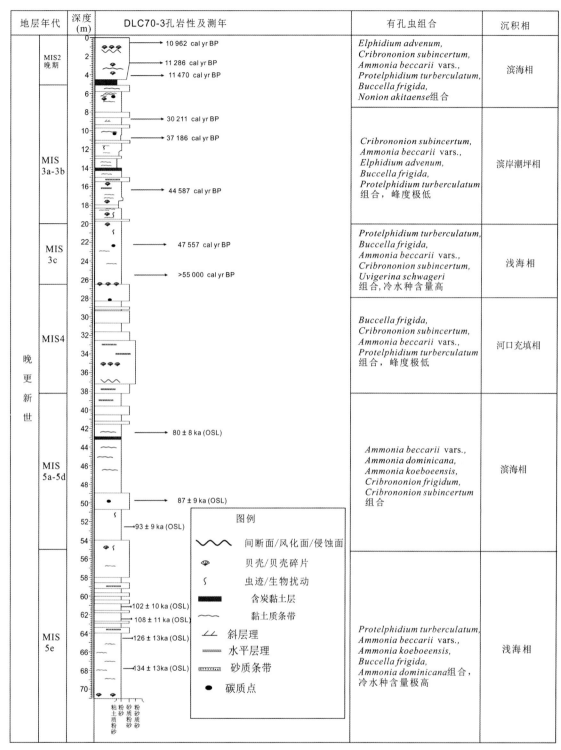

图 4-57　DLC70-3 孔综合柱状图

1991)，而 $^{87}Sr/^{86}Sr$ 作为化学风化指标指示在 MIS5 期的化学风化作用非常强（Yang et al.，2000)。DLC70-3 钻孔中的化学风化指标 CIA 和 Na/Ti 值在本层位均为高值，与洛川剖面中磁化率和 $^{87}Sr/^{86}$ Sr 值变化较为一致。本层位 CIA 均值为 61.4，高于 Yang 等（2004）获取的黄河沉积物 CIA 均值（55)，与最近 Li 和 Yang（2010）所获的黄河沉积物 CIA 均值（62.7）较为接近，较强的化学风化作用也表明当时黄河流域较强的夏季风作用以及相对温暖湿润的气候条件。孢粉谱中主要表现为木

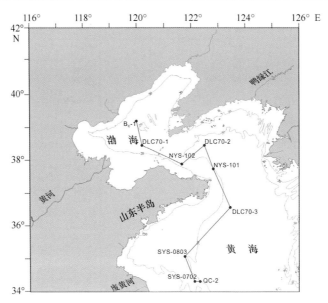

图4-58　北黄海及周边海域典型地质钻孔位置图

本含量达到整个剖面的峰值，尤其是常绿树种含量可达 4.8%，属于剖面最高值，阔叶落叶树种和灌木类含量也很高；草本中以盐生草本为主，中生及水生草本所占比例较小；同时，沟鞭藻大批量出现可指示海洋环境。推测此时气候暖湿，陆缘区山地发育阔叶混交林，滨岸发育盐生草甸。这与此阶段有孔虫丰度处于高值区，沉积物粒度偏细相对应，当时可能属于水动力较弱的浅海环境相对应。

MIS4 阶段（38.2~28.3 m），本层位沉积物粒度较粗，化学指标受粒度制约较为明显，不能作为气候指标来进行探讨，主要利用孢粉指标对当时气候进行推测。本层位较上一层位木本含量有所下降，以针叶成分为主，落叶树种显著减少，常绿成分几乎消失；草本中盐生草本蒿属和中生草本增加明显，而水生草本急剧下降，并出现藻类的谷值区，各个淡水及海生藻类几乎为 0，有孔虫含量也接近消失，表明此时段气候干冷，陆缘区发育山地针叶混交林及平原草地植被，海平面大幅度下降。

MIS3 阶段（4.2~27.8 m）为 MIS3 早中期的沉积，对应时间 30 ka ~60 ka B. P. 。该阶段为末次冰期中显著的气候适宜期，夏季风锋面向北移动，黄土高原地区降水量均有所增高，接近现代降水量水平（陈旸等，2003）。化学风化指标 CIA 和 Na/Ti 值在本层位也均为高值，尤其是在 12 ~27.8 m（60 ka ~40 ka B. P. ），整体值（CIA 平均值为 61.8）基本处于整个钻孔的最高值，而在 4.2~12 m（40 ka~30 ka B. P. ）则明显降低（CIA 平均值为 55.1）。指标反映了化学风化作用在 11~26.5 m 层位非常强，所记录的夏季风及其带来的降雨也在此层位达到最强。此时期木本组分中主要表现为常绿树种的显著增加，草本组成中盐生草本达到最高值，中生及水生草本比例较小；藻类中海生沟鞭藻为主导成分且占很高比例，这与此阶段砂含量极低、有孔虫丰度很高相对应。因而推测此时段气候暖湿，山地发育阔叶混交林，夹带常绿成分，沿岸广布盐生草甸，南黄海处于高海平面浅海阶段。

MIS2 阶段黄渤海海平面下降，气候再度变冷，黄渤海陆架出露成陆地；末次盛冰期时中国海古岸线向太平洋方向最大迁移距离超过 1 000 km。此时在 DLC70-1 孔形成的沉积物粒度变粗，为陆相沉积，化学风化指标为低值。孢粉组合为草原植被类型，其中草本植物蒿属、禾本科大量增多，温带柔黄花序的树种增多，如榆属、桦属、鹅尔枥属等。湿生莎草科、淡水生植物及盐生植物

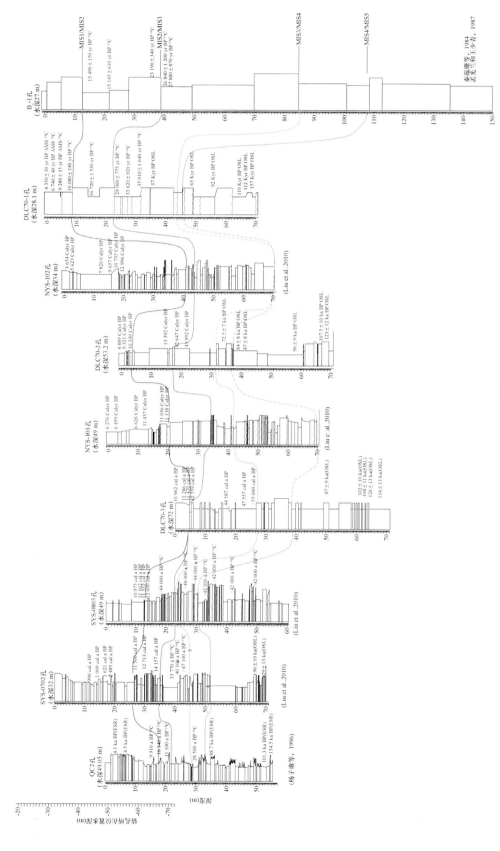

图 4-59　调查区典型钻孔地层划分与对比

藜科花粉增多。总的来说，该阶段代表了晚更新世最为干冷的环境。

MIS1 阶段海平面上升，气候转为暖湿阶段。在 DLC70-1 孔剖面形成的沉积物粒度变细，为浅海相沉积，化学风化指标为高值，孢粉浓度为高值，木本植被占据绝对优势，代表了暖湿的气候环境。

4.2.2.2 晚更新世以来的海侵

第四系为全球气候冷暖变化造成海平面相应升降而发育海陆相交替的地层，特别是晚更新世以来，气候周期性变化较大、周期相对增长，导致海平面升降幅度与周期相对增大，陆架地区的海相、陆相地层交互发育特征非常明显。

通过本书涉及的 3 个地质钻孔（渤海东部 DLC70-1 孔、北黄海中部 DLC70-2 孔、南黄海北部 DLC70-3 孔）的对比分析（图 4-59），结合前人关于北黄海及周边海域钻孔地层的研究成果 [如 NYS-101、NYS-102（Liu et al., 2007）、BC-1 孔（中国科学院海洋研究所海洋地质研究室，1985）、QC2 孔（杨子赓等，1998）]（图 4-59），较系统揭示了本海区晚第四纪以来的沉积层序。研究表明，晚更新世以来黄、渤海陆架经历了 3 次较大规模的海侵过程：全新世海侵、晚更新世晚期海侵、晚更新世早期海侵，分别形成 MIS1、MIS3、MIS5 三期沉积；3 次海侵过程之间还经历了 2 次海退成陆的沉积过程：晚更新世晚玉木冰期沉积、晚更新世早玉木冰期沉积，分别对应 MIS2、MIS4 期沉积。

MIS5 期早期，黄、渤海陆架进入玉木-里斯间冰期，全球气候变暖，发生海侵。随着海平面的上升，海水开始侵入黄、渤海地区，并逐渐淹没了近海平原。其中海平面在 MIS5e 达到现代海平面以上 5~8 m（Chappell et al., 1996；Lea et al., 2002）。这一地质时期，北黄海及周边发育以冷水环境为特征的滨浅海相地层（中国科学院海洋研究所海洋地质研究室，1985；Berné et al., 2002；Liu et al., 2009, 2010）。此海相层在渤海东部 DLC70-1 孔、北黄海中部 DLC70-2 孔、南黄海北部 DLC70-3 孔中均有所显示。

MIS5 期晚期，间冰期结束，黄、渤海陆架进入早玉木冰期，全球气候变得寒冷起来，海平面开始大幅度下降。至 MIS4 期中期，海平面下降至现今海平面以下 80 m（Chappell et al., 1996；Lambeck et al., 2001；Lea et al., 2002），研究区海域大部分裸露成陆，发育各种河流，河流地质作用强，主要表现为侵蚀、搬运和堆积作用，形成古河道。

MIS3 期早期，晚玉木间冰期开始，黄、渤海陆架经历了一次显著的气候变暖过程，引起海平面的上升。这一地质时期，海平面在现今海平面以下 40~80 m 波动（Chappell et al., 996；Linsley, 1996；Cabioch et al., 2001；Liu et al., 2010），研究区以河口、滨海环境为主，地层沉积厚度比较稳定，自西向东减薄。三角洲沉积在这一时期广泛发育，在北黄海、南黄海（Liu et al., 2010）、东海（Berné et al., 2002）地层中均有显示。

MIS3 期晚期，黄、渤海陆架进入晚玉木冰期，区内气候异常寒冷，海平面逐渐下降，至 LGM 海平面下降至现代海平面以下 130 m（Lambeck and Chappell, 2001）。研究区陆架裸露成陆，经历长时期的风化、剥蚀，其上发育河流、湖泊，原来的沉积遭受切割与剥蚀，之后充填大量陆源碎屑沉积物，形成古河道。新仙女木事件期间，海平面回升至现今海平面以下 60 m 并徘徊了近千年，在黄海形成标志性的泥炭层（李铁刚等，2010）与硬质黏土层（陈晓辉等，2014b），而在水深较大的渤海海峡北部，普遍缺失该层沉积物。

全新世早期，全球气候转暖，海平面开始回升，至全新世高海面以前的时期，海平面呈现阶梯式上升的特征，研究区以潮流作用为主。潮流沉积体主要形成于这一地质时期的海平面缓慢上升期。在渤海东部，强涨潮流携带老铁山水道侵蚀物质，由于流速的降低而堆积成涨潮流三角洲，随着时间的推移，涨潮流三角洲向远处伸展，进一步发展为现在的辽东浅滩和渤中浅滩。在辽东浅滩地区，涨落潮流往复性强，形成潮流沙脊。在渤中浅滩地区，潮流的旋转性强，形成了比较平坦的沙席（刘振夏等，1994）。在辽东半岛东南近岸海域，强落潮流携带老铁山水道侵蚀物质、沉积区附近和近岸岛屿的侵蚀物质，形成辽东半岛东南近岸潮流沙脊（陈晓辉等，2013）。鸭绿江口属于潮控型河口，口门附近平均潮差 4.6 m，潮流流速 2~3 kn，鸭绿江上游粗颗粒泥沙比较充裕，在口门外海域形成 NNE 向展布的河口湾线性潮流沙脊（刘振夏等，2004）。

全新世高海面以来，沉积动力以沿岸流作用为主。鸭绿江与大洋河的入海物质，在河口沉积形成水下三角洲，较细粒的物质在辽南沿岸流的作用下，发生再悬浮、再搬运过程，最终沿辽东半岛东南近岸沉积，形成辽东半岛东南近岸水下细粒堆积体（Chen et al.，2013）。在山东半岛近岸海域，以黄河入海物质及陆架再悬浮泥沙为主的细粒物质，受沿岸流与黄海暖流的共同作用，在山东半岛近岸沉积形成大面积的水下细粒堆积体，即黄海北部泥质沉积，主要由北黄海中部泥质沉积、山东半岛泥质楔、南黄海中部泥质沉积组成，它们在空间上连成一体（Liu et al.，2007）。

4.2.2.3　新仙女木事件

古气候研究证实了地球轨道参数变化造成的冰期旋回即"米兰科维奇周期"（Milankovich cycles）。然而，年、十年、百年乃至千年尺度的气候变化和快速的气候突变事件对气候和环境变化预测以及社会发展更为重要。

近 10 年来，通过高分辨率的深海沉积、冰心、树轮、珊瑚、黄土、洞穴沉积和历史文献及近代气候记录的研究，对于短时间尺度的快速的气候突变事件有了较为深入的认识。Thompson 和 Thompson（1987）和 Berger（1987）根据极地和格陵兰冰心记录发现了气候系统的突变证据。Heinrich（1988）在研究东北大西洋深海沉积物时发现了末次冰期存在多次浮冰碎屑沉积记录，后来被命名为 Heinrich 事件，他认为这是北大西洋冰盖向南扩张造成的，由此促进了晚第四纪短时间尺度气候波动事件的研究。

冰心记录的分析不仅证实了过去大洋所取得的全球气候变化记录，而且发现了更短周期的气候变化和突变事件，如冰期向间冰期转变时的突然变冷事件——新仙女木（YD）事件等。该事件是末次冰消期以来持续升温过程中的一次突然降温的非轨道事件，大约持续了 1 000 a，它不是北欧的区域性事件而是一次全球性事件，也是全新世和更新世界线的可靠标志。

在北黄海及邻域海区第四纪钻孔中发现了推测为新仙女木事件的快速气候变化事件（表 4-13）。

表 4-13　黄海周边新仙女木（YD）事件对比

站位	坐标	水深（m）	柱长（m）	YD 深度（m）	表现特征	数据来源
QC2	34°18′00″ N，122°16′00″ E	49.5	108.83	18.52~17.84	河流相，寒冷	杨子赓等，2001
YE02	35°30′00″ N，123°20′00″ E	75	16.5	4.64~4.24	粗粒增加，冷	韩喜彬等，2005
B10	35°59′42″ N，123°59′36″ E	80	5.5	2.06~1.55	CIA 低值	陈志华，2003

站位	坐标	水深（m）	柱长（m）	YD深度（m）	表现特征	数据来源
CC02	36°7′43″N, 123°49′13″E	77.5	2.78	2.25	底栖有孔虫	Kim and Kucera, 2000
CC04	34°18′00″N, 124°30′00″E	83	2.25	1.5~1.3	底栖有孔虫	Kim and Kucera, 2000
92-Ⅱ	36°15′00″N, 124°00′00″E	78	4.25	12.8~11.5	孢粉组合变化	孟广兰和韩有松, 1998
A-029	38°45.4′N, 121°58.5′E	49.8	1.04	0.89~0.73	泥炭层沉积	李铁刚等, 2010
B-F32	38°28.1′N, 121°59.7′E	50.3	1.22	0.98~0.69		
B-I35	38°28.1′N, 121°59.7′E	50.2	2.25	2.25~2.04		
B-L41	38°12′N, 122°10.1′E	54.2	2.65	2.50~2.48		
DLC70-1	38.450 2°N, 120.127 9°E	27.5	70.2	10~6.4	底栖有孔虫冷水种富集	本书数据
DLC70-3	36°38′09″N, 123°32′34″E	73	71.2	5~4.8	CIA变低，黏土层	本书数据

4.2.2.4 黄海古冷水团

黄海冷水团是北黄海的水文特征之一，是指暖半年时存在于黄海底层温度较低的那一部分水体。赫崇本等（1959）基于1930—1940年温盐长期观测，提出了黄海冷水团在冬季黄海局地形成的著名观点，其形成机制引起了广泛的关注。现代黄海冷水团是由于黄海暖流与黄海沿岸流之间形成大型气旋型涡流，在涡流中心底层水保留了黄海本地冬季冷水所形成低温高盐的冷水团，且与黄海暖流的入侵密不可分（于非等，2006）。

黄海暖流和伴生的冷水团是黄海海域最为重要的水文地质现象，对黄海海域的物质搬运、沉积体系和海洋环境有着重要影响。黄海暖流及冷水团在长时间尺度上的演化历史及其环境效应一直是黄海地质研究中的热点和难点。前人对全新世以来黄海暖流的形成演化展开了大量的研究（Kim and Kucera, 2000; Kong et al., 2006; 李铁刚等, 2007; Xiang et al., 2008; 王利波等, 2011），如通过微体古生物指标发现MIS5期和MIS3期时南黄海存在古冷水团，间接推测古黄海暖流的存在（Liu et al., 2010; 杨子赓等, 1998; 梅西等, 2013, 2014）。葛淑兰等（2005）对南黄海表层沉积物磁化率值的研究发现，其低值主要分布于南黄海中部冷水团泥质区，原因是冷涡沉积区强大的温、密跃层的存在使水体垂直交换变得困难而呈现还原环境，产生了低值磁化率的矿物组合。刘健等（2003）对南黄海东南部冰后期以来的沉积物的磁性参数进行研究，发现冷涡沉积层沉积物磁化率值和各参数值明显降低，反映了较强的还原成岩作用。

杨子赓和林和茂（1998）对QC2孔海侵层3 745~5 436 cm末次间冰期沉积层进行分析，得出此时黄海冷水团已经存在，并对其沉积环境进行了讨论。QC2孔海侵层的介形类组合中环极种占优势，底栖有孔虫组合以凉水种和喜凉种为主，但孢粉及氧同位素分析证明这个时期是末次间冰期温暖期。因此，微体古生物显示的低温环境不是古气候的反映，而是受古冷水团的控制。Liu 等（2010）对南黄海西部 SYS0701、SYS0702 和 SYS 0801 这 3 个钻孔沉积物中介形虫冷水种所占百分含量的研究显示，其均在 MIS5 期早期高海平面的沉积中出现峰值，而其他层位基本未能检出，指示了古冷水团在 MIS5 期早期高海平面时已经出现。它们的形成同现代南黄海存在的冷涡一样，都是在高海平面时期由黄海暖流和黄海环流形成的气旋型旋涡。由此可见，底栖有孔虫和介形虫的分布规律是示踪与黄海暖流伴生的冷涡沉积的重要依据。

本书通过 DLC-3 孔沉积物微体古生物分析，选取冷水面颊虫（*Buccella frigida*）、具瘤先希望虫（*Protelphidium tuberculatum*）作为典型的冷水种指标来指示古黄海冷水团的形成（梅西等，2013）。其中 *Buccella frigida* 广布于鄂霍次克海、白令海、阿拉斯加及格陵兰外的陆架海和哈得逊湾。汪品先等（1980）编绘了 *Buccella frigida* 在黄海的分布图，其分布范围受黄海冷水团的控制，大于 5% 的分布界限在北黄海中西部和现代南黄海冷水团东侧中心部位，而大于 10% 的分布界限仅限于 37°N 以北的北黄海。*Protelphidium tuberculatum* 生活在水深 20~50 m 的浅海环境，主要见于黄海沿岸流冷水分布区，代表水体较冷的浅海环境（汪品先等，1988）。如图 4-60 所示，这两冷水种主要出现在 DLC70-3 孔中的 3 个层位。

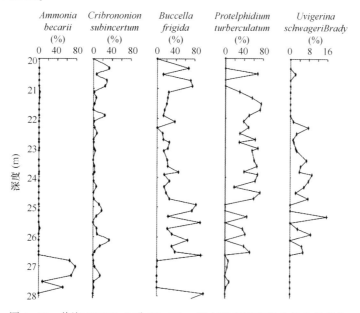

图 4-60　黄海 DLC70-3 孔 20~28 m 段主要底栖有孔虫的含量变化

（1）54.3~71.2 m：*Protelphidium tuberculatum* 丰度在 0~120 枚/克波动，整体丰度达到最高值，绝大部分样品中 *Buccella frigida* 丰度大于 30 枚/克。*Protelphidium tuberculatum* 丰度随深度的变化与 *Buccella frigida* 变化较为一致，不同的是在 55.0~71.2 m 层位中，*Protelphidium tuberculatum* 丰度在 55.0~61.0 m 虽然连续出现，但丰度值较低，基本都低于 20 枚/克。根据上文分析，此层位为 MIS5e 的高平面时期，而此阶段海平面高度被广泛认为与现今海平面相当甚至高于现今海平面（Lambeck and Chappell，2001；Lambeck et al.，2002；Siddall et al.，2003），在中国东部陆架平原也广泛记录了这次大规模的海侵（王靖泰和汪品先，1980；吴标云和李从先，1987；Lin et al.，1989；彭子成等，1992；施林峰等，2009），并对其命名为星轮虫海侵（王靖泰和汪品先，1980），同时此阶段也被一致认为是暖期，如南黄海 QC2 孔中孢粉及氧同位素分析证明这个时期是末次间冰期的温暖期（杨子赓和林和茂，1998）。因此，本层位冷水种峰值的出现应该是受古黄海冷水团的控制，与南黄海 QC2 孔（杨子赓和林和茂，1998）以及 SYS0701、SYS0702 和 SYS0801 钻孔（Liu et al.，2010）研究结果相一致，表明了古冷水团在 MIS5e 高海平面时期存在。其中 SYS0701、SYS0702 和 SYS0801 钻孔（Liu et al.，2010）位置均在现代黄海冷水团以外（图 4-61），也说明 MIS5e 时古黄海冷水团的分布范围比现在要更大。

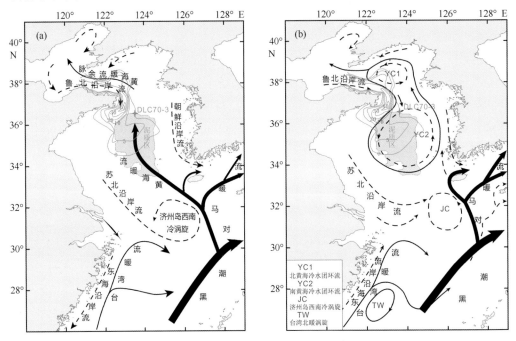

图 4-61　黄海 DLC70-3 孔和钻孔位置及周边海流示意图

（a）冬季，（b）夏季

（2）20.4~27.8 m：*Protelphidium tuberculatum* 丰度在 0~90 枚/克之间波动，明显较上一层位增高，绝大部分样品中 *Buccella frigida* 丰度大于 30 枚/克；冷水种在此也出现高值，在上文讨论中，已经说明此层位为 MIS3 期的早期。研究表明，MIS3 晚期（40 ka~30 ka B. P.）青藏高原处于特殊的暖湿气候阶段：年平均温度比现代高 2~4℃，降雨量增加 40%~100%，湖泊大量扩张，湖平面比现在高 30~200 m（施雅风和刘晓东，1999；施雅风和于革，2003）。渭南剖面通过植硅石反映的温度、降水量（Lu et al.，2007）都在 MIS3 早期 50 ka~60 ka B. P. 出现峰值（Lu et al.，2007），反映此阶段黄土高原地区存在非常强的夏季风。中国亚热带地区的石笋记录则显示，夏季降雨在整个 MIS3 期都很强盛，虽然被许多千年尺度的事件所打断，但 MIS3 早期的季风降雨强度要超过 MIS3 晚期（Wang et al.，2008）。总之，虽然各类记录在时间和振幅上不尽相同，但都指示了东亚地区 MIS3 时期应该是一个比较温暖潮湿的暖期，将本层位对应为暖期证据可靠。而此阶段有孔虫冷水种丰度出现峰值，说明其受到冷水团控制。

此外，海平面变化对黄海暖流以及黄海冷水团起着非常重要的控制作用，海平面必须达到一定高度时黄海环流系统以及冷水团才能够形成（李铁刚等，2007）。一般认为 MIS3 阶段海平面呈现高频率、低幅度的波动，整体在现今海平面以下 40~80 m 变化（Lambeck and Chappell，2001；Siddall et al.，2003）。但是，在全球众多地区也发现了 MIS3 期的高海平面证据，如在北美（Rodriguez et al.，2000）、欧洲（Mauz and Hassler，2000）、澳洲（Cann et al.，1988，2000）和东南亚地区（Hanebuth et al.，2006）都发现 MIS3 期高海平面仅仅比现今海平面低 15~20 m。而对中国东部陆架海海平面在 MIS3 期的高海平面变化研究也有着很大的争议，如 Liu 等（2010）对渤海研究认为其 MIS3 期海平面变化在 -35~-60 m（现代海平面下）波动，对南黄海西部的研究认为其海平面在 -20~-50 m（现代海平面下）波动。而有学者对东营海相沉积层以及长三角地区的研究表明 MIS3 期时最高海平面可能高达 -5~-10 m（王靖泰和汪品先，1980；杨达源，2004；Zhao et al.，2008）。现代环境中主要出现在陆架外缘的 *Uvigerina schwageri Brady* 在本钻孔这一层位超过 5%（图 4-60），说明这一阶段的水深可能与目前相当，所以在 MIS3 期的高海平面已经具备了黄海环流和古黄海冷水团形成的条件。

综上分析，本层位有孔虫冷水种丰度的峰值指示其受南黄海古冷水团控制。前人在 QC2 孔中并未发现古黄海冷水团在 MIS3 期存在的证据，推测主要原因是 QC2 孔水深不到 50 m，而当时古黄海冷水团的分布范围要较现在小。

（3）0~4.5 m：*Protelphidium tuberculatum* 丰度在 0~50 枚/克波动，丰度较低，*Buccella frigida* 在 0~40 枚/克波动，可以看出相对于前面两个层位，冷水种丰度明显降低。据 AMS[14]C 测年数据，本层位应该属于 11.0 ka~12.0 ka B.P. 时间段的沉积，此时东部陆架海地区海平面应该在 -50 m（现代海平面下）（Liu et al.，2004），较低的海平面使得黄海环流以及黄海暖流难以形成，自然冷水团也不会出现，推断冷水种的出现应该不是受到古冷水团所控制。而本时间段处于新仙女木（YD）事件范围内（11 473~12 823 a B.P.）（Wang et al.，2001），YD 事件在全球范围内都有详细记录，是指在末次冰期向全新世转暖过程中气温在几十年内迅速下降到冰期水平（Dansgaard et al.，1989）。Kim 和 Kucera（2000）对南黄海中部 CC02 孔的底栖有孔虫相对丰度研究结果也揭示有类似现象，如 *Buccella frigida* 在 CC02 孔 0~50 cm 和 150~250 cm 出现，对应的年龄层为 0~5 ka B.P. 和 11 ka~12.6 ka B.P.，推测其分别对应黄海暖流及冷水团完全形成和 YD 事件的低温时期，而在中间层位未发现 *Buccella frigida*。据此认为，本层位冷水种的峰值主要受 YD 事件降温背景所控制，而非古冷水团。

4.2.2.5 黄海晚更新世硬质黏土层

世界各大河三角洲及陆架地区，晚更新世末普遍发育厚度不等的硬质黏土层，如密西西比河三角洲（Daniels et al.，1970；Aslan and Autin，1998）、尼罗河三角洲（Chen and Stanley，1993）、古黄河三角洲（刘敏厚等，1987）、长江三角洲（闵秋宝等，1979；Li et al.，2002；谭军干等，2004；Chen et al.，2008；Qin et al.，2008）等。该时期的硬质黏土层蕴含了丰富的古环境信息，是划分这些地区全新统和更新统的良好标志层。有关北黄海晚更新世末硬质黏土层的研究至今鲜有报道，仅刘敏厚等（1987）根据钻孔资料提出北黄海中部浅海堆积平原发育厚 63 cm 的硬质黏土层，形成时代 25 ka~14.4 ka B.P.，但并未对其成因及沉积环境信息作出探讨。陈晓辉等（2014b）通过北黄海中部陆架 DLC70-2 孔沉积物的粒度及孢粉数据的分析，结合 AMS[14]C 测年资料，揭示了北黄海中部晚更新世末硬质黏土层的成因及其对海平面变化的响应。

DLC70-2 孔中硬质黏土层上下地层混合底栖有孔虫 AMS[14]C 测年显示，北黄海中部晚更新世硬质黏土层形成时代介于 12 563~10 330 a B.P.，年代学角度上，与发生在 12.9 ka~11.6 ka B.P. 的末次冰消气候回冷事件——新仙女木事件相吻合（Broecker and Denton，1989），与形成于 12.7 ka~11.6 ka B.P. 的北黄海泥炭层为同期的沉积，北黄海泥炭层的沉积中也发现硬质黏土层的存在（李铁刚等，2010），北黄海中部硬质黏土层的形成主要集中在新仙女木事件的中后期，可作为新仙女木事件在北黄海陆架响应的一个重要证据。

DLC70-2 孔硬质黏土层中淡水藻类及水生草本香蒲的含量在整个剖面中出现最高值，其中淡水藻类以环纹藻为主，盘星藻零星出现。旱生草本藜科——蒿属仍占一定比例，波动幅度较大，其含量与淡水藻类及水生草本香蒲呈此消彼长的变化特征（图4-62），而硬质黏土层上覆及下伏地层中淡水藻类及水生香蒲的含量明显减少，海生沟鞭藻含量有增加的趋势（陈晓辉等，2014b）。

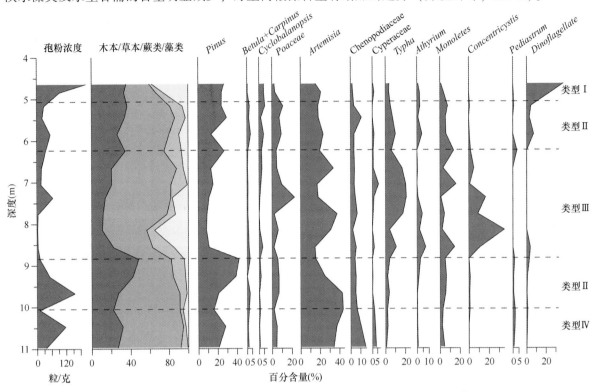

图4-62　北黄海中部DLC70-2孔硬质黏土层孢粉、藻类垂向变化（陈晓辉等，2014b）

环纹藻生态幅较宽，气候适应能力强，生活环境是大范围淡水，偏向于滞留的水塘、沟渠等，是一种具有指相意义的藻体（李铁刚等，2010）。环纹藻化石在我国东部新生代泥炭及河湖相沉积地层（王开发和韩信斌，1983）、西北地区潮湿的土壤层（孙湘君等，1995；吴福莉等，2004）及长江三角洲硬质黏土层中（谭军干等，2004）均有分布。

盘星藻为广温型淡水藻类，主要生长在浅水型的湖泊、洼地或小河流，个别种出现在半咸水潟湖、河口附近（朱浩然等，1978），其化石是淡水浅湖相或河流相沉积物中普遍存在的藻类化石（王开发等，1982）。

硬质黏土层中孢粉、藻类化石组合最显著的特征为淡水藻类（环纹藻、盘星藻）与水生草本香蒲含量高。高含量淡水藻类及水生草本香蒲的存在说明，硬质黏土层形成时主要为淡水滞水水域环境，可能为河流、沼泽、洼地等。

藜科花粉一般作为干旱区孢粉的优势种群，在长江以北的淤泥质海岸带区域也有大面积分布，自然状态下为盐沼植被，中国东部海区钻孔中藜科花粉的含量变化可指示海岸线的变迁，其占草本花粉的含量超过20%，表明当时景观可能为近岸盐沼植被，或指示滨岸浅海环境（萧家仪等，2013）。DLC70-2孔硬质黏土层中藜科花粉约占孢粉藻类总含量的10%，蒿属花粉占孢粉藻类总含量的20%，推测其硬质黏土层形成期间可能间或受到过海水入侵的影响。鉴于孢粉传播及保存过程较复杂，这一结论需要更多证据支持。此外，北黄海硬质黏土层上下部地层中普遍出现海生沟鞭藻化石，且其在上部地层中的含量明显高于下部地层，尽管沟鞭藻在硬质黏土层中的含量并不高，但却具有重要的环境指示意义。硬质黏土层中海生沟鞭藻化石的分布特征表明硬质黏土层沉积初期及后期曾受到海水的影响，且沉积后期受海水的影响明显增强，这可能与新仙女木事件之后海平面的快速上升有关，硬质黏土层上部岩性剖面中贝壳碎片的存在印证了这一结论。也与藜科花粉指示海水入侵的认识相符。

该孔硬质黏土层孢粉藻类含量的垂向变化表现出一定的规律性：淡水藻类含量高的层位，木本花粉和陆生草本花粉含量低，而在淡水藻类含量低的层位，木本花粉和陆生草本花粉含量有所增加。即硬质黏土层的地层中，淡水藻类与陆生植物孢粉呈此消彼长的变化特征，反映出硬质黏土层沉积时水泛与暴露环境的交替，其形成过程具有一定的阶段性。硬质黏土层粒度分布自下而上表现出的水动力由弱—强—弱及水深呈现由深—浅—深的变化特征，也印证了这一结论。

北黄海中部硬质黏土层的形成时代与末次冰消期气候回冷的新仙女木事件相对应（陈晓辉等，2014b），新仙女木事件期间，海平面暂时停滞或回落，北黄海海平面在现代 60 m 水深附近（李铁刚等，2010；Liu et al.，2004），DLC70-2 孔硬质黏土层底部沉积与当时海平面相当，海水间或影响研究区，粒度频率分布的单峰细尾特征也显示沉积过程中有外来水动力条件的加入；硬质黏土层沉积后期，海平面逐渐上升，海水的影响逐渐增强，粒度分布特征也显示硬质黏土层形成后期，水深有增加的趋势，频率分布的双峰特征表明存在沉积环境水动力条件的混合。

已有研究表明，近海陆架区的孢粉传播方式以河流搬运为主，孢粉组合特征多反映邻近陆缘区植被及气候特征（Heusser，1998；Sun et al.，1999；Beaudouin et al.，2007；Zheng et al.，2011）。草本植物多低矮，花粉散落时主要聚集在母体植株附近，多通过河流搬运沉积于近岸陆架区，因而它们的代表性一般较好。蒿属、藜科为旱生草本植物，属于草原甚至荒漠植被的优势种，中生草本禾本科与香蒲的同步变化，可初步推测水生芦苇的发育，而香蒲、莎草科花粉的高含量往往更为直接地指示湿地和湖沼环境。木本花粉主要源自近岸平原后部的山地针叶阔叶树种，由于搬运方式的限制，近岸陆架区的木本花粉以针叶松为主，而其他阔叶树种代表性较差，但依据乔木组合的整体变化趋势，尤其是落叶阔叶树种及常绿树种的含量变化仍可指示陆缘区气候的变化。

区内硬质黏土层的孢粉组合主要有两种类型（图 4-62）：蒿属–香蒲–松–禾本科–单缝孢与松、蒿属–禾本科–单缝孢–香蒲，其中前者存在于硬质黏土层的主体地层中，后者出现在硬质黏土层的上、下地层中。

硬质黏土层蒿属–香蒲–松–禾本科–单缝孢孢粉组合中，乔木类花粉多为温带山地针阔叶混交林组分，含量为整个剖面最低，以松为主，伴有少量阔叶树种如桦木/鹅耳枥；草本植物花粉含量较高，其中香蒲、莎草科、禾本科等中生–水生花粉的含量为整个剖面最高，旱生草本以蒿属、藜科为主，含量相对较低；蕨类孢子单缝孢、蹄盖蕨的含量均出现高值。该孢粉组合特征表明，硬质黏土层主体形成期间，北黄海周边区域为寒冷湿润的气候条件。

松–蒿属–禾本科–单缝孢–香蒲组合中，乔木类花粉是以针叶松、阔叶树桦木属和栎为主的温带山地针阔叶混交林组分，草本花粉蒿属、藜科的含量较高，禾本科、香蒲仍占一定比例；蕨类孢子以单缝孢、蹄盖蕨为主。与类型Ⅲ相比较，该组合乔木类花粉的含量增加明显，而中生–水生草本禾本科、香蒲的含量急剧减少（图 4-62）；同步可见沟鞭藻的出现且占一定比例，这可能与 YD 事件后气候转暖导致的海平面上升有关。硬质黏土层形成后期与初期相比较，阔叶组分桦木及常绿栎的含量相对增加，且中生–水生草本花粉禾本科、香蒲与蕨类孢子单缝孢、蹄盖蕨的含量均有所增加，而旱生草本蒿属的含量明显减少，这与晚更新世末期气候变化的整体趋势一致。因此，由孢粉组合的变化特征可知，硬质黏土层形成早期及晚期，北黄海周边区域仍处于偏冷湿润的气候条件，但未达到硬质黏土层主体形成期间冷湿的程度，而且硬质黏土层形成早期比晚期气候条件偏干冷。

从硬质黏土层两种孢粉组合分析可以看出，硬质黏土层孢粉组合中草本植物含量占主导，水生草本香蒲及中生草本、禾本科的含量较高，同时，旱生草本蒿属、藜科花粉，以及蕨类孢子单缝孢在组合中也占一定比例，木本植物主要以针叶树种松属和阔叶树种为代表的乔本类花粉为主。这些特征表明，硬质黏土层形成时，研究区低地可能发育湖沼或河流湿地为主的草甸区，而周边较远处平原区为草原且山地有针阔叶混交林分布。

　　同时，对比同期长江三角洲地区形成的第一硬质黏土层，其孢粉藻类组合中环纹藻占绝对优势，木本、草本植物花粉浓度较低，其中木本以阔叶组分，尤其是落叶栎为主，草本以中生草本、禾本科和莎草科占主导，气候相对凉湿（谭军干等，2004）。北黄海的硬质黏土层孢粉藻类组合中以高含量环纹藻与水生草本香蒲为主要特征，而指示相对干冷（温凉）气候的针叶树种松属，以及旱生草本蒿属、藜科占一定比例（图4-62），气候相对冷湿。因而，北黄海中部硬质黏土层形成时期的气候较同期长江三角洲区域更冷，这一差别主要由于二者纬度不同所致，北黄海现代植被属于温带针阔混交林带，而长三角地区属于暖温带-亚热带阔叶林带。由此可知，北黄海硬质黏土层与长江三角洲地区同期形成的硬质黏土层相比较，孢粉-藻类组合中存在共性，即指示其成因的高含量淡水藻类占优势，同时也体现了区域性差异的特征，即北黄海中部硬质黏土层孢粉藻类组合中出现一定比例的蒿属与藜科植物花粉。

第 5 章　环境地质

5.1　基本概念

　　近年来，我国有关陆上环境地质的研究开展较多，理论比较成熟。海洋环境地质的研究由于开展较晚、调查研究程度不高，以及环境地质因素与人类相关程度较低等原因，往往存在环境地质与灾害地质混用的现象，而后者属于前者的研究内容之一。鉴于环境地质涉及的一些基本概念认识上比较模糊，本章节首先对环境地质研究中的相关概念进行阐述。

　　环境地质学属应用地质学，研究内容涉及多方面，一切与人类有关的地质环境问题都属于环境地质学的研究范畴，主要包括：全球变化的研究、区域环境地质问题、资源开发环境地质问题、地质灾害的研究与防治、城市环境地质研究、重大工程建设的环境地质研究及医学环境地质研究等（潘懋和李铁峰，2003）。

　　环境地质条件是一个综合概念，是与工程活动和生存环境有关的地质要素之综合，海洋环境地质条件就是对海底工程建设、海洋工程构筑物安全及人类生存环境等有直接危害或潜在性危害的各种地质条件或地质现象。当地质条件或地质现象对人类生命财产和生存环境产生巨大的影响或破坏时，就会形成地质灾害。

　　海洋环境地质调查研究中，主要关注的是对工程活动和人类生存环境产生负面作用的环境地质问题，如对海底工程建设、海洋工程构筑物安全、人类生存环境等有直接危害或潜在影响的各种地质条件或地质现象。另外，也包括工程建筑、矿产开发过程中，可能对地质生态环境造成破坏等问题（刘锡清，2006）。

　　灾害地质是指自然发生的或人为造成的、对人类生命或财产造成危害或潜在危害的地质条件或地质现象，其研究对象是地质类致灾因子，包括地质体、地质现象及其发生发展机制、分布规律（李培英等，2003）。

　　地质灾害是一种与地质作用有关的自然灾害，一般认为，地质灾害是由于地质作用（自然的、人为的或综合的）使地质环境产生突发的或渐进的破坏，并对人类生命财产和生存环境产生影响或破坏的现象或事件（潘懋和李铁峰，2002；张宗祜，2005）。

5.2　环境地质因素分类

　　前人有关海洋环境地质因素的分类，主要是灾害地质类型的分类，主要根据灾害地质因素的危害程度（Carpenter 和 Mc Carthy，1980）、具体形态特征（Willian，1986）、成因、空间分布及其危害程度（李凡和于建军，1994）、活动性（冯志强等，1996）、内外动力体系及空间分布（刘守全等，2002；刘锡清，2006）、危害作用方式及空间位置（刘乐军，2004）、空间分布与直接间接影响程度及成因相结合（李培英等，2007）等标准，有不同的灾害地质因素类型划分方案。

　　前人有关环境地质因素的分类未脱离从灾害地质因素成因机制进行探讨的研究思路，无法应用于其分区评价与定级系统。本书整合前人有关环境地质的分类原则，从其分区评价角度出发建立环境地质因素的分类方法，结合北黄海实际情况，以实用简洁为原则，依据其作用的空间位置，分为海底表层或地表环境地质因素和埋藏环境地质因素两种类型，同时依据环境地质因素可能造成危害的作用机制，划分为灾害性地形变化类、地层持力层不均一类和影响区域构造稳定性三大类，详见表5-1。

表5-1 北黄海环境地质因素分类表

空间位置	灾害性地形变化类	地层持力层不均一类	影响区域构造稳定性
地表或海底表层环境地质因素	海水入侵、海岸侵蚀、海岸淤积（包括河口拦门沙、港口与航道淤积）、风暴潮、滨海湿地、潮流沉积体（潮流沙脊、潮流沙席、沙波）、潮流冲刷槽、水下三角洲、水下细粒堆积体	水下三角洲、水下细粒堆积体	地震震中、活动断层
埋藏环境地质因素	—	埋藏古河道、埋藏古三角洲、浅层气	地震震中、活动断层

5.3 主要环境地质因素

北黄海环境地质的研究重在揭示环境地质因素发生、发展的规律，在此基础上进行分区评价，从而有针对性地提出应对措施。北黄海主要环境地质因素种类繁多（表5-1），分布广泛，它们在分布和成因上既有区别又有联系。本书涉及的环境地质因素特征的研究是在北黄海及邻区环境地质因素编图的基础上进行的。

环境地质因素图的编制是环境地质因素的科学的综合，是环境地质研究的重要手段，主要以简化的地貌图作为背景图，旨在表现存在环境地质问题或者可能产生环境问题的，特别是可能产生地质灾害的地质体、地质现象和地质作用，即环境地质因素。

本书主要分三个大类详细论述北黄海主要环境地质因素的定义范畴、形成机制、分布特征、危害机理等。

5.3.1 地表或海底表层环境地质因素

地表或海底表层环境地质因素主要包括海水入侵、海岸侵蚀、海岸淤积（包括河口拦门沙、港口与航道淤积）、风暴潮、滨海湿地、潮流沉积体（潮流沙脊、潮流沙席、沙波）、潮流冲刷槽、水下三角洲、水下细粒堆积体等。

5.3.1.1 海水入侵

海水入侵是由于自然或人为活动的影响，致使滨海地区地下含水层水动力条件发生变化，造成淡水和海水之间的平衡状态遭到破坏，海水或高矿化咸水向陆地淡水含水层运移而发生的水体侵入的过程或现象。

海水入侵可导致海水侵入区地下水的矿化度增高，水质恶化。其不仅会使海水入侵区居民生活、农业灌溉与工业生产失去地下淡水来源，还会造成地下埋藏管线腐蚀、土壤盐碱化与地表植物枯萎等生态环境破坏，从而造成海水入侵区居民生活困难和巨大的经济损失，并导致生态环境被破坏。

北黄海沿岸的山东半岛及辽东半岛是中国经济快速发展地区，由于人口高度集中及城市化快速发展，对淡水资源特别是地下淡水的开采强度不断增加。由于地下水过量开采，20 世纪 80 年代以来，山东半岛及辽东半岛地区均发生过不同程度的海水入侵。

辽东半岛地区海水入侵主要集中在大连金州、甘井子、旅顺口等近海地带。在甘井子区与瓦房店区之间以及瓦房店市南部地区向内陆深入较远，而在甘井子区东北部的近海地区，海水入侵程度较小（表 5-2，图 5-1）。目前，大连地区的海水入侵仍比较严重，据统计，现阶段该地区海水入侵面积达 653.0 km²（不包括长海、交流岛、长兴岛等沿海岛屿），仅旅顺-甘井子-金州沿海地带可达 287.4 km²，最大入侵深度超过 10 km。

表 5-2　研究区 2012 年以来海水入侵面积统计

省份	市、区	入侵面积（km²）	省份	市、区	入侵面积（km²）
山东	莱州市	380.6	山东	文登区	8.9
	招远市	24.0		牟平区	4.0
	龙口市	131.7		乳山市	1.6
	蓬莱市	28.4		崂山区	14.5
	福山区	34.7		胶州市	40.5
	牟平区	4.0		黄岛区	16.4
	威海市	11.7		平度市	85.9
	荣成市	33.3	辽宁	大连市	653.0

山东半岛地区海水入侵广泛分布，沿海地区几乎均有涉及（高茂生等，2018）。根据多年监测资料统计，现阶段该地区海水入侵总面积可达 820.2 km²。其中，烟台市海水入侵主要分布在东部的牟平区、西部的莱州市胶莱河北部沿海一带，南部的莱阳市、海阳市也有小面积分布；青岛市海水入侵主要集中分布在大沽河下游、白沙河-城阳河下游、洋河下游、黄岛辛安河下游及平度新河-灰埠等地区；威海市海水入侵主要集中在威海市区及荣成沿海地带，文登区与乳山市沿海也有分布（表 5-2，图 5-1）。

区内海水入侵经历了 20 世纪 70 年代的初始发展阶段、80 年代的快速发展阶段，90 年代以来，由于各地对海水入侵的危害有了充分的认识，并采取了一定的限采措施，目前总体处于减缓阶段。

影响海水入侵的因素是多方面的，主要包括地形地貌、水文地质条件、降雨量的变化、风暴潮、沿海水利工程布局的合理性、海水养殖及盐田扩建等。

5.3.1.2　海岸侵蚀与淤积

北黄海的岸线变迁在 20 世纪 70 年代之前以自然演变为主，人类改造处于被动地位；20 世纪 70 年代至 20 世纪末期间，随着海岸工程科技的进步，在自然和人类工程活动的影响下，海岸侵蚀淤积日趋严重；十几年来海带岸成为人类限制和改造利用海洋的重要场所，特别是防波堤、围海造地工程的发展，岸线基本无自然演变，实际上已成为围海堤岸的演变。本书主要针对 20 世纪 70 年代至 20 世纪末期区内的海岸线演变作出探讨。

1）海岸侵蚀

海岸侵蚀易破坏居民建筑、海岸工程设施，吞蚀土地，使海滩面积变小，也因此加大了海岸带工程防护费用。

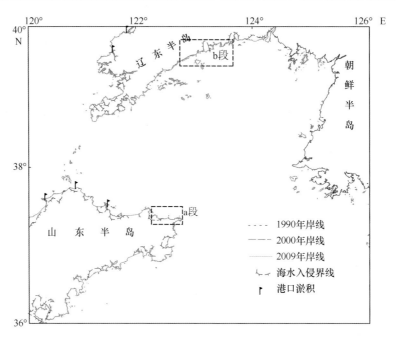

图 5-1　北黄海及周边沿岸海水入侵及岸线变迁分布

区内涉及的辽东半岛海岸属弱侵蚀岸段。据 20 世纪 70 年代至 2000 年期间的遥感影像数据对比分析，辽东半岛海岸侵蚀岸段主要有：大连旅顺柏岚子，侵蚀速率 1~1.5 m/a，原因是砾石堤的堤坝不断破坏；大连鲅鱼圈，侵蚀速率 10 m/a，主要是人为采砂所致。

20 世纪 70 年代至 2000 年期间，山东半岛滨岸侵蚀灾害主要分布在蓬莱西部、牟平北部及乳山东南部等海岸地段（图 5-1），其中莱州湾-招远，蓬莱-烟台地区海岸，蚀退速率 5.0~10.0 m/a，蚀退速率自西向东有所降低；而烟台-牟平以及威海、文登、荣成、乳山、海阳等地的局部岸段，蚀退速率一般在 1.5~4.0 m/a，而 2013 年 8 月 10 日于荣成石岛国际海水浴场拍摄的照片显示，该地区涉海工程造成的海滩侵蚀严重，浴场逐渐侵蚀殆尽（图 5-2），目前该岸段已无沙滩，被人工防护岸线代替；山东牟平-荣成有较好海防工程的泥质、泥沙质海岸岸段，蚀退速率一般小于 1 m/a（图 5-3）。

北黄海及周边海岸侵蚀的影响因素主要有自然因素和人为因素两大类，自然因素主要包括海平面上升、河流输沙减少及风暴潮等，人为因素主要包括大量布置不当的海岸工程和直接采挖海砂等原因。

区内海岸侵蚀灾害表现为普遍性、原因多样性、连续性与突发性等特点：海岸侵蚀在淤泥质、砂质、基岩海岸均有涉及；成因既有自然原因，也有人为因素，往往表现为多种因素作用的结果；侵蚀海岸从平衡-不平衡-动态平衡是一个连续调整的过程；风暴潮等灾害造成的海岸侵蚀表现为突发性与严重性的特点。

　2）海岸淤积

海岸淤积易造成河流入海口处大量洪水宣泄不畅，陆地内涝严重，呈现沼泽化的趋势。因港口淤积清理航道，每年都需花巨资进行清淤，影响航运工作，造成巨大的经济损失。

海岸淤积在本区内除表现为岸线变化外，还主要包括河口拦门沙、港口与航道淤积。

辽东半岛海岸淤积主要分布在庄河、东港市的海岸地带。其中鸭绿江口至庄河段属淤泥质海岸，1976—2000 年，淤积速率达 10~80 m/a（图 5-4），庄河以西至复州湾以东，1978—2000 年，

图 5-2 　威海石岛国际海水浴场涉海工程造成的岸线侵蚀

（照片拍摄于 2013 年 8 月 10 日）

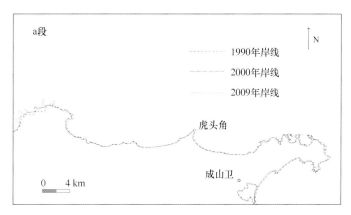

图 5-3 　威海市近岸岸线变化

淤积速率达 10~80 m/a，两段淤积岸段在 1976 年时平均大潮高潮线向海一侧的滩涂，现在已布满养殖池。

山东半岛海岸淤积主要分布在胶州湾及近岸的港口码头附近。1863—1935 年胶州湾以自然演变为主导，岸线变化很小，而 1935 年以来受人类活动影响，胶州湾岸线变化很大，大面积的自然潮滩被盐田养殖区和人工填海代替，岸线普遍向海推进，1935—2005 年间胶州湾的面积缩小了近 38.6%（周春艳等，2010）。威海市远遥船坞是 1963 年投资建成的，仅使用了 10 年，就被淤平报废。龙口港位于屺坶岛连岛沙坝以南的龙口湾，龙口湾水深仅 2~6 m，由于港内动力条件微弱，泥沙淤积严重，北港池回淤速率为 5 cm/a，南港池淤积情况更为严重。蓬莱港位于登州浅滩跟部，水深仅 3~6 m。由于港口开口朝向东北，而潮流又以西南向的落潮流为主，因而港内泥沙淤积严重，在西防波堤南端东侧已形成大面积沙滩，东码头北端也有严重的泥沙回淤现象。烟台港所在的芝罘湾与大沽夹河口以北的套子湾均位于芝罘岛西南侧的波影区，二者同为芝罘岛连岛沙坝分隔而成的次生海湾，湾内动力条件微弱。芝罘湾大部分水域水深仅 7~8 m，港口及航道淤积较严重，建成于1921 年东阻浪堤内侧的内港区年平均回淤 5 cm；在阻浪堤两端内侧各有水深小于 5 m 的强烈淤积区，高出周围海底近 2 m，推算每年平均淤积达 7.5 cm。

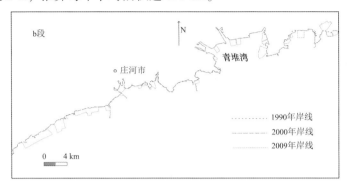

图 5-4　大连市庄河岸线变化

河口拦门沙是指河流入海时，由于流速突然降低，携带的大量泥沙在口门堆积下来，形成浅滩、沙岛等堆积体。拦门沙常与冲刷槽相间，由于形态和位置的不稳定性，容易造成船只搁浅，是河口港常见的灾害地质因素。北黄海河口拦门沙主要分布在鸭绿江河口地区。

海岸淤积通常是由两方面造成的，其一是相邻陆区水土流失给海区带来大量的泥沙；其二是不合理的海岸工程布局改变了海水流场。

5.3.1.3 风暴潮

风暴潮可冲毁村庄、堤坝、港口等设施，损毁水产养殖区，严重的风暴潮还可导致人员的伤亡，给沿海地区人民的生命财产带来巨大的损失。

本区风暴潮灾害比较严重，主要发生在山东半岛北部及辽东半岛近岸海域。

辽东半岛沿岸特别是东南近岸海域也是风暴潮灾害比较严重的地区，仅 1983—1997 年间，发生严重的风暴潮 7 次，其中以大连东部庄河等地区受灾最为严重。

有关北黄海沿岸风暴潮的记载始于汉朝（公元前 48 年），但由于早期资料保存不全，导致记载时断时续。截至 20 世纪末的两千多年间，山东半岛近岸海域有文字记载的共有 96 次较大的风暴潮。清朝的 276 年间就发生 45 次之多，其中较严重的有 10 次（羊角沟潮位在黄海基石 6 m 以上），特大的有 3 次，其中 1911—1985 年间，受台风和寒潮影响发生的风暴潮多达 43 次。

2010—2016 年本区共发生严重风暴潮 30 余次，破坏较强的风暴潮如表 5-3 所示。

风暴潮的发生受多种因素影响，工作区涉及渤海、黄海，陆架较浅，尤其渤海，造成潮位变化幅度较大，利于风暴潮的形成；海平面上升、地面沉降、海岸侵蚀等因素加剧了风暴潮的发生。

5.3.1.4 滨海湿地

滨海湿地是低潮时水深不超过 6 m 的水域至大潮高潮位之上与外流江河流域相连的微咸水和淡浅水湖泊、沼泽以及相应河段间的区域。

由于滨海湿地具有水陆过渡性、结构复杂、功能多样性和生态系统的脆弱性等特点，只要自然条件、人类活动中某一因素的改变或干扰，都会引起湿地的巨大变化，从而引起生态系统或气候系统的重大变化，造成环境灾害，因而本书将易损湿地作为环境地质因素之一加以讨论。

表 5-3　研究区 2010—2016 年严重风暴潮统计

发生时间	受灾范围	灾情	资料来源
2010 年 4 月 12—13 日，8 月 28—29 日	山东省部分沿海	"4.12" 温带风暴潮与台风 "圆规" 风暴潮共导致山东省水产养殖受损面积 $3.40×10^4$ hm^2，损毁房屋 30 间，损坏船只 14 艘，直接经济损失 0.53 亿元	2010《中国海洋灾害公报》
2011 年 6 月 28 日，8 月 5—8 日	山东省沿海	"米雷" 与"梅花" 两次台风导致山东省水产养殖损失 $0.16×10^4$ hm^2，损毁船只 321 艘，直接经济损失超过 5 亿元	2011《中国海洋灾害公报》
2011 年 9 月 1 日	山东省沿海	莱州湾出现 100 cm 以上风暴增水，潍坊站最大风暴增水 124 cm；山东省水产养殖受损 $0.28×10^4$ hm^2，直接经济损失 0.07 亿元	2011《中国海洋灾害公报》
2012 年 8 月 2—4 日	山东省沿海	台风 "达维" 导致山东省水产养殖受灾面积 93.16 hm^2，损毁船只 538 艘，码头 8 座，防波堤 34.95 km，直接经济损失 15.99 亿元	2012《中国海洋灾害公报》
2013 年 5 月 26—28 日	山东省沿海	130526 号温带风暴潮导致水产养殖受灾面积 7.24 hm^2，损毁船只 64 艘，损坏房屋 406 间，直接经济损失 1.44 亿元	2013《中国海洋灾害公报》
2014 年 10 月 8—12 日	山东省沿海	141008 号温带风暴潮导致水产养殖受灾面积 0.32 hm^2，直接经济损失 0.29 亿元	2014《中国海洋灾害公报》
2015 年 9 月 30 日—10 月 2 日，11 月 4—6 日	山东省沿海	150930 号与 151104 号两次温带风暴潮导致船只 3 艘与 14.04 km 的海岸工程被毁，直接经济损失 0.44 亿元	2015《中国海洋灾害公报》
2016 年 10 月 21—22 日，11 月 20—21 日	山东省沿海	161022 号与 161121 号两次温带风暴潮导致水产养殖受灾面积 0.96 hm^2，损毁船只 2 艘，损坏房屋 86 间，直接经济损失 1.75 亿元	2016《中国海洋灾害公报》

　　区内滨海湿地主要分布在河口与海湾地区（图 5-5）。辽东半岛湿地主要分布在鸭绿江口与青堆湾地区，其中鸭绿江口湿地，面积为 1 080 km^2，浅层堆积物为全新世冲海积亚砂土、亚黏土、砂、砂砾石，植被主要为芦苇和草甸，部分水田，动物主要有鱼类和鸟类，有世界濒临灭绝的黑嘴鸥鸟类。山东沿海河口、海湾湿地主要分布于山东半岛南缘胶州湾、鳌山湾、五垒岛湾与山东半岛北缘的套子湾-芝罘湾湿地，面积为 599 km^2。

　　前人研究将湿地划分为自然湿地和人工湿地。自然湿地包括芦苇地、盐沼、滩涂、现代潟湖、低洼荒地、游荡型湿地（阶段性存水的低洼地），人工湿地包括稻田、盐田、养殖池等。根据 20 世纪 70 年代至 2000 年两期的遥感影像的对比表明，本研究区人工湿地面积逐渐增加，自然湿地面积逐渐减少。

　　影响北黄海及周边沿岸湿地的环境因素包括自然因素和人为因素。人为因素主要指土地围垦、城市和港口开发、生物资源过度利用及污染等，自然因素包括海岸侵蚀、海平面上升、海水内侵、入海河流径流及泥沙运移、波浪、潮流、海水盐度等。目前，影响自然湿地退化的因素主要为人为因素，湿地退化破坏了正常的生态环境，减少了资源供给，降低了防旱、防涝功能，降低了湿地的排除有毒物的功能。

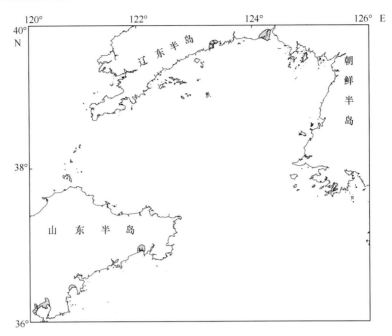

图 5-5　北黄海及周边海域滨海湿地分布

5.3.1.5　潮流沉积体

海平面上升发生海侵时，在潮汐陆架海，海洋动力对裸露的陆架海底进行侵蚀，侵蚀物质经过分选、搬运和再沉积的过程，逐渐塑造成潮流沙脊底形，它们往往直接覆盖在低海面陆相地层之上。已有研究表明，末次冰盛期以来，中国东部陆架海平面变化经历了 7 个演化阶段，其中 3 个海平面缓慢上升期（SRP-Ⅰ，SRP-Ⅱ，SRP-Ⅲ），形成了 3 期潮流沉积（图 5-6）（李广雪等，2009），而本区内潮流沉积体的主体主要形成时代为 SRP-Ⅱ 与 SRP-Ⅲ 缓慢上升期。

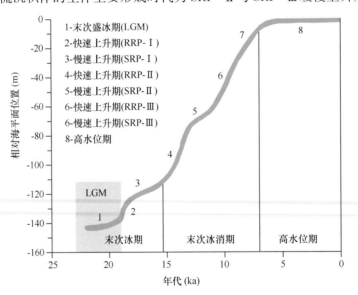

图 5-6　末次盛冰期以来中国东部海域海平面阶段性划分（李广雪等，2009）

潮流沉积体表面的凹凸不平及其活动性，对海底管线、钻井平台等海上工程都有一定的威胁，是本海区主要的环境地质因素之一。

北黄海及周边海域涉及的潮流沉积体主要包括潮流沙脊、潮流沙席和活动沙波。

1）潮流沙脊

潮流沙脊是在往复潮流作用下，发育在陆架浅海、河口湾及海峡出口附近的活动性强的砂质脊状堆积体，M_2 分潮椭率（潮流椭圆短长轴之比）绝对值小于 0.4，现代潮流沙脊往往是堆积沙脊与潮流冲刷槽相间出现的潮流沙脊群。浅地层剖面上，因与测线相交的角度不同而形态各异，总体形态为丘状，具有高频弱反射特征，内部层理大多清晰，有的呈现半透明层，整体多为斜交前积反射结构，沙脊的底部界面呈下超接触（图 5-7）。

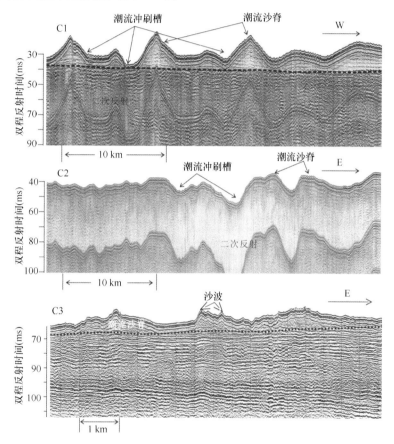

图 5-7　北黄海潮流沉积体典型浅地层剖面（剖面位置见图 5-8）

区内现代潮流沙脊广泛发育，主要包括渤海东部海域辽东浅滩潮流沙脊、辽东半岛东南近岸潮流沙脊、西朝鲜湾潮流沙脊及其南黄海东北部海区锦江口外潮流沙脊。辽东浅滩潮流沙脊，主要由东西排列的 6 条沙脊组成，水深 10~36 m，形似伸开的手指状，地形起伏较大（图 5-8），脊槽高差可达 20 m（刘振夏等，1994），物质来源主要为老铁山水道侵蚀物质，主体形成时代为 SRP-Ⅲ上升期，高水位时期继续活动（李广雪等，2009）；辽东半岛东南近岸潮流沙脊主要由 4 条彼此平行的 NE—SW 向展布的潮流沙脊组成，水深 40~50 m，沙脊长 35~75 km，高 3~17 m，脊宽 3~7 km（图 5-8），物源显示多元化特征：落潮流携带老铁山水道侵蚀物质、沉积区附近和近岸岛屿的侵蚀物质、沿岸河流输入和沿岸流的搬运物质，该沙脊开始形成于 SRP-Ⅱ时期，主体形成于 SRP-Ⅲ时期，高水位以来仍继续活动（陈晓辉等，2013）；西朝鲜湾潮流沙脊分布在鸭绿江口至大同江口之间水深 10~30 m 的近岸海域，由数十条自河口向外呈 NNE—SSW 方向平行排列的沙脊组成（图 5-8）（刘振夏等，1998），物质来源主要为鸭绿江入海物质，形式时代为 SRP-Ⅲ上升期，高水位时期继续活动（李广雪等，2009）；南黄海东北部锦江口外潮流沙脊由数条 NE—SW 向平行排列的潮流沙脊组成（图 5-9），水深 30~50 m，主体形成时代 SRP-Ⅱ上升期，至今仍在活动（李绍全等，1997；李广雪等，2009）。

2）潮流沙席

潮流沙席是在陆架海底以旋转潮流作用为主形成的席状砂质堆积体（Liu et al.，1998），与潮流沙脊不同，M_2 分潮椭率（潮流椭圆短长轴之比）绝对值大于 0.4。研究区潮流沙席主要分布在渤海东部，老铁山水道西北侧、辽东浅滩西南侧（图 5-8），即渤中浅滩沙席沉积区，地形微隆起，水深 15~30 m，无明显脊槽底形（图 5-9），物质来自老铁山水道，由潮流侵蚀、搬运后沉积形成，沙席形成时代为 SRP-Ⅲ上升期，高水位以来持续活动（李广雪等，2009）。

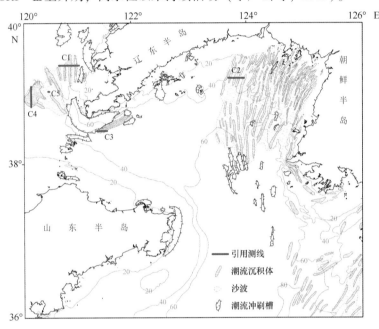

图 5-8　北黄海及邻近海域潮流沉积体分布

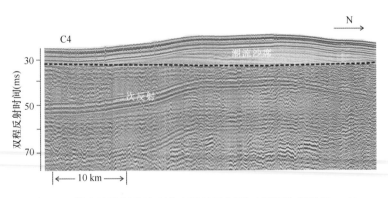

图 5-9　渤中浅滩潮流沙席典型浅地层剖面（剖面位置见图 5-8）

3）沙波

潮流沙脊与潮流沙席的表面常伴有一些波状起伏的活动沙丘，是为沙波。浅地层剖面上，沙波常与潮流沉积相伴生，发育于潮流沙脊的两翼，通常是产状较陡的一侧沙波非常发育（图 5-7），有时也见于平坦的海底，沙波发育地区周围地层一般为砂质沉积区。侧扫声呐图像中反映的沙波呈一系列波痕状，形态各异，大小不一，大面积成片发育（图 5-10）。区内沙波在渤海海峡周边潮流沉积区、西朝鲜湾潮流沉积区均有发育。

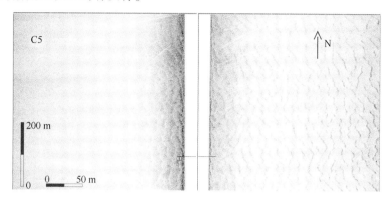

图 5-10　渤中浅滩发育的沙波典型侧扫声呐图像（剖面位置见图 5-8）

5.3.1.6　潮流冲刷槽

潮流冲刷槽所处的地貌部位海洋动力作用很强，侵蚀过程伴随沉积物的群体运动，造成凹凸不平的侵蚀地形，给海底管线的铺设平台建设造成很大的潜在危害，其不稳定性对海底管线和桩柱的破坏作用巨大。

潮流冲刷槽在粉砂淤泥质海岸带的潮滩和水下岸坡是普遍存在的灾害地质类型，潮滩上也称为潮沟，水下岸坡与陆架之上称为潮流冲刷槽。浅地层剖面上表现为下凹的"U"型结构（图 5-7）。大型潮流冲刷槽主要发育在地形狭束的海区，如海峡、列岛间海域等。区内潮流冲刷槽主要有两种类型。

1）束狭水道底部侵蚀沟槽

主要分布在渤海海峡周边、庙岛群岛、长山列岛海域（图 5-8），其中老铁山水道是我国海岸带最深、规模最大的冲刷槽，最大水深 86 m，相对深度 20~60 m。

2）潮流沙脊间的侵蚀沟槽

主要分布在渤海东部辽东浅滩、辽东半岛东南近岸潮流沉积区、西朝鲜湾潮流沉积区及锦江口外潮流沉积区（图 5-8）。规模相对较小，脊槽相对高度一般为几米至二三十米。

5.3.1.7　水下三角洲

水下三角洲是河流入海口因水流辐散、流速减小、泥沙沉降堆积形成的扇状堆积体。由于三角洲前缘坡度大，沉积物抗剪强度低，容易形成滑坡、坍塌和泥流等灾害，三角洲河口湾环境有机质发育，容易形成浅层气，造成持力层不均衡，从而导致海洋工程的倾斜与坍塌，因而，水下三角洲属于潜在的灾害地质体。

区内沿岸无大河入海，入海中小型河流众多，水下三角洲广泛发育，主要分布在辽东半岛鸭绿江、大洋河河口附近（图 5-11）。

5.3.1.8　水下细粒堆积体

水下细粒松散堆积体，主要受控于悬浮体的供应与潮汐、波浪、沿岸流等海洋动力环境，普遍沿沉积物运输的主导方向顺岸呈带状分布，浅地层剖面上表现为平缓的顶积层、略陡的前积层和渐

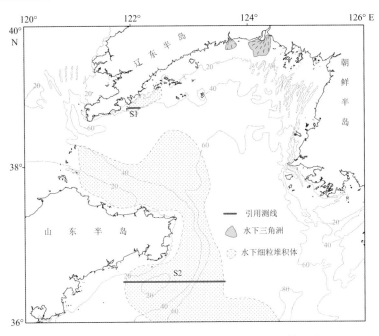

图 5-11　北黄海水下三角洲与水下细粒堆积体分布

变的底积层，呈楔形或"Ω"状的斜坡沉积体（图 5-12）。其特点是堆积速率高，具有高角度的斜层理，沉积结构松散，含水量高，承载能力低，容易引起滑坡、泥流等灾害，常与浅层气相伴生，是一种潜在的灾害地质体。

　　北黄海水下细粒堆积体集中分布在山东半岛近岸及辽东半岛东南近岸海域（图 5-11）。其中山东半岛近岸水下细粒松散堆积体也被称作黄海北部泥质沉积体，主要由北黄海中部泥质沉积、山东半岛泥质楔（黄河水下三角洲或山东半岛水下斜坡）、南黄海中部泥质沉积组成，它们在空间上连成一体，物源主要是黄河入海物质及陆架再悬浮泥沙，为全新世高海面以来的沉积（Liu et al.，2004；Liu et al.，2007；Yang 和 Liu，2007）；辽东半岛东南近岸海域水下细粒松散堆积体剖面上呈"Ω"状，最厚处可达 14 m，空间上延伸至距离鸭绿江河口 180~300 km，全新世 7.0 ka B. P. 高海面以来形成，物源主要来自鸭绿江物质（Chen et al.，2013）。

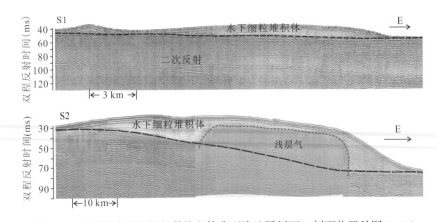

图 5-12　北黄海水下细粒松散堆积体典型浅地层剖面（剖面位置见图 5-11）

5.3.2　埋藏环境地质因素

5.3.2.1　浅层气

海底浅层气指海底下 1 000 m 以浅聚积的有机气体，主要为生物成因和热成因两类，两者都来源于有机质。生物成因浅层气依靠细菌的活动，生成于海底表层几米至数百米的地层中；热成因浅层气的生成须具备一定的温度和压力条件，由埋深超过 1 000 m 地层中的有机质在高温、高压条件下生成，之后向上运移并在浅部地层中聚集而成。

含浅层气的沉积物具有高压缩性、低抗剪强度的特征，对海上钻井施工、桩基工程设施具有极大的危害性。

浅层气在浅地层剖面上常表现为空白反射，呈柱状、囊状、条带状等（图 5-12 和图 5-13），多被认为是生物成因的，而在浅层气分布区的海底表面，常存在海底麻坑、塌陷坑等海底地貌。

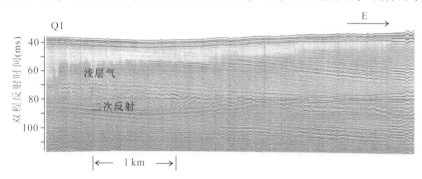

图 5-13　北黄海浅层气典型浅地层剖面（剖面位置见图 5-14）

区内浅层气主要集中分布在渤海东部、山东半岛北部（陈晓辉等，2014a）及东北部和南黄海北部海域（图 5-14），这些地区的第四纪地层主要由古三角洲、古河道沉积组成，含有泥炭夹层及其他富含有机质堆积层，这些有机物质经腐败细菌分解转化为甲烷或沼气等气体。在渤海东部油气开采区内断裂构造发育，深部的石油天然气沿着断裂等裂隙上升到浅层沉积中，可形成高压浅层气。

5.3.2.2　埋藏古河道

晚第四纪时期东部陆架海区气候经历了冰期间冰期交替的变化过程，造成海平面的升降变化，冰期海平面普遍下降，海水退出，陆架裸露成陆，其上发育有各种规模的河道和湖泊。冰后期随着气候变暖，海平面大幅度上升，早期的河道纷纷沦入海底，并且绝大部分埋藏于不同厚度的沉积物之下，形成埋藏古河道。

河流沉积环境、水动力能量高、变化大，决定了埋藏古河道沉积物多具复杂性和多变性，其物理和力学性质在水平方向存在较大的差异，持力不均，对工程危害较大。而且，河道沉积物中常含有大量的有机物质，可能会形成浅层气，对海上桩基和钻井平台不利。

由于古河流的特征各异，测线与河流相交的角度不同，出现各种不同的断面特征。在浅地层剖面上，古河道多呈 "U" 字形的几何形态，河道充填物多呈波状及杂乱或复杂的前积反射结构，极少连续层理，部分区域为中低频强反射的高角度倾斜、波状及杂乱反射结构（图 5-15），显示古河流水动力条件较强。

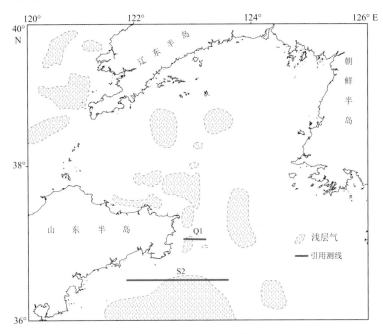

图 5-14　北黄海及邻近海域浅层气分布

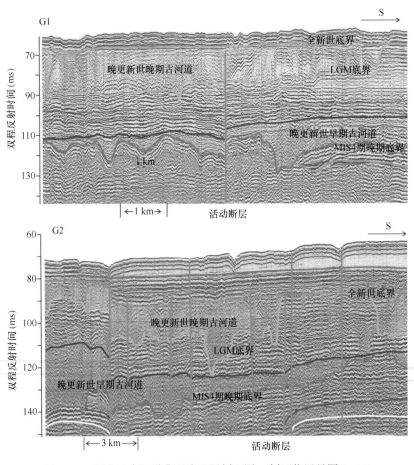

图 5-15　研究区古河道典型浅地层剖面图（剖面位置见图 5-16）

　　区内根据浅地层剖面识别出的埋藏古河道主要分为两期：晚更新世早期（MIS4 期晚期）和晚更新世晚期（LGM），某些区域出现两期河道的叠加。晚更新世早期古河道主要分布在北黄海西部及南黄海中西部陆架（图5-16），渤海东部海区由于浅地层剖面二次反射的影响未能揭示，晚更新世晚期埋藏古河道分布广泛，除北黄海西部与南黄海中西部陆架外，渤海东部海区也有一集中分布区（图5-16）。区内晚第四纪期间接受了大量的陆源沉积，黄河、鸭绿江、长江等周边河流起着主要作用。研究表明，晚更新世末–早全新世期间古黄河已延伸至黄渤海陆架海区，这一时期古黄河水系大致分为南北两支（李凡等，1998）：北支与华北平原古河道相对应，由渤海经北黄海进入南黄海（张祖陆，1990；吴忱等，2000），南支与苏北平原古河道（江苏省地质矿产局，1991）相连，由苏北废黄河口附近延伸至南黄海（Liu et al.，2010），而古鸭绿江与古长江分别从北部和南部延伸至南黄海中部深水区（韩桂荣等，1998）。由此留下了大大小小的河道及相应的河流沉积体，冰后期海面回升以来，这些古河道及古河流沉积体被后期沉积所掩埋。

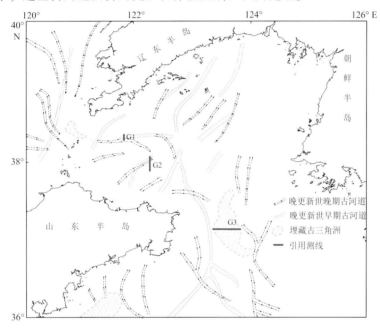

图5-16　北黄海及邻近海域埋藏古河道及埋藏古三角洲分布

5.3.2.3　埋藏古三角洲

三角洲是河流和海洋相互作用的产物。古三角洲是低海平面时期，河流在陆架上下切侵蚀形成众多大小不同的河道，由河流携带大量泥沙在海洋水动力较弱、水下地形较为平缓地带堆积形成的大小不同的三角洲，有的仍然暴露在海底，有的则已呈埋藏状态。

由于大部分三角洲前缘相保存相对完整，坡度大，这里沉积构造复杂，沉积速率快，前积层内可能含有大量的孔隙水或浅层气，使土层的抗剪能力减少，十分容易形成滑坡、泥流；在三角洲河口湾环境容易产生淤泥质夹层；埋藏古三角洲地区辫状古河道发育，还容易形成浅层气，因此，埋藏古三角洲是一种复合环境地质因素，涉及其分布区的海洋工程设计前必须做详细的地质调查。

浅地层剖面上，埋藏古三角洲沉积物常具有复合"S"形斜交反射结构形成的前积层，上部为亚平行反射结构的顶积层（图5-17）。

北黄海及周边埋藏古三角洲主要分布在渤海海峡西部、山东半岛南部及山东半岛东部海域（图5-16）。本区晚第四纪以来是黄河、鸭绿江及长江等河流入海交汇区，河流携带大量泥沙在海洋水动力较弱、水下地形较为平缓地带堆积就会在陆架平原海底遗留规模不等的埋藏古三角洲。其中，渤海海峡西部及山东半岛南部近岸海区的古三角洲应为古黄海三角洲，而山东半岛东部远岸海域的古三角洲为黄河、鸭绿江及长江等河流的复合古三角洲。

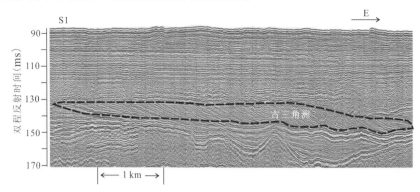

图 5-17　山东半岛东部埋藏古三角洲典型浅地层剖面（剖面位置见图 5-16）

5.3.3　活动构造相关环境地质因素

本章节涉及的活动构造是指晚更新世以来发生过活动、未来一定时期内仍可能活动的构造地质，主要包括断裂、褶皱等，它们与现代地质灾害，特别是地震活动密切相关。这里主要针对区内晚更新世以来活动的断层及现代地震进行探讨。

活动构造是一种潜在的环境地质因素，对海洋资源的开发、海洋工程建设等构成严重的威胁。

5.3.3.1　活动断层

区内近岸活动断层主要分析整合前人的研究成果，海域活动断层的解释主要依据实测浅地层剖面、单道地震资料，并结合前人资料进行研究。

1）北黄海及周边陆域活动断层

北黄海周边陆域涉及辽东半岛、山东半岛及朝鲜半岛北部地区，晚第四纪以来的断裂格架及活动特征主要表现为断块运动，具有明显的继承性。晚更新世以来的断层颇为发育，主要以 NE、NW 向活动断裂为主（图 5-18，表 5-4）。

2）北黄海及周边海域活动断层

依据实测浅地层剖面及单道地震资料，结合前人成果发现，研究区海域发育有 NNE 向、NEE—EW 向及 NW 向等多组活动断裂（图 5-18），许多断裂晚第四纪以来仍有活动。

NNE 向断裂主要分布在渤海东部海域，由一系列不连续分布的梳状断裂组成，分段性明显，自北向南逐渐变宽，并逐渐密集（图 5-18）。该组断裂南段活动时间较新，切割深度较浅，最新活动时间可追溯至全新世早期。分析认为该组断裂应为郯庐断裂的继承性断裂，这一成果与李西双等（2010）的结论相一致。

NEE—EW 向断裂主要分布在北黄海西部（北黄海盆地西缘）及山东半岛东部海域，表现出明显的不连续性。浅地层剖面资料显示，北黄海西部最新活动时间可追溯至全新世中晚期，部分断裂直接切穿海底（图 5-15），而山东半岛东部海域最新活动时间可追溯至晚更新世中期，分析认为山东半岛东部断裂为五莲-青岛-海州断裂及嘉山-响水-千里岩断裂的继承断裂。

NW 向断裂由若十条不连续的走向一致的断裂组成，自渤海东部经山东半岛北部延伸至南黄海北部（图 5-18），分析认为该组断裂主要为张家口-蓬莱-威海断裂的继承断裂，浅地层剖面资料显示，该组断裂最新活动时间可追溯至全新世晚期，切割深度较浅甚至直至海底，这一活动时间与李西双等（2009）所得的结论相一致。

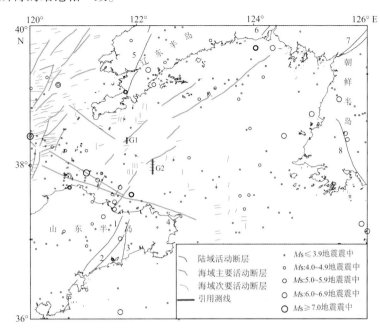

图 5-18　研究区晚第四纪以来（公元 0—2017 年）的活动断层及地震震中分布

表 5-4　北黄海周边陆域新近纪活动断层统计

序号	分布区域	断层名称	走向	最新活动时代
1	山东半岛	朱吴断裂	NE	晚第四纪
2		海阳断裂	NE	
3		乳山断裂	NNE	
4		俚岛断裂	NW	
5	辽东半岛	金州断裂	NW	晚更新世
6		鸭绿江断裂	NE	晚更新世
7	朝鲜半岛	清川江断裂	NE	晚更新世
8		载宁江断裂	NW	晚更新世

注：资料来源于山东省第四地质矿产勘察院（2003）；夏怀宽等（1992，1993）；雷清清等（2008）。

依据浅地层剖面实测资料，区内晚第四纪以来的断层较多，其中渤海东部断层最为发育，其次为北黄海西部海域（图 5-18），以 NNE、EW 及 NW 向展布为主，大部分断层具有明显的继承性。就分布密度而言，渤海部分的断层密度远大于其他海域，而同一构造单元其边界部位断裂密度大于单元内部。

分析认为，区内新近纪以来的活动断层形成的原因主要有两个：其一，断层的形成受控于沉积物的物理、力学性质，主要与埋藏古河道相伴生。沉积物粒度、分选程度、密度、含水量、抗压和抗剪强度等差异，造成地层结构的不稳定，地层产生错动，形成断层。其二，断层的形成由深部构造引起，表现出继承性和集束性特征，此类断层在新近纪、第四纪地层中均有发育。区内断层断距均小于 5 m，普遍具有自下而上断距相对减小的规律。无论何种成因的断层，其引起的地层错动及其伴生的地面变形，都会损害跨断层或断层附近的工程。

5.3.3.2　地震震中

本海区历史上发生多次强震，公元 0 年以来，记录到的 4.5 级以上地震 48 次，5 级以上地震 29 次，6 级以上地震 12 次，7 级以上地震 2 次（图 5-18），其中表 5-5 编制了 2 000 多年以来工作区地震震级 $M_s \geqslant 5.0$ 级的地震目录（公元 0 年至 2017 年 10 月）。

表 5-5　研究区大于或等于 5.0 级地震统计

发生时间（年．月．日）	震中位置		震级（M_s）
	纬度	经度	
495.3.31	37.5°N	121.5°E	5.5
1046.4.18	37.8°N	120.7°E	5.0
1436.5.29	37.0°N	125.5°E	6.0
1494.5.6	39.2°N	122.2°E	5.5
1518.7.2	37.2°N	126.0°E	6.5
1546.6.29	38.8°N	125.0°E	6.0
1546.6.30	38.5°N	124.5°E	6.5
1548.9.12	38.0°N	121.0°E	7.0
1597.10.6	38.5°N	120.0°E	7.0
1598.2.13	37.4°N	121.3°E	5.0
1621.11.22	37.9°N	121.2°E	5.3
1686.1.18	37.7°N	121.8°E	5.0
1687.11.20	37.6°N	121.5°E	5.0
1736.12.25	37.8°N	121.6°E	5.0
1855.12.11	39.1°N	121.7°E	5.5
1856.4.10	39.1°N	121.7°E	5.3
1861.7.19	39.4°N	122.1°E	6.0
1916.11.24	39.7°N	124.0°E	5.4
1917.11.8	37.3°N	125.9°E	6.0
1917.5.28	39.7°N	124.0°E	6.1
1922.9.29	39.2°N	120.5°E	6.5
1932.8.22	36.1°N	121.6°E	6.3
1939.1.8	37.1°N	121.6°E	5.5
1944.12.19	39.7°N	124.3°E	6.8
1948.5.23	37.7°N	121.8°E	6.0
1952.3.19	39.0°N	125.5°E	6.5
1982.2.14	38.5°N	125.7°E	5.2
1982.2.14	38.5°N	125.6°E	5.6

区内地震震中在空间分布上存在着显著的区域性差异。震中主要集中分布在山东半岛北部、北黄海北部、渤海东部及南黄海北部东西两侧，总体呈 NE—NNE 向和 NW 向两个趋势。从图 5-18 可以看出，断裂的活动性与现代地震震中的分布具有较好的相关性，而最新地震资料显示，2013 年 11 月 23 日山东莱州（37.1°N，120.0°E）发生 4.6 级地震，2013 年 12 月 6 日渤海东部（38.1°N，

120.0°E）发生 3.8 级地震，这两处区域均位于郯庐断裂带上，主要受郯庐断裂继承性活动断层的控制，这一特点对于地震危险性评价具有重要意义。

本区地震活动明显受地震构造分区和边界断裂控制，主要集中在地震构造分区的边界上，在地震构造区内部则较少，这与构造分区边界是地壳薄弱地带、应力易于聚集和释放相一致。

5.4　环境地质因素与环境演变

北黄海及周边海域的环境地质因素与其地质环境变化，尤其是晚第四纪以来的地质环境演化密切相关。

5.4.1　晚第四纪以来构造运动与环境地质

区内的活动断裂主要有 NNE 向、NEE—NE 向及 NW 向，不仅新近纪以来的断裂活动频繁、强烈，而且第四纪以来存在一系列的继承性断裂活动，尤其是晚更新世以来的构造运动比较突出，表现为切割深、落差大、波及面宽的复杂活动断裂。

继承性的活动断层主要分布在渤海东部及山东半岛周边海域，就分布密度而言，渤海东部活动断层最为密集，且自北向南密度逐渐增加，最新活动时间追溯到全新世，而山东半岛北部海域某些活动断层直接切穿海底，表现为目前仍在活动的断层。这些活动断层与现代灾害地质密切相关，为灾害地质潜在高发区，对周边的涉海工程存在极大的危害；此外浅地层剖面揭示的烟台-威海北部海域由于沉积物物性及力学性质差异所造成活动断层，该成因断层主要对岩土-地层结构产生影响，从而导致灾害地质的发生。

5.4.2　沉积过程演变与环境地质

第四系全球气候冷暖变化造成海平面相应升降而发育海陆相交替的地层，特别是晚更新世以来，气候周期性变化较大、周期相对增长，导致海平面升降幅度与周期相应增大，陆架地区的海相、陆相地层交互发育特征非常明显。

通过本书涉及的 3 个地质钻孔（DLC70-1 孔、DLC70-2 孔、DLC70-3 孔）的对比分析，结合前人关于北黄海及周边海域地层研究成果（秦蕴珊等，1985；杨子赓等，1989；Liu et al.，2007），系统揭示了本海区晚第四纪以来的沉积层序（详见第 4 章）。晚更新世来黄、渤海陆架经历了一个"海侵-海退-海侵-海退-海侵-高水位"的沉积过程，这一沉积演变决定了有关环境地质因素的发生与发展。

MIS5 期早期，黄、渤海陆架进入玉木-里斯间冰期，全球气候变暖，发生海侵。海平面在 MIS5e 达到现代海平面以上 5~8 m（Chappell et al.，1996；Lea et al.，2002），北黄海及周边发育以冷水环境为特征的滨浅海相地层（秦蕴珊等，1985；Berné et al.，2002；Liu et al.，2009，2010）。该海相层岩性以黏土与黏土质粉砂为主，水平层理极其发育，海侵初期可形成一些充填沉积，含水量较高，为持力不均地层。

MIS5 期晚期，间冰期结束，黄、渤海陆架进入早玉木冰期，全球气候变得寒冷起来，海平面开始大幅度下降。陆架大部分裸露成陆，发育各种河流，河流地质作用强，主要表现为侵蚀、搬运和堆积作用，形成古河道。河道中充填了大量富含有机质陆源碎屑沉积物，这些有机质经过细菌分解转化为浅层气。

MIS3 期早期，晚玉木间冰阶开始，黄、渤海陆架经历了一次显著的气候变暖过程，引起海平面的上升。当时海平面在现今海平面以下 40～80 m 波动（Chappell et al.，1996；Linsley，1996；Cabioch et al.，2001；Liu et al.，2010），区内以河口、滨海环境为主，三角洲沉积在这一时期广泛发育，在北黄海、南黄海（Liu et al.，2010）、东海（Berné et al.，2002）地层中均有显示。地层沉积厚度比较稳定，自西向东减薄。

MIS3 期晚期，黄、渤海陆架进入晚玉木冰期，气候异常寒冷，海平面逐渐下降，至末次盛冰期海平面下降至现代海平面以下 130 m。陆架裸露成陆，发育河流、湖泊，原来的沉积遭受切割与剥蚀，之后充填大量陆源碎屑沉积物，形成古河道。这一时期古河道中充填的大量富含有机质陆源碎屑的沉积，经过细菌分解转化为浅层气。同时，由于快速充填，沉积物含水量、密度、粒度等物性及力学性质的差异，造成沉积物的错动，形成断层。

全新世早期，全球气候转暖，海平面开始回升。至全新世高海面以前的时期，海平面呈现阶梯式上升特征，以潮流作用为主。区内的潮流沉积体主要形成于海平面缓慢上升这一地质时期。这些沙脊普遍发育活动沙波，为至今仍在活动的潮流沉积体，同时伴生大量的潮流冲刷槽，对涉海工程造成威胁。

全新世高海面以来，现代黄海暖流形成，现代沉积环境形成，沉积动力以沿岸流作用为主。鸭绿江与大洋河的入海物质，在其河口沉积形成水下三角洲，较细的物质在辽南沿岸流的作用下，形成辽东半岛东南近岸水下细粒堆积体（Chen et al.，2013）。在山东半岛近岸海域，以黄河入海物质及陆架再悬浮泥沙为主的细粒物质，在山东半岛近岸沉积形成黄海北部泥质沉积，由北黄海中部泥质沉积、山东半岛泥质楔、南黄海中部泥质沉积组成。这些水下三角洲与水下细粒堆积体含水量高，承载能力低，容易引起滑坡、泥流等灾害，常与浅层气相伴生，对涉海工程存在潜在的危害。

5.5 危险性评价及对策

5.5.1 环境地质分区评价

开展环境地质分区研究是环境地质调查研究的重要内容之一。按照环境地质因素在时间上的演替和空间上的分布规律，对其空间范围进行环境地质稳定性区域划分，将为海洋区域资源开发、海洋功能区划、海上工程建设和因地制宜制定海洋发展战略提供科学依据，具有重要的科学意义和生产应用价值。

环境地质分区，是一个连续的区域内，具有相同或相似的环境地质类型组合，且其潜在危险程度相当的区域。它不是地质环境单一要素的分区，而是地质环境与人类活动的综合分区。

进行环境地质分区，首先需要了解区域环境地质分异情况，深入研究每个具体区域内环境地质问题的发育特征，包括环境地质问题类型及其组合，各种致灾因子的承载机制、活动强度和频度等，并进一步对区域环境地质问题的潜在危险性作出综合评价。根据各环境地质因素的分布特征、发育程度、危害性以及自然资源的可开发利用程度，可将本海区定性地划分为 13 个环境地质分区（图 5-19，表 5-6）。

对环境地质因素危险性评价的目的是，确定地质环境对人类活动的风险程度，为海洋开发利用提供科学依据，同时避免或减少出现新的环境地质问题。一般认为，风险评价是指对不良结果或不希望发生的事件概率进行描述的系统过程。就海洋地质环境而言，危险性评价其实质为海洋坏境地质因素的灾变概率及其对人类社会产生的危害进行系统描述的过程。

由于本书环境地质研究采用的资料主要基于 1∶100 万海洋区域地质调查的实测地质地球物理

资料，站位测线间隔相对较大，进行定量评价的精度不高，因而在进行环境地质因素评价分区研究时采用系统定性评价的方法，主要从环境地质可能造成的地表地形变化、地层持力层不均和构造稳定性 3 个方面考虑，将研究区的环境地质相对地划分为：环境地质高风险区、环境地质较高风险区、环境地质较低风险区、环境地质低风险区 4 大类（表 5-6）。

5.5.1.1　环境地质高风险区

主要包括渤海海峡北部环境地质区、山东半岛北部远岸环境地质区、西朝鲜湾环境地质区（图 5-19）。造成这些区域风险等级高的原因是，这些地区是晚更新世以来活动断裂的密集区、潮流相关的沉积体及冲刷槽分布区以及以埋藏古河道与浅层气等因素为主的地层持力层不均的分布区。

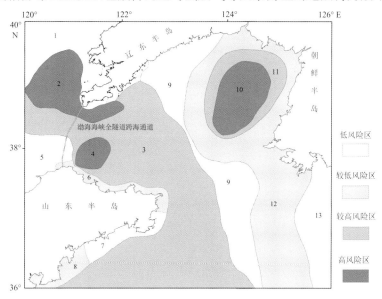

图 5-19　北黄海及周边海域环境地质评价分区

1. 辽东半岛西部环境地质区，2. 渤海海峡北部环境地质区，3. 黄海西部环境地质区，4. 山东半岛北部远岸环境地质区，5. 庙岛群岛及西部环境地质区，6. 烟台-威海北部近岸环境地质区，7. 乳山与荣成近岸环境地质区，8. 青岛近岸环境地质区，9. 黄海中部环境地质区，10/11. 西朝鲜湾环境地质区，12. 朝鲜半岛西部近岸环境地质区，13. 朝鲜半岛海州湾南部近岸环境地质区

5.5.1.2　环境地质较高风险区

主要包括黄海西部环境地质区与西朝鲜湾环境地质区。

这些区域晚更新世以来的活动构造相对发育，其中黄海西部环境地质区造成地层持力层不均的浅层气、埋藏古河道及古三角洲较为集中，而西朝鲜湾环境地质区潮流沉积体及冲刷槽较为密集。

5.5.1.3　环境地质较低风险区

包括辽东半岛西部环境地质区、烟台-威海北部近岸环境地质区、青岛近岸环境地质区及朝鲜半岛西部近岸环境地质区。

这些区域均涉及海岸带地区，不同程度地受到海水入侵、岸线变迁及湿地等环境地质因素的制约。同时，晚更新世以来的活动构造在这些环境地质区内也有分布。

表 5-6　北黄海及周边海域环境地质因素综合评价分区表

环境地质条件		高风险区			较高风险区			较低风险区			低风险区			
		2	4	10	3	11	1	6	8	12	5	7	9	13
地表地形变化	海水入侵													
	岸线变迁						−	−	−	−	−	−		
	风暴潮						−	−	−	−	−	−		−
	滨海湿地	+		+		+		−	−				−	
	潮流沉积体	+		+	+	+			−	−				
	潮流冲刷槽	+		+	+	+								
	水下细粒堆积体		+		+									
	水下三角洲						−			−				
地层持力层不均	浅层气	+	+	+	+	+		−	−	−	−	−	−	
	埋藏古河道	+	+	+	+	+		−		−				
	埋藏古三角洲	−	+	−	+	−								
构造稳定性	地震震中	−	+	−	−		−			−	−			
	活动断层	+	+	+	−				−		−		−	−

注："+"不利，"−"一般。1. 辽东半岛西部环境地质区，2. 渤海海峡西部环境地质区，3. 黄海西部环境地质区，4. 山东半岛西部环境地质区，5. 庙岛群岛及西部环境地质区，6. 烟台-威海北部近岸环境地质区，7. 乳山与荣成近岸环境地质区，8. 青岛近岸环境地质区，9. 黄海中部环境地质区，10/11. 西朝鲜湾环境地质区，12. 朝鲜半岛西部近岸环境地质区，13. 朝鲜半岛海州湾南部近岸环境地质区。

5.5.1.4　环境地质低风险区

包括庙岛群岛及西部环境地质区、乳山与荣成近岸环境地质区、黄海中部环境地质区及海州湾南部近岸环境地质区。

这些区域受环境地质因素的制约程度较低，部分海岸带地区受风暴潮、海水入侵等因素的影响，晚更新世以来的活动构造虽有分布，但活动程度较低，分布范围较小。

5.5.2　预防对策

5.5.2.1　共性原则

北黄海及周边海域的环境地质因素是客观存在的，由于自然变化或人类活动引起环境地质因素发生变化或破坏，将给人类生存和发展带来不利影响。为了防止地质环境的改变，保护海洋资源，合理开发和持续利用资源，多方面结合，采取合理的预防措施至关重要。

1）加强海洋环境地质因素的调查研究

对目标地区进行详细的环境地质调查研究，获取地质环境因素分布、成因、潜在危害程度等的详细资料，为海洋工程建设等人类海洋开发活动提供科学依据。

2）对已造成危害或存在潜在危害的环境地质因素进行治理

针对目标地区人为可控的环境地质因素进行必要的防治治理，如研究区部分海岸带地区海水入侵问题，严控抽水井的数量，合理布局，针对遭受海水入侵的地区，及时引水回灌地下，兴建拦蓄工程，防止淡水入海，提高地下水位。

3）加强相关法制建设

有针对性地制定相关的条例规范，并在资源开发利用过程中严格遵照执行，加强完善、落实《地下水使用条例》《海砂开采使用海域论证暂行办法》《无居民海岛管理规定》《中华人民共和国防止海岸工程建设项目污染损害海洋环境管理条例》《海洋环境保护法》等法律法规，保护地质环境。

5.5.2.2　渤海海峡跨海通道区环境地质因素分析及建议

渤海跨海大通道项目的设想于 1992 年提出，2011 年 1 月 4 日，国务院批复《山东半岛蓝色经济区发展规划》，明确要求："开展渤海海峡跨海通道研究工作"，这标志着渤海海峡跨海通道首次正式被纳入国家战略。2013 年渤海海峡跨海通道工程最终确定，渤海海峡跨海通道采用全隧道方式，建设 3 条平行隧道，两侧登陆点将设在辽宁的旅顺和山东的蓬莱，贯穿大钦岛与长岛，并在两岛上建立通风竖井及车站，全长 125 km（图 5-19）。渤海海峡跨海通道的建设意义深远，本书依据实测资料，结合前人成果，针对跨海通道工程开展了环境地质研究，以期为该工程的建设提供科学依据。

1）地形地貌分析

渤海海峡位于黄渤海交界处，山东半岛蓬莱角和辽东半岛老铁山之间，南北宽度仅 105.6 km，其间还散布有庙岛群岛，南北水深梯度较大，南部水深较浅，一般小于 30 m，北部老铁山水道宽度 41 km，整体呈"U"形，水深 45~86 m。地貌类型自北向南主要为水下侵蚀堆积岸坡-陆架侵蚀堆积平原-陆架堆积平原。渤海海峡底质沉积物自北向南由粗到细，北部老铁山水道水动力强，沉积物主要以砾石和沙砾等粗碎屑为主，局部基岩出露，向南粒度变细，流速减小（尹延鸿等，1994）。渤海海峡潮流以近东西向往复流为主，环流从海峡北部近东西向流入，由南部近东西向流出（中国科学院海洋研究所海洋地质研究室，1985）。

2）主要环境地质因素分析

渤海海峡及周边海域地质环境复杂，存在多种环境地质因素，其中对跨海通道危害最大的为活动构造、风暴潮等。通道区位于渤海湾盆地与北黄海盆地交界处，这一地区晚更新世以来的活动构造发育，特别是断裂，某些断层切穿海底，它们与近现代地震等灾害密切相关，对通道存在巨大的威胁，而风暴潮的发生将对通风竖井造成较大的影响。

3）对策建议

渤海海峡及周边海域地质环境总体稳定性较差（图5-19），尤其北部海域属于环境地质高风险区，本书从环境地质角度做出如下建议：

（1）考虑到活动断裂是影响跨海通道稳定性最主要的因素，通道的建设应该尽量避开这些活动构造。NW向活动断裂贯穿渤海海峡，该断裂对整个跨海通道建设的影响不可规避，设计建设过程中应充分考虑该组断裂的影响；

（2）山东半岛北部及辽东半岛南部近岸风暴潮较发育，跨海通道出口的建设，特别是旅顺、蓬莱出口及大钦岛、长岛通风竖井位置的建设应充分考虑风暴潮造成的不利影响；

（3）渤海海峡北部海域水动力作用强，东西两侧分布大量活动的潮流沙脊，通道旅顺出口的设计建设应充分论证沙脊运移及长时间侵蚀的不利影响；

（4）由于跨海通道主要采用深埋全隧道的方式，对黄渤海水沙交换的影响较小，但应注意旅顺及蓬莱出口的建设对近岸地质环境的影响。

第6章 地球物理场

6.1 重力场特征

6.1.1 重力异常特征及其分区

北黄海及周边区域的重力场基本特征为，布格重力异常总体走向以 NE 向为主，局部异常有 NW、EW 和 NNE 方向走向。重力异常幅值变化在渤海湾南部、辽吉-朝鲜北部、北黄海以及苏北南黄海的北部具有不同特征，根据异常的特征，自东北向西南将全区划分为华北地块的渤海湾南部重力异常低值区、辽吉-朝鲜北部重力异常低值区、胶辽-北黄海-朝鲜重力异常高值区和扬子地块的千里岩-临津江重力异常高值区、苏北南黄海北部重力异常低值区和京畿重力异常低值区。布格重力异常幅值高低变化在海域和陆域有明显的分区性，在我国的陆地区域总体表现为重力低：以莱西为中心呈重力异常高，四周被重力异常低环绕，莱阳东部的重力异常低值圈闭由莱阳盆地引起；北黄海北部由辽东半岛向东到朝鲜半岛的北部表现为重力异常低值，在辽东半岛的南部呈重力异常高值，朝鲜半岛的中南部，沿东港—顺传，重力异常值增高。在海域地区，渤海湾南部呈重力异常低值，北黄海以重力异常高值为主，局部夹重力异常低值；沿千里岩-临津江断裂往南，苏北-南黄海北部区域呈重力异常高值，在京畿断块西缘呈重力异常低值。在区域性大幅度变化的重力异常分区以内，次级异常高低相间有序排列，区域性高低异常间形成明显的梯度带，莱阳盆地、北黄海盆地等已知盆地区域，重力异常低值较为醒目。

根据异常场的幅值、走向、形态等特征，结合区域地质背景和前人的研究成果，北黄海及周边区域可划分为 4 个异常区（图 6-1 和图 6-2），分别为华北-渤海异常区（Ⅰ）、山东半岛-北黄海-朝鲜异常区（Ⅱ）、千里岩-临津江异常区（Ⅲ）和南黄海北部异常区（Ⅳ）。

Ⅰ. 华北-渤海异常区

该异常区只包括渤海异常亚区的一部分，空间上与渤海相对应。空间重力异常整体呈负值分布，最小低于-30×10^{-5} m/s²。辽东湾及北部的空间重力异常由五六个低值负异常区组成，低值中心幅值范围在$-15\times10^{-5}\sim(-30\times10^{-5})$ m/s²，并构成 NE 向异常带。渤海湾及中部的异常起伏变化小，变化范围在$-15\times10^{-5}\sim2\times10^{-5}$ m/s²。莱州湾的空间重力异常出现 3 个负异常圈闭，都低于-20×10^{-5} m/s²，走向不明显。布格重力异常分布特征与空间重力异常基本一致，也以负异常为主，但取值稍有抬高，等值线形态相对简单些。辽东湾及北部的布格重力异常由四五个低值负异常区组成，低值中心幅值为$-14\times10^{-5}\sim(-28\times10^{-5})$ m/s²；渤海湾及中部的两个正异常圈闭中心幅值分别超过3×10^{-5} m/s² 和7×10^{-5} m/s²；莱州湾的 3 个负异常圈闭都不低于-21×10^{-5} m/s²。

Ⅱ. 山东半岛-北黄海-朝鲜异常区

位于华北-狼林地块的东部，其西界明显受郯城-庐江断裂控制，空间重力异常幅值明显高于其西侧的华北-渤海异常区；其东南界明显受大别-胶南-临津江对接褶皱带控制，形成一条 NE 走向的空间重力异常正值带。Ⅱ区整体上是一个空间重力异常高值区，是胶辽隆褶带的反映，异常幅值

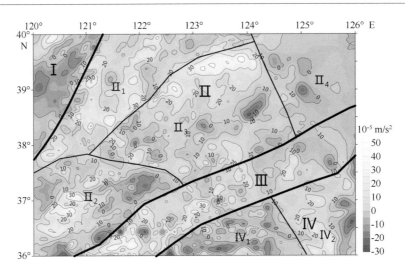

图 6-1　北黄海及周边区域空间重力异常及其分区

Ⅰ. 华北–渤海异常区；Ⅱ. 山东半岛–北黄海–朝鲜异常区；

Ⅲ. 千里岩–临津江异常区；Ⅳ. 南黄海北部异常区

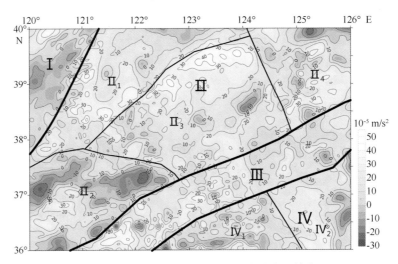

图 6-2　北黄海及周边区域布格重力异常及其分区

Ⅰ. 华北–渤海异常区；Ⅱ. 山东半岛–北黄海–朝鲜异常区；

Ⅲ. 千里岩–临津江异常区；Ⅳ. 南黄海北部异常区

可高达 40×10^{-5} m/s^2。其中的 3 个空间重力异常低值区块，则是胶辽隆褶带上的丹东—平壤盆地、北黄海盆地和胶莱盆地的反映，仅在北黄海局部地带，异常幅值低达 -25×10^{-5} m/s^2，一般不低于 -15×10^{-5} m/s^2。与空间重力异常相比，东北角朝鲜东部的布格异常降低幅度最大，最低可达 -85×10^{-5} m/s^2，其他位置的布格重力异常的圈闭形态、走向变化不大，只是由于北黄海布格重力异常的升高，而四周异常的降低，布格重力异常变化趋缓些。重力异常宏观走向呈 NE 向。

该异常区可分为 4 个异常亚区。

Ⅱ$_1$. 辽东半岛异常亚区

本亚区位于辽东半岛及近海，空间异常是一个高值区。两侧近海是小型的异常梯级带，从 0 可陡升到 30×10^{-5} m/s^2，并形成等值线圈闭。陆地上有两个明显的高值异常等值线圈闭，分别超出 25×10^{-5} m/s^2 和 30×10^{-5} m/s^2。异常等值线及圈闭走向与海岸线的形态一致，呈 NE 走向。布格异常等值线及圈闭走向也与海岸线形态协调，呈 NE 走向。

亚区北部以负重力异常为主，自西向东正负异常间隔分布，有四个负低值圈闭；南部以正值为主，有两个高值圈闭（圈闭中心取值分别超过 30×10^{-5} m/s^2 和 25×10^{-5} m/s^2）和两个低值圈闭（圈闭中心取值分别低于 5×10^{-5} m/s^2 和 0×10^{-5} m/s^2）。

II$_2$. 山东半岛异常亚区

位于郯庐断裂带以东，略呈三角形状，南窄北宽，延伸走向为 NE 向，其西南端在 118°30′E 附近被郯庐断裂带所截。空间异常是高值带，是胶辽隆起带南段主体的反映，北段局部夹有负异常。主要包括北部的负异常区，负异常圈闭中心幅值低于 -20×10^{-5} m/s^2。

布格异常的起伏变化及等值线形态与空间异常相似，以负异常为主，在 $-25 \times 10^{-5} \sim 25 \times 10^{-5}$ m/s^2 范围内变化，负异常圈闭相互贯通连成一片，极小值位于 37°18′N，122°4′E 附近，低于 -25×10^{-5} m/s^2。

II$_3$. 北黄海异常亚区

本亚区主要分布在北黄海海区，与辽东半岛异常亚区以大三山岛-里长山列岛-石城列岛-大鹿岛一线为分界线，区域上以高值异常为主，空间重力异常最大值低于 50×10^{-5} m/s^2，最小值超过 -5×10^{-5} m/s^2。重力高值圈闭主要分布在该区的南北两侧，在南北两侧正异常之间夹杂着团块状负异常圈闭，反映了盆地内的断陷走向，取值朝 NE 向偏低，最低可达 -10 m Gal。

布格异常等值线形态与空间异常相似，但没有像空间异常表现出大范围的降低，最高值可超过 50 m Gal。低值出现在很小的圈闭范围的，且不低于 -5×10^{-5} m/s^2。

亚区北部主要有六个主要团块状高值正异常圈闭以 NE 向展布，正异常值在 $40 \times 10^{-5} \sim 50 \times 10^{-5}$ m/s^2 范围内变化，其间点缀着四个小的中值正异常圈闭，最小值超过 15×10^{-5} m/s^2；西部以高值为主，高低值异常圈闭间隔分布，包括四个高值圈闭，最大值可达 35×10^{-5} m/s^2，三个低值圈闭最低值低于 5×10^{-5} m/s^2；中部布格重力异常分布比较杂乱，南北两侧高、中间低，分布有七个面积较大的高值圈闭和五个低值圈闭，其间有更小的高、低值圈闭。其中，该区中部低异常圈闭面积最大，异常圈闭最小值低于 0×10^{-5} m/s^2；东部布格重力异常值在 $-5 \times 10^{-5} \sim 30 \times 10^{-5}$ m/s^2 之间变化，中间有一个规模大的重力低值圈闭，对应了北黄海盆地的东部凹陷，圈闭的走向为 NE 转 NW 向。该圈闭周围还分布着几个规模很小的高值圈闭。

II$_4$. 朝鲜半岛异常亚区

在经过朝鲜西海岸一带，平壤以东大致"三八线"以北的区域，布格重力异常则总体偏高，走向近 NNE 向，布格异常幅值高为 $20 \times 10^{-5} \sim 30 \times 10^{-5}$ m/s^2，低值为 $0 \times 10^{-5} \sim -5 \times 10^{-5}$ m/s^2。该重力高区主要是由基底隆起引起。朝鲜西海岸空间异常的最大特征是三个大的串珠状高值异常按由北向南排列在朝鲜西海岸外，圈闭中心取值分别达到 30×10^{-5} m/s^2、25×10^{-5} m/s^2 和 40×10^{-5} m/s^2。其间夹杂有更小的负值异常圈闭，圈闭中心取值不低于 -10×10^{-5} m/s^2。布格异常也对应地由北向南排列着三个大的串珠状高值异常，由北向南圈闭中心取值分别达到 45×10^{-5} m/s^2、40×10^{-5} m/s^2 和 55×10^{-5} m/s^2。其间夹杂两个低值异常的圈闭，中心取值分别为 10×10^{-5} m/s^2 和 20×10^{-5} m/s^2。

III. 千里岩-临津江异常区

本区对应于苏鲁超高压变质带，与 II 区以山东半岛成山角和朝鲜半岛的长山串连线为分界线，黄海部分的两块团块状正异常圈闭与南北两侧的负异常之间出现异常梯级带，取值都在 20×10^{-5} m/s^2 以上，异常的走向为 NE 方向。

布格异常的起伏变化及等值线形态与空间异常相似，异常走向为 NE 方向，最大异常值超过 40×10^{-5} m/s^2，最小低于 10×10^{-5} m/s^2。以 37°N，123°E 与 38°N，125°E 连线为界，西北侧四个低值圈闭沿 NE 向成串状分布；东南侧主要分布有四个高值异常圈闭和两个低值异常圈闭。

Ⅳ. 南黄海北部异常区

在位置上与南黄海北部盆地的北部边缘相对应。空间异常以大面积降低异常为主，并有四周较高向中间逐步降低的特点，负异常取值在 $0 \sim (-15 \times 10^{-5})$ m/s^2，全区异常有东高西低的变化趋势。布格异常等值线形态和圈闭走向与空间异常相似。该区划分为两个级异常区。

Ⅳ$_1$. 西北部重力低值区

位于千里岩断裂带东南侧，在该区西部重力异常特征，呈现近乎平行排列的东西向和局部北西向延展的高低带状特征。呈现出一系列平行排列的串珠状正负异常条带，异常最低值为 -10×10^{-5} m/s^2，串珠装重力高值一般不超过 20×10^{-5} m/s^2。

Ⅳ$_2$. 东北部相对重力高值区

该区中部有以明显的重力高，异常走向由 NW 向过渡到近 SN 向，异常幅值平均为 20×10^{-5} m/s^2，最大达 30×10^{-5} m/s^2。为南黄海北部盆地的东部边界。在该区的东部出现一个明显的重力低，负异常达 -25×10^{-5} m/s^2。

6.1.2 引起重力异常的因素

引起重力异常的因素有地球深部因素、各岩石圈层内部密度的不均匀、各时代岩石密度差异形成的密度界面及其起伏等。而对于各时代岩石密度形成的密度界面及其界面的起伏这一因素，对解释中新生代盆地分布及其盆地内次级构造格局最为直接。

根据辽东湾和胶东湾地区关于岩石、地层特性（表 6-1 至表 6-3）的认识，除地壳与上覆地层具有明显的密度差（0.4 g/cm^3 左右）以外，还有上、中、下地壳分界面（上、中、下地壳的平均密度分别为 2.7 g/cm^3、2.8 g/cm^3 和 2.9 g/cm^3），沉积基底面（沉积层底界面，下部为变质岩，密度值约为 2.7 g/cm^3）与上部沉积岩一般有 0.05~0.2 g/cm^3 的密度差。

对于各种类型位于不同时代地层的岩浆岩（表 6-4），由于其本身密度的大小差异和被侵入层位的岩石密度的不同，也是引起局部异常的一个重要因素。一般中酸性侵入岩和火山碎屑岩密度较小（如花岗岩类为 2.5~2.58 g/cm^3），往往形成局部重力低异常；中基性侵入岩石密度值较大（如玄武岩类为 2.65~2.72 g/cm^3），则形成重力高异常。本区侏罗纪火山岩系密度约为 2.6 g/cm^3，磁性极不均匀；中、新生代玄武岩层平均密度为 2.95 g/cm^3；东海陆架盆地分布有多个岩浆岩侵入体，密度为 2.6 g/cm^3。大面积发育的新生代强磁性岩浆岩和密度低的岩体也可引起重力低异常。

表 6-1 庙岛群岛及长山群岛岩石密度资料一览表

庙岛群岛				长山群岛		
岩石名称	地质时代	密度值（g/cm^3）	备注	岩石名称	地质时代	密度值（g/cm^3）
气孔状玄武岩	Q$_p$	2.37		石英岩	Z$_1$n	2.59
致密状玄武岩	Q$_p$	3.12		黑云角闪石英岩，黑云角闪石英片岩	Z$_1$n	2.68
石英角砾岩	Z$_{pf}$	2.58	北部岛屿	石英岩	Z$_1$d	2.62
石英岩	Z$_{pf}$	2.62		褐铁石英岩	Z$_1$d	2.66
板岩	Z$_{pf}$	2.68		褐铁长石石英岩	Z$_1$d	3.03

续表

庙岛群岛				长山群岛		
岩石名称	地质时代	密度值（g/cm³）	备注	岩石名称	地质时代	密度值（g/cm³）
长石石英岩	Z_{pf}	2.56	南部岛屿	磁铁石英岩	Z_1d	3.60
石英岩	Z_{pf}	2.63		混合岩化变粒岩	Pt_1^1	2.54
板岩	Z_{pf}	2.66		长石石英岩	Pt_1^1	2.55
石英岩	Z_{pb}	2.63		石英岩	Pt_1^1	2.59
绢云母石英岩	Z_{pb}	2.66		绢云角闪石英岩，绢云角闪石英片岩	Pt_1^1	2.73
长石石英岩	Z_{pb}	2.58		大理岩	Pt_1^1	2.74
云母石英岩	Z_{pb}	2.68		辉绿玢岩	Pt_1^1	2.79
板岩	Z_{pb}	2.71		黑云石英片岩	Pt_1^1	2.87
				大理岩	Pt_1^4	2.77
				辉绿岩脉	（?）	3.02

注：个别含铁高的岩石密度比较特殊，如磁铁石英岩密度为 3.60 g/cm³，褐铁长石石英岩密度为 3.03 g/cm³，辉绿岩脉密度为 3.02 g/cm³。

表 6-2　北黄海周边地区各时代岩性与密度表

时代	岩性	岩石密度（g/cm³）
白垩纪	砂岩夹泥岩	2.30~2.50
侏罗纪	砂页岩	2.58
前震旦纪	片岩	2.67~2.75
	片麻岩	2.73~2.74

注：资料来源于胜利油田地质调查指挥部 316 队，胶东地区重磁勘探 1971—1972 年总结报告。

表 6-3　鲁西及胶东地区各时代岩性与密度表

时代及地层		岩性	岩石密度（g/cm³）	
			胶东地区	鲁西地区
N		泥岩、粉砂岩		2.22
E			2.29	2.45
K_2	王氏组	砾岩、粉砂、凝灰质砂砾	2.47	
K_1	青山组	火山集块、凝灰质砂、砂砾岩	2.36	2.50
J_3		泥质粉砂、细砂、砾岩、砂泥岩	2.39	2.42
Pz	C	灰岩、鲕状、竹叶状灰岩		2.71~2.72
	O			
	∈			
AnZ		片麻岩、角闪斜长片麻岩、角闪片岩、变粒岩、片麻岩、浅粒岩、混合岩、白云透闪石大理石		

注：资料来源于胜利油田地质调查指挥部 316 队，胶东地区重磁勘探 1971—1972 年总结报告。

表 6-4 下辽河地区与胶东地区岩浆岩密度一览表

下辽河地区		胶东地区	
岩石名称及编号	密度值（g/cm³）	岩石名称及编号	密度值（g/cm³）
花岗岩 1	2.67	花岗岩	2.63~2.65
石英斑岩 1	2.47		
石英斑岩 2	2.49		
流纹岩 1	2.53	流纹岩 1	2.80
闪长岩 1	2.63	闪长岩	2.61~3.00
安山岩 1	2.42	安山岩 1	2.75
安山岩 2	2.60		
辉长岩 1	2.99	辉长岩 1	3.33
玄武岩 1	2.78	玄武岩 1	2.82
玄武岩 2	2.70		

6.1.3 重力异常定性解释

根据重力异常特征及其分区，结合周边已有地质资料和前人的研究和认识，对本海区及周边陆域重力异常特征进行了定性解释。

1）辽东湾凹陷

辽东湾凹陷位于华北地块中渤海湾盆地的东北部，总体呈 NNE 走向，地质上认为，该区受郯庐断裂带的影响，由几条 NNE 向的正断层组成的复式地堑性坳陷构成，发育以古近系和新近系为主的新生界地层，厚度可达 6 000 m。

布格重力异常图上，大部分反映为幅值平缓的负异常值区，场值在该区中心达-30 mGal，由中心向四周逐渐增高，在郯庐断裂附近，异常值由-5 mGal 快速增加到 0~5 mGal。异常走向为 NNE 向，发育有多组 NNE 向断裂，盆地的分布受 NNE 向断裂控制。

2）辽吉-朝北断褶区南缘

只有辽吉-朝北断褶区显示在南部边缘部分，重力异常由西向东呈低-高-低形态分布，分别对应辽吉断褶带和狼林地块两个区域的南部边缘。此两个次级构造单元重力异常较低、中间重力高界线较为清晰。西部相对重力低区异常值为-10 mGal 左右，中部在中朝边界异常值抬高，出现一局部重力高，东部在朝鲜北部呈重力低，异常值最小达-20 mGal 左右。

3）胶辽-平南断隆区

胶辽-平南断隆区位于郯庐断裂以东，辽吉-朝北断褶区以南，苏鲁-临津江造山带以北的华北地块之上。区内发育郯庐断裂带的伴生断裂，规模宏大，以 NNE 走向为主。后期发育有 NW 向为主的断裂构造，规模也十分显著，延伸几十千米到几百千米不等，对 NNE 向构造多有错断。本区发育 NE 和 NW 为主的断裂构造，交错明显，所反映的构造发育先后顺序与鲁西构造区基本一致。

根据重力异常揭示的构造信息，胶辽-平南断隆区分为鲁东北断隆区、胶辽隆褶带、北黄海盆地和威海-平壤隆起带。该区发育 NE、NNE、NW 和近 SN 向断裂，具有一定的规模，而且，断陷盆地较为发育，相对具有规模。

（1）鲁东北断隆区

本区重力异常规模相对较大，高低变化显著。高值达 20~30 mGal，低值为-20 mGal 左右。总体 NE 和 NNE 走向，但在南、北部总体为近 EW 和 NW 向高值异常，在南部反映了局部中生代盆地和较浅的基底埋藏，在北部则达到了北黄海盆地边缘，反映了北部坳陷及其南侧基底隆起的特征。

在鲁东（山东半岛）出现的大面积侏罗纪花岗岩与上覆明显的重力低异常相对应，而其东侧相邻的元古代花岗岩上对应的重力异常则相对偏高。西南部出露的大面积白垩纪地层则对应着较强的重力高异常。重力异常表现为 NE 向分布的串珠状低异常带的胶莱盆地，大致存在 2 个凸起和 3 个凹陷，与重力异常的高、低相对应。

（2）胶辽隆褶带

该带西以郯庐断裂为界，南以龙口-东港断裂为界，重力异常总体呈重力高，走向以 NE 或 NNE 为主，异常值主要在 10~30 mGal 范围内，最大值达 35 mGal，胶辽隆褶带是华北地块上的一个次级构造单元，基底有元古代和早元古代变质岩系、混合花岗岩混合岩组成，结晶基底广泛出露。由于受滨太平洋构造带影响，发育有 NNE 向、EW 向断裂。

（3）北黄海盆地

本区是夹持于胶辽隆褶带和东南部的威海-平壤隆起带之间的一个局部重力低，区内重力异常呈东西分带南北分块的特征分布，重力异常总体偏低，异常值介于-5~20 mGal。地质上认为该区是元古界和古生界基底上发育的若干陆相侏罗系-白垩系-古近系的小断陷盆地，重力异常由西南向东北基本呈坳-隆-坳-隆的特征分布，根据重力异常特征，可以将该区进一步划分为西部凹陷、中部隆起和东部凹陷，东部凹陷呈一个站立的"田"字，中间被十字交叉的重力高相隔成四个局部重力低，是北黄海盆地的主要凹陷区。区内发育有 NE 向和 NW 向较小的规模不等的断裂，将北黄海盆地切割为多个断陷盆地。

（4）威海-平壤隆起带

本区包括北黄海的东南部和朝鲜的西部，地质上认为该区基底主要由太谷界和元古界构成，盖层为古生代地层。重力异常在该区总体偏高，在朝鲜陆域重力高尤其明显，在北黄海海域，大同江入口南北，异常特征有所差别，南部异常呈 NE 走向，北部呈 NNW 沿朝鲜西海岸有两个明显的重力低，其中北部重力低与朝鲜北部有燕山期侵入岩有关，南部重力低推测为沉积凹陷。区内北东向，北西向断裂发育。

4）苏鲁-临津江造山带

苏鲁-临津江造山带是扬子地块和华北地块之间的挤压推覆构造结合带。异常特征连续且醒目，东端遭受后期构造破坏而显得不够连续。该断褶带规模宏大，部分地段宽度超过 120 km。由西向东，宽度递减，尤其在朝鲜境内，宽度逐渐由数十千米，变窄为数千米。

该隆褶带被后期 NW 向断裂错断明显，以向北错断为主，断距在 10~20 km，北部在容城以东，到韩国海岸的海域，除规模上百千米的 NW 向断裂和 NE 向断裂以外，明显发育近 SN 向断裂，规模从几十千米到上百千米不等。

5）南黄海北部盆地断隆区

位于苏鲁-临津江造山带以南并以千里岩断裂为界，异常总体偏低，在 125°E 出现一个明显的重力高，将该区分为两个次级构造单元，西部为北黄海盆地，东部为京畿地块的西缘。北黄海盆地是南黄海北部的一个新生代盆地，区内异常特征由南向北呈坳-隆式连续分布，因此进一步将该区划分为 5 个凹陷区，由南向东北凹陷区范围逐渐减小。盆地总体走向为 NWW 或近 NW 向，是一个晚白垩世以来发育的断坳盆地，基底主要为元古界和古生界，盆地盖层主要发育晚白垩纪以来沉积，以白垩-新近系为主，盆内 NW 向、SN 向断裂发育，控制着盆地的展布方向。

6.2　磁力场特征

6.2.1　磁力异常特征及其分区

地磁异常场是历次构造运动和岩浆活动的综合反映。对磁力（ΔT）异常研究对了解磁性异常体的分布、磁性基底的起伏、构造的展布及区域构造演化具有重要意义。

北黄海及周边（图6-3）磁力异常值在-500~440 nT 变化；异常等值线总体走向为 NE，正异常主要集中在渤海湾盆地、辽东半岛和山东半岛东部。磁力异常总体走向以 NE 向为主，局部异常有 NW、EW 和 NNE 方向走向。

根据异常场的幅值、走向、形态等特征，结合区域地质背景和前人的研究成果，图幅内可划分为四个异常区，分别为华北-渤海异常区（Ⅰ）、山东半岛-北黄海-朝鲜异常区（Ⅱ）、千里岩-临津江异常区（Ⅲ）和南黄海北部异常区（Ⅳ）。

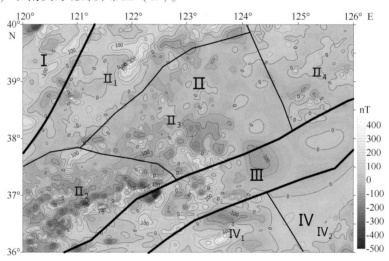

图6-3　北黄海周边区域磁力异常分区图
Ⅰ. 华北-渤海异常区；Ⅱ. 山东半岛-北黄海-朝鲜异常区；
Ⅲ. 千里岩-临津江异常区；Ⅳ. 南黄海北部异常区

Ⅰ. 华北-渤海异常区

该区位于图幅西北角，主体为渤海湾盆地，异常幅值变化小且平缓，在-200~200 nT 变化，以正磁异常为主，为平缓变化磁异常区。异常走向以 NW 和 NNE 向较为明显，预示该区断裂方向以 NNE 向和 NW 向为主，并且沿断裂方向火成岩发育。该区从剩余磁异常来看，虽然局部异常发育，但梯度较小，预示火成岩虽发育，但埋藏较深。石油勘探钻探井资料已证明渤海为华北块体之上发育的新生代裂谷盆地，基底、古生界及中生界与华北大陆相同，基底为太古-元古代的变质岩系，磁异常主要由侵入在裂谷盆地基底的岩体引起。

Ⅱ. 山东半岛-北黄海-朝鲜异常区

位于华北-狼林地块的东部，其西界明显受郯城-庐江断裂控制，磁力异常幅值明显高于其西侧的华北-渤海异常区；其东南界明显受大别-胶南-临津江对造山带控制，形成一条 NE 走向的磁力异常正值带。三个磁力异常低值区块，则是胶辽隆褶带上的丹东-平壤盆地、北黄海盆地和胶莱盆地的反映。在北黄海地区，磁异常以负磁异常为主体，异常幅值低至-200 nT，东北角朝鲜东部磁异常以正异常为主体，磁力异常宏观走向呈 NE 向。

该异常区可分为四个异常亚区

Ⅱ₁. 辽东湾和辽东半岛异常亚区

本异常值在-100~400 nT 范围内变化，整体是东北高、西南低，磁异常走向为 NE 向，异常变化复杂。辽东湾整体以负异常为主，在-20~10 nT 范围内变化，异常变化平缓，反映该区基底埋深较深，磁性较小，变化平缓。辽东半岛以正异常为主，局部磁异常发育，大部分磁异常在 200~400 nT 变化，异常走向为 NNE 向。该区磁异常变化较强烈，反映了中新生界及其下伏埋藏较新的结晶基底，以及后期侵入的高磁性玄武岩。

Ⅱ₂. 山东半岛异常亚区

山东半岛异常亚区位于郯庐断裂带以东，略呈三角形状，南窄北宽，延伸走向为 NE 向，其西南端在 118°30′E 附近被郯庐断裂带所截。磁异常与北黄海盆地低负异常区连成一片，变化不大，异常幅值在-500~350 nT 范围内，几个高值圈闭最高可达 350 nT，在该区西南角出现全区的最小值-500 nT。磁异常主体为负异常，反映该区基底磁性较弱，与北黄海基底类似。

Ⅱ₃. 北黄海异常亚区

北黄海异常亚区异常为平静的负异常，大部分区域在-150~250 nT 变化，背景异常的走向为 NE 向，在平缓负异常背景上零星分布着三个较大的正异常圈闭和几个小的正异常圈闭，圈闭形态和走向各异，高值圈闭异常最大值超过 250 nT。背景异常的走向为 NE 向，磁异常主体为平静的负异常，这是由于该区基底为太古代的鞍山岩群和胶东岩群，上覆有古元古代的辽河群和荆山群-粉子山群，为沉积岩的变质岩造成的。

Ⅱ₄. 朝鲜半岛北部异常亚区

图幅东北部在地理位置上与朝鲜半岛西北部对应，磁异常主要在-20~0 nT 变化，由于缺少资料，很难对其磁异常做出定性的评价。从磁力异常图上，山东半岛-北黄海异常区有向东延伸的趋势，异常走向以 NE、NNE 为主，磁异常主体以负磁异常为主，中间夹正磁异常串珠。

Ⅲ. 千里岩-临津江异常区

本区对应于苏鲁超高压变质带，与Ⅱ区以山东半岛成山角和朝鲜半岛的长山串连线为分界线。磁异常走向为 NE 方向，图幅内最大异常值超过 300 nT，最小低于-160 nT。千里岩隆起区在磁场上表现为 NEE 向的杂乱变化磁异常，向西与日照-青岛-成山角一线的串珠状正负杂乱变化异常带和山东半岛变化异常亚区连接。本区异常特征实际上反映了华北地块与扬子地块的结合带。

Ⅳ. 南黄海北部异常区

在位置上与南黄海北部盆地的北部边缘相对应。磁异常以正磁异常为主，并有四周较高向中间逐步降低的特点，该区划分为两个次级异常区。

Ⅳ₁. 西北部磁力高值区

位于千里岩断裂带东南侧，呈现近乎平行排列的东西向和局部北东向延展的高低带状特征。呈现出一系列平行排列的串珠状正负异常条带，异常最低值为-200 nT，最高幅值为 400 nT。

南黄海北部是以正磁异常为主的平缓变化区，中间夹负磁异常圈闭，异常幅值在-100~100 nT 之间变化，异常主体方向为近 EW 和 NEE 向，高、低异常相间分布。整体形态呈带状，沿 NE 方向分布，西部稍窄，东部稍宽。

Ⅳ$_2$. 东北部磁力平缓变化区

磁异常主要在-120~100 nT 变化, 由于缺少资料, 很难对其磁异常做出定性的评价。从磁力异常图上, 北部以负磁异常为主, 中间夹两个正磁异常圈闭, 异常走向为 NE、NEE 向, 中部以正异常为主, 异常走向为 NE、NEE 向, 靠近南部又出现负异常圈闭, 异常圈闭走向为 NNE 向, 磁异常呈块状分布。

6.2.2　磁力异常定性解释

研究区地质构造和岩浆活动十分复杂, 自西北至东南地跨三大构造单元, 西北部为中朝地块, 中部为胶辽临津江造山带, 东南部为扬子地块; 主要断裂有郯庐断裂, 五莲-青岛-海州断裂, 嘉山-响水-千里岩断裂。

根据上面磁力异常的解释并结合地质情况, 研究区基底构造走向为 NE 向。区内大的断裂主要有两条, 分别为 NNE 向的郯庐断裂带和 NE 向的千里岩断裂带。磁力异常显示为几个走向为 NE 向的呈串珠状分布的正异常圈闭带, 这一条磁力梯级带是郯庐断裂在本区的反映, 在渤海中称为渤东断裂, 它构成了渤海与黄海的天然界线, 揭示两区的地质构造、基底组成等方面的差异。郯庐断裂分开了西部的渤海盆地和东部的胶辽隆起区, 断裂西侧重力异常取负值为主, 磁力异常取正值为主; 而断裂东侧则相反。这可以由断裂带两侧的基底和岩浆活动差异来解释, 断裂以西山东境内基底岩系为太古界泰山群, 是一套混合岩化、花岗岩化强烈的深变质岩系; 断裂带以东, 基底由变质较弱的下元古界胶东群和粉子山群组成。

郯庐断裂带以东胶辽地区的磁力异常以负值为主, 胶东、辽东隆起的负磁场在海中相连, 显示它们基底的一致性。从辽东半岛中部一带跨越渤海海峡, 出现一系列高值中心呈 NE 向展布的串珠状正异常, 最高达 300 nT, 高值带两侧迅速变为较大的负异常区。这条串珠状磁力异常带证明了大致沿辽东半岛南岸发育, 延伸到渤海海峡的庄河、金县等断裂带的存在及沿断裂带的岩浆活动。

郯庐断裂两侧的岩浆岩发育状况差别很大, 太古代岩浆岩仅出露于西侧, 而元古代时期岩浆岩则只在鲁东发育, 燕山期侵入岩体在鲁东以巨大的岩体为特征, 而鲁西仅有一些小的岩体。千里岩断裂带是中朝和扬子地块的分界线, 它北侧的鲁苏隆褶带尽管具有扬子块体的上层地壳结构, 但是具有华北块体的深层地壳结构, 这是由于扬子块体向北仰冲造成的。这一仰冲发生在印支期, 由于这一仰冲, 造成了郯庐断裂带的巨大左旋平移, 导致了南黄海呈近东西向的张开。这两条大的断裂均表现为磁力异常线性梯级带。往西南方向这两条断裂合二为一, 取向近南北向, 为磁力异常高值带, 两侧均以负异常分布为主。

扬子地块在大连图幅范围涉及下扬子地块的东部, 仅包含黄海北部盆地一部分和靠近朝鲜湾的部分地区。扬子地块具有双层基底, 下层为中、深变质的结晶基底, 上层为浅变质的褶皱基底。新元古代的晋宁运动 (800 Ma), 结束了扬子地块的基底建造, 下扬子形成统一的克拉通, 之后进入盖层发育阶段。南黄海北部盆地为一叠置于其上的中新生代断陷盆地, 其地层建造可与韩国的群山盆地对比。

6.2.3　磁性基底特征

区域磁异常计算的深度值主要反映了磁性基底顶面埋藏深度, 局部磁异常主要是各时代侵入岩体及火山岩的反映。通过磁性基底反演, 得到磁性基底埋深图 (图6-4)。

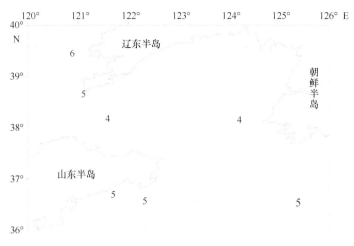

图 6-4　北黄海及周边区域磁性基底埋深图（单位：km）

1）渤海湾盆地

渤海湾盆地成 NE 走向，郯庐断裂控制其东部边界，渤海海域主要发育新生代地层，包括古近系孔店组（E_2k）、沙河街组（$E_{2-3}s$）、东营组（E_3d）、新近系馆陶组（N_1g）、明化镇组（$N_{1-2}m$）以及第四系平原组（Qp）。从反演结果可以看出，渤海湾盆地莫霍面在 30～32 km 变化，基底埋深在 6 500 m 左右，古近系厚度约 2 700 m，新近系厚度约 3 500 m；渤海海域地区构造变形复杂，受郯庐走滑断裂带活动影响，NE 走向的断裂非常发育，同时也发育新近系和第四系内规模较小的次级断裂，盆地内火成岩较发育，沿断裂走向分布，多为侵入地层的玄武岩。

2）海洋岛隆起

海洋岛隆起位于北黄海盆地的北缘，以海洋岛南断裂与北黄海盆地为界，出露为鞍山群（Ar）和辽河群（Pt）及朝鲜半岛的狼林群（Pt），呈近 EW 向展布，大部分缺失中元古界。莫霍面深度在 28 km 左右，基底埋深在 1 000 m 左右，新近系厚度约为 200 m。

3）北黄海盆地

北黄海盆地位于中朝陆块的胶辽-狼林地块，处在海洋岛隆起和千里岩-刘公岛隆起之间，盆地内有东部、中部、西部和南部 4 个坳陷。

西部凹陷磁性基底为太古界至下元古界的变质岩系，埋深约为 6 000 m；从地震剖面上可以看出盆地缺失古新统地层，新近系和第四系厚度为 300 m 左右，古近系沉积很薄。盆地内断裂规模都较小，基本上对凹陷发育没有控制作用。

中部凹陷磁性基底同样为太古代至下元古代的变质岩系，埋深约为 7 000 m；新生界在凹陷内不发育，沉积很薄，从地震剖面上可以看出凹陷内缺失古新世地层，新近系和第四系厚度为 200～500 m，古近系平均厚度在 400 m 左右。盆地内断裂规模都较小，火成岩发育较弱，主要集中在盆地南部。

4）千里岩隆起区

该区位于苏胶-临津江造山带内，在胶东刘公岛隆起区和南黄海北部盆地之间。由于该隆起为一长期隆起区，因此基底埋深较浅，为 500~1 000 m，最深处位于区内西南部。区内大部分缺失古近系，新近系和第四系厚度约为 400 m。该区 NEE 向断裂发育，此外还有 NNW 向断裂，其中 NEE 向断裂为前中生代的古老断裂，规模较大，延断裂方向，区内火成岩较发育。

5）南黄海北部盆地

该盆地位于南黄海的北部，其北界为千里岩断裂，盆地总体走向为 NEE，磁性基底为太古宇胶东群和中元古界变质岩系，埋深约 8 000 m，是一个晚白垩世以来发育的断-坳盆地。盆地盖层主要发育白垩纪以来的沉积，沉积了自白垩系至第四系的一整套地层，并以白垩系-古近系为主，厚度可达 5 000 m，新近系和第四系厚度为 1 000~2 000 m。盆地内断裂发育以 NEE 向为主，其次为 NW—NNW 向断裂。

6）胶莱盆地

胶莱盆地西界为郯庐断裂带，盆地内断裂以 NWW 和 NE 走向为主，其次为近 EW 向，这些断裂控制盆地内次级构造单元。盆地内火山岩极其发育，主要为青山组群火山喷发岩。

7）胶东刘公岛隆起区

该区位于北黄海盆地和千里岩隆起区之间，其北边界为刘公岛断裂，南边界为千里岩断裂，岩性为太古宇胶东岩群，基底埋深较浅，约为 500 m，大部分缺失古近系，新近系和第四系厚度约为 300 m。该区 NNE 向断裂发育，为牟平-即墨断裂带，主要分布在区内西部，此外还有 NNW 向断裂，延断裂方向，区内火山岩较发育。

8）辽东隆起

辽东隆起位于海洋岛隆起北面，基底层由太古宇鞍山群和古元古界辽河群组成，之上广泛分布着海相古生界，厚度巨大，并夹有火山岩和火山碎屑岩，中生界（缺失三叠系）和新生界均为陆相沉积，辽东半岛地层区中生代以来发生强烈构造运动，以北东向的褶皱和断裂为主，并有花岗岩侵入。

6.3　地震波场特征

6.3.1　渤海湾盆地

依据剖面结构与地震波组反射特征，渤海湾盆地对比解释了 T_0、T_1、T_2、T_3、T_4、T_7 共 6 个特征反射波（表 6-5，图 6-5）。

表 6-5　渤海湾盆地地震波组标定表

地层				波阻抗界面	反射波组特征
界	系	组	符号		
新生界	第四系		Q	T_0	两个相位，能量中等，连续性较好，平行密集
	新近系	明化镇组	N_2m	T_1	能量中等，两个相位，连续性中等，波形稳定
		馆陶组	N_1g	T_2	能量强，波形稳定，全区可连续追踪
	古近系	东营组	E_3d	T_3	能量强，连续性较好，两到三个相位
		沙河街组	$E_{2-3}s$	T_4	多个相位，能量较弱，连续性中等
		孔店组	E_2k	T_7	能量弱，连续性差，受火成岩影响较大
前新生界基底			AnCz		

T_0：两个相位，能量中等，连续性较好，该波只是局部分布于渤海湾盆地内，特征明显稳定，整个波阻抗界面受断层影响较大，在一段范围内可以连续追踪，两个同相轴的能量均为中等，整体上呈西高东低的趋势。

T_1：能量中等，两个相位，连续性中等，波形稳定，该波只是局部分布于渤海湾盆地内。

T_2：能量强，波形稳定，全区可连续追踪，在渤海中的坳陷中心，埋藏深度可达 5 000 m。

T_3：一组强反射波，分布广，连续性较好，为区域性地震反射标准层。

T_4：平行密集反射，多个相位，能量强，连续性较弱，受火成岩影响，部分地区不易连续追踪。

T_7：为新生界底界的反射，由于底部反射较弱，所以该波能量弱，连续性差，受火成岩影响较大，分布断断续续，不易追踪。

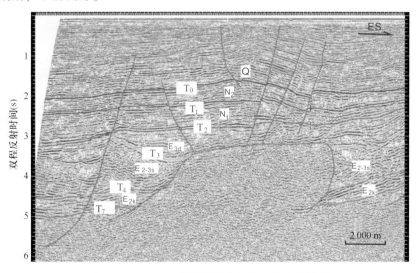

图 6-5　DL10-1 线渤海湾盆地段地震波组特征

6.3.2　北黄海盆地

依据剖面结构与地震波组反射特征，北黄海盆地对比解释了 T_2、T_3、T_4、T_5、T_g 共 5 个反射波（表 6-6，图 6-6）。

表 6-6　北黄海盆地地震波组标定表

地层			波阻抗界面	波阻特征
界	系（统）			
新生界代	第四系	Q	T₂	高频、密集、能量强、连续性好、可连续追踪
	新近系	N	T₃	
	古近系	渐新统　E₃	T₄	1~2 个相位、中振幅、中-高频、中-低连续反射波
		始新统　E₂		1~2 个相位、中-强振幅、中-低连续的反射波，同相轴较粗糙、扭曲
中生界	白垩系	K₁	T₅	1~3 个相位、中-强振幅、中-低频、低连续反射波
	侏罗系	J₃	T₉	能量相对较弱，2~3 个相位，中振幅、低连续反射波
前中生界基底	AnMz			

T_2：特征明显，稳定，在盆地的各个坳陷均可连续追踪，双程反射时间在 600 ms 左右。表现为 1~2 个相位、中-高频，中振幅，中-高连续性反射波，同相轴平直、稳定，界面之下具有较明显的削截现象反映出不整合面的特征。为变形前后两套具不同反射特征地震层序的分界，下伏反射层连续性较差，已轻微变形，上覆水平反射层连续性好，未变形或轻微变形。

T_3：该反射界面仅见于盆地的东部、中部和西部坳陷。一般为 1~2 个相位，中振幅，中-高频，中-低连续性反射波，往南振幅减弱，连续性变差，界面之下具有比较明显的削截现象，向隆起处逐渐呈上超充填，反映出不整合面的特征。

T_4：主要分布在坳陷较深部位，隆起上基本缺失。表现为 1~2 个相位、中-强振幅、中频、中-低连续的反射波，同相轴较粗糙、扭曲，界面上、下具有明显的上超和削截现象，界面时有呈波状起伏，反映出较强的不整合面的特征，而在深凹陷处，反射波能量相对较弱，连续性变差。

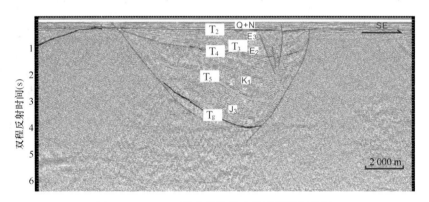

图 6-6　DL10-3 线北黄海盆地段地震波组特征

T_5：仅限于坳陷内，隆起部位往往缺失。表现为 1~3 个相位、中-强振幅、中-低频、低连续反射波，界面上、下地层的反射特征及产状迥异，上覆反射层上超现象明显，同相轴局部扭曲，反映出不整合面特征。在坳陷深处，由于反射波能量减弱，连续性变差。

T_9：是本次研究目标层位的底界面，界面之下构成了北黄海盆地中、新生代沉积层的基底。北黄海盆地部分区域 T_9 界面（前中生界基底面）不整合特征清楚，局部地区表现为遭受剥蚀的古潜山顶面。

6.3.3　南黄海北部盆地

依据剖面结构与地震波组反射特征，南黄海北部盆地对比解释了 T_2、T_3、T_4、T_7、T_8、T_9、T_g 共 7 个反射波（表 6-7，图 6-7）。

表 6-7　南黄海北部盆地地震波组标定表

地层			波阻抗界面	波阻特征
界	系（统）			
新生界	第四系	Q	T_2	高频，密集，能量强，连续性好
	新近系	N		
	古近系	渐新统　E_3	T_3	中-高频，能量强，较密集，连续性好
		始新统　E_2	T_4	中等频率和振幅，连续性时弱时强
		古新统　E_1	T_7	中频，能量中等，连续性一般
中生界	白垩系	K_3	T_8	密集，能量较强，连续性较好，中低频率
		K_2	T_9	密集，能量较强，连续性较好
		K_1	T_g	中等频率，振幅中-弱，连续性较差
前中生界基底	AnMz			

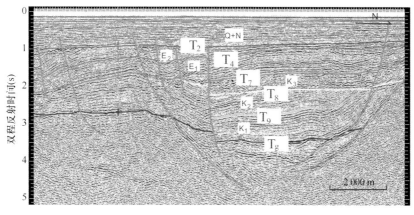

图 6-7　DL10-7 线南黄海北部盆地段地震波组特征

T_2：能量强，连续性好，两个相位，波形稳定，可在全区范围内追踪对比。该波两个同相轴能量的强弱常发生转换，有时上弱下强，有时上强下弱，但通常以前一个形式出现得最多，范围最广。T_2 波上覆反射波组的同相轴逐层上超于该波之上；T_2 波下伏波组同相轴逐一终止于该波，说明 T_2 波与上、下反射波组间具有明显的"上超下削"不协调接触关系。

T_3：一般为 1~2 个相位、中振幅、中-高频、中-低连续反射波，往南振幅减弱，连续性变差，界面之下具有比较明显的削截现象，向隆起处逐渐呈上超充填，反映出不整合面的特征。在盆地浅层大部分地区被剥蚀。

T_4：该波广泛分布于全区的各个凹陷中，其特征明显、典型，通常表现为两个相互平行的相位，能量强，中频率、连续性好，全区能够可靠的连续追踪对比。该波在西凹、南凹和北凹的西部与下伏反射波呈微角度接触，而在北凹东部与下伏波组呈明显的角度接触关系。

T_7：该波主要分布于北部盆地的中部和南部范围内，通常为能量中等，连续性稍好，一个相位，波形稳定，全区基本能够追踪对比，层速度 3 500~4 200 m/s，该波与上下反射波组为整合或假整合接触。

T_8：该波在盆地内部能量较弱，连续性较差，在盆地内大部分地区不能连续追踪，只在盆地深处能量稍强的地方可以追踪到。

T_9：该波主要分布于盆地的凹陷内，表现为一套平行、密集、能量较强、连续性较好的反射界面，波形比较稳定，全区能够可靠连续追踪。

T_g：该波是基底反射波，与上覆反射层为整合接触关系，与下伏反射层为不协调接触关系。

第7章 区域地质

7.1 地层

北黄海海域是目前中国东部海域勘探、研究程度较低的海区之一，对其地层的认识主要来自岛屿调查、地震剖面的推断和相邻西朝鲜湾盆地的钻井资料分析。钻井揭示北黄海盆地为一叠置在中朝克拉通之上的中、新生代断陷（坳陷）盆地（图7-1），其盆地基底与中朝克拉通一致。目前，钻井揭示的地层有元古界、古生界、中生界侏罗系、白垩系、新生界古近系、新近系和第四系（表7-1）。

7.1.1 中深部地层

7.1.1.1 元古界

北黄海盆地北部的海洋岛、獐子岛出露古元古界辽河群浪子山组，岩性主要为石英片岩、石英岩。北黄海盆地西北部的园岛出露古元古界辽河群大石桥组，岩性为大理岩；西部的遇岩岛出露中元古界长城系石英岩。另外，西朝鲜湾盆地401井在1 872~2 803 m钻遇元古界变质岩系（图7-2），岩性为千枚岩、片麻岩、白云岩和灰岩（赖万忠，1999）。杨艳秋等（2003）根据周边陆地和岛屿地质、重磁异常特征及西朝鲜湾部分钻井资料综合分析，也认为北黄海前中生代基底为元古界变质岩和古生界。其中元古界分布广泛，岩性为千枚岩、板岩、石英岩等，推测相当于周边胶东半岛和辽东半岛的粉子山群（Pt_1）、蓬莱群（Pt_3）、辽河群（Pt_1）等。总之，从零星的地震剖面推断认为，元古界在北黄海盆地分布广泛，主要围绕古生界分布。

图7-1 北黄海盆地及周边大地构造位置及构造单元划分（李文勇等，2006）

表 7-1　西朝鲜湾探井分层数据表（赖万忠，1999）

井号		601		606		401	
层位/分层		钻深（m）	厚度（m）	钻深（m）	厚度（m）	钻深（m）	厚度（m）
第四系	Q	82.0		65.0		75.0	
新近系	N_2	487.0	405.0	422.0	357	320.0	245
	N_1	709.0	222	589.0	167	531.0	211
古近系	E_3	2 652.0	1 943	2 071.0	1 482	1 130.0	599
	E_2	3 154.0	502				
白垩系	K_1	3 880.0	726	2 794.0	723	1 400.0	270
侏罗系	J_3			3 091.0	297		
古生界	∈					1 872.0	472
元古界						2 803.0	931
完钻井深（m）		3 880.0		3 091.0		2 803.0	

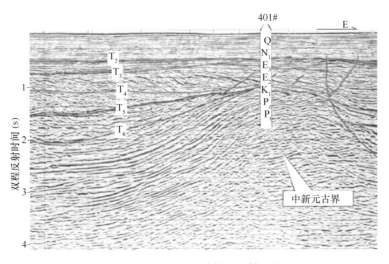

图 7-2　北黄海过 401 井地震剖面（赖万忠，1999）

7.1.1.2　古生界

西朝鲜湾盆地 401 井 1 400~1 872 m 钻遇下古生界寒武系，岩性为钙质页岩和褐色灰岩。根据 401 井过井剖面解释（图 7-2），发现在下白垩统底界以下，存在较连续的古生界内幕反射。另外，611 井 1 700~2 400 m 钻遇下古生界奥陶系灰岩（图 7-3），605 井（图 7-4）也钻遇下古生界奥陶系灰岩（肖国林等，2005）。前人据地震剖面解释结果认为，古生界主要分布在北黄海盆地的中部和东部地区（杨艳秋等，2003），其分布的位置与东侧朝鲜半岛平南盆地相对应，为一近 EW 走向的由北黄海至朝鲜平南盆地的古生界坳陷带。

需要指出的是，我们开展的多道地震调查在北黄海西北部地区（38°15′N 以北，121°30′—123°45′E）获得了怀疑为古生界的内幕反射（图 7-5）。地震剖面上该套地层呈近等厚背斜状，厚度大于 3 000 m。从相邻剖面的综合对比来看，该区古生界平面上可能为一 NE 向展布的背斜构造。

7.1.1.3　中生界

北黄海的中生界分布于 37°50′—39°00′N，121°E 以东的海域，盆地被分割为 15 个互补相连的

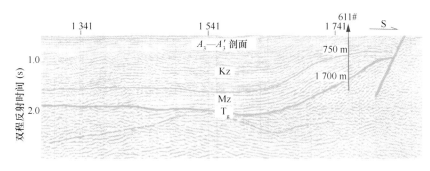

图 7-3　北黄海过 611 井地震剖面（肖国林等，2005）

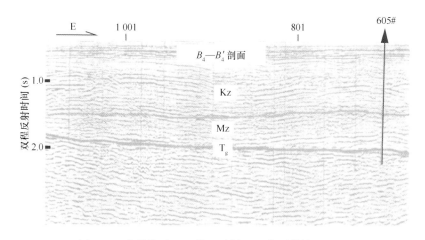

图 7-4　北黄海过 605 井地震剖面（肖国林等，2005）

凹陷（田振兴等，2004）。

西朝鲜湾盆地 606 井钻遇上侏罗统，称为龙城亚群，二分为龙胜组和新义州组，揭露厚度 297 m，未钻穿，岩性为灰褐色砾岩、石英质砂岩、粉砂岩、灰岩夹煤层，为一套河流–湖沼相沉积。另外，611 井在 1 150~1 700 m 也钻遇上侏罗统。根据地震资料分析（图 7-6），上侏罗统分布面积广，地层厚度为 1 000~3 000 m。

北黄海盆地钻井揭露的下白垩统相当于西朝鲜湾盆地富含热河生物群的博川组和龙盘组。611 井钻遇 400 m 厚的下白垩统，601 井揭露的下白垩统厚度为 726 m，岩性为暗色钙质泥岩、中细砂岩、砂砾岩。该套地层在北黄海盆地大面积分布（图 7-6），厚度一般为 1 000~2 000 m，最大厚度在东部凹陷，达 3 000 m。

从地震剖面的解释结果来看，侏罗–白垩系广泛发育，且不管是在分布范围还是沉积厚度上都较新生界大（图 7-6）。

7.1.1.4　古近系

西朝鲜湾 606 井和 401 井钻遇以渐新统为底界的古近系，未见始新统和古新统；601 井钻遇渐新统和始新统，未见古新统。朝鲜陆上的安州盆地发育有古近系安州群，分为渐新统龙林组、始新统新里组，也未见古新统。

从地震剖面解释推断来看，北黄海盆地新生界整体具有东厚西薄、北厚南薄的特点，厚度为 1 000~4 000 m。其中古近系主要分布在凹陷内，继承了中生代沉积格局，但分布范围较中生界小，最大沉积厚度约为 3 000 m，岩性以砂泥岩为主（图 7-7）。

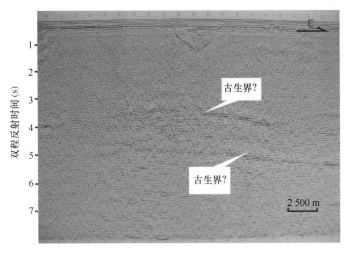

图 7-5　北黄海地区多道地震剖面揭示古生界内幕反射

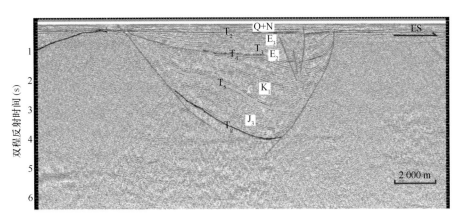

图 7-6　北黄海盆地典型地震剖面及地层划分

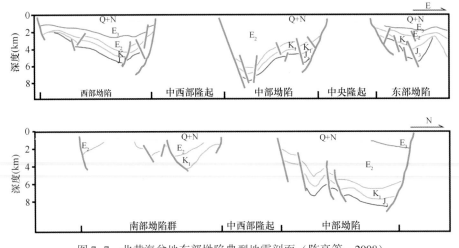

图 7-7　北黄海盆地东部坳陷典型地震剖面（陈亮等，2008）

7.1.2　浅部地层

新近系-第四系在北黄海全区均有分布，对其详细的研究主要通过地震剖面（图 7-8）。地层总体东南部厚，西北部薄，厚度变化小，为 200~700 m，岩性以泥岩为主夹砂岩、粉砂岩。

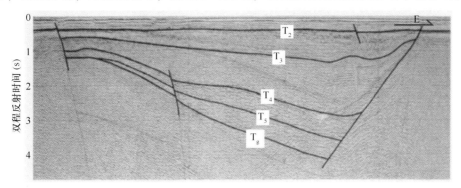

图 7-8　北黄海盆地典型地震剖面（T$_2$ 之上为新近系-第四系）（李文勇等，2006）

7.1.2.1　新近系

中新世时期，北黄海盆地由断陷发育阶段转到裂后坳陷发育阶段，早期沉积特征也主要是"削高填平"的过程（图 7-9 和图 7-10）。因此，中新世地层作为裂后坳陷沉积的第一套地层，其厚度分布特征大致体现了早期盆地的构造形态。北黄海海域中新世地层厚度分布受北黄海盆地控制则更为明显，盆地两侧的隆起区地层厚度一般在 200 m 以下，盆地内部一般为 200~300 m。其中，盆地内部次级凹陷区地层厚度一般为 300~400 m，两者呈明显的对应关系。该时期，北黄海海域沉降中心较多，主要的有北黄海盆地内部的中部坳陷和南部凹陷。

北黄海海域经历了中新世时期的"削高填平"阶段，到上新世时期北黄海盆地已十分平坦，全区地层厚度大体一致。总体来看，北黄海海域上新统分为明显的北黄海盆地区和两侧隆起区两个部分。隆起区地层厚度一般小于 100 m，盆地区地层厚度为 100~200 m，且全区厚度均匀。上新世时期，北黄海海域没有明显的沉降中心，该时期北黄海盆地内部坳陷已被填平，沉积了极其平坦的上新统地层。

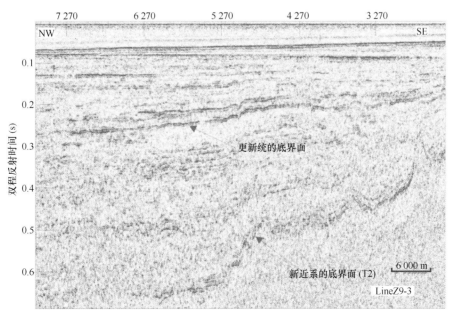

图 7-9　北黄海新近系-第四系反射特征（测线 LineZ9-3）

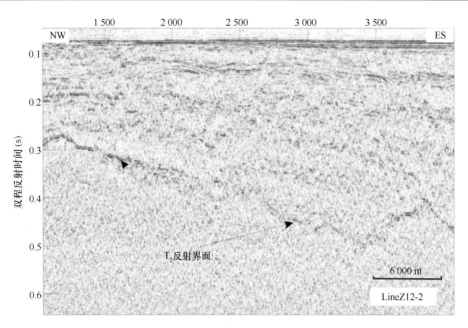

图 7-10　北黄海地震剖面上识别出的新近系底界面（测线 LineZ12-2）

7.1.2.2　第四系

北黄海地区更新世沉积厚度整体较薄。更新世沉积受到新生代沉积坳陷分布的影响，处于坳陷区更新统的沉积厚度一般为 200~400 m，北部处于海洋岛隆起区的鸭绿江口区及长山列岛区厚度均小于 100 m，是区内第四系最薄的地方。

下更新统分布较为简单，整体厚度小于 100 m，北黄海盆地区一般为 50~100 m，沉积厚度均匀，盆地外侧的长山列岛区及鸭绿江口区则小于 50 m。从下更新统厚度分布来看，北黄海海域随着北黄海盆地面积逐渐缩小，沉降中心逐渐向西、向南靠近物源的方向转移，大体位于烟台北部及东北部海区。

大部分地区中更新统沉积厚度小于 50 m，包括鸭绿江口、长山列岛、北黄海盆地区大部分，烟台区靠近山东半岛部分，仅在烟台区北部存在一东西向延伸沉积区，厚度为 50~100 m。

上更新统厚度分布明显分为南北两部分。南部山东半岛沿岸及邻近海域上更新统厚度在 40 m 以上，其中 60~80 m 等厚区绕山东半岛成山角分布，最厚区超过 80 m，位于上述等厚区的最西部，为北黄海海域的沉降中心；北部的海洋岛隆超区较薄，上更新统一般小于 40 m。可见，在烟台区北部，沉积厚度自西向东有减薄的趋势，从分布形态上看，与全新统所谓的混质楔状体基本一致。

北黄海全新统分布极不均匀。极薄区或缺失区呈长带状处于北黄海的鸭绿江口区、中部区域，与北黄海南部巨厚的全新统形成明显的差异。北黄海烟台区及其东部分布的"楔状沉积体"为区内最厚的全新世沉积（图 7-11），最厚为 43.86 m，出现在山东半岛成山角以北海域（图 7-12），向北黄海中部逐渐减薄、直至在盆地中部尖灭。根据前人对北黄海岩心的研究，北黄海中部为细颗粒级的泥质沉积区，沉积环境稳定，沉积通量低（Liu et al., 2004；Liu et al., 2007）；山东半岛北部附近海域为高沉积速率区，该区沉积速率自西向东呈递减的趋势。样品化学元素的含量表明，山东半岛沿岸海域接受了较多的黄河物质，辽东半岛长山列岛区接受了较多的鸭绿江物质，因此，黄河与鸭绿江等大河物质是影响北黄海全新世地层分布的重要因素之一。山东半岛东北部大型的楔状沉积体是在渤海环流作用下，黄河输入的沉积物经渤海海峡南岸、绕山东半岛输往黄海过程中沉积形成的。所以，全新世以来，大河物源和潮流成为控制全新统沉积的主要因素。

北黄海地区地层综合柱状图如图 7-13 所示。

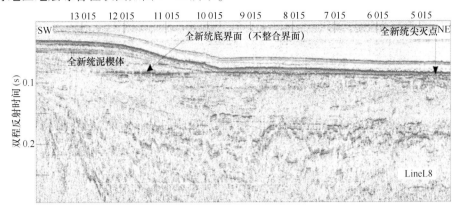

图 7-11　北黄海全新统泥楔体反射特征（山东刘公岛外海域）

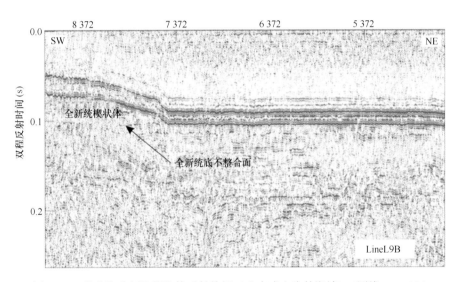

图 7-12　北黄海全新统泥楔体反射特征（山东成山头外海域）（测线 LineL9B）

7.2　岩浆岩

北黄海地区有关岩浆岩的报道较少，仅有少量钻孔钻遇，研究程度较低，也有部分学者利用多道地震（简晓玲等，2014；胡小强和王嘹亮，2015）和重磁数据（马文涛等，2005；宋鹏等，2006；林珍等，2008）进行了粗略的推测性研究。

马文涛等（2005）利用磁力数据分析认为，北黄海盆地火成岩主要分布在西部隆起带的南端和南部隆起带上。宋鹏等（2006）基于重磁数据分析认为，从平面分布来看，北黄海地区中南部岩浆活动强烈，并有向南逐渐增强的趋势；侵入岩多分布在隆起区，火山岩主要分布在坳陷区，多沿断裂分布。他们均认为南部岩浆活动强烈，且以燕山期为主。

利用地震反射特征识别火成岩是研究火成岩的一种重要手段（孙淑艳等，2003），简晓玲等（2014）在北黄海东部坳陷识别出 4 种类型的火成岩地震反射特征：柱状地震相、尖峰状地震相、蘑菇状地震相和丘状地震相（图 7-14）。

北黄海岩浆岩同位素年龄的报道较少。简晓玲等（2014）报道在盆地东部坳陷西北部有两口钻井分别钻遇有 190 m 厚和 1 000 m 厚的火成岩，岩性以花岗斑岩为主，锆石 U-Pb 测定的同位素年

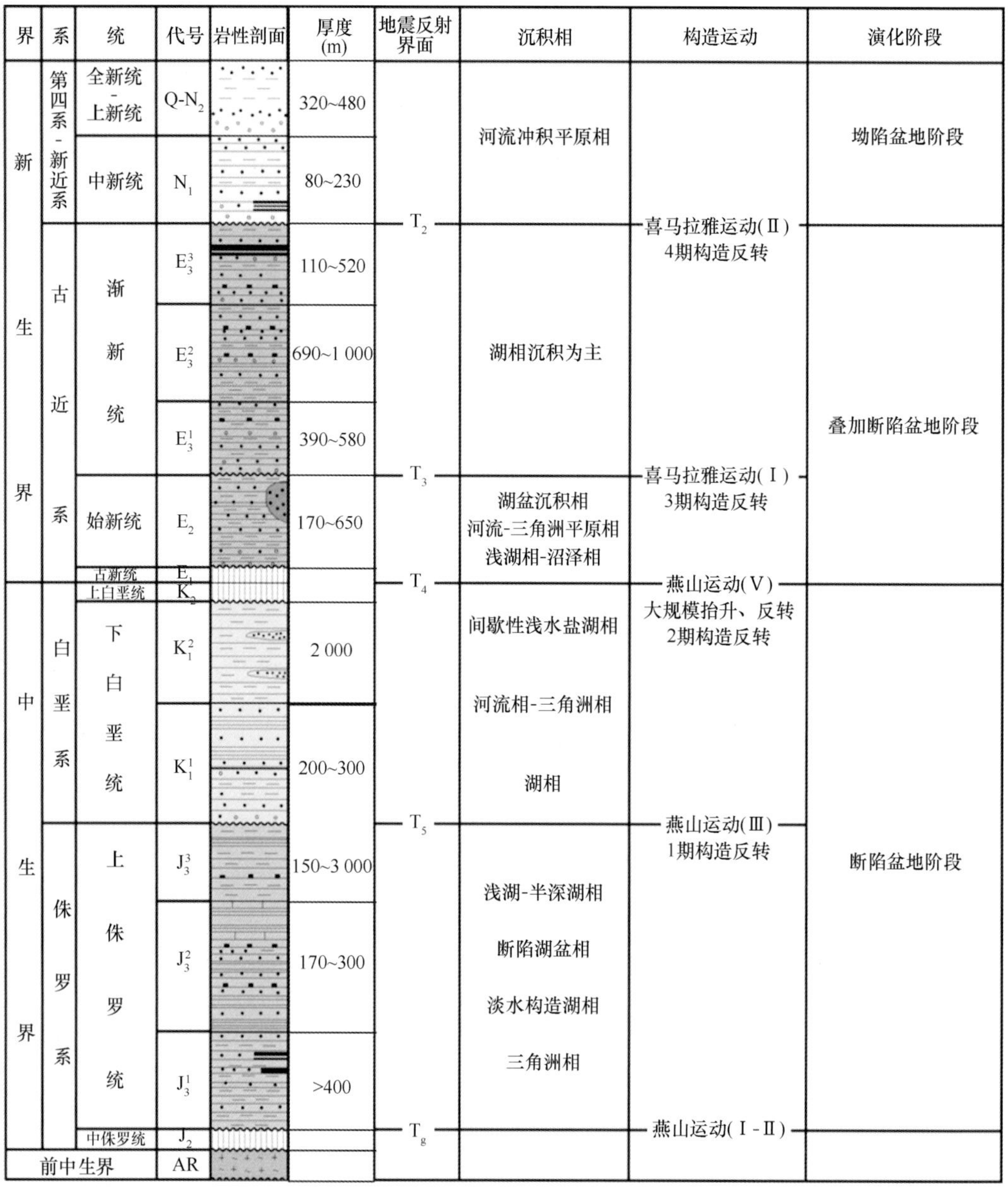

界	系	统	代号	岩性剖面	厚度(m)	地震反射界面	沉积相	构造运动	演化阶段
新生界	第四系-新近系	全新统-上新统	Q-N_2		320~480		河流冲积平原相		坳陷盆地阶段
		中新统	N_1		80~230	T_2		喜马拉雅运动(Ⅱ) 4期构造反转	
	古近系	渐新统	E_3^3		110~520		湖相沉积为主		叠加断陷盆地阶段
			E_3^2		690~1 000				
			E_3^1		390~580	T_3		喜马拉雅运动(Ⅰ) 3期构造反转	
		始新统	E_2		170~650		湖盆沉积相 河流-三角洲平原相 浅湖相-沼泽相		
		古新统	E_1			T_4		燕山运动(Ⅴ) 大规模抬升、反转 2期构造反转	
中生界	白垩系	上白垩统	K_2				间歇性浅水盐湖相		断陷盆地阶段
		下白垩统	K_1^2		2 000		河流相-三角洲相		
			K_1^1		200~300		湖相		
	侏罗系	上侏罗统	J_3^3		150~3 000	T_5	浅湖-半深湖相	燕山运动(Ⅲ) 1期构造反转	
			J_3^2		170~300		断陷湖盆相 淡水构造湖相		
			J_3^1		>400		三角洲相		
		中侏罗统	J_2			T_g		燕山运动(Ⅰ-Ⅱ)	
前中生界			AR						

图7-13 北黄海盆地区域地层综合柱状图(邱燕等,2016)

龄介于105.2 Ma~113.2 Ma B.P.,属于早白垩世晚期的浅成侵入岩;在盆地东部坳陷中部利用地震反射特征及地震切片技术识别出侏罗纪的侵入岩,地震相以丘状反射和蘑菇状反射为特征,并可见侵入岩体与围岩的突变接触关系;在盆地东部隆起区识别出尖峰状和丘状火成岩地震相,该火成岩体刺穿下白垩统并被新近系不整合覆盖,可大致判断该火成岩是在早白垩世晚期侵入。许中杰等(2017)报道在北黄海盆地有两口钻井钻遇侵入于上侏罗统中的花岗斑岩,同位素年龄为107 Ma B.P.、108 Ma B.P.和110 Ma B.P.,属于早白垩世晚期Ⅰ型花岗岩,形成于伸展构造环境。王嘹亮等(2013,2015)以及许中杰等(2017)报道在北黄海盆地东部坳陷中生代地层中钻遇两套火山岩(图7-15),下火山岩岩性为粗面英安岩,同位素年龄为145 Ma B.P.,属于晚侏罗世末-早白垩世初;上火山岩岩性为碎斑英安岩,同位素年龄为141 Ma B.P.,属于早白垩世早期。两层火山岩均显示弧火山岩的地球化学特征,形成于与俯冲有关的火山弧或弧后伸展环境。

王任等(2015,2017)统计了北黄海地区岩浆活动的同位素数据(表7-2),共划分为四期:

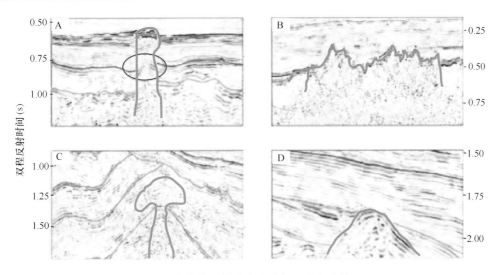

图 7-14 北黄海典型火成岩地震相（简晓玲等，2014）

A. 柱状反射地震相，B. 尖峰状反射地震相，C. 蘑菇状反射地震相，D. 丘状反射地震相

108 Ma～115 Ma B. P.（早白垩世晚期）、134 Ma～145 Ma B. P.（晚侏罗世末–早白垩世早期）、207 Ma～221 Ma B. P.（晚三叠世）和 238 Ma～244 Ma B. P.（中三叠世），且以前两期为主。另外，还根据地震剖面上火成岩与围岩的接触关系，识别出古近纪末—新近纪初北黄海也有岩浆活动（图 7-16 和图 7-17）。

表 7-2 北黄海岩浆岩同位素测年统计表（王任等，2017）

井名	层段	深度段（m）	厚度（m）	岩性	年代（Ma B. P.）
Well-1	J_2	4 000～4 013	13	玄武岩	—
Well-3	J_3	2 496～2 513	17	花岗斑岩	111.4±2.0
Well-3	J_3	2 598.5～2 675	76.5	英安岩	141.0±2.0
Well-3	J_2	3 783～3 789	6	英安岩	145.0±2.0
Well-4	J_3	3 033～3 082	49	花岗斑岩	115.7±2.5
Well-4	J_3	3 082～3 150	68	花岗斑岩	110.0±1.0
Well-4	J_3	3 150～3 184	34	花岗斑岩	108.5±1.4
Well-5	J_2	4 068～4 071	3	辉绿岩	—
Well-5	Pt	4 390～4 430	40	辉绿岩	221.7±4.9
Well-5	Pt	4 430～4 457	27	辉绿岩	238.1±3.5
Well-5	Pt	4 457～4 478	21	辉绿岩	207.3±5.0
Well-5	Pt	4 550～4 565.5	15.5	辉绿岩	—
Well-6	Pt	3 566～3 576	10	辉绿岩	244.0
Well-8	J_3	2 404～2 412	8	花岗斑岩	107.0±0.8
Well-8	J_3	3 030～3 040	10	花岗斑岩	108.0±0.8
Well-9	J_3	1 670～2 155	485	正长岩、闪长岩夹沉积岩	—
Well-10	J_3	2 447～2 993	546	粗面斑岩夹沉积岩	—
Well-10	J_3	3 162～3 330	168	安山岩、玄武质安山岩	—

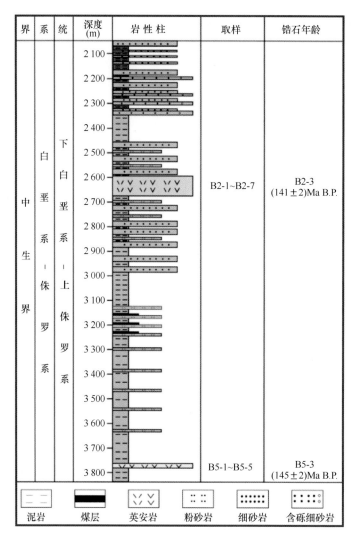

图 7-15 北黄海盆地 X 钻井柱状图（王嘹亮等，2015）

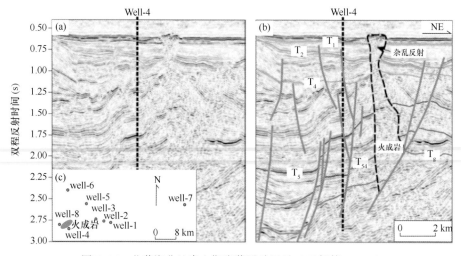

图 7-16 北黄海盆地喜山期岩浆活动记录（王任等，2017）

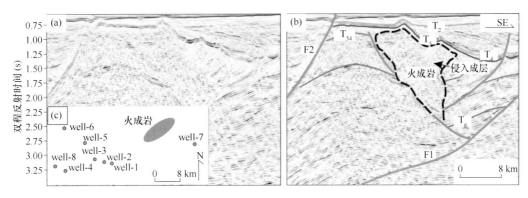

图 7-17 北黄海盆地喜山期岩浆活动记录（王任等，2017）

7.3 断裂

北黄海盆地历经燕山期和喜马拉雅期构造运动，形成了复杂的断裂系统。断裂的形成和发展对盆地的构造格局和沉积演化具有决定性作用（李文勇等，2006）。

按断层展布方向，主要可划分为 3 组，即近 EW—NE 向、NW 向和 NNE 向，其中近 EW—NE 向与 NNE 向断层较为发育，其次为 NW 向断层。

按断层两盘相对位移方向，主要有正断层、逆断层和平移断层 3 种类型，以正断层为主，逆断层仅在中部、东部坳陷局部可见，平移断层多为 NW 向断层和 NNE 向断层。

根据断裂形成的力学性质或成因，可将北黄海盆地发育的断裂归纳为张性正断层、压性逆断层、正反转断层、传递断层和挤压背斜伴生的浅部张性冠状断层 5 种类型。张性正断层为北黄海盆地最主要的断层类型，它是在区域引张应力作用下岩层拉伸减薄、破裂而形成的。压性逆断层主要为晚白垩世-古新世和渐新世末太平洋板块向欧亚板块发生的聚敛运动，因挤压作用形成的。

正反转断层是指早期伸展构造体系转变为晚期挤压构造体系时，先存正断层转化而成的剖面上显示下正上逆的叠加或复合成因的断层。如东部坳陷 F1 断层和中部坳陷 F10 断层，中生代时期为典型的伸展构造体系中的同沉积张性正断层，在古近纪末遭受不同程度挤压而转变为逆断层或部分地段转变为逆断层（图 7-18）。

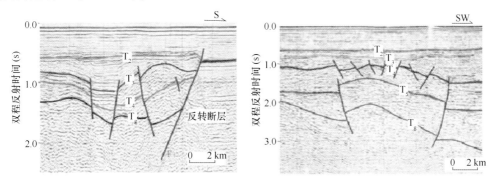

图 7-18 正反转断层（左）与挤压背斜伴生的浅部张性冠状断层（右）地震剖面（李文勇等，2006）

挤压背斜伴生的浅部张性冠状断层是指岩层受侧向挤压发生纵弯褶皱作用形成背斜构造，在中和面以上的背斜顶部及两翼岩层同时产生局部张性应力场，即岩层边拱弯边拉张，从而形成冠状或似冠状的正断层组合（图 7-18）。该类断层属于挤压背斜的伴生构造，属于沉积期后断层，大多在早白垩世沉积之后形成，其切割浅、延伸短、断距小，与挤压褶皱轴线平行或近于平行，走向多为近 EW—NE 向。

根据断层形成与沉积作用的相对时间关系，可分为同沉积正断层和沉积期后正断层，前者长期或多期活动，一般发育早、规模大，控盆或控坳（凹）断层皆属此类，其主要形成期为晚侏罗世、早白垩世和始新世，展布方向主要为近 EW—NE 向和 NNE 向；后者形成相对较晚，规模通常较小，对沉积不起控制作用。

按照断层规模及其作用，可划分为一级断层、二级断层和三级断层等，一级断层常作为盆地边界或隆起与坳陷的边界，规模大，延伸远，向下切割基底（图 7-19）；二级断层控制构造带与凹陷带的划分或凹陷与凸起的展布，断距较大，延伸较远（图 7-20）；三级断层属于构造带、凹陷带或凸起与凹陷内发育的次级断层，发育时间短，规模小。

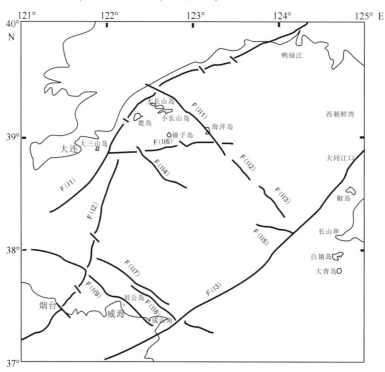

图 7-19　北黄海及周边邻区断裂分布推断图（田振兴等，2007）

F（Ⅰ1）：北黄海北缘断裂；F（Ⅰ2）：北黄海西缘断裂；

F（Ⅰ3）：五莲-青岛-刘公岛-海洲断裂带；其他为Ⅱ级基底断裂

7.3.1　北黄海北缘断裂带 ［F（Ⅰ1）］

该断裂分布于北黄海北缘，从辽东半岛以 NNE 向转 NEE 向沿海岸线向 NE 方向延伸，长度大于 330 km。该断裂带在布格重力异常图上表现为密集的重力异常梯度带，线性特征明显，处在重力场异常不同分区的分界线上。断裂切割深度深达元古界，中-新生代地层通过该断层与元古界潜山直接接触，断裂产状向东南倾，属地壳断裂（带）。

7.3.2　北黄海西缘断裂带 ［F（Ⅰ2）］

该断裂分布于北黄海盆地西缘，从 38°48′N，122°07′E 起 NNE 向转 NE 向，向西南延伸到 37°11′N，121°00′E 之外，长度大于 210 km。结合对山东半岛主要断裂展布的分析，推测该断裂可

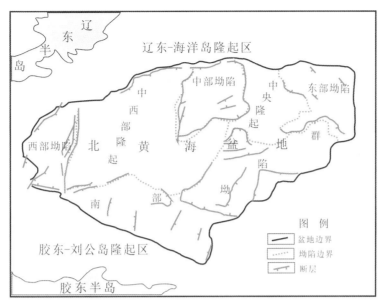

图 7-20　北黄海盆地构造纲要图（李文勇等，2006）

能为即墨-牟平断裂在海区的延伸，属于郯-庐断裂带的次级断裂，其形成和活动与郯-庐断裂带密切相关。

综上所述，推测该断裂是受控于郯-庐断裂带的一条地壳断裂（带）。

7.3.3　五莲-青岛-刘公岛-海州断裂带［F（Ⅰ3）］

该断裂位于郯（城）-庐（江）深断裂带以东，西起苏鲁超高压变质带北侧的五莲，向东经山相家北侧进入胶州湾，大致经乳山南侧、荣成（五莲-青岛断裂）进入黄海，延伸至朝鲜半岛临津江褶皱带北侧的海州、平康和旧易县（海州断裂）。其中，五莲-青岛断裂的西段为胶南隆起与胶莱盆地的分界线。燕山期强烈的岩浆活动破坏了该断裂的地表出露迹象。该断裂在航片上反映明显，其东段控制了海岸线地貌的发育，在该断裂的两侧还发育数条与之相平行的次级断裂。燕山期岩体的分布在一定程度上受控于该断裂。在海区成为刘公岛断裂，大致沿 NE 向延伸。推测该断裂为北黄海盆地的南界，可能与地质上圈定的海州断裂之间并不是直接相连，而是被北黄海西缘断裂带所错断。

重磁研究表明，该断裂在布格重力异常图上表现为燕山期岩浆侵入岩与近 EW 向的前印支期构造格局综合影响下的重力异常分界线；在化极磁力异常图上表现为多个正、负异常的突变线及不同类型磁异常区的分界线；在地震剖面上，该断裂表现为不同岩性基底的分界线，断裂切割很深，推测为地壳型断裂。

综上所述，五莲-青岛-刘公岛-海州断裂带［F（Ⅰ3）］为一形成于中晚远古代的压剪性深断裂，表现出多期活动性，在地下产状波动较大。

第 8 章　地质构造

8.1　地质背景

在大地构造上，黄海位于欧亚板块东缘，跨越了华北-柴达木板块（以下简称"华北板块"）、羌塘-扬子-华南板块（以下简称"华南板块"）和苏鲁造山带三大构造单元。苏鲁造山带以发育全球最大规模的高压/超高压（HP/UHP）变质带而闻名，通常认为它是华北-扬子板块在三叠纪俯冲-碰撞过程中形成的，其 HP/UHP 变质岩系是三叠纪扬子板块物质俯冲到华北板块之下、而后快速折返到地表所形成。苏鲁造山带向东进入黄海，只在潮连岛和千里岩有一些基岩出露；而通常认为苏鲁造山带沿着千里岩-刘公岛隆起带延伸至朝鲜半岛西缘（郝天珧等，2003；翟明国等，2007）（图 8-1）。平面上，华北板块和华南板块位于苏鲁造山带北南两侧，通常以五连-青岛断裂（F1）、即墨-牟平断裂（F2）和清江断裂（F4）作为华北板块与苏鲁造山带的边界；而嘉山-响水断裂和千里岩隆起南缘断裂（F5）作为苏鲁造山带和华南板块的分界断裂（图 8-1）。

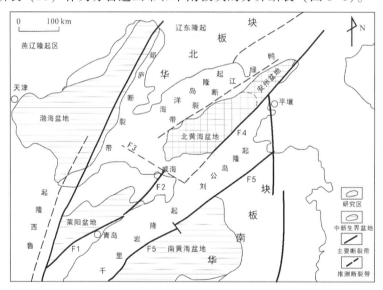

图 8-1　北黄海盆地大地构造位置简图

F1：五连-青岛断裂；F2：即墨-牟平断裂带；F3：蓬莱-张家口断裂；F4：清江断裂；F5：千里岩隆起南缘断裂

黄海盆地为总体上发育在前印支期逆冲-褶皱形成的基底之上的中新生带盆地。以苏鲁造山带（包含海域延伸的部分）为界，北侧为北黄海盆地，南侧为南黄海盆地，二者的基底分别隶属于华北板块和华南板块。南黄海盆地以中部的隆起带将南黄海划分为南黄海北部坳陷和南黄海南部坳陷。黄海的这三大盆地或者坳陷呈现 NE 向雁行斜列，构成我国东部海域现今构造格局的一个重要特征。然而，单个盆地或坳陷呈现为 NEE 至近 EW 向延伸，盆地或坳陷内部的构造线方向则是 NNE 或者是 NEE。

北黄海盆地属于华北板块向东部海区的延伸部分，盆地西侧为郯庐断裂带和渤海盆地、东接朝鲜北部地块、北面为辽东隆起、南邻苏鲁造山带（刘公岛隆起）（图 8-1），整体呈现 NE 走向。盆地性质为发育在印支-燕山运动时期所谓中朝板块区域隆起背景之上的中生代残余盆地与新生代断坳盆地组成的典型叠合盆地，面积约 2.4×10^4 km^2。

北黄海盆地是我国近海唯一未获得油气突破且勘探程度较低的一个含油气盆地。近几年来，我国和朝鲜都在该盆地进行了大量的油气勘探工作，获得了一批实钻资料，为该盆地诸多地质认识提供了依托。其中，东部坳陷是北黄海盆地最具勘探前景的一个坳陷，其内发育巨厚的中新生代地层，具备一定的生油气能力。自 20 世纪 80 年代，朝鲜已在北黄海盆地东部坳陷钻井 10 余口，并证实了中生界具有工业油气流。因此，北黄海盆地东部坳陷具有广阔的油气勘探前景。

8.2　构造层与构造期次的划分

构造层（旋回）的划分是对一个地区地壳演化和各个构造发展阶段进行研究的一种方法。就华北板块而言，它西起阿拉善高原，东到朝鲜半岛，是一个由太古代古老陆核经元古代克拉通化后形成的台块。一般认为，古元古代末吕梁运动（~1.8 Ga B.P.），使华北陆块拼接成统一的克拉通，之后进入了漫长、稳定的盖层发育阶段；直到三叠纪中期，扬子、中朝等克拉通汇聚在一起，形成中国现在统一的大陆。渤海湾盆地、胶莱盆地和北黄海盆地叠置于其上，其四周为多个古隆起所围限。

其中，北黄海盆地开始形成于侏罗纪末，是发育于华北板块之上的中、新生代叠合盆地。盆地的基底为华北板块的前寒武纪变质岩和古生代-早中生代海相沉积建造，且缺失部分古生界和下中生界。

8.2.1　区域性不整合界面的识别

构造旋回是整个地壳发展具有阶段性特征的具体表现，地层之间重大的角度不整合就是这些突变事件的标志。在地震反射平面上，根据地层在地震上的响应及地震反射终止的方式，如削蚀、顶超、上超、下超和蚀削蚀（阶状后退）等，在北黄海盆地东部坳陷共识别出四个主要的不整合面。自下而上可以识别出六个重要的不整合界面，它们自下而上分别是 T_g、T_5^4、T_5、T_4、T_2 和 T_1（图 8-2）。以下对其中重要的四个界面的识别特征予以简介。

8.2.1.1　中生界内部不整合面（T_5）

中生界内部的主要不整合面为上侏罗统与下白垩统的分界面，即燕山构造运动Ⅲ幕界面。该界面在盆地内分布局限于盆地的西部，东部缺失。从图 8-2 中可以看出，下伏上侏罗统地层上超尖灭于 Tg 界面，与上伏下白垩统地层基本呈平行不整合接触。局部地区，在界面之上可见上超和斜层下超等不整合现象。

8.2.1.2　中、新生界不整合面（T_4）

中生界与新生界的分界面为燕山构造运动Ⅳ-Ⅴ幕界面（朝鲜称之为鹤舞山运动），该界面在盆地内广泛发育，是盆地中重要的不整合界面，其上下地层具有不同的反射特征，变形程度差异明显。总体为强震幅、高连续、削截不整合特征突出的反射界面，但在盆地不同部位特征亦有较大变化：在西北部，为一套斜层的顶界，振幅强、连续性好；在盆地的深凹部位，下白垩统地层由西北向东南方向呈楔形体发育，表明该时期构造活动强烈，地层受 NW—SE 方向的挤压应力，形成背斜褶皱，背斜顶部遭受隆升剥蚀。

8.2.1.3　渐新统内部不整合面（T_2）

渐新统内部的不整合面在全区发育，上下地层的倾角差是新生界内最大的，不整合面上超下削现象非常明显，是一个典型的断坳转换过渡面。

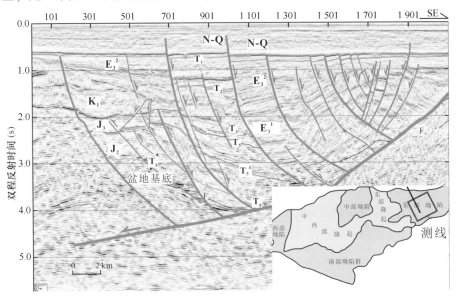

图 8-2　北黄海盆地地震剖面上的主要反射界面

据（胡小强等，2017）修改

8.2.1.4　古近系与新近系之间的不整合面（T_1）

该不整合面是盆地内最大的构造转换面，全区分布，地震反射能量较强，反射波连续，对下伏地层的削蚀作用非常强烈，尤其是在盆地的西南部，位于西北隆起与中部凹陷的交汇地区，不整合面之上地层未变形—微弱变形，产状水平或近于水平，界面之下所有地层均已褶皱变形，为一个NW—SE 向背斜，背斜的顶部遭受剥蚀，经对比至少有厚 300 m 的渐新统地层遭受剥蚀，属于断陷期与区域沉降期的分界面，对应于古近纪末期的喜马拉雅运动 II 幕。

近年来诸多的实钻资料表明，T_g 为中侏罗统与下伏基岩的界面；T_5^4 为上侏罗统与中侏罗统的分界面；T_5 为白垩系与侏罗系的分界面；T_4 为古近系与白垩系的分界面；T_2 为上、下渐新统的分界面；T_1 为新近系与古近系的分界面。北黄海地区的综合地层柱状图如图 8-3 所示。

结合以上分析以及前人研究，目前一般认为：①北黄海盆地经历了多期拉张断陷与挤压反转等复杂演化过程，形成了多旋回构造-沉积组合及多个不整合界面，在此过程中还遭受了多期岩浆活动，使得盆地的结构构造复杂多变，呈现出明显的差异构造变形特征。②盆地的基底以寒武纪地层以及更老的变质岩为主，自中侏罗世开始沉降并接受沉积，先后经历了晚侏罗世、早白垩世、渐新世早期、渐新世晚期和新近纪等多个沉积期（图 8-3）。因区域隆升或挤压反转作用，上侏罗统及上渐新统部分地层缺失，上白垩统、古近新统和始新统完全缺失。

以区域性不整合面 T_g、T_4 和 T_1 为界，自下而上可划分出 4 个构造层，即基底构造层、下构造层、中构造层和上构造层，并在此基础上进一步将下构造层和中构造层分别划分出两个亚构造层（表 8-1 和图 8-4）。

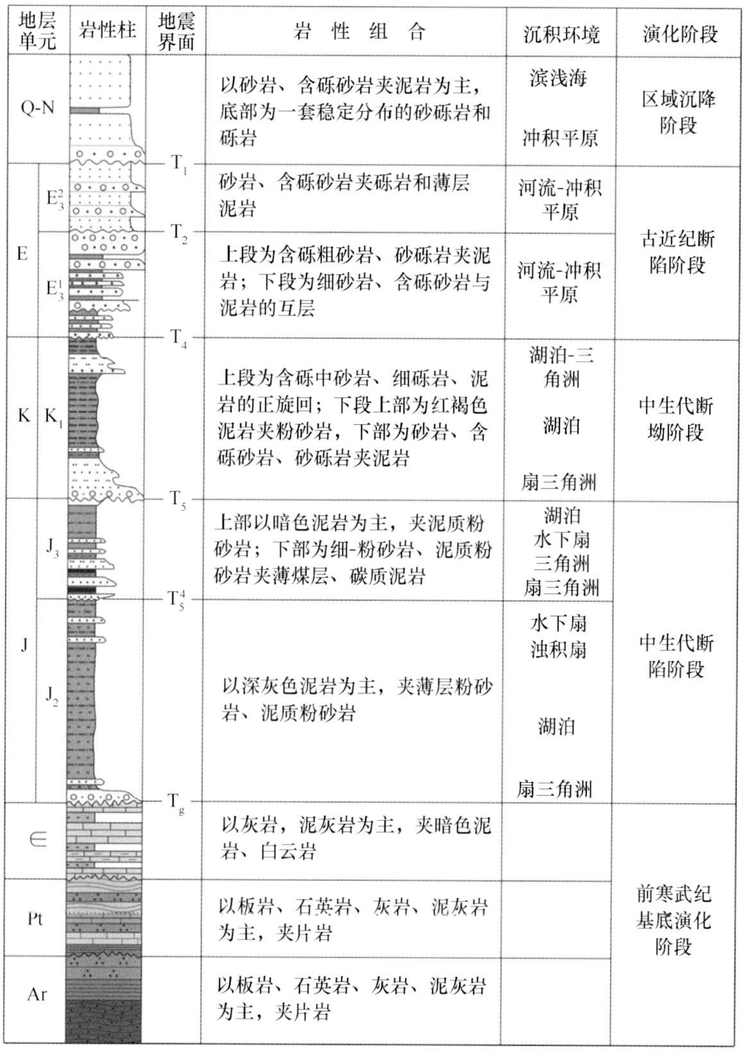

地层单元	岩性柱	地震界面	岩性组合	沉积环境	演化阶段
Q-N			以砂岩、含砾砂岩夹泥岩为主，底部为一套稳定分布的砂砾岩和砾岩	滨浅海　冲积平原	区域沉降阶段
E E3^2		T1	砂岩、含砾砂岩夹砾岩和薄层泥岩	河流-冲积平原	古近纪断陷阶段
E3^1		T2　T4	上段为含砾粗砂岩、砂砾岩夹泥岩；下段为细砂岩、含砾砂岩与泥岩的互层	河流-冲积平原	
K K1		T5	上段为含砾中砂岩、细砾岩、泥岩的正旋回；下段上部为红褐色泥岩夹粉砂岩，下部为砂岩、含砾砂岩、砂砾岩夹泥岩	湖泊-三角洲　湖泊　扇三角洲	中生代断坳阶段
J J3		T5^4	上部以暗色泥岩为主，夹泥质粉砂岩；下部为细-粉砂岩、泥质粉砂岩夹薄煤层、碳质泥岩	湖泊　水下扇　三角洲　扇三角洲	中生代断陷阶段
J2		Tg	以深灰色泥岩为主，夹薄层粉砂岩、泥质粉砂岩	水下扇　浊积扇　湖泊　扇三角洲	
∈			以灰岩、泥灰岩为主，夹暗色泥岩、白云岩		前寒武纪基底演化阶段
Pt			以板岩、石英岩、灰岩、泥灰岩为主，夹片岩		
Ar			以板岩、石英岩、灰岩、泥灰岩为主，夹片岩		

图 8-3　北黄海盆地综合地层柱状图

据（杜民等，2016）修改

表 8-1　北黄海盆地构造、地层划分及特征（据胡小强等，2017）

地质时代			地层系统	年龄 (Ma B.P.)	构造运动	不整合面	构造层序			构造特征	构造演化
代	纪（纪）										
新生代	新近纪	N	新近系	23.3	喜马拉雅运动(2)	R1	沉积盖层	上构造层		水平层状，弱-未变形	区域沉降
	古近纪	E3	渐新统	33.9		R2 R3		中构造层	上部亚构造层	盖层断裂、反转构造	断陷-构造反转
		E2	始新统	65.5		R3 R4			下部亚构造层		
中生代	白垩纪	K1	下白垩统	145.5	喜马拉雅运动(1) 燕山运动(3)	R5		下构造层	上部亚构造层	伸展、挤压构造系统	断陷-构造反转
	侏罗纪	J3	上侏罗统	161.2	燕山运动(2)	R54			下部亚构造层		
		J2	中侏罗统	175.0		Rg					
前中生代		AnJ	前中生界				基底构造层			挤压褶皱、断裂	基底形成

8.2.2　盆地基底

8.2.2.1　盆地基底识别

盆地的基底是分析和研究盆地性质和构造特征的关键要素之一。从区域地层、岩性特征对比和

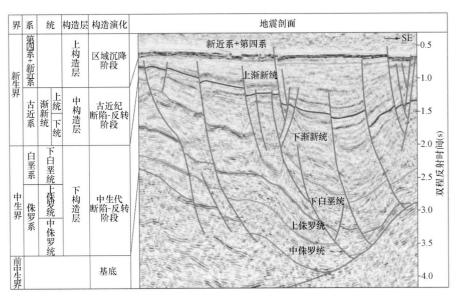

图 8-4　北黄海盆地中、新生代构造层的划分

据（简晓玲等，2016）修改

区域构造、重磁特征等方面看，北黄海盆地叠置在胶辽朝隆起区和威海平壤隆起区之上，北黄海海域基底为太古宇-古元古界的变质岩系，上覆有新元古界至古生界的沉积盖层。

从区域地层分布来看，盆地北部辽东地区是由太古界鞍山群、下元古界辽河群以及中元古界组成的，南部山东半岛地区亦是由太古界胶东群，中、下元古界的粉子山群和蓬莱群等组成。邻近的渤海海域有钻井钻遇太古界-元古界以及寒武系、奥陶系等古生代地层，北黄海盆地西部邻近的胶莱盆地也见有下元古界的荆山群，而东部的安州盆地则见有太古界。

而据北黄海及邻区 28 个岛屿地质调查结果，其前中生代基底主要为元古界变质岩。例如，北黄海盆地北部的海洋岛、獐子岛出露古元古界辽河群浪子山组，岩性主要为石英片岩、石英岩。北黄海盆地西北部的园岛出露古元古界辽河群大石桥组，岩性为大理岩。

另外，在西朝鲜湾盆地 401 井等钻井钻遇了元古界变质岩系，岩性为千枚岩、片麻岩、白云岩和灰岩。这些资料表明，以角度不整合为界，盆地基底主要由太古宇-下元古界石英岩、片岩、片麻岩、板岩等中-深变质的结晶岩系和中上元古界-奥陶系的碳酸盐岩、板岩组成。

据北黄海盆地内岛屿密度和磁化率实测数据及重磁资料，本区地球物理场呈高重力和低磁异常的特点，反映了场源为弱磁性的负变质岩，在盆地东部、海洋岛周围和盆地西部分布有大面积的负磁异常区，磁力值为-150～（-200）nT。这种特点反映出本区前中生代基底为大面积分布的元古界变质岩以及部分残留的古生界地层，这种推测也得到了钻井和地震资料的验证。根据钻井资料得知，朝鲜在盆地东部钻探的 401 井、605 井、611 井、612 井，均钻遇了古生界和元古界甚至太古界，表明本区东部确实存在古生界和元古界。而据过 401 井的地震剖面解释，在上侏罗统底界（T_g）以下，存在着较连续的古生界内幕反射。

根据以上证据推测，北黄海盆地前中生代基底由太古界、元古界和古生界组成，且元古界在北黄海盆地分布广泛，主要围绕古生界分布，岩性为千枚岩、板岩、石英岩、泥灰岩、灰岩等（图 8-5）。在构造变形方面，盆地的前寒武纪基底在区域上为中低级变质岩，构造面理发育，以发育挤压褶皱和断裂为主要特征。

盆地以南山东半岛地区基底的构造形态为较大规模的近东西向复式褶皱系，自北而南为栖霞复

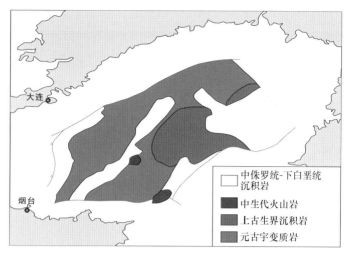

图 8-5　综合推测的北黄海盆地基底结构

背斜、百尺河-胶县复向斜、桃村-报屋顶复背斜。盆地以北的辽东地区，则是由太古界鞍山群、下元古界辽河群以及中元古界组成的复式背斜带，由南而北，分布有后牧城驿-甘井子-后将军石构造带、七顶子-亮甲店-长海构造带等，复背斜的走向亦为近东西向。而根据地震剖面解释出的北黄海盆地内古生界大致分布范围（图 8-5），以及地层对比和重磁及反演资料，北黄海盆地前中生代基底为一复式向斜，位置与东侧朝鲜半岛平南台向斜相对应，应为一近东西走向的由北黄海至平南的古生界坳陷带。

8.2.2.2　基底构造层

华北克拉通作为全球范围内为数不多的古老克拉通，它经历了复杂漫长的演化历史。以太古宙多期次 TTG（奥长花岗岩—英方闪长岩—花岗闪长岩）质岩浆活动为标志，组成华北克拉通的不同陆块完成初始陆壳的生长，到太古宙末（2.5 Ga B.P.），以一系列的岩浆-构造事件为标志，华北克拉通完成了克拉通化。

古元古代吕梁期地壳向刚性发展，这个阶段的主要地质事件是在华北陆核硅铝壳的基础上先后有三次张开、闭合裂谷作用，出现第二次克拉通化，沿着胶-辽-吉等多个构造带，发育了中元古代的造山带。这一阶段演化在胶东-辽东半岛则以拉张作用为主，形成裂谷，产生沉积（荆山群、粉子山群、辽河群），形成了双峰式火山岩和泥质沉积为主的岩石组合，以角闪麻粒岩相变质为主；而在其南、北缘则以碎屑岩为主，以角闪岩相、绿片岩相变质为主，前者为荆山群，并具有孔兹岩系特征，后者为粉子山群、辽河群。吕梁构造层在古元古地质历史晚期，经历了三幕构造变形，第一幕变形是在伸展体制下，因岩浆底劈垂向侵位造成的，发生了强烈顺层挤压剪切作用，岩石在塑性状态下，形成流劈理、顺层片理、平卧褶皱、紧闭同斜褶皱和小规模的韧性变形带，本幕变形对原始沉积层理进行了强烈改造和置换；第二幕变形是在收缩体制下，发生 NS 向水平挤压作用，形成近 EW 向褶皱，构成了辽河群的主要构造格架；第三幕变形发生在区域大规模变形变质之后，在近 NS 向水平挤压应力作用下而产生的动力变质变形作用，由于挤压应力的不均，形成了近 NW 向褶皱。

到古元古代中晚期，吕梁运动（~1.8 Ga B.P.），使组成华北克拉通的各个陆块拼接成统一陆块，之后进入了漫长、稳定的盖层发育阶段。

晋宁期（1 000 Ma~540 Ma B.P.）华北克拉通主要发育稳定的青白口系、震旦系沉积，在苏鲁造山带中主要发育晋宁期多成因的花岗岩。需要指出的是，在北黄海盆地的南缘为苏鲁-千里岩隆起带，为苏鲁造山带向海域的延伸部分，仅有千里岩岛出露新元古代的花岗片麻岩，主要发育晋宁期花岗岩，变质程度为低角闪岩相，在该带中也大量发育高压-超高压变质的榴辉岩；除此之外，该区段还发育少量的太古宙-古元古代的变质岩、震旦纪的浅变质岩系以及中生代侵入岩和碎屑-火山岩。

加里东旋回早期，大致从早寒武世末至中奥陶世（513 Ma~458 Ma B. P.）华北陆块开始沉降接受沉积，主体为一套滨海（局部为潟湖）-浅海陆棚碎屑岩、碳酸盐岩沉积建造，属于稳定区沉积。在北黄海盆地中保留了这一时期（寒武纪）的沉积地层，并角度不整合覆盖于前寒武纪的变质岩之上。加里东旋回晚期，大致从晚奥陶世至早石炭世末（458.4 Ma~318 Ma B. P.），华北陆块整体隆升遭受剥蚀，缺失这一期间的沉积建造。

直到三叠纪中期，由于古特提斯洋的关闭，扬子、华北板块拼贴，形成中国现在统一的大陆。苏鲁造山带是华北-扬子块体三叠纪俯冲-碰撞过程中形成的，该带内的高压-超高压变质岩是扬子块体北缘基底在三叠纪向北深俯冲到华北板块之下（俯冲深度大于 100 km）、而后快速折返到地表而形成的。

8.2.3 盆地下构造层——中生代断陷-反转阶段

印支运动以后，区内进入了新的地质发展演化阶段——濒太平洋大陆边缘活化带的发展阶段，即构造活动源于太平洋板块对欧亚板块的俯冲，特别是侏罗纪以来，发生了强烈的燕山运动，其主要表现特征是形成了不同期次、不同方向的断裂构造及晚侏罗纪-白垩纪断陷盆地。而后强烈间歇性火山活动，在断陷盆地内堆积了陆相碎屑沉积及火山沉积建造，形成了中上侏罗统和白垩系两个构造亚层，同时该时期区内的岩浆侵入活动也比较强烈。

在此背景下，北黄海盆地的演化始于三叠纪末。由于扬子板块向华北板块 NNE 向的俯冲碰撞挤压作用，产生了以 NNE 向挤压为主的压扭应力场，从而导致该区太古宇、古生界发生褶皱，形成了大量的 NWW 或近 EW 向的逆冲断层及宽缓褶皱，该区域成为剥蚀古高地，且这种区域隆升状态一直持续到中侏罗世。

进入中侏罗世，北黄海盆地的初始断陷期，最早发育了一期正断层。中侏罗统分布于北黄海的中部坳陷，主要发育湖相暗色泥岩，局部有火成岩侵入，最厚约 1 400 m；上侏罗统分布于中部坳陷与东南坳陷，以湖相泥岩及小型扇体沉积为主，自下而上组成水体变深的正旋回沉积序列，最厚达 2 000 m。在侏罗纪末期，北黄海盆地发生强烈反转构造，造成区域横向挤压收缩，盆地的东南部发育了挤压逆断层（图 8-2）。逆断层既有高角度逆断层，也有低角度逆冲滑脱断层，它们均未断穿 T_5 界面（图 8-6），其成因均与晚侏罗世的反转挤压有关。从逆断层发育强度、平面展布特征等分析认为，该期挤压应力来自研究区东南方，即挤压应力方向为由东南向西北。

早白垩世，北黄海盆地在经历了晚侏罗世末期强烈的反转挤压和抬升剥蚀后，随着库拉板块向华北板块的俯冲，中国东部地壳开始出现拉张，并伴有钙碱性火山活动，盆地再次沉降接受下白垩统沉积。下白垩统分布较广，仅东南坳陷无沉积，发育以红色色调为主的杂色湖泊三角洲及扇三角洲沉积，因其剥蚀严重，最大厚度为 1 800 m。

整体而言，下构造层不整合覆盖于盆地基底之上，其上被古近系的粗碎屑岩不整合覆盖。下构造层下部以湖相泥质沉积为主，而在晚侏罗世末构造反转后（T_5 界面），北黄海进入区域性伸展，广泛发育了下白垩统湖泊三角洲及扇三角洲沉积。下构造层受到多期构造运动的叠加改造，构造变形比较复杂，伸展构造与挤压构造并存，为一套伸展-挤压构造系统。

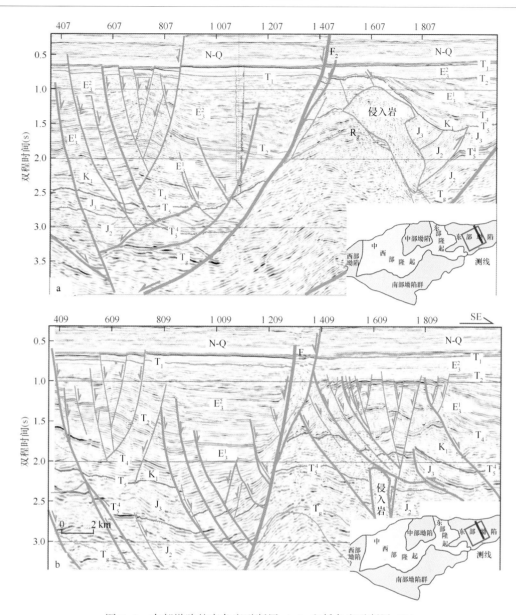

图 8-6 东部坳陷的高角度逆断层（a）和低角度逆断层（b）

8.2.4 盆地中构造层——渐新世断陷-反转阶段

区域上，进入新生代后由于区域应力场的重大改变，致使已生成的断裂再次活动。在辽宁、朝鲜、胶东地区，地壳处于整体隆起状态，古近系、新近系缺失或局限分布；在渤海湾和北黄海则沉积了较厚的新生界。

中构造层主要为渐新统地层，底部发育一套砾岩不整合覆盖于（T_4 界面）下构造层顶部的泥质岩之上，在盆地边缘往往超覆在基底构造层之上；中构造层上部被新近系和第四系水平地层披盖。在整个坳陷都有发育，以河流沉积为主，渐新统沉积最厚达 3 700 m。中构造层代表了盆地新生代初始裂陷和强烈裂陷阶段，这一时期欧亚板块东部发生广泛而强烈的裂陷活动，盆地再次受到 NW—SE 向拉张作用而张裂成盆。与下构造层相比，中构造层控盆或控坳断层的继承性活动明显增强，先存的 NW 向断层也更为活跃。新生断裂一般为盖层断层，规模较小。

渐新世末的构造反转使中构造层褶皱变形，以挤压褶皱与反转断层为重要特征，局部发育伴生的逆断层。

8.2.5　盆地-构造层——新近纪-第四纪区域沉降阶段

上构造层与中构造层为角度不整合接触关系，隆起部位通常直接覆盖在基底构造层上。该构造层为盆地区域沉降期形成的沉积，分布于全区，呈水平层状，厚度稳定，构造变形轻微，断裂作用和岩浆活动微弱。上构造层对应新近系-第四系是区域沉降阶段的产物，下部新近系发育填平补齐的冲积平原，上部为更新世以来的陆架滨浅海相沉积，整体上厚度稳定于 $200\sim600$ m。

8.3　构造单元的划分及其特征

8.3.1　构造单元划分

区域大地构造单元划分（大地构造分区），是指一个大的区域范围内的地壳物质组成、岩石构造组合以及地球物理和地球化学场明显不同于相邻地域而进行的分区。中国大地构造学派多，划分大地构造单元的原则各有侧重，所以迄今为止，出现了各种不同的构造单元划分方案。本文以板块构造理论为指导思想，利用近年来实测数据和已经公开出版发行的有关资料为基础，对区内构造单元进行了划分，大地构造单元划分方案和构造单元名称主要参考《中国区域地质志工作指南》（2012）。

北黄海盆地位于华北板块东部边缘，是发育于华北板块之上的中、新生代叠合盆地。北黄海盆地作为一个区域上的二级构造单元，其隶属的一级构造单元是华北-柴达木板块。华北-柴达木板块北以围场-赤峰-开原断裂与兴蒙造山带分界，南以祁连山、西秦岭和秦岭等北缘断裂与中央造山带相邻。该陆块包括太古宇-古元古界、中元古界-新元古界、寒武系-三叠系、上三叠统以来 4 个构造层。①太古宙和古元古代的地质体构成了该陆块的结晶基底，主要岩石组合为变质表壳岩系和变质深成岩系，其原岩为拉班玄武岩、钙碱系列火山岩、陆源碎屑岩和碳酸盐岩、TTG 岩系、二长花岗岩-钾质花岗岩和少量镁铁质-超镁铁质岩石。②中新元古代是中朝准地台稳定盖层发育的时期，其下部为富碱的火山岩，中上部为碳酸盐岩和陆源碎屑岩；在陆块的边缘和内部多处发育这一时期的基性岩墙和富碱花岗岩。震旦系主要出露在陆块的东部辽宁大连-山东蓬莱-徐淮一带和西南部。在陆块东部震旦系下部为碎屑岩、上部以碳酸盐岩为主；与下伏的青白口系和上覆寒武系均为平行不整合接触。陆块西南部以石英砂岩、长石石英砂岩、白云岩为主，上部以发育冰碛岩为特征；平行不整合于青白口系之上。③寒武系-奥陶系为广泛分布的浅海相沉积，主要由碳酸盐岩夹少量细碎屑岩，普遍缺失上奥陶统-下石炭统，上石炭统常平行不整合于中奥陶统之上。上石炭统-三叠系构成陆块上最年轻的一套连续的海相-陆相沉积。④晚三叠世以来构造层包括晚三叠世偏碱性花岗岩、早侏罗世玄武岩、中晚侏罗世火山岩和侵入岩、白垩世火山岩和侵入岩、新生代幔源玄武岩以及同时代的陆相沉积岩系。

依据中生界和古近系的分布及厚度、断层的分割控制作用等因素，区分出坳陷和隆起，并在北黄海盆地划分为 6 个三级构造单元（图 8-7，表 8-2），它们分别是东部坳陷、中东部隆起、中部坳陷、中西部隆起、西部坳陷和南部坳陷（图 8-8，图 8-9）。

8.3.2　东部坳陷（Ⅰ）

该坳陷位于盆地的东端，向东与朝鲜的安州盆地连接（图 8-1），其油气潜力最大，地质构造

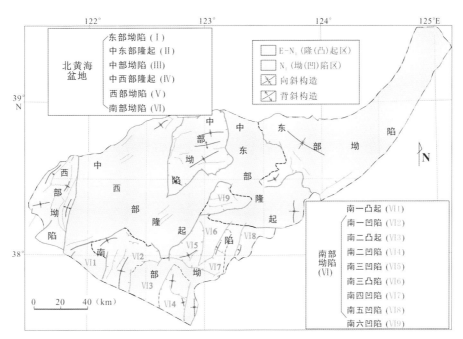

图 8-7　图幅范围的大地构造单元划分

图中构造单元名称及其特征如表 8-1 所示

也最为复杂，是近年来北黄海盆地基础地质研究和油气资源勘查的重点区域。东部坳陷整体呈现 NW 向，面积为 5 200 km²，主要发育 NW 向、NE 向构造。该坳陷内主要发育 J_2-K_1、E_3 和 N-Q 等 3 套沉积层，其沉积厚度一般在 600~8 400 m 不等，沉降中心靠近坳陷的中部近 NW 向展布。北黄海盆地晚侏罗世–早白垩世受近 EW—NE 向断裂的控制，北黄海盆地的最大沉积中心在东部坳陷，沉积厚度达 4 800 m。中侏罗统分布于中部凹陷，主要发育湖相暗色泥岩，最厚约 1 400 m；上侏罗统分布于中部凹陷与东部凹陷，以湖相泥岩及小型扇体沉积为主，最厚达 2 000 m；下白垩统分布较广，仅东部凹陷无沉积，发育以红色色调为主的杂色湖泊三角洲及扇三角洲沉积，因其剥蚀严重，最大厚度为 1 800 m；渐新统在整个坳陷都有发育，以河流沉积为主，最厚达 3 700 m；新近系–第四系是区域沉降阶段的产物，下部新近系发育填平补齐的冲积平原，上部为更新世以来的陆架滨浅海相沉积，整体上厚度稳定于 200~600 m。

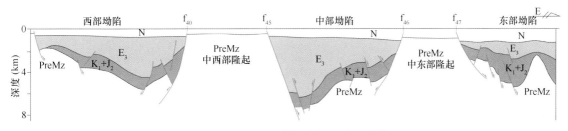

图 8-8　北黄海盆地东西向构造剖面（李文勇等，2006）

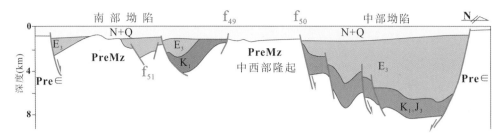

图 8-9 北黄海盆地南北向构造剖面（李文勇等，2006）

表 8-2 北黄海盆地的大地构造单元划分及其主要构造特征简表[据李文勇等(2006)修改]

构造单元			走向	面积 (km²)		主要构造线方向	地层或隆起基底	沉积厚度 (km)	
二级	三级	四级							
海洋岛隆起带			NEE	>5 000		NNE	∈与An∈	0~400	
北黄海盆地	东部坳陷	西北凹陷	NW	58	2 193	NW	N-Q,E₃,J₂-K₁	1.2~4.5	0.6~8.4
		西北凸起	NW—NE	286		NW—NE		0.6~1.8	
		北部凸起	NW	401		NW		0.8~2	
		中部凹陷	NW	722		NW、NW		2~8.4	
		东部凸起	EW	81		EW		3~4.8	
		南部凹陷	NE	188		NE		1.8~3.4	
		南部凸起	NW	457		NW		1~6	
	中东部隆起		近SN	1 894		NE、NW	∈与An∈	0.4~0.6	
	中部坳陷	北部凸起	NEE	261	2 120	NE—NNE	N-Q,E₃,J₂-K₁	1.2~3.6	1~8
		北部凹陷	NEE	651		NE-NNE		3.6~7.2	
		中部凸起	NE	503		NE-NNE		3.2~7	
		南部凹陷	NE	422		NE		3~8	
		南部凸起	NE	283		NE、NW		1.6~6.4	
	中西部隆起		N—NNE	6 509		NE	∈与An∈	0.2~0.8	
	西部坳陷	西部凸起	NNE	589	1 460	NNE	N-Q,E₃,J₂-K₁	0.6~2	0.5~4.8
		东部凹陷	NNE	579		NNE		2~4.8	
		南部凸起	NNE	292		NNE、近EW		0.5~0.8	
	南部坳陷	南一凹陷	近SN	1 279	7 321	NE-NEE	N-Q,E₃,J₂-K₁	0.85~3.6	
		南二凹陷	NNE	614		NNE、NW		0.75~2.6	
		南三凹陷	NNE	512		NNE、近EW		1~2.8	
		南四凹陷	NNE	339		NNE、近EW		1~2.85	
		南五凹起	NE	369		NNE、近EW		0.8~1.45	
		南六凹起	NE	385		近EW、NNE		1~2.6	
		南一凸起		441				0.5~0.8	
		南二凸起		1 103				0.6~0.8	
		南三凸起		2 059				0.5~0.7	
刘公岛隆起带			NE	>40 000		NE	An∈	0~400	

　　断裂多分布于坳陷中部，以 NE、NW 走向为主，少量呈近 EW 向或 SN 向，前者规模相对较大，彼此交错控制了坳陷的构造格局。东部坳陷经历了不同性质构造应力的作用，构造变形复杂，型式多样，主要可识别出伸展、挤压、扭动、反转等构造样式（图 8-6，图 8-10）。据中生界和古近系的分布及厚度、断层的分割控制作用等因素，可以进一步划分为西北凹陷、西北凸起、北部凸起、中部凹陷、东部凸起、南部凹陷、南部凸起等多个四级构造单元（图 8-10）。

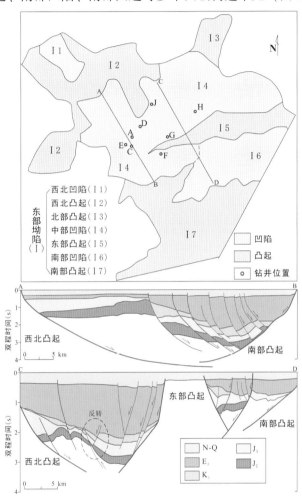

图 8-10　东部坳陷构造区划以及地震剖面图

据 Zhang 等（2017）修改

　　通过岩心观察与测井相分析，结合三维地震资料，发现东部坳陷中生界主要发育扇三角洲、辫状河三角洲、三角洲与湖泊沉积。受构造演化阶段的制约，不同时期具有不同的沉积演化特征。其中中侏罗世处于湖盆的初期断陷期，半深湖-深湖亚相发育，仅在坳陷边缘见少量小规模的扇三角洲沉积。晚侏罗世处于断陷扩展期，整体为一个完整的湖进-湖退旋回，早期北部缓坡发育三角洲沉积，南部及东部陡坡见扇三角洲沉积，中后期则由于湖平面上升，发育暗色泥岩为主的湖泊沉积，晚期北部缓坡见小规模三角洲前缘沉积。早白垩世处于断陷萎缩期，垂向发育两个正旋回沉积序列，其中旋回下部以扇三角洲、辫状河三角洲相为主，向上渐变为滨浅湖沉积。

8.3.3　中东部隆起（Ⅱ）

　　该隆起整体走向近 SN 向，面积为 1 800 km^2，主要发育 NW 向、NE 向构造。该隆起主要发育前寒武纪变质岩系和寒武纪-奥陶纪岩层，并被新生代地层覆盖，其厚度为 400~600 m。隆起的西部边界或为向西倾斜的正断层与中部坳陷分隔，或直接与中西部隆起相连；东部的边界通常为向东倾斜的高角度正断层，在剖面上具有类似于地垒的构造样式（图 8-8）。中东部隆起的最终形成可能与渐新世末挤压背景下的隆升和剥蚀关系密切。

8.3.4　中部坳陷（Ⅲ）

中部坳陷整体呈现 NE—NEE 向，面积约为 2 100 km^2，坳陷内部主要发育 NE—NEE 向构造，主要发育 J_3-K_1、E_3 和 N-Q 3 套沉积岩系，其厚度为 1 000~8 000 m，沉降中心轴靠近坳陷的中部近 EW 向展布，显示"西深南浅"的样式（图 8-8，图 8-9）。尤其是在始新世，盆地受 NNE 向断裂的控制，北黄海盆地的沉积中心西移，最大沉积厚度在中部坳陷，沉积厚度达 5 900 m。中部坳陷可以进一步划分为北部凸起、北部凹陷、中部凸起、南部凹陷、南部凸起 5 个四级单元。

8.3.5　中西部隆起（Ⅳ）

中西部隆起主要呈 NE—NNE 向展布，发育 NE 向构造，面积为 6 500 km^2 左右。该隆起剥露前寒武纪岩系和寒武纪-奥陶纪岩层，新生代沉积厚度在 200~800 m。隆起的东侧、西侧、南侧通常发育高角度的正断层，与西部坳陷、中部坳陷以及南部坳陷分隔，剖面上类似于地垒的构造样式（图 8-8，图 8-9）。该隆起可能是在渐新世抬升，并遭受了风化剥蚀。

8.3.6　西部坳陷（Ⅴ）

位于盆地西侧，整体呈 NNE 向展布，面积 1 400 km^2 左右。坳陷内填充的地层为 J_2-K_1、E_3 和 N-Q 3 套沉积岩系，其沉积厚度在 500~4 800 m，沉降中心轴靠近坳陷的东部，以向西倾斜的正断层与中西部隆起分隔开。区域上，渐新世北黄海盆地受 NNE 向断裂与近 EW—NE 向断裂再活动的控制，沉积中心继续向西迁移，最大沉积厚度在西部坳陷，沉积厚度为 2 400 m。据地层分布及厚度等因素，可以进一步划分为西部凸起、东部凹陷、南部凸起 3 个四级构造单元。

8.3.7　南部坳陷（Ⅵ）

南部坳陷整体呈现 NE—NNE 向展布，其面积较大（大于 7 000 km^2）。根据沉积厚度的差异，可以进一步划分出凸起-凹陷等四级的构造单元（表 8-1）。由于受到了 NE 向断裂的控制，这些凸起-凹陷沿着 NE 方向正负间隔排列，以发育 J_2-K_1、E_3 和 N-Q 等时代的沉积岩为主，局部凸起区只是保存了 E_3 和 N-Q 等新生代地层，沉积厚度在 500~3 600 m 不等。

8.4　地质构造演化

北黄海盆地开始形成于侏罗纪末，是发育于华北板块之上的中、新生代叠合盆地，盆地的基底为华北板块的前寒武纪变质岩和古生代-早中生代海相沉积建造，且缺失部分的古生界和下中生界。

整体而言，北黄海中、新生代盆地经历了三大演化阶段，即两期伸展成盆阶段与一期坳陷成盆阶段。中生代（晚侏罗世-早白垩世，下构造层）属于北黄海盆地的第一伸展断陷成盆期，古近纪（始新世-渐新世，中构造层）是北黄海盆地的第二伸展断陷成盆期，新近纪-第四纪（上构造层）则属于北黄海盆地的热沉降坳陷期。其中第二伸展断陷成盆期（始新世-渐新世）对第一期伸展断陷盆地具有一定的改造作用。

8.4.1　区域构造演化阶段划分以及盆地的基底形成

太古宙和古元古代的地质体构成了整个华北板块的结晶基底，主要岩石组合为变质表壳岩系和变质深成岩系，其原岩为拉斑玄武岩、钙碱系列火山岩、陆缘碎屑岩和碳酸盐岩、TTG 岩系、二长花岗岩-钾质花岗岩和少量镁铁质-超镁铁质岩石。在此基础上，华北板块接受了中、新元古代的稳定盖层、寒武系-三叠系海相到陆相的沉积，以及晚三叠纪以来的陆内沉积。

8.4.1.1　太古宙-古元古代陆核、陆块的形成阶段（3 200 Ma~1 800 Ma B. P.）

1）太古宙第一次克拉通化

在中太古代早期的地壳初始发展阶段，地球表面温度高，地热梯度大，火山作用强烈。在地球逐渐冷却的过程中，开始形成原始地壳，原始地壳受地幔对流影响，引起拉张，接受超基性-中酸性火山岩及浅海陆棚沉积物（唐家庄岩群），形成古岛弧。这一过程形成了本区的太古宙高级区，胶辽陆块的雏形基本形成。

地壳分异成稳定的花岗岩穹窿和活动的绿岩带，稳定区与活动带基本格架逐渐明朗，是本阶段的主要特征。这一时期形成太古代绿岩带（胶东岩群）及大量 TTG 花岗岩（栖霞片麻岩套，原岩年龄集中在约 2.7 Ga）。阜平运动晚期，构造运动达到高潮，稳定的陆核间发生碰撞、拼贴、洋盆闭合，新的陆核联合体产生，并相继固结，第一次克拉通化完成。该阶段地壳形成的历史，可概括为原生地壳发展史。

2）吕梁期第二次克拉通化

吕梁期，地壳向着刚性发展，这个阶段的主要地质事件是在华北陆核硅铝壳的基础上先后有三次张开、闭合裂谷作用，是陆核向陆块发展的重要阶段，经这一阶段构造岩浆作用，地壳进一步增生，完成第二次克拉通化。古元古代有三次壳源花岗岩侵位，前两次的英云闪长岩与二长花岗岩是在沉积盆地发育过程中就位的，后期花岗岩是同构造侵位的。吕梁期有早、中、晚三期变形，早期变形为伸张体制下的顺层剪切流变，在辽河群中形成了以顺层面理、顺层掩卧褶皱为代表的固态流变构造以及底面滑脱带，显示此类构造组合起因于深层物质的局部上涌，推断与早期花岗岩同构造侵位有关。中期的南北向收缩变形在辽河群中留下了近 EW 向紧闭线性褶皱以及折劈，在太古宙岩石中形成了 EW 向及 NE 向韧性剪切带。经过此期变形，地壳抬升，此后发生的晚期收缩变形主要表现为韧脆性膝折。早、中期变形伴随绿片岩相-低角闪岩相区域变质，晚期发生低绿片岩相退变质。

在太古与元古之交，古陆核受近 NS 向拉伸而开始裂解，早期基性岩墙贯入（2 481 Ma B. P.）；紧接其后，胶辽朝带则以拉张作用为主，形成海槽，产生陆缘海相沉积组合：辽河群、荆山群、粉子山群。沉积基本结束后幔源岩浆侵位（莱州斜长角闪岩类），随后发生顺层拆离滑脱构造及中高温变质作用（麻粒岩相、角闪岩相）。吕梁后期裂陷槽开始闭合，在弧后盆地的残留海槽中沉积了陆源碎屑岩组合，在栖霞岛弧的北部及西部形成花岗闪长岩、二长花岗岩（双顶片麻岩套），这一裂陷槽可能未完全封闭，因此形成的花岗岩数量较少。

8.4.1.2　中元古代-新元古代早期陆块发生形成阶段（1 800 Ma~800 Ma B. P.）

在太古宇-古元古界构成的基底的基础之上，中元古代以来，华北克拉通长期处于岩浆作用的静寂期，所以长期被认为是一个稳定的前寒武纪地块，很少有构造活动，为稳定盖层长城系-青白口系的发育期。

吕梁旋回后地壳刚性增大，经较长期剥蚀后在区内北部开始海侵，堆积了榆树砬子组以石英净砂岩为主夹黏土岩的滨-浅海沉积。此后发生了四堡旋回构造运动，运动机制为自 SW 向 NE 的顺层滑脱，伴有低绿片岩相的变质作用，此时有中酸性岩浆就位；晚期为 NE—SW 向收缩变形，形成 NE 向褶皱及折劈。青白口纪早期地势差异明显，在山间盆地中堆积了永宁组以长石砂岩为主的冲积扇与河流相沉积。而后海侵有一高潮，沉积了陆棚盆地相的黏土岩夹灰岩，出现最大海泛面。

8.4.1.3　新元古代晚期-晚三叠世陆块发展阶段（800 Ma ~ 205 Ma B.P.）

震旦纪时期海盆范围较前期有所缩小，震旦纪初期，继续海侵，进入陆棚盆地环境，此期间陆地地势仍有起伏，碎屑物供给充足。此后升降幅度不大，沉积环境多为滨海、潮坪相沉积。

寒武纪-三叠纪主要发育海相到陆相的沉积。其中，寒武纪-奥陶纪形成广泛分布的浅海相沉积，主要由碳酸盐岩夹少量细碎屑岩。寒武纪初期海侵范围局限，当时地壳相对动荡，有两次明显升降，由于大连地区升降造成地势起伏，早寒武世以碎屑沉积为主，为海岸三角洲沉积。自中寒武世张夏期开始再次发育碳酸盐潮坪及碳酸盐台地，并一直保持到中奥陶世。此外，寒武系底部有辉绿岩床侵入，这也是辽南地区呈岩床侵入的辉绿岩产出的最高层位，推断其与金伯利岩有渊源。总体来看寒武纪-奥陶纪的构造岩浆作用较震旦纪有较明显减弱。

与华北其他地区一样，本区缺失晚奥陶世-早石炭世早期的沉积，早-中石炭世本溪组直接平行不整合于中奥陶世马家沟组之上，由此代表的构造运动在辽宁称本溪升降，此期间仍有（超）基性岩浆活动。

经过一段时间的隆升剥蚀后，自早石炭世晚期起又接受沉积，中石炭世早期开始海侵，至早二叠世，在开阔台地与滨岸沼泽相交替的海陆交互环境中堆积了海相灰岩、砂页岩与陆相含煤系的互层岩系，构成陆块上最年轻的一套（上石炭统-三叠系）连续的海相-陆相的沉积。

8.4.1.4　晚三叠世以来的滨太平洋构造发展阶段（205 Ma B.P. 至今）

大致从中三叠世起，结束了相对宁静的陆块盖层发育史，开始进入了一个更加活动的新时期。这一新阶段的特点是华北-扬子板块发生陆-陆碰撞后，区域上主要受控于东部太平洋板块的深俯冲作用，其深部地壳受热弱化和大规模壳源花岗岩浆活动以及浅部盖层的强烈褶皱和广泛的韧性变形。因此，晚三叠世以来，主要岩石组合为陆相沉积岩系夹中生代侵入岩。

三叠纪，北黄海地区时地壳处于隆升状态，无沉积记录。中三叠世时构造运动揭开了印支-燕山造山旋回的序幕，首先在水平剪切机制下的自 E 向 W（或自 SEE 向 NWW）的大规模顺层剪切滑脱，在主滑脱面上下形成了厚大的席状韧性剪切带，在青白口系、震旦系中形成了以顺层面理及顺层平卧褶皱为代表的顺层剪切流变与顺层剪切滑动构造，并导致基底岩石发生绿片岩相的退变质和盖层的低绿片岩相变质。自晚三叠世早期发生了应力的转化，前期自 E 向 W 的水平剪切力逐步转变为 EW 向挤压，发生了强烈的纵弯褶皱作用，形成了 NS 向复式褶皱系，伴随逆冲推覆。岩浆活动首先有中三叠世期花岗岩在剪切滑脱中就位，后有晚三叠世期花岗岩体在褶皱期侵入；后者在与青白口系的接触带形成了小型铜矿及含铜磁铁矿。

侏罗纪-白垩纪时地壳仍处于隆升态势，只有少数构造盆地堆积了陆相碎屑岩与火山岩系。早燕山运动继承了晚三叠世 EW 向挤压应力场，但强度有所减弱，并形成受 NS 向逆断层控制的断陷式盆地，堆积了碎屑岩（含薄煤层）；同时花岗岩就位。中燕山运动是燕山旋回的主幕，可分两个世代，第一世代变形是在太平洋板块向 NNW 向运动、郯庐断裂作较大规模左旋平移的背景下发生的，自南向北的侧向挤压使盖层发生了强烈的遍布全区的东西向褶皱系，它们强烈地改造了早期的南北向构造线。中侏罗世有小型坳陷盆地发生，堆积了含煤碎屑岩；晚侏罗世晚期的构造格局又有了改变，在太平洋板块向亚洲大陆俯冲以及郯庐断裂左旋平移运动的继续下，形成了 NE 向的、以远距离逆冲推覆体为主要特征的构造组合。中燕山期岩浆活动最为活跃，一系列花岗岩体沿 NE—EW 向及 NW 向、NS 向的构造带侵入，它们与区内的一些金和有色金属矿产有成因联系。晚侏罗世-早白垩世除继前期 NW—SE 向挤压应力外，还附加有 NE—SW 向的左旋剪切，形成了皮口及庄河等多条 NE—NNE 向压剪性断裂带。同时形成多个小型断陷盆地，早期盆地发育中性火山岩建造，晚期盆地堆积了陆源碎屑建造。从而造成现今基底与盖层以及深成岩体的总体分布格局。

古近纪地壳继续处于隆升态势，只在局部地区保留有新近系残积红土堆积；第四纪共有三次海侵，第一次（最重要）发生于 Q_1 中期，渤海于此时出现，同时造成北黄海海面上升，导致长海地区的山峰成为岛屿。第二、三次海侵分别发生于 Q_1 晚期—Q_2 期。构造变形以断裂的复活为主，如金州断裂曾活动；近代还有地震发生。

8.4.2　晚侏罗世-早白垩世第一伸展断陷成盆期（下构造层）

8.4.2.1　中侏罗世-晚侏罗世伸展断裂

北黄海盆地的演化始于三叠纪末，由于扬子板块向华北板块 NNE 向（近 SN 向）的俯冲碰撞挤压作用产生了以 NNE 向挤压为主的压扭应力场，从而导致该区太古宇、古生界发生褶皱，形成了大量的 NWW 向或近 EW 向的逆冲断层及宽缓褶皱，该区域成为剥蚀古高地，且这种区域隆升状态一直持续到中侏罗世。进入中侏罗世，依泽奈崎板块往欧亚板块 NNW 向的俯冲作用逐渐增强，开始进入以太平洋板块活动影响占主导地位的构造演化阶段，EW 向构造格局的差异性开始显现。由于太平洋板块沿 NW 方向向欧亚板块俯冲，引起中国大陆东部边缘岩石圈拆沉，同时俯冲作用诱发的地幔热流向大陆方向蠕散，加速了上地壳朝大洋方向的漂移，从而导致中国东部大陆边缘的区域性弧后拉张，因此形成了一系列近 EW 向至 NE 向的张性正断层，拉开了北黄海盆地晚侏罗世-早白垩世的伸展断陷动力学阶段。因此，该期是华北东部地区处于古亚洲洋构造域向滨太平洋构造域演化的过渡阶段，也是北黄海盆地的初始断陷期（陈亮等，2008；李文勇，2007）。

从地震资料分析发现（图 8-2，图 8-6），北黄海盆地沉积盖层中最早发育了一期断层，为侏罗纪的伸展断层，是典型的平缓式正断层，断裂断穿层位主要为中侏罗统，少数断穿 T_5^g 界面（图 8-11a，图 8-11b），表明断层活动主要发生在中侏罗世至晚侏罗世早期。张性正断层的特点是：断面 NW 倾，形成基岩面 NW 翘 SE 倾；沿着断裂带有岩浆侵入或喷发（胡小强等，2017）。

8.4.2.2　侏罗纪末期挤压断裂与隆升剥蚀（T_5 不整合面）

侏罗纪末期，北黄海盆地发生强烈反转构造，造成区域横向挤压收缩，进而分别在研究区的GA 井区和东南部发育了挤压逆断层，其中 GA 井区逆断层规模相对较小（图 8-2），而东南部的挤压滑脱逆断层和逆冲断块活动强度较大（图 8-6），从逆断层发育强度、平面展布特征等分析认为，该期挤压应力来自研究区东南方，即挤压应力方向为由 ES 向 WN。

8.4.2.3　早白垩世弱伸展断裂

早白垩世，北黄海盆地在经历了晚侏罗世末期强烈的反转挤压和抬升剥蚀后，随着库拉板块向克拉通的俯冲，朝鲜、中国东部和日本西侧的地壳开始出现拉张，并伴有钙碱性火山活动，盆地再

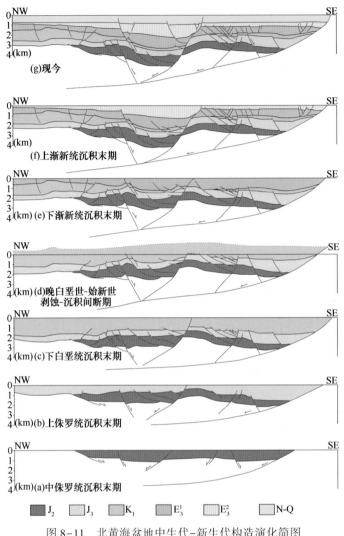

图 8-11 北黄海盆地中生代-新生代构造演化简图

据杜民等（2016）和胡小强等（2017）修改

次沉降接受下白垩统沉积。由地震剖面所反映的断裂发育强度和程度分析认为，该阶段盆地构造运动以垂向升降为主，水平拉张作用不明显，断裂构造相应也不发育，而在局部地区，如图 8-2 所示，早期因构造反转形成的逆冲块体在该时期因重力作用和区域应力松弛作用而发生垮塌，形成 T_5 界面上的小型断块构造（图 8-11c）。

8.4.3 晚白垩世-始新世热隆阶段

晚白垩世（80 Ma B. P. 前后），伊泽奈崎板块俯冲消失，太平洋板块正向（NNW）俯冲于亚洲大陆之下，强烈的挤压作用，使得郯庐断裂的左旋活动停止，郯庐断裂以东的广大地区整体处于隆升剥蚀状态，燕山晚期运动形成了北黄海盆地最明显的 T_4 区域不整合面，该期构造运动一直持续至古新世，主要以隆升掀斜和地层遭受强烈剥蚀为典型特征，断裂活动不明显（图 8-11d）。

8.4.4　始新世–渐新世第二伸展断陷成盆期（中构造层）

8.4.4.1　始新世–早渐新世伸展

北黄海盆地在经历了约 50 Ma 的燕山晚期运动之后，于始新世早期，因太平洋板块俯冲转向，由 NNW 正向俯冲转为 NWW 斜向俯冲，中国东部及邻区产生右旋单剪切应力场，从而使得郯庐断裂带右旋走滑活动，主导次级右旋单剪应力场中的北黄海盆地进入再次拉张断陷期，构造运动以水平拉张和差异沉降为主，以 NNE 方向为主的张性断裂系最为发育，部分断层断穿 T_4 界面至下部中生代地层（图 8-11e）。

8.4.4.2　早渐新世末期差异隆升剥蚀（T_2 不整合面）

早渐新世末期，北黄海盆地再次发生构造反转，地层遭受挤压抬升剥蚀，尤其在盆地内部的隆起带上，地层遭受强烈剥蚀并形成非常显著的 T_2 构造不整合面，而在低洼处地层发生连续沉积。该构造反转期断裂活动也不明显，表明该期构造反转也以升降运动为主，在研究区东南部可能发生挤压拱张与隆升剥蚀。

8.4.4.3　晚渐新世伸展断裂

北黄海盆地在经历了早渐新世末期的反转构造之后，晚渐新世又进入伸展阶段，构造运动表现为强烈的差异沉降和伸展块断作用。该期断裂活动主要发育于土星隆起的围斜带和区内西北部的隆坳结合部位，断裂数量众多但规模普遍较小，断裂走向总体为 NE 向，宏观上具有明显张扭构造特征（图 8-2，图 8-11f）。

8.4.5　古近纪末期隆升剥蚀（T_1 不整合面）

古近纪末期，印度板块与欧亚板块强烈碰撞并向北楔入，对中国东部大陆产生的远程挤压效应增强，而太平洋板块俯冲带后退又抑制了东部大陆向东南方向蠕散，整个中国东部大陆受挤压而大面积抬升隆起，北黄海盆地也因此再次发生构造反转，构造运动方式以升降运动为主并伴有由 WS 向 EN 方向的水平挤压作用，使得东部坳陷的西南边缘遭受挤压抬升和剥蚀，形成 T_1 区域不整合面。

8.4.6　新近纪–第四纪热沉降坳陷期（上构造层）

这一时期岩浆活动明显减弱，伸展作用趋于停止，沉积盖层厚度不断稳定地缓慢增加。在岩石圈的热松弛及重力均衡调整作用下，裂陷盆地整体下沉，由断陷转为坳陷。其中，中中新世–上新世，北黄海盆地因岩石圈热衰减而发生重力均衡调整，进入裂后坳陷阶段，主要形成了广湖相和三角洲相–河流相沉积，以填平补齐为特点。第四纪以来，海水全面进侵，形成了一套陆架滨–浅海相稳定沉积，该时期东部坳陷断裂活动较弱，仅有早期的大中型断裂发生继承性活动（图 8-11g）。

8.5　盆地形成机制分析

黄海盆地的形成机制，目前仍未有定论。前人据黄海盆地内的地堑、半地堑构造样式，认为黄海盆地新生代以来是断陷盆地，这是由于地震剖面上很难识别出走滑断层。因而，过去常将一些次级断裂错误识别为主断裂，导致之前的一些断层平面组合并不十分合理。随着黄海盆地地震资料的丰富和研究的深入，一些走滑断层逐渐被识别出来。例如，在北黄海盆地内识别出走滑断层的花状构造（李文勇，2007；李文勇等，2009），在南黄海盆地内识别出 NE 向的右行走滑断层及其派生出的近 EW 向的雁列状正断层（Shinn et al.，2010）。通过黄海盆地的断裂平面组合及盆地内部次级的隆坳格局（图8-7）可以发现，黄海盆地的主断裂为 NNE—NE 向，它们均具有走滑性质，这些断层组合表现为右行右阶，因此，在走滑断裂之间派生出了一系列雁列状的正断层，并控制了次一级 NEE—近 NE 向凹陷和凸起的分布。为此，赵淑娟等（2017）用走滑拉分模式可以很好地解释黄海盆地现今的构造格局（图8-11）。晚侏罗世–早白垩世期间，太平洋板块向欧亚大陆的俯冲在中国东部形成了大规模的 NNE 向具有走滑性质的区域性断裂系统。郯庐断裂也自晚侏罗世（约150 Ma B. P.）开始从左行走滑转变为右行走滑，它们与 NE 向的右行走滑断裂共同组成了"右行右阶"的样式，从而形成了黄海盆地内北东东—近东西向展布的拉分凹陷（图8-12），这种机制也是北黄海新生代盆地构造格局的主要成因。前人研究认为北黄海盆地在晚侏罗世—早白垩世至新生代均为右行转换拉张盆地，而南黄海北部坳陷晚白垩世—始新世为郯庐断裂的右行走滑导致的伸展，也进一步证明了这种机制的合理性。此外，黄海盆地周边的渤海湾盆地和东海陆架盆地在新生代也是典型的走滑拉分盆地。而黄海盆地、渤海湾盆地、东海陆架盆地等在新生代的演化继承了中生代的构造格局，但其构造性质发生了根本变化，形成了右行右阶的走滑断层控制下的拉分盆地。

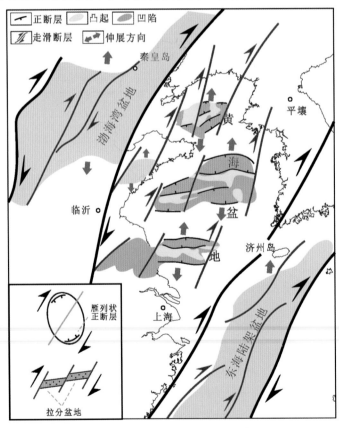

图8-12   黄海盆地构造模式（赵淑娟等，2017）

从区域横向比较看，北、南黄海盆地、渤海湾盆地、东海陆架盆地等都是在中国东部新生代走滑拉分系统下形成的，其盆地具体的演化过程却并不同步，具体表现在盆地伸展期和反转期并不完全一致。其中，第一期反转主要发生在晚白垩世—古新世，此时北黄海盆地处于隆升剥蚀阶段，南黄海盆地处于伸展断陷阶段，渤海湾盆地此时也处于隆升阶段，这一时期（晚白垩世—古新世）构造反转是由燕山晚期运动的影响导致的，表现为华北及其邻区缓慢抬升，遭受强烈的剥蚀均夷，因而渤海湾盆地缺失晚白垩世地层，北黄海盆地缺失晚白垩世—古新世地层，而位于华南地块上的南黄海盆地及东海陆架盆地未受到该期运动的影响。新生代盆地主体是在区域上右行右阶走滑断裂体系控制下的伸展，但渐新世左右发生了第二期反转，主要表现在南黄海盆地和东海陆架盆地中，而北黄海盆地反转的时间稍晚，发生在渐新世末—中新世初，渤海湾盆地在区域上则未经历此次反转。这次反转可能是由于太平洋板块俯冲角度改变导致浅部区域应力场发生变化而形成（赵淑娟等，2017）。

第9章 矿产资源

9.1 概述

北黄海及周边海域水深相对较浅，成矿条件良好，矿种较齐全，资源丰富，受区域成矿地质条件的制约，矿产资源分布具有明显的地域特色。主要有石油、天然气、煤炭和海洋砂矿，另外，海域沉积物中还发育浅层天然气，可以作为一种潜在资源。

石油、天然气是最重要的海域矿产，主要分布于渤海湾盆地、北黄海盆地和南黄海盆地。渤海湾盆地东部目前已发现蓬莱 19-3（探明储量丰度为 1 668×10^4 t/km^2）、绥中 36-1（探明储量丰度为 666×10^4 t/km^2）、蓬莱 25-6、旅大 27-2、旅大 9-2、旅大 10-1、旅大 4-2 等（表 9-1）多个大中型油田和较多的油气显示井及含油气构造，开发潜力很大。北黄海盆地和南黄海盆地勘探程度均较低，至今还未发现可开采性工业油气流，北黄海盆地东部凹陷已发现 8 个有利含油气构造，而南黄海北部盆地仅在个别钻井中发现油气显示。

区内沉积盆地煤系地层广泛发育，煤炭资源远景较为丰富。海域煤系地层普遍埋深大，作为一种潜在的能源矿产，远景储量可观。作为我国目前唯一正在开采的海底煤矿，龙口市北皂煤矿在陆域煤层开采的基础上，已经开展了海域下采煤作业。海底煤层煤质好，地质储量可观，潜力巨大。该项工程为我国近岸煤炭开采和大型水域下煤炭开采提供了经验，具有积极的示范效应。

海洋砂矿是仅次于油气资源的第二大海洋矿产。区内目前已发现的大型建筑用海砂矿床有三个，分别位于山东省烟台市套子湾海域、山东省海阳市千里岩东北海域、山东省青岛市胶州湾外海域；中型建筑用海砂矿床有两个，分别位于山东省烟台市长岛县庙岛南部海域和山东省威海市双岛湾海域（表 9-2）。海砂矿床类型为全新世潮流沙脊型或更新世（古）河谷埋藏型。根据表层沉积物粒度数据，在北黄海海域圈定了浅海表层建筑用砂的分布范围，并对其潜在资源量进行了大致估算。

海域重矿物资源主要包括锆石、石榴石和钛铁矿。在某些区域品位较高，个别站位已经达到工业品位。根据表层沉积物碎屑矿物分析数据，共圈定了 7 处单矿物高品位异常区和 3 处重矿物远景区。

表 9-1 北黄海海域油气田一览表

油气田名称	成因类型	成矿时代	规模
蓬莱 19-3 油田	煤型凝析油和煤型气	始新世—中新世	大型
蓬莱 25-6 油田	煤型凝析油和煤型气	始新世—中新世	大型
旅大 27-2 油田	煤型凝析油和煤型气	始新世—中新世	中型
绥中 36-1 油田	煤型凝析油和煤型气	始新世—中新世	中型
旅大 9-2 油田	煤型凝析油和煤型气	始新世—中新世	中型
旅大 10-1 油田	煤型凝析油和煤型气	始新世—中新世	中型
旅大 4-2 油田	煤型凝析油和煤型气	始新世—中新世	中型

表 9-2　北黄海及周边海域建筑用海砂矿产一览表

地理位置	岸距（km）	水深（m）	矿石类型	矿床类型	规模
山东省烟台市长岛县庙岛南部海域	4	12	中粗砂	全新世潮流沙脊型	中型
山东省烟台市套子湾海域	1~2	12~20	中粗砂、中细砂	全新世潮流沙脊型	大型
山东省威海市双岛湾海域	0~3.5	0~5	中细砂、细砂	全新世潮流沙脊型	中型
山东省海阳市千里岩东北海域	25	25~30	中砂	更新世（古）河谷埋藏型	大型
山东省青岛市胶州湾外海域	5	>12	砾砂、中砂	更新世（古）河谷埋藏型；全新世潮流沙脊型	大型

9.2　油气资源

本海区主要的含油气盆地包括渤海湾盆地东部、北黄海盆地和南黄海北部盆地。

9.2.1　渤海湾盆地

9.2.1.1　油气勘探现状

渤海湾盆地叠置于华北克拉通之上，经历了多旋回的构造变动，蕴藏着丰富的油气资源。渤海的油气资源前景早就引起了国内外地质学家的兴趣和密切关注，较为系统的油气调查始于 20 世纪 60 年代。1960—1964 年，地质部开展地球物理勘探试验工作，初步证明渤海是华北盆地的一部分。1966 年底开钻渤海第一口探井海 1 井，于新近系明化镇组首次获得日产 35.2 t 原油，从而揭开了渤海找油的序幕。进入 20 世纪 70 年代，开始对新近系凸起和潜山进行勘探，发现 1 个油田、3 个含油构造、5 个出油点，并在中日、中法对外合作区中有 5 个构造见油，同时，埕北油田也开始开发工作。

1983—1991 年，确定了对外合作与自营勘探并举的勘探方针。在辽东湾和南部垦东海区的基础上，集中力量对辽东湾进行了全面勘探。发现绥中 36-1 构造油气后，扩大了辽东、辽中和辽南海区勘探工作，明确了辽南海区是一个新的含油气远景区。1992—1997 年，开展渤中海区勘探于新近系浅层发现秦皇岛 32-6 和南堡 35-2 等上亿吨大型含油构造，逐步证实渤中凹陷是一个油气丰富的海区。1998—2002 年，在渤中凹陷大型披覆构造蓬莱 19-3 上，发现几亿吨储量、埋深仅几百到千余米的渤海浅层大型油藏。此发现加深了对渤海最新时期油气平衡的认识，带动渤海新近系油气藏的综合研究工作，使渤中海区浅层油气屡有新的发现，并不断扩大其油气储量。到 2002 年底，在渤海全海域内，共计完成地震约 87.7×10⁴ km，其中 2D 为 23.7×10⁴ km、3D 为 63.9×10⁴ km；钻探井 402 口，其中预探井 209 口，评价井 193 口；发现构造 391 个，已钻构造 147 个；探明石油储量 19.8×10⁸ m³、天然气 1 131×10⁸ m³；目前有 10 个油气田生产，年产原油 825.5×10⁴ km、天然气 5×10⁸ m³；渤海海域累计产油 3 820×10⁴ km、天然气 42.1×10⁸ m³（蔡乾忠，2005）。

2002 年以后，勘探又有重大突破。针对凹陷内油气成藏的复杂情况，中国海洋石油总公司设立了重大攻关课题"渤海海域复杂油气藏勘探"，取得了多项创新的地质认识和勘探新技术，不但发展、完善了"晚期成藏"理论，而且发现了一大批大中型油气田，在凹陷内浅层、混合花岗岩潜山、特稠油藏 3 类复杂油气藏勘探上取得突破，至 2006 年，累计获得各级地质储量约 10×10⁸ m³。目前，渤海已成为我国东部又一个重要的油气产区。

9.2.1.2 盆地沉积地层

根据钻井资料分析，海域盆地内已钻遇前古生代地层，所揭示的沉积地层由老到新依次为太古界–下元古界、上元古界、古生界、中生界和新生界。

1）太古界–下元古界

按所揭露的地层岩石成分和结构特征，可细分为两类。一类是受动力变质作用明显的酸性侵入岩，主要有混合岩、混合岩化花岗岩、千枚岩、长英质混合岩化碎裂岩、石英黑云母片岩、碎裂花岗岩等；另一部分动力变质程度较轻，以花岗岩为主。另一类是没有明显动力变质的酸性侵入岩，普通具花岗结构，石英一般为他形，长石为半自形；蚀变现象普遍。主要岩性有花岗闪长岩、花斑岩、含石英闪长岩、斜长花岗岩等。上述两类岩石的同位素测年可分为两个时段：较早的一期为 2 003 Ma—2 143 Ma B. P.；较晚的一期为 780 Ma—1 429 Ma B. P.。

2）上元古界

渤东 2 井钻遇隐藻灰岩、粉泥晶灰岩和白云岩及含泥铁质灰岩。经与复州地区地层对比，相似于上元古界辽南群十三里台组。渤中 8 井钻遇灰白色石英砂岩、浅翠绿色海绿石砂岩，与下伏花岗岩为不整合接触，经地层对比与抚宁东部剖面青白口系龙山组类似。

3）古生界

下古生界寒武系和奥陶系为连续的地台型沉积，分布广泛，但由于后期强烈的断裂和剥蚀作用，使得地层保存不好。上古生界仅在部分凸起或凹陷中分布，剖面极不完整。

寒武系为一套滨浅海相灰岩、白云岩互层沉积，夹泥岩薄层，在一些凸起上钻遇，与下伏泰山群呈不整合接触。以渤中 28-1-1 井为例，其岩性主要为泥质石灰岩，生物灰岩，紫红色白云岩，粉晶、残余砂屑灰岩，鲕粒灰岩，泥灰质白云岩与中晶、细晶白云岩互层，灰白色粉细晶白云岩等。

奥陶系下部为黑色、深灰色粉晶团粒、藻团粒灰岩，泥晶白云质灰岩，粉细晶白云岩，含灰白色、黑色燧石结核或条带，为开阔海相和水下浅滩相交替沉积。奥陶系上部主要岩性为深灰色灰岩夹白云岩，藻团粒泥晶白云岩，粒屑灰岩和生物屑灰岩等。

石炭系普遍可见生物碎屑灰岩及深色泥岩和薄层碎屑岩，多为海陆过渡相沉积环境。其下部为灰色、灰白色霏细岩与深灰色泥岩互层，夹钙质泥、砂、煤层等。中部为厚达 21 m 的正长斑岩。上部为霏细岩与灰黑色泥岩互层，夹浅灰色砂岩、白云质灰岩和石灰岩。

根据钻井资料，参考唐山地区二叠系分组岩性，可将本区二叠系分为 4 个岩性段。第一岩性段：底部为块状砂岩，下部为灰色砂岩、深灰色泥岩互层夹白色薄层霏细岩，上部为灰色砂岩、灰黑色泥岩夹多层煤层和炭质页岩及少量凝灰质砂岩；第二岩性段：以灰绿色、深灰色、紫红色泥岩为主，夹灰白色砂岩、砂质泥岩、炭质泥岩及煤层。底部夹二层霏细岩和一层安山岩；第三岩性段：下部为灰白色、灰绿色砂岩与暗紫红色泥岩、花斑泥岩互层，以灰黑色、暗紫红色泥岩为主，夹 4 层灰色砂岩和 2 层铝土质泥岩；第四岩性段：浅褐灰色、紫红色白云质砂岩和白云质粉砂岩。

4）中生界

大量钻井和地震资料证实，中生界以侏罗系和白垩系为主，在区内广泛分布。侏罗纪地层主要见于歧南、埕北低凸起、沙垒田凸起东坡。白垩纪火山碎屑岩分布很广。

中、上侏罗系下部为褐色泥岩、页岩、砂质泥岩夹碳质页岩，含少量灰色泥岩及煤层；上部以灰白色、浅灰色砂砾岩、含砾砂岩为主，夹灰绿色、浅灰色泥岩、凝灰质砂岩和数层煤层。含大量孢粉化石。

下白垩统为火山岩与沉积碎屑岩互层，与侏罗系为假整合接触。其下段底部为黑灰色、灰色粉砂岩，含砾砂岩夹黑灰色泥岩、白云质灰岩、凝灰岩及玄武岩；中段为深灰色泥岩、钙质泥岩夹砂质灰岩、泥质灰岩、泥质白云岩及两层沉凝灰岩、薄层玄武质凝灰岩；上段为灰白、灰绿、深灰色泥晶灰岩，含泥灰质白云岩和钙质泥岩与棕红色泥岩互层，化石丰富，特别是植物化石。

5）新生界

新生界地层各组名称与周边陆域相同，只是在个别组内的细分段上，略有差别，如东营组陆地为三分段，而海区为两分段等。

（1）始新统孔店组

以 PL7-1-1 井和 BZ34-2-1 井为例，两口井岩性有差别。

PL7-1-1 井钻穿孔店组，不整合于白垩系之上。其岩性下部为灰色、棕色泥岩，部分含砂、局部为粉砂岩；上部为浅灰色、浅棕色泥岩，含粉砂、夹薄层粉砂岩。

BZ34-2-1 井未钻穿，下部岩性为紫红色泥岩夹砂岩、含砾砂岩及砂砾岩；上部为深灰色泥岩夹厚层砂岩及灰色白云岩、白云质灰岩。

（2）始新统沙河街组四段

本段地层分布不广，钻遇到该段的井不多，且岩性变化大，以 BZ6 井和 BZ10 井为例。BZ6 井剖面为深灰色与蓝灰色泥岩互层，与下伏白垩系呈不整合接触。BZ10 井为另一类型，其底部为杂色角砾岩；下部为暗紫红色泥岩夹灰白色含砾砂岩；中部为灰绿色、暗紫红色泥岩与灰白色灰质砂岩互层；上部为灰褐色泥岩夹薄层白云质灰岩、角砾状灰岩及灰质砂岩。

（3）渐新统沙河街组三段

沙三段地层广泛分布，钻通井多达数十口，多以暗色泥岩为主，是海区主要生油层系。一般超覆不整合于前古近纪不同地层上，与沙四段为不整合接触。其岩性在不同海区稍有变化，石臼坨地区为"下细上粗"型，下部一般为褐灰色泥岩，上部为浅灰、灰白色砾岩、含砾砂岩、粉砂岩夹褐色造浆泥岩。以油页岩不发育而含砾砂岩发育为特征。

（4）渐新统沙河街组二段

本段地层分布范围略小于沙三段，同时厚度变化也比较大。钻井揭示了两种剖面类型：一是碎屑岩剖面类型，为灰色砂岩、含砾砂岩、杂色砾岩夹深灰色泥岩为主，底部多含砾，中上部偶夹薄层油页岩和白云岩。凹陷中心岩性较细，以大段浅灰色泥岩夹少量薄层砂岩为主。另一种是含生物碎屑岩类型，多分布于紧邻凹陷大断层上升盘一侧，主要岩性为陆屑白云岩与白云岩互层，生物碎屑丰富，下部往往火山碎屑增多。

（5）渐新统沙河街组一段

本段地层分布广于沙二段，但一般厚度小于 100 m，与沙二段为整合接触关系。沙一段地层素有"特殊岩性段"之称，由深灰色泥岩、黄褐色灰褐色油页岩、钙质页岩、泥灰岩、白云质灰岩和生物碎屑灰岩组成，具有地层薄、分布稳定、岩性特殊、易于识别等特点，故在地层对比中得到广泛使用，为良好的岩性标志层。

（6）渐新统东营组

本组是海区古近系分布最广的一组，在渤海湾地区厚度也最大（如渤中凹陷可达 2 000 m 以上），岩性也比较稳定，一般以"下超上剥"为其沉积特点。岩性比较稳定，海区可分为两段：东下段主要是大段的灰、深灰、灰褐色泥岩，夹少量薄层砂岩或泥质砂岩，化石丰富；东上段普遍为粗碎屑岩，由灰白色砂岩、含砾砂岩与灰绿色、灰色、部分紫红色或棕红色泥岩组成的互层。

（7）中新统馆陶组

本组由于受古近纪和新近纪间构造运动影响，在崎岖不平的剥蚀面上充填了本组底砾岩沉积，构成了一个广泛分布的区域性不整合面。其上的馆陶组受不整合面影响，地层分布广但厚度有变化，一般厚达近千米，而在凹陷中心可以达到 2 000 m 以上。本组岩性多为灰白色厚层、块状砂砾岩夹棕红色泥岩，横向变化大。如按岩性细分，则有三种剖面类型：分布于歧口凹陷的"下细上粗"型；见于渤中、石臼坨、辽东湾广大地区的"全粗"型；见于渤南地区的"粗-细-粗"型。

（8）上新统明化镇组

本组厚度比较稳定，一般在 1 000~1 500 m，渤中和歧口凹陷可达 2 000 m，有时与下伏的馆陶组无明显分界。下部岩性一般为棕红色泥岩夹灰绿色、灰白色砂岩；上部为一套棕红、灰绿色泥岩与砂岩互层。根据岩性特点，可将该组分为"含砾砂岩"型和"砂岩、泥岩"型两种剖面类型，前者主要分布在辽东湾；后者则见于渤中、渤西地区。

（9）第四系

地层分布稳定，厚度变化不大，一般为 300~400 m。岩性主要为灰黄色、土黄色黏土、砂质黏土与灰色、浅灰绿色粉细砂层、泥质砂层互层，且多含钙质团块。

9.2.1.3　含油气系统

1）烃源岩

烃源岩是能够或已经生成油气的沉积岩。油气是烃源岩在一定的温度、压力条件下生成的，因此烃源岩是含油气系统的重要组成部分。目前一般认为，影响烃源岩发育的主要是生物的发育与有机质的生烃能力、有机质的沉积与保存条件等。

渤海海域油气资源绝大多数富集于渤中凹陷、辽西凹陷、辽中凹陷、辽东凹陷、渤东凹陷及庙西凹陷（图 9-1），在盆地性质上属陆内裂谷盆地，烃源岩主要集中在古近系沙河街组和东营组下段。两者暗色泥岩都很发育，一般在千米以上，其体积也占到各组地层总体积一半以上，尤以后者是海域生油岩的特点。

沙三段沉积时，湖盆范围比较广，该层全区分布，多以半深-深湖相及浅湖相出现，暗色泥岩最大厚度在 1 000~2 000 m，生物群丰富。在歧口、黄河口和渤中凹陷南部均为良好的生油层：TOC 为 2.29%~3.29%，S1+S2 为 11.3~21.3 mg/g，"A" 为 0.173 6%~0.611 6%，HC 为（900~4 212）×10^{-6}。除少数过成熟外，大部分处于成熟状态。沙二段沉积时，由于气候干燥、水体收缩、大部分地区隆起，有沉积地区有机质丰度低于沙三，形成一套不利生油的沉积。但在一些钻井中，仍有好的生油层存在。沙一段沉积时，湖盆再度扩大，形成了另一套生油层。在歧口、黄河口、渤中凹陷南部，TOC 为 1.33%~2.22%，HC 为（815~1 840）×10^{-6}，有机质成熟适中。

东营组下段沉积，渤中凹陷为沉积中心，沉积最为发育，厚度可达 3 000 m，凹陷中已有多口井揭示为良好的烃源岩，如 12B-13-1、BZ22-2-1、CFDl8-2E-1、PL14-3-1 等井。据地化研究结果，暗色泥岩厚近千米，丰度指标高，生烃潜力大：TOC 为 1.81%~2.31%，S1+S2 为 29.63~11.85 mg/g，"A" 为 0.259%~0.572%，HC 为（1 790~4 337）×10^{-6}。全岩显微组分、干酪根组分检测及古生物鉴定表明，有机质富含藻类生物，母源为水生生物。

渤海湾盆地的形成由于受到相邻板块的作用与控制，使盆地沉积构造演化具有明显的多旋回性

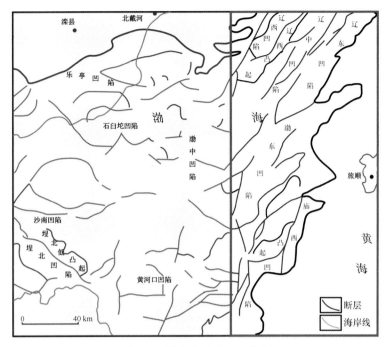

图 9-1　渤海湾盆地凹陷分布

据姜福杰和庞雄奇（2011）修改

特点，同时也形成了多套烃源岩层、储集层和封盖层；它们相互间的多种配置组成了盆地多套生储盖组合；在平面上，随着盆地沉降、沉积中心由盆地边缘向盆地中心逐步迁移，相应地造成了含油气系统在时空上的有序分布。

2）储集岩

北黄海西部邻近的渤海湾盆地中，具有共同的多旋回生储盖组合特征，从目前勘探开发工作分析，有两种主要储层，并以新生界各种含油气组合和含油气系统为主。

（1）古近系和新近系砂岩

为海域主要储集岩，其砂岩百分比平均为 50%~60%，具有分布广、层系多、储集性能好等特点，是海域主要含油气类型。各组主要特点有如下几个方面。

沙河街组砂岩中，以沙三段分布较广，一种类型砂体为厚层砂砾岩体，另一类型为薄层浊积砂体，它们的物性变化大，但多数见到油气；沙二段砂岩厚度约占该层总厚度的 15%，主要类型为水下扇、三角洲平原-前缘砂体；沙一段砂岩不发育，分布零星，主要为浅水-半深水席状砂和沙坝砂体。

东营组砂岩以其上段最发育，广大范围内都有砂岩分布，其砂岩百分比在 20%~50% 范围，主要为三角洲前缘砂体及泛滥平原砂层；下段砂岩明显减少，多为三角洲或水下扇体。岩石物性、分选性都比较好。

馆陶组砂岩含量在 32%~96%，主要为含砾砂岩，中、细粒砂岩，粗砂岩与红、绿色泥岩呈近等厚互层。物性好，属于好的储集层。其含油性比较普遍，为几个大型油田的主力含油层。

明化镇组砂岩均属河流相砂体，周边相对比较发育，在砂岩含量大于 50% 的地区，多以粗砂岩、含砾砂岩为主，单层厚度甚至可达 50 m；而在砂岩含量只有 20%~50% 的地区，则常常为砂、泥岩互层，砂岩厚度也只有 5~15 m。岩石物性好，但由于埋藏浅，开发时油层往往出沙严重。本层是海域最浅的含油气层，也是盆地多次油气运聚平衡过程中，最后的归宿，有很大的含油气潜力。

（2）沙河街组陆屑-碳酸盐岩

主要指沙一段及部分沙二段常发育的一套以石灰岩、白云岩、粒屑灰岩、钙质页岩油页岩为主的岩层，即所谓"特殊岩性段"。通过十多口井岩心薄片鉴定，在碳酸盐岩中的陆屑和在陆源碎屑岩中的碳酸盐的含量分别为1%～3%至30%～50%和大部分小于10%、个别可达30%～50%。

3）油气聚集带

渤海湾海域盆地具有多凸多凹、相间排列的构造大格局；而在次级构造发展中，却由无数小的各类圈闭，按一定的成因组成各种类型的二级构造带，构成其小的构造格局；它们往往是油气富集的场所，此点已得到证实。综合过去的资料，一般将海域的复式圈闭带划分为5种类型：低潜山-披覆带、高潜山带、断鼻（半背斜）带、断裂构造带、超覆/不整合尖灭带，初步组成了50余个复式带。

这些复式带在海区以辽东湾和渤中地区数量最多，占总数的72%；在类型上以低潜山-披覆带和断裂构造带最多，占总数的62%；在含油气性质上，还是以上述两类最佳，而高潜山带和超覆/不整合尖灭带比较差。

综合渤海湾勘探经验，低潜山-披覆带含油气最佳，在于此系统周围一般为生油洼陷所包围，有充足的油源；其二是晚期断层比较发育，加之其活动期与主要排烃期一致，与不整合面一起成为油气运移的通道；其三是上覆的明化镇组具备了区域盖层的条件。

海域中有多条古近系和新近系继承性活动的断层广布全区，为凸起与生油洼陷间的油源断层，为此要特别注意渤中凹陷周围的各凸起，它们是寻找大油气田的方向。

渤海油气田均达到了较高丰度的油气田标准：如PL19-3（探明储量丰度为1 668×10^4 t/km^2）、SZ36-1（探明储量丰度为666×10^4 t/km^2）等油气田，均达到中丰度标准。当然，这些油气田所在的凹陷，其油气资源量也属于含油气丰度高的凹陷。尤其是渤中、辽中为富生烃凹陷，以它们为中心相应地形成了高含油气系统，应作为渤海油气勘探开发的重点来对待。

9.2.1.4　潜在资源量及勘探前景

经过多年的油气勘探、油气资源综合评价研究认为（表9-3），渤中凹陷是最有前景的油气富集凹陷，其次为渤东凹陷、辽中凹陷、辽西凹陷、辽东凹陷和庙西凹陷。

表9-3　渤海海域各凹陷油气资源评价

凹陷名称	面积（km^2）	古近系厚度（m）	生油门限（m）	生油量（×10^8 t）	油资源量（×10^8 t）	生气量（×10^{11} m^3）	气资源量（×10^{11} m^3）
渤中凹陷	8 660	5 000		254.28	24.16	381.03	3.81
辽中凹陷	3 510	5 800	2 500	168.20	16.80	191.388	0.957
辽西凹陷	3 500	4 500	2 650	57.40	5.70	26.340	0.131
辽东凹陷	2 790	2 200		20.36	2.00	4.622	0.023
渤东凹陷	2 340	3 000		74.60	7.50	88.998	0.445
庙西凹陷				2.18	0.75	0.152	0.007

注：据张功成（2000）修改。

渤中凹陷，东部位于研究区海域内，它是渤海海域最大的凹陷，面积达 8 660 km，新生界沉积厚度超过 10 000 m，沙三段和东营组沉积末期有两个区域性不整合面，将盆地沉积盖层分为 3 个含油气组合：沙三段、沙四段断陷沉积组合；沙一段、沙二段和东营组断坳沉积组合；新近系与第四系凹陷沉积组合。凹陷总油气资源量在 $28×10^8$ t 油当量左右，资源丰度为 $15.9×10^4$ t/km²；主要烃源岩为沙三段、东下段；主要排烃期为东营组晚期至现今；主要盖层为东营组下段上部泥岩、沙一段湖相泥岩；油气主要运移方向为四周凸起。目前，已找到多个上亿吨大型油田，如蓬莱 19-3 油田、蓬莱 25-6 油田等。

辽中凹陷、辽西凹陷和辽东凹陷南部位于研究区海域内。辽中凹陷面积为 3 510 km²，其整体资源潜力仅次于渤中凹陷。该凹陷是郯庐西坳陷北段（辽东湾海域）新生界沉积最厚的地区，新生界厚达 7 300 m，其中古近系厚 5 800 m。凹陷内有 3 个洼陷，沿辽东凸起断层下降盘呈串珠状分布。辽中北洼和南洼有巨厚的东营组，沙河街组埋深超过 4 000 m；中洼在沙河街期为深断陷，沙河街组厚逾 4 000 m。古近纪末期凹陷发生反转，中洼轴部发育"泥拱带"，泥拱带东部断块强烈抬升，东营组残留厚度很小。新近纪和第四纪为披盖式沉积，厚度约 1 000 m。在该凹陷的南部已发现旅大 27-2 亿吨级大油田和较多的油气显示及含油气构造单元，还有较大的勘探潜力。

辽西凹陷位于辽中凹陷的西侧，分布面积约为 3 500 km²，古近系厚度 4 500 m，总资源量 $6×10^8$ t，是我国开发最早、最成熟的海上油气探区，目前已发现了绥中 31-1、旅大 9-2、旅大 10-1、旅大 4-2 等多个中大型油田和较多的含油气构造，将来还有比较大的开发潜力。辽东凹陷位于辽中凹陷的东侧，分布面积约为 2 790 km²，其中古近系厚 2 200 m，总油气资源量约为 $2×10^8$ t，已发现较多的油气显示及含油气构造单元，具有较大的勘探潜力。

渤东凹陷和庙西凹陷，都属于环渤中凹陷成藏体系。据张功成（2000）的定量综合评价，渤东凹陷面积约为 2 340 km²，总油气资源量约为 $18×10^8$ t，庙西凹陷的总油气资源量约为 $1×10^8$ t，根据已有钻井资料，发现了良好的油气显示及大面积的含油气构造单元，将来具有很大的勘探潜力。

随着勘探工作逐渐深入，模拟方法的改进和地质、计算参数的修正，渤海的油气资源量将呈逐渐增加之势。目前的这些资料已反映了渤海油气资源的丰富和勘探开发的巨大潜力。

9.2.2　北黄海盆地

9.2.2.1　油气勘探现状

北黄海盆地位于 37°47′—39°02′N，西界 121°50′E，向东与朝鲜西海相通。东部又称西朝鲜湾盆地，基底为华北地台，属于陆内裂谷型的断陷盆地。该盆地北面为辽东-海洋岛隆起，东面过西朝鲜湾隆起与安州盆地相连，南面为千里岩隆起、刘公岛隆起，西面根据航磁重力资料显示为 NNE 向高梯度带，解释为深大断裂带，为郯庐断裂派生的走滑断裂，成为北黄海盆地西缘与渤海湾盆地东缘的分界线。北黄海盆地内部可划分为 7 个二级构造单元，其中，4 个负向构造单元，3 个正向构造单元，自西向东依次为西部凹陷、西部凸起、中部凹陷、中部凸起、南部凹陷、东部凸起和东部凹陷。

由于勘探程度很低，对盆地结构还不尽了解。据不完全统计，我国自 1966—1978 年完成了北黄海盆地的地震和重磁的综合概查，但由于地震资料品质较差，难以进行北黄海盆地的早期评价和油气勘探。

9.2.2.2　盆地沉积地层及沉积环境

鉴于目前所了解的北黄海盆地地层资料较少，难以建立准确的地层格架。主要的研究手段还是以相邻的安州盆地为主体，结合海域内的钻井、地震资料，并与陆上相邻的辽东地区、胶莱盆地等进行区域对比。北黄海盆地比渤海湾盆地多发育了上奥陶统和中上泥盆统、下石炭统，从西朝鲜湾盆地钻井资料得知，在401井的1 400~1 872 m钻遇下古生界寒武系，厚度为472 m，岩性为钙质片岩和褐色灰岩。北黄海盆地缺失三叠系。朝鲜606井钻遇上侏罗统，揭露厚度为297 m，未钻穿，岩性为灰褐色砾岩、石英质砂岩、粉砂岩、灰岩夹煤层，为一套河流-湖沼相沉积，地震解释地层厚度为1 000~3 000 m。朝鲜601井揭示的下白垩统厚度为726 m，岩性为暗色钙质泥岩、中-细砂岩、砂砾岩，缺失上白垩统。戴春山（2011）研究认为，盆地可划分为侏罗系河流-湖沼相、下白垩统河流-湖泊相和古近系和新近系沼泽-湖泊相三个演化阶段。

侏罗纪时期形成盆地裂陷的初始阶段，盆地中大致分布有东部、中部和西部6个山间湖泊群。结合区域资料分析，本区侏罗系沉积时，盆地处于相对稳定的下沉时期，当时水域范围分布较广，但水浅，主要沉积发育了一套湖沼-河流相的砂泥岩互层。东部断陷内的沉积地层保存相对较为完整，发育河流相、滨浅湖和沼泽亚相沉积，而中部和西部凹陷NE走向，发育沼泽相和滨浅湖亚相。根据与陆上辽西和辽东地区的对比，推测中、下侏罗统为煤系地层，其中辽西地区北票组（J_1）厚250~1 300 m，下部为砂岩和砂砾岩夹14层煤层，上部灰黑色泥岩夹2~4层煤层；辽东地层的长梁子组（J_1）与北票组的岩性特征相近。据606井揭示，侏罗系为河流-湖沼相的砂、泥岩与薄煤层互层沉积，在生物标记化合物分析中含大量的C_{29}甾烷和较高的姥植比，反映为以高等植物为主的湖沼环境。

早白垩世时期为北黄海盆地的主要裂陷期，发育有6个残留湖泊群，为近源的河流相、扇三角洲和浅湖相沉积。由于早白垩世末期构造运动引起的抬升剥蚀，大部分凹陷仅保留湖泊相，而缺失边缘相沉积，推测在中部和西部地区，可能有较大面积湖泊相沉积。据606井钻探揭示，该期为典型河流-湖泊相层序，其底部为粗砂岩和砾岩，并见冲刷面；向上为富含有机质的深黑色湖相泥页岩至薄砂质灰岩与砂页岩互层，为水进期形成的正旋回沉积。该套地层中含丰富的淡水腹足类、介形类化石，为一半潮湿气候下的淡水湖泊沉积。

古近纪时期，盆地再次断陷，沉积范围显著扩大。这时东部凹陷南部为河流相，北部为沼泽相，湖盆中央为滨浅湖相沉积。盆地中部和西部可能连成一个范围较大的浅水湖盆，由边缘向中心发育河流相、扇三角洲相-滨浅湖相-深湖相。盆地南部也是一个沉积范围较大，水较浅的湖泊沼泽沉积区，因后期的抬升剥蚀作用，使得原本较大的湖泊沉积区仅存了几个零星的残留区。与邻近的胶莱盆地、阜新盆地等中新生代盆地不同，北黄海盆地古近系沉积叠置于中生代残留盆地之上，而且厚度和分布范围较大，最大厚度达3 000 m（东部凹陷），形成了区域性盖层，并且有利于中生代烃源岩深埋成烃，这是北黄海盆地油气藏形成的重要条件。

9.2.2.3 含油气系统和油气藏类型

1）烃源岩

（1）纵向分布

从朝鲜在西朝鲜湾盆地（北黄海盆地的东延）钻探揭示的中新生代地层来看，北黄海盆地及朝鲜西海岸地区纵向上可能存在3套烃源岩：侏罗统、下白垩统、古近系和新近系（表9-4）。

表 9-4 北黄海盆地东部烃源岩有机质地球化学分析

时代	有机碳			有机质成熟度			有机质类型
	有机碳（％）	"A"	生油潜能	Ro（％）	热变指数	最高热解温度	
渐新世	<0.5 或 0.87	$n \times 10^{-3} \sim n \times 10^{-2}$	>0.2	>0.6	1~2	>430	Ⅱ~Ⅲ
早白垩世	0.5~1.6	$n \times 10^{-3} \sim 2.03 \times 10^{-1}$	0.1~3.0	0.73~0.8	2~3	430~440	Ⅱ
晚侏罗世	1~2.16	$4.53 \times 10^{-3} \sim 1.02 \times 10^{-1}$	0.3~2.3	0.5~1.66	2~4	430~470	Ⅱ或Ⅲ

注：据余和中等（2005）修改。

上侏罗统：该套地层岩性以灰褐色砾岩、石英质砂岩、粉砂岩、黑色泥岩、石灰岩夹煤层为主，是主要烃源岩层，可进一步分为新义州组和龙胜组。下部龙胜组厚 200~2 400 m，606 井揭示厚度为 200 m，由河流相粉砂岩、页岩和砂岩与薄煤层互层组成，表明其沉积期间有湖泊发育；上部新义州组 1 000~2 000 m，沉积物向上变粗，为"理想"的湖相层序，由富含有机质的黑色页岩和砂岩组成，间夹薄层灰岩。黑色页岩代表还原环境和停滞水体条件下的半深湖相沉积。钻井样品分析结果表明，新义州组和龙胜组湖相泥岩中有机质丰度较高，新义州组泥岩中有机质类型以混合-腐殖型为主，龙胜组泥岩中有机质类型以腐殖型为主。尤其是新义州组具有较高的品质，606 井揭露其厚度为 750 m，生油层厚度为 400~500 m，其页岩有机碳含量为 2.42%~6.87%，氯仿沥青"A"含量为 0.1%，总烃含量为 314~639 μg/g，属中等-好的烃源岩。而根据 606 井和 604 井岩样实测的镜质体反射率值域 Ro 为 0.6%~0.97%，PI 和 Tmax 值分别为 0.11~0.3 和 453~463℃，表明其已经成熟，并处于热解生油带。

下白垩统：本区下白垩统为一套湖相碎屑岩沉积，其中泥质沉积岩贫有机质，是次要的烃源岩，有机碳平均为 0.9%，氯仿沥青"A"为 0.203%，主要含 Ⅱ 型富镜质组干酪根，总烃含量达 1 000~1 800 μg/g，属高丰度生油岩，其 Ro 值在 0.73~0.8%，已进入成熟阶段，属较好的烃源岩。以 606 井为例，下白垩统 TOC 一般在 1.08%~2.42%，生烃潜量 GP 值为 2.07~6.37 kg/t，含有大量的无定形有机质类脂体，其中类脂体显微组分和无定形团块含量高达 60%~90%，反映其母质为低等的水生生物，为较典型的 Ⅰ 型干酪根类型，有机质丰度和转化程度高，有生成轻质油的潜力。

古近系和新近系：古近系和新近系的生烃岩系以湖沼相泥岩夹煤层为主。泥岩有机质丰度变化较大，一般超过 0.5%，始新统的湖相泥岩含富有机质，有机碳含量最高可达 7%，含有偏向生油的 Ⅰ 型富无定形干酪根和偏向生气的 Ⅲ 型干酪根的混合物，氢指数达 220 mg/g，表明生烃潜力中等，是良好的生油岩，但由于海上的钻井中尚未发现该层系，其分布范围可能较局限，在西朝鲜湾盆地东部近海地区的深埋藏区，有可能存在达到生油窗的该套层系。渐新统褐煤包含有偏向生油的富烛煤的类脂组，在一定条件下也能生油。但整体上，古近系和新近系的生烃潜力较低。

（2）横向分布

从已有资料来看，盆地以东部凹陷和中部凹陷面积最大、沉积最厚、地层发育最齐全，且中、新生代凹陷继承性良好。

东部凹陷：沉积中心稳定，中生界广泛发育、厚度较大，从西向东、由北向南逐渐加厚。古近系继承中生代沉积格局，地层分布广泛，但其厚度则较中生界明显减薄。从中生代至古近纪，东部凹陷均以湖相沉积环境为主。从晚侏罗世到始新世，半深湖相的沉积范围稳定，到渐新世时才开始缩小并逐渐消亡。总体上，凹陷中部地区湖相泥岩厚度较大，有机质丰富，是烃源岩发育最有利的地区。钻井所证实的东部凹陷中生界暗色泥岩厚度大于 200 m，属深湖-半深湖沉积，有机质丰度较高，并具向东部逐渐加厚的趋势，是烃源岩发育最有利的地区。

中部凹陷：从沉积环境的演变来看，中部凹陷以湖相沉积环境为主，沉积中心稳定，但除晚侏罗世局部发育半深湖相沉积外，其余时期均以浅湖相沉积环境为主，沉积环境对烃源岩发育较为不利，但仍然具有一定的成烃物质基础。从沉积地层来看，中生界沉积厚度虽然较东部凹陷减薄，但分布广泛，而古近系则厚度较大，最厚可超过 5 000 m。总体上，中部凹陷烃源岩品质和生烃潜力较差，可以作为盆地较有利的地区。

2）储盖层

北黄海盆地有两种类型的储集层，一种是古生界和元古界的基岩储层，目前已有 401 井钻遇，根据北黄海基底结构分析认为，元古界和古生界在本区大面积分布，这种基岩裂缝和孔洞组成的非均质储层是基岩油藏的主要储集空间。盆地内最主要的储集岩类型是硅质碎屑岩，特别是砂岩，目前在上侏罗统、下白垩统、古近系和新近系层序内均发现了较厚的河流和三角洲相砂岩段。

上侏罗统储层为细粒砂岩，储层类型为孔隙型和裂缝型，由于孔隙中具有大量的高岭石胶结物，储层孔隙度小于 13%，渗透率均值为 25 mD。下白垩统储层为细-粗砂岩及砂质砾岩，储层类型为孔隙型和裂缝型，孔隙度为 11%～25%，渗透率最大可达 1 600 mD，一般为 200 mD 左右。古近系储层为始新统-渐新统砂岩，储层类型为孔隙型，孔隙中黏土含量低，储集物性良好，孔隙度为 20%～35%，渗透率为 100～5 000 mD，平均值为 1 125 mD。

目前已有的油气显示出现在渐新统、下白垩统、上侏罗统。尽管缺少详细、细致的研究，目前一般认为，北黄海盆地最有希望的油气发现应该在侏罗系和白垩系，但迄今为止发现的砂岩储层的物性较差，第二个好的目标是大量破裂的碳酸盐岩储层，但目前对前中生界地层研究资料较少，也影响了对其勘探远景的评价。

在中生界、古近系和新近系剖面中遍布的泥岩，对 303 井、606 井和 610 井所测试的砂岩段捕集的烃类可能起着盖层的作用。据已有的钻井资料分析，下白垩统上部和古近系的泥质岩段为盆地内良好的区域性盖层。

3）油气藏类型

限于目前资料较少，根据蔡乾忠（2005）、戴春山等（2011）的研究，以勘探程度较高的东部凹陷为例，对北黄海盆地成藏模式进行了初步推测。认为沿垂直于盆地走向（NE）的方向，自南向北成藏序列依次为：逆冲背斜-断阶油气聚集带、地垒-基岩油气聚集带和反转背斜油气聚集带。

逆冲背斜-断阶油气聚集带。为古近纪末期形成的逆冲背斜带，该带被 NEE 向的断阶和逆冲断层所夹持，推测油源为中生界和古近系，油气藏形成于古近纪末期，该带紧邻烃源区，是很有利的油气聚集带。

地垒-基岩油气聚集带。该带下伏基岩断块山，上为侏罗系和下白垩统地垒构造，两侧为断裂半背斜圈闭，构成了很典型的复式圈闭带。该带的南北两侧为本区中生界最大的生烃凹陷，为凹中之隆；综合评价认为：地垒-基岩带是最有利的油气聚集带。

反转背斜油气聚集带。位于北部挤压边界，形成于古近纪末期走滑褶皱时期，该带呈近 NWW 向展布，油气藏形成于古近纪末期。

9.2.2.4　含油气远景综合分析

北黄海盆地是在隆起背景下形成中、新生代叠合盆地，已证实有多套烃源岩系，并具有多期生烃的特点，特别是中生界烃源岩，无论从地层的分布，还是烃源岩丰度和成熟度分析，均为良好的生烃层系。东部凹陷和中部凹陷均有一定的生烃量，但主要集中在东部凹陷的中间地带，推测 124°E 以西地区中生界厚度可能加大，为东部凹陷的沉积沉降中心，生烃远景可能更好。与邻区的胶莱盆地、辽西的阜新盆地以及辽东地区对比，其中生界上覆有厚达 2 000~3 000 m 的新生代沉积盖层，为中生界油气成藏创造了较好的条件，成藏条件要好于胶莱和阜新等盆地。

未来勘探方向：在已知的凹陷中，以东部凹陷和中部凹陷相对来讲资源丰度较高，总体评价含油气远景较好，应作为构造详查和圈闭预探的主要地区。其中，东部凹陷中自南向北依次分布有断阶、地垒-挤压背斜、反转背斜-斜坡等构造带，已发现 8 个有利构造，应作为勘探的重点地区。

9.2.3　南黄海北部盆地

9.2.3.1　油气勘探现状

南黄海北部盆地位于 34°50′—37°00′N，120°30′—125°30′E，北以千里岩隆起区为界，南部地层超覆于南黄海盆地中部隆起之上，整体结构为北断南超；盆地自北而南可划分为东北凹陷、北部凸起、北部凹陷、中部凹陷、西部凹陷和南部凹陷等次级单元，且凹陷和凸起相间分布，构造走向均为 NEE 向。

我国在南黄海海域的海洋地球物理调查始于 1961 年，油气普查勘探始于 1968 年，地质部海洋地质调查局在南黄海 124°E 以西海域全面开展了地球物理调查与钻探。1971 年开始启用模拟磁带地震仪，完成北部凹陷的 4 km×8 km 连片普查。1973 年第一海洋地质调查大队完成北部凹陷北二一凹陷为重点的地球物理综合普查。1974 年第三海洋地质大队在北部凹陷钻了 4 口预探井，累计进尺为 8 793.72 m。1983 年 10 月，中国海洋石油总公司与英国克拉夫石油有限公司签订了《中国南黄海北部 10/36 合同区石油合同》，用数字地震仪作 48 次覆盖地震详查，完成剖面 1 356 km。并分别于 1986 年、1988 年在诸城 1-2 构造和诸城 7-2 构造上钻了两口井，诸城 1-2-1 井深 3 422 m，于 3 417 m 井段泰州组岩心裂隙中见液体原油；诸城 7-2-1 井深 1 625 m，未见显示。

9.2.3.2　盆地沉积地层

到目前为止，南黄海北部盆地内揭露前古近系的钻井共有 9 口：黄 2、黄 7、诸城 1-2-1、诸城 7-2-1、Kachi-1、Haema-1、ⅡH-lxa、ⅡC-1x 和 Inga-1 井。区内不同地域各时代地层发育状况也不同。自老而新分述于下。

1）三叠系

仅在 Kachi-1 井中钻遇，划为青龙组，岩性为白云岩，并产孢子化石。

2）白垩系

从已有钻井揭示的情况来看，白垩系在南黄海北部盆地分布比较普遍。

白垩系下统（葛村组）厚 1 358 m，仅在 Kachi-1 井中钻遇，岩性大致可分为上、下两段。上段的上部为褐色、红色泥岩和粉砂岩夹黄褐色灰岩和钙质白云岩；下部为褐色、红褐色泥岩和粉砂岩与砂岩互层，砂岩分选差，偶见煤岩碎片及炭屑含孢粉化石。下段上部为红褐色泥岩和粉砂岩夹一层流纹质凝灰岩，中部为隐晶质中-基性火山岩，下部为红褐色硅质胶结块状细-粗砂岩，化石贫乏。

白垩系中统（浦口组+赤山组）。浦口组：见于诸城 7-2-1 井和 Kachi-1 井，其主要岩性为褐色砾岩、砂砾岩夹浅褐色粉砂岩和泥岩，含轮藻化石。砾石成分主要为石灰岩和石英岩，厚度为

472 m。在 Kachi-1 井则为灰色或浅褐色的粉砂岩和砂岩为主并夹黄褐色灰岩，并含孢粉、藻类及介形虫化石。赤山组：见于黄 7 井、诸城 7-2-1 井，其主要岩性为棕红色粉砂质泥岩、砂质泥岩夹灰色砾岩或与砾岩呈不等厚互层。砾石成分主要为石灰岩，次为石英岩及少量千枚岩碎片，厚度为 368 m。含介形类西氏枣生介和轮藻化石。

上白垩统泰州组，厚 574 m，本组见于北部盆地的黄 7 井、诸城 1-2-1 井、诸城 7-2-1 井。其岩性一般可分为上、下两段。上段主要为灰色、灰黑色泥岩、粉砂质泥岩夹同色页岩、粉细砂岩和鲕状灰岩，含丰富的非海相化石。下段为棕红色或咖啡色泥岩，粉砂质泥岩与棕红、棕灰色、浅灰色砂岩互层。含介形类、孢粉和轮藻等化石。该组地层横向变化大，在诸城 7-2-1 井以红层为主，已呈现边缘相。地震剖面的解释认为该组地层分布狭窄，仅在北部盆地北凹的西部有较多分布。

3）古近系

古近系分布较为广泛，但其多受断陷控制呈近 EW 向的条状分布。前人根据其岩性特征、古生物组合、接触关系以及与苏北盆地古近系的对比，将其自上而下划分为渐新统三垛组、始新统戴南组和古新统阜宁组。

古新统阜宁组，岩性以暗色泥岩为主夹砂岩，含丰富的介形类、轮藻和孢粉化石，钻遇厚度 1 000 m余。其与下伏的上白垩统泰州组为整合接触。自上而下可分为 4 个岩性段：阜四段：也称炭质泥岩段，以黑色泥岩夹炭质泥岩为特征；阜三段，也称含膏泥岩段，普遍含石膏，尤其中、下部为含石膏泥岩；阜二段，也称灰质页岩段，以黑色泥岩夹灰质页岩，含膏泥岩和沥青质页岩为特征；阜一段，也称红色层段，以灰色、棕红色泥岩、粉砂质泥岩含石膏夹灰色粉砂岩和砂砾岩为特征。

始新统戴南组，本组主要见于北部盆地的诸城 1-2-1 井和黄 5 井。该组为一套下黑上红的砂泥岩层，与下伏阜宁组为不整合接触。构成下粗上细的一个沉积旋回，含少量介形类、轮藻和孢粉化石。该组岩性，横向变化不大，上部有石膏沉积，但厚度变化较大。按地震剖面的解释，戴南组分布范围较窄。以西凹最厚，可达 1 500 m，但大部分地区均告缺失。

渐新统三垛组，仅有 2 口井钻遇。其岩性可分上、下两段，与下伏地层为不整合或假整合接触。上段：棕红、紫红、紫灰色泥岩夹灰绿、深灰色泥岩、粉砂质泥岩和少量粉砂岩。下部夹多层含石膏泥岩。下段：灰色、深灰色，部分为棕红色泥岩、粉砂质泥岩夹灰色、灰白色灰质砂岩、含砾砂岩，底为含泥砾砂岩。从岩性看，上下段各自组成一个下粗、上细的沉积旋回。一般均含有介形类、轮藻和孢粉化石。按地震剖面的解释，北部盆地三垛组较厚，一般为 500~1 000 m。其中靠近千里岩断裂处（下降盘）最厚可达 2 000 m。

4）新近系

新近系遍布于黄海海域。根据岩性组合、古生物群及接触关系划分为上、下两部。即中新统下盐城组和上新统上盐城组。与下伏三垛组、阜宁组或更老的地层呈不整合接触。

中新统下盐城组，由杂色砂砾岩和泥质岩组成，含介形类、轮藻、孢粉及有孔虫化石。按岩性一般可划分为上下两段。其上下段之间以及下段的上部与中部之间均存在不整合。

上新统上盐城组，该组为灰色、土黄色、绿灰色细碎屑沉积，含介形类、孢粉化石。北部盆地该组较薄，厚度为 153~244 m。

9.2.3.3 基础油气地质特征

南黄海盆地最北部的一部分，即东北凹陷。东北凹陷为以威海断层为南部边界的南断北超半地堑，半地堑主要发育古新统、始新统和渐新统。

1）烃源岩

东北凹陷的油气勘探程度极低，目前仅在凹陷边缘由韩国钻探了 Haema-1 井，但由于该井位于凹陷东南斜坡的高部位，地层钻探不全，目前所认识的南黄海探区两套烃源岩上白垩统泰州组和古新统阜宁组均没有钻遇，对烃源岩发育特征认识不清，从而极大地制约了凹陷油气地质研究和勘探进程。前人的研究成果表明，南黄海北部盆地东北凹陷与其南侧的北部凹陷在阜宁组、戴南组和三垛组沉积末期都经历了吴堡运动、真武运动和三垛运动共 3 期相似的构造运动；东北凹陷与其相邻的北部凹陷具有相似的地质发展历史，二者在始新统戴南组沉积前为一个统一的沉积凹陷，具有相同的烃源岩发育背景和条件。北部凹陷的油气勘探程度较高，已钻探井 6 口，且已证实上白垩统泰州组为凹陷的主力烃源岩系，这为东北凹陷烃源岩的识别和分析奠定了类比基础。曹强等（2009）基于地质类比原理，采用与相邻相似凹陷——北部凹陷综合对比的方法，来分析了东北凹陷上白垩统泰州组主力烃源岩系的空间展布和生烃演化特征，为该地区的油气勘探评价提供借鉴。

测井-地震对比分析表明北部凹陷泰州组在地震相上表现为强振幅、低频、连续、平行反射结构特征，显著区别于上覆阜宁组、戴南组和三垛组地层的高频、弱连续、亚平行、强振幅地震相；东北凹陷在基底杂乱反射之上也存在一套强振幅、低频率且平行、连续性好的地震反射，应为上白垩统泰州组的地震响应，说明存在与泰州组相对应的烃源岩层位。

诸城 1-2-1 井单井相分析表明，北部凹陷泰州组暗色泥岩发育，为中深湖相沉积的产物，有机质丰度高，有机质类型以 I 型和 II 1 型为主，具有较高的生烃潜力，推测东北凹陷上白垩统泰州组烃源岩具有相似的沉积环境和有机质特征，具较优越的生烃条件。

曹强等（2008）利用地震速度岩性分析法预测了东北凹陷上白垩统泰州组的泥岩厚度。预测结果表明，泰州组泥岩厚度为 500~2 500 m，整体由 SE 向 NW 方向逐渐增厚，具有 SE 高、NW 低的古地形沉积特征，物源主要来自 SE 方向，沉积和沉降中心主要位于凹陷西北部地区。

2）储集层

东北凹陷内的 Haema-1 井，最佳潜在储集层为深度 1 665~1 580 m 的砂岩，其次是深度 2 325~2 240 m 的砂岩层。总体上，深度越深孔隙越小，这是因为压实作用的结果。长石溶解后形成的再生孔隙几乎在整个井段里都能观察到。

深度 2 325~2 240 m 的砂岩是在河流环境下沉积的，呈微粒至细粒，分选性较好，为浑圆状磨圆好。对深度 2 240 m、2 260 m、2 299 m 以及 2 310 m 井段中回收的井壁岩心进行显微岩石学研究，结果其孔隙度仅为 4%~6%，且以再生孔隙为主。这是因为一方面是基质和胶结物充填了孔隙。另一方面是长石溶解所致。这种情况在上部两个井段尤为明显。由于粒度为微粒至细粒，且含有黏土及碳酸盐矿物的胶结物，溶解孔隙的连通性也不好，故渗透性也差。1 665~1 580 m 井段的潜在储集层是由细粒至中粒的河流砂岩组成，磨圆度为棱角状—浑回状，分选性差-较好。对 1 610~1 642 m 井段的井壁岩心分析结果，孔隙度各为 15%（原生孔隙 8%，次生孔隙 7%）和 9%（原生孔隙 4%，次生孔隙 5%），特别是深度在 1 610 m 的砂岩粒度为细粒或中粒，颗粒之间呈松散接触或点接触，据此判断，渗透率良好。

9.2.3.4　勘探方向

东北凹陷是较晚发现的深凹陷，尽管钻井深度还未钻遇深部地层，但地震资料初步解释其中生代的厚度超过 4 000 m，可能存在泰州组的烃源岩，从区域平均的角度，应选择有利区带进行钻探。

9.3 煤炭资源

我国近海沉积盆地一般都经历了从陆相到海相的演变，都有过或长或短的滨湖沼泽、滨海沼泽发育期，相应地沉积了一系列的含煤建造（谢秋元，1992）。本海区内调查海区涵盖渤海湾盆地（120° E 以东，40° N 以南）、北黄海盆地和南黄海北部盆地（36° N 以北）三个中新生代沉积盆地，煤系地层分布广泛。

渤海湾盆地古近系和新近系的东营组、馆陶组和明化镇组发育有滨湖沼泽相煤层，多数为褐煤。黄海聚煤区含煤建造目前主要发现于南黄海构造盆地，其聚煤时期主要为古近纪。渐新世的黄海四组、黄海三组和戴南组，含煤建造厚度为 500~1 100 m，其中，南部盆地沉积厚度大于北部盆地。渐新统主要由河流相、沼泽相、湖相和三角洲相组成，其中沼泽相广泛发育，构成了含煤建造的大范围沉积。该区含煤层有 8~25 层，单层厚度为 0.3~2.5 m。煤层多位于含煤建造的中下部，密集成 4 个煤层段，煤层多与炭质页岩互层产出。煤的变质程度较低，主要为褐煤和长焰煤，少数煤层沥青质含量较高。

目前，我国唯一正在开采的海滨煤田是位于山东省龙口市的北皂煤矿。该煤田为古近系和新近系全隐覆式煤田，矿井北部濒临渤海，东部为柳海煤矿，南部以草泊大断层与梁家煤矿相隔，井田内的海岸线长达 4.7 km，陆地开采面积为 9 km²。海域开采区东西长约 5.5 km，南北宽约 3.3 km，面积约 18.1 km²。目前，已经深入海岸线以外 1 000 m，海平面以下 360 m（常颖和包政礼，2006）。海区煤系地层是陆地地层向海域的自然延伸，可采煤层厚度比较均匀，平均厚 4.4 m，煤质好，探明地质储量 1.42×10⁸ t。

海底煤炭资源一般埋藏较深，工业价值不甚明显，目前尚不是我国资源调查的重点。

9.4 有用砂砾石资源

海洋砂砾石（即海砂），是指分布于海岸线和浅陆架海区域，以中砂和粗砂为主，包括部分细砂和砾石的砂质堆积。砂体类型主要有岸外沙脊（沙堤）体系、潮流沙脊/沙席体系、进积三角洲和滨海平原体系、古海进沙席、古滨岸沉积及残留砂等，其成因和分布与近海沉积过程或水动力过程密切相关。

海砂是目前海洋固体矿产中开采最广泛、利用最多的矿产资源，已成为仅次于石油天然气的第二大海洋矿产。海砂分选良好，品质优良，除含有氯化物和贝壳碎片之外，与高品质陆地淡水砂在颗粒形状、强度及其他物理性质方面完全一致。经脱盐等工序严格处理之后的海砂，广泛应用于城市建设、公路、铁路和桥梁等混凝土结构建筑以及海岸养护和填海造地等。据统计，全球海砂总生产量中，90%以上用来作为制砂机建筑及土木材料，其中又以当作混凝土细骨材使用者为最多占 45%。此外，用于铺筑路基的海砂约占 20%，充当填海造陆的填料约占 20%，其余 15%则用于沥青混凝土。工业用海砂产量虽仅约占总海砂使用量的一成，但用途却极为广泛，高品质的海砂是制作玻璃、瓷砖和铸造钢铁及有色金属合金的重要原料。

海砂作为建筑集料必须在粒度组成上符合建筑工业的要求。按照建筑用砂国家标准（GB/T 14684—2001、GB/T 14684—1993）之规定，采用细度模数作为表征天然砂粒径的粗细程度及类别的指标，其计算公式为：

$$M_x = \frac{(A_{0.15} + A_{0.30} + A_{0.60} + A_{1.18s} + A_{2.36}) - 5A_{4.75}}{100 - A_{4.75}}$$

式中，M_x 代表细度模数；$A_{0.15}$ 为粒径 0.15 mm 以上颗粒的累计筛余百分率（%），其他依此类推。海砂的粗细按细度模数可分为 4 级（表 9-5）。细度模数越大，表示砂越粗。普通混凝土用砂的细度模数范围在 3.7~1.6，以中砂为宜，或者用粗砂加少量的细砂，其比例为 4∶1。

沉积物样品粒度采用 AS200 型震动筛分仪和 MS2000 型激光粒度分析仪进行检测。通过粒度数据分析，并结合相关资料，对北黄海海域潜在的海砂资源进行了评估计算。需要指出的是，有用砂砾石资源可能与其他类型的矿产资源存在冲突或重叠，如重矿物资源等，还可能受其他用海条件的制约。此外，真正的建筑用砂还必须满足颗粒级配、化学组成、含泥量、泥块含量和有害物质（云母、轻物质、有机物、硫化物及硫酸盐、氯盐）等方面的标准要求。本项评价基于小比例尺海洋区域地质普查，且仅以粒度资料作为评价标准，其目的主要是圈定广义的、具有产出可能的海砂资源潜力区，而非实际可供开采的建筑用砂砾石资源。

表 9-5　建筑用砂的品种及其等级划分

	粗砂	中砂	细砂	特细砂 *
细度模数	3.7~3.1	3.0~2.3	2.2~1.6	1.5~0.7
平均粒径（mm）	> 0.5	0.5~0.35	0.35~0.25	< 0.25

　* 特细砂的分类见于国家标准 GB/T 14684—1993，在新标准 GB/T 14684—2001 中已被取消。本报告将其作为参照值，仅用于海砂资源潜力区的分级圈定，故此列出。

9.4.1　有用砂砾石资源分布及其特征

根据粒度分析结果，绘制了表层沉积物平均粒径分布图（图 9-2）和砂质（粒径大于 63 μm）含量分布图（图 9-3），并根据粒度分布结果，计算了各站位海砂的细度模数，绘制了细粒模数分布图（图 9-4）。

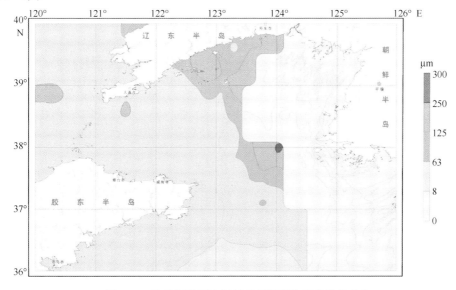

图 9-2　北黄海及周边海域表层沉积物平均粒径分布

北黄海大部分海域的表层沉积物平均粒径在 63 μm 以下，以粉砂为主。粒径介于 250~300 μm 的中砂分布区临近朝鲜半岛，且分布海域很小，而细砂则在西朝鲜湾潮流沙脊群外围呈带状分布，规律性明显。由于采样区域的限制，临近朝鲜半岛海域数据缺失，未能全面反映西朝鲜湾潮流沙脊群及其邻近海域的沉积物粒度分布。另外，在渤海海峡以西辽东沙席海域和长山群岛附近有粒径介于 125~250 μm 的细砂呈斑块状分布（图 9-2）。

从图 9-3 可以看出，表层沉积物砂质（粒径大于 63 μm）含量具有明显的条带状分布特征。西朝鲜湾潮流沙脊群周边海域沉积物砂质含量高达 90% 以上，而环山东半岛发育有典型的泥质沉积区，是现代黄河悬浮态泥沙向外海输送的主要通道，沉积物砂质含量一般低于 25%。在这两个典型的端元区之间，沉积物砂质含量等值线呈条带状逐步过渡，规律性明显。在本海区内的渤海海域部分，渤海海峡西部和辽东半岛西侧辽东沙席区，砂质含量较高，一般为 50%~75%。

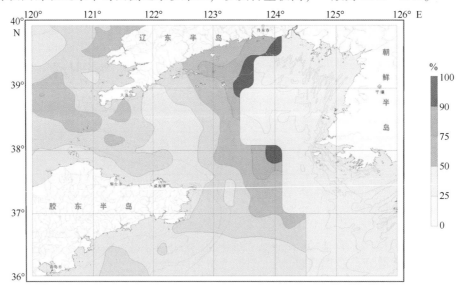

图 9-3　北黄海海域砂质（粒径大于 63 μm）百分含量分布

图 9-4 显示，表层沉积物的细度模数均低于 1.6，其中绝大部分海域的细度模数小于 0.7，不能用作建筑集料。细度模数介于 0.7~1.6 的海域面积较小，集中分布于西朝鲜湾潮流沙脊群的周边海域以及长山群岛东侧海域，沉积物细度模数等值线围绕高值区呈环带状分布，显示海砂资源区域异常特征非常明显。通过对比可以发现，以上三幅图所给出的结果具有明显的一致性，可以相互验证。

由于北黄海海域的海砂资源尚未达到建筑用砂国家标准（GB/T 14684—2001）中关于细砂（及以上）细度模数之最低要求，本次评价参照上一版建筑用砂国家标准（GB/T 14684—1993）中关于特细砂细度模数之规定，并将细度模数划分为 0.7~1.2 和 1.2~1.6 两个区间，逐级圈定了建筑用砂砾石资源潜力区。一般将平均粒径大于 63 μm（细砂为主）、细度模数介于 1.2~1.6 的细砂资源称为有用细砂资源，可用于填海造陆和围垦等用途。

图 9-5 标出了北黄海海域内有用海砂资源潜力区的分布。Ⅰ级海砂资源潜力区内沉积物细度模数介于 1.2~1.6，砂质含量在 90% 以上，主要分布于朝鲜半岛长山串外海和长山群岛东侧附近海域，呈斑状分布。Ⅱ级海砂资源潜力区内沉积物细度模数介于 0.7~1.2，砂质含量一般高于 70%，该区围绕Ⅰ级海砂资源潜力区分布，覆盖海域面积较大，主体位于 123.5°E 以东，37.5°N 以北的海域。另有少部分发育于长山群岛附近及其以东海域，围绕斑块状Ⅰ级海砂资源潜力区呈环带状分布。

9.4.2　有用砂砾石潜在资源量的估算

从总体上来看，北黄海海域的海砂资源主要以细砂为主，是我国主要的海砂分布区之一。由于

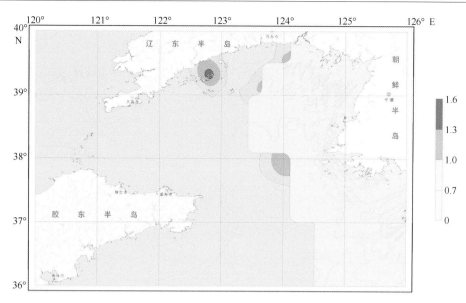

图 9-4　北黄海海域表层沉积物的细度模数分布

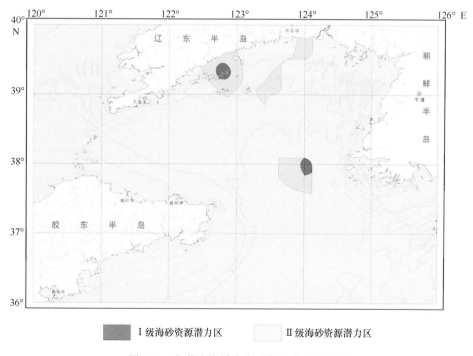

图 9-5　北黄海海域内海砂资源潜力区分布

小比例尺大区域资源普查，采样数量有限，不能通过圈定数量众多、分布广泛的各类砂体的面积和厚度等方法逐一统计其海砂储量，因此，这里采用以下公式来大致估算海砂的潜在资源量：

$$Q = S \times H \times D$$

式中，Q 为海砂潜在资源量（t）；S 为海砂分布面积（m^2）；H 为海砂厚度（m）；D 为海砂比重（t/m^3）。

　　海砂面积（S）根据本实际调查中所得到的海砂细度模数按照 0.7~1.2 和 1.2~1.6 两个区间分别圈定分布范围。沉积物样品来自底质取样，通常实际取样的代表性最小厚度为 2.0 m，因此这里取 2.0 m 作为海砂资源的平均厚度（H）。根据有关实验资料，海砂体重（D）一般为 1.5~2.0 t/m^3，这里统一取 2.0 t/m³ 进行估算。

根据上述计算公式，可以粗略估算出本海区内Ⅰ级资源潜力区海砂潜在资源量为 27.56×10⁸ t，Ⅱ级潜力区潜在资源量为 223.24×10⁸ t，两者合计海砂潜在资源总量为 250.80×10⁸ t（表 9-6）。

表 9-6　北黄海海域内有用砂砾石潜在资源估算

	面积（km²）	厚度（m）	体重（t/m³）	体积（10⁸ m³）	潜在资源量（10⁸ t）
Ⅰ级海砂资源潜力区	688.9	2.0	2.0	13.78	27.56
Ⅱ级海砂资源潜力区	5 580.9	2.0	2.0	111.62	223.24
合计	6 269.8			125.40	250.80

9.4.3　海域主要建筑砂矿床地质特征

北黄海海域内的建筑砂矿床主要分布于胶东半岛和辽东半岛基岩海岸线及近海海域。目前，已发现的海砂矿床有 5 个，分别位于烟台市长岛县庙岛南部海域（青岛环海海洋工程勘察研究院，2001）、烟台市套子湾海域（山东省第三地质矿产勘查院，2000）、威海市双岛湾海域（山东鲁地海洋地质勘测院，2003）、海阳市千里岩附近海域和青岛市胶州湾外海域（曹雪晴等，2007），以下分述之。

9.4.3.1　山东省烟台市长岛县庙岛南部海域

采砂区位于长岛县庙岛以南、庙岛海峡北侧的浅海海域，北距庙岛最近点约 4 km，南距蓬莱市陆地最近点约 10 km。采砂区范围为边长 183 m 的正方形，面积为 50 亩①，水深为 12 m。

矿体直接裸露于海底，形态较为简单，呈层状或似层状，中部略厚，南北两侧相对较薄。海砂普查控制矿体东西长约 1 100 m，南北宽约 928 m。矿体厚度 3.2~5.1 m，平均厚度为 4.04 m，厚度变化系数为 28%，属于厚度稳定型矿体。矿体含矿系数为 1，属于矿化连续的矿体。矿石为无胶结的密实中粗粒长石石英砂，偶含少量砾级晶屑或岩屑，大部分呈灰黄色，少部分呈褐灰色。矿物组成较为稳定，主要为石英、斜长石、钾长石及重矿物，其平均含量分别为 61.11%、48.29%、2.57% 和小于 1%。根据粒度分析，砂的主要粒度范围为 0.16~1.25 mm，属于中粗砂，其含量为 5.75%~32.25%，平均含量为 12.35%，粒度分布较集中。

矿石中的重矿物主要有磁铁矿、锆石、赤褐铁矿、绿帘石、普通角闪石、钛铁矿、锐钛矿等，但经济重矿物含量均较低，远达不到各重矿物的边界品位。重砂矿物粒径一般为 0.03~0.19 mm，平均粒径为 0.10 mm。重矿物主要赋存于细砂级沉积物中，重砂矿物含量较低，不能形成单独的重矿物砂矿体，也尚未达到共生有益组分回收利用的品位。

该矿体 D+E 级海砂总储量为 1 989 635 m³，其中 D 级储量为 1 288 160 m³，E 级储量为 701 475 m³。按照砂层平均厚度 4.0 m 计算，在上述试采的 50 亩海域内，D 级储量为 133 956 m³。按每年试采 6.5×10⁴ m³ 计，初步确定可以开采两年。

该矿体位于近东西向的第四纪潮流沙脊西部，属于峡口型潮流沙脊堆积体。自采砂区向东矿体仍有较大延伸，可达数千米，海砂资源量前景可观。庙岛海峡潮流作用较强，实测最大流速达 3 kn。庙岛海峡北侧的中粗砂和南侧的登州浅滩实际上是潮流冲刷后的堆积物。

----

① 1 亩 = 666.7 m²。

9.4.3.2 山东省烟台市套子湾海域

海砂矿床位于烟台市经济技术开发区套子湾海域，面积约 32 km²。烟台经济技术开发区北部有 10 km余的海岸线，海滩平坦、细柔，分布面积大，素有"北方第一海滩"之美称，是烟台金沙滩旅游度假区的主要组成部分，近年来已发展成为开发区旅游业的支柱。

套子湾的整个海湾从湾顶向海缓缓倾斜，海底平坦，只在两端岬角及八角处海底起伏加剧，水深加大，全湾平均水深 12 m，最大水深 20 m。套子湾属于开放式次生海湾，系在原浅弧状岸线的轮廓上，由芝罘岛连坝的形成而形成的。海湾岸滨为沙滩，滩头平缓开阔，岸线长 44.2 km，沿岸沙堤连续分布，高 3 m 左右，坡度在 3°上下，西部海岸近岸处礁石簇生。

该区岸滩以砂质岸滩为主，部分地区为砾质（岩质）岸滩。近海部位以砂质底为主，多为中细砂–中粗砂，含泥量较少，港口部位已人工改造。远海部位颗粒变细，含泥量增加，海底底质成分以粉砂、细砂为主，近岸地段为细砂，含大量贝壳碎片，远岸地段颗粒变细，局部含大量泥质成分。夹河上游洪水期带来的大量砂砾石，岩性以砂砾石为主，厚度变化大，一般厚度为 40~50 cm，分布稳定，呈浅黄–灰白色，分选性及磨圆度较差，多呈次棱角状–次圆状，粒度一般为 0.5~3.0 cm，成分主要为长英质颗粒，局部夹薄层中细砂及粉砂质黏土层，其成因类型为冲洪积沉积物。

海砂分布在平面上的变化，主要表现在颗粒粒径横向（由陆垂直向海）方向上的变化。陆缘地带，上层海砂岩性以中细砂为主，其中值粒径为 0.05 mm，且含有少量砾石，成分主要为长石、石英颗粒及少量暗色矿物，含少量泥质成分，成分单一，含贝壳碎片较少。海岸线向海约 1 km 范围内，岩性主要为中细砂，含少量砾石，岩性主要为长石、石英颗粒，含少量泥质成分，含较多角闪石、云母等暗色矿物，含较多贝壳碎片，海砂细柔，是海水浴、日光浴的良好场所。海岸线向海 1~2 km 范围内，岩性主要为细砂，颗粒均匀，含极少量砾石，主要成分为长石、石英颗粒以及大量泥质成分和暗色矿物，且有较多贝壳碎片。近海（大于 2 km）范围内，岩性主要为粉细砂，含有较多泥质成分。如果海砂厚度以 2.5 m 进行估算，该区海砂资源总量约为 2.56×10⁹ m³。

该海域海砂主要源于河流携带泥沙，以夹河最大，其多年平均输沙量为 35.4×10⁴ t，最高可达 65.6×10⁴ t，现由于夹河入海水量的减少，其携带的入海泥沙量也大为减少。岸滩搬运来砂也是海砂的重要来源之一，由于套子湾海岸多为风化基岩形成的坡洪积、冲洪积的第四系松散沉积物，在海流和波浪的作用下，每年都有一定的物质被侵蚀下来，向海湾输送。

烟台经济技术开发区金沙滩是烟台市重要的旅游景点，其海砂资源近年来受到了开发区政府、旅游局及相关部门的严格保护，相继出台了相关规定条例，对金沙滩宝贵的海砂资源实行了严格的禁采保护。

9.4.3.3 山东省威海市双岛湾海域

采砂区位于威海市双岛渔船避风港近 SN 向航道内，面积为 210 307 m²，折合为 315.46 亩。采砂区向南 600 m 为威海—烟台一级公路的双岛跨海大桥，西北侧为大岛和小岛，东南侧为万亩养虾池的挡浪坝，北侧为黄海，东侧为基岩型海岸。砂体主要分布于双岛湾滨岸潮间带第四系旭口组海积层内，呈层状、似层状或条带状展布，岩性为细砂、粉砂夹粉砂质黏土或黏土质粉砂，砂（泥）体长轴方向与威海市双岛渔船避风港航道岸线大体一致。砂（泥）体产状平缓且较稳定，平均走向近南北向，倾伏 180°，倾角约 2′42″。平面上砂（泥）体呈带状或长透镜状，横剖面上呈透镜状或楔状。

砂体南北长约 650 m，东西平均宽约 280 m，砂体厚度为 2~6 m，平均厚度为 3.88 m，海水深度为 0~5 m。砂体顶板为海水，底板多为晚元古代二长花岗岩类，底板地形起伏较大，基岩多为半风化状，显示该区为淤长堆积型地貌，沉积相为全新世早中期近岸浅水相沉积，局部可能赋存有晚更新世沉积的泥质、透镜状密实中细砂。砂体为无胶结的密实细粒长石石英砂夹淤泥质粉砂，含少量砾级晶屑或岩屑。大部分呈灰黄色、灰褐色，少部分呈褐灰色，砂（泥）颜色与其中所含有机质及黏土或粉砂的比例有关，含泥量越高，颜色越深。

据统计，砂体主要物质组成为石英（55.37%~82.14%，平均为 69.59%）、斜长石（6.94%~45.52%，平均为 23.78%）和钾长石（0.2%~5.2%，平均为 1.96%）。重砂矿物总含量小于 1%；0.15 mm 以下的碎屑及黏土含量为 0.84%~31.30%，平均含量为 2.97%。含泥量为 0.5%~7.86%，平均含量为 3.57%。

根据粒度分析，砂的主要粒度为 0.1~0.5 mm，属细砂-粉细砂，该粒级范围砂的含量为 62.33%~96.99%，平均含量为 78.68%，粒度分布较为集中。其中，0.3~0.5 mm 粒级可作为建筑用砂使用，约占总量的 60%。

砂级碎屑物一般磨圆较好-中等，大部分碎屑呈次圆状-次棱角状，偶见滚圆或棱角状，反映其碎屑物质经过了波浪长期冲刷或长途搬运。砂的分选性一般为中等或较差，其分选磨圆特征与现代潮流堆积砂相似。

砂体中的重砂矿物主要为磁铁矿、锆石、赤褐铁矿、绿帘石、普通角闪石、钛铁矿、锐钛矿等，重砂矿物以磁铁矿含量为最高，变化于 116.54~273.22 g/cm³。重砂矿物粒径一般为 0.07~0.3 mm，平均粒径为 0.15 mm 左右。重砂矿物主要赋存于细砂级沉积物中，其含量均较低，均不能形成单独的重砂矿物矿体。尚未达到共生有益组份回收利用的品位。

该砂体表层细砂主要为较纯净的长石石英砂，能够达到建筑用砂标准。砂层厚度为 1.6~1.8 m。下部含泥量较大，一般含泥量为 16%~50%，在目前的技术经济条件下，砂泥分离成本太大，不视为可采矿产资源。按照表层细砂平均厚度 1.7 m 测算，得出建筑用砂储量为 35×10⁴ m³。

威海市双岛地区属于滨岸沙滩，沙滩东西长约 20 km，宽一般为 400~2 700 m。成因以风成为主，其次为波浪、潮流作用的堆积产物。区内沿海沙滩的砂粒度普遍偏细，某些地段水动力条件较强，形成的砂体纯净、杂质少，局部 SiO_2 含量可达 85%，砂的磨圆度好，达到铸型砂或玻璃用石英砂的工业要求。但本采区属航道淤砂，是近 10 年来回淤的混合堆积，一般达不到铸型砂或玻璃用石英砂的工业要求，只能作为建筑用砂使用。

9.4.3.4 山东省海阳市千里岩东北海域

海砂矿体位于山东省海阳市千里岩以东海域，离岸距离 25 km，水深为 20~35 m。根据浅地层剖面资料，区内有 3 条呈近南北向分布的古河谷砂体，由西向东分别为 I、II、III 号。I 号砂体分布水深为 22~23 m，长 22 km，宽 470~550 m，厚约 7 m，上覆泥层厚度为 7~10 m。II 号砂体水深为 25~35 m，长 38 km，宽 200~420 m，厚 4~8 m，上覆泥层厚度为 9~12 m。III 号矿体水深为 25~35 m，砂体长 42 km，宽 180~450 m，厚 1.5~5.5 m，上覆泥层厚度为 7~11.7 m。

区内现已经揭交储量的仅有 III-1 号矿体，矿区水深为 20.8~28 m，矿体呈较稳定的席状或层状展布，矿体产状平缓，最大厚度为 5.3 m，最小为 1.6 m，平均为 3 m。矿石类型以中砂为主，主要矿物为石英、长石，重矿物有磁铁矿、锆石、刚玉、磷灰石、金红石等，含量一般较低，其中，锆石含量最高，但也仅为 450.5 g/m³，达不到工业要求。

该矿床为一大型建筑砂矿床，矿体形成于第四纪更新世的河谷中，砂级碎屑沉积物一般磨圆较好，大部分呈圆状-次棱角状，分选中-差，其特征与现代河流砂类似。该矿床为一更新世河谷型建筑砂矿床。

9.4.3.5　山东省青岛市胶州湾外海域

该海砂矿位于青岛市胶州湾外海域，矿区中心位置距现今海岸线 5 km，水深大于 12 m。区内发育有 3 条沙脊和 3 条潮沟，沙脊分别为北沙沙脊、南沙沙脊和大竹沙脊，矿床位于北沙沙脊西端。

矿床由上、下两层矿体组成。上层矿体赋存于第四系全新统下层海陆交互相地层中，矿体为厚层状，呈北西—南东向展布，长 7 000 m，最大宽度 3 000 m，平均厚度为 7.9 m。矿石类型为黄色粗砂、含砾粗砂、砾砂，细度模数为 3.1~4.6。局部层段上部覆盖 4.5 m 厚的黑色淤泥层。砂层是海侵初期海陆过渡沉积相后经海流改造而成，长石、石英颗粒磨圆度和分选性较好，含黏粒较少。下层矿体赋存于第四系上更新统冲洪积地层中，矿体成厚层状，呈北西—南东向展布，长 7 000 m，最大宽度 5 000 m，最窄处为 800 m，平均厚度为 14 m，产状近于水平。矿石类型为粗砂、含砾粗砂，黏粒含量为 0.5%~3%，该层矿为陆相成因，由河流冲积、洪积而成，碎屑矿物磨圆和分选程度不如上层矿好，黏粒含量较上层矿高。

该矿床重矿物、微量元素和稀土元素含量均达不到工业要求，放射性含量平均为 0.26 Bq/kg，小于标准 1 Bq/kg 的要求。矿石密度为 1.88~1.91 t/m³，松散系数为 1.2~1.29，自然安息角为 33.5°~37.4°。

该矿床为一大型矿床，上层矿为第四纪全新世潮流沙脊型砂矿，下层矿为第四纪更新世河谷型砂矿。

9.5　有用重矿物资源

自 20 世纪 70 年代以来，我国在北黄海海域内进行了多次海底重矿物调查和研究。1978 年国家海洋局提交了"黄海区沉积调查报告"，1979 年地质部海洋地质调查大队提交了"北黄海中部海底地形、沉积物矿产初步概查报告"，1991 年青岛海洋地质研究所和上海海洋地质调查局提交了"中国海区及周边海区地质矿产资源潜力调研报告"。1998—1999 年中国科学院海洋研究所进行了北黄海沉积环境调查，1997—2001 年青岛海洋地质研究所提交了"我国专属经济区和大陆架矿产资源评价报告"。通过这些调查工作，获得了一些重矿物数据。但由于调查目的、范围的不同和调查项目分散，矿物鉴定粒级、鉴定方法及含量计算标准的差异，都给矿物资料的统计带来了一定的困难。我们依据本项目的表层样重矿物实测资料，结合前人的成果，对海区内有用重矿物潜在资源量进行了评估。

9.5.1　重矿物品位计算

沉积物中重矿物的含量可以用颗粒百分含量、重量百分含量和品位来表示，其中，品位是对全岩中重矿物含量进行评价的最好指标。

9.5.1.1　求重矿物的重量百分含量（M_i）

样品重矿物测试分析提供的数据为颗粒百分含量，换算为重量百分数采用马婉仙（1990）的以

下公式:

$$M_i = \frac{Y_i d_i}{\sum M} \times 100$$

式中, Y_i 为重矿物颗粒百分含量; d_i 为第 i 种重矿物的比重。

区内底质沉积物中的重矿物多达几十种, 依据马婉仙 (1990) 所列出的重矿物相对比重和《矿物鉴定手册》中的矿物比重确定了计算中所用的 d 值 (表9-7)。

9.5.1.2　求重矿物的品位 (G_i)

已知分析样品 0.063~0.25 mm 粒级的重量百分含量比为 $F\%$, 重矿物/粒级重量的重量比值为 $H\%$, 沉积物的容重 G (t/m³), 本文中容重采用各类沉积物平均值, 即 1.6 t/m³, 那么样品中每种重矿物的品位 G_i (kg/m³) 为:

$$G_i = \frac{M_i \times F \times H \times G}{1\ 000}$$

表 9-7　北黄海海域重矿物的相对比重值

矿物	均值	矿物	均值	矿物	均值	矿物	均值
锆石	4.35	金红石	4.90	矽线石	3.24	赤、褐铁矿	4.65
榍石	3.42	锐钛矿	3.90	蓝闪石	3.25	自生黄铁矿	5.07
红柱石	3.15	电气石	3.10	绿泥石	2.73	自生重晶石	4.50
白钛石	4.00	石榴石	4.20	绿帘石	3.43	普通角闪石	3.25
铬铁矿	4.35	金云母	2.70	白云母	2.93	阳起透闪石	3.18
磁铁矿	5.05	黑云母	2.90	褐帘石	3.80	斜方辉石	3.38
钛铁矿	4.60	黄玉	3.55	蓝晶石	3.63	单斜辉石	3.40
磷灰石	3.20	棕闪石	3.40	十字石	3.71	(斜)黝帘石	3.37
独居石	5.20	刚玉	4.02	磷钇矿	4.60	自生磁黄铁矿	4.64
黄铁矿	5.00	岩屑	2.50	碳酸盐	3.05	风化云母	3.00
菱铁矿	3.80	石英	2.70	海绿石	2.50	磁赤、黄铁矿	4.88
钾长石	2.57	斜长石	2.70	符山石	3.38	黄河矿	4.60
生物碎屑	2.93						

9.5.2　异常区划分

重矿物异常确定原则是根据国土资源部《矿产资源储量划分标准》 (2000) 和《海洋地质调查规范》 (1992), 将样品中所含工业矿物的含量划分为 5 级, 每级含量是将所分析粒级中单矿物含量换算为占全样的品位。该区重矿物异常边界是按上述矿物边界品位的 1/4 进行圈定 (4 级以上品位), 其中 1~3 级品位定义为高品位点, 如表 9-8 所示。异常区的划分还要考虑下列因素: 有利于砂矿赋存的地质地貌条件; 具有形成砂矿的自然环境。

9.5.3 重矿物异常分布及其特征

9.5.3.1 单矿物异常分布特征

区内海域单矿物重砂异常区边界是按上述矿物边界品位的 1/4 进行圈定（4 级以上品位），即锆石为 250 g/m³、石榴石为 1 000 g/m³、钛铁矿为 2 500 g/m³。鉴于重矿物分析样品的站位相对集中在北黄海海域内，所以在相对可控的范围内，分别圈定了锆石、石榴石和钛铁矿异常区各 1 处。虽然有些站位样品品位接近或超过异常区划分标准，但由于站位孤立出现或分布面积太小，因此未能单独圈出异常区。

表 9-8　北黄海海域重矿物异常区矿物品位分级表　　　　单位：g/m³

有用矿物	工业品位	边界品位	异常区				非异常区
			1 级品位	2 级品位	3 级品位	4 级品位	5 级品位
锆石	2 000	1 000	> 1 000	1 000~750	750~500	500~250	< 250
石榴石	6 000	4 000	> 4 000	4 000~3 000	3 000~2 000	2 000~1 000	< 1 000
钛铁矿	15 000	10 000	> 10 000	10 000~7500	7 500~5 000	5 000~2 500	< 2 500

1）锆石异常区

圈定了主要锆石异常区 1 处（图 9-6），位于北黄海中南部海域，呈斑块状分布，其主要沉积物类型为细砂和粉砂质砂，赋存地貌单元有古潮流沙脊群和陆架平原。平均品位已高于锆石的边界开采品位。

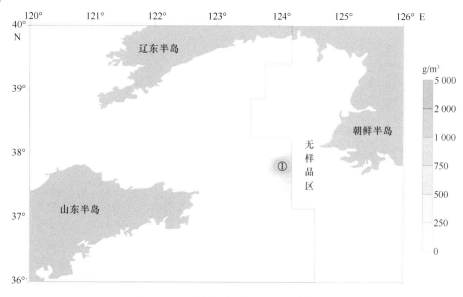

图 9-6　北黄海海域锆石品位等值线

2）石榴石异常区

石榴石异常区分布范围较大，主要圈定出了 3 处异常区（图 9-7），呈不规则斑块状分布，其主要沉积物类型为粉砂质砂、砂质粉砂和细砂，赋存地貌单元有古潮流沙脊群和陆架三角洲平原和现代水下潮坪。其中，② 号异常区位于渤海海域内；③ 号异常区位于北黄海海域的最北部，离岸最近，水深最浅，个别站位可达边界品位以上；④ 号异常区位于北黄海中南部海域，平均品位值最高，其中异常区内个别站位可达工业品位以上。

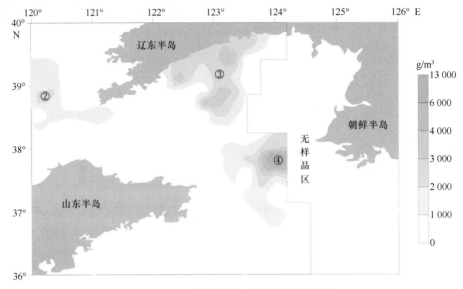

图 9-7 北黄海海域石榴石品位等值线

3）钛铁矿异常区

圈定了主要钛铁矿异常区 3 处（图 9-8），面积较小，呈斑点状零星分布，其主要沉积物类型为粉砂质砂和细砂，赋存地貌单元为古潮流沙脊群和陆架三角洲平原和现代水下潮坪。⑤ 异常区位于渤海海域内，平均品位值相对较高；⑥ 异常区位于渤海与黄海分界线附近，靠近旅顺，面积最小，平均品位值最低；⑦ 异常区位于北黄海中南部海域。

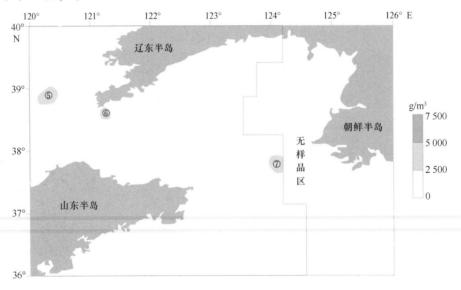

图 9-8 北黄海海域钛铁矿品位等值线

通过对单矿物异常区的特征分析，可以发现各异常区的面积大小不一。其形态呈点状、斑块状或不规则条带状。异常区分布在沉积物粒径较粗的区域，主要沉积物类型有粉砂质砂、砂质粉砂和细砂。所赋存的地貌单元主要有古潮流沙脊群、陆架平原和现代水下潮坪等。

9.5.3.2 重矿物砂矿远景区分布特征

通过分析调查区内各单矿物异常区的分布特征，可以发现主要矿种锆石、石榴石和钛铁矿并不是单独出现，而是相互伴生，集体富集。这样也便于提高有用重矿物的综合开发利用效率，降低开发成本。本着这一原则，在各单矿物异常圈定及资源量估算的基础上，又圈定了复合异常区（图9-9）。M1 主要以石榴石为主，伴生钛铁矿，离岸较远，总资源量相对较少，开采前景较差；M2 为石榴石，离岸距离很近，水深分布较浅，总资源量最大，具备良好的开发潜力；M3 同样以石榴石为主，并伴生锆石和钛铁矿，总资源量比较丰富，但离岸较远，水深分布较深，开采成本较高，短期内开采前景较差。

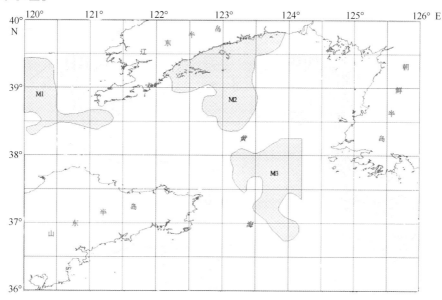

图 9-9 北黄海海域重矿物异常区分布

M1（石榴石 149×10⁴ t；钛铁矿 46）×10⁴ t；M2（石榴石 440×10⁴ t）；

M3（锆石 37×10⁴ t；石榴石 383×10⁴ t；钛铁矿 24×10⁴ t）

9.6 浅层气

海底浅层气一般是指海床下 1 000 m 以浅聚积的气体，其化学成分主要为甲烷，其次是乙烷、二氧化碳和硫化氢等。研究表明，中国近海的浅层气藏主要赋存于第四系，少部分于新近系，均为生物成因，有机质来源与水系的物质输送和古河道埋藏密切相关。尽管在海洋工程施工过程中浅层气曾多次引发井喷现象和安全事故，被视为一种地质灾害因素；但另一方面，浅层气是安全、高效的优质燃料，是一种新型的洁净能源。浅层气藏具有埋藏浅、压力低、储量小而分布广的特点，其所要求的开采工艺简单，维护费用较低，投资规模小，具有广阔的开发前景。

采用浅地层剖面系统和单道地震系统，通过不同的震源系统和采集参数对海底浅地层剖面特征进行了深入的探测。浅层剖面和单道地震记录显示，区内浅层气声学反射特征丰富而多变，其类型主要有声学空白、声学扰动、声学幕、不规则的强反射顶界面以及屏蔽区内侧下拉的地层相位。当地层中浅层气含量较多时，通常会完全屏蔽或部分屏蔽下伏地层，形成大面积的"声学空白"或小范围的"声学幕"；当地层中含气较少时，含气地层反射能量降低，相位扭曲、模糊，形成"声学扰动"。

根据浅层气声学反射特征及其相关解释，采用物探剖面资料可以圈定区内浅层气的分布范围，并大致判断浅层气的浓度水平。普查结果显示，存在浅层气声学反射特征的海域分布广泛，而其成藏潜力区则主要依据浅地层剖面记录上的大面积连续声学空白区进行圈定。如图 9-10 所示，浅层气成藏潜力区主要位于南黄海泥质区、环胶东半岛泥质区和渤东潮流沙脊-沙席区，呈块状分布，总面积约为 $2.588×10^4$ km^2，约占本海区面积的 14.7%。

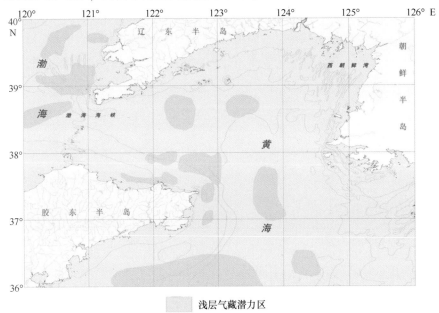

图 9-10　北黄海海域浅层气成藏潜力区分布

9.7　矿产资源开发利用现状及潜力分析

9.7.1　油气资源

9.7.1.1　渤海湾盆地

靠近北黄海的渤海湾盆地内已发现蓬莱-3（探明储量丰度为 $1\,668×10^4$ t/km^2）、绥中 36-1（探明储量丰度为 $666×10^4$ t/km^2）、蓬莱 25-6、旅大 27-2、旅大 9-2、旅大 10-1 和旅大 4-2 等多个大中型油田和较多的油气显示井及含油气构造，有很大的开发潜力。

渤中凹陷是最有前景的油气富集区，其次为辽中凹陷、渤东凹陷、辽东凹陷和庙西凹陷。渤中凹陷是渤海最大的凹陷，面积达 $8\,660$ km^2，新生界沉积厚度超过 $10\,000$ m。凹陷总油气资源量在 $28×10^8$ t 油当量左右，资源丰度为 $15.9×10^4$ t/km^2；主要烃源岩为沙三段、东下段；主要排烃期为东营组晚期至现今；主要盖层为东营组下段上部泥岩、沙一段湖相泥岩；油气主要运移方向为四周凸起。

辽中凹陷、辽西凹陷和辽东凹陷的南部位于研究区海域内。辽中凹陷的整体资源潜力仅次于渤中凹陷，辽中凹陷面积 $3\,510$ km^2。该凹陷是郯庐西坳陷北段（辽东湾）新生界沉积最厚的地区，其中古近系厚 $5\,800$ m。在该凹陷的南部已发现亿吨级大油田和较多的油气显示，还有较大的勘探潜力。辽东凹陷位于辽中凹陷的东侧，分布面积约为 $2\,790$ km^2，其中古近系厚 $2\,200$ m，总油气资

源量约为 2×10^8 t。

渤东凹陷和庙西凹陷，都属于环渤中凹陷成藏体系。渤东凹陷面积约为 2 340 km²，总油气资源量约为 18×10^8 t，庙西凹陷的总油气资源量约为 1×10^8 t，目前已发现了良好的油气显示及大面积的含油气构造单元，将来具有很大的勘探潜力。

渤海的油气资源量，随着勘探工作逐渐深入，模拟方法的改进和地质、计算参数的修正，其数量呈逐渐增加之势。无论如何，这些变化的数值，至少反映了渤海油气资源的丰富和勘探开发的巨大潜力。

9.7.1.2　北黄海盆地

由于勘探程度很低，仅在东部凹陷有 4 口钻井见油气显示。在已知的凹陷中，以东部凹陷和中部凹陷的中生界厚度最大，烃源岩丰度和成熟度较好，且上覆有 2 000~3 000 m 的新生代沉积盖层，相对来讲资源丰度较高，总体评价含油气远景较好，应作为构造详查和圈闭预探的主要地区。其中，东部凹陷中自南向北依次分布有断阶、地垒-挤压背斜、反转背斜-斜坡等构造带，已发现 8 个有利构造，应作为勘探的重点地区。

9.7.1.3　南黄海北部盆地

位于研究区的东北凹陷，勘探程度极低，仅有韩国的 1 口钻井且钻探深度较浅。但是，东北凹陷是近期发现的深凹陷，尽管钻井深度还未钻遇深部地层，但地震资料初步解释其中生代的厚度为 4 000 m 以上，可能存在泰州组的烃源岩，从区域平均的角度，应选择有利区带进行钻探。

9.7.2　海域建筑用海砂资源

北黄海海域的辽东半岛、山东半岛以及朝鲜西部海岸线漫长，基岩质和砂质海岸分布广泛。海域内有庙岛群岛和长山群岛以及朝鲜西海岸众多岛屿，海水通道纵横，潮流侵蚀作用强。此外，海区内还有潮流作用所形成的辽东沙席群和西朝鲜湾沙脊群等。这些优越的地质和地貌条件意味着，海区及滨岸区建筑用砂砾石资源潜力巨大。根据沉积物采样分析数据，结合历史资料，在北黄海海域圈定了建筑用砂砾石资源潜力区。据粗略估算，Ⅰ级资源潜力区海砂潜在资源量为 27.56×10^8 t，Ⅱ级潜力区潜在资源量为 223.24×10^8 t，两者合计海砂潜在资源总量为 250.80×10^8 t。

目前，北黄海海域已发现了五个大、中型海砂矿床，分别位于山东省烟台市长岛县庙岛南部海域、山东省烟台市套子湾海域、山东省威海市双岛湾海域、山东省海阳市千里岩东北海域以及山东省青岛市胶州湾外海域，其类型主要以全新世潮流沙脊型为主，其次为更新世（古）河谷埋藏型砂矿床。

9.7.3　海域重矿物资源

黄海北部有工业前景的重矿物主要为锆石、石榴石和钛铁矿。在某些区域品位较高，个别站位已经达到工业品位。在北黄海海域共圈定了 7 处单矿物高品位异常区和 3 处重矿物砂矿远景区。

通过单矿物异常区的分析可以看出，虽然重矿物分布极不均匀，但还有一定的规律性，表现为 2 种或 3 种单矿物富集共生。根据这一规律，又圈定了 3 处复合异常区，均以石榴石为主。其中，M2 异常区位于北黄海的最北部，水深较浅，离岸距离很近，石榴石资源量最大，是近期内最具开采前景的区域。

9.7.4 其他资源

在北黄海海域，油气资源最具开发利用前景，近海建筑用海砂也已开发利用，重矿物也具有较大资源潜力。除此之外，还赋存有埋藏深度较大的煤系地层和浅层天然气资源。

参考文献

蔡峰,1996.北黄海盆地基底地质特征[J].海洋地质动态,(12):1-3.

蔡乾忠,2005.中国海域油气地质学[M].北京:海洋出版社.

曹强,叶加仁,2008.南黄海北部盆地东北凹陷烃源岩的早期预测[J].地质科技情报,27(4):75-79.

曹强,叶加仁,石万忠,等,2009.低勘探程度盆地烃源岩早期评价——以南黄海北部盆地东北凹为例[J].石油学报,30(4):522-529.

曹雪晴,谭启新,张勇,等,2007.中国近海建筑砂矿床特征[J].岩石矿物学杂志,26(2):164-170.

常颖,包政礼,2006.北皂煤矿海域下采煤的论证与开发[J].中国煤炭,32(6):40-41.

陈吉余,恽才兴,沈焕庭,等,1990.鸭绿江河口特性及建港条件初析[C]//中国海洋湖沼学会海岸河口分会.海岸河口研究.北京:海洋出版社,204-219.

陈丽蓉,2008.中国海沉积矿物学[M].北京:海洋出版社.

陈亮,刘振湖,金庆焕,等,2008.北黄海盆地东部坳陷中新生代构造演化[J].大地构造与成矿学,32(3):308-316.

陈晓辉,李日辉,蓝先洪,等,2014b.晚更新世末北黄海中部硬质粘土层的形成及其古环境意义[J].第四纪研究,34(3):570-578.

陈晓辉,李日辉,孙荣涛,等,2016.末次冰消期以来辽东半岛东南近岸泥质区的古环境演化[J].第四纪研究,36(6):1489-1501.

陈晓辉,李日辉,张志珣,等,2013.辽东半岛南岸海域潮流沙脊特征及影响因素探讨[J].海洋地质与第四纪地质,33(1):11-18.

陈晓辉,张训华,李日辉,等,2014a.渤海海峡海域灾害地质研究[J].海洋地质与第四纪地质,34(1):11-19.

陈志华,石学法,王湘芹,等,2003.南黄海B10岩心的地球化学特征及其对古环境和古气候的反映[J].海洋学报,25(1):69-77.

程鹏,高抒,刘敬圃,等,2001.北黄海西部全新统分布的初步认识[J].第四纪研究,21(4):37.

程天文,赵楚年,1985.我国主要河流入海径流量、输沙量及对沿岸的影响[J].海洋学报,7(4):460-471.

程岩,毕连信,2002.鸭绿江河口浅滩的基本特征和动态变化[J].泥沙研究,3:59-63.

国土资源部,2009.1∶1 000 000海洋区域地质调查规范:DZ/T 0247—2009[S].北京:中国标准出版社.

戴春山,2011.中国海域含油气盆地群和早期评价技术[M].北京:海洋出版社.

杜民,王后金,王改云,等,2016.北黄海盆地东部坳陷中新生代的叠合盆地特征及其成因[J].海洋地质与第四纪地质,36(5):85-96.

范德江,杨作升,毛登,等,2001.长江与黄河沉积物中黏土矿物及地化成分的组成[J].海洋地质与第四纪地质,21(4):8-13.

冯志强,冯文科,薛万俊,等,1996.南海北部地质灾害及海底工程地质条件[M].河海大学出版社.

国家海洋局,2007.海洋调查规范第 10 部分:海底地形地貌调查:GB/T 12763.10—2007[S].北京:中国标准出版社.

高爱国,陈志华,刘焱光,等,2003.楚科奇海表层沉积物的稀土元素地球化学特征[J].中国科学:D 辑,33(2):148-152.

高茂生,侯国华,周良勇,等,2018.山东海岸带地质环境特征及评价[M].武汉:中国地质大学出版社.

葛淑兰,石学法,韩贻兵,2001.南黄海海底沉积物的磁化率特征[J].科学通报,48(S1):34-38.

海洋图集编委会,1990.渤海、黄海、东海海洋图集(地质地球物理)[M].北京:海洋出版社.

海洋图集编委会,1992.渤海、黄海、东海海洋图集(气候)[M].北京:海洋出版社.

海洋图集编委会,1992.渤海、黄海、东海海洋图集(水文)[M].北京:海洋出版社.

韩桂荣,徐孝诗,辛春英,1998.黄海、渤海埋藏古河道区沉积物的地球化学特征[J].海洋科学集刊,40:79-87.

韩喜彬,李广雪,杨子赓,等,2005.中国东部陆架海对"新仙女木"事件的响应[J].海洋地质动态,12:1-5.

郝天珧,Suh M,阎晓蔚,等,2003.黄海中央断裂带的地球物理证据及其与边缘海演化的关系[J].地球物理学报,46(2):179-184.

赫崇本,汪园祥,雷宗友,等,1959.黄海冷水团的形成及其性质的初步探讨[J].山东海洋学院学报,2(1):11-15.

侯方辉,李日辉,张训华,等,2012.胶莱盆地向南黄海延伸——来自南黄海地震剖面的新证据[J].海洋地质前沿,28(3):12-16.

胡小强,唐大卿,王嘹亮,等,2017.北黄海盆地东部坳陷断裂构造分析[J].地质科技情报,36(1):117-127.

胡小强,王嘹亮,2015.双参数约束地震叠前同时反演在北黄海盆地某区块火成岩预测中的应用[J].海洋地质与第四纪地质,35(4):87-94.

简晓玲,刘金萍,王改云,等,2014.北黄海盆地东部坳陷火成岩地震相识别与分布预测[J].海洋地质前沿,30(11):66-70.

简晓玲,万晓明,杜民,2016.北黄海盆地东部坳陷中新生代构造样式[J].地质学刊,40(2):314-319.

江苏省地质矿产局,1991.江苏省地下水资源研究[M].南京:江苏科学技术出版社,12-13.

姜福杰,庞雄奇,2011.环渤中凹陷油气资源潜力与分布定量评价[J].石油勘探与开发,38(1):23-30.

蒋东辉,高抒,2002.渤海海峡潮流底应力与沉积物分布的关系[J].沉积学报,20(4):663-667.

赖万忠,1999.朝鲜油气与西湾盆地勘探[R].北京:中国海洋石油总公司.

蓝先洪,申顺喜,2004.南黄海中部沉积岩芯的微体古生物组合特征及古环境演化[J].海洋湖沼通报,3:16-20.

蓝先洪,1990.黏土矿物作为古气候指标矿物的探讨[J].地质科技情报,9(4):31-35.

蓝先洪,1995.我国河口地球化学研究[J].海洋地质动态,4(8):1-4.

蓝先洪,2004.中国陆架的沉积环境地球化学[J].海洋地质动态,20(9):10-15.

蓝先洪,申顺喜,2002.南黄海中部沉积岩心的稀土元素地球化学特征[J].海洋通报,21(5):46-53.

蓝先洪,王红霞,张志珣,等,2006.南黄海表层沉积物稀土元素分布与物源关系[J].中国稀土学报,25(6):745-749.

蓝先洪,张宪军,赵广涛,等,2009.南黄海 NT1 孔沉积物稀土元素组成与物源判别[J].地球化学,38

（2）:123-132.

蓝先洪,张宪军,刘新波,等,2011.南黄海表层沉积物黏土矿物分布及物源[J].海洋地质与第四纪地质,31(3):11-16.

蓝先洪,张宪军,王红霞,等,2008.南黄海NT2孔沉积地球化学及其物源[J].海洋地质与第四纪地质,28(1):51-60.

蓝先洪,张训华,张志珣,2005.南黄海沉积物的物质来源及运移研究[J].海洋湖沼通报,4:53-60.

蓝先洪,张志珣,李日辉,2008.南黄海沉积物的元素地层学研究[J].海洋地质动态,24(12):1-4.

蓝先洪,张志珣,李日辉,等,2006.南黄海表层沉积物微量元素地球化学特征[J].海洋地质与第四纪地质,26(3):45-51.

雷清清,廖旭,董晓燕,等,2008.辽宁省主要活动断层与地震活动特征分析[J].震灾防御技术,3(2):111-125.

李凡,于建军,1994.陆架海灾害地质因素分类[J].海洋科学,(4):50-53.

李凡,张秀荣,李永植,等,1998.南黄海埋藏古三角洲[J].地理学报,53(3):238-244.

李广雪,刘勇,杨子赓,2009.中国东部陆架沉积环境对末次冰盛期以来海面阶段性上升的响应[J].海洋地质与第四纪地质,29(4):13-19.

李国刚,1990.中国近海表层沉积物中黏土矿物的组成、分布及其地质意义[J].海洋学报,12(4):470-479.

李培英,杜军,刘乐军,等,2007.中国海岸带灾害地质特征及评价[M].北京:海洋出版社.

李培英,李萍,刘乐军,等,2003.我国海洋灾害地质评价的基本概念、方法及进展[J].海洋学报,25(1):122-134.

李日辉,孙荣涛,徐兆凯,等,2014.黄、渤海交界区附近表层沉积物中的底栖有孔虫分布与环境因素制约[J].海洋地质与第四纪地质,34(3):93-103.

李绍全,刘健,王圣洁,等,1997.南黄海东侧陆架冰消期以来的海侵沉积特征[J].海洋地质与第四纪地质,(4):1-12.

李淑媛,苗丰民,赵全民,等,2010.辽东半岛西南及渤海中部海域表层沉积物的地球化学[J].海洋地质与第四纪地质,30(4):123-130.

李双林,李绍全,2001.黄海YA01孔沉积物稀土元素组成与源区示踪[J].海洋地质与第四纪地质,21(3):51-55.

李铁刚,苍树溪,阎军,1997.冲绳海槽北段表层沉积物底栖有孔虫分布的研究[J].海洋与湖沼,28(1):49-55.

李铁刚,常凤鸣,于心科,2010.Younger Dryas事件与北黄海泥炭层的形成[J].地学前缘,17(1):322-329.

李铁刚,江波,孙荣涛,等,2007.末次冰消期以来东黄海暖流系统的演化[J].第四纪研究,27(6):945-954.

李文勇,2007.北黄海盆地构造变形及动力学演化过程[J].地质学报,81(5):588-598.

李文勇,曾祥辉,王信国,等,2009.北黄海盆地构造运动学解析[J].地学前缘,16(4):74-86.

李文勇,李东旭,王后金,2006a.北黄海盆地构造几何学研究新进展[J].地质力学学报,12(1):12-22.

李文勇,李东旭,夏斌,等,2006b.北黄海盆地构造演化特征分析[J].现代地质,20(2):268-276.

李西双,刘保华,华清峰,等,2009.张家口-蓬莱断裂带渤海段晚第四纪活动特征[J].海洋科学进展,27(3):332-341.

李西双,赵月霞,刘保华,等,2010.郯庐断裂带渤海段晚更新世以来的浅层构造变形和活动性[J].科学通报,55(1):1-12.

李艳,李安春,黄朋,2011.大连湾近海表层沉积物重矿物组合分布特征及其物源环境指示[J].海洋地质与第四纪地质,31(6):13-20.

李艳,李安春,万世明,等,2009.大连湾近海表层沉积物矿物组合分布特征及其物源环境[J].海洋地质与第四纪地质,29(4):115-121.

林珍,易海,王衍棠,2008.重磁资料在北黄海盆地综合地球物理解释中的应用[J].物探与化探,32(2):111-115.

刘建国,李安春,陈木宏,等,2007.全新世渤海泥质沉积物地球化学特征[J].地球化学,36(6):559-568.

刘健,朱日祥,李绍全,等,2003.南黄海东南部冰后期泥质沉积物中磁性矿物的成岩变化及其对环境变化的响应[J].中国科学:D辑,33(6):583-592.

刘敏厚,吴世迎,王永吉,1987.黄海晚第四纪沉积[M].北京:海洋出版社.

刘守全,刘锡清,王圣洁,等,2002.编制1:200万南海灾害地质图的若干问题[J].中国地质灾害与防治学报,13(1):17-20.

刘锡清,2006.中国海洋环境地质学[M].北京:海洋出版社.

刘兴泉,1996.黄海冬季环流的数值模拟.海洋与湖沼,27(5):546-555.

刘振湖,高红芳,胡小强,等,2007.北黄海盆地东部坳陷中生界含油气系统研究[J].中国海上油气,19(4):229-233.

刘振夏,夏东兴,2004.中国近海潮流沉积沙体[M].北京:海洋出版社.

刘振夏,夏东兴,汤毓祥,等,1994.渤海东部全新世潮流沉积体系[J].中国科学:B辑,24(12):1331-1338.

刘振夏,夏东兴,王揆洋,1998.中国陆架潮流沉积体系和模式[J].海洋与湖沼,29(2):141-147.

刘忠臣,刘保华,黄振宗,等,2005.中国近海及邻近海域地形地貌[M].北京:海洋出版社.

马婉仙,1990.重砂测量与分析[M].北京:地质出版社.

马文涛,於文辉,张世晖,2005.北黄海盆地地质构造特征及其演化[J].海洋地质动态,21(11):21-27.

梅西,张训华,李日辉,2013.南黄海北部晚第四纪底栖有孔虫群落分布特征及对古冷水团的指示[J].地质论评,59(6):1024-1034.

梅西,张训华,郑洪波,等,2010.南海南部120 ka以来元素地球化学记录的东亚夏季风变迁[J].矿物岩石地球化学通报,29(2):134-141.

梅西,张训华,王中波,等,2014.南黄海北部DLC70-3孔沉积物磁化率特征及其对古冷水团的指示[J].地质科技情报,33(5):100-105.

孟广兰,韩有松,1998.南黄海陆架区15 ka以来的古气候事件与环境演变[J].海洋与湖沼,3:297-305.

苗丰民,李光天,符文侠,等,1995.北黄海长山群岛海域沉积环境初步研究[J].海洋地质与第四纪地质,34(3):93-103.

聂高众,刘嘉麒,郭正堂,1996.渭南黄土剖面十五万年以来的主要地层界线和气候事件——年代学方面的证据[J].第四纪研究,3:221-231.

潘懋,李铁峰,2002.灾害地质学[M].北京:北京大学出版社.

潘懋,李铁峰,2003.环境地质学[M].北京:高等教育出版社.

彭子成,韩岳,张巽,等,1992.莱州湾地区10万年以来沉积环境变化[J].地质论评,38(4):360-367.

秦蕴珊,1963.中国陆棚海的地形及沉积物类型的初步研究[J].海洋与湖沼,5(1):71-86.

秦蕴珊,李凡,1986.黄河入海泥沙对渤海和黄海沉积作用的影响[J].海洋科学集刊,27:125-135.

秦蕴珊,赵一阳,陈丽蓉,等,1989.黄海地质[M].北京:科学出版社.

青岛环海海洋工程勘察研究院,2001.山东省烟台市长岛县庙岛南部海域海砂开采使用海域论证报告[R].

邱燕,王立飞,黄文凯,等.2016.中国海域中新生代沉积盆地[M].北京:地质出版社,1-233.

全国海岸带和海涂资源综合调查成果编委会,1991.中国海岸带和海涂资源综合调查报告[M].北京:海洋出版社.

全国海岛资源综合调查报告编写组,1996.全国海岛资源综合调查报告[M].北京:海洋出版社.

山东鲁地海洋地质勘测院,2003.威海市双岛渔船避风港航道清淤采砂矿产资源开发利用方案[R].

山东省第三地质矿产勘查院,2000.山东省烟台经济技术开发区海砂资源保护勘查报告[R].

山东省第四地质矿产勘查院,2003.山东省区域地质[M].济南:山东省地图出版社.

施林峰,翟子梅,王强,等,2009.从天津CQJ4孔探讨中国东部海侵层的年代问题[J].地质论评,55(3):375-384.

施雅风,刘晓东,1999.距今40~30 ka青藏高原特强夏季风事件及其与岁差周期关系[J].科学通报,44(14):1475-1480.

施雅风,于革,2003.40~30 ka B.P.中国暖湿气候和海侵的特征与成因探讨[J].第四纪研究,23(1):1-11.

石勇,刘志帅,高建华,等,2015.鸭绿江河口西岸潮滩沉积物有机质对流域变化的响应[J].海洋学报,37(1):115-124.

石学法,2014.中国近海海洋-海洋底质[M].北京:海洋出版社.

宋金明,李延,朱仲斌,1990.Eh和海洋沉积物氧化还原环境的关系[J].海洋通报,9(4):33-39.

宋鹏,肖国林,张维冈,等,2006.北黄海海域的重磁场特征及其地质意义[J].海洋地质动态,22(8):1-6.

宋云香,站秀文,王玉广,1997.辽东湾北部河口区现代沉积特征.海洋学报,19(5):145-149.

孙荣涛,李铁刚,常凤鸣,2009.北黄海表层沉积物中的底栖有孔虫分布与海洋环境[J].海洋地质与第四纪地质,29(4):21-28.

孙淑艳,李艳菊,彭莉,等,2003.火成岩地震识别及构造描述方法研究[J].特种油气藏,10(1):47-54.

孙湘君,宋长青,王瑜,等,1995.黄土高原南缘10万年以来的植被——陕西渭南黄土剖面的花粉记录[J].科学通报,40(13):1222-1224.

田振兴,张训华,肖国林,等.2007.北黄海盆地北缘断裂带及其特征[J].海洋地质与第四纪地质,27(2):59-63.

田振兴,张训华,薛荣俊,2004.北黄海盆地区域地质特征[J].海洋地质动态,20(2):8-10.

汪品先,闵秋宝,卞云华,1980a.南黄海西北部底质中有孔虫、介形虫分布规律及其地质意义[C].海洋微体古生物论文集.北京:海洋出版社,61-83.

汪品先,闵秋宝,卞云华,1980b.黄海有孔虫、介形虫组合的初步研究[C].海洋微体古生物论文集,北京:海洋出版社,84-100.

汪品先,章纪军,赵泉鸿,等,1988.东海底质中的有孔虫和介形虫[M].北京:海洋出版社,1-438.

王桂芝,高抒,李凤业,2003.北黄海西部的全新世泥质沉积[J].海洋学报,25(4):125-134.

王焕松,李子成,雷坤,等,2010.近20年大、小凌河入海径流量和输沙量变化及其驱动力分析[J].环境科学研究,23(10):1236-1242.

王靖泰,汪品先.1980.中国东部晚更新世以来海面升降与气候变化的关系[J].地理学报,35(4):299-312.

王开发,韩信斌,1983.我国东部新生界环纹藻化石研究[J].古生物学报,22(4):468-472.

王开发,张玉兰,蒋辉,1982.双星藻科化石在东、黄海沉积中的发现及其古地理意义[J].科学通报,27(22):1387-1389.

王利波,杨作升,张荣平,等,2011.南黄海中部泥质区ZY2孔6 200年以来的海表温度记录及黄海暖流变化的影响[J].科学通报,56(15):1213-1220.

王嘹亮,沈艳杰,程日辉,等,2013.北黄海盆地中-上侏罗统火山岩岩石地球化学特征及构造背景[J].中南大学学报(自然科学版),44(1):223-232.

王嘹亮,许中杰,程日辉,等,2015.北黄海盆地上侏罗统-下白垩统火山岩形成时代:锆石LA-ICP-MS U-Pb定年证据[J].大地构造与成矿学,39(1):179-186.

王任,石万忠,肖丹,等.2015.北黄海盆地下白垩统层序构成特点及控制因素[J].石油学报,36(12):1531-1542.

王任,石万忠,张先平,等.2017.中国东部北黄海盆地东部坳陷岩浆活动特征及其与区域构造的耦合关系[J].地球科学,42(4):587-600.

王伟,李安春,徐方建,等,2009.北黄海表层沉积物粒度分布特征及其沉积环境分析[J].海洋与湖沼,40(5):525-531.

王永吉,刘昌荣,1979.黄海地质调查报告(摘要)[J].海洋湖沼通报,1(1):87-89.

翁学传,张以恳,王从敏,等,1989.黄海冷水团的变化特征[J].青岛海洋大学学报,(S1):119-131.

吴标云,李从先,1987.长江三角洲第四纪地质[M].北京:海洋出版社,1-166.

吴忱,许清海,阳小兰,2000.论华北平原的黄河古水系[J].地质力学学报,6(4):1-8.

吴福莉,方小敏,马玉贞,等,2004.黄土高原中部1.5 Ma以来古生态环境演化的孢粉记录[J].科学通报,49(1):99-105.

吴琳,许红,何将启,等,2004.北黄海盆地与朝鲜安州盆地和中国胶莱盆地的对比[J].海洋地质动态,20(8):22-26.

夏怀宽,雷清清,许东满,等,1993.朝鲜载宁江断裂带的活动特征及其与地震的关系[J].地震地质,15(2):117-122.

夏怀宽,许东满,雷清清,等,1992.朝鲜北西部地质构造特征及主要断裂活动性[J].东北地震研究,3:132-140.

肖国林,孙长虹,郑俊茂,2005.北黄海盆地东部前中生界基底特征[J].现代地质,19(2):261-266.

萧家仪,吕燕,祁国祥,2013.淤泥质海岸藜科花粉与海岸线位置数量关系的初步研究[A]//中国古生物学会孢粉学分会主编.第九届一次学术会议论文摘要集.桂林:A25:29.

谢秋元,1992.中国海域新生代盆地煤成气分布[M]//刘光鼎主编.中国海区及邻域地质地球物理特征.北京:科学技术出版社.

徐东浩,李军,赵京涛,等,2012.辽东湾表层沉积物粒度分布特征及其地质意义[J].海洋地质与第四纪地质,32(5):35-42.

徐杰,马宗晋,邓起东,等,2004.渤海中部渐新世以来强烈沉陷的区域构造条件[J].石油学报,25(5):11-16.

许东禹,刘锡清,张训华,等,1997.中国近海地质[M].北京:地质出版社.

许中杰,王嘹亮,孔媛,等.2017.北黄海盆地前中生代-中生代火山岩磁化率、地球化学特征及构造意义[J].地球科学,42(2):191-206.

沿海大陆架及毗邻海域油气区石油地质志编写组,1990.中国石油地质志 卷十六:沿海大陆架及毗邻海域油气区[M].北京:石油工业出版社.

阎玉忠,王宏,李凤林,等,2006.渤海湾西岸BQ1孔揭示的沉积环境与海面波动[J].地质通报,25(3):357-382.

杨达源,陈可锋,舒肖明,2004.深海氧同位素第3阶段晚期长江三角洲古环境初步研究[J].第四纪研究,24(5):525-530.

杨守业,李从先,1999.长江和黄河沉积物REE地球化学及示踪作用[J].地球化学,28(4):374-380.

杨守业,李从先,Lee C B,等,2003.黄海周边河流的稀土元素地球化学及沉积物物源示踪[J].科学通报,48(11):1233-1236.

杨艳秋,戴春山,刘万洙,2003.北黄海盆地基底结构特征[J].海洋地质动态,19(5):25-26.

杨子赓,林和茂,王圣洁,等,1998.对末次间冰期南黄海古冷水团沉积的探讨[J].海洋地质与第四纪地质,18(1):47-58.

杨子赓,1993.中国与邻区第四纪地层对比[J].海洋地质与第四纪地质,13(3):1-14.

杨子赓,林和茂,1989.中国近海及沿海地区第四纪进程与事件[M].北京:海洋出版社.

杨子赓,林和茂,1996.中国第四纪地层与国际对比[M].北京:地质出版社.

杨子赓,林和茂,1998.对末次间冰期南黄海古冷水团沉积的探讨[J].海洋地质与第四纪地质,18(01):47-58.

杨子赓,王圣洁,张光威,等,2001.冰消期海侵进程中南黄海潮流沙脊的演化模式[J].海洋地质与第四纪地质,21(3):1-10.

杨作升,1988.黄河、长江、珠江沉积物中黏土的矿物组合、化学特征及其与物源区气候环境的关系[J].海洋与湖沼,19(4):336-346.

尹文昱,张永宁,2006.渤海海峡风浪特征统计分析[J].大连海事大学学报,32(4):84-88.

尹延鸿,周青伟,1994.渤海东部地区沉积物类型特征及其分布规律[J].海洋地质与第四纪地质,14(2):48-51.

于非,张志欣,刁新源,等,2006.黄海冷水团演变过程及其与邻近水团关系的分析[J].海洋学报,28(5):26-34.

余和中,吕福亮,郭庆新,等,2005.华北板块南缘原型沉积盆地类型与构造演化[J].石油实验地质,27(2):111-117.

袁书坤,王英民,刘振湖,等,2010.北黄海盆地东部坳陷不整合类型及油气成藏模式[J].石油勘探与开发,37(6):663-667.

臧家业,汤毓祥,邹娥梅,等,2001.黄海环流的分析[J].科学通报,46(增刊):7-15.

张功成,2000.渤海海域构造格局与富生烃凹陷分布[J].中国海上油气(地质),14(2):93-99.

张训华,肖国林,吴志强,等,2017.南黄海油气勘探若干地质问题认识和探讨——南黄海中-古生界海相油气勘探新进展与面临的挑战[M].北京:科学出版社.

张训华,张志珣,蓝先洪,等,2013.南黄海区域地质[M].北京:海洋出版社.

张燕菁,胡春宏,王延贵,等,2007.辽河干流河道演变与维持河道稳定的输沙水量研究[J].水利学报,38(2):176-181.

张义丰,李凤新,1983.黄河、滦河三角洲的物质组成及其来源[J].海洋科学,7(3):15-18.

张岳桥,董树文,2008.郯庐断裂带中生代构造演化史:进展与新认识[J].地质通报,27(9):1371-1388.

张宗祜,2005.环境地质与地质灾害[J].第四纪研究,25(1):1-5.

张祖陆,1990.鲁北平原浅埋古河道带基本特征[J].地理科学,10(4):372-378.

赵泉鸿,1985.东海、黄海海岸带现代介形虫分布的研究[J].海洋学报,7(2):193-204.

赵泉鸿,翦知湣,张在秀,等,2009.东海陆架泥质沉积区全新世有孔虫和介形虫及其古环境应用[J].微体古生物学报,26(2):117-128.

赵泉鸿,汪品先,1988.中国浅海现代介形虫的数量和属种分布[J].海洋与湖沼,19(6):553-561.

赵淑娟,李三忠,索艳慧,等.2017.黄海盆地构造特征及形成机制[J].地学前缘,24(4):239-248.

赵松龄,1996.陆架沙漠化[M].北京:海洋出版社.

赵杏媛,张有瑜,1990.黏土矿物与黏土矿物分析[M].北京:海洋出版社.

赵一阳,鄢明才,1994.中国浅海沉积物地球化学[M].北京:科学出版社.

赵月霞,刘保华,李西双,2003.南黄海中西部晚更新世沉积地层结构及其意义[J].海洋科学进展,21:21-30.

赵志根,2000.不同球粒陨石平均值对稀土元素参数的影响[J].标准化报道,21(3):15-17.

郑光膺,1989.南黄海第四纪层型地层对比[M].北京:科学出版社.

郑光膺,1991.黄海第四纪地质[M].北京:科学出版社.

郑守仪,1988.东海的胶结和瓷质有孔虫[M].北京:科学出版社,1-337.

郑守仪,傅钊先,2001.中国动物志:粒网虫门:有孔虫纲:胶结有孔虫[M].北京:科学出版社.

中国海湾志编纂委员会,1991.中国海湾志第一分册·辽东半岛东部海湾[M].北京:海洋出版社.

中国海湾志编纂委员会,1991.中国海湾志第三分册·山东半岛北部和东部海湾[M].北京:海洋出版社.

中国海湾志编纂委员会,1997.中国海湾志第二分册·辽东半岛西部和辽宁省西部海湾[M].北京:海洋出版社.

中国海湾志编纂委员会,1998a.中国海湾志第四分册·山东半岛南部和江苏省海湾[M].北京:海洋出版社.

中国海湾志编纂委员会,1998b.中国海湾志第十四分册·重要河口[M].北京:海洋出版社.

中国科学院海洋研究所海洋地质研究室,1982.黄东海地质[M].北京:科学出版社.

中国科学院海洋研究所海洋地质研究室,1985.渤海地质[M].北京:科学出版社.

朱浩然,曾昭琪,张忠英,1978.江苏北部下第三系戴南组的盘星藻化石及其沉积环境的初步分析[J].古生物学报,17(3):233-243.

专项编写组,2002.我国专属经济区和大陆架勘测专项综合报告[M].北京:海洋出版社.

庄振业,曹有益,1999.渤海南部S3孔晚第四纪海相地层的划分及环境演变[J].海洋地质与第四纪地质,19(2):27-35.

An Z,Kukla G J,Porter S C,et al,1991.Magnetic susceptibility evidence of monsoon variation on the Loess Plateau of central China during the last 130 000 years[J].Quaternary Research,36(1):29-36.

Aslan A ,Autin W J,1998.Holocene flood-plain soil formation in the southern lower Mississippi Valley:implications for interpreting alluvial paleosols [J].Bulletin of the Geological Society of America,110:433-449.

Bé A W H,1977.An ecological,zoogeographic and taxonomic review of recent planktonic foraminifera[C]// Ramsay A T S(ed.)Oceanic Micropaleontology,Vol.1,London:Academic Press.

Beaudouin C,Suc J P,Escarguel G,et al,2007.The significance of pollen signal in present-day marine terrigenous sediments:The example of the Gulf of Lions(western Mediterranean Sea)[J].Geobios,40(2):159-172.

Berger G W,1987.Thermoluminescence dating of the Pleistocene Old Crow tephra and adjacent loess,near Fairbanks,Alaska[J].Can.J.Earth Sci.,(24):1975-1984.

Berné S,Vagner P,Guichard F,et al,2002.Pleistocene forced regressions and tidal and ridges in the East China Sea[J].Marine Geology,188:293-315.

Broecker W S,Denton G H,1989.The role of ocean-atmosphere reorganizations in glacial cycles [J].Geochimica et Cosmochimica Acta,53:2465-2501.

Cabioch G,Ayliffe L K,2001.Raised coral terraces at Malakula,Vanuatu,southwest Pacific,indicate high sea level during marine isotope stage 3[J].Quaternary Research,56:357-365.

Cang S X,Li T G,1996.Study on the sea level change of the Yellow Sea[C].//Holocene and Late Pleistocen environments in the Yellow Sea.Seoul,Korea,15-24.

Carpenter G B ,McCarthy J C,1980.Hazards analysis on the Atlantic outer continental shelf [D].12th Annual /O.T.C.Proceedings,1:399-410.

Chappell J,Omura A,Esat T,et al,1996.Reconciliation of late Quaternary sea levels derived from coral terraces at Huon Peninsula with deep-sea oxygen isotope records[J].Earth and Planetary Science Letters,141:227-236.

Chen Q Q,Li C X,Li P,et al,2008.Late Quaternary palaeosols in the Yangtze Delta,China,and their palaeoenvironmental implications [J].Geomorphology,100:465-483.

Chen X H,Li T G,Zhang X H,et al,2013.A Holocene Yalu River-derived fine-grained deposit in the southeast coastal area of Liaodong Peninsula[J].Chinese Journal of Oceanology and Limnology,31(3):636-647.

Chen Z Y,Stanley D J,1993.Alluvial stiff muds(Late Pleistocene)underlying the Lower Nile Delta Plain,Egypt:Peterology,Stratigraphy and Origin [J].Journal of Coastal Research,9(2):539-576.

Daniels R B,Gamble E E,Cady J G,1970.Some relations among coastal plain soils and geomorphic surfaces in North Carolina [J].Soil Science Society of America Proceedings,34:648-653.

Dansgaard W,White J,Johnsen S,1989.The abrupt termination of the Younger Dryas climate event [J].Nature,339:532-533.

Ehrmann W,1998.Implications of late Eocene to early Miocene clay mineral assemblages in McMurdo Sound (Ross Sea,Antarctica)on paleoclimate and ice dynamics[J].Palaeogeography,Palaeoclimatology,Palaeoecology,139(3-4):213-231.

Folk R L,Andrews P B,Lewis D W,1970.Detrital sedimentary rock classification and nomenclature for use in New Zealand[J].New Zealand Journal of Geology and Geophysics,13(4):937-968.

Grenfell H R,1995.Probable fossil zygnematacean algal spore genera [J].Review of Palaeobotany and Palynology,84:201-220.

Heinrich H,1998.Origin and consequences of cyclic ice rafting in the northeast Atlantic Ocean during the past 130 000 years[J].Quaternary Research,(29):142-152.

Heusser L,1998.Direct correlation of millennial-scale changes in western North American vegetation and climate with changes in the California Current system over the past ~60 kyr [J].Paleoceanography,13:

252-262.

Kim J M, Kucera M, 2000. Benthic foraminifer record of environmental changes in the Yellow Sea (Hwanghae) during the last 15 000 years[J].Quaternary Science Reviews,19(11):1067-1085.

Kong G, Park S C, Han H C, et al, 2006. Late Quaternary paleoenvironmental changes in the southeastern Yellow Sea, Korea[J].Quaternary International,144(1):38-52.

Lambeck K, Chappell J, 2001.Sea level change through the last glacial cycle[J].Science,292:679-686.

Lambeck K, Esat T M, Potter E K, 2002.Links between climate and sea levels for the past three million years [J].Nature,419(6903):199-206.

Lambeck K, Chappell J, 2001.Sea level change through the last glacial cycle [J].Science, 292 (5517): 679-686.

Lea D W, Martin P A, Pak D K, et al, 2002.Reconstructing a 350 ky history of sea level using planktonic Mg/Ca and oxygen isotope records from a Cocos Ridge core [J]. Quaternary Sciences Reviews, 21: 283-293.

Lee H J, Chough S K, 1989.Sediment distribution, dispersal and budget in the Yellow Sea[J].Marine Geology,87:195-205.

Lei Y L, Li T G, 2016.Atlas of benthic foraminifera from China Seas-the Bohai Sea and the Yellow Sea [M]. Beijing:Sceince Press,Springer.

Li C X, Wang P, Sun H P, et al, 2002.Late Quaternary incised-valley fill of the Yangtze Delta(China):Its stratigraphic framework and evolution [J].Sedimentary Geology,152(1-2):133-158.

Li C, Yang S, 2010.Is chemical index of alteration(CIA)a reliable proxy for chemical weathering in global drainage basins? [J].American Journal of Science,310(2):111-127.

Lin J X, Zhang S L, Qiu J B, et al, 1989.Quaternary marine transgressions and paleoclimate in the Yangtze River delta region [J].Quaternary Research,32(3):296-306.

Linsley B K, 1996.Oxygen isotope evidence of sea level and climatic variations in the Sulu Sea over the past 150 000 years[J].Nature,380:234-237.

Liu J P, Milliman J D, Gao S, et al, 2004.Holocene development of the Yellow River's subaqueous delta, North Yellow Sea[J].Marine Geology,209:45-67.

Liu J, Saito Y, Kong X H, et al, 2010.Delta development and channel incision during marine isotope stages 3 and 2 in the western South Yellow Sea[J].Marine Geology,278(1):54-76.

Liu J, Saito Y, Kong X H, et al, 2009.Geochemical characteristics of sediment as indicators of post-glacial environmental changes off the Shandong Peninsula in the Yellow Sea[J].Continental Shelf Research,29: 846-855.

Liu J, Saito Y, Wang H, et al, 2007.Sedimentary evolution of the Holocene subaqueous clinofrom off the Shandong Peninsula in the Yellow Sea[J].Marine Geology,236:165-187.

Liu Z, Xia D, S Berne, et al, 1998.Tidal deposition systems of China's continental shelf, with special reference to the eastern Bohai Sea[J].Marine Geology,145(3-4):225-253.

Lu H Y, Wu N Q, Liu Kam B, et al, 2007.Phytoliths as quantitative indicators for the reconstruction of past environmental conditions in China Ⅱ:palaeoenvironmental reconstruction in the Loess Plateau [J].Quaternary Science Reviews,26(5):759-772.

Mauz B, Hassler U, 2000.Luminescence chronology of Late Pleistocene raised beaches in southern Italy:new data of relative sea−level changes [J].Marine Geology,170(1):187−203.

Murray J W,1973.Distribution and ecology of living benthic foraminiferids[M].Heinemann Educational Books.London:1−274.

Park Y K,Khim B K,1992.Origin and dispersal of recent clay minerals in the Yellow Sea[J].Marine Geology,104(1−4):205−213.

Qin J G,Wu G X,Zheng H B,et al,2008.The palynology of the First Hard Clay Layer(late Pleistocene)from the Yangtze Delta,China [J].Review of Palaeobotany & Palynology,149:63−72.

Rodriguez A B,Anderson J B,Banfield L A,et al,2000.Identification of a −15 m Wisconsin shoreline on the Texas inner continental shelf [J].Palaeogeography,Palaeoclimatology,Palaeoecology,158(1):25−43.

Shinn Y J,Chough S K,Hwang I G,2010.Structural development and tectonic evolution of Gunsan Basin (Cretaceous−Tertiary)in the central Yellow Sea[J].Marine and Petroleum Geology,27:500−514.

Siddall M,Rohling E J,Almogi−Labin A,et al,2003.Sea−level fluctuations during the last glacial cycle [J].Nature,423(6942):853−858.

Sternberg W,Larsen H,Miao T,1985.Tidally driven sediment transport on the East China Sea continental shelf[J].Continental Shelf Research,4:105−120.

Sun X J,Li X,Beug H J,1999.Pollen distribution in hemipelagic surface sediments of the South China Sea and its relation to modern vegetation distribution [J].Marine Geology,156:211−226.

Taylor R,McLennan M,1985.The continental crust:Its composition and evolution[M].Oxford:Blackwell Sci. Publ,29−45.

Thompson L G,Thompson E M,1987.Evidence of Abrupt Climatic Change During the Last 1500 Years Recorded in Ice Cores from the Tropical Quelccaya Ice Cap,Peru [M].Abrupt Climatic Change,NATO ASI Series,216:99−110.

Wang Y J,Cheng H,Edwards R L,et al,2001.A high−resolution absolute−dated late Pleistocene monsoon record from Hulu Cave,China [J].Science,294(5550):2345−2348.

Willian R B,1986.Structrue of the continental shelf and slope geohazardous and engineering constracts [D]. A & M University.

Wu M Q,Wen Q Z,Pan J Y,et al,1991.Rare earth elements in the Malan loess from the middle reaches of the Huanghe River[J].Chinese Science Bulletin,36(16):1380−1385.

Xiang R,Yang Z S,Saito Y,et al,2008.Paleoenvironmental changes during the last 8 400 years in the southern Yellow Sea:Benthic foraminiferal and stable isotopic evidence[J].Marine Micropaleontology,67(1−2):104−119.

Yang J,Chen J,An Z,et al,2000.Variations in $^{87}Sr/^{86}Sr$ ratios of calcites in Chinese loess:a proxy for chemical weathering associated with the East Asian summer monsoon[J].Palaeogeography,Palaeoclimatology,Palaeoecology,157(1):151−159.

Yang S Y,Jung H S,Lim D I,et al,2003.A review on the provenance discrimination of sediments in the Yellow Sea[J].Earth−Sci.Rev,63:93−120.

Yang S,Jung H S,Li C,2004.Two unique weathering regimes in the Changjiang and Huanghe drainage basins:geochemical evidence from river sediments[J].Sedimentary Geology,164(1):19−34.

Yang Z S,Liu J P,2007.A unique Yellow River−derived distal subaqueous delta in the Yellow Sea[J].Marine Geology,240:169−176.

Zhang Z, Cheng R H, Shen Y J, et al, 2017. Mesozoic sequence stratigraphy and its response to tectonic evolution of the eastern depression, North Yellow Sea Basin, North China[J]. Journal of Asian Earth Sciences, http://dx.doi.org/10.1016/j.jseaes.2017.08.001.

Zhao B C, Wang Z H, Chen J, et al, 2008. Marine sediment records and relative sea level change during late Pleistocene in the Changjiang delta area and adjacent continental shelf [J]. Quaternary international, 186 (1):164-172.

Zhao Q, Whatley R, 1988. The genus *Neomonoceratina* (Crustacea: Ostracoda) from the Cainozoic of the West Pacific margins[J]. Acta Oceanologica Sinica, 7(4):562-577.

Zheng Z, Yang S X, Deng Y, et al, 2011. Pollen record of the past 60 ka B.P. in the Middle Okinawa Trough: Terrestrial provenance and reconstruction of the paleoenvironment[J]. Palaeogeography, Palaeoclimatology, Palaeoecology, 307(1-4):285-300.